渤海油田
注水开发技术与管理

苏彦春◎主编

中国石化出版社

内 容 提 要

本书主要阐述了渤海油田注水开发的技术与管理，内容包括海上油田注水开发的基础知识，开发过程中油藏描述技术、开发层系与井网、注采系统优化调整、产液结构调整、开发动态分析等油藏工程，注水井井下作业技术、分层注水技术、增注技术、调剖调驱技术等采油工程、采出水处理工艺技术、地面注水工艺技术等地面工程以及生产管理等；既有技术方法和案例剖析，又有规章制度和标准规范，可使读者较为全面地认知海上油田注水开发。

本书不仅可作为海上油气田开发技术研究和管理人员学习用书，也可作为高校石油工程专业的学生参考书。

图书在版编目(CIP)数据

渤海油田注水开发技术与管理／苏彦春主编. —北京：中国石化出版社，2022.1
ISBN 978-7-5114-6558-0

Ⅰ.①渤… Ⅱ.①苏… Ⅲ.①渤海-海上油气田-油田注水-油田开发-研究 Ⅳ.①TE357.6

中国版本图书馆 CIP 数据核字(2022)第 018387 号

中国石化出版社出版发行

地址:北京市东城区安定门外大街 58 号
邮编:100011　电话:(010)57512500
发行部电话:(010)57512575
http://www.sinopec-press.com
E-mail:press@sinopec.com
北京富泰印刷有限责任公司印刷
全国各地新华书店经销

*

787×1092 毫米 16 开本 23.5 印张 590 千字
2022 年 5 月第 1 版　2022 年 5 月第 1 次印刷
定价:138.00 元

《渤海油田注水开发技术与管理》

编　委　会

《渤海油田注水开发技术与管理》
编审人员

主　　编：苏彦春

副 主 编：蔡　晖　刘义刚　邓常红　李占东

编写人员：孟祥海　牟松茹　李　超　张运来　李廷礼　常　涛

陈建庆　杨　静　张英勇　张立波　蓝　飞　符扬洋

兰夕堂　李彦阅　王忠树　张　勇　贾晓飞　张建民

廖新武　程大勇　孙召勃　孙广义　王公昌　朱志强

李　吉　张海翔　刘淑芬　宋　鑫　马奎前　黄　凯

王为民　胡　勇　康　凯　李彦来　刘宗宾　刘英宪

陈建波　郑　浩　张　雷　周海燕　雷　源　王月杰

赵秀娟　侯亚伟

徐可强总裁在“渤海油田注水年”启动会上的讲话摘编(代序)

2018 年 3 月 2 日

渤海油田开发建设 50 年来，在集团公司党组的坚强领导下，取得了辉煌的历史成就，建成了我国最大的海上油气生产基地，实现了油气当量 3000 万吨以上连续 8 年稳产高产，累计探明石油储量 35.5 亿吨、天然气储量 753 亿方，累计生产原油 3.5 亿吨，桶油完全成本控制在 30 美元以内，形成了先进的海上油田开发技术，开启了质量效益发展之路，成为中国海洋石油工业的一面旗帜，也正是渤海油田贡献的每一吨油、每一方气，最终与南海油气汇聚成中国海油向深、向远、向外发展的战略支撑和经济基础。渤海油田的产量是中国海油的稳定器，渤海油田的效益是中国海油的压舱石，渤海油田的改革创新是中国海油的主力军。渤海油田具备较好的发展条件，储量资源丰富，开发潜力巨大，基础设施健全，具有较高的经营管理水平和较强的科技创新能力，拥有一支作风优良、能打硬仗、善打胜仗的高素质干部员工队伍，这些都是我们做好今后工作的重要基础。实现渤海油田 3000 万吨持续稳产，对于我们建设中国特色国际一流能源公司、推进京津冀协同发展、保障国家能源安全等目标，都将起到积极的示范推动作用，产生重要而深远的影响。

坚持以党的十九大精神为指引，以集团公司“五大战略”为统领，以推进“渤海油田 3000 万吨持续稳产”重大科技专项和“渤海油田注水年”活动为抓手，立足现有资源，稳定老油田，加快新油田，突破低边稠，聚焦关键技术，攻克开发瓶颈；以技术创新带动全面创新，以管理创新提升经济效益，把渤海油田打造成为科学生产、科技创新、降本增效、安全环保“四个标杆”，为集团公司建设中国特色国际一流能源公司做出更大贡献。

精细注水是油田开发最成熟、最经济的手段，是渤海油田 3000 万吨稳产最关键、最重要的工作。我们开展“渤海油田注水年”活动，重点是推进注水油田的油藏研究再细化、注水工艺再优化、注水效果再提升，实现“注够水、注好水、精细注水、有效注水”，使在产油田自然递减率由 15%降到 12%，努力实现自然递减率10%、采收率达到35%以上的目标。“注够水”就是要及时优化注采井网，保持合理的注采比，保持储层压力水平。“注好水”就是要应用水质净化与稳定技术，加强水质检测与处理，努力提高水质达标率，防止不合格水质对油层造成二次伤害。“精细注水”就是要树立“五个不等于”理念，油田高含水不等于每口井都高含水，油井高含水不等于每个层都高含水，油层高含水不等于每个部位、每个方向都高含水，地质工作精细不等于认清了地下所有潜力，开发调整精细不等于每个区块、每口井和每个层都已调整到位；努力做到“四个精细”，精细油藏研究，精细高效注水，精细措施挖潜，精细生产管理。“有效注水”就是要细分注水，提升分注率，减少无效注水，提高水驱储量控制程度。

我们确定的“强化水驱及增产挖潜技术攻关课题”与“渤海油田注水年”活动是配套设立的，但仅仅依靠这项科研攻关课题抓精细注水工作是远远不够的，必须从体制机制上全面予以保障。要分年度制定精细注水实施方案，分季度制定精细注水调整方案，分作业区、分区块、分油层落实精细注水目标和措施，使各项工作细化量化具体化，确保注水工作具有可操作性。只有精细刻画砂体分布特征，将注采单元从小层细化到单砂体，注水才能做到精细有效。要加大注水资金投入力度，筹措专项资金用于注水；对于常年得不到解决、对注水工作影响较大、费用较高的措施，如水源井大修、注水井大修等，总部有专门的资金支持。要加大注水新工艺、新技术、新装备推广力度，加强智能分注、堵/调/驱一体化、水质处理等技术攻关，提升注水工作效果。要加强“注水年”活动考核，建立考核指标体系，重点从注水井分注率、分注合格率、水质达标率、欠注率、注水井维护及时率、资料录取全准率等方面进行考核，最终落实到自然递减率、含水上升率指标上，严考核，硬兑现，把注水工作任务和压力层层传递下去。要加强专业培训，从注水技术原理、工艺流程、指标体系、效果评价等方面编制注水培训教材，从作业公司经理到生产一线工程师，实现培训全覆盖，有效推动“注水年”活动的有效实施。

各位领导、各位代表，渤海油田稳产3000万吨使命光荣、责任重大。让我们以习近平新时代中国特色社会主义思想为指导，在集团公司党组正确领导下，不忘初心、牢记使命，开拓创新、砥砺奋进，努力开创渤海油田持续发展新局面，为集团公司全面建成中国特色国际一流能源公司作出新的更大贡献！

前言
PREFACE

渤海油田由上产到高产稳产阶段，注水作为最重要方式，在新的阶段，急需一本适合不同专业、不同层次人员的注水开发培训教材。《渤海油田注水开发技术与管理》是以渤海油田高效开发为目标并结合生产现状，旨在系统讲解海上油田注水开发的相关知识所编撰的培训教材。本书本着专业严谨、覆盖面广的原则，从注水技术原理、油藏工程研究、采油工程、地面工程和生产管理等方面系统地介绍了海上油田注水开发的技术与管理，帮助读者较为全面地认知海上油田注水开发。

《渤海油田注水开发技术与管理》全书共分为十四章，第一章：注水开发基础知识，由牟松茹编写；第二章：油藏描述技术，由李超编写；第三章：开发层系与井网，由张运来编写；第四章：注采系统优化调整，由李廷礼编写；第五章：产液结构调整，由常涛编写；第六章：开发动态分析，由杨静编写；第七章：动态监测技术，由张英勇编写；第八章：注水井井下作业技术，由郭雯霖、张立波编写；第九章：分层注水技术，由蓝飞、宋鑫编写；第十章：增注技术，由符扬洋、兰夕堂编写；第十一章：调剖调驱技术，由李彦阅编写；第十二章：采出水处理工艺技术，由王忠树、张勇编写；第十三章：地面注水工艺技术，由王忠树、张勇编写；第十四章：油田注水管理，由黄晓东、王忠树、张勇、张英勇编写。本书既有理论与技术方法介绍，又有实例分析，内容较为丰富。全书文字简洁，并辅以大量图表，图文结合，实用性强。本书的编排与统稿由东北石油大学李占东、李吉、张海翔、刘淑芬及其团队负责，并进行了把关和修改。在此对在本教材编写出版过程中提供资料、参与编著和审查及关心、支持的各级领导、专家及有关人员致以衷心的感谢！

本书作为中海油第一本注水开发培训教材，主要是针对从事开发生产研究、管理以及海上一线生产管理人员而编写的。考虑不同层次、不同专业人员需求，对于非开发生产专业的人员，需要了解第一章，学习注水基本概念和基础知识即可；对于从事地质油藏、油田开发、生产动态研究的人员，则重点学习第一～七章、第十四章；对于从事钻采工艺及修井作业的人员，则主要学习第七～十一章；对于平台生产操作及管理人员，则重点学习第十二～十四章；其他专业技术和管理人员则根据需要选择其中章节重点学习。

《渤海油田注水开发技术与管理》编写过程中，虽参考了大量文献及资料，并经有关专家多次审查和修改，但由于我们编著水平有限，不足之处望读者批评指正，我们将不断地修改、充实、完善本书，使之更好地适合海上油田开发生产的需要。

目　录

CONTENTS

第一章　注水开发基础知识

第一节　油田开发常用方式

油田开发方式是指主要利用哪种驱油能量进行油(气)田开发。油田开发方式是油田开发方案设计的根本决策，直接影响开发层系的划分与组合、开发井网部署、注采系统配置和生产建设规模；开发方式的选择主要决定于油田的地质条件和技术经济评价。

按照开发方式可将油田的开发阶段划分为：一次采油、二次采油、三次采油。通常把仅仅依靠岩石膨胀、边水驱动、重力、天然气膨胀等天然能量来采油的方法称为一次采油；通过注气或注水提高油层压力的采油方法称为二次采油；通过气体注入、化学注入、超声波刺激、微生物注入或热回收等方法来采油，改变原油黏度或改变原油与地层中的其他介质界面张力，用这种物理、化学方法来驱替油层中不连续的和难采原油的方法称为三次采油。

一、一次采油

在一次采油阶段，在地层里埋藏了亿万年的石油，可以依靠天然能量摆脱覆盖在它们之上的重重障碍通过油井流到地面。这种能量正是来源于覆盖在它们之上的岩石对其所处的地层和地层当中的流体所施加的重压，具体包括弹性驱动、水压驱动、气顶驱动、溶解气驱动和重力驱动等几类。

1. 水压驱动类型油藏

在原始地层条件下，当油藏的边部或底部与广阔或比较广阔的天然水域相连通时，在油藏投入开发之后，由于在含油部分产生的地层压降，会连续地向外传递到天然水域，引起天然水域内的地层水和储层岩石的累加式弹性膨胀作用，并造成对油藏含油部分的水侵作用。天然水域越大，渗透率越高，则水驱作用越强。如果天然水域的储层与地面具有稳定供水的露头相连通，则可形成达到供采平衡和地层压力略降的理想水驱条件。

天然水压驱动可分为两种：一种是边水驱动(图1-1)；另一种是底水驱动(图1-2)。

天然水压驱动能量的大小，与水源的远近和供给能力、油层与地面水源的高度差、含油区与含水区连通的好坏程度有关。较好的天然水压驱动的地质条件是：地面水源近、供水充足、与油层的高差大、油层连通程度好等。

对于边、底水比较活跃的天然水驱油藏，水体体积一般为油藏体积的40倍以上；弹性水压驱动油藏水体体积一般为油藏体积的10~40倍。根据总压降与采出程度关系曲线，计算出采出1%地质储量地层压力下降值(图1-3)，认为比较活跃型天然水驱油藏，该值一般为0.02~0.2MPa，弹性水压驱动油藏该值可达0.8~2MPa。

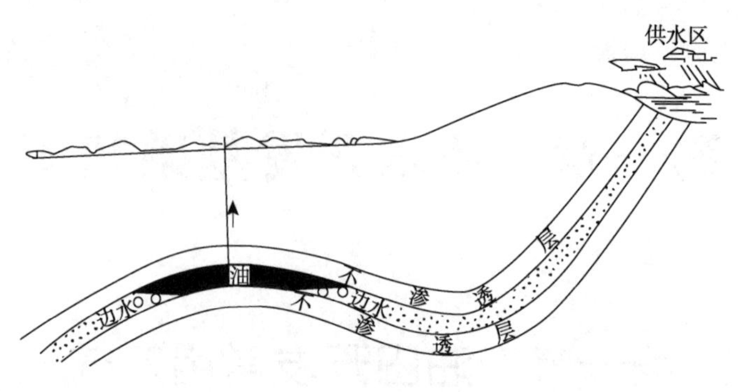

图 1-1　边水驱动

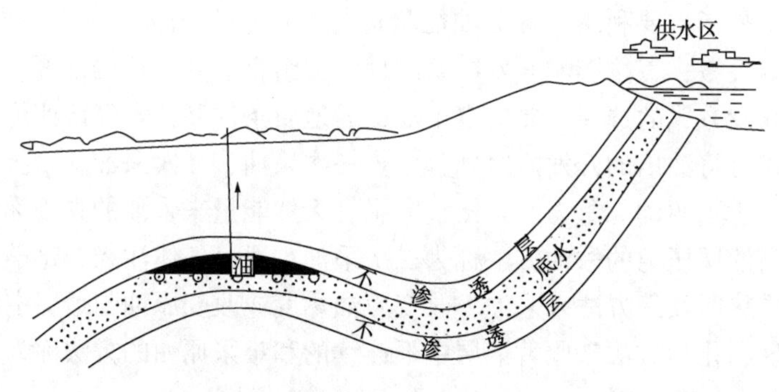

图 1-2　底水驱动

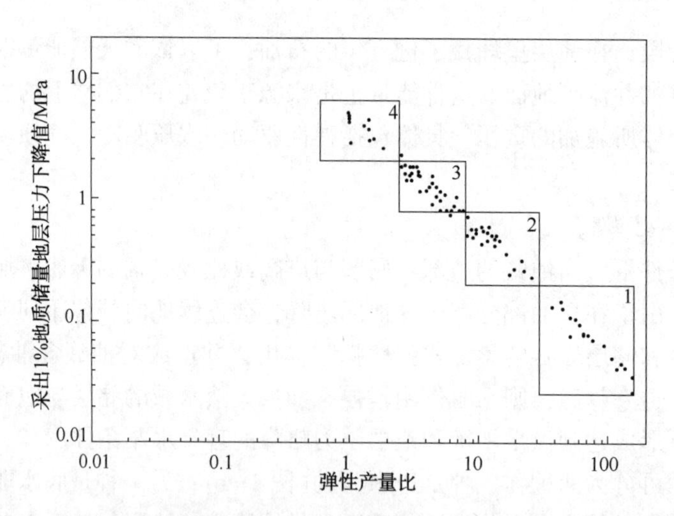

图 1-3　采出 1%地质储量地层压力下降值与弹性产量比关系分类图

（国内 84 个油藏资料，行业标准 SY/T 5579. 1—2008《油藏描述方法 第 1 部分：总则》）

2. 气顶驱动类型油藏

有的油藏具有原生气顶，这时油层的压力即等于原始饱和压力。随着原油的开采，井底压力将不断下降，压力降落所波及的井底区域，将会溶解气弹性膨胀驱油，随着压降区的扩大以致扩展到气顶时，气顶气也会因压力降落而产生弹性膨胀，从而使气顶区扩大，成为驱油的能量。如果气顶区和含油区相比足够大，在某一开发阶段也可成为驱油的主要能量。这种类型的油藏称为气顶驱油藏(图 1-4)。

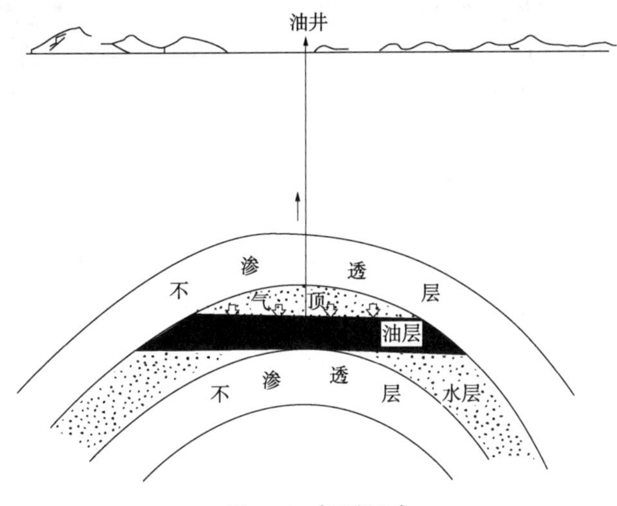

图 1-4 气顶驱动

气顶指数是表示气顶体积及驱动能量大小的一个指标，即气顶体积与油藏体积之比，高效气顶驱油藏气顶指数一般在 1 左右。由于气体的弹性压缩系数很大，所以，虽然气顶体积比底水体积一般要小得多，但其驱动能量却往往相对较大，而且有气顶的油田在油气界面处其地层压力等于饱和压力，在降压开采初期，溶解气就不断脱出而补充到气顶，更加大气顶的弹性驱动能量。

3. 溶解气驱动类型油藏

高于饱和压力的油藏随着油田的开发，当油层压力降至饱和压力以下时，在岩石和流体的弹性能释放并发挥驱油作用的同时，原来呈溶解状态的溶解气便会从原油中挥发出来，成为气泡分散在油中，在压力降低时气泡将产生弹性膨胀，这种弹性膨胀能也会发挥驱油流向井底的作用，并且地层压力降得越低，分离出来的气泡越多，所产生的弹性膨胀能也就越大。由于气体的弹性膨胀系数要比岩石和液体的弹性系数大得多，一般要高出 6~10 倍，所以溶解气的弹性膨胀能在开发的某一阶段内将会起主要作用。在这种条件下开发的油藏称为溶解气驱油藏。

溶解气弹性能量的大小与气体的成分、气体在原油中的溶解度以及油层的压力和温度有关。油藏的原始气油比越大，则可利用的气体能量越大，原油的收缩率为 15%~30%时，对提高采收率最有利。

4. 重力驱动类型油藏

有些油藏的油层具有较大的厚度，或具有较大的倾角(大于 10°)，处于油层上部的原油依靠自身的位能或重力向低部位的井内流动，但当上述几种能量均已消耗之后，主要依靠重力驱油的油藏称为重力驱动类型油藏。有效的重力驱动，一般地层倾角大于 15°，重力因数项大于 10。

5. 弹性驱动类型油藏

当油藏主要靠含油(气)岩石和流体由于压力降低而产生的弹性膨胀能量来驱油时称弹性驱动，又称封闭弹性驱。弹性驱的条件为油藏无原生气顶、无边水(或底水、注入水)，或有边水而不活跃的情况。根据试采阶段实际累积产量与该阶段理论弹性产量之比，得出弹性产量比值；纯弹性驱动油藏的弹性产量比约等于1，其他驱动类型的弹性产量比大于1。

在实际油藏依靠天然能量的开发过程中，很少存在单纯一种能量的驱动阶段，一般都是以某种能量为主、其他能量为辅的混合驱状况，而且在开采过程中主导的驱动能量往往会发生变化。

二、二次采油

在一次采油过程中，油藏能量不断消耗，到依靠天然能量采油已不经济或无法保持一定的采油速度时，通过向油层中注气或注水，可以提高油层压力，为地层中的岩石和流体补充弹性能量；使地层中岩石和流体新的压力平衡无法建立，地层流体可以始终流向油井，从而能够采出仅靠天然能量不能采出的石油，称为二次采油。

一次采油一般采收率很低，为5%~10%左右；随油田开发实践的深入，逐步认识到一次采油造成原油采收率低的主要原因是油层能量衰竭，从而提出了以人工注水或注气的方法，来增补油层能量，保持油层压力开发油田的二次采油方法，使油田采收率提高到30%~40%，是一次油田开发技术上的飞跃。

注水开发是油田开发经济有效、最具潜力的技术，与其他开发方式相比，投入产出比高，具有不可替代的经济优势，即使在高含水阶段，绝大部分油田依然如此；渤海油田水驱开发储量20×10^8t，采收率提高1%，可采储量则为0.2×10^8t，潜力可观。但由于地层的非均质性，注入流体总是沿着阻力最小的途径流向油井，处于阻力相对较大的区域中的石油将不能被驱替出来。即便是被注入流体驱替过的区域，也还有一定数量的石油由于岩石对石油的吸附作用而无法采出，像用清水冲洗不能去除衣物上沾染的油污一样。另外有的原油在地下就像沥青一样，无法在油层这种多孔介质中流动，因此出现了三次采油技术。

三、三次采油

三次采油是指通过采用各种物理、化学方法改变原油的黏度和对岩石的吸附性，以增加原油的流动能力，进一步提高原油采收率。主要方法如下：

1. 热力采油法

热力采油法主要是利用降低原油黏度来提高采收率。蒸汽吞吐法是热力采油法的一种常用方法，它利用原油的黏度对温度非常敏感的特性，采取周期性地向油井中注入蒸汽，注入的热量可使油层中的原油温度升高数十至上百摄氏度，从而大大降低了原油黏度，提高了原油的流动能力。

2. 化学驱油法

化学驱油法主要是通过注入一些化学剂增加地层水的黏度，改变原油和地层水的黏度比，减小地层中水的流动能力和油的流动能力之间的差距，同时降低原油对岩石的吸附性，从而扩大增黏水驱油面积，提高驱油效率。

3. 混相驱油法

混相驱油法主要是通过注入的气体与原油发生混相，可以降低原油黏度和对岩石的吸附性，常用的气体有天然气和二氧化碳。

4. 微生物驱油法

微生物驱油法是利用微生物及其代谢产物能裂解重质烃类和石蜡，使石油的大分子变成小分子，同时代谢产生的气体 CO_2、N_2、H_2、CH_4等可溶于原油，从而降低原油黏度，增加原油的流动性，达到提高原油采收率的目的。

第二节　注水开发概述

一、注水开发的意义

利用注水设备把质量合乎要求的水从注水井注入油层，以保持油层压力，这个过程称为油田注水(图 1-5)。油田注水是油田开发过程中向地层补充能量、提高油田采收率的重要手段之一。油田投入开发后，随着开采时间的增长，油层本身能量将不断地被消耗，致使油层压力不断地下降，地下原油大量脱气，黏度增加，油井产量大大减少，甚至会停喷停产，造成地下残留大量死油采不出来。为了弥补原油采出后所造成的地下亏空，保持或提高油层压力，实现油田高产稳产，并获得较高的采收率，必须对油田进行注水。

不注水的油田，在油井开发初期，原油能够流动和喷出井口，主要是靠油层和原油的弹性能量。油层弹性能量的储存和释放过程与弹簧的压缩和恢复相似。油层深埋在地下几百米到几千米的地方。在未开发前油层均匀地承受着几十到几百个大气压的压力，积蓄了一定的弹性能量。当钻开油层并进行采油时，油井周围的一定范围内，油层压力就逐渐降低，油层的均匀受压状态遭到破坏。孔隙中液体和岩石颗粒因压力降低而膨胀，使一部分石油胀出来，推向井底。同时，随着石油不断被采出，油层中压力降低的范围不断扩大，压力降低的幅度不断增加，剩余的弹性能量也越来越少。

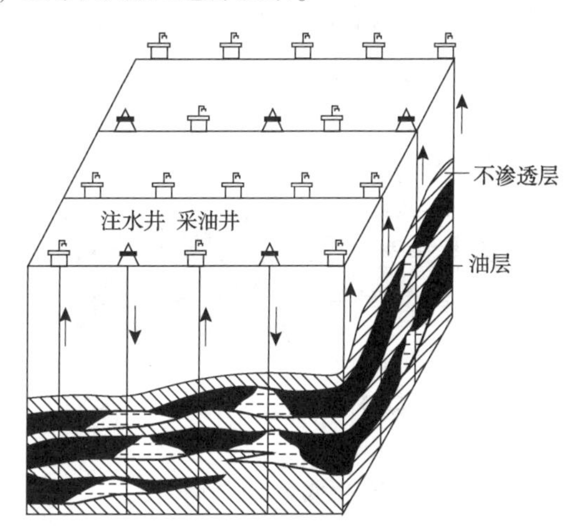

图 1-5　注水驱油示意图

一般的砂岩油层，如果只靠含油区本身这种弹性能量驱油，即使地层压力降低几十个大气压，也只能采出总储量的1%左右，并且在弹性驱油时，产量和地层压力都很快地递减和下降，当地层压力低于饱和压力(天然气开始从油中分离出时的压力)时，油田就要转变为溶解气驱油方式。多数不注水的油田，主要靠溶解气能量。当油层被钻开后，油层压力降低到饱和压力以下时，在高压下溶解在原油中的天然气就分离出来，呈游离的气泡存在。气泡在向井底流动过程中，由于压力越来越低，体积不断膨胀，就会将石油不断地推到井底。

如果油田面积小，水压驱动条件好，水的补给量能与采出量平衡时，则油田开采过程中，产油量、地层压力和油气比都可以在很长时间内保持稳定，这种开采方式是很理想的。实际上绝大多数天然水压驱动的油田都不能达到这种理想的程度。若油田面积大，天然水压驱动条件差，而采油速度又比较高时，水的补充速度就不能与采油速度相适应，油层内就会出现不平衡，油层压力就要下降，这样持续开采下去，油田的驱动方式就会由天然水压驱油转化为弹性能量驱油和溶解气驱油。

综上所述，开发油田时不采取任何补充能量的措施，只依靠天然具备的驱油能量来开采石油，油井的产量会迅速下降，只能采出很少的一部分原油储量，采收率很低。因为开发油田的能量尽管多种多样，但都普遍存在着压力和阻力之间的互相矛盾。要把原油采出来，靠的是油层内的压力，油层压力就是驱油的动力。在驱油的过程中要克服各种阻力，首先要克服油层中细小孔道的阻力，还要克服井筒里液柱的重力和管壁摩擦等阻力。只有当油层压力克服了所有这些阻力，原油才能喷出，才能正常生产。油井产量的高低基本上取决于压力和阻力之间的相互关系，压力大大超过阻力就能高产，压力克服不了阻力，也就不能自喷，甚至不能出油。既然依靠天然能量驱油不能保持油层压力，达不到高产稳产和提高采收率的目的，那么就需要研发出更有效的油田开发方式。注水开发就是人们为达到这个目的，从实践中总结出来的有效措施。

二、水驱油机理

在注水采油过程中，水驱油是一种典型的非混相驱替。在理论上，曾产生两种描述水驱油机理的观点，其一是活塞式水驱油理论(图1-6)，这是最初的观点，认为地层中原来饱和原油(孔隙空间中含油和束缚水)，水驱油时，油水接触面始终垂直于流线，并且均匀向前推进，水到之处将孔隙中可流动原油全部驱走。由此，单向渗流时油水接触面将与排液道垂直，而径向渗流时油水接触面将是与水井同心的圆面，水驱油过程中地层存在两个区域：近水井地带纯水区、近油井地带的纯油区。

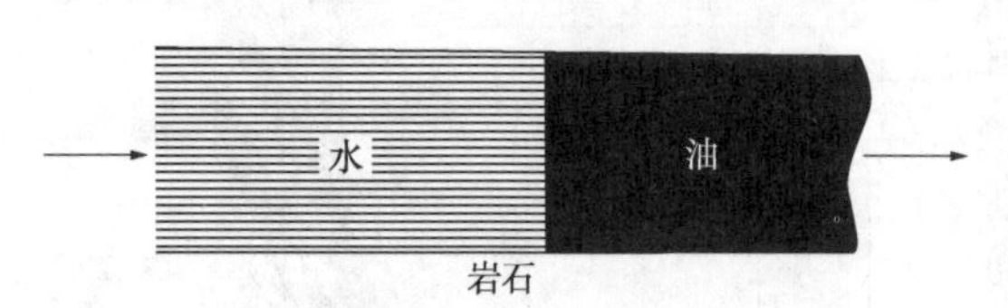

图1-6　理想的活塞式水驱油示意图

然而，实际工作中却出现了活塞式水驱油理论解释不了的疑问，如油井见水后，油水同出很长时间？同一井排见水时间相差很大？进而诞生了第二种观点即非活塞式水驱油理论，油和水在多孔介质(储层)中的非均匀渗流产生的原因从以下两方面进行分析。

(一) 水驱油的不均匀性

油田注水开发过程中，水驱油并不是像活塞一样将油驱走，油水接触面不规则。油井没有见水以前，油层内存在三个流动区，即纯水流动区、纯油流动区，以及油水同时流动的混合流动区；油井见水以后，只剩下纯水流动区和混合流动区，当水驱油过程结束时，油层中就只剩下纯水流动区了。这种现象称为非活塞式流动(图1-7)。

引起水驱油不均匀的因素包括：

1. 储层的非均质性

由于沉积环境、物质供应、水动力条件、成岩作用等影响，导致储层的不同部位，在岩性、物性、产状、内部结构等方面都存在显著的差异，这种差异称为储层的非均质性。一般把储层的非均质性分为宏观非均质性与微观非

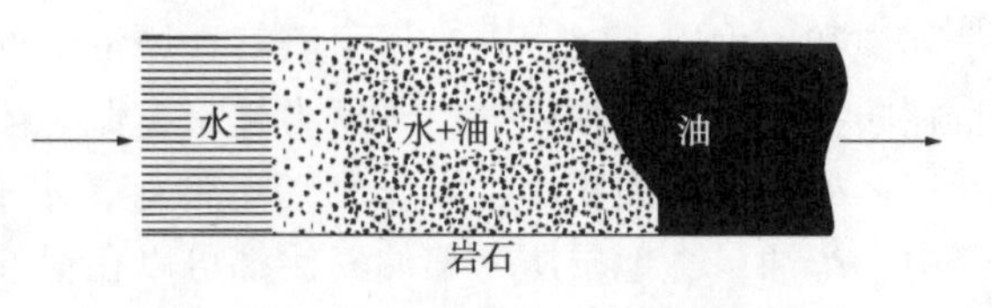

图1-7　非活塞式水驱油示意图

均质性两种。宏观非均质性包括层间非均质性、平面非均质性、层内非均质性；微观非均质性包括孔隙、孔道及岩石表面性质非均质性等。水驱动石油在这些孔道中流动时，由于微观非均质性，所遇到的阻力不一样，使得水在不同的孔道中推油时流动速度不同。有的孔道中油水推进很快，有的推进得慢，有的孔道堵死水不能进入，油也出不来，在水所到达的前缘，水和油之间的界面就不会像活塞推进那样整齐。

2. 油水黏度差

油和水的黏度是不一样的，在油层温度和压力下，注入水的黏度一般比油的黏度要低几倍到几十倍，在水驱油过程中，由于油水黏度的差别，在同一孔道内流动时，对油的阻力大，对水的阻力小，水就会超越到油的前缘，产生窜流。并且在一些大孔道内，水的流动速度将越来越大。油水黏度差越大，大孔道内水的窜流越严重。这就加剧了由于油层非均质性所造成的水驱油的不均匀状况。

3. 岩石的润湿性

液体在固体表面上不同的流散现象称作固体的润湿性。具有被水润湿特性的，称它是亲水、憎油的；相反，则称为亲油、憎水的。储层岩石成分、流体成分、矿物表面粗糙度以及孔隙结构的非均质性等因素都会影响储层的润湿性。油层润湿性与石油采收率密切相关。

岩石润湿性可用在油介质中测量水滴滴在岩石表面时的润湿接触角 θ 的办法定量表示。当 θ 大于 90°时，岩石为亲油；θ 小于 90°时，岩石为亲水。根据 θ 的大小，岩石可分为完全水湿、亲水、中间润湿、亲油、完全油湿几种润湿性(图 1-8)。岩石润湿接触角越小，石油在岩石表面附着力越弱，油越容易从岩石表面被剥离，驱油效率就高。由于实际油层岩石矿物组分不同，润湿性也不一样。在水驱油过程中孔道的不同部位，油膜被剥落的程度也不同，这些都造成水驱油过程中的不均匀性。

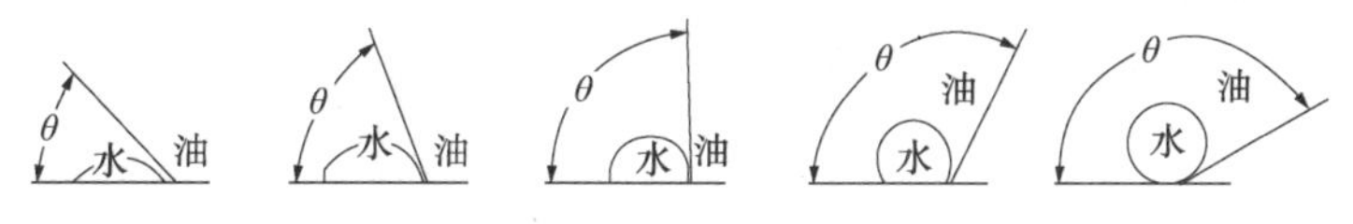

图 1-8　按 θ 大小判断岩石润湿性

4. 毛细管力

把一根细玻璃管插入水中，可以看到管内水面的上升(图 1-9)；而把细玻璃管插入水银中，由于玻璃不是亲水银的，则管内的水银面下降(图 1-10)。这种使毛细管内液面上升或者下降的曲面附加压力，称为毛细管力。毛细管力的大小等于毛细管中水柱的重力；方向指向弯液面内侧(毛细管力的作用使弯液面两侧的非湿相流体的压力高于湿相流体的压力)。

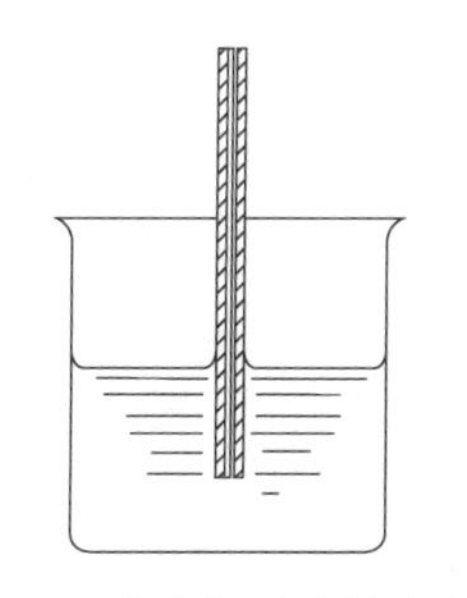

图 1-9　水在细玻璃管中上升

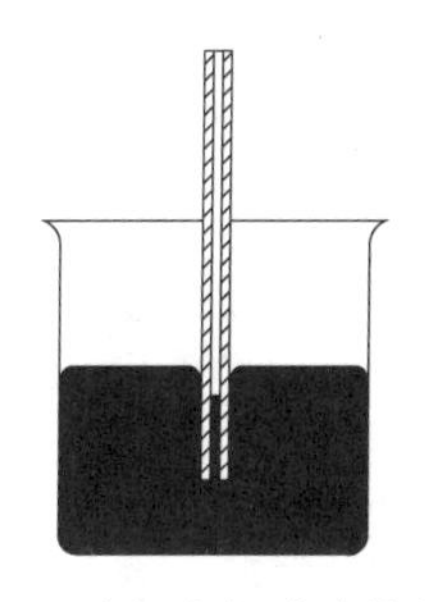

图 1-10　水银在细玻璃管中下降

在油层中，石油流动的孔道也具有毛细管力的性质，它将影响孔道中油水的流动。当岩石表面具有亲水性质时就会由于毛细管力的作用，使水自发地推动石油在微细孔道中前进；当岩石表面具有亲油性质时，毛细管力就阻止水进入孔道，使石油不易被水驱走。即岩石亲水时，毛细管力是水驱油的动力，否则毛细管力就是水驱油的阻力。同时由于岩石中孔道大小和表面性质不均匀，导致各种大小不同的毛细管孔道中油水接触面向前推进的速度不等，因此水驱油过程中各孔道进水和水洗油的程度不同，残余下的油的多少也不一样。只有随着水的不断冲洗，才能使孔道中残余油滴和油膜不断地变小和减薄。但是，在一块亲油岩石的极微小的孔道中，由于毛细管力很大，完全可以阻止水的进入，结果这些孔道内的石油就被遗留下来，称为毛细管力束缚的残余油。

由于油层的不均匀性，造成注水开发油田中，油层内部、上下不同油层、同一油层在平面上的不同部位都存在着油水运动上的差异，油田上一般称为三大矛盾，即层内矛盾、层间矛盾和平面矛盾。注水开发油田的效果好不好，在很大程度上，要看能不能把三大矛盾解决好，注水开发油田的开发设计，如井网形状、井距大小，主要是以调整好三大矛盾为基础。

（二）油和水的相对渗透率

相对渗透率是衡量水驱油过程中油水流动能力的一个指标，它综合反映了水驱油过程中渗流的不均匀性。当岩石孔隙中只是充满某一种流体时，这种流体通过的能力称为岩石的绝对渗透率；当岩石孔隙中存在着两种或两种以上流体时，其中某一流体通过的能力称为有效渗透率。相对渗透率就是有效渗透率和绝对渗透率的比值。当油层中油水两种流体同时存在，油和水有各自的相对渗透率：

$$\text{油的相对渗透率}=\frac{\text{油在岩石中的有效渗透率}}{\text{岩石的绝对渗透率}}$$

$$\text{水的相对渗透率}=\frac{\text{水在岩石中的有效渗透率}}{\text{岩石的绝对渗透率}}$$

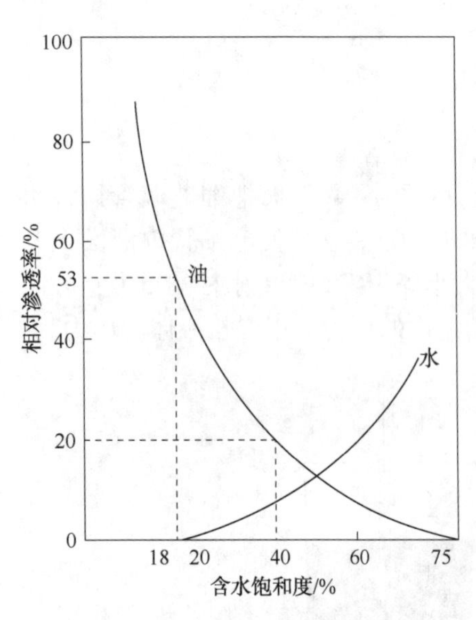

图 1-11　油水相对渗透率与含水饱和度关系曲线

在水驱油的过程中，油水相对渗透率的变化与油水饱和度(即油或水的体积占岩石孔隙体积的百分数)的变化有关。一般孔隙当中经常是被油和水充满的。如果其中油的体积占 60%，水的体积则占 40%，含油饱和度就是 60%，含水饱和度就是 40%。油层在未注水以前，孔隙中总是含有一部分水，它不能流动，叫束缚水。注水后，随着水驱油的不断进行，孔隙中含水饱和度不断提高，水逐渐从不连续状态变化为连续状态，占据孔道的中间位置，使油的相对渗透率不断下降，水的相对渗透率不断提高。经过水的大量冲洗，当含水饱和度增加到一定程度时，孔道中原油再不能被水冲走，只留下一层油膜，这部分油叫作残余油，它的饱和度叫作残余油饱和度。此时，油的相对渗透率为零，水的相对渗透率达到最大。

如图 1-11 所示，当油层中含水饱和度为 18%时，水的相对渗透率为零，而油的相对渗透率则高达 53%，则该油藏的束缚水饱和度为18%。如果油层的绝对渗透率为1000mD，此时油的有效渗透率为1000×53%＝530mD，随着注水时间加长，油层中含水饱和度就越来越高，如达到40%时，油的相对渗透率则降低到20%，有效渗透率为200mD。当含水饱和度达到75%时，油的相对渗透率降到零，也就是不能流动了，这时水的相对渗透率达到最大，则该油藏的残余油饱和度为15%。

水驱油规律表明，随着油层中含水饱和度的增加，油的流动能力将越来越低，而水的流动能力却越来越高。这个特点决定了油井见水后含水比将不断上升，产油量不断下降。

油层中水驱油过程的不均匀性，对注水开发油田有很大影响。多层开采时，当其中的某一小层水淹后，水的相对渗透率迅速增加，流动阻力瞬间减小了很多倍，出水层和未见水层之间的差别就明显地扩大，对未见水的中低渗透层干扰加剧，降低了油层的生产能力，而见水层却大量出水；注水开发过程中的各种矛盾也就起因于此。

三、油田注水开发要解决的问题

储层的非均质性的沉积特征决定了油水运动规律，由于各个油层性质有差异，每个油层平面上和层内纵向各部分的性质也有差异，注入水在层间、平面、层内总是不均匀地推进的。总是渗透率高的好油层和油层中好的部分先进水、先见效、先高产、先见水、先水淹，然后才是好油层变差的部分和渗透率低的产油层进水、见效、发挥作用。随着注入水的扩展，油井见效的次序和见水的次序，也都是依次发展的。在平面上，高渗透部分水淹后，水淹区阻力减小，压力传导性能变好，中、低渗透部分的注水效果就增加，产能也会提高。先见水的部分，先采出较多的原油，然后变为高含水，产量下降，而其他油层又补充上来；如此依次发展，逐步接替产量，使全区稳产。

注水开发多油层非均质的油田时，由于油层渗透率在纵向上和平面上的非均质，注入水就沿着高渗透层或高渗透区窜流；而中低渗透层或渗透区却吸水很少，从而引起油田开发过程中一系列问题和矛盾，归纳为三点：层内矛盾、层间矛盾、平面矛盾。

（一）层内矛盾

1. 具体问题

由于粒度、层理结构、胶结物及胶结程度夹层发育的不同，油层内部的非均质性是普遍存在的，在高渗透层中往往有大量中、低渗透带；在中、低渗透层中也有不少高渗透条带，注入水必然沿阻力小的高渗透条带突进呈“指进”现象(图1-12)，称为层内矛盾。层内矛盾导致层内突进，层内突进是指由于较厚油层内部垂直方向上各部位岩性、物性的差异，引起注入水先沿高渗透段突进，形成不均匀推进前线的现象。

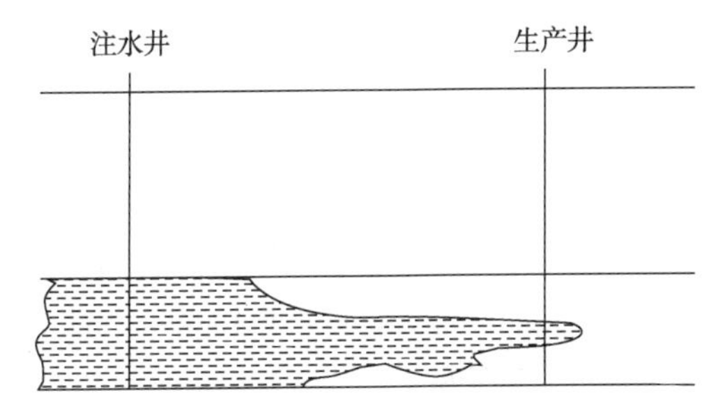

图1-12　注入水层内突进示意图

用层内水驱油效率表示层内矛盾的大小。层内水驱油效率定义为单层水淹区总注入体积与采出水体积之差与单层水淹区原始含油体积的比值。

层内矛盾的表现形式为厚油层内各细层水线推进极不整齐，油井见水时水淹厚度小，无水期驱油效率低。主要由以下三个原因造成：

（1）注水初期，渗透率高的细层水线推进较快，水淹区阻力小，注水井和采油井之间总的阻力减小的幅度大，使细层中水线推进越来越快（与中低渗透率细层水线相比），称该现象为水驱油的不稳定现象；

（2）在水线推进较快的高渗透率细层的水淹区内，水的流动阻力小，压力普遍提高（与相邻中低渗透率细层的纯油区相比），压力传递的结果使相邻的中低渗透率细层的纯油区中压力也提高，这样就造成中低渗透率细层油水前缘附近压力梯度减小，使该油层内水线推进减慢，称该现象为细层间的干扰；

（3）渗透率高的细层内水淹区内压力损耗大幅度减小将使该层的纯油区中压力普遍提高（与相邻中低渗透率细层纯油区相比），该油层的油将向中低渗透率细层的纯油区内流动，促使高渗透率细层的水线推进加快，称该现象为层间串流。

层内矛盾的实质是单层内注入水非柱塞式推进，解决时就要调整吸水剖面，扩大注入水波及厚度；同时调整产液剖面，多出油少出水。

2. 层内矛盾的调整

（1）对于有稳定夹层的厚层，可采用机械法用封隔器进行细分，夹层分布越稳定效果越好；

（2）选择性措施改造，对高含水厚层可先堵后压，也就是先采取全层化学堵水，再对低含水部位再进行压裂措施，以达到调整产液剖面的目的。

（二）层间矛盾

1. 具体问题

非均质多油层油田采用笼统注水时，由于各油层渗透率、连通情况存在差异，各层在吸水能力、水线推进速度、地层压力、采油速度、水淹状况等方面各不相同，称为层间矛盾。层间矛盾是影响注水油田开发效果的主要矛盾（图 1-13）。

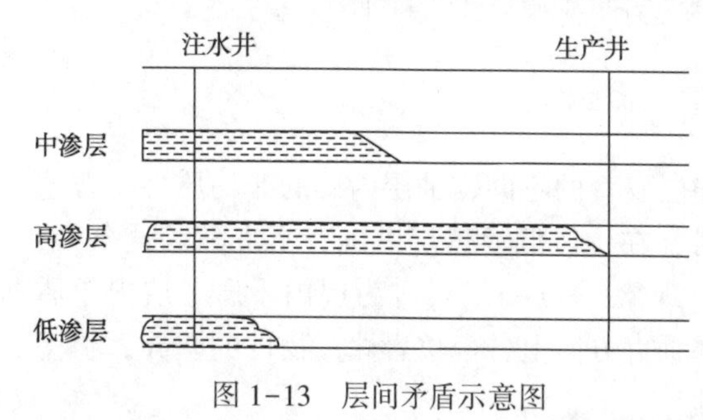

图 1-13　层间矛盾示意图

层间矛盾的主要表现形式为各层在开采上出现差异，高渗透层开采的好，中低渗透层开采的差。主要体现在以下两个方面：

（1）在注水井端，高渗透层吸水能力强，低渗透层吸水能力弱，由于水淹区对水流动阻力大幅度减小，水的相渗透率增大，水在高渗透层越跑越快，与低渗透层相比，形成单层突进。

（2）在采油井端，高渗透层出油能力强，中低渗透层通常不能很好发挥作用，油井内高渗透层见水后，流动压力上升，干扰中低渗透层，甚至使个别层停产或倒灌。同时高渗透层水淹后形成高压层，成为水流的有利通道，也降低了注入水的利用效率。

单层突进系数是层间矛盾的表达方式。单层突进系数定义为井内渗透率最高的油层的渗透率与全井厚度权衡平均渗透率的比值，它反映层间非均质性的程度。单层突进系数越大，层间矛盾就越大。

2. 层间矛盾的调整

(1) 分层注水、分层采油。细分层系或在本层系进行分层注水、分层采油，调整分层注水量和采油量，使高中低渗透层同时发挥作用。对于低渗透层注水井加强注水，油井大泵抽油，必要时可对生产能力较低的油层进行酸化、压裂改造，以提高产能。对于高渗透层注水井控制注水，油井控制采油。

(2) 进行层系、井网和注水方式调整。层系调整要以油砂体为单元分析开发形势，主要是储量动用状况，将动用差和基本未动用的油砂体划为调整对象，局部动用差的也可划作局部调整对象。根据划为调整对象的油层性质、分布特点以及吸水能力和生产能力确定井网密度、布井方式和注水方式。

(三) 平面矛盾

1. 具体问题

由于油层渗透率在平面上分布的不均一性，以及井网对油层各部分控制不同，使注入水在平面上推进不均匀，引起注水后同一油层的各井之间压力、含水、产量的差异，从而相互制约、相互干扰，影响油井生产能力的发挥，称为平面矛盾(图 1-14)。

用扫油面积系数表示平面矛盾的大小。扫油面积系数定义为单层井组水淹面积与单层井组控制面积的比值；该值越大，平面矛盾越小。

平面矛盾的主要表现形式为油层平面上水淹程度和开采效果相差较大，体现在以下两个方面：

(1) 在注水井端，注入水沿高渗透带局部突进和对低渗透区的绕流，使高渗透区水淹程度高，开采效果好，低渗透区水淹程度低，开采效果不好，油水井前缘形成犬牙交错，参差不齐的形状，水淹区和死油区交叉分布，高压区、低压区同时出现。

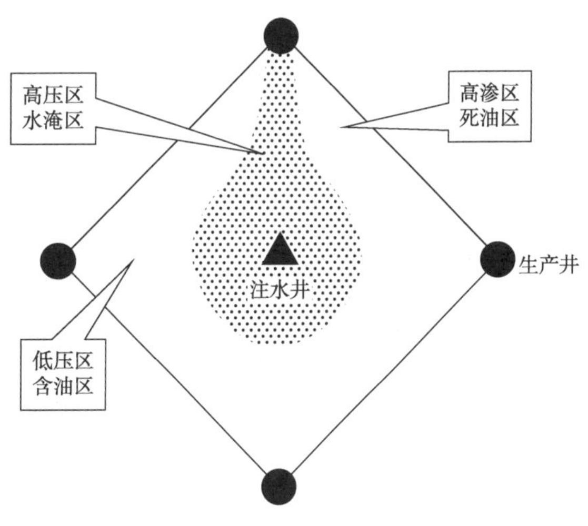

图 1-14　平面矛盾示意图

(2) 在采油井端，注入水推进的速度不同，造成同一井组中同一油层各方向的油井见效、见水、含水上升和产量递减规律出现差异。

2. 平面矛盾的调整

平面矛盾的本质是注入水受油层非均质性控制，形成不均匀推进，造成局部渗透率低的地区受效差，以致不受效。因此，调整平面矛盾，本质上就要使受效差和受效不好的地区充分受效，提高其驱油能量，降低阻力，达到提高注水波及面积，多出油少出水的目的。

(1) 加强非主要来水方向的注水，控制主要来水方向的注水；

(2) 通过分采分注，配合堵水、压裂等措施，对高含水带油井堵水，或调整注水强度，加强受效差地区的注水；

(3) 改变注水方式或补钻新井、缩短井距等办法，加强受效差地区注水。

综上所述，三大矛盾调整的核心是分层调整，用于解决不同开发阶段的主要矛盾。油井在中低含水期，以开发和调整好主力油层为主；该阶段主要是单层、单向见水，调整难度不大，通过水井分层注水及各层水量调整即可满足开发的要求。油井高含水以后，多层多向见水，该阶段需在分层注水的基础之上，对油井中的高含水层进行封堵，才能取得较好的分层调整效果。随着多层多向高含水的日益严重，封堵高含水层能减少层间干扰，使低含水层发挥作用；但堵层过多，产能损失大，此时应考虑分层注水、分层堵水基础之上的分层措施改造。

从整个开发过程中，三大矛盾贯穿始终，互相联系，互相制约。除一般规律外，不同开发阶段，哪个是主要矛盾必须视油田具体实际情况而定。针对存在的问题，在相应的油水井上采取一系列措施调整，提高油井产能，或使油井在一段时间内保持稳产。

第三节　注水开发方式

注水方式是指注水井在油藏中所处的部位和注水井与生产井之间的排列关系。针对不同的油田地质条件选择不同的注水方式，特别是油层性质和构造条件，是确定注水方式的主要地质因素。

目前国内外油田应用的注水方式归纳起来主要有四种：边缘注水、切割注水、面积注水和点状注水。

一、边缘注水

（一）边缘注水定义

边缘注水是指注水井按一定的规则分布在油水边界附近进行注水的一种布井形式。边缘注水要求注水井排和生产井排与含油边缘平行，以利于油水边缘均匀推进，达到较高的采收率。根据注水井排在油水界面的相对位置，边缘注水又分为缘外注水、缘上注水、缘内注水三种方式(图 1-15)。

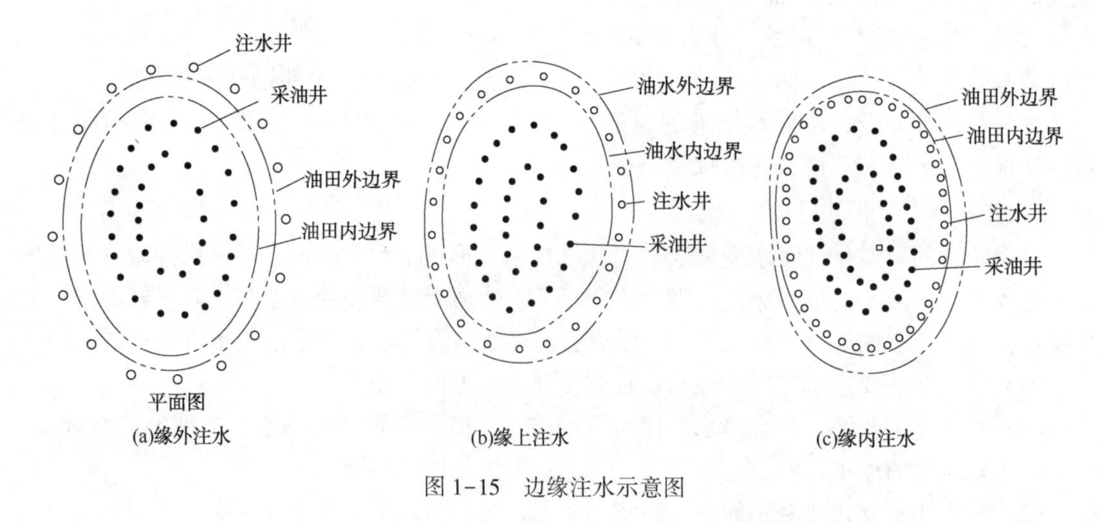

图 1-15　边缘注水示意图

（二）边缘注水优缺点与适用条件

边缘注水的优点为油水界面比较完整，能够逐步向油藏内部推进，易于控制，无水采收率和低含水采收率比较高，最终采收率也比较高。缺点是位于油藏构造顶部的生产井往往得不到注入水能量的补充，在顶部易形成低压区，使油藏的驱动方式由水驱方式转变为弹性驱或溶解气驱等消耗开发方式。

该方式适用于油藏构造比较完整、油层分布稳定、边部和内部连通性好、油层流动系数较高、边水比较活跃的中小油田。特别是边缘地区吸水能力要好，以保证压力有效传播，使油田内部受到良好的注水效果。

二、切割注水

（一）切割注水定义

行列切割注水是把一个油田用注水井切割成若干小的开发区，每个小开发区内，平行于注水井排成行成列地布置采油井。切割注水方式又有纵切割、横切割和环状切割(图1-16)。注水井成排状或链状分布，两排注水井之间夹3~5排采油井；两排注水井之间的面积作为一个开发区，油田被注水井排分为数块，分块进行独立开发。

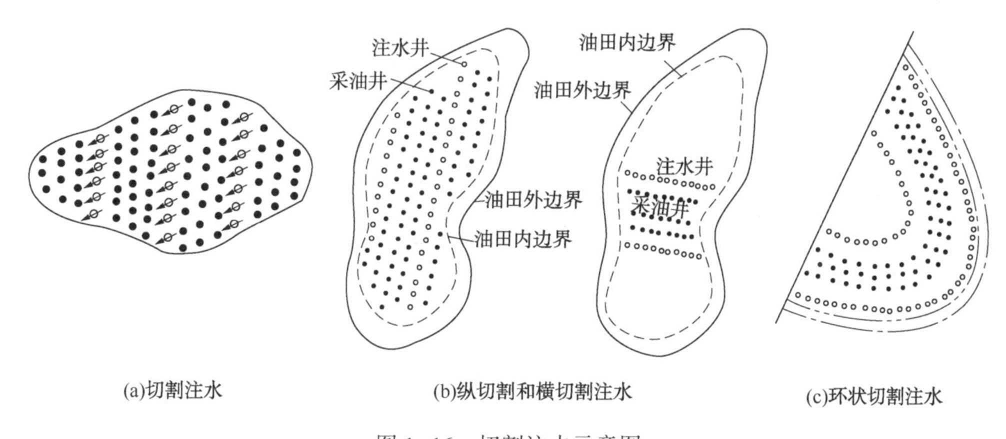

图1-16　切割注水示意图

（二）切割注水优缺点与适用条件

切割注水的优点是大油田可以分块分批地投入开发，管理方便。对于渗透率高、大片分布的好油层，用这种方式开发可以保持一定的采油速度。缺点是不能很好地适应非均质油层，注入水容易产生突进；注水井排两边地质条件不同时，容易出现区间不平衡现象，注水井间干扰大。

切割注水适用于油层大面积分布，并具有一定的延伸长度，在注水井排上可以形成比较完整的切割线；保证在一个切割区内部署的生产井与注水井之间都有较好的连通性；油层具有一定的流动系数，保证在一定的切割区和一定的井排内生产井能见到较好的注水效果。

三、面积注水

（一）面积注水定义

面积注水是指将注水井和采油井按一定的几何形状和密度均匀地布置在整个开发区域内进行注水和采油的注水方式。

常用的面积井网系统有：四点法面积注水、五点法面积注水、七点法面积注水、九点法面积注水、反七点面积注水和正对式与交错式排状注水等。“n点注水井网”是指以油井为中心，周围的几口注水井两两相连，构成一个注采单元，单元内的总井数为n，称为n点法面积注水；若以水井为中心，周围的几口生产井两两相连，构成一个注采单元，其井数为n，则为反n点法面积注水(图1-17)。

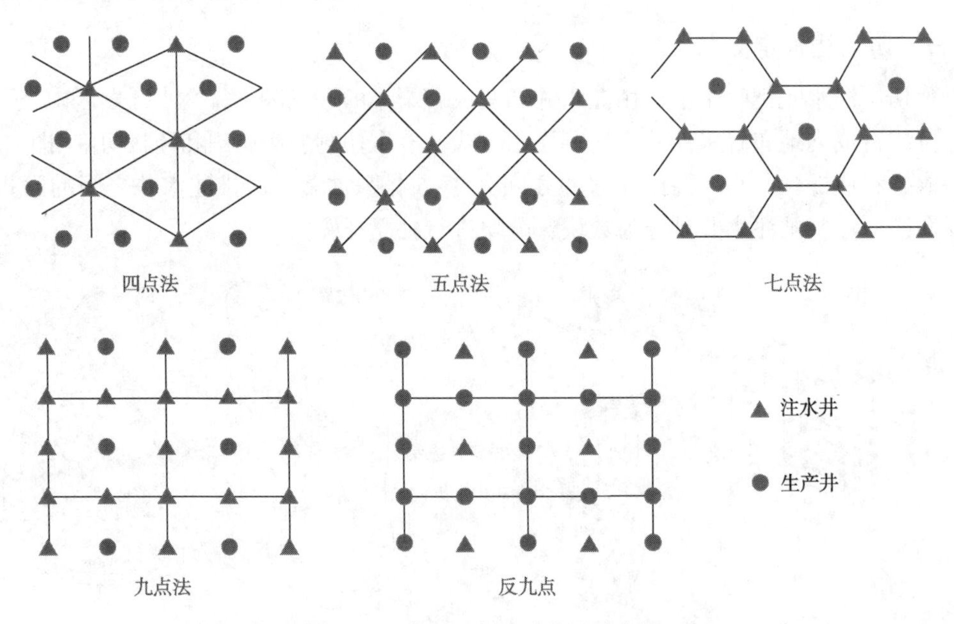

图1-17　常用面积注采井网示意图

（二）面积注水优缺点与适用条件

与其他注水井网相比，面积注水适用性广泛，无论是含油面积小、油层分布复杂、延伸性差的油藏，还是含油面积大物性好的油田，以及含油面积大而构造不完整、断层分布复杂的油田，均可采用面积注水取得好的开发效果。

采用面积注水的方式，油田开发区域可以一次投入开发，储量动用较充分；采油井都处于注水第一线，容易见到注水效果，采油速度高，提高采收率效果好。因此，一些初期采用行列切割注水方式开发的油田，也逐步地补充或演化为面积注水方式。

四、点状注水

点状注水(不规则注水)是指注水井零星分布在开发区内，常作为其他注水方式的一种补充形式。当含油面积小(如小型断块油田)，油层分布不规则，规则的面积井网难以部署时，一般采用不规则的点状注水方式。

油田开发初期，要结合具体的地质条件、流动性特征以及开发的要求，采用合适的井网部署方式。渤海油田目前常采用反九点井网、五点井网、水平井井网和不规则井网相结合的方式。

第四节　注水开发阶段划分

目前渤海油田91%的产量来自注水开发的油田，注水开发技术是目前最经济、最有效、最成熟的油田开发主导技术。

一、注水油田开发阶段的划分

（一）按含水划分开发阶段

注水开发油田的每一口油井，按含水上升和采油量变化，大体可以划分为五个阶段(图1-18)：无水采油阶段、低含水采油阶段、中含水采油阶段、高含水采油阶段、特高含水采油阶段。

1. 无水采油阶段

从油井投产开始到油井见到注入水之前的开发阶段。在这一个阶段，注水见效后，油层压力稳定或上升，油井只出油不出水。这个阶段的油井产量，除取决于地下天然因素(如油层厚度、油层渗透率及原油黏度)以外，在生产管理上，主要决定于油井生产压差的大小。生产压差是指油层压力与油井正常生产时井底压力(又称流动压力)的差值。

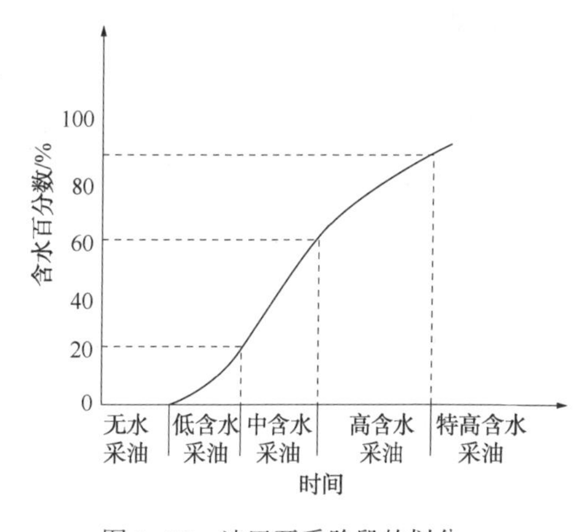

图1-18　油田开采阶段的划分

生产压差越大，产油量越高。改变生产压差的措施除保证注水，使油层中的能量及时补充，使油层压力稳定保持在原始地层压力附近外，主要是掌握油嘴的大小，改变井底压力。油嘴是原油喷出地面后进入输油管线的最后一个关口，井筒中的原油最后通过油嘴进入管线。油嘴一般直径都很小，只有数毫米至1~2cm，只有油井产量特别高时，才用更大的油嘴。油嘴越大，原油喷出越多，这时流动压力越低，当油层压力不变时，生产压差就越大。所以油嘴越大，生产压差越大，产油量也越多。但是，并不意味着油嘴越大越好，如果大得超过油井生产能力，达到一定限度，放大油嘴也不会增产，反而会引起井底出砂或其他一系列问题。

2. 低含水采油阶段

指油井见水开始，到含水率为20%这一期间。这个阶段中，主要是个别高渗透油层先见水。油井见水以后，含水逐渐上升，由于井筒内既出油又出水，液柱比重不断增加，引起流动压力升高，生产压差减小，如果不采取调整油嘴的措施以增大生产压差，油井产量将随含水上升而下降。这个阶段是注水见效、主力油层发挥作用、油田上产阶段；此开发阶段的目标是延长低含水开采期，提高油田采收率。

3. 中含水采油阶段

中含水采油阶段指油井含水率在20%~60%这一期间。这个阶段中，油井见水层和来水方向都逐渐增多，层间和平面上的油水分布出现错综复杂的情况，层间矛盾和平面矛盾日益加剧，随着含水上升，产油能力有所下降，要积极采取调整挖潜措施，发挥那些未见水层或低含水层的作用，保持油井的稳产。在这个阶段主力油层普遍见水，部分油层水淹，层间和平面矛盾加剧，含水上升较快，产量递减大；此开发阶段的目标是提高油层动用程度，控制含水上升速度和产量递减。

4. 高含水采油阶段

高含水采油阶段指油井含水率大于60%~90%这一期间，这个阶段油井生产能力普遍下降，由于含水升高，井筒内液柱相对密度等越来越大，自喷能力更差，稳产困难，采油速度逐渐降低。在这个阶段多层见水，各类油层不同程度水淹，井况变差；此开发阶段的目标是控制含水上升速度和产量递减率，努力延长油田稳产期。

5. 特高含水采油阶段

特高含水采油阶段指油井含水率大于90%，这个阶段在油田实际开发的过程中，往往出现采油速度较低，剩余油高度分散，注入水低效、无效水循环的矛盾越来越突出，同时加上井况恶化以及开发经济效益相对低下的特征，油田挖潜稳产难度极大；此开发阶段的目标是改善储层吸水状况，控制注入水低效、无效循环，提高驱替效率。

（二）按产量变化划分开发阶段

产量是油田开发的一项主要生产指标，产量的变化可以显示油田开发生产的进度、油藏剩余储量的多少与驱动能量的强弱，产量高低常能很好地反映油田开发的发生、发展和衰亡的基本过程。

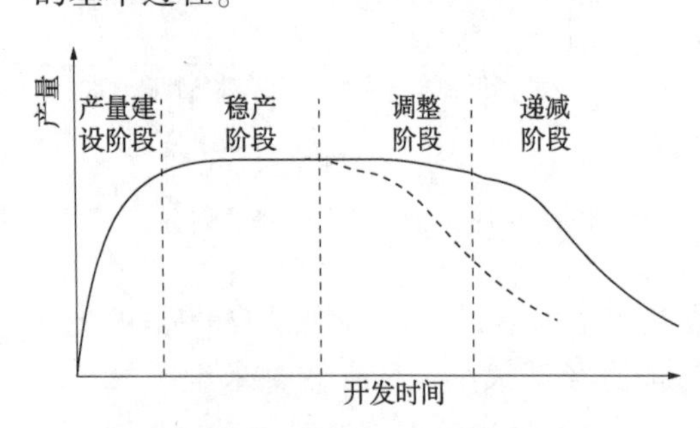

图1-19　渤海油田开发阶段的划分

渤海油田开发历程一般分为以下四个阶段：产能建设阶段、稳产阶段、调整阶段和递减阶段（图1-19）。

1. 产能建设阶段

产能建设阶段始于开发井开始投产之初，而结束于多数开发井投产完毕的某一时间，以油井逐渐投产、产量急剧增加为主要特点。

2. 稳产阶段

稳产阶段始于多数开发井投产完毕、产量达于高值的某一时间，而结束于产量由高转低、急剧变化的某一时间。此阶段以生产井数变化不大、油井与油田产能旺盛、产量变化较小为特征，是油田开发生产的黄金阶段。

3. 调整阶段

调整阶段始于油田由稳产转下降时，通过实施综合调整方案、局部调整等措施以延缓产量递减的趋势，是油田开发中各种矛盾交织、调整控制频繁的阶段。

4. 产量递减阶段

产量递减阶段始于油田由稳产转下降时产量变化出现明显转折的某一时间，结束于产量经过长时期下降已经很低、生产井数因水淹或枯竭不断减少、产量递减则由于低产而变得平缓的油田开发后期阶段。

渤海油田于1964年投入开发，经过几代渤海人的持续努力，2010年渤海油田上产3000×10^4t，并持续稳产。在开发过程中，针对存在的主要问题，积极以提高专业科学技术综合实力、公司竞争力、可持续发展中的贡献为中心，选择重点技术，实施重点突破和攻关，增强自身创新能力。尤其是“十二五”以来，在陆相砂岩剩余油描述技术、陆相砂岩常规稠油稳油控水技术、老油田实施调整井与整体加密调整挖潜技术等在油气田开发领域均取得显著进展，为渤海油田稳产3000×10^4t规模提供了技术保障。

第五节　注水方案的编制与实施

注水方案是实施注水开发油田的纲领性文件，与油田开发的经济技术效果有必然的联系，只有编制好注水开发方案，做好注水方案的实施管理，才能实现科学、合理、高效开发油田的目的。注水方案的编制按照油田投入开发时间划分为：新开发油田投产初期注水方案、老油田开发过程中的注水调整方案；按照调整对象划分为：区块注水调整方案、单井注水调整方案。

一、新开发油田投产初期注水方案

新开发油田在注水井投注前，要针对所开发油藏特点，开展注水时机、注水压力界限、储层敏感性、注水水质、合理采油(液)速度等技术参数的系统研究，指导新井投产后开发调整。注水井投注后严格按照相关规定进行试注，取全、取准第一手资料，及时了解油层吸水能力，遵循注采平衡原理，编制好注水方案。

二、老油田开发过程中的注水调整方案

注水调整方案的编制主要包括以下几方面内容：

1. 注水调整区域概况

简要概述注水调整区域地质油藏特征，在开发阶段划分的基础对开发历程进行分析，说明油田目前开发现状。

2. 地质油藏再认识

在以往地质认识的基础上，利用新增加的各种动静态资料，针对开发过程中出现的问题，开展油藏精细描述，进行地质油藏再认识。主要包括：地层划分与对比、构造特征、储层特征、流体分布及性质、油藏温度与压力以及驱动能量与驱动类型、地质储量以及综合地质研究及油藏再认识建立三维地质模型等。

3. 注水开发效果评价

注水开发效果评价主要包括以下几方面内容：生产动态及开发指标评价、储量动用状况评价、储量控制状况评价、能量保持与利用状况评价、采收率评价、层系井网适应性评价。

4. 剩余油分布研究

应用动态监测资料和密闭取心井岩心分析资料，结合油层沉积特征，研究调整区平面、

层间和层内的水淹状况和剩余油饱和度分布状况；应用测井资料，建立岩性、物性、含油性以及电性的“四性”关系图版和公式，解释新钻井的水淹层情况，确定出油层原始、剩余、残余油饱和度的数值，从而确定剩余油饱和度分布状况；应用油藏数值模拟和油藏工程方法确定剩余油饱和度分布状况；对于进行热采的稠油油藏，应分析评价油藏的温度场和压力场对剩余油分布的影响。

5. *注水调整必要性及原则思路*

通过水驱开发效果评价及剩余油研究，分析调整区开发存在的主要问题，明确注水调整的必要性。调整原则应符合国家的能源政策、法规和企业的发展战略；应提高储量动用程度，增加开发年限内的可采储量，提高经济采收率；应有效提高资源利用率，以尽可能少的投入获得最佳的经济效益；应能够缓解开发矛盾，保证调整区的可持续开发。

调整思路及方法如下：对于注采系统不完善的情况，进行以“完善注采井网”为主的注水调整；对于层间矛盾严重的多油层合采油藏，进行以“细分开发层系、细分注水、分层调配”等为主的调整；对于地层能量保持水平不合理的情况，进行以“合理注采比”等为主的调整；对于平面及纵向水驱不均的情况，进行以“注水结构”等为主的调整；对于平面及纵向产液不均的情况，进行以“产液结构”等为主的调整。

6. *注水开发方案部署*

首先是制定注水调整技术政策，主要包括下述几方面内容：①对目前注入方式效果和适应性进行评价；②针对探明储量注采系统不完善的情况，结合剩余油分布特征，对井网方式及井型、井距进行优化；③针对层间矛盾严重得多油层合采油藏，结合储层及剩余油分布特征，以提高纵向动用为目标，对开发层系进行合理划分；④对于海上油田大段防砂的情况，开展细分注水及分层调配；⑤确定合理注采比，确保油田注水量能够满足油藏能量需求；⑥针对平面及纵向水驱不均的情况，结合储层及剩余油分布特征，完善注采系统，进行注水结构的平面优化调整，加强分层调配，进行注水结构的纵向优化调整；⑦对于平面及纵向产液不均的情况，结合储层及剩余油分布特征，以油井合理产液能力为基础，进行全油田分区的产液结构调整、分类井的产液结构调整、单井结构调整。

以注水调整技术政策研究为基础，完成注水调整方案的制定，包括基础方案、注水调整可行方案，根据经济效益、开发指标对比，优选技术可行、经济有效、生产合理、抗风险能力强、绿色环保的方案作为推荐方案。结合剩余油分析以及方案优选结果，对注水调整方案的风险进行分析并对开发风险进行量化，形成低方案；对注水调整方案的潜力进行分析并对开发潜力进行量化，形成高方案。

注水开发调整方案中要明确对钻井实施、完井实施、开发工程、资料录取、随钻跟踪和研究工作的要求，综合完成注水调整方案报告的编制。

三、注水方案的实施与管理

（一）建立注水系统

按照油田开发方案总体要求，实施产能建设，建立注水系统。注水系统建立包括钻井、完井、投(转)注、地面注水系统建设等。

(1) 注水井钻完井要满足分层注水工艺要求，优化井身结构，生产套管的固井水泥返高要达到方案设计要求，利用声波变密度测井评价固井质量；钻完井过程中必须做好油层保护工作，保证钻完井液与储层岩石和流体性质的配伍性。

(2) 注水井投(转)注方面，需要排液的注水井排液时间要求控制在三个月以内，确定经济合理的排液方式和排液强度。新投注水井和转注井，必须在洗井合格后开始试注，获得吸水指数、油层注水启动压力等重要参数，确定油层的吸水能力，检验水质标准的适应性。在取得相关资料后方可按开发方案要求转入正常注水井生产。

(3) 地面注水工程设计要依据前期试注资料及油藏工程方案中逐年注水量和注水压力趋势预测，总体布局，分步实施，合理确定建设规模和设计压力，设计能力应适应注水油田开发的需要。

(4) 注水设备选择应按照“高效、节能和经济”的要求，优选注水泵型，合理匹配注水泵机组。

(5) 采出水回注原则上采出水处理合格后应全部回注，外排污水必须达到国家或当地政府规定的排放标准。

(二) 加强注水管理

加强注水过程管理和质量控制是实现“注好水、注够水、精细注水、有效注水”的必要保障。要从注水源头抓起，编制注水方案、优化注水工艺、严格水质监控、强化注水井生产管理。从地下、井筒到地面全方位抓好单井、井组、区块和油田的全过程注水管理和注水效果分析评价，实时进行注水措施跟踪调控。

注水过程管理主要包括以下几方面：

(1) 建立和完善注水管理制度和技术标准；

(2) 定期进行注水过程分析与评价；

(3) 及时调整配注方案；

(4) 取全取准各项动态监测资料；

(5) 严格执行注水井资料录取管理规定；

(6) 注水水质监测及时准确；

(7) 进行注水系统设备运行控制；

(8) 注水井管柱和井况检查；

(9) 注水井分层测试调配；

(10) 执行注水井洗井和作业管理制度。

油田注水开发要把“注好水、注够水、精细注水、有效注水”的理念贯穿油田注水工作的始终，努力控制油田含水上升率和产量递减率，提高油田水驱采收率。油田注水是一项系统工程，油田地质、油藏工程、采油工程和地面工程要紧密结合，充分发挥各专业协同的系统优势。要科学制定注水技术政策、优化注水调控对策、强化注水过程管理和注水效果分析与评价、注重队伍建设与技术创新，努力提高系统效率。

第二章　油藏描述技术

第一节　油藏描述任务

一、油藏描述概述

（一）油藏描述的定义

油藏描述是20世纪70年代末出现，80年代开始发展，并在不断完善的一项对油气藏进行综合研究，对油藏开发地质特征进行定量描述，并对油藏进行解释、预测及评价的技术。它把地质、地震、测井、生产动态、测试和计算机技术等融为一体，通过多种数学工具，以石油地质学、构造地质学、沉积学为理论基础，以储层地质学、层序地层学、地震地层学、地震岩性学、测井地质学、油藏地球化学为方法，以数据库为支柱，以计算机为手段，对油藏的格架、储层属性及其内部流体性质的空间分布等进行全面的综合研究和描述，最终建立一个三维、定量的油藏地质模型，从而为合理开发油(气)藏制定开发战略和技术措施提供必要的、可靠的地质依据。油藏描述贯穿于勘探开发的全过程，从第一口发现井到油田枯竭为止是多次滚动进行的。

（二）油藏描述的目的和意义

油藏描述的目标就是要对油藏三维空间各种开发属性进行系统的整体定量表征和准确预测。

目前，包括中国在内的一些主要产油国都面临着这样的形势：有利的含油气盆地及已开发的油气田都进入了勘探开发的高成熟期，勘探工作逐步转入地处偏远，自然条件恶劣的地区，勘探成本大幅度提高；开发工作则面临着老油田含水上升，产量递减等问题。如何成功地开发新油田及对老油田挖潜稳产、提高采收率便成为开发工作者面临的两个重大课题。现代油藏描述技术正是顺应这一形势发展起来的，并显示出了巨大的作用和勃勃生机。

目前，世界上不管是新油田还是老油田的开发都会进行油藏描述，其差别只是深浅程度的不同而已。

（三）油藏描述发展历程

油藏描述是一项服务于油气田勘探和开发的油藏地质综合评价关键技术，引起国内外广泛的关注和重视，并得到迅速发展。近30多年来，油藏描述的发展总体上可分为以下三个阶段：20世纪70年代，测井为主体的油藏描述阶段；80年代，多学科油藏描述发展阶段；90年代至今，多学科一体化油藏描述技术——现代油藏描述。油藏描述技术未来的发展方向是：进一步发展及应用储层层次界面分析，应用井间地震技术和四维地震技术监测油藏开采动态等。

海上油田同样也经历了这三个阶段。但鉴于海上油田的开发高科技、高投入、高风险特点，经过 20 多年的发展和应用，目前海上油田已经形成了许多油藏描述的理论和技术，如相控等时地层划分与对比、基于高分辨地震资料储层横向预测技术、不同沉积相类型储层预测等。

二、油藏描述的内容及特点

（一）油藏描述内容

油藏描述就是对油藏各种特征空间进行三维空间的定量描述和表征及其预测。从其发展过程及所能解决的问题，油藏描述可分为对油气田的静态描述和动态描述两个阶段。静态描述是油藏描述的基础，动态描述则是静态描述技术的进一步发展和完善。海上油田静态油藏描述主要是在开发初期开展，在开发中后期主要开展动态描述。

具体描述内容如下：

1. 地层划分与对比

地层研究的目的是搞清研究区的地层层序，划分出主要含油层系，并通过地层(油层、小层、单砂体)对比，确定油田油水系统，划分出开发层组和开发层系。

2. 构造描述

构造研究的目的是将油田构造(形态、幅度、产状、闭合高度、闭合面积)和断层(性质、断距、产状、封闭情况)以及砂体的局部微构造特征搞清楚。在油田开发初期，主要依靠地球物理(主要是地震)和少数钻井、测井、试油、试采资料；在开发中后期，则进一步依靠重采集地震资料、井间地震资料，结合钻井、测井资料，以及详细的生产动态资料，开展构造研究。

3. 沉积(微)相

沉积(微)相研究目的是阐明油田沉积物源及其方向、沉积体系、沉积相模式。油田开发初期，主要利用三维地震资料，结合钻井、录井资料，根据各种地震属性，开展地震相分析，进而开展沉积相分析。对于某些钻井资料相对较少的油田，在测井相、岩心相研究的基础上，结合沉积模拟技术开展沉积相的研究。开发中后期，随着油水井资料的进一步丰富，可进一步结合丰富的钻井、测井资料，结合动态资料开展沉积微相的研究。

4. 储集层描述

储集层描述研究目的是按不同区块分油层组、砂层组、小层及单砂层，描述其储层砂(砾)层厚度、有效厚度、砂(砾)层的层数、砂(砾)体形状及纵横向的分布及变化。总之，碎屑岩储层描述的基本单元为油组、小层、砂组、单砂体或韵律层。

5. 储层物性及成岩作用

储层物性描述主要包括孔隙度、渗透率、饱和度、孔隙结构等。通过岩心的常规实验测试开展储层研究是最客观直接的方法。

成岩作用研究目的是阐明油田储层成岩作用、成岩顺序、成岩阶段和成岩相，指出有利于储集油气的成岩期。其主要应用显微薄片、铸体片、阴极射线、扫描电镜并结合其他资料。

6. 储层流体性质及分布

储层流体性质及分布描述主要目的是描述不同层段地面原油性质(组分、密度、黏度、凝点、含蜡量、含胶量、含硫量、沥青质、初镏点等)、地层原油性质(密度、黏度、气油比、体积系数、饱和压力、压缩系数和溶解系数等)、不同温度条件下原油性质的变化(流变性、黏度、析蜡温度、蜡熔点等)及其在平面上的变化。

7. 油藏的温度、压力系统

油藏的温度、压力系统主要是根据实测温度，确定油藏油、气、水层温度，计算地温梯度，建立地温梯度曲线，判别油藏温度系统。

8. 油藏天然能量和驱动类型描述

油藏天然能量和驱动类型描述主要目的是依据油藏几何形态、砂体展布特征、油气水关系、储集类型、流体性质、压力、温度系统、地饱压差和产能高低等资料，确定油田天然能量及油藏驱动类型。

9. 储层非均质性

储层非均质性性质主要包括：储集体在三维空间展布(面积、厚度、横向连续性、纵向连通程度等)、油藏储层的宏观展布特征(包括层厚、分布和夹层、含油性、连续性等)、主要物性参数——渗透率的非均质性。

10. 油藏地质模型建立

油藏地质模型的主要任务是将研究得到的地质认识体现到模型中。对于海上油田来说，地质模型平面网格宽度应小于最小建模单元宽度，以河流相建模为例，平面网格宽度应小于单期河道宽度，垂向网格厚度应小于单砂体平均厚度。以河流相建模为例，垂向网格厚度应小于单期河道砂体厚度，一般情况下垂向网格厚度为 1m 左右。对于油藏模型来说，模型网格方向尽可能与油水边界线、断层线、井网排列方向相匹配，对于各向异性情况，还应考虑注采渗流方向，并根据不同区域特点及不同的开发阶段选择合适的网格精度。数模网格一般要求正交，平面上最好为正方形网格。

(二) 油藏描述的特点

油藏描述的特点就是将油藏的各种属性(如构造、地层、储层、油气水等)看成一个完整的系统来研究。油藏描述工作都遵循着从一维“井剖面”的描述到二维“层”的描述再到整体描述的三步工作程序，依赖于基本的油藏描述技术，即井孔柱状剖面开发地质属性确定技术，细分流动单元及井间等时对比技术和井间属性定量预测技术。油藏描述贯穿于勘探开发的全过程，从第一口发现井到最后废弃为止是多次分阶段进行的。由于不同开发阶段的任务不同，所拥有的资料基础不同，从而造成了不同开发阶段油藏描述所要描述的重点内容和精度不同，其所采用的油藏描述技术和方法也有很大差别。

具体到海上油田，油藏描述的阶段性和要解决的问题更加的明显和直接。在开发初期，首先利用一口或几口探井，结合高分辨三维地震资料，对油(气)藏进行综合研究与评价；在开发井实施后，则需要根据新增井资料，对油(气)藏进行深入的认识；在油田开发中后期，含水较低时主要利用大量油水井的资料，结合地震资料进行油藏描述；当油田开发进入高含水期和特高含水期后，主要结合动态资料、四维地震等资料针对剩余油分布及挖潜所进行的油藏进行描述。

第二节 油藏描述方法

一、海上油田油藏描述资料

（一）地质资料

地质资料包括区域地质、构造特征、沉积环境、油藏形成条件、地质录井(岩心录井、井壁取心、钻时录井、岩屑录井、荧光录井、钻井液录井、气测录井和各种地化录井)及其分析鉴定数据等。

（二）地震资料

海上油田需要充分利用与地质条件相适应的高精度地震资料(包括三维地震、高分辨率地震以及 VSP 资料等)，其精度应能够确定油藏构造形态，查明断层和断块，按描述阶段要求发现微小圈闭，圈定储集体，描述储层分布和连通性，估算储层参数，预测油气藏分布等。

（三）测井资料

按描述阶段要求，从本油田地质特征出发优选测井系列：标准测井系列、组合测井系列、水淹层测井系列及层内细分测井系列，测全各种曲线，建立各种参数解释图板。选择适当的井进行全井段声波测井、密度测井，为标定地震资料和反演解释提供依据。

（四）试油、试井、试采资料

所有发现井和评价井、开发资料井均应选择适当的井层进行测试，取得产能、油层参数、流体性质资料；所有注水油田(藏)开发先导试验都应选择开发资料井进行试注、试采，了解其注采能力，流体性质变化规律。边底水、气顶油藏还要进行试水、试气，了解油藏天然能量大小。

（五）油田开发动态监测资料

油田开发动态监测资料包括压力、流体流量、流体性质、水淹状况、储层特征变化、原油外流、油气水界面变化、温度场、井下技术状况、生产动态测井(产液剖面和注入剖面)等。

（六）数据库

数据库包括三维地震数据库、测井曲线及成果数据库、测试资料数据库、分析化验数据库、开发综合数据库、井位及测线位置数据库、单井基础数据库、油藏描述所需其他数据库。

二、油藏描述阶段划分

对于海上油田来说，一般可大致划分为开发初期阶段(含水率<20%)—开发中期阶段(含水率 20%~80%)—开发后期阶段(含水率≥80%)，每一阶段都反映了科研人员对油藏认识的深化。

从油藏描述的角度看，虽然不是每一个小的开发阶段的油藏描述都有重大区别，但这三个大的开发阶段，油藏描述则有着很大的差别，表现在所拥有资料的程度、要解决的开发问题及油藏描述的重点和精度都极不相同，加之渤海油田陆相储层的复杂性，从而造成所采用的油藏描述技术和方法也有很大差异。

（一）初期油藏描述

海上油田开发初期主要应用三维地震和所有探井、评价井的岩心、测井、测试、试油等资料，并通过类比周边油田地质油藏特征，描述油藏的构造形态、储层类型和流体性质、产能，确定油藏类型，具有较高的地质可靠程度，为建立地质模型，提交探明地质储量和可采储量，及油田开发方案设计提供依据。并且在开发井实施过程中及时根据实施情况，对油藏认识进行调整。

（二）中期油藏描述

海上油田开发中期主要是在油田开发方案实施后，增加开发井、生产动态等资料后，修正油藏构造形态、断裂系统、储层沉积类型、岩性、物性、结构特征、流体性质及分布规律，搞清油气富集规律，完善油藏地质模型，为储量复算、开发调整提供依据。

（三）后期油藏描述

油田开发后期要求更精细、准确、定量地预测出井间各种储集体内部成因单元的非均质性及其在三维空间的分布规律。应充分利用这一阶段取得的所有静态、动态资料，结合油藏工程的生产动态分析，开展微构造研究、单成因砂体划分及小尺度的井间参数预测，对构造、储层、剩余油分布等地质特征作出当前阶段的认识和评价，建立三维地质模型，为油田调整挖潜、提高采收率提供可靠的地质依据。

三、海上油田不同开发阶段油藏描述技术要求

（一）初期油藏描述

构造方面以三维地震为主，结合探井、评价井资料描述油藏构造，重点描述圈闭特征、断裂特征及构造演化。提供目的层顶面或底面 1∶10000（或 1∶25000）构造图，描述并确定三级以上断层（表 2-1）。

储层研究要求达到砂层组（或主力油层），并综合运用地震、地质、测井等资料，以地震技术为主，预测储集层空间几何形态的分布。对于进行砂体描述的储层，应开展砂体定量表征及连通性分析；对于不能进行砂体描述的应开展定性-半定量地质地震一体化储层预测，编制砂层组或小层砂体平面厚度图。以平面非均质性和层间非均质性为主，通过原型模型及地质知识库的建立，预测储层连续性和连通性的三维空间分布，层内非均质性可建立层内非均质模型。对于复杂岩性储层，应明确优质储层发育控制因素，结合多种手段开展优质储层展布。

沉积相研究主要把握大相和亚相两个级别的划分，平面上沉积相展布以亚相为主（沉积微相可以描述），最终确定储层沉积亚相并建立沉积相模式；并应用开发测井进行定量、定性的地质解释，必须以储层的“四性”关系为基础，结合开发地质特征选择和确定本油区的测井系列。

开发方案设计阶段油田钻井资料较少，应强调地震资料的应用，同时由于对储层特征的认识较少，应强调储量不确定性和敏感性分析。地质模型的建模单元要求达到砂组(主力油层)。地质模型的平面网格精度要求：200m×200m，垂向上视油藏具体情况确定描述单元精细程度。

表 2-1　不同开发阶段精细油藏描述的任务、主要内容及技术方法

精细油藏描述阶段	资料及研究任务	主要描述方法	研究尺度	研究成果
初期 (含水率小于 20%)	1. 大井距探井、评价井+地震资料 2. 开发井实施及随钻调整	1. 小层划分精细对比与划分技术 2. 复合砂体识别及精细描述	1. 构造幅度≥15m，断距≥20m 2. 复合砂体	1. 建立静态地质模型 2. 形成复合砂体顶底面构造图 3. 绘制复合砂体沉积相图
中期 (含水率 20%~80%)	1. 稀井网(井距 300~400m)+地震资料+动态资料 2. 注采井网调整及精细注水研究	1. 构造精细解释及砂体精细描述 2. 三维互动的井间储层对比技术 3. 单砂体识别及隔夹层划分技术	1. 构造幅度≥10m，断距≥10m 2. 单砂体	1. 建立预测地质模型 2. 形成单砂体顶底面构造图 3. 绘制单河道或单砂体沉积微相图
后期 (含水率大于 80%)	1. 密井网+高分辨率地震资料+丰富的生产动态资料 2. 剩余油研究及井网加密调整	1. 微构造及细分沉积微相研究技术 2. 流动单元及水淹层精细解释技术 3. 储层内部构型精细解剖技术 4. 小尺度地质界面等效表征技术 5. 河流相油田剩余油定量描述技术	1. 构造幅度≥5m，断距≥5m 2. 单成因砂体	1. 建立精细网格地质模型 2. 形成小尺度等效界面 3. 绘制单成因砂体图件

(二) 中期油藏描述

这一阶段的资料特点是：开发井网已初步成型，拥有了以测井资料为主的大量开发井资料，同时逐步积累了大量动态资料。对构造和储层连通性认识也越来越清楚，地质建模应强调对构造和储层特征的精细刻画。提供主力小层或单砂层顶面或底面构造图(1∶10000)，构造幅度大于 10m，等高线不小于 5~10m，应解释断距大于 10m，长度大于 200m 的断层(表 2-1)。

储层研究要求利用本阶段的所有静态、动态资料，以及对储层连通性认识，在三维空间对储层展布特征和储层连通性进行精细刻画；碎屑岩储层描述单元应到小层或单砂层。成果应用后，主要调整井的砂层钻遇率、油层钻遇率、初期含水等指标要达到成果预测指标的70%以上。

沉积相研究侧重于细分沉积微相，碎屑岩油藏描述到单砂体微相，描述不同沉积微相在空间的分布规律，建立研究区沉积微相模式，并对各类沉积微相进行综合评价。

该阶段应开展水淹层解释。根据注水开发前后储层岩性、物性、含油性及电性变化在测井曲线上的响应特征，初步判断油层是否水淹；结合“查特征、比邻井、找水源”综合分析对比后，定性指出水淹层位。通过计算原始饱和度和剩余饱和度得到驱油效率，结合相对渗透率曲线计算含水率，进一步定量划分水淹级别(未、弱、中、强水淹层)。

该阶段地质建模应将动态资料反映的井间连通性及非均质性量化为井间砂体连通概率，约束沉积相建模；并且应将数值模拟历史拟合后井间连通性的认识反馈到地质模型中，约束沉积微相建模。

(三) 后期油藏描述

油田进入开发后期，一方面各种资料极其丰富，另一方面地下油水关系复杂，实施各种挖潜、提高采收率措施的难度越来越大，要求必须更加精细地描述油藏(表 2-1)。

描述单砂体或流动单元的微构造特征，进一步落实断层位置，包括小高点、小构造、小断层等，描述微构造与剩余油的关系，确定水驱可动剩余油富集区域的有利圈闭和潜力点，编制单砂体微构造图(1：5000)。作法是以较密井网资料为基础，直接以分布较广的主力油砂层顶面或底面为准，采用 1~5m 小间距等高线，用等值线内插法绘制构造图。正韵律油层以底面为准作图；反韵律油层以顶面为准作图；对底水厚油层，顶底面均作图。

储层细分成因单元，碎屑岩油藏描述到单砂体。结合井资料和生产动态资料，描述隔夹层类型、刻画隔夹层在空间的分布规律。根据不同的遮挡特征描述剩余油分布状况。

沉积相研究主要结合井资料和动态资料，检验和修正储层沉积微相划分结果以及储层渗流差异。根据不同的渗流差异特征描述剩余油分布状况。

该阶段应注重开展注水前后储层结构的变化，确定注水影响前后的储层物性、孔隙结构、黏土矿物、润湿性、储层宏观非均质性的变化，描述这些参数的变化规律，确定大孔道及堵塞层的分布状况；描述油藏注水开发后原油性质的变化。确定长期水冲洗和各种人为措施影响前后的储层物性、孔隙结构、黏土矿物与润湿性、储层宏观非均质的变化，描述这些参数的变化规律。确定大孔道及堵塞层的分布状况。

地质建模在油田开发后期模型的基础上应强调对局部微构造和储层构型的描述。主要利用地震、地质和动态资料，特别是密井网资料，在三维空间对局部断层形态和人为构造特征进行精细刻画；利用更为丰富的动静态资料，特别是密井网资料，对主力储层的内部构型进行精细刻画，表征和预测影响地下流体流动的储层内部成因单元的空间分布及其非均质性，应反映平面上十米级的变化、纵向上分米级的变化。

四、海上油田地质建模技术要求

根据《海上油田河流相储层地质建模技术要求》(Q/HS 2060—2011)，海上油田储层地质建模一般可分为建模范围、网格设计、构造模型、地层模型、沉积相模型、物性模型、流线模拟、模型储量计算、模型评价与优选、模型粗化共 10 个步骤。

(1) 建模范围应覆盖叠合含油气范围，同时考虑水体计算和油藏数值模拟的需要。

(2) 平面网格宽度应小于单期河道宽度，垂向网格厚度应小于单期河道砂体厚度；模型网格方向尽可能与油水边界线、断层线、井网排列方向相匹配。对于各向异性情况，还应考虑注采渗流方向，并根据不同区域特点及不同的开发阶段选择合适的网格精度。

（3）构造模型包括建立断层模型与层面模型。断层模型根据断层解释数据和井点断点数据，建立时间域和深度域断层模型。断层模型应满足以下质量要求：①断层面与井点断点数据匹配；②准确反映断层面空间形态；③准确描述各级断层之间的组合关系；④准确描述断裂系统特征。层面模型根据地震解释数据在井点分层数据和断层模型的约束下建立时间域和深度域层面模型。层面模型应满足以下质量要求：①层面与井点地质分层数据一致；②正确反映层面与断层的交切关系；③准确反映构造形态和特征。

（4）地层模型包括地层划分和对比、建模单元选择与细分层面计算。依据小层划分结果，选取建模单元。建模单元的选择满足以下要求：①已经计算储量的地层单元；②具有储量潜力的地层单元。对于细分的层面在构造模型的约束下，对选取的建模单元，根据井点地质分层数据，内插产生细分层面。

（5）沉积相模拟应根据对地质特征的认识程度，选择随机建模方法或确定性建模方法。如果砂体解释数据满足研究需要和精度要求，可在砂体解释范围内采用确定性建模与随机模拟相结合的方法建立沉积相模型。开发后期，密井网且地质认识确定的情况下，可以选择确定性方法。采用随机模拟方法时，根据沉积微相分布特征，选择合适的模拟算法，模拟结果要符合地质沉积规律。针对条带状河流相砂体的模拟，建议采用基于口标的示性点算法；连片状河流相砂体的模拟算法，可选择基于像元的序贯指示模拟。

（6）物性模拟以井点解释数据为基础，采用微相控制的随机模拟方法。海上油田采用地震数据约束物性模拟时，应注意需要根据数据统计与分析结果设置地震数据与物性参数的相关系数。

（7）流线模拟在开发方案设计阶段，结合模型评价与优选的需要开展，主要包括虚拟注采井网设计、模型参数设计、油藏参数设计、相态数据设计、井数据设计等。

（8）模型地质储量与储量报告的地质储量误差原则上不应超过10%。如果误差超过10%，分析误差产生的原因。根据地质认识程度，确定影响储量计算结果的主要因素，开展不确定性分析。储量计算的不确定性分析包括但不限于以下方面：流体系统的划分、油水界面不确定性、有效储层下限值。

（9）模型的评价与优化主要以地质模型储量及可驱替体积作为评价地质模型不确定性的定量指标，确定性方法与概率法相结合，评价地质模型的不确定性。三维储层地质模型不确定性的定量评价包括六个步骤：①根据构造、沉积微相、测井解释参数、流体系统等多方面的分析，选取不确定性因素，确定其变化范围。②对初步筛选出的不确定性变量进行试验设计。③根据试验设计建立一系列三维地质模型，计算每个模型的地质储量；在地质模型基础上进行流线模拟，计算可驱替体积。④采用假设检验方法进行显著性分析，分别分析不确定性变量对地质储量和对可驱替体积的影响程度，分别建立不确定性变量、地质储量及可驱替体积的多项式响应曲面。⑤根据多项式响应曲面和不确定性变量的取值范围，用蒙特卡罗法计算地质储量和可驱替体积，分别绘制地质储量和可驱替体积的概率密度图和累积概率分布曲线。⑥绘制地质储量与可驱替体积交会图，根据分布范围选取代表“悲观”“最可能”“乐观”的地质模型。

（10）模型粗化要求包括：孔隙度、净毛比采用平均算法，渗透率采用张量算法；粗化后模型的物性统计特征应与粗化前一致；粗化后模型地质储量与粗化前误差不应超过5%。

五、油藏描述主要技术方法

一般来说，所有的油藏描述工作都遵循从一维“井剖面”的描述到二维“层”的描述再到三维整体描述的三步工作程序。在开发初期，主要利用地震资料为主，(包括小层划分精细对比与划分技术、复合砂体识别及精细描述技术)。在开发中期，主要有构造精细解释及砂体精细描述、三维互动的井间储层对比技术、单砂体识别及隔夹层划分技术。在开发后期，主要有微构造及细分沉积微相研究技术、流动单元及水淹层精细解释技术、储层内部构型精细解剖技术、小尺度地质界面等效表征技术、河流相油田剩余油定量描述技术。

但正如上述，由于油藏描述有明显阶段性，所以每一阶段油藏描述的具体技术、方法、重点和精度都有很大差别，但是无论哪个阶段的油藏描述都要应用以下所述的这些技术和方法，只是同一种技术和方法在不同的油藏描述阶段的侧重点和要求有很大差别而已。

第三节　案例分析

一、渤南区域开发早期油藏描述

新近系砂岩油藏开发是2010年渤海油田实现年产3000×10^4t的重要组成部分。研究表明：新近系河流相油田砂岩具有单层厚度薄、横向变化快，利用规则井网开发很难与之匹配的特点。而新近系砂岩储量占渤海已发现石油储量的半数以上。少井高产是海上新近系砂岩油田经济、有效开发的基本策略，但该层系砂岩储层横向变化快，仅依靠构造图和海上稀疏的探井，通过分析对比井间地层变化来研究沉积微相、储层非均质性和各向异性，其成果达不到油田开发的要求。只有开展开发早期的油藏描述才能确保开发井的高效实施。

针对海上油田的特点，其研究的主要特点是充分利用地震资料，在地震资料分析和处理基础上，结合地质条件和钻井情况采用合适的地震反演技术，将地震数据、地质构造模型、井点测井资料有机地结合为一体，充分发挥地震在横向上资料密集的优势，研究储层特征的空间变化。具体研究方法包括：

(一) 波阻抗反演

针对河流相油田河道窄、迁移频繁、储层横向变化大等特点，为把握油田的储量规模和储量品质，认识砂体的空间展布形态及流体分布规律，以波阻抗反演技术为基础，以地质模式为约束，开展储层定量描述及精细刻画。该区明下段的地层组合特征是典型的“泥包砂”，砂岩含量仅在10%左右，在砂泥岩界面处非常有利于形成较强的地震反射。砂岩表现为低速低密度(也就是低阻抗)，在正常地震剖面也就是负极性剖面上，砂岩顶面对应波峰，底面对应波谷。从常规地震资料与反演地震资料的连井叠合地震剖面上(图2-1)可看出，井上钻遇砂层的地方，地震反射较强，而且是强振幅波峰波谷成对出现，强波峰下紧接着强波谷。常规资料波峰波谷振幅同时减弱处，在反演资料上表现为砂岩尖灭。

该方法的优点是：充分发挥前期构造研究成果和测井解释成果在反演中的约束作用；足够忠实地震资料，井间结果比较可靠。根据上述反演结果，结合钻井资料，利用自然电位曲线、自然伽马曲线分别对明下段主要含油砂体的顶底面进行了严格标定，并根据标定结果就可以开展砂体的精细追踪。

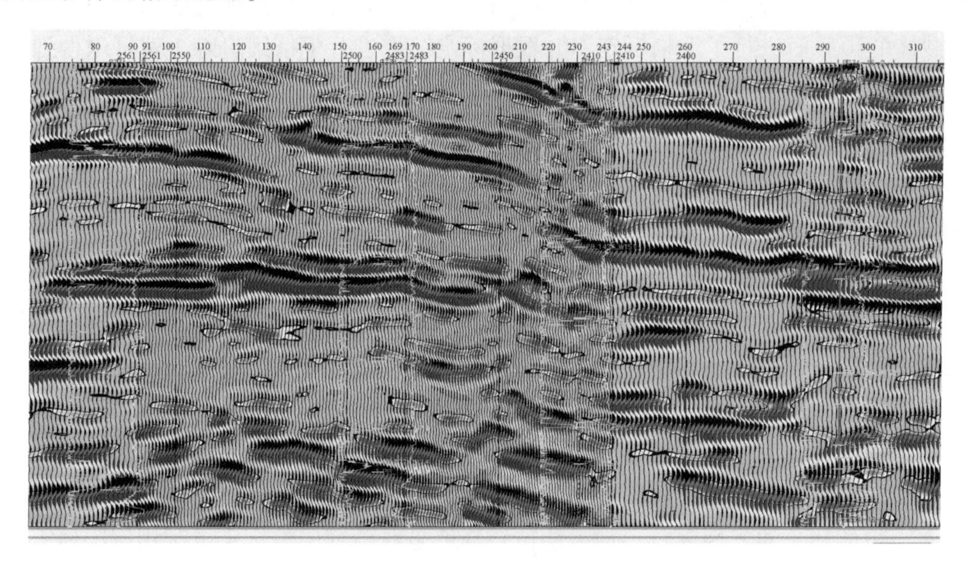

图 2-1　渤中 34-1 油田常规地震资料与反演地震资料连井叠合剖面

解释处理一体化带来针对不同目的处理的多套地震资料，对每套资料做反演、做砂体描述费时费力，很难跟上研究节奏。对地震资料做一定角度相移(如果地震资料为近似零相位则旋转 90°)可以得到近似的岩性剖面，通过大量的对比，该方法在一定的条件下能替代反演资料做储层描述，在不影响研究质量的情况下能大幅提高研究效率。经渤中 34-1、渤中 28-2S、渤中 29-4、渤中 19-4(图 2-2)等油田开发实践证实，该套方法准确、简单、快速，在一块工区有多套地震资料时能够大大减少反演和砂描的工作量，在海上复杂河流相油田早期开发过程中取得了很好的实践效果。

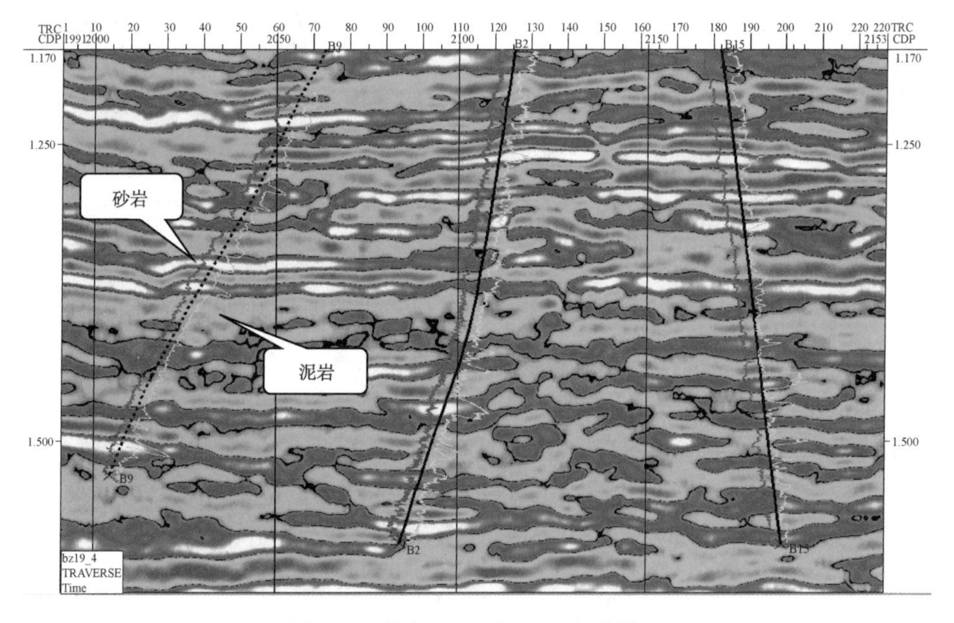

图 2-2　渤中 19-4 油田 90°相移剖面

（二）河流相油田储层顶底面深度及储层厚度精细刻画

根据上述反演结果，结合钻井资料，利用自然电位曲线、自然伽马曲线分别对明下段主要含油砂体的顶底面进行了严格标定，并根据标定结果进行了精细追踪，就可以得到砂体的形态及厚度图，从而指导油田的开发实践。

（三）河流相储层物性参数定量描述技术

当储层岩性、物性和含油气性在空间发生变化时，就会引起地震反射振幅、频率和相位等的相应变化，即地震属性发生变化，因此大多数地震属性与储层参数密切相关。通过已钻井点处不同储层参数与多种地震属性的交会分析，可以优选出相关度较高的地震属性去量化表达某一储层参数。那么，以储层参数信息为联系桥梁，将测井资料与地震资料结合起来，就能发挥优势，弥补不足，利用储层参数与地震属性间的定量关系准确预测出储层的岩性、物性和含油气性参数。

利用地震属性约束进行储层参数预测的流程主要包括六个环节：首先对测井资料进行编辑、校正和标准化，解释各种储层参数；储层参数计算就是根据地质分层统计已钻井目的层段的岩性、物性和含油气性参数；地震层位解释就是在精细层位标定下利用三维地震资料进行构造解释和砂体描述；地震属性提取就是利用解释层位定义时窗范围，从多种地震资料中提取振幅、频率和相位等多类地震属性；相控模式约束下的地震属性优选就是分析每一对地震属性与储层参数的相关度，根据沉积微相分布与地震属性的关系，针对不同储层参数从众多地震属性中优选出关系最密切、反映最敏感的少数属性；储层参数转换就是应用井点数据拟合由优选属性计算储层参数的关系式，然后通过地震属性约束和井点校正预测出储层参数的平面分布。

利用 1167 砂体上 4 口定向井的测井解释成果，针对不同储层参数进行了地震属性优选，确定了用于孔隙度参数转换的地震属性为常规地震资料砂体顶面波峰的最大振幅属性，交会图上可以看出井点处二者存在较明显的线性关系，相关系数高达 99.7%，采用线性回归方法拟合了由最大振幅属性定量计算储层孔隙度的公式，再将常规地震资料砂体顶面波峰的最大振幅属性代入转换公式，便得到了地震属性约束性下井点校正前的预测孔隙度平面图。采用线性回归方法统计最大振幅属性与 1167 砂体孔隙度的关系：

$$Porosity = 24.2247 + (0.000496069) \times MaxAmplitude \tag{2-1}$$

式中，*Porosity* 为 1167 砂体的孔隙度；*MaxAmplitude* 为常规地震资料的波峰最大振幅属性。

利用式(2-1)预测 1167 砂体孔隙度平面图(图 2-3)，图中可以看出孔隙度值主要分布在 25.0%~35.8%之间，大部分区域的孔隙度值偏高，砂体边部和西北角局部区域孔隙度稍低，与该区沉积相带为浅水三角洲前缘，物源来自北面渤南低凸起的地质认识也基本一致(图 2-4~图 2-6)。后期剩余 14 口开发井实钻孔隙度误差小于 0.9%，满足了储层参数定量研究的精度要求。同样在相控模式约束下可以定量描述储层渗透率分布，为水平井的优化、高效实施以及少井精细地质建模、数模等提供准确依据。

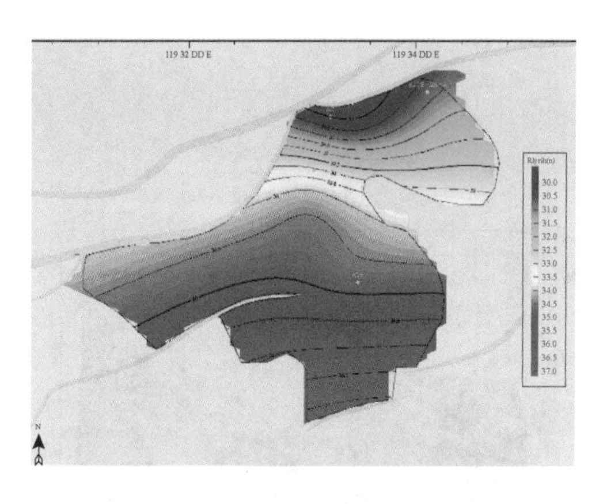

图 2-3　井间插值孔隙度分布平面图

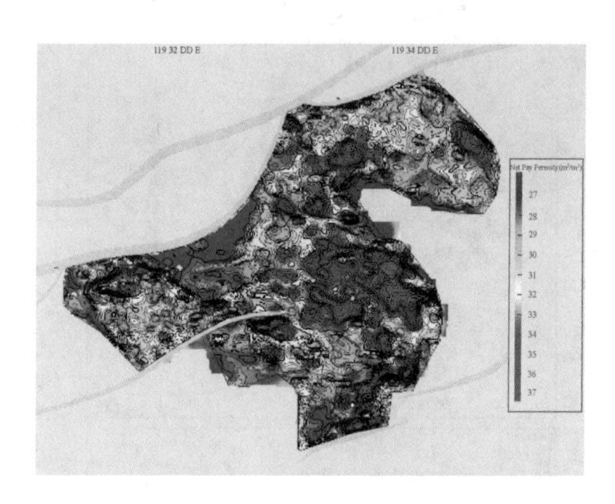

图 2-4　孔隙度分布平面图

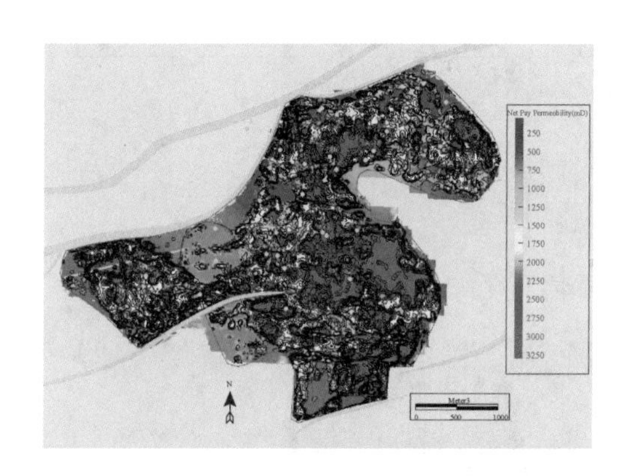

图 2-5　渗透率分布平面图

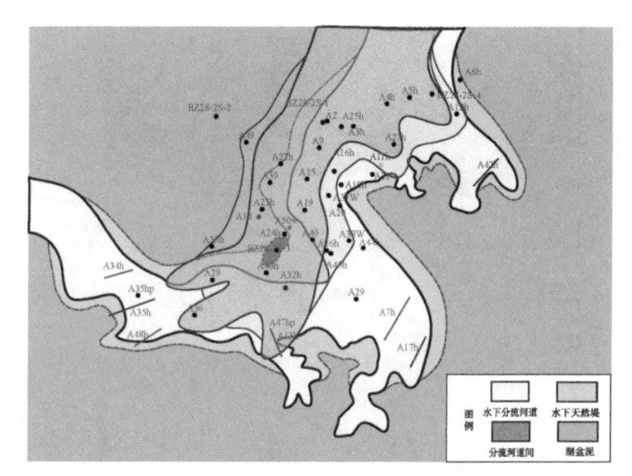

图 2-6　1167 砂体沉积微相分布图

（四）储层三维表征技术及效果

储层三维表征主要的技术流程为：在构造模型基础上，利用地质统计学理论和随机模拟方法建立沉积相模型，然后在沉积相控制下建立储层参数模型，实现对井间储层物性的预测。根据相控建模原则，通过求取沉积微相的变差函数，采用地震波阻抗反演作为第二变量协同约束模拟方法，建立了各模拟单元中每个沉积微相的孔隙度、渗透率等参数模型(图 2-7)。

模拟结果体现了物性变异方向随微相砂体方向的变化，综合井震资料建立的储层参数模型反映了储层物性的空间变化规律。在地质模型的基础上，通过采用确定性建模与油藏数值模拟和油田开发指标预测，对井位、井型、井网进行优化调整(图 2-8)。

通过地震资料开展河流相储层描述，为海上河流相油田产能高效建设提供准确的地质依据。储量评价、开发方案编制、方案优化及实施提供基于单砂体的储层定量认识。在“十一五”期间，利用该技术组合进行的开发方案实施油田 11 个，完成 225 口开发井的实施，实钻储层深度误差平均小于 4m，厚度误差小于 3m，钻前分析认识的储层钻遇率达到 100%，储层孔隙度等物性参数的预测误差小于 1%。

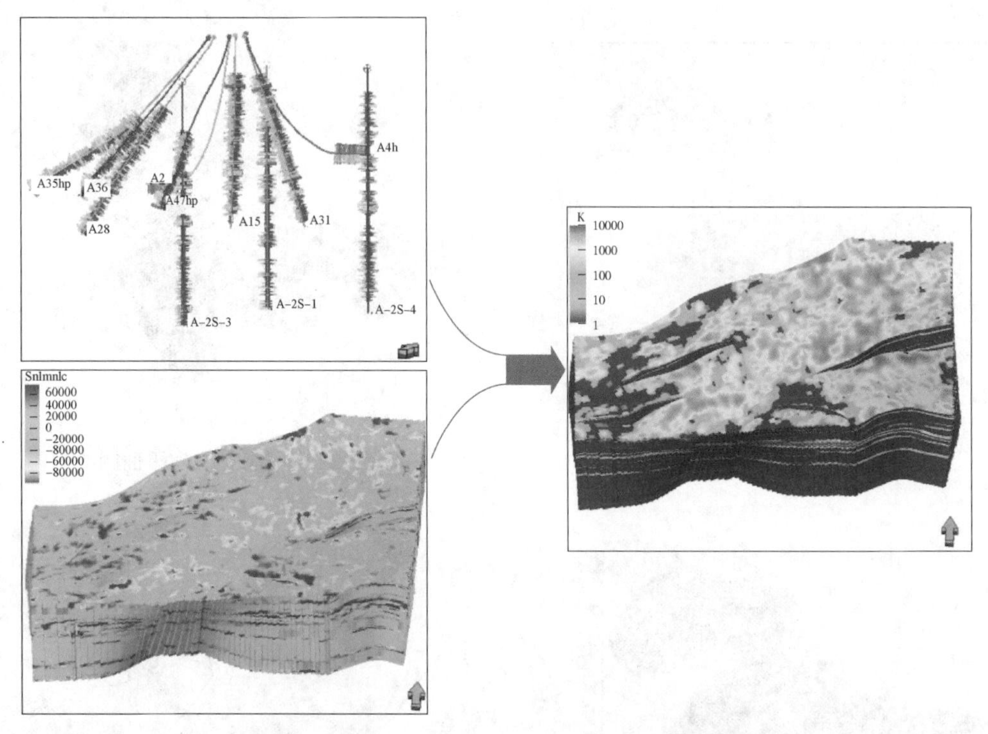

图 2-7 点和地震反演协同约束建立储层参数模型

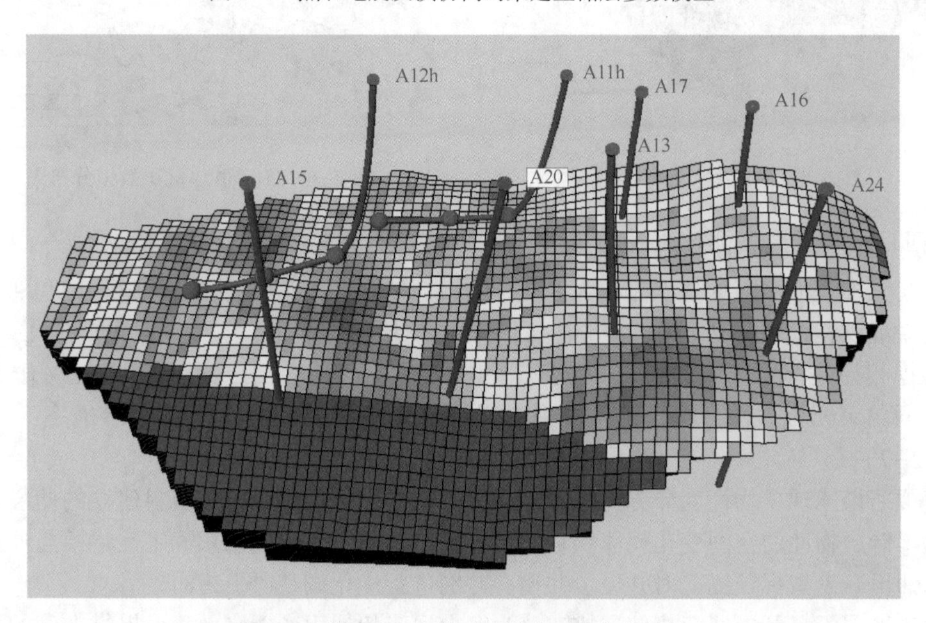

图 2-8 渤中 34-1 油田三维表征及方案模拟

二、绥中 36-1 油田开发中后期储层精细描述

绥中 36-1 油田位于渤海湾盆地下辽河坳陷辽西低凸起中段，发现于 1987 年 4 月。主力油层分布于古近系东营组东二下段Ⅰ、Ⅱ油组。1993—2001 年，采取滚动开发模式分两期进行投产开发。

该油田为渤海湾盆地下辽河坳陷典型的三角洲沉积的大型油田，储层发育且小层连通性较好。经过近二十年的注水开发，取得了良好的开发效果，但目前油田已进入高含水阶段，综合含水达70%。油田开发动态分析表明，高渗透条带、大压差、高采出程度等因素导致了油田纵向及平面注采的不均衡，油田面临着油层动用不均衡、层内及平面剩余油分布状况不清楚、注采井网不完善等系列开发问题。

绥中36-1油田东营组油藏从油田投产至今，开展了多轮次的油藏精细描述工作，取得了丰富的研究成果，包括小层级别的地层对比、构造特征分析、沉积微相研究、综合调整方案与可行性评价等，对油藏早期开发具有较大的指导意义。然而，绥中36-1油田开发已进入高含水阶段，为了更有效地进行油藏开发，有必要进一步深化油藏地质研究。

开发中后期，资料相对丰富，其研究思路是充分利用岩心资料、地震资料和测井资料，以层序地层学为理论指导，采用旋回划分及层次分析法进行不同级次的储层划分与对比。并应用沉积演化模拟及地震二维正演等技术手段确定储层砂体沉积叠置模式。

本次研究通过井震结合及旋回对比，确定油组和小层级别的地层对比关系，然后，依据沉积旋回、岩性组合划分及对比单层。同时进行层次约束，应用地震和多井资料进行井间构型预测，将绥中36-1油田原有14个小层细分为38个单层，对小层内部的单层进行进一步的细分对比，建立了单层级别的高精度等时地层格架，从而为小层内部的单砂体解剖奠定了扎实的基础(图2-9)。

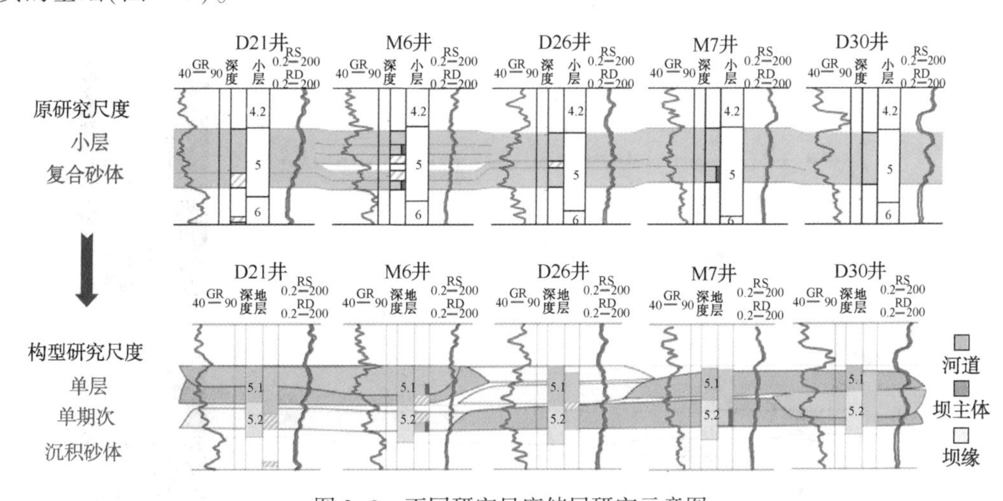

图2-9　不同研究尺度储层研究示意图

对绥中36-1油田14个小层38个单层进行全区单砂体精细解剖(图2-10)，形成了不同级次构型界面识别及刻画技术，多维互动，立体表征了密井网条件下构成砂体叠置和接触关系的夹层分布特征，并勾勒出油田不同构型单元在平面上展布规模及井网控制程度，形成了三角洲相储层构型模式总结。

(一) 单砂体界面识别方法及刻画技术

针对海上油田大井距及三角洲相储层的沉积特点，首先通过取心井夹层岩电标定，按照构型研究的层次性原则，对研究区的隔夹层亦进行了层次划分，共分为3个级别的隔夹层，从而控制了不同级次砂体的界面。通过建立研究区不同级次的夹层测井响应模板。利用测井响应模板，对研究区其余非取心井进行单井夹层识别，形成海上三角洲相储层不同级别砂体

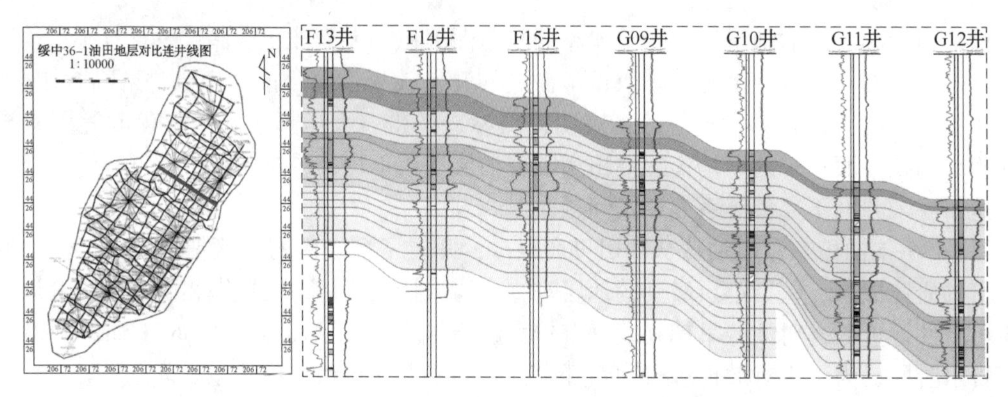

图 2-10　绥中 36-1 油田全区储层构型精细对比图

界面的识别及表征方法。

Ⅰ级夹层为单一河口坝内部增生体(对应单成因单元)之间的夹层，岩性以泥质粉砂岩为主，SP 与 GR 曲线轻微回返，夹层侧向延伸范围有限，一般对流体起局部遮挡作用或延缓流体的流动；Ⅱ级为单一河口坝或单一水下分流河道之间(对应单砂体)的韵律层间夹层，岩性为泥岩或粉砂质泥岩，物性较差，可对流体渗流起屏障作用；Ⅲ级为河口坝或分流河道复合体之间(对应复合砂体)的厚层前三角洲泥质层，SP 曲线为基线，延伸范围广，不具渗透性，是有效的隔层(图 2-11)。

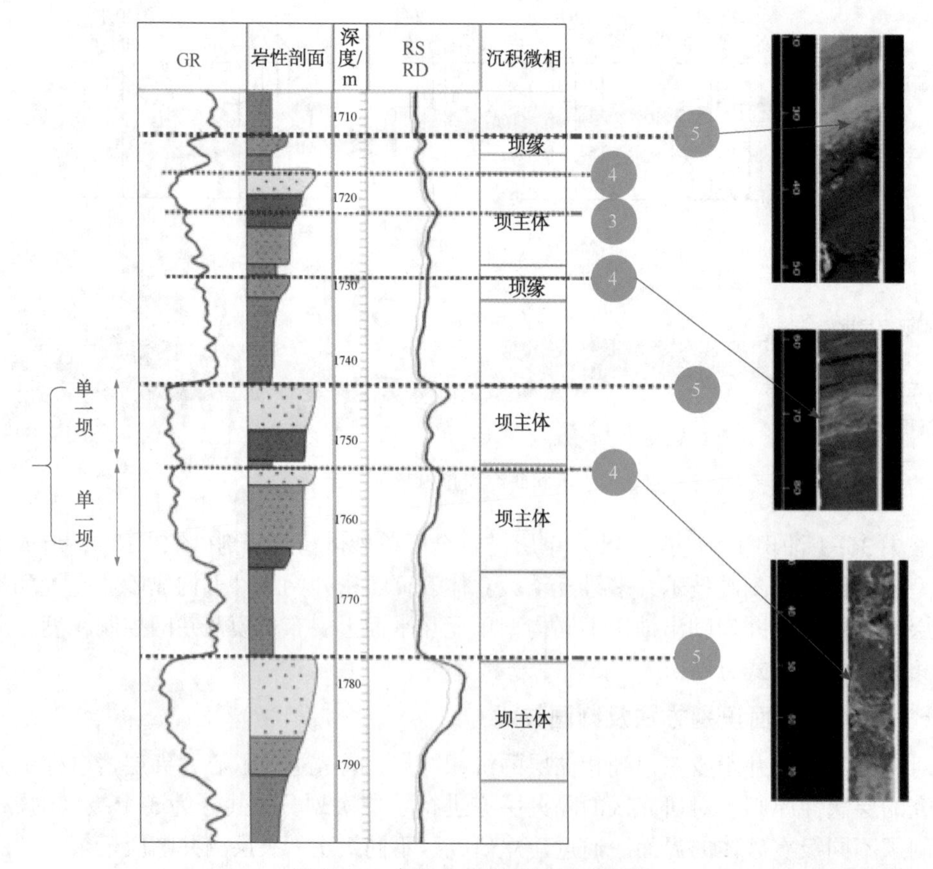

图 2-11　各级次构型界面识别图版

本次研究重点对这种不连续夹层进行识别与刻画(相当于单砂体间的界面)。结合储层空间的分布规律，分别对复合砂体间、单砂体间隔夹层以及侧向沉积界面、低渗透带进行了描述和刻画，并对其平面展布规模和趋势进行定量化预测(图 2-12)。

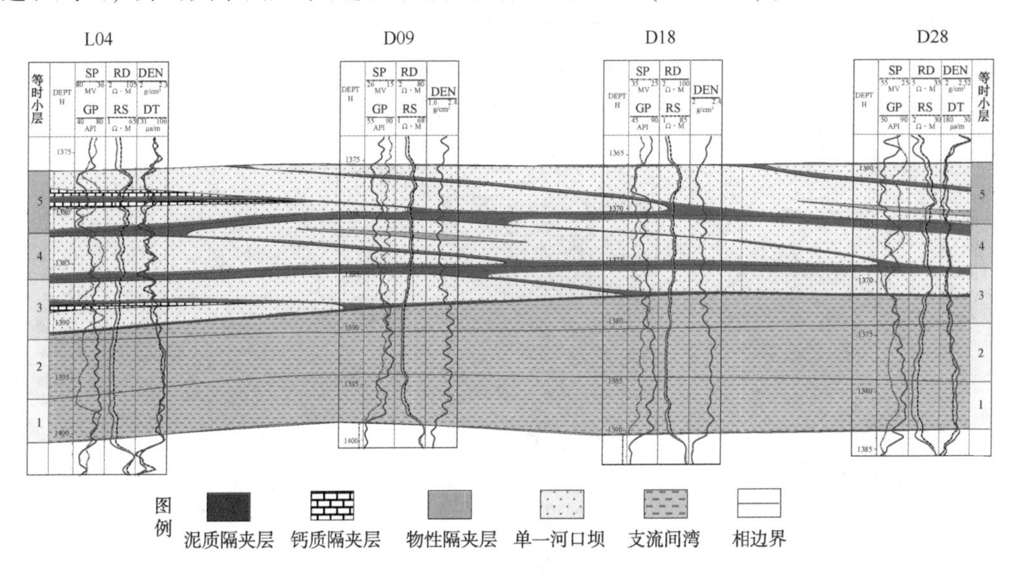

图 2-12 各级次构型界面分布图

(二) 多维互动、夹层分布立体表征

根据绥中 36-1 油田单层砂体微相平面展布样式，平剖结合，对各级夹层分布进行立体表征。研究认为河口坝内部泥质夹层形成于河口坝的多期次生长过程的间歇期泥质披覆沉积时期，单一泥质夹层的三维形态与河口坝的顶面形态相似，在切物源和顺物源方向上表现为不同的样式。

1. 顺物源方向泥质夹层样式

顺物源方向，夹层发育前积式。夹层产状与河口坝的发育过程密切相关，一般而言，水下分流河道向前“伸展”的程度越大，前积夹层的倾角越陡。

2. 切物源方向泥质夹层样式

切物源方向夹层形成过程主要受控于水下分流河道的发育过程，在水下分流河道侧向迁移作用较弱，向前“伸展”的趋势较强的情况下，河口坝倾向于垂向加积，夹层位于河道两侧近对称分布，因而泥质夹层往往表现为上拱式，研究区河口坝内部夹层基本属于此类，多发育不完整。

3. 夹层三维分布特征

利用密井网小井距分析，泥质夹层在三维的空间分布样式略有差异。在顺物源和切物源方向上，内部的泥质夹层均呈连续、弱连续的水平薄层状，厚度约 0.2~2m，平均约 1.0m，延伸规模约 200~1000m，宽度约 150~600m。总体来说，泥质夹层的稳定性顺物源方向要好于切物源方向，夹层发育频率较大，切物源方向的泥质夹层叠置复杂，反映了三角洲前缘前端河口坝体的迁移与受湖浪的改造作用较强。

(三) 不同单成因砂体展布规模研究

在详细解剖了研究区不同级次的单一微相组合样式及其定量规模，识别出单一微相单元分布特征及河口坝内部夹层空间分布样式，结合研究区的沉积微相垂向演化特征建立了研究区的沉积微相的空间分布模式。可以看出绥中 36-1 油田Ⅰ期和Ⅱ期储层沉积微相有着明显的不同(图 2-13)，进而在单成因砂体和综合调整研究上也有差异：绥中 36-1 油田Ⅰ期储层主要发育河口坝沉积微相，非均质性整体较弱，在经过一次加密后井网对砂体控制程度较高；Ⅱ期虽仍以河口坝发育为主，但构造高部位水下分流河道与河口坝共同发育，分流河道呈条带状，宽度一般小于一个井距(350m)，砂体平面非均质性强，接触关系复杂，存在一定不确定性，经井网加密后砂体控制程度提高。

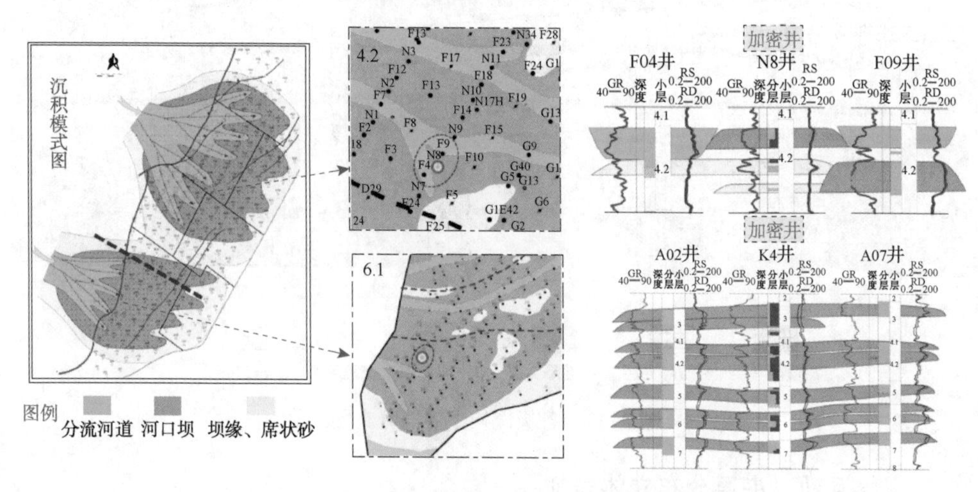

图 2-13　绥中 36-1 油田Ⅰ期和Ⅱ期单成因砂体对比

(四) 基于单成因单元的中高含水期油田综合调整后剩余油分析

油田进入高含水阶段后，由于长期的强注强采，地下油水分布发生了巨大的变化，开采挖潜的对象不再是大片连通的剩余油，而是转向了剩余油高度分散而又局部相对富集的区域，研究难度日益增大。在上述研究结果的基础上，通过开展基于单成因单元的储量确定性建模，研究油田剩余油的分布。

建模步骤包括：数据准备、构造建模、构型建模及参数建模。本次研究将地质研究成果整合到三维地质模型中，建立合理、精确、可靠的三维地质模型，为油藏数值模拟和油水运动规律研究奠定基础(图 2-14)。

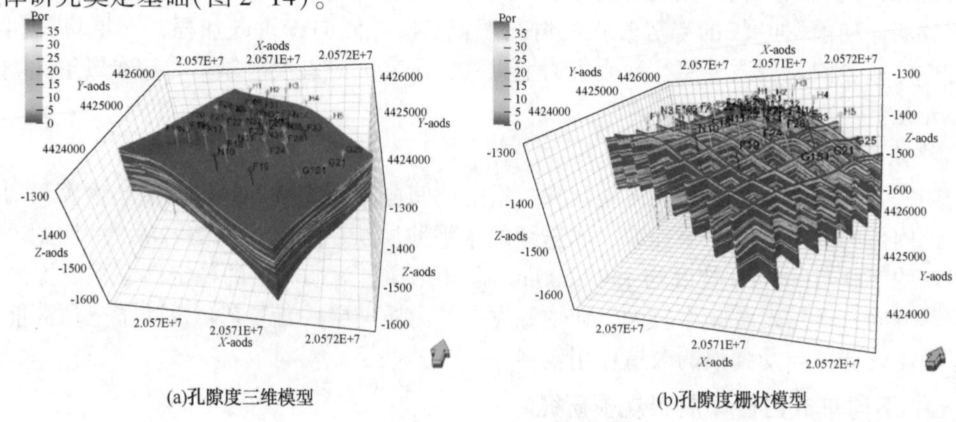

图 2-14　北区三维孔隙度模型图

层内剩余油的分布规律主要受到夹层的控制作用。夹层属于储层非均质性表现的一种类型，对地下流体的运动能够形成一定的遮挡作用。

1. 复合砂体内部夹层对剩余油分布的控制作用

在精细等时地层格架的框架下，一个小层内部包含多个单层(相当于6级构型单元)。各单层垂向叠加，构成一个小层，小层内部的隔层阻挡了流体的垂向运动，形成了垂向上不同的流动单元，阻碍着注入水的垂向流动。

以6小层为例，在6小层内部，可分为两期沉积(两个单一河口坝主体)，两期砂体之间存在薄的泥岩夹层。在如图2-15所示的注采关系中，A2井注水，A7井采油，夹层的存在阻隔了注入水的垂向运动，使得6小层砂体水淹呈分段式。后续实施调整井K4较好地证实了分析判断：6小层两期砂体底部均为强水淹，各期砂体的顶部为弱水淹或未水淹，形成剩余油的富集。

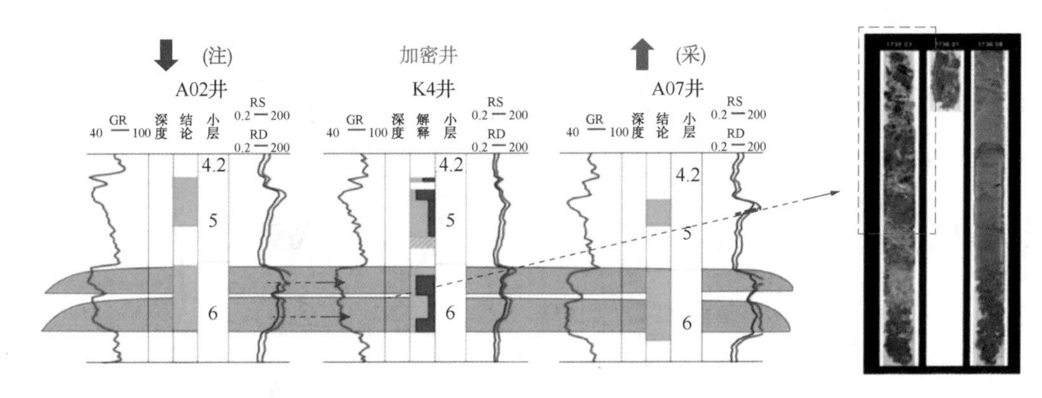

图2-15　单砂体间夹层导致分段水淹

2. 单砂体内部夹层对剩余油分布的控制作用

坝体内部夹层一般为坝体内部的期次界面(如两个前积体之间的期次面)，岩性主要为泥质砂体，侧向隔挡能力强，影响着油水运动。

在顺物源方向，由于河口坝向前前积，因此夹层主要呈现前积式。如图2-16所示，3小层发育三期增生砂体，呈前积叠置式发育，其间发育泥质夹层，G6井仅发育上部增生砂体。G6为注水井，采油井G40仅在上部增生体受效并强水淹，而其下部增生砂体未受效而滞留有剩余油。

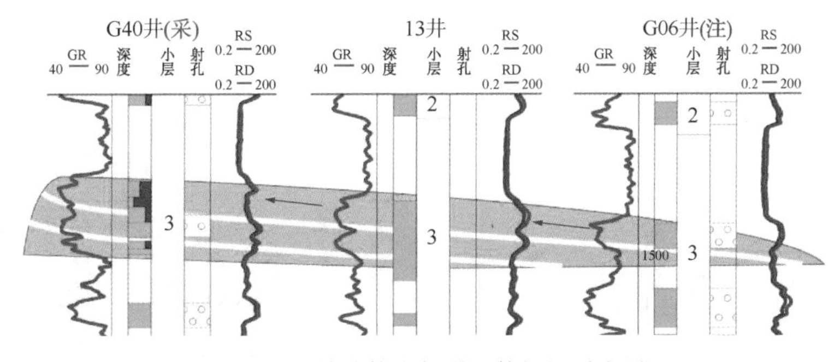

图2-16　单砂体内部增生体间泥质夹层

3. 基于单成因砂体的层间剩余油分析

在小层各期的连通体内部，储层质量差异亦影响着油水运动，主要体现为注入水沿着相对高孔、高渗的通道优势突进，而储层质量相对较差的部位则难以波及。在研究区内，不同类型的微相具有不同的储层质量，而不同微相的空间组合导致了储层质量的空间差异。

在一个注采井组内，注采对应情况下，由于层间储层质量存在差异，使注入水优先进入储层质量好的砂体，导致储层质量差的砂体由于层间干扰未水淹。如图 2-17 所示，G48 井为一口加密调整井，可以看出该井只有 3 小层砂体发生强水淹，其余小层均未水淹，波及程度低。分析认为这是由于 3 小层单砂体为坝主体沉积，为 I 类储层，其余小层单砂体均为坝缘沉积，储层质量为Ⅱ类，由于层间干扰，注入水优先进入 3 小层坝主体内部，水淹较强，其余小层剩余油富集。

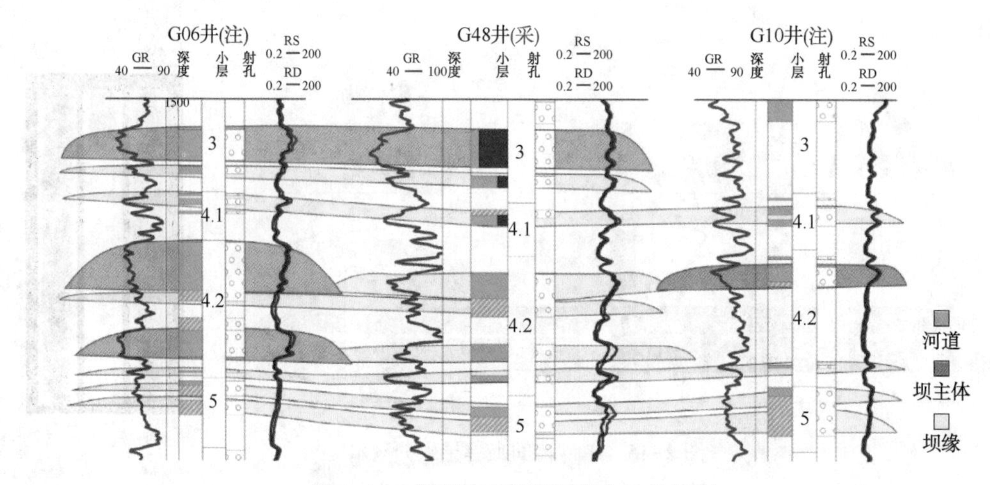

图 2-17　构型单元对层间剩余油的控制

4. 基于单成因砂体的平面剩余油分析

绥中 36-1 油田为典型的三角洲前缘沉积，三角洲前缘在平面上依次发育水下分流河道、河口坝主体及坝缘沉积。水下分流河道砂体及河口坝主体砂体储层质量较好，注采连通性较好；坝缘沉积砂体储层物性较差，与河口坝主体之间注采关系对应较差。如图 2-18 所示，当注水井为河口坝主体沉积、采油井为坝缘沉积，或者注水井为坝缘沉积、采油井为河口坝主体沉积时，中间加密调整井基本未水淹。由此可见，在三角洲前缘沉积的边部富集大量的剩余油，主流相带与侧缘相物性差异越大剩余油饱和度越高，剩余油富集区越大。通过将地质认识表征到地质模型中，可以得到每个单层在平面上的剩余油分布。

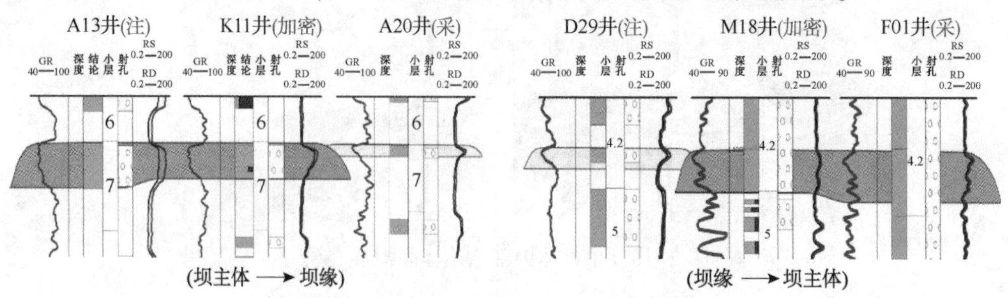

图 2-18　构型单元平面接触关系对剩余油的控制

（五）矿场挖潜应用

绥中 36-1 油田综合调整后，在基于单成因砂体的剩余油分布预测技术的指导下，进而部署了 C、E、G、M、N 平台共 57 口潜力方案调整井，至 2015 年 10 月基本实施完毕，各个平台调整井均达到并超过设计配产（图 2-19），为绥中 36-1 油田 2015 年产量创出历史新高做出了重要贡献。

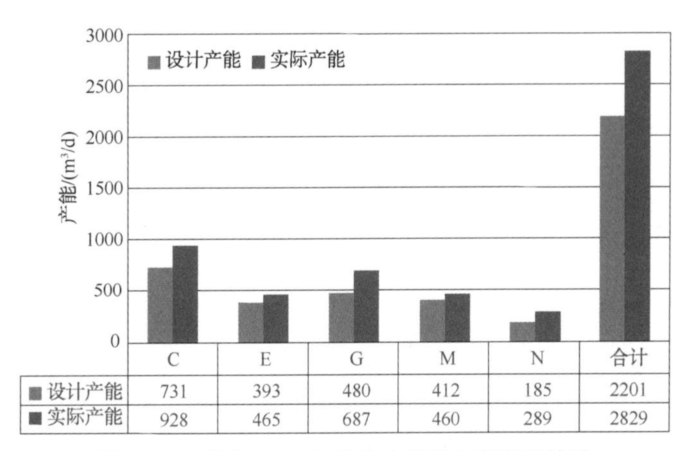

	C	E	G	M	N	合计
设计产能	731	393	480	412	185	2201
实际产能	928	465	687	460	289	2829

图 2-19　绥中 36-1 油田潜力调整方案实施效果

其中，E14H1 井为 2015 年绥中 36-1 油田为挖潜层间、平面剩余油而部署的一口调整井。由图 2-20 可以看出，E14 井 3 小层发育河口坝主体沉积，与周邻注水井 E15 井注采关系对应较好，周边注水井吸水剖面及水平井生产动态资料也显示 E14 井 3 小层为主力吸水层位。4.2 小层为坝缘沉积，平面注采对应关系较差，动用程度差，采出程度低，剩余油富集。在单成因砂体对油水层间及平面运动控制理论的指导下，分析认为虽然该井 4.2 小层储层厚度只有 4m，但因动用程度低，剩余油相对富集，因此部署了水平井 E14H1 井进行挖潜。该井投产后，初期日产油达 $40m^3$，含水仅为 20%，达到了钻前设计。该井的成功投产突破了绥中 36-1 油田部署水平井的储层厚度界限，为后续利用水平井进行薄油层剩余油挖潜提供了重要的指导依据。

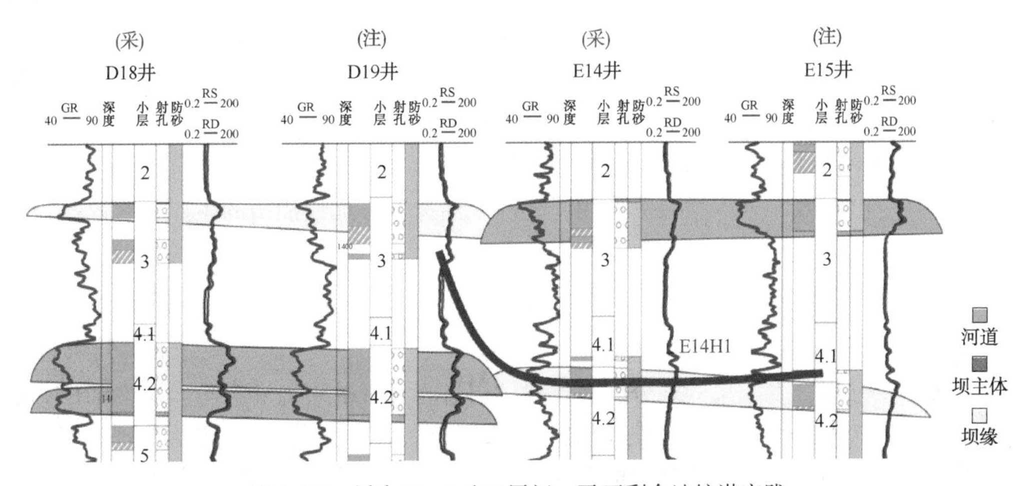

图 2-20　绥中 36-1 油田层间、平面剩余油挖潜实践

第三章　开发层系与井网

第一节　油田开发概述

一、油田开发层系划分

（一）层系划分的意义

多油层油田储油层性质有差别，各油层油水关系也有所差别，各层间天然能量类型和大小以及驱动方式也各不相同，油层的原油黏度和压力系统也会有很大区别。因此，为了实现多油层油田的有效开采，必须针对不同油层的储油特点合理开采。

1. 合理划分开发层系有利于充分发挥各类油层的作用

在油田层系开发时，由于不同油层之间存在层间非均质性，因此对不同层系要采取不同的开采方式。为了节约开采成本，可以将特征相近的油层组合在一起，用单独的一套开发生产井网进行开发，并在此基础上进行生产规划、动态研究和开发调整，从而在节约生产资金的前提下实现对油气资源的有效开采。

2. 划分开发层系是部署井网和规划生产设施的基础

开发层系确定后，才能确定井网的套数，并根据层系划分和井网套数进行井网部署和生产设施的规划。在进行井网部署和生产设施规划时，一定要根据不同开发层系的油气藏储层特点进行具体的设计，对井网、注采、工艺方法等都要有针对性的单独规定。

3. 采油工艺技术发展水平要求进行层系划分

采油工艺能够有效发挥各类油层的作用，使油层吸水均匀、出油均匀，因此分层注水和分层采油控制是常用的措施。但目前分层技术还不足以满足生产需要，因此必须依靠层系的划分来降低单个开发层系的内部油层数量，缩短井段距离。

4. 油田高速开发要求进行层系划分

层系开发能够有效发挥各油层的作用，提高采油速度，加快油田的生产，有效提升油田开发的效益。

（二）开发层系划分与组合

1. 合理设计开发层系划分和开发方案

进行多油层油田开发层系的划分时，要对油层进行详细的研究和分析，掌握油田各油层的组成情况，并按照自身的生产条件和油田开发的生产要求对开发层系进行合理的划分。在开发设计阶段层系划分时不能超越当前对油层的认识，一定要本着实事求是的原则，根据数据进行层系划分设计，在节约开发成本的前提下实现油田的层系划分、开发和投产。

2. 做好开发层系的划分与基本单元的组合

为了保证油田开发注水过程不会导致不同的层系串通和干扰，需要保证单个层系的独立性，因此要划分与组合开发层系。为了实现这个目的，要确定层系划分和组合的基本单元，再根据每个单元的油层性质进行开发层系的组合。可以以油层组或规模较大的单砂体为划分的基本单元。

3. 控制好同一口井中开采层的渗透率级差

不同的油层之间由于渗透率不同，在吸水能力、出油能力、注采平衡和压力保持方面都有所差异，将不同渗透率的油层组合在一起开发必然会导致油层间的干扰，影响油田开发效果。根据目前大型油田层系开发的应用分析，同一口井中开采层的渗透率级差不超过 5 倍。

4. 合理设计一套层系中的油层层数

实践证明，一套层系中油层过多，会导致层系在开采过程中出现多层见水，影响油井的开采效果。根据国内外多油层油田开发一套层系的层数设计数量进行分析，一般来说，一套层系内注水井的段数应控制在 4~5 段，每段层数控制在 2~3 层，但在进行层系划分时仍然需要根据地质油藏情况、开采技术及海上生产设施条件以及油层开发需求进行合理设计，保证层系划分符合经济原则。

综上所述，多油层油田开发中层系的划分对提高油田的开采效率十分重要，在进行开发层系划分与组合时，一定要根据油田油层特点、开发技术以及海上生产设施条件、油田开采目标等进行合理的层系设计，在节约建设资金的前提下实现对油气资源的高效开采。

二、油田开发井网

长期以来，油气田开发中合理井网的研究一直是人们重视的课题。随着实践的不断发展，人们对井网的认识也在不断深入。因为井网在油气田的生产中占有相当重要的地位，它的选择、部署和调整在很大程度上决定着油气田的生产规模、开采年限以及油气田企业的经济效益，而且海上油田开发调整需要考虑海洋工程、开发成本、生产设施等因素，对合理井网要求更高。因此，非常有必要对井网开展系统深入的研究工作。

（一）井网的选择和部署

在油气田生产中，井网的选择、部署和调整是开发方案的重要内容，同时也是油气田企业提高经济效益的关键因素之一。在实际生产中，井网形式主要受油气田的地质特点控制。从井网的几何形状规则与否来分，井网形式一般分为规则井网和不规则井网两种。通常对于油气藏，当储层均质时，适宜用规则井网开采；而储层非均质时，宜用不规则井网开采。由于石油和天然气性质的巨大差异，油田的井网要比气田的井网复杂得多。

在油田生产中，如采用规则井网，是指面积注水井网。常见的面积注水井网有以下几种：直线型井网、交错线型井网、四点井网、五点井网、七点井网、九点井网、反七点井网和反九点井网等。不规则井网往往是规则井网的变形。开发生产中采用何种井网形式以及后期如何调整，应该在对油气藏储层的具体特点进行详细研究后确定。

在油气田开发初期，应该高度重视井网的选择和部署，因为初期开发井网不仅会对油气田日后的生产产生很大影响，而且对油水井的调整或转注也有重要影响。在开发过程中，一般先部署基础井网，然后由地质特点进行实际布井。初期井网的选择和部署应该着重针对地质特点进行选择。

（二）井网的调整

油气田开发过程是一个不断调整的过程，随着开发时间的延长，新问题会不断出现。因此，在油气田生产的中后期，井网调整显得尤其重要。

常见的井网调整方法有加密和转注。由于在油气田开发初期，往往采用较稀的井网开发储量比较集中、产能较好的层位，因此，储量动用不充分，剩余油气较多，故经常采用加密调整方法来维持油气田的稳定生产。

改善油田开发整体效益的关键是开发井网的优化，为此需要综合考虑经济上的可行性和实际工程技术的可操作性，即涉及油田开发投资经营的效益和风险以及开发的时间长短等因素。油田开发井网包括不同的井网形式和井网密度、注采井距及其影响因素等，它们都是油田开发井网的重要组成部分，并且直接关系到油田未来开发效果的好坏。

第二节　层系细分调整技术

在中低含水期，对开发初期的基础井网未做较大的调整，层系的划分是比较粗的。进入高含水期以后，层间干扰现象加剧，高渗透主力层已基本水淹，中、低渗透的非主力油层动用较差或基本没有动用，油田产量开始出现递减。进行细分开发层系的调整，把大量的中、低渗透层的储量动用起来；另外一方面，油井水淹虽然已很严重，但从地下油水分布情况来看，水淹层主要是主力油层，大量的中、低渗透层进水很少或者根本没有进水，其中还能看到大片甚至整层的剩余油，具备把中、低渗透层细分出来单独组成一套层系的可能性。因此，进行开发层系细分调整是改善储层动用状况、保持油田稳产、增产、减缓递减的一项主要措施。

油田开发中后期对开发层系进一步细分调整，总的原则是一套开发层系内小层数应控制在较少范围，层间差异不能太大，层系细分时要系统地研究和分析各层系剩余油分布、含水及压力状况，所细分的层系需要有一定的物质基础，同时也要考虑同一套层系内含水、压力差异不能过大，否则无法达到层系细分的预期效果。

一、开发层系细分调整

（一）开发层系细分调整方法

从实践来看，根据油藏具体地质、开发状况的不同，层系细分调整有以下几种方法：

（1）新、老层系完全分开，通常是封住老层系的高含水油层，全部转采低含水油层，而由新钻的调整井来开采高含水油层。这种方法主要适用于层系内主力小层过多，彼此间干扰严重的情况。把油层适当组合后分成若干个独立开发层系，这种方法既便于把新、老层系彻底分开，又利于封堵施工。

（2）老层系的井不动，把动用不好的油层整层地剔出，选一套新的层系进行开发。这种方法主要适用于层系间干扰导致部分小层动用差的情况。这种方法工程上简单，工作量小，但老层系和新层系在老井处是相联系的，两套层系不能完全分开，不能成为完全独立的开发单元，以致在各层系的开发上难以掌握动态，更难以进行调节。可采用分期布井的办法，即把原层系中的主力小层先布井开发，等含水到一定程度、产量即将出现递减时再把中、低渗透层作为一套独立的开发层系布井开发，靠新层系的投产来实现接替稳产。这样做的优点是两套层系完全相互独立，避免相互干扰的影响，便于分别掌握其动态变化及时进行调节。

(3) 把开发层系划分得更细一些，用一套较密的井网打穿各套层系，先开发最下面的一套层系，采完后逐层上返。这种方法最适用于油层多、连通性差，埋藏比较深，油质又比较好的油藏。因为在这种条件下，需要划分的层系多，又需要比较密的井网，才能控制住较多的水驱储量，形成比较完整的注采系统，否则注水效果将会很差，但是每一套层系都钻井，经济上不合算，因此，钻一套较密的井网，逐层上返，能够取得较好的经济效益。但这样做整个油藏的开发速度可能比较低，开采时间拖得比较长。因此，每一套层系都必须用比较高的速度开发，基本采完后上返。该方法适合于油质比较轻、黏度低的油层开发，在中低含水期就能采出绝大部分储量。这种方法在海上油田应用时需要综合评估开发效果和经济效益。

(4) 不同油层对井网的适应性不同，细分时对中、低渗透层要适当加密。油田开发的实践表明，对分布稳定、渗透率较高的油层，井网密度和注采系统对水驱控制储量的影响较小，因此，井网部署的弹性比较大；而对一些分布不太稳定、渗透率比较低的中、低渗透层，井网布置和井网密度对开发效果的影响变得十分明显，因为油层的连续性差，井网密度或注采井距对水驱控制储量的关系十分密切。因此，细分层系时对中、低渗透层系适当采取较密的井距，有助于提高中、低渗透层的动用程度。

(5) 细分层系，钻一批新井也有助于不断增加油田开采强度，提高整个油田产液水平。为了保持油田在高含水期的稳产，随着含水率的上升，应不断提高油田的排液量，除提高单井排液量的措施外，细分层系钻加密井，增加出油井点，也是整体提高油田排液量的重要措施。

(6) 层系细分调整和井网调整同时进行。该方法是针对一部分油层动用不好，而原开采井网对调整对象又显得较稀的条件下使用的。这种细分调整是一种全面的调整方式，井钻得多、投资较大，只要预测准确，效果也最明显。

(7) 主要进行层系细分调整，把井网调整放在从属位置。一个油区开发一个时期后，证实井网是合理的，但由于层系划分的不合理而造成开发效果不好，这时进行层系细分调整是最有效的，可以把井网调整放到从属位置。

(8) 对层系进行局部细分调整。局部调整一般有三种类型：一是原井网采用分注合采或合注分采，当发现开发效果不够好时，对分注合采的油区，增加采油井，对于合注分采的油区，增加注水井，使两个层系分成两套井网开发，实现分注分采；二是原层系部分封堵，补射部分差油层，这种补孔是在某层系部分非主力层增加开采井点，提高井网密度；三是随着油田开发实践，对原来的油层、水层、油水层的再认识，可能在油田内发现一些新的有工业价值的油气层，可以通过补孔开发这些油层。凡是经过补孔实现层系细分调整的，都要坚持补孔增产的原则。

(二) 开发层系细分调整的合理程序

细分调整的合理程序一般分为四大步骤：

(1) 地质油藏方案研究，做好构造储层、油藏特征及产能、储量、剩余油分布评价，弄清油层动用状况及潜力所在，确定调整对象；

（2）编制细分调整部署方案或其他形式的调整方案；

（3）随钻跟踪研究，做好钻前优化分析，制定钻井优化原则，优化层系、井网、井型、井数等，落实井眼轨迹及优化钻井顺序，制定调整预案，编制射孔方案；

（4）钻后实施效果跟踪，进行开发方案实施工作总结。

（三）开发层系细分调整注意事项

（1）油田地下调整要和地面流程、处理设施能力同时进行。

（2）大面积进行层系的细分调整是一项投资较大的工作，不但须进行可行性研究，还要开辟试验井组或试验区。

（3）细分调整时需要选择合适的调整时机。

（4）调整井实施完后，认真进行水淹层测井并解释，根据射孔原则确定每口井的射孔层位。

二、开发层系细分调整实例

渤海油田多发育储层复杂的河流相油田，油田普遍具有储层横向变化快、纵向含油层系多、地下原油黏度大且层间差异大、油水关系复杂等油藏特点。以秦皇岛 32-6 油田为例，秦皇岛 32-6 油田油藏剖面如图 3-1 所示。油田纵向主力含油层系 4~5 套，油藏类型多样，边水油藏、底水油藏和岩性油藏共存。同时，各开发层系地下流体性质差别较大，黏度在 78~260mPa·s 间。海上油田储层复杂，开发成本高，早期采用一套开发层系，基础井网为反九点井网，开发井距 350~400m，进入到中高含水期以后，层间干扰加剧，各层系动用程度差异大，存在产量递减快，采油速度低和采收率低的问题。

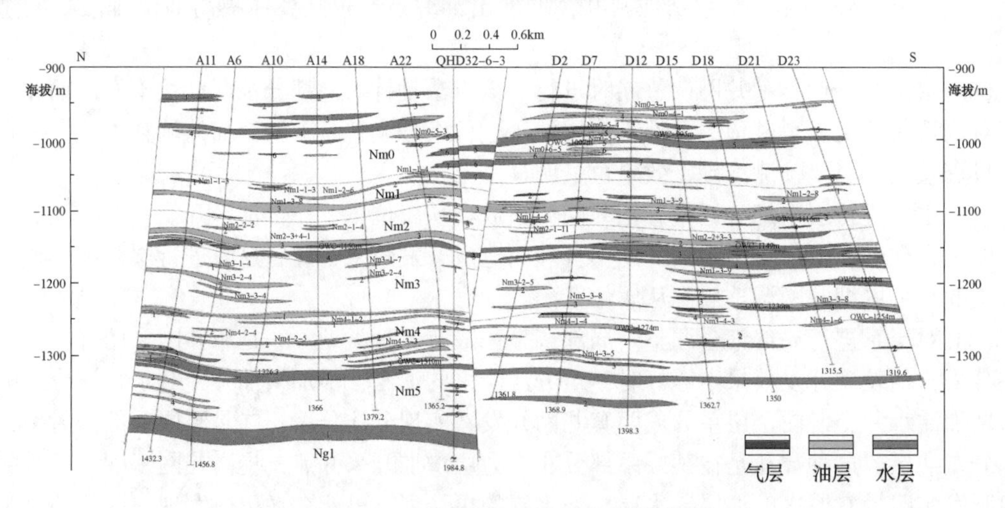

图 3-1　秦皇岛 32-6 油田油藏剖面图

秦皇岛 32-6 油田进入高含水期后层间干扰严重，开采效果差，主要表现在三个方面。

（1）边水油藏与底水油藏大段合采，底水油藏能量强，供液能力强，是油井初期产能的主要贡献方，但底水容易突破，油井很快含水达到 80% 以上，进一步抑制了边水油藏的开采。当底水油藏实施关层后，油井含水下降，产量升高，边水油藏得到有效动用和开采。

（2）两种流体性质差异大的边水油藏合采，原油性质差异超过3倍，早期合注合采时，由于油藏性质差异，注水井纵向各层段吸水不均，开采过程中油井出现各层产液和含水不均衡现象，后期通过对注水井分层配注工艺实现了分注合采，层系间干扰降低。随着油田开发进一步深入，由于流度不同，注水驱油过程中带来了层系间含水、压力差异增大，低黏油层动用程度降低，层间干扰加剧。

（3）定向井不适合开采低幅度底水稠油油藏。开发早期，油井开采此类油藏时含水上升快，产量递减大，稳产期短，由于无法有效动用和开采，开发过程中此类油藏基本未动用。

秦皇岛32-6油田高含水期层间矛盾突出，具备层系细分调整的必要性及实施条件，提出了层系细分调整原则：边水油藏和底水油藏分层开采；原油黏度级差大于3的边水油藏分层分采；各开发层系（单砂体）油层厚度为4~8m；应用水平井技术开发稠油边底水油藏。秦皇岛32-6油田层系细分调整实例见表3-1。

表3-1 秦皇岛32-6油田开发层系细分调整实例

<table>
<tr><th rowspan="2">区块</th><th rowspan="2">主力含油层系</th><th rowspan="2">油藏类型</th><th rowspan="2">流体性质/(mPa·s)</th><th rowspan="2">油层厚度/m</th><th colspan="4">调整前</th><th colspan="5">调整后</th></tr>
<tr><th>开发层系</th><th>注采井网</th><th>注采井距/m</th><th>采收率/%</th><th>调整原则</th><th>开发层系</th><th>注采井网</th><th>注采井距/m</th><th>采收率/%</th></tr>
<tr><td rowspan="4">北区</td><td>NmⅠ3</td><td>边水</td><td>260</td><td>6.2</td><td rowspan="4">一套</td><td>反九点</td><td rowspan="4">350~400</td><td>22.3</td><td>老井关层，部分老井转注，剩余油富集区重新部署水平井，形成水平井注采井网</td><td>第一套</td><td>排状</td><td>250~300</td><td>33.9</td></tr>
<tr><td>NmⅡ3</td><td>底水</td><td>260</td><td>6.0</td><td>天然能量</td><td>10.4</td><td>老井关层，部分老井转注，在剩余油富集区重新部署水平井，形成水平井注采井网</td><td>第二套</td><td>排状</td><td>250~300</td><td>22.5</td></tr>
<tr><td>NmⅢ2</td><td>边水</td><td>78</td><td>4.3</td><td>反九点</td><td>24.0</td><td rowspan="2">依靠老井开采，在剩余油富集区加密定向井，由原来反九点井网调整为五点井网</td><td rowspan="2">第三套</td><td rowspan="2">五点</td><td rowspan="2">250~350</td><td>34.4</td></tr>
<tr><td>NmⅣ1</td><td>边水</td><td>78</td><td>6.5</td><td>反九点</td><td>26.4</td><td>35.0</td></tr>
</table>

秦皇岛32-6油田利用水平井加密实施了层系整体调整，一套开发层系细分为三套，同时各层系注采井网也做出相应调整。各层系采油速度提高2.5倍，采收率提高10%，油田潜力得到充分释放和挖掘，获得了较好的开发效果和经济效益。

第三节　井网加密调整技术

合理划分开发层系和合理部署注采井网是开发好油田的两个方面，两者各有侧重，前者侧重于调节层间差异性的影响，减少层间干扰；后者侧重于调节平面差异性的影响，使井网部署能够与油层在平面上的展布状况等非均质特征相适应，经济有效地动用好平面上各个部位的储量，获得尽可能高的水驱波及体积和水驱采收率。同时考虑到钻井成本在油田建设的投资额中占有很大的比重，因此如何以合理的井数获得最好的开发效果和经济效益是一个十分重要的问题。

井网加密调整是指在原有井网基础上，通过补充部分新井对部分油层或全部油层缩小注采井距，以提高水驱控制程度和动用程度的调整方式。通过井网加密调整，可进一步改善油层的开发效果，提高采收率。从实践来看，大部分油田都经历过井网加密调整，特别是对于多层砂岩油藏。主要有以下几方面原因。

一是由于油层非均质性严重，在稀井网条件下难以控制。陆相储层层数多，岩石和流体的物性各异，层间、层内和平面非均质性严重，各个油层的吸水能力、生产能力等差别大，对注采井网的适应性以及对采油工艺的要求也都有很大不同，尤其是海上多层砂岩油藏开发初期追求较高的油井产能和经济效益，往往采用较大的开发井距和较稀的井网，进入高含水期后三大矛盾问题日益突出，油井间、注采井间是剩余油主要富集区。适时进行综合性的调整，提高井网密度和优化注采井网，才能不断地提高油田开发水平。

二是层系细分调整后，层间矛盾依然存在。根据调整井分层测试及密闭取心井资料分析，油田层系细分调整后，现有井网控制下仍有部分油层难以动用或动用较差。

三是固定的开发部署不能适应开发阶段的变动需要。油藏注水开发过程中，随着注入水的推进，地下油水分布情况不断处于动态变化之中，层间、层内和平面矛盾随之不断在发展和转化，每当地下油水分布出现重大变化，原有的层系、井网可能不适应新的情况，需要进行综合性的重大调整，否则，油藏的生产状况就可能恶化。特别是渤海油田稠油储量较大，大量的可采储量要在高含水期甚至特高含水期采出。由于高含水和特高含水期的开发对象、开采特点、主要对策和措施与中、低含水期有很大不同，对开发初期所确定的层系、井网的调整是必要的。

综上所述，只有自觉地把握和应用多层砂岩油藏井网加密调整的规律性，才能掌握油藏开发的主动权。

一、合理井网密度的概念

合理井网密度问题的确定不仅与油藏的水驱控制程度和最终采收率等开发指标的好坏有密切关系，而且直接影响到油藏开发的投资和费用的多少。钻井费用、地面建设费用和采油操作费等这些主要费用都取决于井的数量。井网过密，水驱控制程度和最终采收率虽然很高，采油速度也可很高，但经济上却投入太多。如果井数过稀，虽然费用减少，但水驱控制储量和最终采收率降低，不仅国家的资源得不到充分利用，而且从经济上看同样也得不偿失，这是因为一方面大量的勘探投资得不到经济上的回报而被沉淀了下来，另一方面累积产油量也减少了。由此可见，所谓合理的井网密度要在以经济效益为中心的原则下综合优化各项有关技术、经济指标，包括水驱控制储量、最终采收率、采油速度、钻井和地面建设等投资、原油价格、成本、商品率、贷款利率、净现值、内部收益率、投资回收期等，最后得到经济效益最佳、最终采收率也高的井网密度，就是合理的井网密度。特别要注意的是多层油田开发的总井数涉及开发层系的划分问题，层系划分的细或粗，油田总井数大体上将成倍地增或减，因此，无论从开发效果或是从经济效益的角度来看，都应该将合理的层系划分和合理的井网密度问题统一起来综合考虑。

关于井网密度的另一个概念是极限井网密度，是指总投入等于总产出时的井网密度，这时油田开发既不赢利也不亏损，如井网密度增加，就会出现亏损，所以称为极限井网密度。

油田注水开发的效果与井网密度有关，而油田建设的总投资中钻井成本又占相当大的比例，因此井网密度(井数)对注水开发技术的经济效果有着重大影响。井网密度是油气田开发设计和规划编制的重要指标，它涉及油气田开发指标的计算和经济效益的评价，并与井网形式(三角形或正方形井网)和井距大小有关。陈元千给出了五点注水系统、七点注水系统和九点注水系统的井网密度的计算公式。

在实际应用中，井网密度细分为合理井网密度(或称为经济合理井网密度)和极限井网密度(或称为经济极限井网密度)。合理井网密度是指在一定的地质和开发条件下，该油气田的总收入减去总投入为最大，即获得最大利润时的井网密度。当总投入等于总产出，即利润为零时的井网密度为极限井网密度。许多文献给出了求利润的数学公式，如早期俞启泰提出的利润公式：

$$Nk\eta_0 e^{-as} - Fb/S = 0 \tag{3-1}$$

式中，N 为油田地质储量；k 为原油价格；η_0 为驱油效率；a 为系数；S 为井网密度；F 为油田开发总面积；b 为平均每口井的总投资额。

一般用迭代法、试算法或曲线交会法求极限井网密度；求合理井网密度时，通常首先用微分法对公式(3-1)中 S 求导，然后使用与求极限井网密度相同的方法。其计算公式各有不同，结果的准确度也不同，原因在于各自针对的油气藏的类型不同、开发时期不同或者是否考虑利息和税收等因素。要想获得满意的结果，应综合考虑各种影响因素，针对不同油气田类型建立合适的数学模型。实际生产中的井网密度应取在合理井网密度附近。

二、注采井网的调整

当油田进入高含水期时，地下的油水分布已发生了重大变化，油层内已难以找到大片、成层、连续分布的剩余油，剩余油已呈高度分散状态，多分布于各砂体的边界部位、未动用的低渗透薄层以及表外储层，此时油藏平面差异性对开发的影响已经突出成为主要矛盾，靠原来的井网已难以采出这些分散的剩余油，需要进一步加密调整井网。

(一) 井网加密方式

针对原井网的开发状况，可以采取下列几种方式。

1. 油水井全面加密

对于原井网开发不好的油层，水驱控制程度低，而且这些油层有一定的厚度，绝大多数加密调整井均可能获得较高的生产能力，控制一定的地质储量，从经济上看又是合理的。在这种情况下就应该油水井全面加密。这种调整的结果会增加水驱油体积，全区采油速度明显提高，老井稳产时间也会延长，最终采收率得到提高。

加密调整井网开采的对象是：原井网无法控制实际资料又证明动用情况很差的油层和已经动用的油层内局部由于某种原因未动用的部位。对于调整层位中局部动用好，甚至已经含水较高的油层不应该射孔采油或注水。

2. 主要加密注水井

这种加密方式仍然是普遍的大面积的加密方式。在原来采用行列注水井网的开发区易于应用，对于原来采用面积注水井网的开发区应用时限制较多。

这种加密方式，对于行列井网，主要用于中间井排两侧的第二排间。适用的地质条件是：第一排间中、低渗透层均能得到较好的动用，再全面打井已没有必要，而第二排间差油层控制程度低，动用差。这种情况下可以考虑这种方式，即注水井普遍加密，而在局部地区增加少量采油井。

加密调整的层位和上一种没有什么不同，但效果会有差别、老井稳产情况将会明显好转。全区采油速度的提高不如全面加密明显，甚至基本不提高，这是因为增加采油井点少，或者不增加，油井内的层间干扰问题得不到彻底的解决。

对于面积井网，这种方式适用于地质储量已经很好地得到控制，但注采井数比过小，注水井数太少的情况。

3. 难采层加密调整井网

这种方式通过加密进一步完善平面上各砂体的注水系统，来挖掘高度分散的剩余储量的潜力，提高水驱波及体积和采收率。

难采层加密调整井网的开发对象，包括泛滥和分流平原的河边、河道间、主体薄层砂边部沉积的粉砂及泥质粉砂岩，呈零散、不规则分布，另外就是三角洲前缘席状砂边部水动力变弱部位的薄层席状砂，还有三角洲前缘相外缘在波浪作用下形成的薄而连片的表外储层，以及原开发井网所没有控制住的小砂体等。这些难采层渗透性差，单层厚度也薄，但由于层数多，叠加起来仍普遍有一定的厚度，采用有效的开采工艺，仍具有较好的经济效益。

部署难采层加密调整井网的原则和要求是：①由于这些难采层叠加起来普遍仍可达一定厚度，所以仍采用均匀布井方式；②由于这些难采层除少数大片分布的薄层席状砂以外，绝大多数分布零散，在平面上和纵向上交错分布在原来水淹层的周围，因此，要根据水淹层测井解释结果，选择水淹级别比较低的层位，综合考虑老井的情况，按单砂体完善注采系统，进行不均匀的选择性射孔，射孔时切忌射开高含水层；③同一套难采层加密井网内的小层物性应大体相近，井段尽量集中，应具有一定的单井射开厚度，以保证获得一定的单井产量和稳产期。

4. 高效调整井

由于河流-三角洲沉积的严重非均质性，到高含水期，剩余油不仅呈现高度分散的特点，而且还存在着相对富集的部位。高效调整井的任务就是有针对性地用不均匀井网寻找和开采未见水或低含水的高渗透厚油层中的剩余油，常获得较高的产量，所以称为高效调整井。

部署高效调整井的要求：

（1）由于油藏内砂体展布和高含水期的油水分布极其复杂，高效调整井必须在较密井网的基础上通过静、动结合的精细油藏描述才能有针对性地进行部署。重点寻找：厚砂体上由于注采不完善而形成的原油滞留部位；较大片厚砂体上边部远离注水井点的原油滞留部位；条带状厚砂体上开采井点后面的未水驱部位；被断层或废弃河道等遮挡所形成的原油滞留部位；尚未动用的独立厚砂体；与周围厚砂体上部相连通的异常厚砂体，或叠加型厚油层上部砂体中的原油滞留部位。

(2) 高效调整井以具有较高产能和可采储量的油井为主，这类井可以不受原开发层系的约束，只射开未见水或低含水的厚油层。

(3) 为使高效调整井能比较稳定地生产，必须逐井逐层完善注采系统，为之创造良好的水驱条件，可利用其他层系的注水井补孔或高含水井转注，必要时可兼顾周围采油井的需要补钻个别注水井。

(二) 调整井实施时机

对于零星增加的注水井和采油井，一般分为两种情况：一种是根据开发方案钻完井，对油层再认识后，发现局部井区方案不够合理，通常是主力油层注采系统不完善，这时安排钻零星调整井，使主力油层注采系统完善，这种钻打的时间很早；另一种是局部地区开发效果不好，水淹体积小，需要钻加密调整井，这些地区钻井只有在把地下情况分析清楚后才能部署，一般说来时间相对较晚。

对于需要普遍钻加密调整井的地区，钻井时间的选择取决于两个因素：一是需要，即从油田保持高产稳产出发，最晚的钻井时间也要比油田可能稳不住的年限早 2~3 年，在问题分析清楚后，尽量及早实施；二是合理，最好与地面流程的调整和其他工作的改造结合进行。

对于主要钻注水井的做法，在中含水期调整更好。这是因为只加密调整注水井，油井仍用原来的，这些采油井点，含水越高，层间干扰越大，调整效果会受到影响。况且高含水主力层又不能大面积停采，这样势必造成采水量较大，采出这些层的油，相对需要消耗的水量也多，经济效果就变差了。

(三) 加密调整注意事项

(1) 在同一层系新、老井网注采系统必须协调。

(2) 加密井网应尽可能同层系的调整结合起来统一考虑。

(3) 井网加密除了提高采油速度外，应尽可能提高水驱动用储量，这样有利于提高水驱采收率。

(4) 射孔时要避开高含水层，以提高这批井的开发效果。加密井打完后，必须对油层情况和水淹情况进行再认识，复核原方案是否有需要调整的地方。在此基础上，编制射孔方案要逐井落实射孔层位，为保证这套井网的开发效果，除了非调整层不射孔外，中、高含水层一般也不应射孔。注水井用射孔方法控制的严格程度可以比油井要求低一些。

(5) 解决好钻加密调整井的工艺和测井工艺是调整效果好的保证。加密调整井的开采层位是调整层中的未见水层和低含水层。要求测井工艺能准确地找出水层，尤其是高含水层。

(6) 加密调整井是打在已注水开发的地区，整个油层中已有些层水淹，形成油层水层交错、高压层低压层交错的情况，因此，除了测井解释水平需要提高，钻井工艺要达到新的水平，对固井质量也要求很高。

（四）井网局部完善调整

井网局部完善调整就是在油藏高含水后期，针对纵向上、平面上剩余油相对富集井区的挖潜，以完善油砂体平面注采系统和强化低渗薄层注采系统而进行的井网局部调整。调整井大致分为：局部加密井、双耙调整井、更新井、细分层系采差层井、水平井、径向水平井、老井侧钻等。以提高注采井数比、强化注采系统为主要内容的井网局部完善调整，主要包括三个方面的措施：在剩余油相对富集区，增加油井；在注水能力不够的井区增加注水井；对产量较高的报废井，可打更新井。高效调整井的布井方式和密度取决于剩余油的丰度和质量，一方面要保证调整井的经济合理性，另一方面要有利于控制调整对象的平面和层间干扰，达到较高的储量动用程度。

以动用低渗透薄层为主的井网局部完善调整，调整对象主要是分散在各单砂体中动用很差或未动用的低渗透薄层，其纵向上与水淹层交互叠加，平面上分散在各见水部位之间，分为四种类型：分散在河道砂体边部的泛滥型薄层砂；内前缘席状砂中的低渗透部位；大片分布的外前缘砂低渗透席状砂；原开发井网未控制住的小砂体。加密调整的布井方式有两种：一是打点状注水井，以调整注采井距，注水方式要考虑强化注水；二是打加密生产井，以缩小单井控制储量，多数层需要新老井结合，按单砂体完善注采系统，不均匀选择射孔。

（五）井网抽稀

井网抽稀是井网调整的另一种形式，它往往发生在主要油层大面积高含水，这些井层不堵死将造成严重的层间矛盾和平面矛盾，或为了调整层间干扰，或为了保证该层低含水部位更充分受效，控制大量出水，因此有必要进行主要层的井网抽稀工作。井网抽稀的原则主要有：

（1）抽稀后的井网必须保证主力油层平面上注采是协调的，不能出现有注无采或有采无注的情况；

（2）抽稀前后力争实现主力油层采油速度不降或少降，对于进行分层堵水的井点，争取做到本井产油量不降；

（3）井网抽稀后全区的含水要受到控制，产水量要下降，分层堵水的井应见到明显的降水效果；

（4）井网抽稀后注水井的注水量要进行相应的调整，保持主力油层和非主力油层的注采平衡；

（5）油井抽稀和注水井抽稀可以同时考虑，但在考虑注水井抽稀时要特别慎重。

井网抽稀的主要手段可以有两种：一是关井，二是分层堵水和停注。

分层堵水的做法是一口井只停产主要见水层位，其他低含水的层位继续生产。这样施工费用虽然较高，但能做到：

（1）油井继续采油，得到成分利用；

（2）在多层合采的条件下，原来动用不好的油层得到动用；

（3）被堵层实现了停注或停采。

关井抽稀的方法很简单，几乎不需要费用，但与分层堵水比较，存在以下缺点：

（1）油井无法继续利用；

（2）其他同井合采的差油层也被抽稀，在多数情况下，这些油层抽稀是不合理的；

（3）由于层间倒灌的影响，不少层并没有真的停采或者停注。

从以上分析可以看出，在多层合注合采的条件下分层堵水（包括油井和水井）的办法比地面关井要优越。只有在井下技术状况较好，单一油层或者各主要层均已含水高，关井才是合理的。

三、开发调整方案的编制

由于海上油田开发调整面临一定特殊性的问题，开发过程中进行层系细分调整、井网加密调整需要开展更加精细的地质油藏方案研究，以保证调整效果。根据海上油田油藏特征和开发特点，制定了海上油田开发调整研究内容、方法和技术要求，指导海上油田开发调整方案的编制。所需研究内容如下：

（一）地质油藏再认识

（1）地层细分与对比。根据地震、测井、岩心、油藏动态等资料进行不同级次的地层对比。

（2）构造特征描述。利用油田已有的地震、钻井、测井、生产动态等资料，对构造形态、断层性质、断层分布特征及组合关系进行精细研究，分析其对开发效果的影响。

（3）沉积与储层描述。应用油田钻井、测井资料、地震资料和油藏动态资料，对储层特征及空间分布规律进行再认识。

（4）流体分布及性质。对流体性质以及分布特征进行分析，首先利用生产测试、测井、岩心、生产动态等资料进行油气水层再认识并建立其判别标准，然后根据已钻井资料及生产测试、动态资料综合确定油气水界面，对油气水性质及分布规律进行再认识。

（5）油藏类型再认识。结合储层描述结果以及流体性质和分布特征，确定各划分单元的油藏类型，并对其控制因素进行分析。根据不同单元油藏类型特点和开发历程，分析开发方式及其对开发效果的影响。

（6）储量品质分析。根据构造、储层、流体分布、已钻井资料等新研究成果，对油藏的地质储量参数进行再认识，核定地质储量。结合储层评价、油藏类型、流体性质及储量再认识，对各单元储量品质进行分析，对储量的风险和潜力进行分析。

（二）开发效果评价

（1）分析油田开发水平，总结开发特征。

（2）以砂体或砂层组为单元统计各类油层的水驱控制程度及注采对应率，分析影响水驱控制程度和注采对应率的原因。

（3）分析油层能量保持以及利用状况，并分析地层能量利用是否合理。

（4）评价各开发阶段水驱储量动用状况，分析其变化的原因。

（5）对于注水开发油田，评价阶段含水上升率、存水率、水驱指数等开发指标，分析其变化原因。

（6）利用水驱曲线、油藏数值模拟、经验公式等方法预测可采储量，计算采收率。

（7）分析层系、井网、驱动方式的适应性。

（三）剩余油分布研究

(1)剩余油分布研究方法如下：

① 在精细地质研究的基础上，利用已有的油田动、静态资料，采用油藏工程方法分析剩余油分布；

② 利用油田动态监测资料、密闭取心井岩心分析资料，结合油层沉积特征，采用动态监测方法确定剩余油分布；

③ 应用油藏数值模拟方法确定各类油层剩余油的分布。

(2) 分析各类油层平面、纵向剩余油分布情况，编制出单层及叠加剩余油分布图。

(3) 分析油田目前开发存在的主要问题，对形成剩余油的原因进行分类和总结，针对不同的剩余油分布特征研究挖潜方法，提出开发调整对策。

（四）开发调整部署

1. 调整原则

(1) 提高储量动用程度，增加开发年限内可采储量，提高经济采收率。

(2) 调整部署应统筹考虑新老井网的关系。

(3) 以尽可能少的投入获得最佳的经济效益。

2. 调整对策

针对开发过程中的主要矛盾，结合剩余油分布特征、周边资源潜力等情况，制定调整对策，主要包括：

(1) 对于多层合采油藏，若层间矛盾严重，应进行细分开发层系的调整；

(2) 对于井控储量大、采出程度低的油藏，或注采井距大、采油速度低或者下降快的油藏，应进行加密调整；

(3) 对于注采系统不完善、注采结构不平衡、地层压力下降影响产液量提高的油藏，应进行注采系统调整；

(4) 对于未动用储量及周边资源量，应在充分考虑风险与潜力的基础上，按照滚动开发的原则纳入开发调整。

3. 开发调整方案部署

(1) 开发方式及采油方式

根据油田实际开发效果，论证利用天然能量或人工补充能量(注水、注气)等开发方式，论述采用自喷生产或人工举升等采油方式。对于注水开发油田，结合油田开发阶段，确定合理的注采井数比，使得油田注采系统能够满足保持压力水平、产液结构调整等开发需要。

(2) 层系的划分与组合

针对开发过程中的主要矛盾，结合剩余油分布特征，按照开发层系划分的原则，对开发层系进行合理划分。

(3) 井型、井网、井距

考虑调整后单井的井控可采储量具有经济性。调整方案井型、井距应适应储层特征及剩余油分布特点，提高储量动用程度。调整方案井网应适应地质油藏特征，以利于提高油田开发效果。

（4）调整井生产能力和注入能力

根据油田开发动态资料，确定调整井的初期单井日产油量、最大日产液量。对注水开发油田，根据油田开发动态资料，确定单井最大日注入量。

（5）方案设计及优选

① 基础方案。依据调整前井数、井网、井距以及海上现有工程设施能力进行预测，作为基础方案。

② 调整方案。在上述研究成果基础上，根据实际情况提出可行方案。应用数值模拟方法及油藏工程方法对调整方案的开发指标进行预测，预测调整区域开发年限内(或平台寿命期内)的开发指标。根据经济效益、开发指标对比，优选技术可行、经济有效、生产合理、抗风险能力强、绿色环保的方案作为推荐方案。

（6）调整方案风险与潜力分析

① 结合剩余油分析以及方案优选结果，对调整方案的风险进行分析，选择适当的开发风险进行量化，形成低方案。

② 结合剩余油分析以及方案优选结果，对调整方案的潜力进行分析，选择适当的开发潜力进行量化，形成高方案。

（五）调整方案实施要求

（1）钻井实施要求，包括钻井顺序、固井质量、储层保护、加深评价及领眼要求等。

（2）完井实施要求，包括储层保护、防砂层段、完井管柱等。

（3）开发工程要求，包括预留处理能力、预留井槽等。

（4）资料录取要求，包括取心、测井、测压、测试及流体取样等。

（5）随钻跟踪和研究工作要求。

四、井网调整实例

（一）绥中 36-1 油田

绥中 36-1 油田位于渤海辽东湾海域亿吨级整装油田，探明含油面积 42.5km^2。油田目的层为东营组下段，埋深 1175~1605m，储层为湖相三角洲沉积，主力开发层系为东营组东二下段的Ⅰ、Ⅱ油组，纵向细分为 14 个小层(图 3-2)。油田储层发育，物性较好，孔隙度在 28.0%~35.0%之间，平均 31.0%；渗透率在 100~10000mD 之间，平均 2000mD，为高孔、高渗储层。油田原油属重质稠油，具有密度大、黏度高的特点，地层原油黏度 24~452mPa·s；在平面上，油田构造高部位的原油性质明显好于构造低部位；在纵向上，同一口井Ⅱ油组原油性质要好于Ⅰ油组。

绥中 36-1 油田自 1993 年投产，油田基础井网为反九点注采井网，井距为 350m，井网密度 6.1 口/km^2。随油田开发的深入，开发矛盾逐渐加大，产量递减明显，2006 年绥中 36-1油田采油速度已降至 1.1%。此阶段油田开发矛盾主要表现为：①平面含水差异大，剩余油分布不均；②纵向各层产出不均衡，层间矛盾突出；③井控储量大，采收率偏低。至 2008 年 12 月，绥中 36-1 油田综合含水率 67.5%，采出程度 13.2%，基础井网预测油田采收率仅为 23.8%。

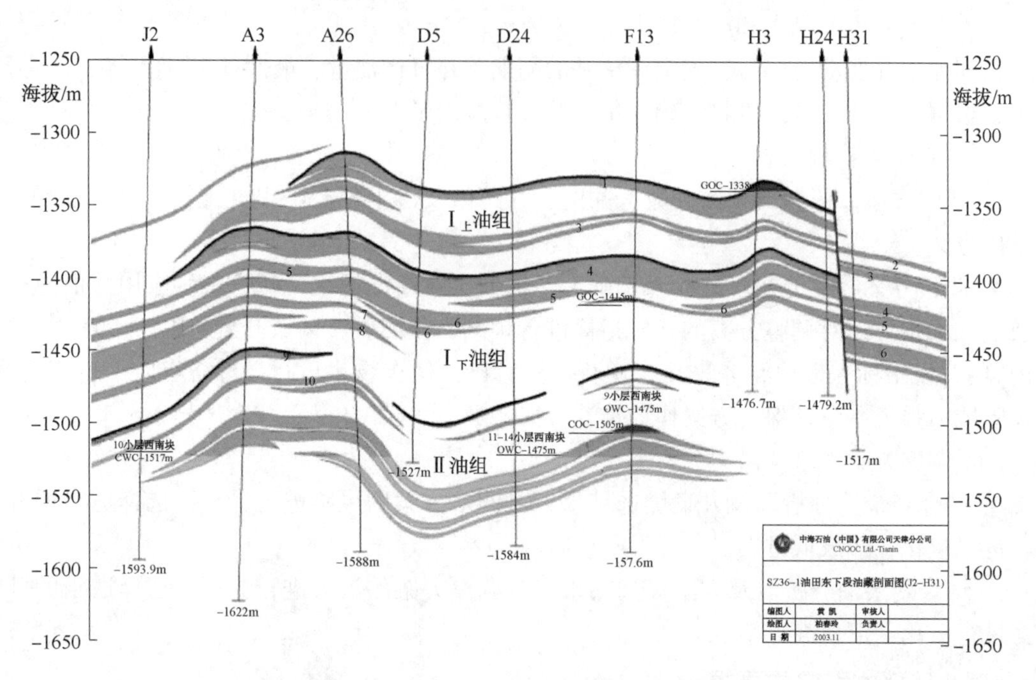

图 3-2　绥中 36-1 油田东下段油藏剖面图

为解决油田开发矛盾，改善油田开发效果，绥中 36-1 油田在“十一五”和“十二五”期间实施了井网加密调整。

1. 井网密度的论证

采用水驱砂岩油藏采收率经验公式，计算了不同原油黏度下采收率与井网密度的关系曲线(图 3-3)。结果表明，不同原油黏度下，采收率均随井网密度的增加而不断提高，但井网密度大于 10.0 口/km^{2}后，采收率提高幅度逐渐变小。绥中 36-1 油田基础井网密度为 6.1 口/km^2，通过井网加密可较大幅度提高采收率。

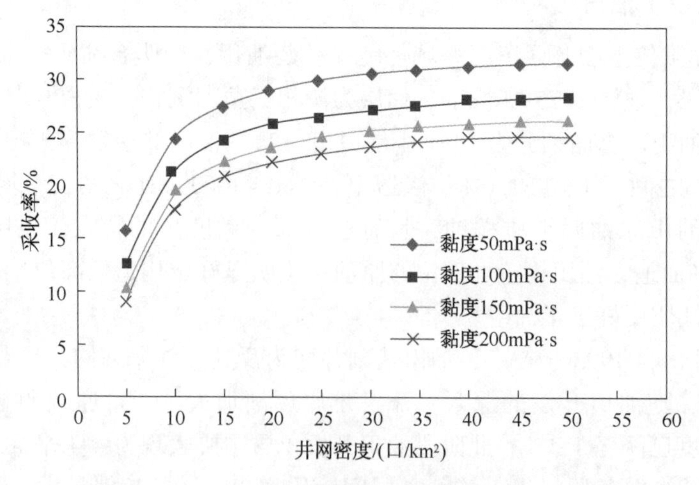

图 3-3　绥中 36-1 油田井网密度与采收率的关系曲线

2. 井网调整策略和调整模式

绥中36-1油田实施井网调整时，已处于高含水阶段，井网加密主要针对剩余油富集区。在精细地质研究，运用油藏工程、数值模拟等多种方法对剩余油分布规律进行了研究。研究表明：平面上，油井排为剩余油的主要富集区，断层附近剩余油也相对富集；纵向上，各小层剩余油分布不均，层间矛盾明显。为进一步落实剩余油富集模式，部署实施了4口先导试验井，并进行了密闭取芯。先导试验井水淹状况和生产效果表明，注采主流线水淹较强，油井排剩余油更加富集；密闭取芯井水淹状况显示纵向剩余油分布不均。因此，确定了绥中36-1油田井网加密调整的策略为油井排加密油井，水井排油井转注，转变为行列注采井网。

同时，考虑绥中36-1油田构造高部位和低部位的储层状况、流体性质、剩余储量富集状况存在明显差异，制定"平面分区、纵向分层"的调整思路，在不同区域采用不同的调整模式。油田构造高部位，油藏纵向层数较多，且各层剩余油均有分布，采取油井排井间整体加密定向井的策略，调整后形成行列注采井网(图3-4)；油田构造低部位，地层原油黏度大，定向井产能低，且剩余储量集中在2~3个主力层内部，适合部署水平井调整，因此采取油井排整体加密水平井的策略，实现水平井局部细分层系，形成"定向井+水平井"的联合井网开发模式(图3-5)。另外，针对断层附近的剩余油，部署了调整井实施挖潜。

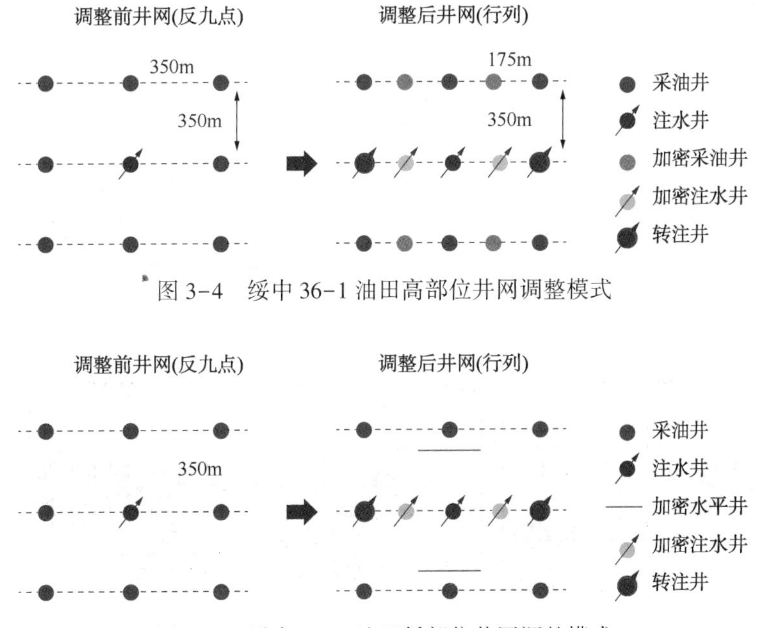

图3-4　绥中36-1油田高部位井网调整模式

图3-5　绥中36-1油田低部位井网调整模式

绥中36-1油田井网加密调整自2009年开始实施，至2015年结束。绥中36-1油田井网调整后，油水井数由258口增加至472口，井网密度由6.1口/km^2增加至11.0口/km^2。调整后，油田井网形式由反九点井网转变为行列注采井网，油井排井距为175m，水井排井距为175m，油、水井排间距为350m。

3. 井网调整效果

通过实施井网调整，绥中36-1油田开发矛盾显著降低，油田开发效果明显提高。调整后，绥中36-1油田产量大幅上升，2012年产油量达到$508\times10^4m^3$，并连续五年维持在$500\times10^4m^3$以上。油田采油速度由调整前1.1%提高至1.7%，预计井网调整提高采收率12%(图3-6)。可以看出，井网加密调整对增加油田可采储量，提高水驱采收率具有重要作用，为油田的可持续发展奠定了坚实的物质基础。

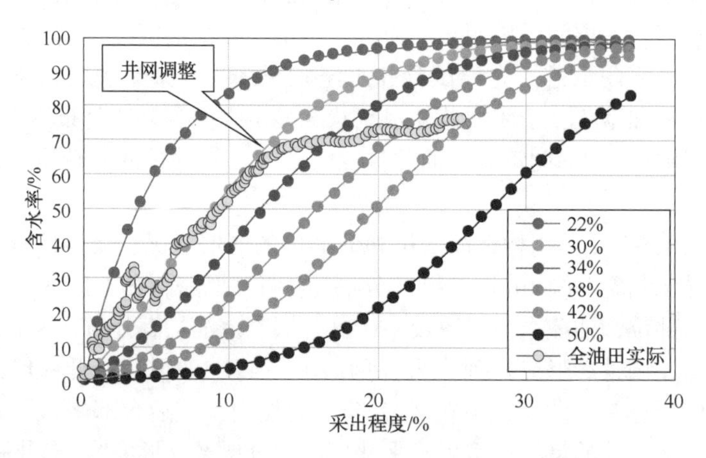

图3-6　绥中36-1油田含水与采出程度关系曲线

（二）秦皇岛32-6油田

海上河流相油田储层非均质性强，导致高含水期注采受效不均，水驱波及范围小。根据储层非均质性进行注采井网加密，提高油田水驱波及系数及水驱采收率是油田高含水期开发调整的主要内容。以秦皇岛32-6油田为例，该油田为渤海亿吨级河流相稠油油田，油田纵向含油层系4~5套，且各层系间油藏类型、原油性质、储层物性、砂体规模及展布存在较大差异(图3-7)。储层以正韵律或复合韵律沉积为主，为高孔、高渗储层，平均孔隙度33%，平均渗透率3102mD。受沉积微相、内部夹层等地质因素影响，储层横向变化快，非均质性强，渗透率级差在3~8之间。

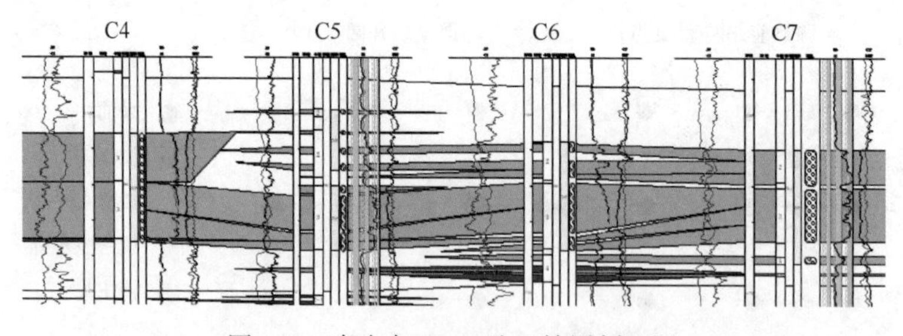

图3-7　秦皇岛32-6油田储层剖面图

油田早期开发井距350~400m，反九点注采井网，进入高含水期后，层间、平面上注采受效不均现象日益突出，存在水驱动用程度低(54%)，采油速度低(0.8%)，采收率低(21.5%)的问题。开发主要矛盾主要表现为以下几方面：

(1) 多套层系合采，层间干扰导致各层系储量动用不均，整体动用程度低；

(2) 受储层韵律性和较大的注采井距控制，注采井间油层中上部水驱波及程度低，剩余油富集，表现出明显的平面矛盾，取心井及过路井资料统计证实，在井组含水到80%以上时，井间剩余油富集程度仍有 60%~80%，现有井网无法有效的动用与开采。

油田存在整体动用程度低，现有井网开采难度大的开发问题，需要在层系细分调整的基础上，进一步通过井网加密调整解决这一问题。

油田开发中后期进行井网调整，一方面要考虑现有基础井网和剩余油分布状况，进行针对性的加密调整及井网转换，实现对剩余油的有效开采；另一方面也要考虑合理井网密度问题，以实现开发效果和经济性的最优化。为此，秦皇岛 32-6 油田应用实际油藏参数，开展了不同井网转换形式下采收率与井网密度的关系研究，如图 3-8 和图 3-9 所示。结果表明：①随着井网密度增加，采收率提高幅度逐渐降低；②对于非均质性储层，通过加密井网可以提高采收率。对比相同井网密度下的反九点井网及其他不同加密井网的采收率，水平井加密井网提高采收率效果明显好于其他形式的加密井网。

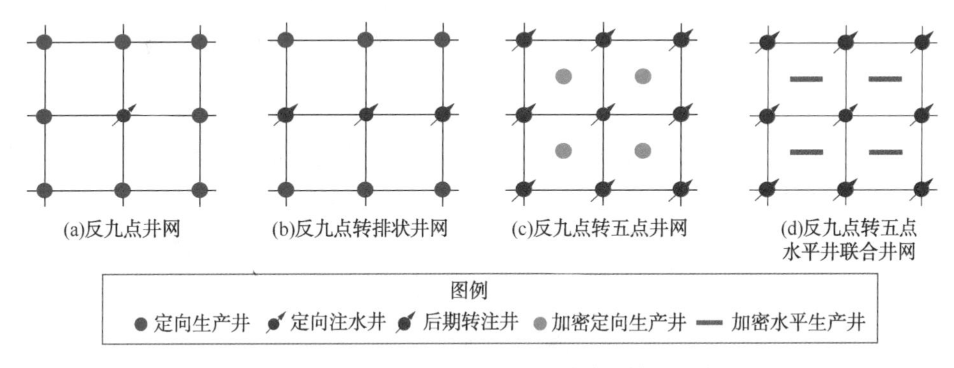

图 3-8 秦皇岛 32-6 油田不同注采井网转换形式图

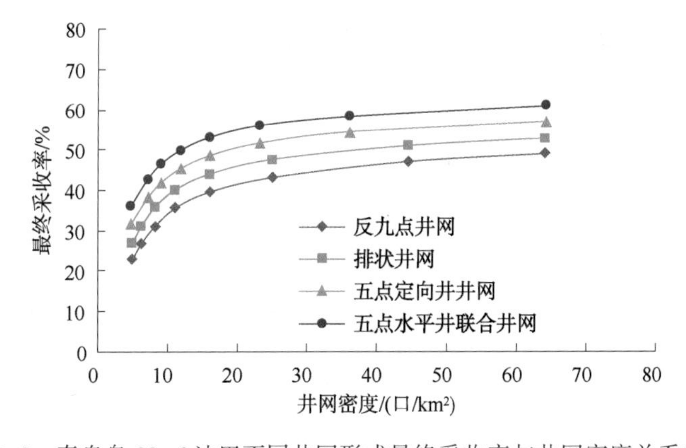

图 3-9 秦皇岛 32-6 油田不同井网形式最终采收率与井网密度关系曲线

秦皇岛 32-6 油田“十二五”期间在层系细分调整的同时，对全油田主力砂体进行了整体加密及井网调整。调整原则如下：根据不同砂体的油藏条件和开发特点，制定合理的井网调整对策。对于储层条件好、规模大的砂体，充分认识剩余油分布规律，通过整体加密调整和规则井网转换提高砂体采油速度和采收率。对于砂体局部厚度大、剩余油富集的区域，进行局部加密调整，提高丰度高区域的储量动用。对于储层非均质强、层薄的砂体，在厚度 4m 以上、具有一定储量基础的“甜点区”部署水平井，并形成有效的注采井网。对于底水稠油油藏，在油柱高度 8m 以上区域部署水平井开采，并形成有效的注采井网。

以南区 Nm Ⅰ3 主力砂体为例，该砂体制定井网调整对策：在油层厚度大于 8m 的剩余油富集区域，通过在注采井间加密水平生产井，将现有的反九点井网调整为五点水平井联合井网。注采井网调整模式如图 3-10 所示，井距由 350~400m 调整为 220m。Nm Ⅰ3 砂体井间加密 30 口水平井，井网密度由 4.7 口/km^2调整为 9.8 口/km^2。调整后采油速度提高了 2.6 倍，采收率增加 14%，开发效果大幅提高(图 3-11)。

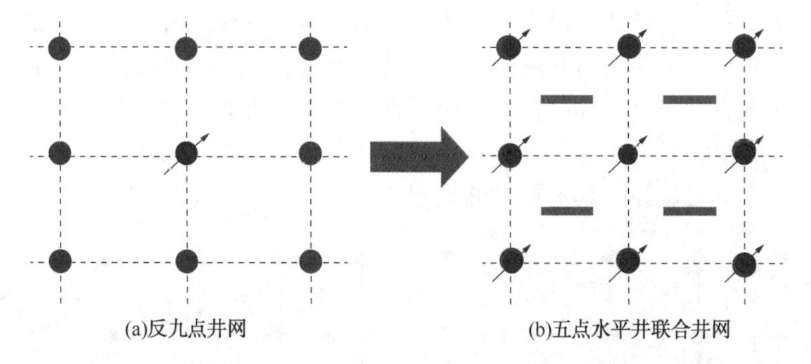

图 3-10 秦皇岛 32-6 油田南区主力砂体注采井网调整模式图

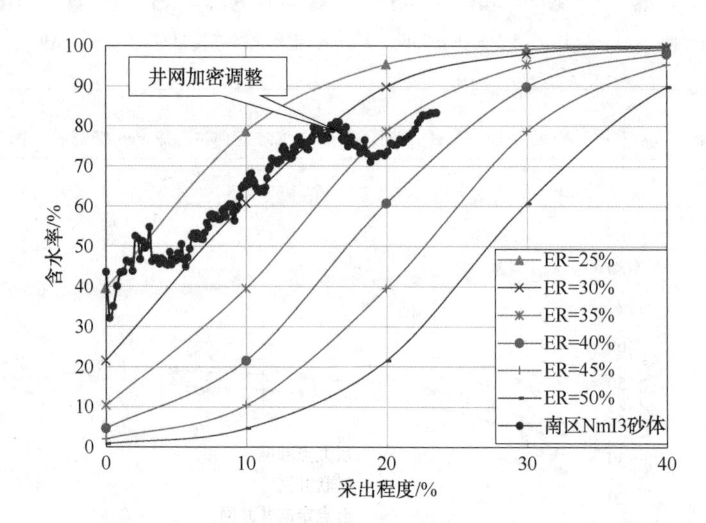

图 3-11 秦皇岛 32-6 油田南区主力砂体含水与采出程度关系曲线

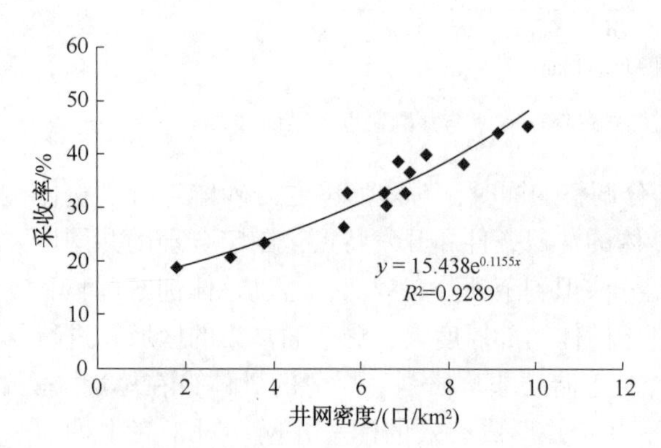

图 3-12 秦皇岛 32-6 油田主力层系加密调整后采收率与井网密度关系曲线

秦皇岛 32-6 油田利用水平井进行加密调整，结合分层配注工艺，实现了单层系或单砂体的独立开采，调整后井网密度从 5 口/km^2提高至 9 口/km^2，同时开采方式由定向井开发转为以水平井开发为主，水驱储量动用程度及采收率大幅度提高。秦皇岛 32-6 油田主力油层加密调整后采收率与井网密度关系曲线如图 3-12 所示，主力砂体井网密度与采收率相关性较好，随着井网密度增加，采收率大幅提高，主力油层采收率普遍达到 30%以上。

第四章　注采系统优化调整

随着油井含水的不断上升，油田的注采系统会由初期的适应逐渐变化到后来的不适应。尤其是进入中高含水期，如果不进行适当的调整，就不能使注水井的吸水能力与采油井的产液能力相协调，采油井的生产能力也不能得到较好的发挥。适时地对油田的注采系统进行调整，能够优化油田压力系统，减缓油田产量递减，控制油田含水的上升，增加水驱控制程度，改变液流方向，提高油田水驱采收率。

第一节　注采系统调整技术的发展

渤海注水油田注采系统调整技术的发展大体可分为两个阶段：第一阶段是以降低油水井数比为手段实现压力系统调整的注采调整阶段；第二阶段则是在油藏精细描述基础上进行的以完善单砂体注采关系为核心的注采系统调整。两次调整都在一定程度上很好地缓解了油田开发上的矛盾，完善了注采关系，提高了油层动用程度，增加了油田的可采储量。

一、以调整压力系统为目的的注采系统调整阶段

油田在进入中高含水期后，暴露出新的矛盾，即油田压力系统与产液量之间的不适应性。油田压力系统和注采系统相辅相成，压力系统建立在注采系统的基础上，因此，为了适应油井中高含水期产液量稳定提高的需要，油田注采系统应做相应的调整，建立新的合理压力系统。

针对渤海注水油田存在油水井数比高、压力系统不合理的矛盾，对问题突出的反九点法面积井网和局部不适应的行列井网进行了适当的调整。经过大规模的注采系统调整，使油田注水量大幅度增加，地层压力显著回升，压力系统得到了有效改善；油井产液量明显增加，产油量基本保持稳定，油田递减速度得到了抑制；含水上升速度也得到了有效控制。

二、以完善单砂体注采关系为目的的注采系统调整阶段

油田进入中高含水期后，随着井网的不断加密，地质研究工作的不断深入，对单砂体的认识也越来越清晰。通过对各种监测资料的分析认识到，即使油田井网密度已经达到很高的水平，但是仍有一部分单砂体注采关系不完善，同时井网间相互交叉的现象也比较多，造成单砂体之间注采状况差异较大。因此，注采系统调整必须以单砂体为研究对象，以完善单砂体注采关系为目的，通过调整最终达到控制油田含水上升速度，减缓产量递减速度。

经过研究，渤海油田建立了单砂体注采关系完善程度评价方法，对秦皇岛 32-6 油田 3 个水驱区块的单砂体注采关系完善程度进行了系统评价，对部分注采系统不合理的区块进行了适当的调整，取得了显著的效果。

第二节　注采关系完善程度评价方法

一、合理油水井数比的确定

目前有关陆上油田水驱开发油田油水井数比计算方法较多，包括吸水产液指数法、考虑注采比的吸水产液指数法、考虑地层压力合理油水井数比计算方法等。现有方法存在的差异主要表现在是否考虑油水密度差异及体积因数，是否考虑注采平衡等因素；但共同点均为通过极值原理，考虑油田产液最大化的计算方法。海上油田开发模式不同于陆上油田，重要的一个因素就是油田产液量受平台或油轮液处理能量的限制，另外，海上油田采液速度多高于陆上油田，出砂也严重制约着油田的开发效果。因此，在有限的液处理条件及合理生产压差控制条件下的合理油水井数比的计算是要解决的问题。

（一）已有计算方法对比

1. 吸水产液指数法

吸水产液指数法公式在注采平衡条件下，通过极值原理推导得到，计算方法简单，方便使用，尤其早期在油田注采井网调整中得以广泛应用。该计算方法可解决不同含水阶段油水井数比，但未考虑油水密度及体积因数的影响，并且还不能解决注采不平衡的问题。公式表示为：

$$R=\sqrt{I_{w}/J_{L}} \tag{4-1}$$

式中，R 为油水井数比，无因次；I_w 为吸水指数，$m^3/(d \cdot MPa)$；J_L 为产液指数，$m^3/(d \cdot MPa)$。

2. 考虑注采比计算方法

贾自力等通过对式(4-1)进行了完善，可以推导出考虑注采不平衡条件下合理注采井数比的计算方法。计算方法表现形式更为合理，但仍未考虑原油密度及体积因数的影响。公式表示为：

$$R=\sqrt{I_{w}/(J_{L}R_{ip})} \tag{4-2}$$

式中，R_{ip}为注采比，无因次。

3. 注采压差法

由于低渗油田及稠油油田存在启动压力梯度，因而注采压差法在油田现场应用也较为广泛。该方法考虑了油水密度及体积因数的影响，可解决目前井网条件下油水井数比的计算，但推导方法不是利用极值原理考虑油田产液量最大化得到的。公式表示为：

$$R=\frac{(I_{w}/J_{L})(\Delta p_{iw}/\Delta p_{p})}{[(1-f_{w})(B_{o}/\rho_{o})+f_{w}]R_{ip}} \tag{4-3}$$

式中，Δp_{iw}为注水压差，MPa；Δp_p 为生产压差，MPa；f_w 为含水率，小数；B_o为原油体积因数，小数；ρ_o 为地下原油密度，g/cm^3。

4. 考虑单井及地层压力变化计算方法

邹存友等考虑油田注采不平衡及密度与体积因数影响，通过极值原理推导了陆上油田在最大产液量条件下的合理油水井数比计算方法。该方法是对以上 3 种计算方法的补充和完善。公式表示为：

$$R=\sqrt{I_w/\{J_L R_{ip}[(1-f_w)(B_o/\rho_o)+f_w]\}} \tag{4-4}$$

（二）海上油田合理油水井数比计算方法

1. 油水井数比计算方法

与陆上油田在开发总井数一定条件下能够获得最高产液量的油水井数比计算方法不同，在计算合理油水井数比时，用海上油田实际液处理能力及压力控制参数取代了常用的极值原理，方法更加适用于产液量受限及需要防砂的油田。

当油田平均含水率为 f_w 时，油田日产液量的地下体积可表示为：

$$Q_L=n_o J_L(p_{os}-p_{wf})[(1-f_w)B_o+f_w B_w] \tag{4-5}$$

式中，Q_L 为日产液量，m^3；n_o 为油井数，口；p_{os} 为油井附近地层压力，MPa；p_{wf} 为油井井底流压，MPa；B_w 为地层水体积因数，小数。

油田日注水量的地下体积为：

$$Q_{inj}=n_w I_w(p_{inj}-p_{ws})B_w \tag{4-6}$$

式中，Q_{inj} 为日注水量，m^3；n_w 为注水井数，口；p_{inj} 为注水井井底注入压力，MPa；p_{ws} 为注水井附近地层压力，MPa。

将式(4-5)、式(4-6)结合油水井数比定义式与注采比定义式联解得到油井附近地层压力：

$$p_{os}=\frac{I_w(p_{inj}-\Delta p)+R_{ip}RJ_L[(1-f_w)(B_o/B_w)+f_w]p_{wf}}{R_{ip}RJ_L[(1-f_w)(B_o/B_w)+f_w]+I_w} \tag{4-7}$$

式中，Δp 为注水井与油井附近地层压差，MPa。

由式(4-7)与式(4-5)联立得到：

$$Q_L=\frac{R}{R+1}\frac{n_t J_L[(1-f_w)B_o+f_w B_w]I_w(p_{inj}-\Delta p-p_{wf})}{[(1-f_w)(B_o/B_w)+f_w]R_{ip}J_L R+I_w} \tag{4-8}$$

式中，n_t 为油水井总数，口。

将式(4-8)压力项变为生产压差和注入压差后得到：

$$Q_L=\frac{R}{R+1}\frac{n_t J_L[(1-f_w)B_o+f_w B_w]I_w(\Delta p_{inj}+\Delta p_p)}{[(1-f_w)(B_o/B_w)+f_w]R_{ip}J_L R+I_w} \tag{4-9}$$

式中，$n_t=n_o+n_w$；Δp_p 为生产压差，MPa。

假设：$a=n_t J_L[(1-f_w)B_o+f_w B_w]I_w(\Delta p_{inj}+\Delta p_p)$，$b=[(1-f_w)(B_o/B_w)+f_w]R_{ip}J_L$，

则式(4-9)可表示为：

$$Q_L=\frac{R}{R+1}\times\frac{a}{bR+I_w} \tag{4-10}$$

式(4-10)为与油水井数比相关的二次方程，其常数项主要由流体物性、压力数据、产液吸水指数及注采比组成，在特定油田实际生产中，这些参数均可测试或求解。

2. 产液吸水指数的确定

产液吸水指数在测试资料完整的条件下可通过井口产量与生产压差的比值求得，但海上油田生产测试资料相对较少，因此可通过计算的方法得到产液吸水指数。

(1) 直井产液吸水指数的确定

海上油田大多采用定向井合采合注，在定向井产能评价 Vandervlis 公式的基础上，根据海上油田生产实际情况，引入层间干扰系数进行修正。产液指数可表示为：

$$J_L=\frac{542.87\lambda[(K_{rw}/\mu_w)+(K_{ro}/\mu_o)]h}{\ln r_e/r_w+S} \tag{4-11}$$

式中，λ 为合采油井层间干扰系数，小数；K_{rw}、K_{ro}分别为水相、油相相对渗透率；μ_o、μ_w 分别为地下油、水黏度，mPa·s；h 为储层厚度，m；r_e 为有效泄油半径，m；r_w 为井筒半径，m；S 为表皮因数。

注水井吸水指数的变化主要反映在油层中含水饱和度变化引起的流动阻力变化，王陶等通过油井见水时前缘含水饱和度及前缘后平均含水饱和度情况下的平均油水流度比与含水率为零时产液指数的倍数关系，建立了注水井系数指数经验关系式：

$$I_w=(K_{rw}/\mu_w)/[(K_{ro}/\mu_o)J_{L(f_w=0)}] \tag{4-12}$$

现场应用证明该计算方法与测试结果较接近。

(2) 水平井产液吸水指数的确定

水平井产能公式形式多样，针对非均质油藏偏心水平井产能公式进行修改完善得到产液指数表达式：

$$J_L=\frac{542.87[(K_{rw}/\mu_w)+(K_{ro}/\mu_o)]h}{\ln\frac{\alpha+\sqrt{\alpha^2-(L/2)^2}}{L/2}+\frac{\beta h}{L}\ln\left[\frac{(\beta h/2)^2-\delta^2\beta^2}{\beta h r_w/2}+S\right]} \tag{4-13}$$

式中，$\alpha=\frac{L}{2}\left[\frac{1}{2}+\sqrt{\frac{1}{4}+\frac{1}{(L/2r_e)^4}}\right]^{1/2}$；$\beta=\sqrt{K_h/K_v}$；$L$ 为水平井水平段长度，m；β 为储层各向异性指数；δ 为水平井偏心距，m；K_h 为水平渗透率，mD；K_v 为垂向渗透率，mD。

将相应的油相、水相及储层参数代入式(4-13)即可得到产液指数，通过相渗曲线及分流量方程可建立产液指数与含水率变化关系。

水平井吸水指数确定方法与定向井吸水指数计算方法类似，同样利用不同含水率阶段油水流度比与油井含水率为零时产液指数的倍数关系确定。

对于海上注水开发油田，需要建立在多种生产限制条件下合理油水井数比的计算方法，其影响因素主要包括平台液处理能力，水平井或定向井产液、吸水指数，注采压差等。通过对比不同油水井数比计算方法与结果的差异，考虑产液量的限制对结果影响最大，其次是注采不平衡时注采比的影响，流体物性影响相对最小。

二、合理压力系统的确定

压力是油田的灵魂，合理的油田压力系统是油田合理开发的根本保证。一般情况下，油藏压力系统可以用油井流压、油井地层压力、注水井地层压力和流动压力来描述。研究结果表明，在特定的井网、油水井数比、含水阶段和油层条件下，以上4个压力是相关的。给定油井流压和注水压力后，油井地层压力和水井地层压力也就随之而定。因此，确定合理压力系统本质上就是确定合理的油井流压和注水压力。

合理油井流压主要是确定最低油井流压下限。油井流压下限的研究，一是分析油井流压下降对油层脱气的影响，不能造成油层大范围脱气而影响采收率；二是分析油井流压对油田生产能力的影响，要满足油田开发生产的需要；三是分析油井流压对井筒脱气的影响，气液比不能过高，以免影响泵效。通过研究表明，影响油井流压下限的主要因素是油藏饱和压力、含水、注水压力、油水井数比和水驱控制程度。

合理注水压力是指在不产生威胁套管安全应力前提下，并能获得最大产液量的注水压力。理论分析和统计资料表明，注水压力高于油层破裂压力以后，由于注入水进入泥岩而导致泥岩膨胀，从而加剧套管损坏，因此注水压力应该低于油层破裂压力。一般情况下，取油层破裂压力的90%作为注水压力上限。不同区块不同层系井网破裂压力不同，注水压力上限也不同。

三、单砂体注采关系完善程度评价方法及内容

(一) 影响单砂体注采关系的因素

通过对影响单砂体注采关系的因素分析，优选出影响单砂体注采关系的主要因素有：油水井射孔状况、注采井距、油水井砂体类型、油水井间砂体连通状况、注采关系、受效方向、注采井网、断层以及油井周围其他井的影响等，这些因素能综合反映单砂体的注采状况。

(二) 单砂体注采关系完善程度评价方法

根据地质、开发、检查井及分层测试等资料，并结合专家经验和渗流规律，分不同方向逐层逐井进行单砂体注采状况分析，进而得到小层各井点在不同方向上的水驱控制程度。主要步骤如下：

(1) 以精细地质划分的小层为单元，以油井为分析对象，以相应井网的1.5倍井距(或排距)为搜索范围，分东、西、南、北4个方向进行搜索周围射孔注水井；

(2) 判断油井和相应注水井所处的砂体类型，以及它们之间有无尖灭区、断层或局部变差砂体；

(3) 若注水井同时给周围几口油井注水，要综合考虑待分析油井与注水井周围其他油井的砂体类型和距离等因素；

(4) 若待分析的油井在同一方向上受效于两口以上水井，则视为一个方向受效。

(三) 单砂体注采关系状况及潜力评价

1. 不同井网单砂体注采状况评价

给出不同加密调整阶段各套井网单砂体水驱控制程度变化情况；通过分析各套井网油井在井网加密过程中单向、二向、三向及以上单砂体水驱控制程度变化，给出各套井网间的相互影响、相互完善的程度。

2. 不同类型油层单砂体注采状况评价

给出不同加密调整阶段各类油层水驱控制程度的变化及单向、两向及多向连通状况。

3. 完善单砂体注采关系潜力分析评价

单砂体注采不完善类型(即潜力)主要有：无注无采、有注无采、有采无注、尖灭区或断层遮挡、注采井点油层性质差、二线受效、注采井间油层局部变差等，并给出不同加密调整阶段各套井网和各类油层的潜力类型及比例。

一是已射孔油井潜力。单向受效的油井在其他方向存在剩余潜力，油井周围无注水井点形成有采无注，油水井点间存在砂体局部变差、尖灭区或断层遮挡。

二是未射孔油井潜力。油井未射孔形成有注无采或无注无采，油水井点间存在砂体局部变差、尖灭区或断层遮挡，油井处在二线受效位置。

4. 现井网条件下可挖潜潜力评价

根据单砂体注采关系不完善的成因类型及特点，并结合生产状况，提出相应的挖潜方向及措施(表 4-1)。

表 4-1　单砂体注采不完善或完善程度差潜力类型及挖潜方向

射孔状况	潜力特点	潜力类型	挖潜方向
油井射孔	注采关系比较完善，但受效方向少	某个方向受效差	增加水驱方向数
	水井未射孔或没有水井	有采无注	水井补孔或增加注水井点
	油井与受效水井流线范围内其他油井射孔	二线受效	增加注水井点
	注采井距过大	不受效或受效差	措施
	水井砂体变差		加强注水
	油井砂体变差		油井压裂
	断层、尖灭区遮挡	不受效	增加注水井点
	油水井间有变差砂体	不受效或受效差	增加注水井点或加强注水
油井未射孔	有水井且射孔	有注无采	油井补孔
	有水井，但未射孔	无注无采	油水井同时补孔
	无水井	无注无采	增加注水井点，油井补孔

(四) 典型区块单砂体注采关系完善状况分析

优选秦皇岛 32-6 油田两个典型区块进行单砂体注采关系完善状况分析。两个典型区块目前开发简况如表 4-2 所示。

通过秦皇岛 32-6 油田两个典型区块明化镇组油层单砂体注采状况分析评价，揭示了各开发区不同井网及不同类型油层单砂体水驱控制程度和潜力状况。

表 4-2　典型区块开发简况

油田	区块	开发井网	投产时间	开发层系	井网方式	井数/口	
						油井	水井
秦皇岛 32-6 油田	北区	基础井网	2001 年	明下段Ⅰ、Ⅱ、Ⅲ、Ⅳ油组	350m×350m 反九点	44	11
		综合调整	2014 年	明下段Ⅰ油组	250m×300m 行列	56	31
				明下段Ⅱ油组	250m×300m 行列		
				明下段Ⅲ、Ⅳ油组	300m×300m 五点法		
		二次加密		明下段Ⅰ油组	250m×250m 行列	65	45
				明下段Ⅱ油组	200m×300m 行列		
				明下段Ⅲ、Ⅳ油组	250m×300m 五点法		
	南区	基础井网	2002 年	明下段 0、Ⅰ、Ⅱ油组	350m×350m 反九点	52	11
		综合调整	2014 年	明下段 0 油组	300m×300m 五点法	77	36
				明下段Ⅰ油组	250m×250m 五点法		
				明下段Ⅱ油组	250m×300m 五点法		
		二次加密		明下段 0 油组	250m×250m 五点法	87	60
				明下段Ⅰ油组	200m×200m 五点法		
				明下段Ⅱ油组	250m×300m 五点法		

1. 不同开发区单砂体注采完善程度存在差异

由于各开发区油层性质、开发方式和井网密度等的差异，油田北区和南区单砂体注采完善程度具有一定程度差异。南区水驱控制程度较高，注采对应率在 92%以上；北区油藏类型有边水油藏和底水油藏，而注水井在底水油藏射孔较少，导致注采对应率低，其水驱控制程度也相对较低(表 4-3)。

表 4-3　秦皇岛 32-6 油田典型区块单砂体注采完善程度统计表

油田	区块	总井数/口	井网密度/(口/km^2)	油水井数比	平均井距/m	注采对应率/%	水驱控制程度/%
32-6 油田	北区	87	9.1	1.8	300	84	86
	南区	113	8.7	2.1	260	92	90

2. 不同井网单砂体注采完善程度差异较大

以南区为例可以看出不同井网注采完善程度差异较大，综合调整和二次加密后单砂体多向受效生产厚度比例均高于基础井网(表 4-4)。

表 4-4　秦皇岛 32-6 油田南区单砂体注采完善程度统计表

区块	阶段	水井总井数/口	目前注水层					
			总注水油气水层	与油井连通	与油井连通层中			
					单向	双向	多向	多向受效比例
			厚度/m	厚度/m	厚度/m	厚度/m	厚度/m	%
南区	基础井网	11	142	142	38	35	98	68.9
	综合调整	36	397	397	72	23	303	76.2
	二次加密	60	735	735	75	74	586	79.7

3. 不同厚度的油层加密后单砂体注采完善程度均有不同程度的增加

研究结果表明，不同厚度的油层在综合调整和二次加密后，单砂体注采对应率和水驱控制程度均有不同程度的增加，厚度愈薄的油层单砂体增加幅度愈大。以南区为例，综合调整和二次加密后，有效厚度大于5.0m的油层单砂体注采对应率和水驱控制程度提高20%以上，有效厚度为2.0~5.0m油层提高了25%以上(表4-5)。

表4-5 南区不同厚度油层单砂体注采完善程度变化统计表

区块	阶段	有效厚度≥5.0m		有效厚度2.0~5.0m	
		注采对应率/%	水驱控制程度/%	注采对应率/%	水驱控制程度/%
南区	基础井网	73.5	80.2	65.1	68.3
	综合调整	93.5	92.6	88.6	87.6
	二次加密	97.5	100.0	92.2	93.5

4. 不同沉积类型单砂体注采完善程度不同

以秦皇岛32-6南区NmⅠ3砂体为例，分析不同沉积类型单砂体注采完善程度。秦皇岛32-6油田南区明下段Ⅰ油组3小层(Nm下Ⅰ3小层)为多期叠置而成的河道砂体，精细解剖砂体的叠置特征及单期砂体沉积微相是进一步调整挖潜的重点。基于高分辨率层序地层学原理，该小层划分为Nm下Ⅰ3-1，Nm下Ⅰ3-2，Nm下Ⅰ3-3共3个时期河道沉积(图4-1)。在此基础上，对同一期次砂体沉积微相特征、不同期次砂体之间的夹层特征研究表明，该小层河道砂体可划分为切叠河道型、叠置河道型、单一河道型3种叠置类型。多期叠置河道砂体的水驱动态响应与其叠置的层次性和结构性有关，而且每期砂体沉积过程中都具有较强的非均质性，同期河道沉积可进一步细分为不同沉积微相(图4-2)。同时，对于多期河道叠置砂体而言，叠置类型、单一砂体微相特征及夹层分布共同影响了开发效果。当注采层位分布于不同期次砂体时，其连通关系首先取决于砂体的叠置类型及夹层分布；而当注采层位分布于相同期次砂体时，其连通关系主要取决于沉积微相的变化。

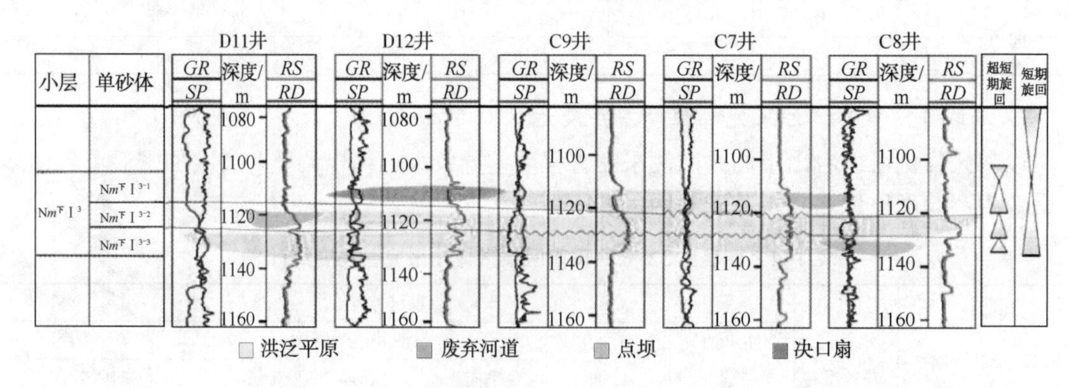

图4-1 秦皇岛32-6油田Nm下Ⅰ3小层河道砂体期次划分与对比

南区Nm下Ⅰ3小层基础井网采用大井段、大井距、反九点井网的开发方式，基础井网水驱储量控制程度达到86%，其中单向水驱控制程度54%；同时由于河流相储层本身较强

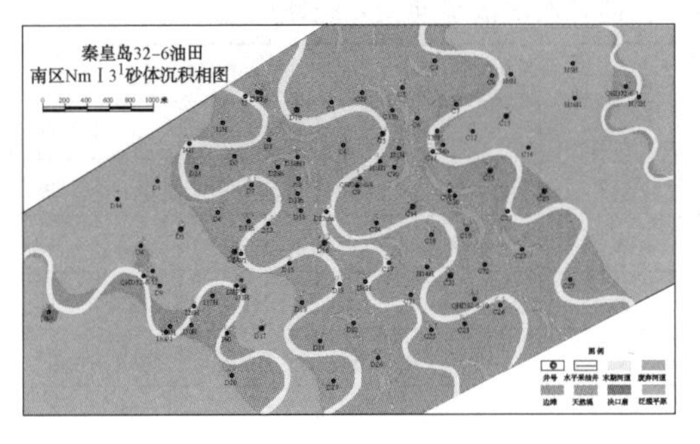

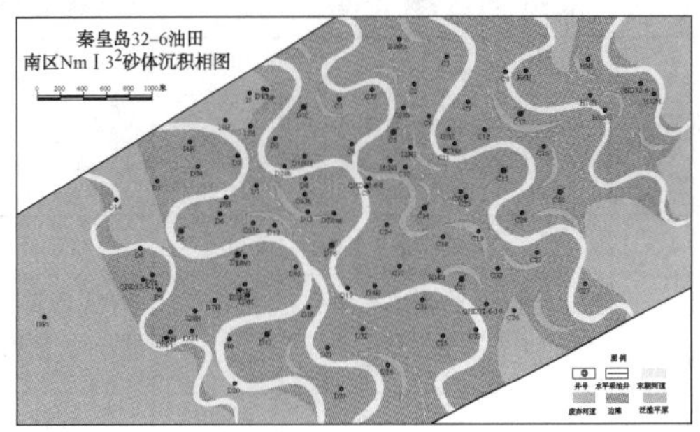

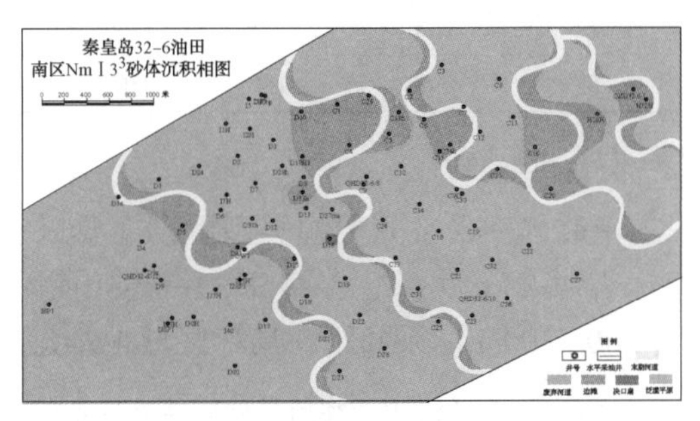

图 4-2　秦皇岛 32-6 油田南区 Nm 下Ⅰ3 小层 3 期河道沉积微相平面分布

非均质性，加上层内隔夹层发育，各期次河道砂体之间物性差异大，高含水期的层间干扰严重，难以形成比较完善的注采关系，纵向上储量动用状况差异大，注采对应率为 71.1%，水驱储量动用程度仅 64%。由于第 1、2 期次河道砂体厚度平均厚度在 4m 以上，且砂体间隔夹层发育比较稳定，它是一次加密调整的主要对象。在砂体厚度大于 6m 的区域及隔夹层发育的剩余油富集区部署水平井，依据各期次河道砂体平面展布进行井网调整，老井转注将反九点井网调整为五点定向井+水平井的联合井网。通过加密调整井，油水井距进一步缩小，形成比较完善的注采关系，同时由于水平井具有较长的水平段，能够降低不同沉积微相间影响程度，更好地改善初始井网的流线分布，增大水驱波及面积，提高单期次河道砂体储量动用。一次加密调整后南区 Nm 下Ⅰ3 小层水驱控制程度达到 94%，而且三向以上控制程度较高，层段数及有效厚度比例分别达到 48%和 45%，水驱动用程度达到 88%，单砂体形成了比较完善注采关系。由于各期次砂体储层平面变化大，非均质性强，通过分析单期河道砂体井间注采关系的完善程度，在二次加密时，油水井距进一步缩小，二次加密后单砂体注采关系更加完善。

5. 完善单砂体注采关系有一定的潜力

秦皇岛 32-6 油田各区块单砂体目前水驱控制程度为 86%～90%，从不同开发阶段单向受效油井数量比例和日产油比例看，完善单砂体注采关系有一定的潜力。北区在基础井网阶段单向受效油井数比例为 50.0%，综合调整后降低至 23.2%，二次加密后进一步降低为 12.3%；南区在基础井网阶段单向受效油井数比例为 53.8%，综合调整后降低至 19.5%，二次加密后进一步降低为 8.0%（表 4-6）。因此，降低油井单向受效比例是完善单砂体注采关系的潜力。

表 4-6　秦皇岛 32-6 油田各区块不同开发阶段单向受效统计

油田	区块	井网	油井总数/口	水井总数/口	油水井数比	日产油/m^3	注水单向受益油井			
							井数		日产油	
							口	比例/%	m^3	比例/%
秦皇岛32-6 油田	北区	基础井网	44	11	4.0	839	22	50.0	352	42.0
		综合调整	56	31	1.8	1325	13	23.2	244	18.4
		二次加密	65	45	1.4	1535	8	12.3	401	26.1
	南区	基础井网	52	11	4.7	1370	28	53.8	672	49.1
		综合调整	77	36	2.1	2142	15	19.5	330	15.4
		二次加密	87	60	1.5	2300	7	8.0	161	7.0

6. 完善单砂体注采关系潜力挖潜难度大

从秦皇岛 32-6 油田目前单砂体注采不完善的类型看，主要以有采无注为主。各区块有采无注型厚度比例 16%左右(表 4-7)；另外，秦皇岛 32-6 油田不同期次单砂体属于曲流河沉积，横向变化较快，目前 260~300m 注采井距在局部区域很难建立有效注采关系。

表 4-7　秦皇岛 32-6 油田调整后单砂体注采不完善状况

区块	有注无采		有采无注		无采无注	
			水井未射开	无水井	水井未射开	无水井
	厚度/m	比例/%	厚度/m	比例/%	厚度/m	比例/%
北区	0.00	0.0	16.0	2.5	0.0	0.0
南区	0.00	0.0	15.7	1.7	0.0	0.0

通过上述单砂体注采状况及潜力分析认为，尽管秦皇岛 32-6 油田经历了综合调整和局部二次加密调整，而且已进入高含水开发阶段，但由于储层平面及层间非均质严重，各套层系井网动用并不均衡，完善单砂体注采关系还有一定的潜力，这为高含水期水驱精细挖潜提供了一定的物质基础。

第三节　注采系统调整的主要方式

渤海注水油田两种注采系统调整的背景和调整方式有所不同。第一种是在区块油水井数比不合理的情况下开展的，以绥中 36-1 油田为例，主要是通过规模转注采油井来调整井网注采关系，将原来的反九点法面积注水井网逐步调整为行列井网。第二种是依据各期次河道砂体平面展布进行井网调整，以秦皇岛 32-6 油田为例，将反九点井网调整为五点定向井+水平井的联合井网，进而提高水驱控制程度，改善油田开发效果。

一、井网注采关系调整方式及效果

(一) 井网注采关系调整方式

渤海注水油田早期主要以反九点面积井网进行开发，进入中高含水期后，主要有两种转变方式：由反九点井网转成五点井网或排状井网。

1. 反九点法面积井网转五点井网的调整方式

渤海注水油田反九点法面积注水井网主要三种情况：正规反九点法面积注水井网、调整井网与原井网结合形成的反九点法注水井网、调整井网以反九点法为主与五点法相结合布井的井网。根据其具体情况，分阶段逐渐转变为行列或五点法面积注水方式。

（1）正规反九点法面积注水井网的调整。为了更好地控制含水上升，减少调整对产量的影响，选择转注边井逐渐形成行列注水的调整方式比较有利。第一步，对边井隔排转注，形成两排注水井夹三排采油井，中间井排间注间采的行列注水方式；第二步，对中间井排的边井转注，形成线状注水方式。

（2）调整井网与原井网结合形成的反九点法注水井网。选择转注角井的调整方式较好，将调整井网由反九点法注水方式逐渐调整到五点法注水方式。

（3）调整井网以反九点法为主，与五点法相结合形成的注采井网。为了较好地与原井网衔接，调整时主要转注角井形成五点法注水方式(图 4-3)。

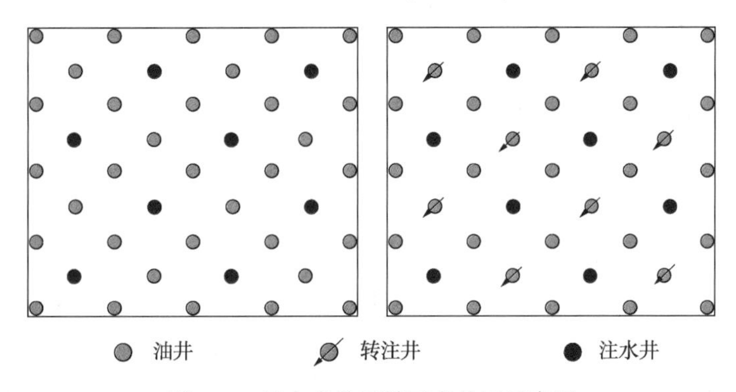

图 4-3　反九点井网转五点井网示意图

2. 反九点法面积井网转排状井网的调整方式

配合注水井排高含水油井、层的关井、堵水和采油井排油井的压裂、放产等措施，将注水井排上的油井转注，可以取得最佳开发效益。线性注水结合周期注水，能够进一步改善开发效果。注采系统调整时，为了降低油水井数比，提高注水能力，选择逐渐形成行列注水与面积井网结合的调整模式，行列注水井排的方向根据油层发育状况和河流方向来确定。第一步，对老油井隔排转注，将油水井数比由 2∶1 调整到 1.0(图 4-4)。

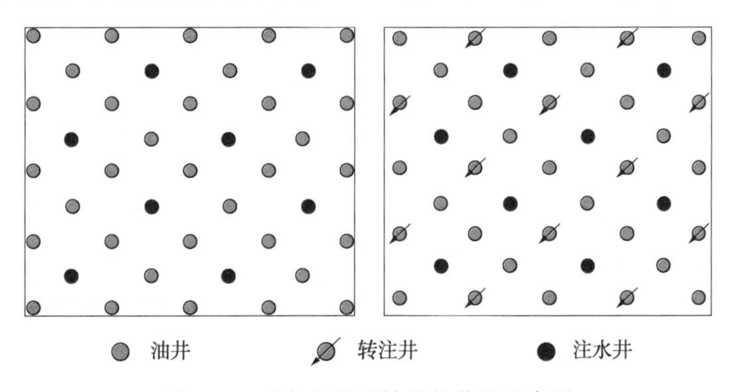

图 4-4　反九点井网转排状井网示意图

3. 注采井网不完善地区的调整方式

注采井网不完善地区主要有两种情况：一是行列井网水井排与第一排采油井之间的加密井注采井网；二是过渡带扩边井区的注采井网。根据具体情况，选择相应油井转注，完善井组的注采关系。

进行注采系统调整时以完善井组注采关系为主，同时要考虑注水井的注水作用。一是分两步完善井组注采关系，先间隔完善，以免注水过强；二是根据水井吸水状况和油井的开发指标情况选择转注井，吸水较好井组对应的油井不转注，周围油井含水较高的油井不转注，主要选择周围油井含水较低、压力水平较低的高含水井转注。

4. 其他注采关系不完善井区调整方式

因断层、砂体发育变化、套损、井网不规则等原因造成的注采不完善井区，要结合井网特点和各套井网的相互关系，分别采取套损井更新、补钻油水井、利用不同层系油水井的井位互补关系对水井补孔、转注其他层系油井等调整方式。

（二）井网注采关系调整效果及认识

1. 注采系统调整效果

（1）注水量增加，地层压力回升，压力系统得到调整。

由于注采系统的调整主要是以增加注水井点为手段，因此，调整后注水量增加，相应油层压力回升，压力系统得到合理调整。

例如，在注入压力稳定的情况下，秦皇岛 32-6 油田北区、南区及绥中 36-1 油田在调整后压力均回升，秦皇岛 32-6 油田北区平均地层压力由调整前的 7.8MPa 上升到 8.2MPa，目前地层压力 9.0MPa，上升了 1.2MPa；流动压力维持稳定。绥中 36-1 油田平均地层压力由调整前的 12.2MPa 上升到 12.7MPa，目前地层压力 12.7MPa，上升了 0.5MPa，油田压力系统明显得到改善(表 4-8)。

表 4-8　渤海主力油田典型区块注采系统调整后压力系统变化表

油田	区块	原始地层压力/MPa	调整前		调整后		目前	
			地层压力/MPa	流压/MPa	地层压力/MPa	流压/MPa	地层压力/MPa	流压/MPa
秦皇岛 32-6 油田	北区	11.3	7.80	6.7	8.2	6.5	9.0	6.3
	南区	11.3	8.80	8.2	9.1	7.8	9.5	7.6
绥中 36-1 油田	一期	14.3	12.2	8.9	12.7	6.7	12.7	7.1
	二期	14.3	12.3	8.3	12.3	7.1	12.9	7.3

（2）产液量增加，产油量基本保持稳定，减缓了产量递减速度。

注采系统调整后，注水量增加，油层压力回升，提高了油井生产压差，致使油田产液量增加，产油量基本保持稳定，递减速度明显减缓。

例如，秦皇岛 32-6 油田北区经过注采系统调整后，产量自然递减率明显变缓，由 13.4%下降到 10.0%；绥中 36-1 油田二期调整后，产量自然递减率由 13.0%下降到 9.8%(表 4-9)。

表 4-9 渤海主力油田典型区块注采系统调整后开发效果对比表 %

油田	区块	调整前					综合调整后					二次加密后				
		注采对应率	水驱储量动用程度	含水上升率	自然递减率	采收率	注采对应率	水驱储量动用程度	含水上升率	自然递减率	采收率	注采对应率	水驱储量动用程度	含水上升率	自然递减率	采收率
秦皇岛32-6油田	北区	69.0	54.8	3.9	13.4	18.5	84.3	80.7	3.2	13.0	27.2	92.3	93.1	1.8	10.0	29.2
	南区	71.1	54.0	4.8	12.8	17.9	92.0	85.0	2.6	11.0	28.8	96.4	95.0	1.5	9.0	31.5
绥中36-1油田	一期	100.0	69.8	4.1	14.8	24.2	100.0	90.2	0.6	6.7	43.9					
	二期	100.0	63.4	5.6	13.0	23.5	100.0	85.3	1.9	9.8	36.4					

(3) 含水率上升速度明显减缓。

注采系统调整后，由于注水井点增多，相应采油井的注水受效方向增多，这有利于控制油井的含水率上升速度。

例如，秦皇岛 32-6 油田南区在注采系统调整后，含水上升率由调整前的 4.8%下降到 1.5%，降低了 3.3%；绥中 36-1 油田含水上升率由调整前的 5.6%下降到 1.9%，下降了 3.7%。

2. 注采系统调整的认识

(1) 油田进入中高含水期后，通过注采系统调整来实现油层压力的合理配置，是延长油田生产效果有效而可行的措施。

渤海注水油田随着时间的推移，油田地层压力下降，产液量也随之下降，相继对部分注采系统不适应的区块进行了调整，秦皇岛 32-6 油田南区油水井数比由早期的 4.0 调整到 1.4，绥中 36-1 油田二期油水井数比由 3.4 调整到 1.9。

(2) 注采系统调整后，及时对油井采取配套措施，才能获得较好的效果。

渤海油田的注采系统调整结果表明，当调整地区注水井增加以后，注水量增加，地层压力上升，随之对采油井要进行相应调整。

① 油层压力升高，采油井流动压力上升，井筒液面上升，油井应及时换泵或调整生产参数，增大油井生产压差。

② 对于一些油层压力上升后仍然动用不好的较低渗透油层，应及时采用酸化措施，提高油井生产能力。绥中 36-1 油田注采系统调整结果表明，在注采系统调整以后，未酸化油井日产液增加幅度约为 60%，而酸化井为 200%。

③ 对于高含水井的高产水层，在油层平面有接替的条件下，应进行堵水，避免注入水的无效循环，使注入水向水淹程度低或未水淹的井点方向驱油，扩大注入水波及体积，提高注入水的使用效率。同时，由于注采系统调整后，剩余油发生了重新分布，对于原来的堵水井在经过分析后，认为剩余油已发生变化的井点，可以拔堵生产，充分发挥注采系统的调整效果。

(3) 充分利用转注井的已知油层水淹状况，强化分层注水，提高低含水层或未见水层的动用程度。

在油田注采系统调整中，转注井(原来的采油井)因油层水淹状况比较清楚，在转注后，应充分利用增加水驱方向的条件，搞好转注井的分层注水，尽量将未见水或低含水油层单卡出来，进行强化注水。

二、单砂体注采关系调整方式及效果

（一）单砂体注采关系调整方式

以秦皇岛 32-6 油田 NmⅠ3 砂体为例，分析单砂体注采关系调整方式及效果。该油田基础井网为反九点面积井网，井距为 350~400m，综合调整后实现了分层系(单砂体)开发。在开发过程中，秦皇岛 32-6 主力砂体注采关系调整方式大致可分为以下三种类型。

1. 基于储层强非均质性的注采关系调整

受储层较强非均质性的影响，油层厚度较大区域、注采井间还有较多的剩余油，是注采调整挖潜的主要目标。根据储层非均质性进行注采井网加密调整，是提高非均质油藏水驱开发效果的重要方式。例如南区 NmⅠ3 砂体，依靠基础井网开采，该砂体水驱采收率为 26.8%。在油层厚度大于 8m、储量丰度高的区域，有较多剩余储量没有采出，特别是砂体北侧油层厚度大于 12m 的区域，如 C4、C6、C7 井区，剩余储量更多。因此，南区 NmⅠ3 砂体进行了局部井间加密调整，并将反九点定向井井网转变为五点联合井网，形成了完善注采关系，挖潜注采井间油层中上部剩余油(图 4-5)，调整后区块采油速度提高 2.5 倍，采收率提高 14%。

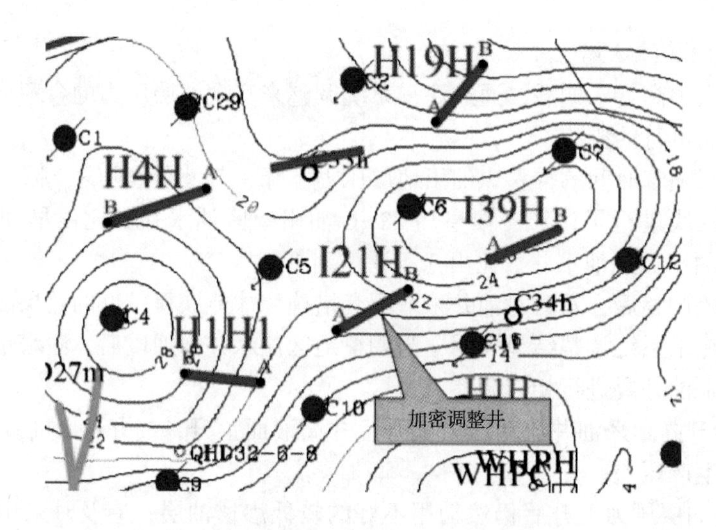

图 4-5　秦皇岛 32-6 油田南区 NmⅠ3 小层井间加密调整后注采关系图

2. 基于井网不完善区的注采关系调整

位于砂体边部，井控程度低、注采井网不完善区是单砂体注采关系调整的主要目标。由于受到海上平台、井眼轨迹控制等因素影响，在秦皇岛 32-6 油田基础井网中，有些区域井距达到 400~450m，有些油井距离边界断层达到 350m，由于注采井网不完善，油井仅为单向受效，不能形成有效注采关系而成死油区，这些都是剩余油富集区，是挖潜的重要目标。井距较大的区域形成剩余油富集区，如南区 NmI3 砂体的 C20、C22、C27 井区。边界断层附近的剩余油富集区，如南区 NmI3 的 C26、C27 井区。通过对该区域进行部署调整井，井距缩小到 250~300m，提高了油层动用程度(图 4-6)。

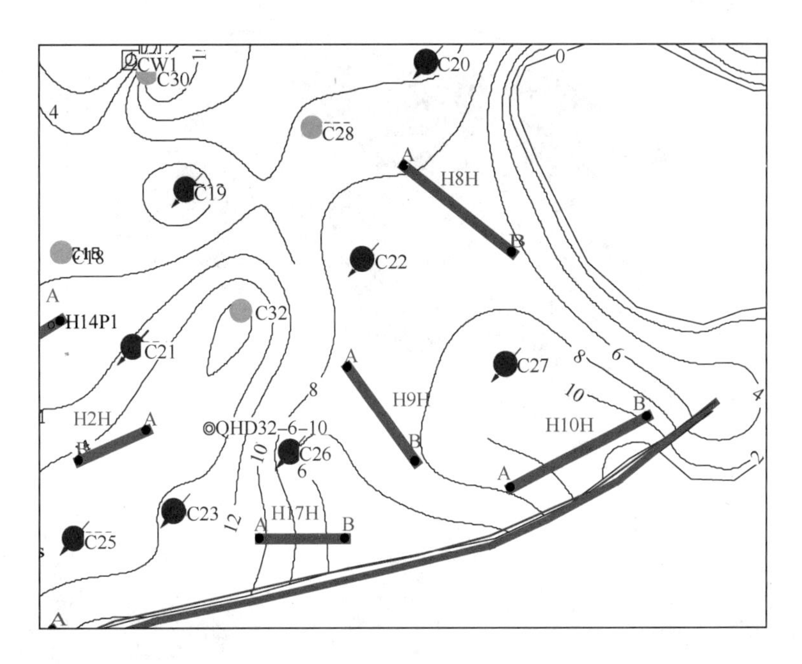

图 4-6　秦皇岛 32-6 油田南区 NmⅠ3 小层边部及断层处加密调整后注采关系图

3. 基于砂体储层精细解剖的注采关系调整

秦皇岛 32-6 油田主力砂体多为复合曲流带沉积，储层结构复杂且非均质性强，导致高含水期注水受效不均。海上大井距开发条件下，复合曲流带沉积砂体注采关系受储层结构影响较大，对储层内部结构的精细解剖及刻画，是单砂体高含水阶段注采调整的重要内容。以秦皇岛 32-6 油田北区 NmIV1 复合曲流带砂体为例，根据岩心、测井、地震等资料，通过井间河道砂对比分析，总结出曲流带内部单一曲流带间的切叠模式，识别出内部不同单一曲流带边界，完成对复合曲流带砂体内部多个单一曲流带的构型刻画(图 4-7)。

结合砂体生产动态数据、示踪剂资料进行注采关系分析，由于曲流带间砂体切叠界面的岩性、砂体厚度或物性发生变化，具有一定的侧向遮挡作用，是影响注采受效的主要因素。同一点坝内部注采井间无侧向遮挡界面，注水见效时间快；注采井处于不同的点坝砂体上，点坝间存在单一废弃河道或点坝切叠界面，受界面侧向半遮挡作用，注水见效缓慢；注采井位于不同的点坝砂体上，点坝间存在两条以上的废弃河道或点坝切叠界面，受界面侧向全遮挡作用，注水不见效。依据储层渗流屏障示意图(图 4-8)，指导转注及优化注水工作。首先，完善单一点坝内部井网，如 A20、A24 井处于同一个点坝砂内部，无直接注水井，注采关系不完善，A20 井转注后，A24 井见到了明显的增油降水效果(图 4-9)。其次，对单独处于一个点坝内的采油井，可以通过增加周边注水井的注水量，最大程度抵消注采井间的切叠界面的半遮挡作用，提高注采对应关系，取得了较好的增产降水的效果，如 A4 与 A8 井位于不同点坝砂体上，通过增大 A4 井注水量，A8 井见到了注水效果(图 4-10)。

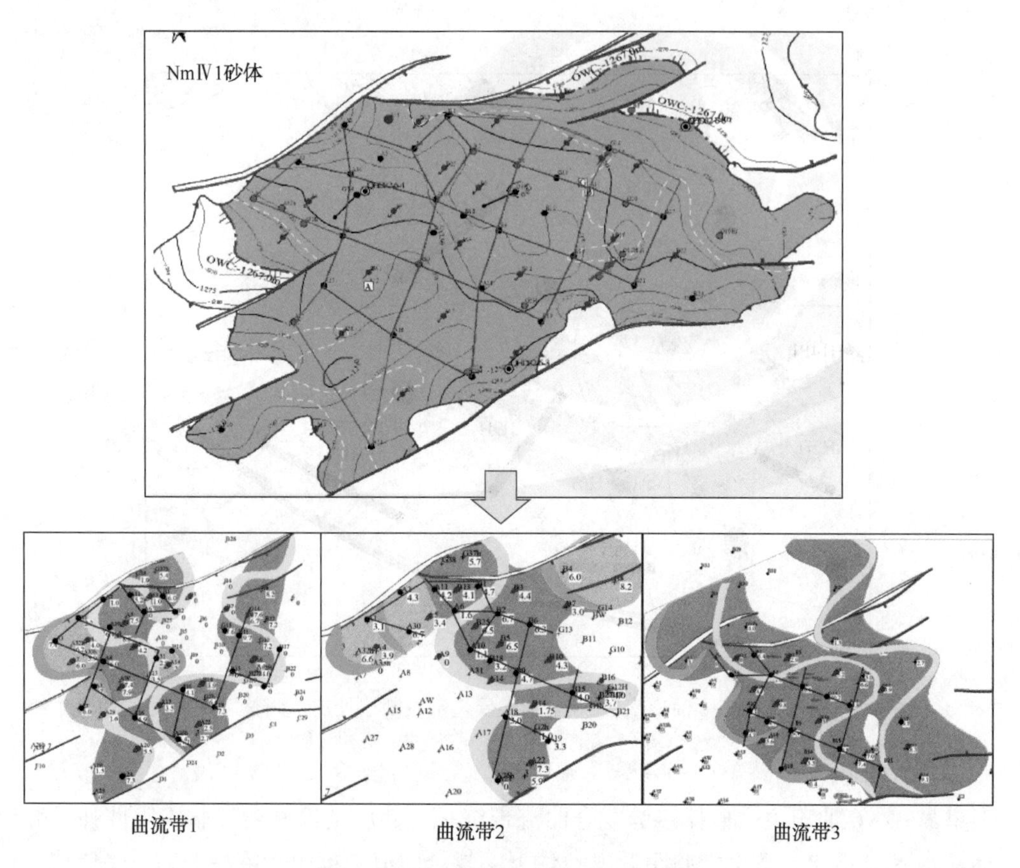

图 4-7　单一曲流带期次平面分布图

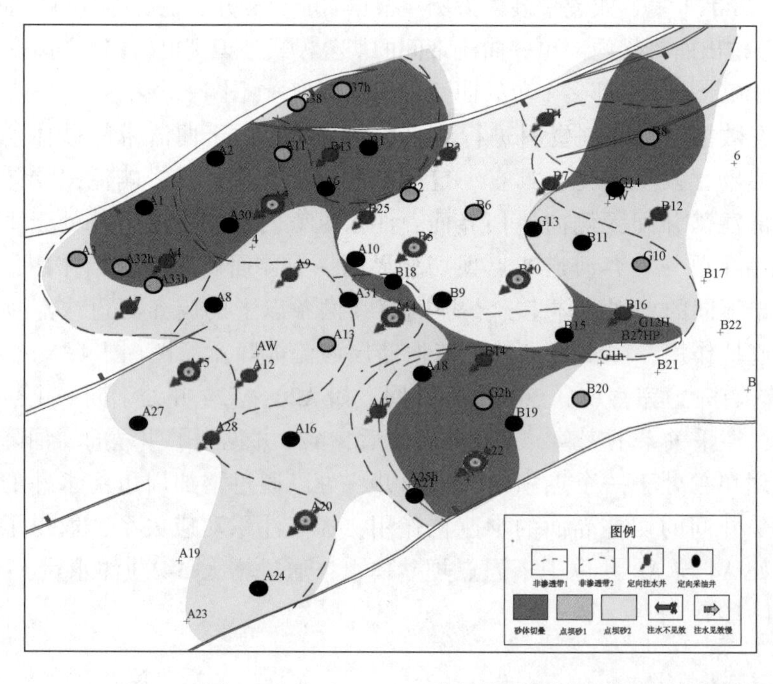

图 4-8　北区 Nm Ⅳ 1 内部构型解剖及渗流屏障示意图

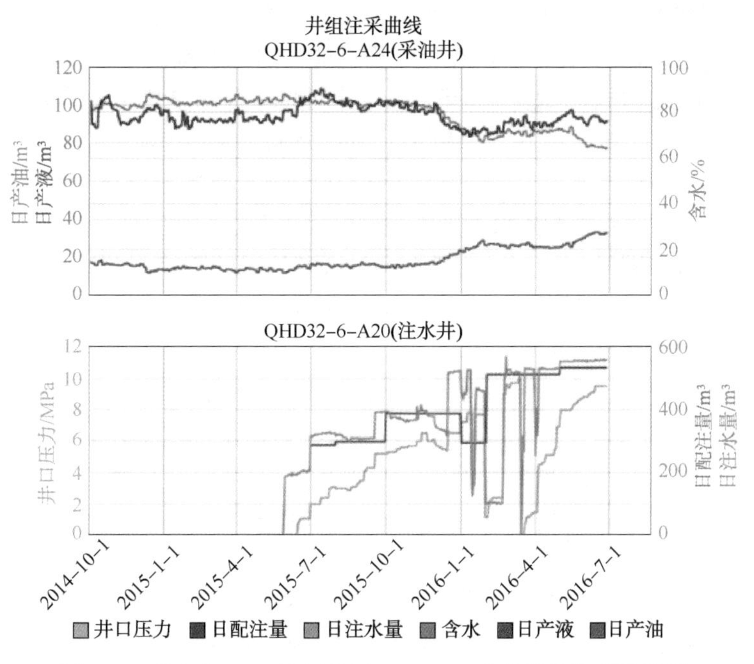

图 4-9 秦皇岛 32-6 油田北区 A20-A24 井组优化注采效果图

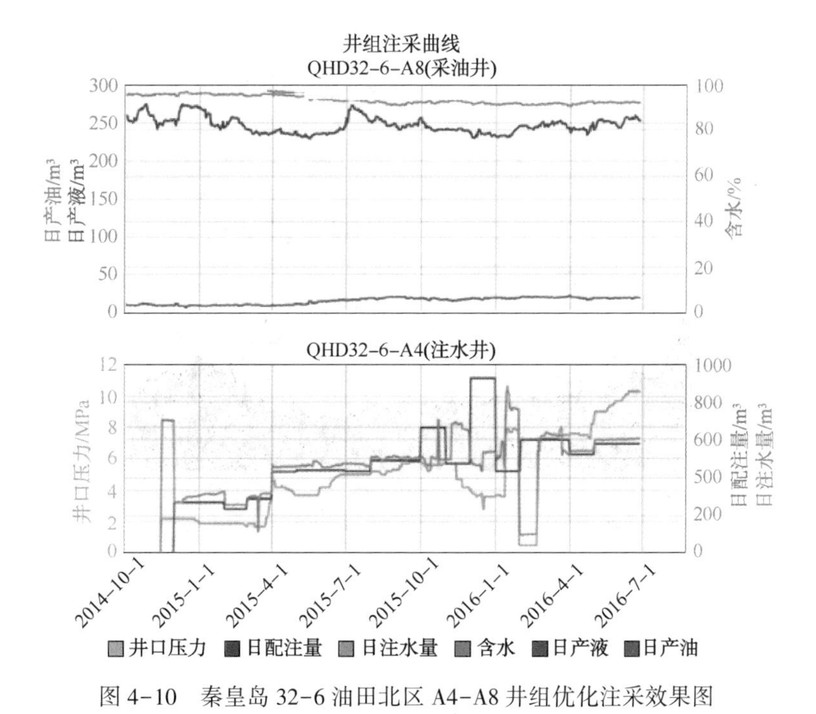

图 4-10 秦皇岛 32-6 油田北区 A4-A8 井组优化注采效果图

(二) 典型区块单砂体注采关系调整效果

秦皇岛 32-6 油田南区于 2013 年之后进行了单砂体注采关系调整。主力砂体含油面积 12. 8km^2，油藏埋深浅(海拔-1130m)，构造幅度低(小于 20m)。储层为正韵律和复合韵律河道沉积砂体，砂体平均有效厚度 10. 3m；储层胶结疏松，为高孔、高渗储层(平均孔隙度

33%，平均渗透率3500mD)；储层非均质性强，渗透率变异系数0.75~0.91，级差在3~8之间。地层原油黏度74mPa·s，油藏类型为构造岩性边水油藏。

南区于2002年投入开发，先后经历了基础井网和综合调整等两个开发阶段。截至2018年6月，共有油水井112口，单井日产液321.6m^3，日产油40.0m^3，综合含水率91.5%；采油速度1.1%，采出程度15.4%，目前地层压力9.5MPa(原始地层压力11.3MPa)。南区早期开发井距350~400m，反九点注采井网，一套层系开发，层间干扰导致各层系储量动用不均，整体动用程度低；同时，受储层韵律性和较大的注采井距控制，注采井间油层中上部水驱波及程度低，剩余油富集，表现出明显的平面矛盾。进入高含水期后，存在水驱动用程度低、采油速度低、采收率低等问题。

综合调整方案实施后，由原来一套开发层系调整为分单砂体开采：现有井网开采主力NmⅠ3砂体，在井间油层厚度大于8m的剩余油富集区域增加水平井，将原来的反九点井网调整为五点水平井联合井网，井距由350~400m调整为220m，井网密度由4.7口/km^2调整为9.8口/km^2；Nm 03、Nm 04、NmⅡ2、NmⅣ1砂体在剩余油富集区域增加水平井，利用现有老井优化注采关系，形成相对完善井网。

南区综合调整后取得了良好的开发效果：注采对应率由71.1%提高至92.0%，水驱储量动用程度由54.0%提高至85.0%，含水上升率由4.8%降至2.6%，自然递减率由12.8%降至11.0%，采油速度提高了2.6倍，采收率由17.9%提高至28.8%。区块调整前后开采曲线如图4-11所示。

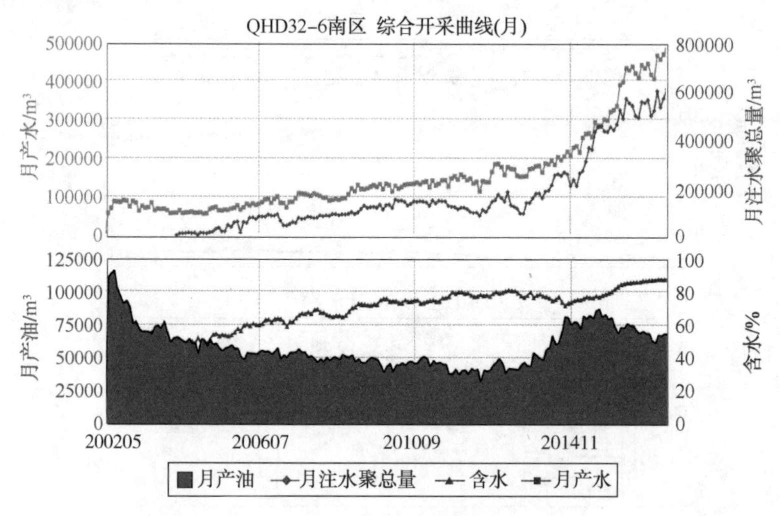

图4-11　秦皇岛32-6油田南区开采曲线

第五章　产液结构调整

油田开发进入高含水期，面临诸多困难与矛盾。一是生产层位水淹程度增加，油井含水率较高，油田产量递减加快；二是挖潜难度增大，措施工作量和费用增多；三是液油比急剧增加，如果仍采取笼统的提液办法，油田产液量则要大幅度增长。受限于海上油田平台空间狭小、承重能力有限等条件，地面处理工程将难以适应。因此，为改善油田开发生产形势，降低油田产量递减水平，需要对油田产液结构进行合理调整，完善注采系统，减小油田开发过程中出现的层间、平面、层内三大矛盾；同时缓解海上油田地面处理条件与潜力释放的矛盾。总的来说，产液结构调整是非均质多油层砂岩油田注水开发在高含水期的发展和完善，是对高含水期要实现油田稳产必须大幅度提液的传统思想观念的突破，也是油田高含水期做到少投入、多产出，提高海上油田开发技术水平和经济效益的必由之路。

第一节　产液结构调整原则

一、产液结构调整必要性

（一）不同油层的储量动用状况差异大

层间非均质性会对注水开发效果造成很大影响。由于各油层之间的非均质性，使层间渗透率差异大。它们之间渗透率大小可能相差几倍、几十倍甚至高达数百倍。在注水时注入的水就沿着连通性好、渗透率高、阻力小的层迅速“突进”，使注入水很快地进入生产井，使生产井含水率迅速提高。而这时低渗透层中的原油普遍动用程度低、甚至仍未动用，且注水层位的油水黏度比越高，不同油层的储量动用状况差异越明显，致使部分油层水驱波及体积小，最终导致在高含水期仍有大量的剩余油存在。

油田生产实践证明，在高含水期，约有三分之一的薄差油层动用状况很差，有的甚至还未水淹。这部分油层在基础井网中基本未动用，在加密调整井网中也只有部分动用。绥中36-1油田Ⅰ期一次加密前油田整体含水率已达70%，利用加密措施的42口定向井，进行不同水淹级别水淹厚度统计，总体表现为，未水淹占比高达56%，低水淹占比25.7%，中水淹和强水淹占比仅为18.3%。

（二）油田分区、分层系、分井开采不均衡

储层非均质性的存在，决定了油田不同地区、不同层系、不同开发阶段的动用时机、井网形式所采取的稳产技术措施和水驱规律不同，也就造成了分区、分层系和不同井的开发效果不均衡。

例如：2010年埕北油田含水率超过90%的油井比例达43%，其中单独生产东营Ⅱ油组

的此类井比例高达53%，而同期单独生产馆陶Ⅲ油组含水率超过90%的油井比例低至0%，分层系、分类井的含水率存在很大差异。2015年这种情况随着油田各油组挖潜调整措施实施有所不同，但差异性依旧明显(表5-1)。

表5-1 埕北油田不同开发阶段各油组油井含水率比例统计表

油组	时间					
	2010			2015		
	含水率<80%油井占比	80%≤含水率<90%油井占比	含水率≥90%油井占比	含水率<80%油井占比	80%≤含水率<90%油井占比	含水率≥90%油井占比
东营Ⅱ油组	19%	28%	53%	17%	29%	55%
东营Ⅰ油组	25%	50%	25%	20%	60%	20%
馆陶Ⅲ油组	67%	33%	0	63%	13%	25%
全油田	24%	33%	43%	24%	29%	47%

(三)海上油田特殊性使得单一措施难以实现油田稳产

众所周知，油田进入高含水阶段以后，随着油井含水率的上升，因油水黏度差异影响，液油比的增长是急剧加快的。以地层原油黏度57mPa·s为例，油水黏度比为126，含水率由0上升至65%时，液油比由1增加为2，含水率每上升1%，液油比平均仅增加0.02；但当含水率由80%上升至90%时，液油比就由3增加为7；含水率每上升1%，液油比平均增加0.4，对比上一阶段，液油比提高20倍，若要保持油田稳产，油田整体产液量将会成倍增加。海上油田设施处理能力具有一定限制，在很多情况下，应尽量减少提液稳产措施，避免由于地面工程频繁改造更新造成的经济效益降低。因此，由于海上油田特殊性，使得仅靠单一提液措施来实现稳产异常艰难。

综上所述，油田经过长期高速开采，产液结构不均匀，平面上表现为注采井网不完善，有注无采、有采无注、水驱不均衡现象突出，纵向上表现为一部分厚度不吸水，仅仅宏观上控制注入、采出总量的基本平衡，产液结构的不均匀性影响注水波及体积的进一步扩大，制约着开发效果的进一步提高。因此，产液结构调整是在分析掌握各类油井开发状况的基础上，深入研究各油层、厚油层内各韵律段、平面不同方向之间物性、动用程度、产液能力、水淹状况和剩余油分布的差异，利用现有手段进行结构调整的综合性措施，从而达到有效控制全油田产液量增长幅度和综合含水上升速度、减缓油田递减的目的，最大限度地减少注入水的低效、无效循环，提高水驱储量动用程度。总之，产液结构调整是油田调整的进一步延续和深化，相对于整体、大规模调整难度更大、要求更高。

二、产液结构调整原则

按照"多点、多方向注水，弱化单井注水强度、降低无效注水量"的指导思想，解决油田开发过程中面临的问题，平面上需继续完善、优化注采关系，实现井间均匀波及；纵向上采取强化差层采油、封堵特高含水层等方法，实现层间均衡动用；砂体内实现层内有效驱替；同时考虑海上油田处理工程的特殊性，制定适用于海上油田的产液结构调整应遵循以下几方面原则：

(1)调整后能获得较高的经济效益，即少投入多产出；

（2）调整后能提高油田可采储量和最终采收率，充分、合理地利用国家天然资源；

（3）调整后可缓解层间、平面、层内三大矛盾，充分发挥主力区块、层的作用，挖掘较差区块、层的潜力，做到产量合理接替，改善油田开发效果和提高管理水平；

（4）油井产液结构调整首先应满足油田的合理开发，在此基础上还要结合海上油田实际工程条件，如油田液处理能力、海管外输能力、平台电量等条件为前提，如果：

① 工程条件有一定的余量，应考虑通过理论研究及实际生产情况分析优选提液井；

② 工程条件中某一项已达到饱和（特别是液处理能力），从长期考虑，以地质油藏研究为基础，分析对相关设施进行必要改造的经济性和可行性，从阶段考虑，则可以调整油井间的产液结构，使得油田在现有条件下，实现增油降水效果，最大程度释放地下潜力。

第二节　产液结构调整理论基础

一、产液结构调整机理

油田某一时刻的产液量为各采油井产液量的总和，其数值可用下式表示：

$$Q_{\mathrm{L}} = \sum_{i=1}^{m_{\mathrm{o}}} J_{\mathrm{L}i}(p_{\tau i} - p_{\mathrm{wf}i}) \tag{5-1}$$

相应的产油量为：

$$Q_{\mathrm{o}} = \sum_{i=1}^{m_{\mathrm{o}}} J_{\mathrm{L}i}(p_{\tau i} - p_{\mathrm{wf}i})(1 - f_{\mathrm{w}i}) \tag{5-2}$$

式中，m_{o}为油井数，口；$f_{\mathrm{w}i}$为第i井的含水率；$J_{\mathrm{L}i}$为第i井的采液指数，t/(MPa·d)；$p_{\tau i}$为第i井的地层压力，MPa；$p_{\mathrm{wf}i}$为第i井的流动压力，MPa。

式(5-1)、式(5-2)说明，油田产液量的大小取决于油田开发井数、油井生产压差及采液指数。而这些主要参数的变化，受油田地质、开发、工艺技术、开发调整措施和部署等因素制约，当其他条件相同时，增加采油井数，油田产液量增加，保持油田采油井数不变，增大生产压差，油田产液量也增加。而油田产油量变化不仅受油田产液量变化的影响，还受油田含水率变化等的影响。油田含水率高，要保持稳产就必须保持较高的产液量；反之，油田产液量低，要稳产就必须保持较低的含水率。因此，在油田地质条件相同的情况下，油田产油量、产液量变化主要受人为因素的控制。

假定油田目前存在着n类油井，各类井之间产液量差异较大，分别为Q_{L1}、Q_{L2}、…、$Q_{\mathrm{L}n}$，且各类井间含水率差异也较大，分别为f_{w1}、f_{w2}、…、$f_{\mathrm{w}n}$，则全油田产液量为：

$$Q_{\mathrm{L}} = Q_{\mathrm{L1}} + Q_{\mathrm{L2}} + \cdots\cdots + Q_{\mathrm{L}n} = \sum_{i=1}^{m} Q_{\mathrm{L}i} \tag{5-3}$$

全油田含水率为：

$$f_{\mathrm{w}} = \frac{\sum_{i=1}^{n} Q_{\mathrm{L}i} f_{\mathrm{w}i}}{Q_{\mathrm{L}}} = \sum_{i=1}^{n} \frac{Q_{\mathrm{L}i}}{Q_{\mathrm{L}}} f_{\mathrm{w}i} \tag{5-4}$$

在式(5-4)中，把每类井产液量占全油田产液量的比例$\frac{Q_{\mathrm{L}i}}{Q_{\mathrm{L}}}$称为产液结构系数，把$\frac{Q_{\mathrm{L}i}}{Q_{\mathrm{L}}} f_{\mathrm{w}i}$称为结构含水率，则每类井的结构含水率是其产液结构系数与其平均含水率之积，全油田含水率为各类井结构含水之和。由此可以看出，引起油田含水率变化的是各类井的结构含水，而引起各类井结构含水变化的，一是每类井含水率f_{wi}的变化，二是各类井产液结构系数$\frac{Q_{Li}}{Q_L}$的变化，三是各类井产液结构系数和含水率均发生变化。

上述分析中，给出了结构含水率的概念，厘清了结构含水率与分类井含水率之间的关系。在理论上阐明，利用不同区块、井之间的含水差异进行产液结构调整，其本质就是优化各区块、井的产液比例。只要降低高含水井产液比例或提高低含水井产液比例，则结构含水率将会降低，使满足一定产油量的情况下产液量降低，就可实现油田整体产液结构的有效调整。

二、结构调整主要内容

（一）全油田分区的结构调整

以全油田总的年产油量为基础，按每区的含水率、采出程度、采油速度、潜力的分布等，分配到每个区块，确定分区的年产液目标。通过分区开发状况的分析，根据各地区调整的重点问题，按照全油田的产量和含水目标要求，进行不同地区的结构调整，合理配置各区块的开发指标。

影响分区结构调整潜力的因素较多，不仅有地质因素、开发因素，还有开发政策以及调整过程中投资等因素。这些都制约着油田或区块的结构调整。

结构调整首先要加强地质油藏认识，在构造、储层研究的基础上，充分考虑开发对象的复杂性，尽可能地对油藏做出精确的描述。在充分认识油藏注采连通与注水开发状况的基础上，从平面、纵向与层内剩余油分布入手，利用多种手段分析剩余油分布规律，进而探讨适合油藏的注采结构调整技术，落实分层调配、油井卡堵水、油井转注、补孔等一系列的调整潜力。另外，结构调整要充分考虑工艺手段的适用性和选井原则，注意井况问题的影响，减少设备故障、出砂、套损等状况带来的关井等问题，优化注采结构调整。

（二）分类井的结构调整

分类井的结构调整，是在满足分区产油量目标的前提下，根据基础井网和调整井网的含水和开采状况，调整分类井的注水和产液结构。分井结构调整，是根据每类井确定的具体目标，把各种措施落实到每口井上，进行各类井井间的注水和产液结构调整。

由于分类井中单井的含水状况、措施潜力不相同，因此，在各类井的产液量确定以后，搞好分类井的单井生产结构调整，是实现各类井结构调整目标的关键。为了实现分类单井结构调整的效果，针对不同油井的具体情况，在分析影响生产效果因素的基础上，提出以下几个方面的增油措施，主要包括搞好注水井的合理注水配置、高含水井优选卡、堵水层位、改变油井的开采方式、改变油井生产层位等。

1. 注水井的合理注水配置

注好水是油田高效开发的基础，这不仅在油田中含水期十分重要，在高含水期同样重要。为了实现对油层注水的合理配置，具体应该搞好以下几个方面的调整。

（1）笼统注水改分层注水

由于构造复杂性，油田一般天然能量不发育。在低、中含水阶段，随着见水井增加，油田整体产液水平提高，压力系统要根据新的注采系统调整，适时采取注水措施，此阶段是实施注水补充能量阶段，因此对注水井往往采用笼统注水。此阶段注水主要目的是恢复并保持地层压力，主要对象是油田中分布比较稳定、渗透率和生产能力较高且具有一定储量的主力油层，同时适当兼顾其他油层。在笼统注水过程中，一般注水层段、厚度、层间渗透率级差大，开发井网对油层的控制程度小。致使不同渗透率的油层吸水量相差几倍到几十倍，造成注入水单层突进和平面指进，产生严重的层间干扰，各个层动用状况大不相同，严重影响油田注水开发效果。此时，需要及时进行分层注水，减小注水层段内渗透率差异。分层注水的目的：一是针对特高含水层实行控制注水，针对潜力层实行加强注水，以提高油井液量来实现油井产量的稳定；二是优化注采结构，改善和提高油井的开采效果。分层注水能缓解层间矛盾，减缓水线推进速度，控制油井含水上升速度，提高层段调控、层间均衡动用程度及注入水的波及体积，提高最终采收率。

例如绥中 36-1 油田初期采取笼统注水方式，油田储层纵向渗透率变异系数为 0.6~0.7，非均质性导致纵向各层吸水差异大，层间压力差异大。绥中 36-1 油田 D19 井吸水剖面资料显示，纵向三个油组吸水层主要集中于东营组下段 I_u 油组；东营组下段 I_d 油组不吸水；东营组下段Ⅱ油组吸水量小。I_u 油组相对吸水量为 93.6%，Ⅱ油组相对吸水量仅为 6.4%。纵向吸水差异大，造成储层动用程度差异大，主力层 I_d 油组储量动用程度低。针对油田层间矛盾突出情况，从 2005 年绥中 36-1 油田开展了细分注水配注方案研究及优化，其中 D19 井各防砂段配注量设计如表 5-2 所示。

表 5-2　绥中 36-1 油田 D19 井各防砂段细分注水配注方案设计

油组	注水井			推荐		推荐	备注
	射开有效厚度/m	剖面测试吸水比例/% 2005 年	实际注水量/(m^3/d)	含水率/%	射开厚度百分比/%	配注量/(m^3/d)	
I_u 油组	8.7	93.6	300	62	25	80	限制层
I_d 油组	17.9	0	0	45	66	211	加强层
Ⅱ油组	2.2	6.4	20	38	9	29	平衡层
合计	28.8	100	320	50	100	320	

按照单井细分注水配注方案设计方法，D19 井于 2008 年 9 月实施了分层调配，各层都达到了配注要求。调配后井组含水率从 80% 下降到 71%，井组产油量从 156m^3/d 上升到 236m^3/d，平均增加产油量为 24m^3/d，截至 2009 年 9 月底，累积增加产油量达 $0.48\times10^4m^3$，取得了较好的控水增油效果。

(2) 层段配注水量的优化设计

对于注水井的合理注水配置，除了选好注水方式以外，更重要的是在合理注水方式的基础上，针对注水井点油层与相关采油井的生产关系科学地设计层段配注量。具体来说，油田已经进行分层注水，各个层系注水量有所差别，但受限于储层的强非均质性，随着各层系井间连通关系、储量动用情况、水驱特征、剩余油分布程度不同，要进行注水量阶段性的优化设计，目的是不断提高各类油层的储量动用程度，改善油井的开发效果。

例如南堡 35-2 油田北区已经步入中高含水期，注采井组层内矛盾突出，纵向上水驱动用差异较大，现阶段要求进一步精细化调整策略，必须深入到油水井间各层各方向的驱替差异和剩余油认识研究中。通过地震属性资料、连井剖面，确定注采井间连通关系，进一步结合生产井和注水井间动态响应关系、吸水剖面资料、产液剖面资料、示踪剂资料、数值模拟研究，实现了北区注采井组各个注采井间水驱波及和剩余油定量化。以此为基础，开展了重构地层渗流场的实践，针对层内水驱波及程度较低、剩余油相对富集的注采方向加强注采，针对水驱波及程度高、剩余油相对富集程度低的注采方向弱化注采。在此基础上筛选各砂体产液调整潜力油井，对潜力油井建议实施提液措施，提高相应层内注采井间剩余油水驱储量动用程度。

基于以上研究，2017 年北区实施注水井分层调配 7 井次、油井提液 9 井次，年增油达 $1.21\times10^4m^3$。其中，A24 井组包含 5 口油井，纵向上开采明下段 0、Ⅱ油组。通过对各层井间注水波及程度及剩余油定量分析得出，0 油组上 A15、A16S1、A23 井以及 Ⅱ 油组上 A16S1、A25 井与注水井间波及程度较低、剩余油相对富集。2017 年 2 月开始，该井组先后实施 3 井次优化注水、4 井次提液措施，井组含水率由 81%降至 76%，产油量由 $113m^3/d$ 增至 $145m^3/d$，日增油 $32m^3/d$，增幅 28.3%，年增油量 $0.85\times10^4m^3$(图 5-1)。

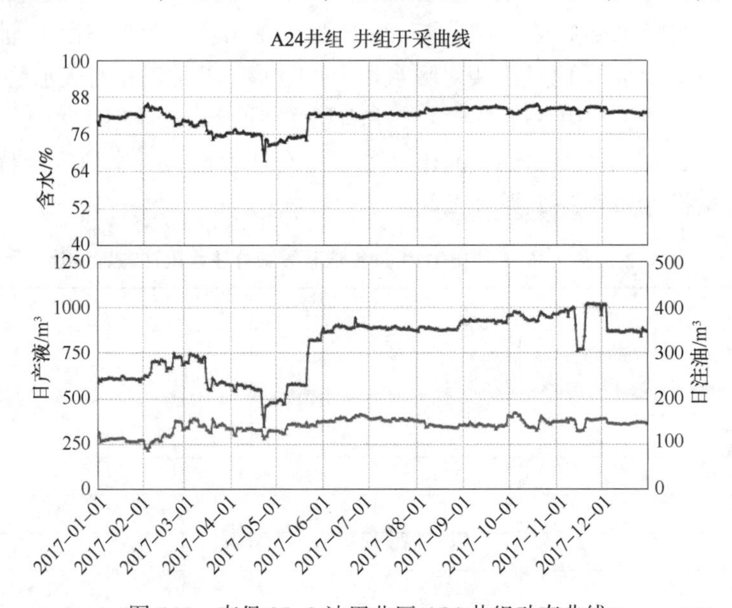

图 5-1 南堡 35-2 油田北区 A24 井组动态曲线

(3) 注水井调剖(驱)

当注水井注水层位出现优势渗流通道后，实施调剖(驱)是增油控水有效措施之一。注水井调剖是向高渗透层吸水能力较强的部位或层段注入化学剂，降低中、高渗透层的渗透率或封堵高渗透层，调整注水井吸水剖面，提高低渗透油层吸水能力的一种工艺措施。注水井调驱技术是将稠化剂、驱油剂、降阻剂和堵水剂等组成的综合调驱剂，通过注水井注入地层，在地层中产生注入水增黏、原油降阻、油水混相和高渗透层封堵等综合作用，从而均衡吸水剖面，改善水油流度比，进一步驱出地层中的残余油，以降低油井含水，提高原油采收率。

调驱(剖)决策与效果评价是非常重要的工作，涉及多方面的内容，包括调驱(剖)井的吸水剖面、注入压力、注入量、吸水指示曲线的变化以及受益井的产液量、产油量和含水率的变化等。

例如渤中 29-4 油田南区位于明下段Ⅲ油组的 1-1380 砂体。砂体采用 2 注(C11H、

C17H)4 采(C12H、C13H、C15H、C16H)水平井进行开发。其中注水井 C11H 对应主要受效油井为 C12H 和 C13H 井。从储层内部连通性及生产动态分析认为，C11H 与 C12H 井间存在明显注水优势通道。为改善砂体内部水驱不均衡问题，2016 年 3 月对 C11H 井实施复合调驱，封堵平面注水优势通道，扩大注水波及体积。调驱结束后，C11H 井组 9 月初含水率由 80.5%下降至 68.9%，井组产油量由 $163m^3/d$ 增至 $273m^3/d$(图 5-2)，其中 C12H 井产油量增加 $92m^3/d$，含水率下降 12.9%，降水增油效果突出。调驱后砂体递减率得到有效控制，调驱前砂体月自然递减率为 2.9%，调驱后实现“负递减”，有效期达到一年以上，实现当年累增油量 $3.53\times10^4m^3$，水驱效果得到显著改善。

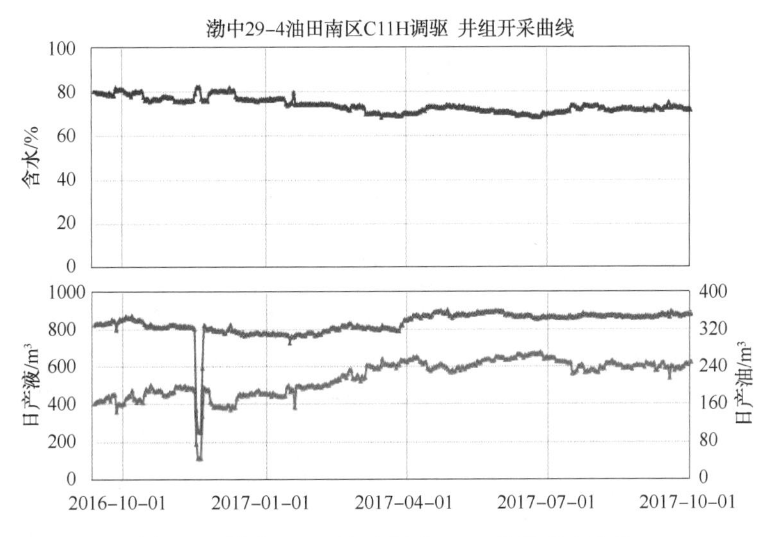

图 5-2　渤中 29-4 油田南区 C11H 井组动态曲线

(4) 不稳定注水技术

不稳定注水技术是水动力学调整中重要的技术之一，最早由苏联学者苏尔古切夫于 20 世纪 50 年代末提出，此后在苏联广泛采用，20 世纪 70 年代已成为改善油田注水开发效果的主要方法。由于长期稳定注采开发，高低渗透部位之间或主流线和非主流线之间处于拟平衡状态，而不稳定注水打破了这种平衡，造成油层中的压力场经常性地改变，形成新的“水力扰动波”，使流体在油层中的流动速度和流动方向发生变化，即平面上扩大波及面积，垂向上扩大注水波及厚度，从而控制含水上升，延长油田稳产期，提高水驱采收率。

作为渤海油田投入开发且规模最大的裂缝性油藏，锦州 25-1 南潜山油藏利用不稳定注水技术开辟了独具特色的双重介质油藏高效开发体系，提出了初期降压开采、低含水期脉冲注水、高含水期周期注水及特高含水期异步注采的注采方案，不同阶段采取不同的注水策略，循序渐进、不断强化不稳定注水力度，实现油藏液流转向及产液结构调整，达到减缓裂缝水窜和提高基质产量贡献的目的。

锦州 25-1 南潜山油藏由于开发单元储层差异分为多个开发井组，根据不同井组压力、含水情况开展了“分阶段、分区块”不稳定注水矿场试验，潜山 2/7 井区 A21H 井组在含水 30%左右开始实施脉冲注水，阶段注采 0.8~1.2，半周期 3 个月，周边 2 口油井(A17H 和 A18)呈现降水增油的效果，含水率下降 10%~20%，单井增油量 $20\sim30m^3/d$；潜山 2/7 井区 A41H 井组含水 70%，实施周期注水，阶段注采比 0~1.8，半周期 3 个月，周边 2 口油井

(A30 和 A36H)呈现明显降水增油的效果，含水率下降达 60%，单井增油量超过 $40m^3/d$；潜山 4D 井区注水井 E23H 和采油井 E22H 存在较强的裂缝沟通，采油井 E22H 含水快速上升至 80%，采取局部异步注采后，初期含水率下降达 70%，单井增油超过 $100m^3/d$，有效期约 1 个月。锦州 25-1 南潜山油藏自开展不稳定注水后，油田含水上升减缓，2 年来累计增油超过 $10\times10^4m^3$，目前油田采出程度 15.0%，含水率 33.0%，类比同类型油藏开发效果较好。

2. 对高含水井优选卡、堵水层位

油井纵向单层水窜后，形成优势渗流通道，注水无效循环加剧，不利于纵向层间储层均衡动用，需要在油井端开展卡、堵水措施，减缓水窜层位的产水量，提高注水有效利用。油田注水与卡、堵水是相互矛盾的统一，二者的共同目的都是提高油田的采收率。因此，在产液结构调整中，选准卡、堵水层位至关重要。

从油田高含水期的堵水实践中得出，为了确保油井的堵水效果，在选择卡、堵水层时应考虑以下原则：

一是被卡、堵层的含水率应比未卡、堵层的含水率高；二是油井卡、堵水后井底流动压力需下降至周边油井正常水平，以保证生产压差处于合理范围，为驱替原油提供有效动力。两项原则与卡、堵水效果的理论分析结果是一致的。理论分析得出影响油井卡、堵水效果的主要因素是油井卡、堵水后生产压差的放大幅度，卡、堵水层与未卡、堵水层之间的含水差别，卡、堵水层的产液量占全井产液的比例，即含水差别越大，被卡、堵层产液量比例越高，卡、堵水后油井井底流动压力下降值越多，油井实施后的增油降水效果就越好。

例如锦州 9-3 油田 E4-6 井位于油田东区边部，生产层位为东二下段Ⅰ、Ⅱ、Ⅲ油组，射开有效厚度为 21.4m，按油组分三段防砂。该井卡水前产液量为 $140.3m^3/d$，产油量为 $19.9m^3/d$，含水率为 86%。经过深入研究，认为 E4-6 井生产层位中东二下段Ⅱ油组距离油水界面较近，油井含水高的原因在于东二下段Ⅱ油组边水突进。因此，E4-6 井通过钢丝作业进行关闭东二下段Ⅱ油组生产滑套的卡水措施。卡水后产液量为 $44.2m^3/d$，产油量为 $37.7m^3/d$，含水率大幅降至 14.7%，2009 年平均增加产油量为 $18m^3/d$，年增加产油量为 $0.66\times10^4m^3$，降水增油卓有成效(图 5-3)。

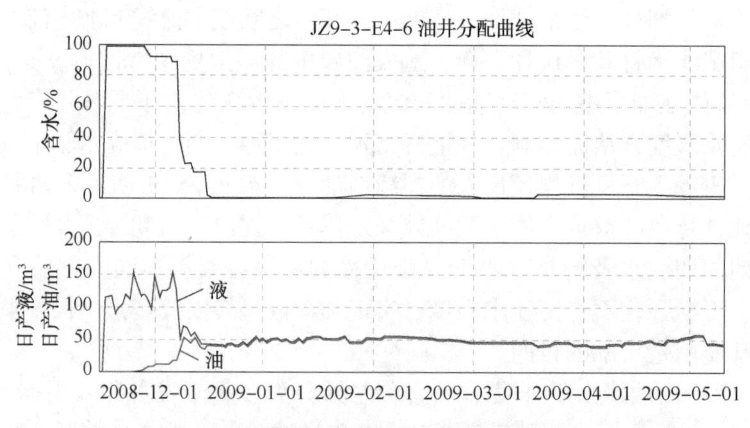

图 5-3　锦州 9-3 油田 E4-6 井生产动态曲线

3. 改变油井的开采方式

在结构调整中，改变油井的开采方式主要包括油井自喷转抽、气举转抽、调整油井工作制度及大泵提液，其中提液是一项重要措施。针对含水率低于油田综合含水率或含水率高但油层动用状况差的油井，通过降低流压，增加油井的生产压差，减小层间干扰来提高油井的产液量，从而达到增油的目的。

例如埕北油田B14井，该井位于油田边部，生产层位为东营Ⅱ油组，储层属于辫状河三角洲沉积，分布稳定。同时埕北油田属于构造层状油藏，外部天然边水能量充足，主要靠天然能量开采。在提液前期，主要通过以下过程进行潜力分析。

（1）储层物性好，采液指数高，具有提液能力。

埕北油田东营Ⅱ油组油层孔隙度25%～34%，渗透率1000～2400mD，为高孔特高渗储层，渗流条件好。

（2）地层压力高，具有足够的供液能力。

埕北油田原始地层压力为16.6MPa，由于水体能量充足，地层压力保持水平高，截至2010年，地层压力仅下降1.0MPa，油藏饱和压力12.3MPa，地饱压差达到3.3MPa，较高的地层压力为提液奠定了基础，有利于提液措施的展开。

（3）含水较高，处于提液增油的有利时机。

通过对油田无因次采液、采油指数与含水率的关系分析，当含水率高于80%时，无因次采液指数快速上升，而无因次采油指数始终保持缓慢下降趋势，说明油井含水80%适合提液生产。B14井目前含水率为92%，满足提液的含水率区间要求。

综上所述，B14井具有较好的实施提液措施的条件和空间，具有提液潜力。B14井于2010年进行换大泵提液，产液量由85m^3/d增至195m^3/d，含水率由92%降至77%，产油量由6m^3/d大幅提高至45m^3/d，增加产油量高达39m^3/d。

4. 改变油井生产层位

海上油田单井纵向钻遇油层多，受开发策略影响，开发初期往往主要生产主力油组。随着主力油组水淹程度增加，产液量大幅上升，产油能力下降，受井槽资源、平台地面处理工程限制等因素影响，油田开发过程中广泛采用补孔措施调整油井生产层位，提高单井产量、增大储层动用程度、完善注采井网，达到有效挖掘剩余油，提高采收率的目的。在实际生产中，可根据油田具体情况采取对应的补孔方案，如避气段补孔、重复补孔、小层补孔、上返补孔等。在措施实施前，要充分掌握目标井的生产动态，分析清待补孔层潜力，为措施成功奠定基础。

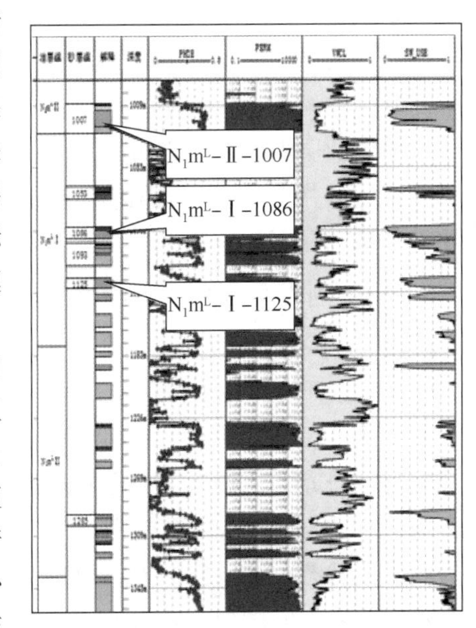

图5-4　D7H1井上返补孔层位图

例如，曹妃甸11-6油田为天然水驱油藏，油田综合含水率达89%，处于高含水开发阶段，受地面工程处理能力限制，油田整体处于限液生产状况。D7H1于2009年投产，生产层位为馆陶Ⅲ油组，日产液542.1m^3/d，日产油14.8m^3/d，含水率97.3%，生产压差0.1MPa。鉴于该井区域已高度水淹，将其上返补孔至明化镇Ⅰ、Ⅱ油组3个砂体，如图5-4所示，作业后日产液180m^3/d，日产油76m^3/d，含水率42%，取得很好的增产效果，如图 5-5 所示。

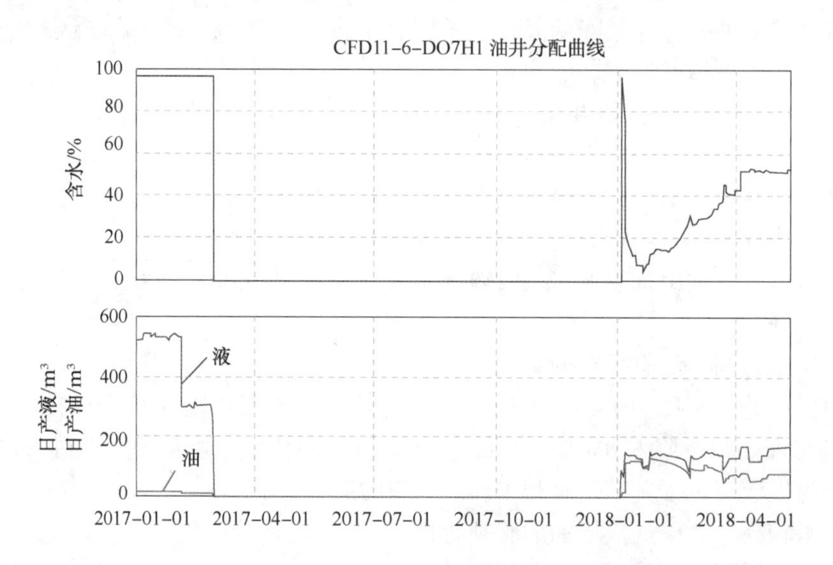

图 5-5　D7H1 井上返补孔前后生产曲线对比图

分类单井的产液结构调整，少部分井措施是单一的，多数井需要多项措施的相互配合才能取得好效果。例如，高含水井需要卡堵水、补孔、注水的相互配合，低含水井需要注水、换泵的配合。

三、油层平面井点之间的结构调整

油层平面井点之间的结构调整与井点油层之间的结构调整是整个油田结构调整的两个方面，二者相辅相成。前者着眼于单油层平面井点之间的关系调整，后者着眼于井点油层之间的关系调整。油层平面井点之间的结构调整要通过井点油层之间的结构调整来实现，而井点油层之间的结构调整又依托于油层平面结构调整的需要来进行，这一需要主要取决于对油层平面剩余油的认识。

所谓油层平面井点之间的结构调整，就是在对单油层剩余油分布状况认识比较清楚的情况下，通过井点的补孔优化单油层的注采关系，调整不同注水方向的注水量，形成油层新的注采关系，在可能的条件下，最大限度地改善和提高油层的水驱效果。

（一）利用高含水井转注增加油层的水驱方向

歧口 17-2 油田西高点采出程度高，其中主力油组明化镇Ⅱ、Ⅷ油组采出程度超过 40%，根据开发指标评价体系评估，西高点达到一类开发水平，整体开发效果较好。但受储层非均质性、开发井网及后期注水影响，平面水驱并不均衡。鉴于此，歧口 17-2 油田开展液流转向研究，依据渗流通道分类判别，刻画主优势渗流通道，实施油井转注措施，实现多方向、多井点注水和液流转向(图 5-6)。以 P23 井组为例，P23 井转注前生产井 P17 井区域为弱水驱状态，注水井 P16 与 P22 井之间为主优势渗流通道。通过转注 P23 井，P17、P22 井水驱受效方向增加，如图 5-6 所示，同时降低注水井 P16 井注入量，减少了 P16 井与 P22 井间强驱替水平，调整了整体井组水驱渗流规律，使剩余油滞留区产生压力梯度，驱替剩余油，水驱波及体积、储量动用程度有效提高。P23 转注后，周边油井 P17、P22 平均含水率下降 6%，井组全年增油量达到 $0.3\times10^4m^3$。

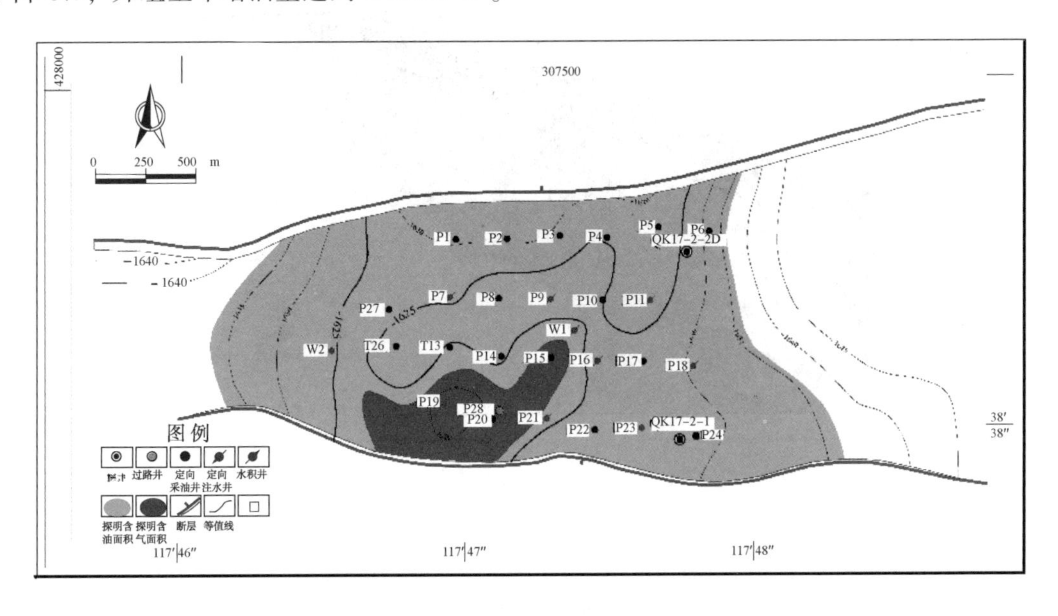

图 5-6　歧口 17-2 油田明化镇Ⅱ油组井位示意图

该井区的调整结果表明，在油田已处于高采出、高含水、大面积水淹的基础井网背景下，充分利用特高含水井转注，增加油层的水驱方向，提高油层的水驱厚度进行稳油控水依然是行之有效的。

（二）调整油层不同注水方向的注水量，提高注入水效率

渤中 28-2 南油田为复杂河流相油田，油田综合含水率达 78%，处于高含水开发阶段。受储层非均质性及注采驱替影响，油田水驱不均衡。为提高水驱效果，提出水平井流场调控优化注水方案。以明下段Ⅱ油组 1-1195-1 砂体为例，该砂体东侧采用水平井交错井网开发（图 5-7），整体含水率达到 90%，处于特高含水阶段，稳油控水难度大。基于水平井交错井网流场理论认识，认为角井增注、边井限注可以提高水驱波及体积和采收率。2018 年 2 月开始对角井 A11H 井实施增注 $60m^3/d$，对边井 A12H 井限注 $60m^3/d$，调整油层不同注水方向的注水量，提高注入水效率。实施 2 个月后，A11H～A12H 井组两口生产井 A5H1 和 A6H 井取得降水增油效果，整体含水率从 92%降低为 89%，日产油从 $63m^3/d$ 增加到 $81m^3/d$（图 5-8）。

该井多次注水平面调整取得较好效果的实践说明，在油井特高含水期，油井不同来水方向的油层剩余油饱和度是不均匀的，只要搞清了油层主、次来水方向的剩余油分布情况，及时调整不同注水方向的注水量，确保注入水的有效使用，就会使油井生产取得较好的效果。

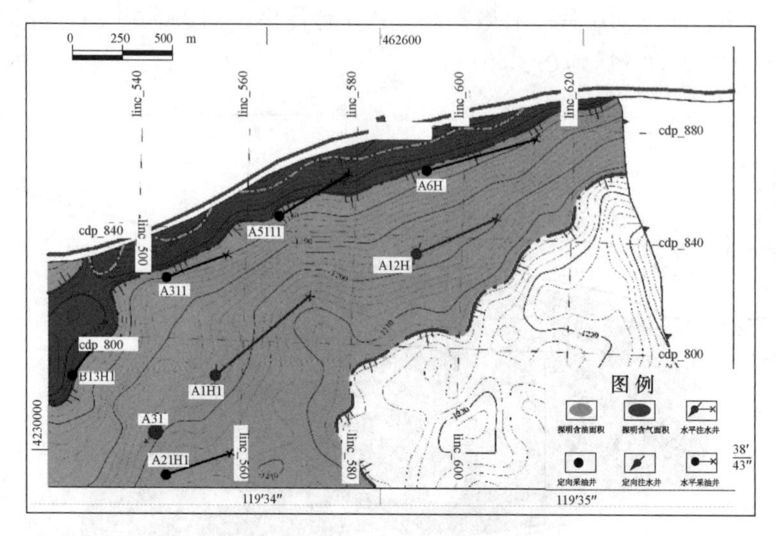

图 5-7　A11H~A12H 井组井位图

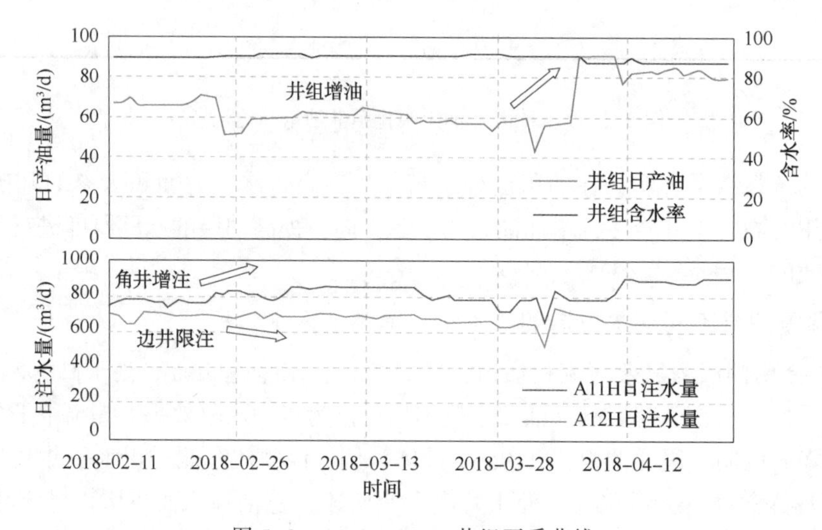

图 5-8　A11H~A12H 井组开采曲线

第六章　开发动态分析

油田开发的终极目标是最大限度地获取经济采收率，而一个油田投入开发后，地下情况始终处在不断运动和变化之中。油田开发的效果除了取决于客观的地质条件(如油田的宏观非均质性，油层的延续性等)外，还取决于对油层地质特征的认识程度及所采取的工艺措施，如注水方式、注采井网的部署方式、井网密度、层系划分、注采管理等是否符合客观实际。

第一节　概　　述

油田开发动态分析，就是要在油田开发过程中取得大量第一手资料的基础上，综合运用多学科的知识和技术，采用综合分析、判断方法，动态地描述已投入开发的油藏，并根据油藏各动态参数的变化特点和规律及其相互之间的影响和制约关系，有针对性地修正规划方案，提出科学合理的调整措施，使油藏达到较高的最终采收率、开发水平，并取得较好的经济效益。因此，油田开发动态分析是一项贯穿油田开发全过程、关系油田开发最终效果的十分重要的工作。

油田开发动态分析按时间分类可分为日动态、周动态、月动态、季动态、年动态，时间不同内容也有所不同。阶段开发分析一般需要在一个五年计划的末期、油田实施重大调整措施前后或一个开发阶段即将结束，进入下个开发阶段之前进行。年度开发动态分析一般在每个年度结束时进行。月(季)度动态分析则主要分析生产动态，即压力、产量、含水的变化状况。油田开发动态分析按照生产管理的范围可分为五级：单油层动态分析、单井动态分析、井组动态分析、区块动态分析、全油田动态分析。其中前三级主要是以油水井单井为主体的分析，单油层动态分析又包含在单井动态分析中，后两项主要是以区块、油藏、油田等油水井的集合为主体的分析。

一、油藏动态分析的地位及作用

(一) 油藏动态分析的作用

油田开发的过程是一个不断认识和调整的过程。油藏投入开发后，油藏内部诸因素都在发生变化，如油气储量、地层压力、驱油能力、油气水分布等。动态分析就是研究这些变化，找出各种变化之间的相互关系，以及对生产的影响。通过分析，解释现象，认识本质，发现规律，解决生产问题。提出调整措施、挖掘生产潜力、预测今后的发展趋势。

(二) 油藏动态分析在油田开发中的地位

(1) 建立基础。通过各种可靠的动、静态资料，运用已掌握的经验方法和理论，在油藏静态描述的基础上完成油藏的动态描述，使开发决策建立在客观实际的地质油藏基础上。

(2) 修正认识。即不断修正对油田的地质特征、流体分布、油气资源利用状况的认识，对开发调整措施有把握地进行。

(3) 指导调整。油田开发的任何一项单井措施及调整措施，都有目的性、针对性和预见性。这只能产生于从单井到井组，再到区块、全油田的动态分析。

油藏动态分析是一项贯穿油田开发全过程、关系油田开发最终效果的重要工作。

二、油藏动态分析的基本要求

(一) 基础资料要求做到全、准、实用

“全”指必须有详细的静态地质描述数据和系统的动态监测资料。“准”指各项资料必须真实、可靠，必须达到取资料的技术要求，不真实、不可靠的资料等于或不如没有资料。“实用”指在满足动态分析需要的前提下，应最大限度地减少资料的项目和数量。

(二) 分析结果要求达到“五个清楚”

通过动态分析，要达到油藏开采的动态变化趋势清楚；开发中存在的主要问题清楚；现阶段调整挖潜的对象和目标清楚；调整挖潜的基本做法清楚；开发调整的工作部署清楚。

(三) 动态分析要做到“五个结合”

“五个结合”是指历史与现状结合；单井分析与油藏动态相结合；地下分析与地面设备、工艺流程相结合；动态分析与生产管理相结合；动态分析与经济效益相结合。

三、油藏动态分析的基本方法

动态分析的方法是灵活多样的，常用的有理论分析法、经验分析法、模拟分析法、系统分析法、类比分析法等，可以多种方法综合采用，相互弥补和相互映衬。总之，要搞清油藏动态变化的特点和规律、存在问题和影响因素。

(一) 理论分析法

运用数学的、物理的和数学物理方法等理论手段，结合采用实验室分析方法，对油田动态参数变化的现象，建立数学模型，考虑各种边界条件和影响因素，推导出理论公式，绘制出理论曲线，如常用的相渗透率曲线、含水上升率变化曲线、毛管压力曲线等，指导油田开发和调整。

(二) 经验分析法

一方面可以通过大量的现场生产数据资料，采用数理统计方法推导出经验公式指导应用；另一方面也可以靠长期的实践经验，建立某两种生产现象之间的数量关系，同样可以指导生产实践。如某一个油田日产水量增加多少立方米，综合含水将上升1%，掌握了这一点，在做控制含水上升的工作时，就可以选择适当的堵水井数，把这部分产水量堵掉，达到对指标预测心中有数。

(三) 模拟分析法

是近年来随计算机技术发展而产生的一种常用方法。可以分区块建立物理模型，进而建立数学模型，应用数学上的差分方法把模型分为若干个节点进行计算，模拟出今后一段时间内各动态参数的变化结果，为调整部署增强预见性。

(四) 系统分析法

有两种不同的系统分析法。一种是对井系统从地层泄油边界(或从注水井)开始,经油层—井筒—地面分离器看作一个整体,称为全井系统(或注采系统)。把这系统分为几个组成部分或子系统,在每个组成部分内选定一些节点,研究每个组成部分的压降与流量的关系,相应地建立起压力-产量关系的模型,通过对这些模型(方程式、相关式或经验公式)分析,选出最佳的生产状态,进一步达到全系统生产优化的目的。这种方法叫作节点分析法。另一种是把井或油藏按开发时间顺序分为不同开发阶段,系统地、连续地分析油水井或油藏参数的变化,及其在不同阶段的特点,从而总结出不同阶段的规律,分析其变化的实质性因素,从而进一步启示人们去正确地进行操作和运行。

(五) 类比分析法

把具有相同或相近性质的油田(或区块)放在一起对比分析;常常把地质特点相近的油藏采用相同的指标来比较其开发效果的好坏,以便总结经验教训,指导开发调整。

上述分析方法的结果都可以通过文字叙述、曲线和图表形式表达出来。

第二节　单井动态分析

一、单井动态分析概述

单井动态分析即生产动态分析,是油、气田生成管理经常性的基础工作,包括油气井动态分析和注水井动态分析。指油气田开采过程中油气井、注水井的工作状况、生产动态变化的分析。包括地面管线变化分析、生产管柱变化分析、地下动态变化分析。

(一) 单井动态分析的资料准备

(1) 静态资料:主要包括油井所处区块、构造位置、开采层段(层位、层号)、射孔井段、射孔厚度、注采对应状况以及连通状况、储层物性(电测解释成果:如孔隙度、渗透率、含油饱和度)、砂层厚度及有效厚度、流体高压物性资料(如密度、黏度、体积系数、饱和压力、原油组分分析等)等。

(2) 生产动态资料:主要包括产液量、产油量、含水、压力(油压、套压、流压)、动液面、对应注水井注水量及注水压力、气油比、电流、泵频率、井史等。

(3) 生产测试资料:主要包括饱和度测井结果,产液剖面测试成果,对应注水井吸水剖面测试成果,注水井分层测试成果,注水井吸水指数测试、静压测试、压力恢复测试、地层测试资料、油气水分析资料,井况监测资料(井温曲线、电磁探伤、井下超声波成像、固井质量)等。

(4) 工程资料:油井工作制度(泵排量、泵频率、泵深)、井下生产管柱组合及井下工具、井身结构(井身轨迹)、作业资料等。

(二) 单井动态分析的内容

在总体上阐述油井日产液、日产油、含水、气油比、压力等变化状况,再依次分析以下内容。

1. 产液量变化

根据绘制运行曲线变化态势，主要分析日产液在分析对比阶段呈现的变化趋势。日产液变化趋势主要有液量上升、液量平稳、液量下降三种态势。

日产液上升的主要原因有：油井工作制度调整；对应油井注水见效；作业及技术措施的效果；井下封隔器失效及套管破漏；加药热洗的效果；地面计量器具及流程管线影响等。

日产液下降的主要原因有：工作制度的调整；井下深井泵工作状况变差(如：漏失、结垢、堵塞等)；油层受到污染(洗井、作业、开采等过程中产生污染等)；油层出砂导致砂埋；地层亏空导致能量下降；技术措施效果；地面计量器具及流程管线影响等。

2. 综合含水变化

主要根据表格或曲线，分析综合含水在分析对比阶段呈现的变化趋势。

综合含水变化主要有含水上升、含水平稳、含水下降三种态势。

综合含水上升的主要原因有：①注水效果；②边水、底水侵入加快；③作业及技术措施的效果；④井下封隔器失效及套管破漏等；⑤作业、洗井等入井液导致水锁现象等；⑥其他影响因素。

综合含水下降的主要原因有：①注水效果；②技术措施效果；③套管破漏、管外窜等导致生产厚度增加；④深井泵工作状况及工作制度变化；⑤油层出砂砂埋；其他影响因素。

3. 产油量变化

主要根据日产液及含水变化综合分析日产油变化态势及影响变化的主要原因。

4. 压力变化

主要结合测压数据及动液面(折算流压)测试分析地层能量状况，其中静压每半年分析一次、流压每月分析一次。

压力变化态势主要有三种：上升、平稳、下降。

地层静压变化主要考虑注采比是否合理、天然能量发育及利用状况等，其主要用途是分析地层供液能力状况。流压变化或动液面变化用于分析深井泵工作状况及评价油井生产压差的合理性等。

5. 气油比变化

重点对高油气比生产井及变化异常的油井，结合地层能量状况、动液面、示功图等变化分析有无地层脱气现象。

6. 注水井状况变化

主要有注水压力变化和注水量变化，在准确校验注水计量器具基础上，录取视吸水指示曲线及分层测试资料，综合分析注水井吸水能力变化。

基本态势：主要有吸水能力增强、吸水能力不变、吸水能力变差等三种形势。

吸水能力变好的原因：①储层经过措施改造(酸化、压裂、调补层)；②井筒状况不正常(如套管破漏、井下封隔器失效、水嘴刺漏、水嘴刺大等)；③单层突进加剧(结合油井含水、液量变化进行综合分析)。

吸水能力变差的原因：①储层受到污染(如洗井不当、水质不达标、地层结垢、五敏性)；②井筒状况不正常(如井筒结垢、水嘴堵塞等)；③近井地带产生憋压现象(主要在低渗区块中较为常见)；④实施调剖，封堵高深透层。

7. 机采系统状况

电潜泵工作状况、技术措施效果：主要在分析日产液变化中阐述。电流变化：主要分析电潜泵工作状况。

（三）单井动态分析步骤

1. 收集整理资料，找出变化规律，指出存在问题

介绍分析井的井号、井别、投产时间、开采层位、完井方式、射开厚度、地层系数、井位关系、井下管柱、泵型、泵排量、扬程、投产初期及目前生产情况；注水井井下管柱、分层情况、注水压力、层段配注和实际注水量等。

2. 分析变化原因

分析各项生产指标的变化原因：采油井分析压力、产量、含水、气油比等变化情况；注水井分析注水压力、注水量和分层吸水量等变化。

3. 提出措施

主要有加强生产管理的措施；放大生产压差或提高注水压力的措施；油井堵水、卡水措施；水井方案调整、细分注水潜力，改造增注措施。

4. 效果分析

分析措施效果，提出并论证改善单井开采效果的管理和挖潜措施。

（四）单井分析的程序

油水井动态分析必须从地面工艺生产管理入手，和本井组油水井联系起来，逐渐深入到每个层或油砂体。综合分析各项生产参数的变化及其原因，找出它们之间的内在联系和规律，以油砂体为单元搞清各类油层的开发状况及其动态变化规律。总之，先本井后邻井，先油井后水井，先地面、次井筒、后地下，根据变化，抓住矛盾，提出措施、评价效果，这就是动态分析的一般程序和方法。

二、采油井动态分析

单井开发动态分析其重点就是采油井的动态分析。地下原油通过采油井采出地面，要经过两个互相衔接的阶段，即油流在一定压力差的驱动下，经油层岩石的孔隙，从井底周围流向井底的油层渗流阶段和油流从井底通过井筒流向井口的举升阶段，而后再输送到处理中心。所以，油井生产过程中的动态变化，主要表现在油层、井筒、地面三个阶段的动态变化，油井单井动态分析应包括三部分内容。

（一）油层动态变化分析

油层条件是油井生产的基本条件。分析油井地下动态变化，首先要搞清油层的地质状况，包括油层的层数、厚度情况；各小层的岩性和渗透性；油层的原油密度和黏度；生产井的油层与其周围相连通的油水井的油层连通发育情况。在此基础上，可以对油井地下动态变化情况进行分析。

1. 地层压力变化分析

油藏投入开发前的压力为原始地层压力。油藏投入开发后，油井关井所测得的油层中部压力是地层压力。非均质多油层的油井测得的静止压力是全井各油层的平均压力。各井地层

压力的大小取决于驱动方式和开采速度。注水开发油田，油井主要是在水压驱动下生产，井组注采比的大小，直接影响着地层压力的变化。

当井组注采比小于 1，即注入体积小于采出地下体积时，地下产生亏空，能量得不到补充，这时地层压力下降，供液能力降低，此时应该适当提高注水量，以达到注采平衡。

在实际分析中，重点是分析那些地层压力变化较大的井。在压力资料可靠的前提下，必须从注和采两个方面查找变化原因。如注水井的注水状况、油井的工作制度有无变化、油水井措施效果、邻井的生产情况有无变化等。

2. 流动压力变化分析

油井流动压力是地层压力在克服油层渗流阻力后到达井底的剩余压力，也是油、气、水从井底到井口垂向管流的始端压力。因此，流压变化受供液和排液两方面因素的影响。

供液状况主要受注水见效状况影响。油井注水受效后，地层压力升高，流动压力也随之上升，供液能力提高，反之则流动压力下降。

排液影响主要在于以下几个因素：油井见水后，随含水上升，井筒液柱比重增大，流压会不断上升；油井井口油嘴大小与流压高低成反比关系，井口油嘴缩小，流压增大，反之亦然；对于电潜泵井，泵况与泵频率决定了流压的高低，在泵况正常情况下，泵频率越大，流压越低，泵况变差，则流压一般要升高。

此外，井壁完善程度也影响流压的高低，井壁完善程度高，污染程度小，则流压较高。

3. 含水变化分析

注水开发油田，含水率变化具有一定规律性，不同含水阶段，含水上升速度不同。通常在含水率 60%以前，随含水上升，含水上升速度逐渐增大，在含水率 60%后，含水上升速度逐渐减缓。

油井含水率在某一阶段的变化还取决于注采平衡情况和层间差异的调整程度。一个方向，特别是主要见水方向注水强度大，必然会造成含水突升，若主要来水方向控制得好，非主要来水方向加强了注水，平面、层间差异得到调整，油井含水会有所下降。

在分析油井含水变化时，可以从以下几方面入手：

（1）掌握油层性质及分布状况，搞清油、水井的连通关系；

（2）搞清油井的见水层位及出水状况；

（3）搞清见水层，特别是主要见水层的主要来水方向和非主要来水方向；

（4）分析连通注水井、层注水强度变化、主要来水方向、次要来水方向的注水量变化与油井含水率变化的相互关系；

（5）分析相邻油井生产状况变化，例如，相邻油井高含水层堵水或关井停产后，也有可能造成本井含水上升，此外，油井井筒本身问题也可能造成含水上升。例如泵况变差、原堵水管柱失效等；

（6）明确含水上升原因后，应针对原因及时提出调整意见，采取调整措施，这里应特别强调的是措施的时效性，若分析与调整滞后，必然会错过调整的最佳时机，从而达不到预期效果。

4. 产液量变化分析

注水开发过程中，油井产液量变化对生产至关重要。根据产液量计算公式：

$$Q_1 = J_1 \Delta p \tag{6-1}$$

式中，Q_1 为油井日产液，t/d；J_1 为采液指数，t/(d · MPa)；Δp 为生产压差(地层压力与流动压力之差)，MPa。

式(6-1)表明，油井产液量取决于油井在某一含水时的采液指数和作用于油井的生产压差。采液指数随油井含水率的上升而不断增加，对于机械开采的油井，由于人工举升井底流压下降，增大了生产压差，产液量将会提高。但如果井底流动压力的降低过大，会使井筒气量增加，如果超过泵的分离气量能力，则会引起泵效降低，导致采液指数的大幅度下降，影响产液量的提高。

5. 产油量变化分析

(1) 出油厚度

在开采过程中，由于作业施工等原因，油层被污染或堵塞，会使部分油层不出油或出油很少；由于层间干扰，也会有一部分油层的出油能力得不到充分发挥，因此，油层出油厚度的大小直接影响着日产油的高低。

(2) 有效渗透率

有效渗透率决定了原油通过油层的难易程度，有效渗透率大，则原油容易通过油层流入井底，产量则高，否则产量降低。在实际生产过程中，由于施工污染或进行压裂酸化等改造措施，油层渗流能力也会发生变化。

(3) 地层原油黏度

原油黏度表示原油流动能力的大小。黏度增高，使原油流动性能变差，产量降低，黏度减小，则可增加井的产量。

(4) 完井方式与完井半径

油井的完井方式对产油量有影响，而完井半径与产量的对数成正比关系。

(5) 供油半径

在假定供油的圆形面积内，在均匀布井的情况下，常常可以认为它等于井距之半。井距愈小、供油半径就愈小，而相对的压差就越大，即小井距有利于提高单井产油能力。

(6) 井壁阻力系数

靠近井壁的油层部分，往往受钻井液滤液的污染，存在一圈附加的低渗透带。当这一圈的渗透率基本上与油层渗透率相同时，井底可看作是完善的，井壁阻力系数为零；而不完善和超完善井则分别为正值和负值。井壁阻力系数的形成主要与完井工艺有较大关系，如钻井泥浆、射孔和压裂、酸化作业影响等。井壁阻力系数可由压力恢复曲线求得。

(7) 生产压差

油井生产压差即油井静压与流压之差。在采油指数一定的情况下，生产压差越大，则产量越高。

6. 油井的生产能力变化分析

油井采油指数是衡量其产油能力的重要指标。油井采油指数的高低与油层渗透率，厚度、地层压力等有关。一般来说，油层渗透率愈高、厚度愈大、油井产能愈高。含水上升，采油指数下降。多层开采情况下的层间干扰程度，影响了出油厚度的增减，产能也会受影响。

7. 分层动用状况变化分析

在多油层非均质砂岩油田注水开发过程中，要搞清油井产量、压力、含水的变化，必须进行分层动态分析，了解分层动用状况及其变化。具体到一口井上，主要是层间差异的分析。层间差异产生的原因及其表现形式是：

（1）油层性质差异，多油层同井开采，尽管性质相近的油层组合为同一套开发层系，但层间渗透性相差仍很大，这就必然造成层间差异，致使吸水及产液状况存在明显差异；

（2）原油性质不同，层间原油黏度的差别，也会造成出油不均匀；

（3）油层注水强度不同，造成层间地层压力的差异，在同一流压条件下采油，由于生产压差不同势必造成分层出油状况相差很大；

（4）油层含水不同，水的相渗透率也不同，高含水层往往是高压层，干扰其他油层正常出油，层间干扰严重时将产生层间倒灌现象，使纵向上出油状况极不均衡。

对于层间差异的调整，一般有如下措施：

加强低压低含水层的注水，通过注水剖面调整，使纵向产出剖面趋于均匀。搞好分层堵水、分层采油、分层注水的注、堵、采关系调整，即对高含水层堵水，同时对低压低产层进行改造，并加强其注水。

通过其他层系注水井补孔，发挥差油层的作用。从研究油砂体形态入手，在分析油砂体开采状况和水淹状况的基础上，对动用差的油砂体采取其他层系注水井补孔，完善注采关系，或增加注水井点，提高差油层的压力、挖掘差油层的生产潜力。

（二）井筒动态变化分析

海上油田广泛使用的分层开采生产管柱多采用 Y 接头管柱，为了保持井下安全，在生产管柱上下入井下安全阀、过电缆封隔器以及堵塞器工作筒等；由于单井产能高、平台作业空间有限，机采方式多采用的是电动潜油离心泵，即电潜泵。常见的井筒动态变化分析包括管柱异常引起的动态变化分析和电潜泵运行状况分析。

1. 管柱动态变化分析

生产管柱动态变化主要由 Y 堵漏失、管柱漏失、套管破损、井下安全阀关闭、砂堵、管外窜等引起。

（1）管柱漏失是管柱动态变化引起的主要原因之一，油井表现特征为产量大幅度下降，动液面(流压)上升。可以通过启泵憋压和正挤憋压进行验证，憋压压力达不到正常水平且无法稳压，即可判断为管柱漏失。对于 Y 型生产管柱，管柱漏失包括 Y 堵(生产堵塞器)坐封不严和油管漏失，可以通过钢丝作业进行投捞堵塞器判断两种漏失。

（2）套管破损常常表现为含水率突升，地层供液能力大幅度提升。通过氧活化、产出剖面等测试手段和封隔器机械法找漏可以加以核实，并能查明套管损坏的类型、位置和破损程度。

（3）井下安全阀作为井下生产管柱的一部分，控制着井筒流体的流动通道，关闭后将导致套管气不能及时释放，环空气体将动液面下压到泵吸入口位置，从而导致井口无液，电泵空转，电流下降，最终欠载停泵。如果井下安全阀关闭，可先通过地面控制盘进行多次开关，或手动液压泵接安全阀液压管线进行反复打压、泄压等措施进行试开，如果仍然无效，则需要动管柱作业进行更换。

2. 电潜泵运行状况分析

电潜泵的运行状况可以通过电流、泵工况仪等机组运行参数的变化来分析。

(1) 利用电流卡片对电潜泵井进行动态分析

通过对电流卡片的正确使用和解释可以判断出电潜泵井运行过程中的许多变化，以便采取修正或解决措施。电潜泵正常运转时的电流卡片是一条平缓的对称曲线，如图 6-1 所示，“正常电流卡片”的任何偏差都说明系统可能存在问题或井况有变化。下面列举一些典型电流卡片分析方法，实际的电流卡片可能在某些曲线部分与这些电流卡片稍有不同，但根据经验并以这些示范图作为指南，能够对实际电流卡片进行高精度的分析。

图 6-2 为电源电压波动的电流卡片。在电潜泵运行过程中，电流值的变化与电压成反比，如果电源的电压产生波动，运行电流值也会随之波动，以保持恒定的负载。

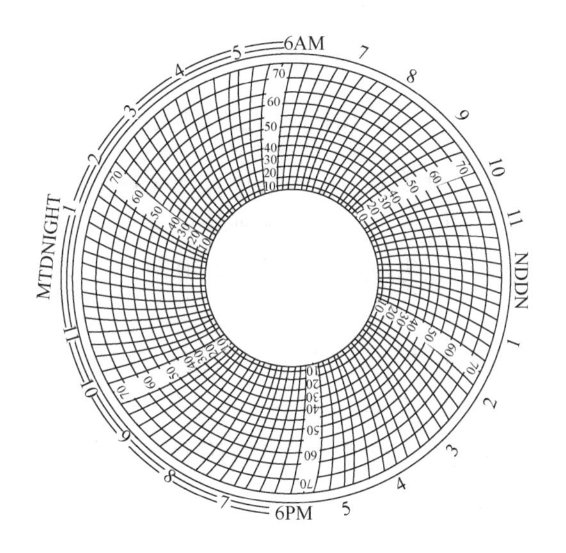

图 6-1 正常运行的电流卡片图

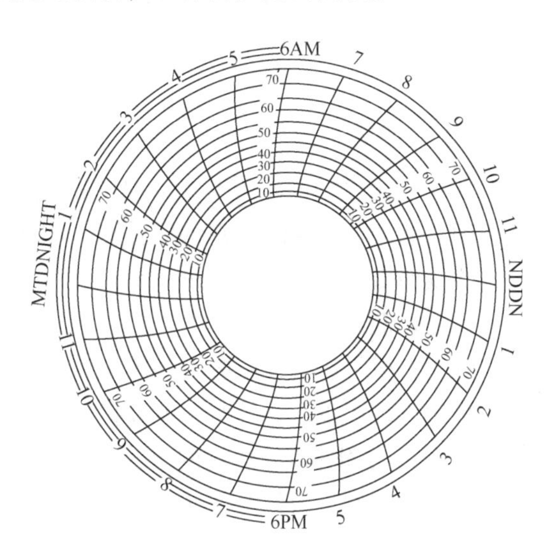

图 6-2 电源电压波动的电流卡片图

电源电压波动的通常原因是供电系统不稳定或供电系统存在周期性的大负载，例如，启动一台大功率的注水泵或同时启动其他电力负载所引起的大负载。因此，这种电源的消耗应当定时，使其不致同步进行，并将其影响减到最小。或者通过安装抑制电压波动补偿装置来解决。

图 6-3 为气锁的电流卡片。电潜泵在运行过程中，如果吸入气体过多，造成气锁欠载停机。这种情况通过停机恢复压力、环空灌液循环解除气锁，调整工作制度建立稳定液面生产，如果不动管柱无法解决，则需进行电潜泵优化作业，加装放气阀，加深泵挂，配套使用气体处理装置等措施实现电潜泵井正常生产。

图 6-4 为泵抽空的电流卡片。电潜泵由于抽空而自动停机，重新启动后又再次停机。出现这种现象的原因有两种：一是电潜泵的规格不符，可通过油嘴和频率调节控制，建立稳定液面生产，如无法实现，则需进行电潜泵优化作业；二是油藏产能低，可采用油井增产措施来释放产能。

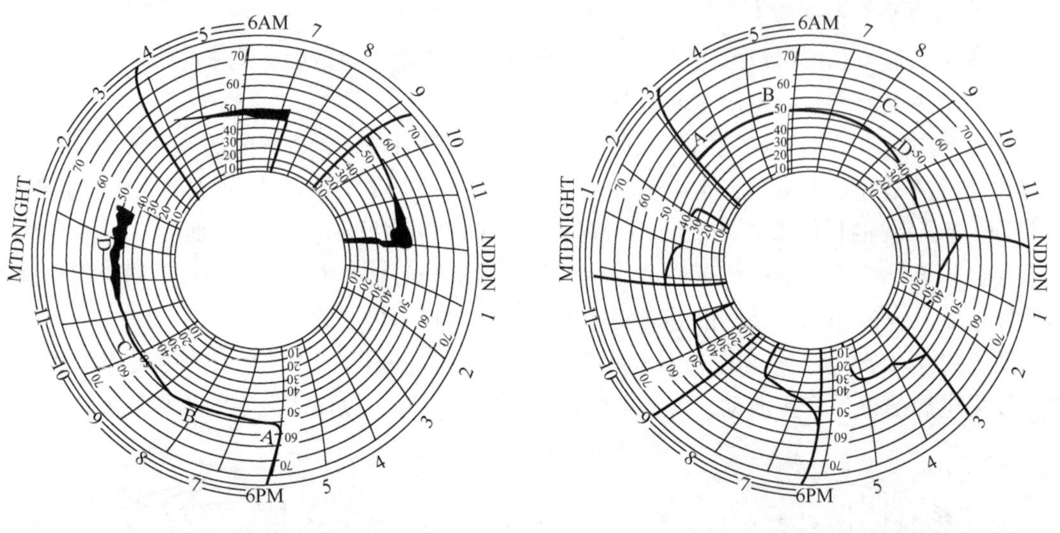

图 6-3　气锁的电流卡片图　　　　图 6-4　泵抽空的电流卡片图

图 6-5 为气蚀的电流卡片。原油脱气，流体内含气量较高，较多气体进入泵内造成电流波动，这种情况会降低总的产液量。另外，也可能是由于泵内的液体被气体乳化所引起的，曲线的低值表示乳化液进入泵叶轮的一瞬间，这种乳化液还不至于影响叶轮的正常工作，只是降低了泵效。

针对自由气影响，可应用气体分离器或气体处理器来消除气体影响。合理控制套管气，保证机组合理沉没度。针对流体乳化，可用破乳剂解决这一问题。

图 6-6 为固体颗粒影响的电流卡片。如卡泵过载停机，可通过洗井等措施看能否恢复正常生产，否则进行修井作业。

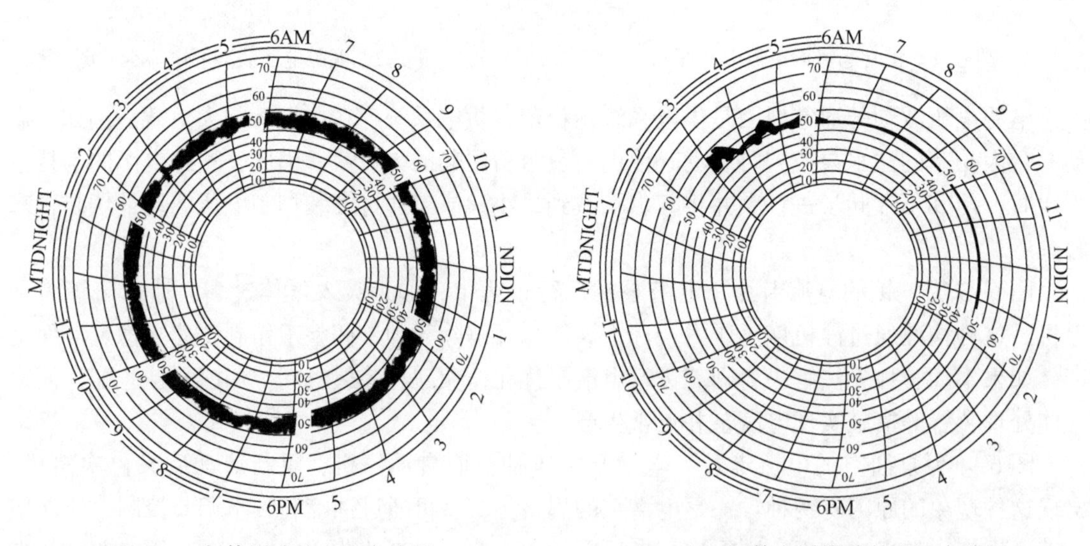

图 6-5　气体影响的电流卡片图　　　　图 6-6　固体杂质影响的电流卡片图

图 6-7 为欠载停机的电流卡片。此电流卡片表示当电潜泵启动后，运行了较短时间后，因运行电流低于欠载电流值而停机，再启动后，依然如此。这种情况一般有以下原因：①井

液密度过低或流动通道堵塞导致产能过低，运行电流低于欠载电流值而欠载保护停机；②由于延时再启动装置或欠载保护损坏所引起；③由于泵轴断货花键套脱离所引起。针对以上问题，可通过降低欠载电流值、检查流动通道、检查地面控制设备、电潜泵优化作业来解决处理。

图 6-8 为过载停机的电流卡片。解决此类问题，首先全面检查排除地面设备问题，然后通过洗井等措施看能否恢复正常生产，否则进行修井作业。

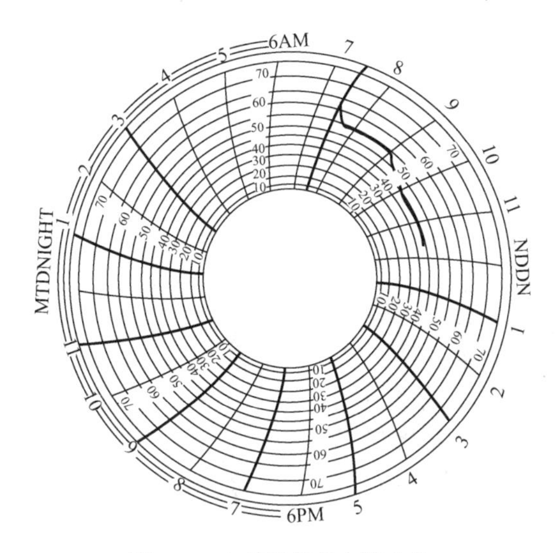

图 6-7　欠载停机的电流卡片

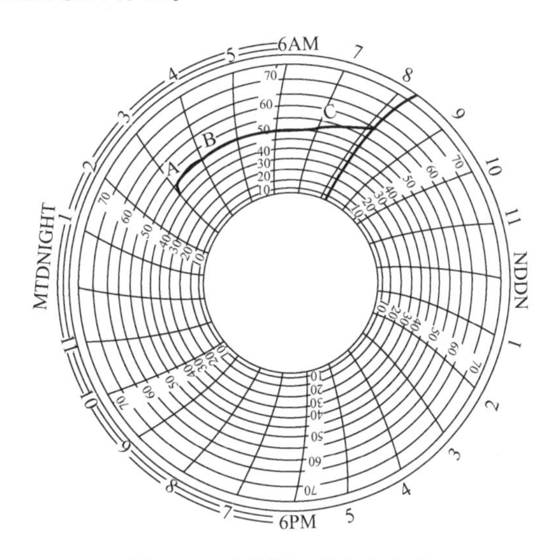

图 6-8　过载停机的电流卡片

图 6-9 为不稳定负载状态的电流卡片。此电流卡片上的曲线表明负载变化不规则，这种情况通常是由液体比重的波动或地面压力的大幅变化而产生的。发生这种情况，不宜手动再启动，更不允许自动启动，应查找出问题并处理后方可投入正常运行。

(2) 利用泵工况仪对电潜泵井进行动态分析

电潜泵工况仪参数包括六组参数：泵吸入口温度、电机绕组温度、泵吸入口压力、泵排出口压力、泄漏电流和电机振动。六组参数值在正常情况下是较平稳的直线，只有电机振动数据稍有波动，但总体上也是水平的，如图 6-10 所示。泵工况仪参数曲线与正常相比有任何的偏差都说明系统可能存在问题或井况发生变化。

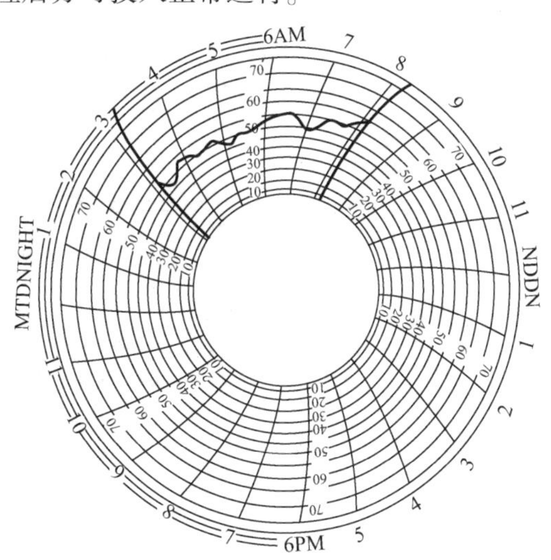

图 6-9　不稳定负载状态的电流卡片

管柱存在漏失点且在电潜泵封隔器以下，油井实际产液量下降，泵吸入口压力上升，当漏点距机组较近时，还会出现电机温度与泵吸入口温度同时上升现象，如图 6-11 中的 A 点所示。

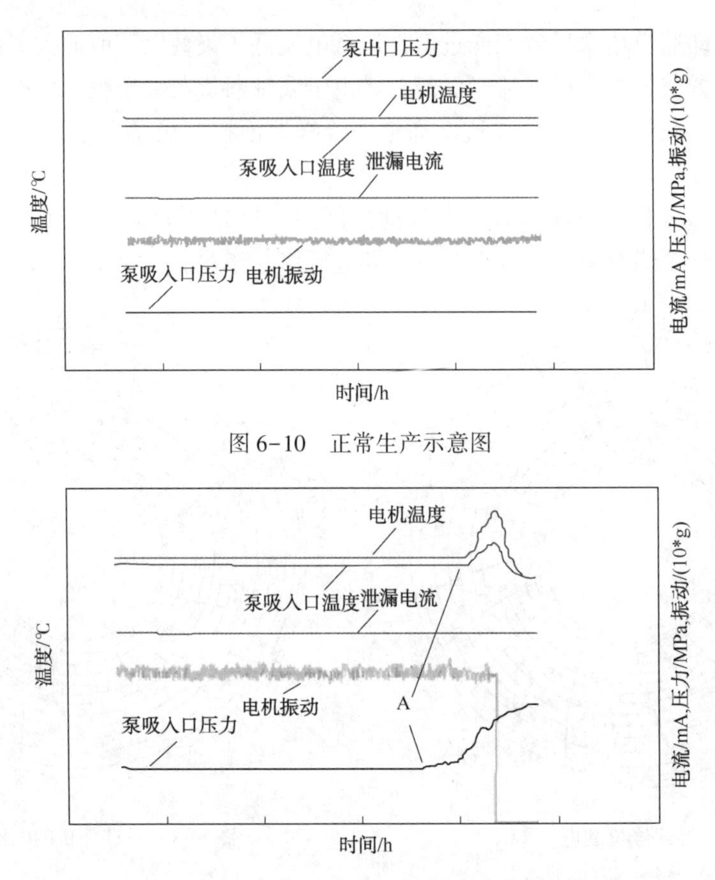

图 6-10　正常生产示意图

图 6-11　生产管柱漏失示意图

电潜泵受气体影响时，泵吸入口处的压力波动较大且频繁，电机振动加大，如图 6-12 中的 AB 段所示。

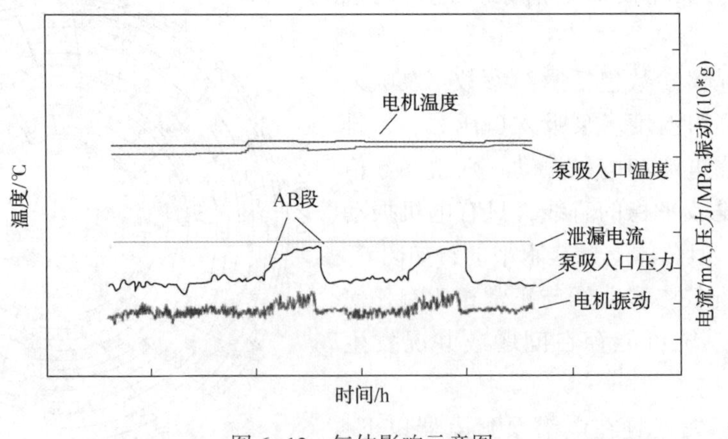

图 6-12　气体影响示意图

电潜泵气锁，泵吸入口压力逐渐上升，电机温度迅速上升，电潜泵机组欠载关停。如图 6-13 中 AB 段所示。

电潜泵机组及电缆绝缘降低，会出现泄漏电流逐渐变大，如图 6-14 中的 A 点所示。

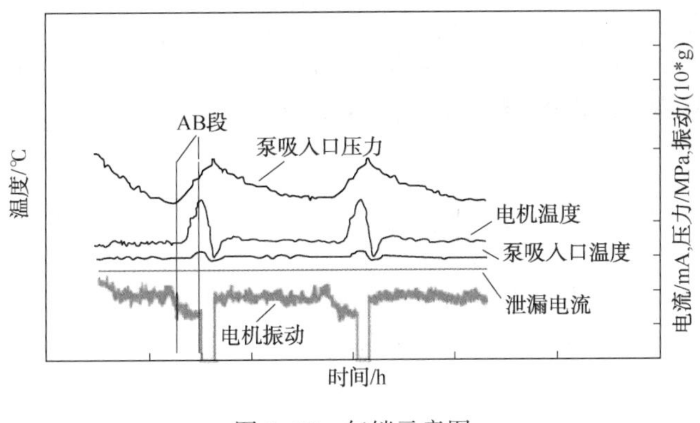

图 6-13　气锁示意图

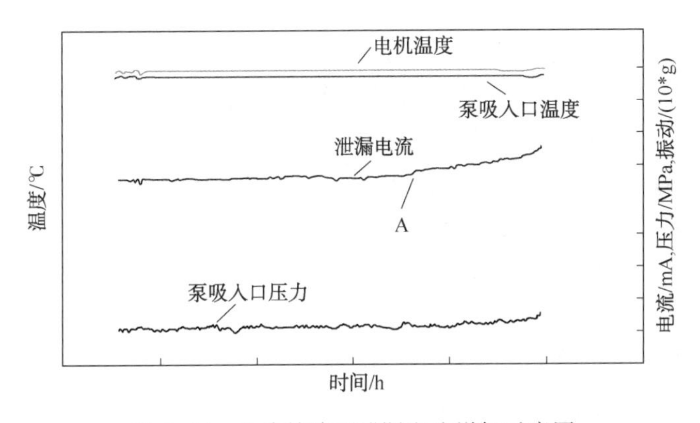

图 6-14　绝缘故障型泄漏电流增加示意图

电潜泵抽空、电机高温保护停机前，泵吸入口压力持续下降并趋近于零，电机温度迅速上升，如图 6-15 中的 A 点所示。电潜泵停机时，电机振动迅速下降，井口无产出。

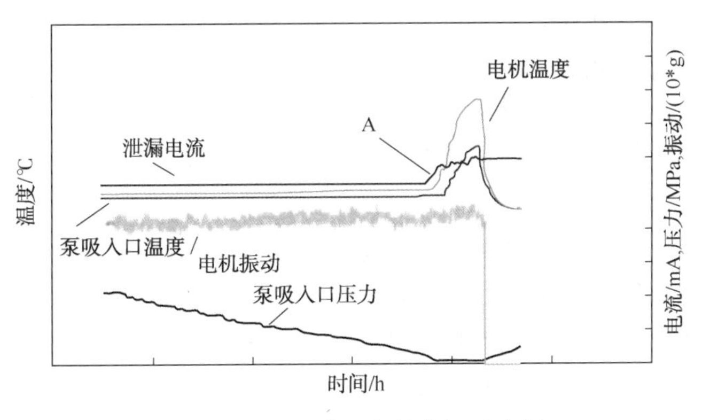

图 6-15　电机高温保护停机示意图

(三) 地面管理状况分析

油井地面管理状况的分析包括地面设施状况如计量设施、压缩机及变频器、油气水处理流程等对油井生产动态影响的分析，以及地面作业情况(如热洗、清蜡制度)、合理套压的选择以及掺水降黏管理等对油井生产动态影响的分析。

1. 热洗、清蜡制度

总的要求是保证油流畅通，自喷井无蜡阻、电泵井电流卡片无结蜡显示。在此前提下，使清蜡热洗次数达到最少(即为热洗、清蜡周期合理)。

2. 合理套压的控制

套压高低直接影响着动液面的高低。合理的套压应能使动液面满足于泵的抽汲能力达到较高水平时的套压值(或范围)。套压太高，迫使油套环形空间中的动液面下降，当动液面下降到深井泵吸入口时，气体窜入深井泵内，发生气侵现象，使泵效降低，油井减产，严重时发生气锁现象。发生这种情况，应适当地放掉部分套管气，使套压降低，动液面上升，阻止气体窜入泵内。

三、注水井动态分析

注水井所担负的任务，是按油田开发方案要求注够水、注好水。注够水，就是要保持一定的吸水能力，按总配注量要求完成注水量，达到注采平衡；注好水，就是尽可能分层注水，保持较高的注水合格率，确保分层配注的要求，完成分层注水量，相同性质的油层尽可能达到吸水均衡。所以，要求对每一口注水井的注水量变化情况、完不成配注量的原因、每个小层的吸水量变化情况、注采比情况，并结合油层压力的变化情况、周围生产井的产量及含水变化情况，经常性地进行动态分析，及时提出调配注水量的措施，达到改善注水质量，最大限度地提高水驱采收率的目的。

(一) 注水井油层动态分析

1. 注水井的油层情况分析

油层物性和原油物性的好坏，直接影响油层的吸水状况，因此，必须搞清油层的地质情况，才能深入地搞好注水井的动态分析：

(1) 搞清已射孔的层数、厚度和射孔情况；

(2) 搞清各油层的岩性和渗透率；

(3) 搞清油层的原油性质；

(4) 搞清转注前的油层压力；

(5) 搞清和周围生产井油层连通情况。

2. 油层堵塞情况分析

由于注入水质不合格，水中的油、杂质及悬浮物固体颗粒会对油层炮眼及渗滤面产生堵塞，或注入水与地层及其液体不配伍，造成层内黏土不稳定或产生化学沉淀堵塞油层孔隙，甚至有的发生细菌增殖堵塞等，导致注水井的注水压力上升，吸水指数下降，注水量明显下降或者根本注不进。这时应及时检测化验，找出原因，采取相应对策。一般注水井投注前必须进行排液与稳定泥岩的措施处理，注入水质必须保证合格，这些是注好水的关键。

3. 注水量变化情况分析

每口井的配注量都是按照油藏注采平衡，保持油层能量等方面的综合需要确定的。所以，注水井一定要完成所规定的配注量，超注或欠注都无法维持注采平衡。分析方法一般为：

(1) 注水量上升而且超注，则应进行测试，检查井下封隔器是否失效；底部阀座是否密封，水嘴是否刺大等。

(2) 注水井欠注，应根据注水井历次测得的系统测试资料，分析对比是井下水嘴堵塞还是由于水质差或由于作业压井液使用不当，堵塞了油层，或者别的原因。

分析清楚超注和欠注的原因，提出措施，进行水量调配，或者调换水嘴，重配测试或增注等措施，使注水井的注水量尽量达到配注要求。

4. 注水井分层吸水量变化情况分析

主要利用氧活化测试、分层调配等方法测得的注水井吸水剖面资料，分析各小层的吸水情况。一方面以现状分析各小层间吸水的差异情况；另一方面，使用连续的吸水剖面资料可历史性地分析各小层吸水状况的变化。为了提高注入水的波及体积，应尽量保证各小层都能比较均匀地吸水。通过分析应做好以下工作：

(1) 根据各层吸水情况，进一步调整注水层段，把吸水较差的小层，尽可能地单卡出来，通过提高注水压力加强注水，改善注水状况；

(2) 对于与周围油井主产层连通的欠注层，应通过酸化、压裂等油层改造措施增加注水量；

(3) 对超注层，通过调配水嘴等措施，把注水量降到合理范围，对严重超注而且造成水害层，可考虑暂时停注；

(4) 对层数过多、油层物性差异大，在目前工艺管柱条件下，无法满足各油层的注水需要，而且造成水驱波及程度很低的注水井，则应采用开发层系的重新划分或增钻补充完善注水井措施解决。

5. 注采比的变化和油层压力情况分析

为保持油田的注采平衡，要求注到地下水的体积应该等于采出流体的地下体积。无论全井还是分层或单砂体，都要达到注采平衡的要求。然而，由于油层的非均质性，导致了平面、层间、层内吸水状况的不均匀，从而也形成油层压力状况的不均匀。表现在层间，形成层间干扰；表现在平面上，形成平面上油层压力分布不均衡；表现在层内，形成层内水驱状况和油层压力的差异，从而使层内剩余油分布更加零散，尤其在高含水后期，这种状况变得极其复杂。所以，通过注采比和油层压力的分析，尽量做好层间、平面的配注调整，除通过井筒内的水嘴调整以改善层间吸水状况外，必要时还应进行一些改造油层的增注措施来改善注水状况。

6. 周围生产井的含水变化分析

由于注入水在油层内推进的不均匀性，必然造成周围生产井见水时间和含水变化的差异。通过各生产井含水变化的分析，对见水快和含水上升快的油井，要找出其水窜层位和来水方向。对含水上升快的主产液层，一方面控制连通水井注水量，另一方面也可以在油井上暂时卡封含水90%以上的高含水层。对平面矛盾大的井组，可通过注水井之间配注量的调整来解决。如一口生产井受两口以上注水井的影响时，在搞清来水方向的前提下，适当降低来水方向的注水井水量，同时提高非来水方向的注水量，以改变液流方向，形成新的压力场，控制生产井的含水上升。

(二) 注水井井筒动态分析

注水井的井筒动态分析是指对注水井中的封隔器、配水器、水嘴等井下工具的工作状态，在注水过程中的变化情况进行分析。这些部件出现故障或工作状态发生变化，都可以通过井口的油、套压的变化和系统测试指示曲线的变化反映出来。部件出现故障，将导致注入水的乱窜。所以，对其应进行经常性的观察和及时进行分析，及时采取措施。

1. 油、套压和注水量变化的一般表现及其原因

（1）当油管穿孔漏失、第一级封隔器失效或套管外水泥窜槽时，油、套管压力和注水量都会有明显变化。如第一级封隔器以上油层吸水量大，则会出现明显的套压上升，油压下降，注水量上升情况。

（2）当第二级、第三级封隔器失效时，油压下降，注水量上升。

（3）水嘴堵塞或脱落，油压和水量会有明显变化。油压上升，注水量下降，说明水嘴堵塞；油压下降，注水量上升，说明水嘴脱落。

2. 测试资料的分析

有时只用油、套压的变化情况，不能确切地分析出井筒故障，需要用测试资料绘制出指示曲线，结合起来进行分析。

四、单井动态分析实例

（一）井筒动态变化分析实例

1. 锦州 9-3 油田 E2-7 井“Y”堵失效的实例

锦州 9-3 油田 E2-7 井位于锦州 9-3 油田东区，生产层位为东二下段Ⅰ、Ⅱ、Ⅲ油组及东三段Ⅴ油组，射开有效厚度 29.3m，平均孔隙度 31%，平均渗透率 1021mD，该井分四段防砂，一个油组对应一个防砂段，生产管柱为 Y 分管柱。2010 年 10 月 31 日对该井进行静压测试，测试结束后出现产液量持续下降，流压持续上升的异常现象(图 6-16)，至 2011 年 1 月产液量由 $133m^3/d$ 降至 2011 年 1 月份的 $74m^3/d$，压力计处流压由 5.87MPa 升至 7.67MPa，油压由 1.5MPa 降至 0.85MPa。

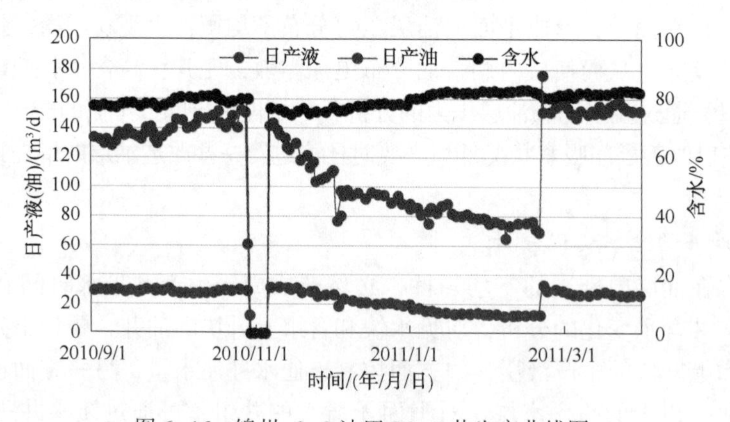

图 6-16 锦州-9-3 油田 E2-7 井生产曲线图

该井位于油田内部，周边三口注水井，小层连通关系好，地层供液充足。该井正常生产时生产压差为 5.8MPa，采液指数为 $23m^3/(d \cdot MPa)$，产液下降后生产压差为 3.4MPa，采液指数为 $22m^3/(d \cdot MPa)$，采液指数变化不大，表明地层供液能力没有发生变化。根据该井流压和流温持续上升的情况，初步分析认为是生产管柱或电泵机组存在问题，结合该井电

流平稳的现象，认为管柱存在漏失的可能性比较大。该井采用Y分管柱生产，管柱带单流阀，具备正挤憋压条件。2010年12月26日停泵，通过油管注水进行正挤憋压，验证管柱密封性。从正挤憋压曲线(图6-17)看出，该井正挤不到2min，压力上升至12MPa，起压后停止正挤，井口油压急剧下降，无法稳压，表明该井管柱存在漏失。

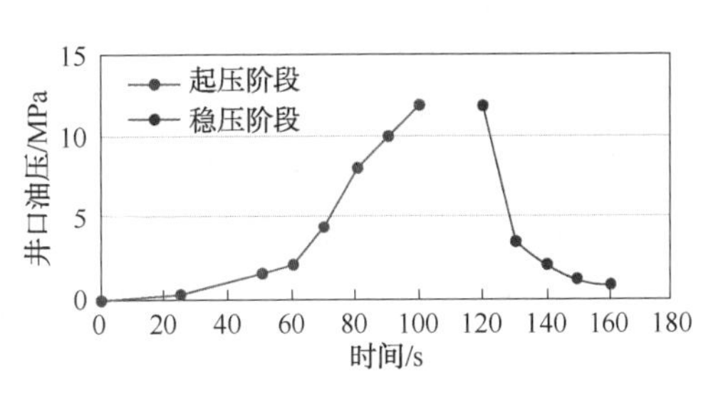

图6-17 锦州9-3油田E2-7井正挤憋压曲线

2011年2月23日对该井通过钢丝作业打捞Y堵，发现该Y堵密封损坏，证明Y堵漏失导致该井生产异常。更换Y堵后，正挤憋压8MPa，压力维持10min不降，表明管柱无漏失。启泵生产后产液恢复至151m³/d。

2. 绥中36-1油田H14井井下安全阀关闭的实例

绥中36-1油田H14井位于SZ36-1油田H区边部，生产东营组下段$Ⅰ_u$和$Ⅰ_d$油组，分三个防砂段，射开垂深厚25.4m，孔隙度25%~31%，渗透率24.1~6087.6mD。该井2001年11月9日投产，生产层位$Ⅰ_u$+$Ⅰ_d$油组，采用电潜泵生产，额定排量75m³/d。投产初期产油量保持50m³/d左右。2002年9月因第二防砂段出砂关闭第二防砂段，2012年3月因$Ⅰ_d$油组第2层为主要的产水层位而卡第3防砂段，下入普通合采管柱，单采$Ⅰ_u$油组，生产稳定后产液量126m³/d，产油量4m³/d，含水97%。

2012年4月15日，H14井油压、井口温度、井下电机运转电流出现不同程度的下降，油压从1.2MPa下降到1MPa，井口温度从49℃下降到34℃，电机运转电流从23A下降到19.5A，且这些参数还呈下降趋势，生产数据如表6-1所示。通过井口憋压试验，发现井口压力无变化。4月16日井口无液返出关井。

表6-1 绥中36-1油田H14井生产数据表

生产日期	油压/MPa	井口温度/℃	电流/A
2012-4-11	1.2	49	23
2012-4-12	1.2	49	23
2012-4-13	1.2	49	23.1
2012-4-14	1.1	43	21.3
2012-4-15	1	34	19.5
2012-4-16	1	25	17.1

根据油井生产状态，初步分析认为井下电泵吸入口或泵内存在堵塞的可能性较大。后续对油井进行反洗，井口仍无流量显示；倒相序反转试启泵后，井口仍无返出。由此判断井下安全阀逐步关闭，造成运行电流下降，井口油压和温度下降，导致油井无产量。

为了恢复油井生产，本着先易后难、先地面后井筒的实施原则，先后采取了如下方案：

(1) 在井口控制盘处多次开关井下安全阀，无效；

(2) 修井配合从采油树处接手压泵多次打压、泄放，无效；

(3) 提管柱更换井下安全阀，2012年5月2日作业前下小油管冲洗，手压泵打压后井下安全阀仍无法打开，5月6日钢丝作业通井遇阻，后提管柱作业也无法提动，2013年12

月31日管柱打孔后提出井下安全阀，检查外观良好，做地面打开试验，加压至5000psi不能打开，说明原井下安全阀在生产过程中关闭，导致油井无液量。

（二）油层动态变化分析实例

1. 绥中36-1油田A3井提液效果实例分析

A3井位于绥中36-1油田的AⅡ区块的低部位，合采东营组下段I_u、I_d、Ⅱ油组，油层有效厚度61.4m。储层物性较好，平均孔隙度33%，平均渗透率1754mD，流体性质相对较好，地面原油密度0.9724g/cm³，地层原油黏度49mPa·s。初期电潜泵生产，产液110m³/d，含水10%，2000年开始含水缓慢上升，到2010年5月产液量332m³/d，产油量80m³/d，含水76%。

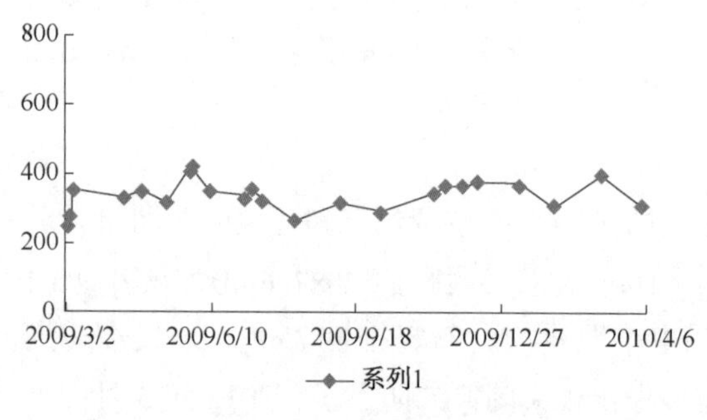

图6-18 绥中36-1油田A3井动液面曲线

A3井与周边3口注水井A2、A8和J14井储层连通性较好，且注水井均完成配注要求，动液面一直在350m左右(图6-18)，生产压差只有1.3MPa，表现为地层能量充足，有提液的潜力。

根据区块油井生产情况统计，AⅡ区块的合理生产压差为3~4MPa，预测A3井增大生产压差后，日产液可达到766~1021m³/d，日增油73~111m³/d(表6-2)。

表6-2 绥中36-1油田A3井合理提液预测表

项目	生产厚度/m	日产液/(m³/d)	日产油/(m³/d)	含水/%	生产压差/MPa
措施前生产状况	61.4	332	80	76	1.3
预测措施后	61.4	766~1021	191~153	75~85	3~4
对比	0	434~688	111~73	-1~9	1.7~2.7

2010年5月31日实施换大泵作业，泵排量由250m³/d提高至600m³/d，作业后生产压差增大到3.1MPa，产液量从332m³/d提高到615m³/d，产油量从80m³/d提高到198m³/d，含水从76%下降到67%，日增油118m³/d，含水下降9%，说明增大压差后，减小了层间干扰，部分未动用的油层得到动用，导致含水下降，提液后降水增油效果明显(图6-19)，最高日增油量200m³/d，平均日增油量134m³/d，当年累积增油为2.82×10⁴m³。

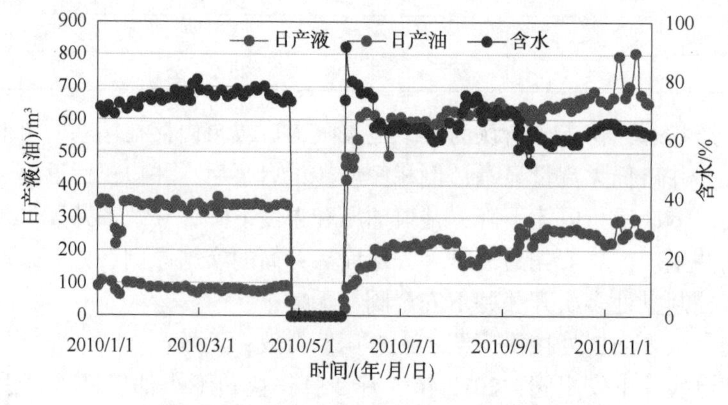

图6-19 绥中36-1油田A3井开采曲线

2. 锦州9-3油田W3-2井酸化解堵实例

W3-2井位于油田西区，生产层位为东二下段Ⅰ、Ⅱ、Ⅲ油组，射孔有效厚度19.2m。分三段防砂，一个油组对应一个防砂段。周边注水井3口，小层连通关系好。地面原油密度$0.9272g/cm^3$。该井于1999年10月30日自喷生产，初期产油$191m^3/d$，产气$3.87\times10^4m^3/d$，含水1.2%。2001年5月21日下电泵生产，产液$130m^3/d$，未见水。2009年2月产液$163m^3/d$，产油$21m^3/d$，含水87%。

W3-2井储层发育较好，但该井比采液指数只有$2m^3/(d\cdot MPa\cdot m)$，周边油井W4-3、E3-3的比采液指数分别为$4.6m^3/(d\cdot MPa\cdot m)$、$3.5m^3/(d\cdot MPa\cdot m)$，低于周边油井。

2008年7月W3-2井进行压力恢复测试，其表皮系数为46.4，根据压力恢复测试解释结果说明该井储层污染严重。分析认为，该井2006年12月检泵作业过程中采用平台地热水洗井，洗井过程中漏失量较大，总漏失量达到$468m^3$；同时，地热水中的悬浮物、杂质可能进一步堵塞储层，造成储层污染，有必要采取酸化解堵措施恢复产能。

根据W3-2井储层特点及污染原因，酸液配方采用多氢酸体系。根据单井实际生产情况和周边井的生产动态，设计酸化后比采液指数$3.0m^3/(d\cdot MPa\cdot m)$，生产压差5MPa，产液$288m^3/d$，产油$58m^3/d$，含水率80%，日增油约$37m^3/d$。

2009年3月1日进行酸化，由于受泵排量的限制，解堵后产量、含水变化不大，但动液面从973m上升到481m，说明有了一定的解堵效果，但解堵效果无法释放。为了释放措施效果，同年8月对该井换大泵，泵排量从$150m^3/d$增加到$200m^3/d$，作业后产液量达到$296m^3/d$，产油量达到$84m^3/d$，含水72%(图6-20)。最高日增油达到$46m^3/d$，平均日增油$22m^3/d$，措施后全年增油$0.5\times10^4m^3$。

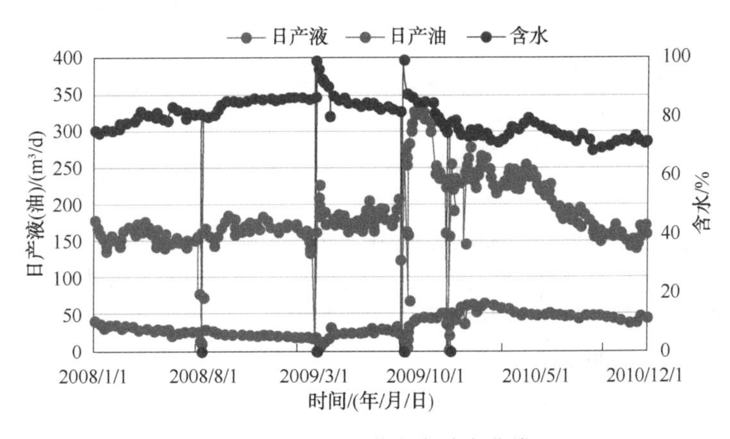

图6-20　W3-2井生产动态曲线

第三节　井组动态分析

一、井组动态分析评价的内容

注采井组是指以注水井为中心的、平面上可划分为一个注采单元的一组油水井。在砂体规模较大、油层大面积分布的注水砂岩油田的开发初期，有大排距切割注水、面积注水、边外注水等多种注水方式。但到开发的中后期(即达到中含水和高含水期以后)，都要通过注采系统调整和井网层系的调整，逐步地转向面积注水方式。砂体分布零散、低渗透、复杂断块油田和虽然砂体大面积分布但油层比较稳定的岩性油藏，则投入开发就采取适当井距的面积注水方式，以取得较高的水驱控制程度。这种面积注水方式一般多采取反九点、四点法布井，再逐步转向五点法、四点法、小型线状注水方式。注采井组的动态分析，主要介绍中高含水以后的以一口注水井(反九点、五点法、点状注水等)或以几口注水井(线状注水)为中心，包括周围若干口采油井构成的注采井组的动态分析。与上节单井分析相同的地方是都要本着先本井后邻井、先油井后水井、先地上后地下的原则，把井组内单井的有关情况搞清楚；不同之处是井组动态分析的涉及面更大，内容更多。注采井组分析应重点抓住变化较大、矛盾突出的典型井组，由点及面地开展。

注入水在油藏中的流动，必然引起井组生产过程中与驱替状态密切相关的压力、产量、含水等一系列动态参数的变化。除了油井本身井筒工作状态的因素外，引起这些变化的主要因素是注水井。因此，研究注采井组的注采动态，应把注水井的注水状况和吸水能力及与其周围有关油井之间的注采关系分析清楚，并对有关油、水井分别提出具体的调整措施，这就是井组动态分析的主要任务。一般来讲，井组动态分析主要包括以下内容。

(一) 井组油层连通状况分析

研究井组小层静态资料，主要是分析每个油层岩性、厚度和渗透率在纵向或横向上的变化。注采井组要根据井组内油、水井的油层厚度及连通状况，做出井组内的油层栅状连通图。有了连通图，就可以比较直观地看出注采井组内各个油层的厚度、油层物性在空间的分布和变化状况，这就为分析注入水在各个油层的空间流动提供了概念性的基础。

由于沉积旋回的不同，造成各油层内岩性和油层物性分布状况的不同，不同类型的油层，一般具有不同的水淹特点。

正韵律油层：岩石颗粒自下而上由粗变细、渗透率由高渐低，注入水沿底部快速突进，油层底部含水饱和度迅速增长，水淹较早。

反韵律油层：岩石颗粒自下而上由细变粗，顶部渗透率高，底部渗透率低，所以注入水一般在油层内推进状况比较均匀。

复合韵律油层：它是由正旋回和反旋回组成的一个完整的沉积旋回。岩石颗粒上部和下部较粗，中间较细，渗透率也是两头高、中间低、注入水在油层中的推进状况，具备了正反旋回油层的共同特点，但一般也是下部水淹比较严重。

多层段多韵律油层：油层厚度大，层内不稳定的岩性、物性夹层较多，层段之间的渗透率级差较小。这类油层具有多层段水淹的特点。

(二) 井组注采平衡和压力平衡状况的分析

所谓井组注采平衡，一是指井组内注入水量和采出液量的地下体积相等或略有剩余，并满足产液量增长的需要；二是指井组内各油井之间采出液量的均衡状况。

油田注水的主要目的，一是通过改善注入水的水驱效果不断提高各类油层的水驱效率和波及系数，从而提高油田的水驱采收率；二是保持油层能量，使采油井具有足够的生产能力。要达到上述目的，必须搞好井组注采平衡状况的动态分析，按指标要求对注入水量和采出液量进行检查分析。

(1) 分析注水井全井注入水量是否达到配注水量的要求，再分析各采油井采出液量是否达到配产液量的要求，并计算出井组注采比。

（2）分析各层段是否按分层配注量进行注水。在有条件的情况下，层状砂岩油田的注水井应尽可能地分层注水，有利于层间矛盾的及时调整。一口分层注水井往往分若干个层段注水，每个层段又都是按油层物性和采液量要求进行配注的。所以，分层段注水量应尽量按配注量的要求进行注水。超注和欠注都会影响开发效果。根据采油井产液剖面资料，计算出注水井对应层段的产液量，然后计算出分层段注采比，进行分层段注采平衡状况的分析。

（3）对井组内各油井采出液量进行对比分析，尽量做到各油井采液强度与其油层条件相匹配。

（4）对井组内的油层压力平衡状况进行分析。这里所说的压力平衡，一方面指的是通过注水保持油层压力基本稳定；另一方面是指各生产井之间，油层压力比较均衡。在很大程度上，压力平衡也反映了注采平衡问题。油井在自喷生产阶段，是用定期测试油层静压和流压来进行对比分析。当转入机械采油生产阶段后，则是用定期测试的静压和日常监测的流压，折算出油层静压和流压进行对比分析。

通过油、水井取得的压力资料和液面资料，定期进行油层压力平衡状况的监测和分析，从中找出矛盾，提出配产配注的调整措施意见。

（三）井组综合含水状况分析

每个油藏的水驱状况和综合含水情况，在油层物性和原油物性的控制下，在不同含水阶段有着不同的含水上升规律。通过实验室试验和现场实际资料的统计分析，都可以得到油藏的含水上升率随含水变化的关系曲线。其变化趋势一般是在油藏开发初期到低含水阶段，含水上升速度呈逐渐加快趋势；含水率达到50%左右时，上升速度一般最快；进入高含水阶段，含水上升速度将逐渐减缓下来。一般情况下，油层非均质程度越严重、有明显的高渗透层或大孔道存在时，含水上升比较快。原油黏度越高，含水上升也越快。

井组含水状况分析的目的，就是通过综合含水变化的分析，与油藏所处开发阶段含水上升规律对比，检查综合含水上升是否正常，如果上升过快，则应根据注水井的吸水剖面和采油井产液剖面资料，结合各层的油层物性情况，进行综合分析，找出原因。分析是水井层段配注不合理，还是注水井井下封隔器不密封造成窜漏；是某口油井产水量过高，还是某个油层注入水严重水窜或其他原因。

根据以上各方面的分析，再进行全面的井组动态综合分析。

一般情况下，注采井组动态变化反映在油井上，大致有下列几种情况：

（1）注水效果较好，油井产量、油层压力稳定或者上升，含水上升比较缓慢；

（2）有一定注水效果，油井产量、油层压力稳定或缓慢下降，含水呈上升趋势；

（3）无注水效果，油井产量、油层压力下降明显，气油比也明显上升；

（4）油井很快见水而且含水上升快，产油量下降快，则必然存在注水井注水不合理。

每个注采井组，通过对注采平衡、压力平衡、含水上升变化情况，结合油层物性和连通状况的综合分析，从中找出存在于油、水井的各种矛盾及其原因，再结合油藏开发不同阶段合理开采界限的要求，制定注水系统调整策略，或注、堵、压、换等调控措施，并落实到井和层。即对注水井低渗透欠注层采取增注措施，对高渗透水窜层控制注水量；油井严重水窜层采取封堵；对注水明显见效层进行压裂及换大泵措施等，合理解决井与井、层与层之间的矛盾，协调好井组内各层、各井之间的注采关系，使井组的开发状况尽量达到最佳效果，从而提高开发单元的开发水平。

二、井组动态分析的一般程序

进行井组动态分析必须要做好数据收集工作，主要包括井组井位图、井组连通图、吸入和产出剖面图、井组注采对应曲线、开发数据对比表等。对收集到的数据进行分析按照先本井后邻井—先油井后水井—先地面、次井筒、后地下—先简单后复杂的顺序进行分析。

三、井组动态分析实例——岐口 17-3 油田 P10 井组综合调整实例分析

（一）注入井基本概况

岐口 17-3 油田 P10 井组位于渤海西部岐口凹陷南侧的歧南断阶带上，生产层位为明下段，储层为典型的曲流河沉积，纵向上分为四个油组，其中Ⅰ、Ⅱ油组为主要生产层位，Ⅰ油组细分为 3 个小层，Ⅱ油组细分为 5 个小层，储层横向变化快，如图 6-21 所示，为岩性-构造油藏；采用不规则井网开采，共有 3 口油井(P7、P10、P11 井)，如图 6-22 所示，初期采用天然能量开发。

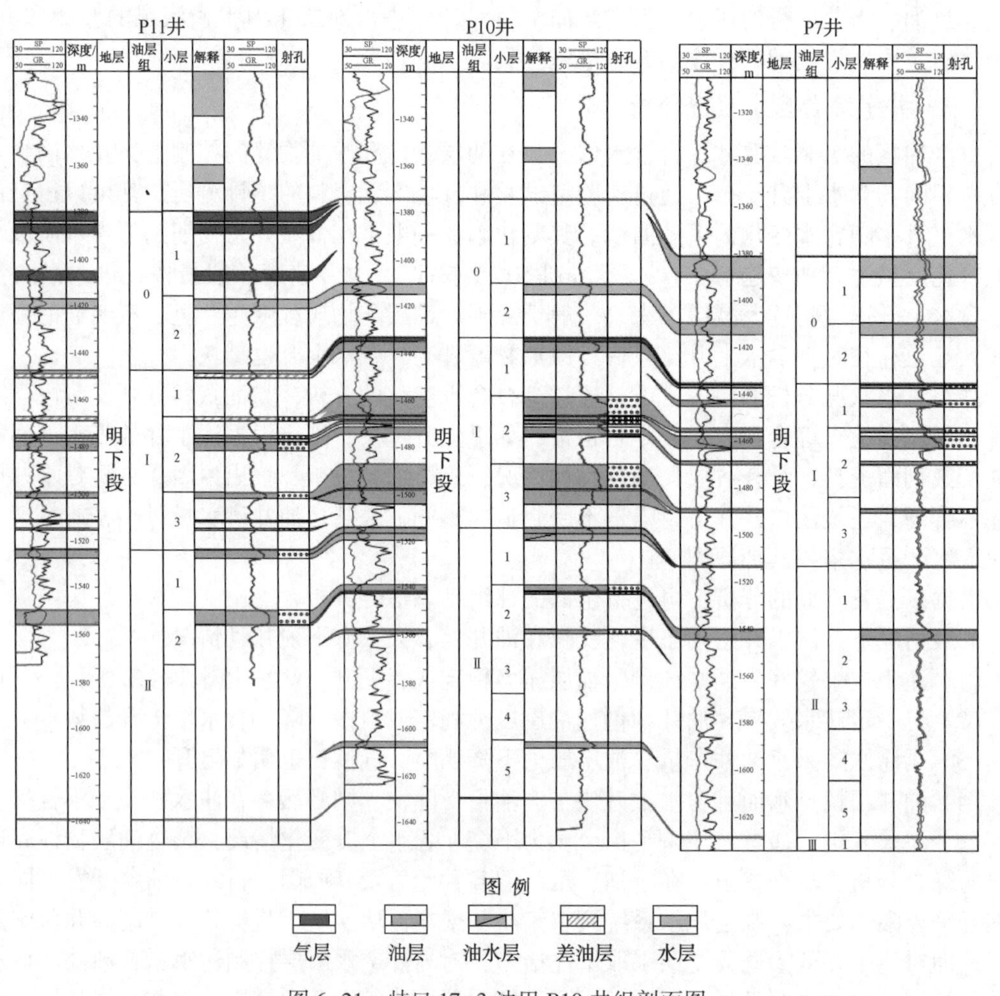

图 6-21　岐口 17-3 油田 P10 井组剖面图

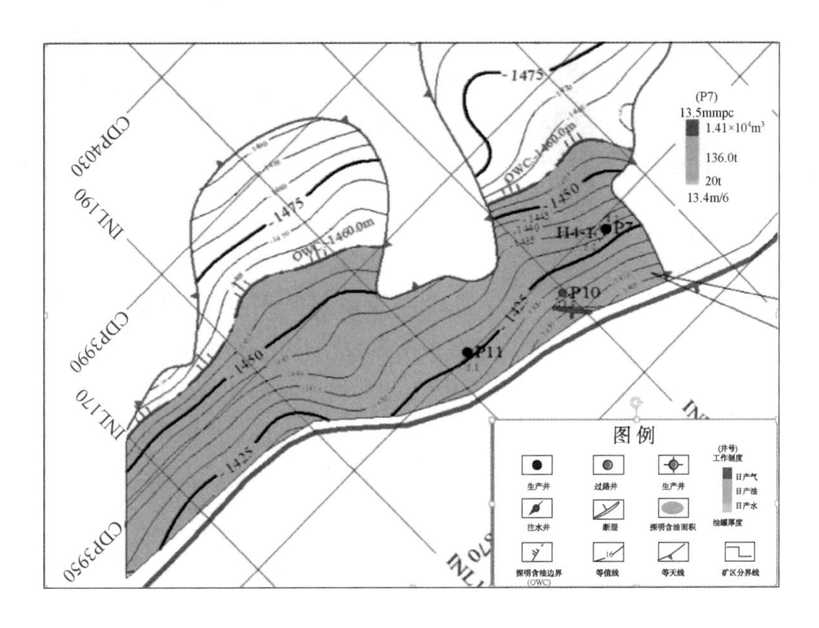

图 6-22　歧口 17-3 油田 P10 井组井位图

（二）井组油井生产情况

P7 井于 1997 年投产，射孔层位为 Nm Ⅰ(1、2、3) 小层，笼统防砂合采，生产厚度 15.2m。初期产液量 124m^3/d，产油量 92m^3/d，含水 26%，到 2011 年 2 月底，该井产液量降到 81m^3/d，产油量降到 30m^3/d，含水 62%，地层压力从 14.4MPa 下降到 9.6MPa。

P10 井 2009 年 11 月 26 日启泵投产，射孔层位 Nm Ⅰ(2、3)+Nm Ⅱ 2 小层，3 个防砂段，生产厚度 28.1m。初期单独生产层位 Nm Ⅰ2 小层，产液量 87m^3/d，产油量 76m^3/d，含水 12%，流压 6.0MPa，投产后产液量逐渐下降，井底流压持续降低，到 2010 年 4 月产液量降到 40m^3/d，产油量降到 32m^3/d，含水 23%，流压降至 2.2MPa。2010 年 5 月打开 Nm Ⅰ3+Nm Ⅱ2 小层合产，产液量上升至 132m^3/d，产油量上升至 123m^3/d，含水 7%，流压 7.4MPa，此后产液量仍然逐渐下降，井底流压持续降低。到 2011 年 2 月底，该井产液量降到 31m^3/d，产油量降到 26m^3/d，含水 16%，流压降至 1.4MPa，依靠套管补液维持生产。

P11 井 2009 年 11 月投产，射孔层位为 Nm Ⅰ(2、3)+Nm Ⅱ(1+2) 小层，生产厚度 20.1m。初期由于 Nm Ⅰ2 地层压力低，不出液关闭，生产 Nm Ⅰ3+Nm Ⅱ(1+2) 小层，产液量 85m^3/d，基本不含水。到 2011 年 2 月底，该井产液量降到 48m^3/d，产油量降到 20m^3/d，含水 58%，静压测试地层压力在 11.6MPa。

（三）目前存在的问题

(1) 依靠天然能量开发，地层能量逐步下降，局部地层压力下降了近 5MPa；同时导致油井产能下降幅度较大，部分油井需要依靠套管补液维持才能生产。

(2) P10 井组油井多层合采，纵向动用差异较大。

(3) P11 井投产后含水上升较快。

（四）对应措施及实施效果

针对以上问题，提出以下对策：

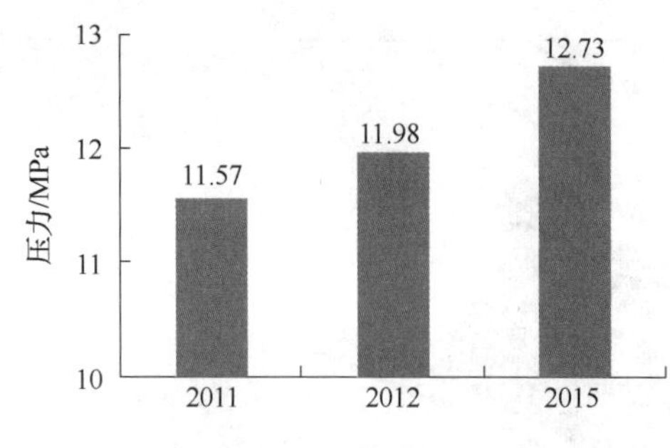

图 6-23　P11 井静压测试情况

(1) P10 井和周边两口井储层连通性好，建议转注完善注采井网，恢复地层压力；

(2) P11 井适时开层，提高储量动用程度(P11 井 NmⅠ2 小层因供液不足无法维持正常生产而一直关闭)。

2011 年 7 月 P10 井转注，转注后周边油井地层能量逐步恢复，P7 井动液面逐渐上升，反应能量得到了恢复。P11 井地层压力逐步恢复(图 6-23)。

2012 年 4 月，P11 井关 NmⅠ3 和 NmⅡ(1+2)小层，打开 NmⅠ2 小层，单采 NmⅠ2 小层。P11 井产液量从 $54m^3/d$ 下降到 $27m^3/d$，产油量从 $16m^3/d$ 上升到 $23m^3/d$，一直生产稳定，含水从 70% 下降到 15%，下降了 55%，且井底流压也逐渐上升(从 1MPa 上升到 3MPa)。说明 P10 井注水后，P11 井 NmⅠ2 地层压力得到恢复，产量稳定，提高了 NmⅠ2 小层的储量动用，另一方面该井也取得了较好的控水效果，如图 6-24 所示。同时 P7 井含水上升得到了有效控制(图 6-25)。

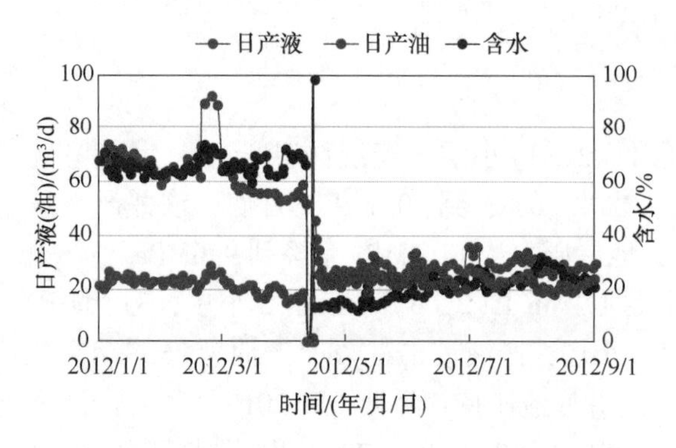

图 6-24　歧口 17-3 油田 P11 井生产曲线

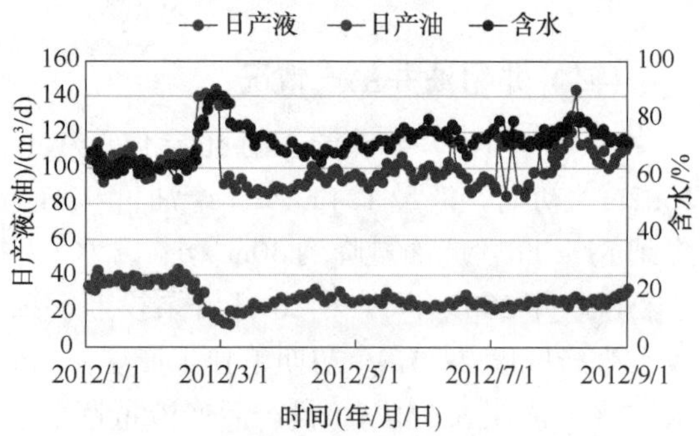

图 6-25　歧口 17-3 油田 P7 井生产曲线

第四节　开发单元动态分析

油田的开发动态分析，就是在开发单元动态分析基础上，通过开发过程中取得的各种资料，经归纳整理，对整个油藏的动态变化进行经常的对比分析工作，从中找出各种变化之间的相互关系，研究各种变化因素对油藏开发和生产的影响，把多种现象有机地联系起来，认识油藏内部的变化及运动规律，从而提出制订油藏开发政策和编制调整方案的依据。通过分析及时掌握油、水在油层内的运动状况，找出它们在平面、层间、层内存在的矛盾，采取有效措施，充分发挥注入水在井间和层间的驱油作用，使油藏和油井具有旺盛的生产能力，不断改善开发效果，提高油藏的水驱采收率。

一、开发单元开发动态分析内容

注水开发油藏，按油藏地质特征及注水井排切割关系，将同一开发层系的一个开发区划分成若干个开发单元(开发区块)。开发单元的动态分析，就是在注采井组分析的基础上，依据开发单元的方案设计指标，检查开发方案的实施情况及效果，针对注采出现的矛盾和问题，及时编制注采调整方案和措施，以改善区块开发效果。

开发单元动态分析主要有以下内容。

(一) 开发单元各阶段所做的主要工作及效果分析

(1) 注采系统调整效果。

(2) 提液措施效果。

(3) 油、水井油层改造措施效果。

(4) 油层补孔措施效果。

(5) 其他如堵水、调剖效果等。

(二) 油田开发指标检查

1. 与储量动用有关的指标

主要有水驱储量控制程度、注采对应率、水驱储量动用程度等。检查各项指标是否符合开发要求。

2. 与采油有关的指标

主要有日产液、日产油水平；平均单井日产液、日产油量；采油速度；自然递减率、综合递减率；地质储量采出程度、剩余可采储量采出程度；各油砂体水淹情况、含水率和含水上升速度等。检查各项指标是否符合开发方案中所规定的标准。

3. 与注水有关的指标

主要有注水量、分层注水强度、注水井分注率、注水井层段合格率、水线推进状况、存水率、水驱指数、水质情况等。通过检查搞清分层注水状况是否符合开发要求。

4. 与油层能量有关的指标

主要有地层压力、地层压力保持水平、生产压差、油层总压差、油层压力在平面和层间的均衡状况等。通过检查确定能量能否保证稳油控水的需要。

常规油藏开发效果评价体系是根据评价指标的取值范围，制定评价标准，一般分为3类：一类开发效果很好，二类效果较好，三类开发效果较差。而评价指标的取值范围来源于大量油藏的生产实际数据。具体的开发水平分级指标包括：水驱储量控制程度、水驱储量动用程度、能量保持水平、阶段末采出程度、综合含水上升率、单位采油速度综合递减率、油井措施有效率、注水井分注率、分注井层段配注合格率、油水井综合时率、注水水质指标达标率、平均检泵周期、动态监测计划完成率。

根据水压驱动形式，海上中高渗透率油藏分为边水驱动和底水驱动，两者分别有不同的油藏开发水平分类指标界限，详见Q/HS 2105—2017《海上中高渗透率水驱砂岩油藏开发水平分级》。

（三）注采平衡及油层压力状况分析

油层压力变化受注采平衡状况的控制，二者变化基本上是一致的。当注采达到平衡时，油层压力也相对稳定；当层间或平面注采不平衡时，也必然引起层间或平面压力高低不一的不均衡状态，从而造成生产中的层间干扰和平面不均衡。所以根据油层压力的分布状况又可以反过来分析注采是否平衡。注采平衡和油层压力状况分析包括以下内容：

（1）开发单元总的平衡和油层压力情况分析，先从总体上衡量开发单元的动态状况；

（2）纵向上各小层注采平衡和油层压力分析，找出层间矛盾，并对主要矛盾采取调整措施；

（3）平面上注采平衡和油层压力分析，找出平面矛盾，提出调整措施。

（四）综合含水和产液量分析

控制好综合含水指标，是保证产量稳定与否的关键。在采油井工作制度不变的情况下，产液量基本变化不大。综合含水上升，产油量就必然下降，综合含水上升越快，产油量下降也就越快。但是综合含水上升，又是注水油藏开发的必然规律，区块动态分析的任务，就是在注采平衡和压力状况分析的基础上，研究综合含水上升过快的小层和井组，从而提出注采调整措施，把含水上升控制在开发方案规定的范围内。开发单元产液量的分析，首先是分析单井、井组和开发单元产液量是否稳定，如油井在工作制度不变的情况下，产液量下降，应对重点井的工作状况、生产压差变化状况进行分析，找出原因采取措施。另外，要对提高产液量措施的状况进行分析，措施效果是否达到了稳产的要求。

（五）开发单元潜力分析

潜力分析是对各油层内剩余油的数量和分布状况的分析。分析的内容是：

（1）各开发单元累积采油量、采出程度、剩余可采油量状况的分析；

（2）各小层内水淹状况和剩余油状况分析。

二、开发单元分阶段动态分析内容

随着油田逐步投入开发，产量首先要经过一个逐年上升的阶段，然后是一个历时若干年的稳产过程。随着开采时间的延长，地下剩余储量的不断减少及油田含水的不断上升，剩余可采储量采油速度和油田含水达到一定界限时，产量必然会出现递减，油田开发即进入递减阶段。油田的开发一般都要经过这三个阶段。油田开发的不同阶段具有不同的开采特点，开发分析也就有不同的侧重点。

（一）开发初期

（1）分析比较钻井后的油田地质特征（包括油层发育和分布，油、气、水层分布及相互关系，油层孔隙度、渗透率、饱和度的变化及其特点，断层、裂缝的发育程度及油层流体特性等）与方案编制时用探测井资料所反映的油田地质情况有何不同，进一步落实油田边界和地质储量。

（2）油、水井投产和投注后油层能量的变化、油井产液能力、初期产量、初期含水是否达到方案指标要求，注水井吸水能力是否满足产液量需要，油田注采系统是否适应，能否达到较高的水驱控制程度。

（3）观察和分析采油井见到注水效果的时间和见效特点，即分析油田采用的注采比究竟多高比较合理，油井大面积见效时的累积注采比达到多少，油井见效后产能恢复速度是否达到方案要求的采油速度，储量动用程度、分层吸水、产出状况、含水上升的变化规律及裂缝的存在对油田开发有何影响，油田边、底水驱动能量是否活跃等。

（二）稳产阶段

（1）根据水驱曲线及其他计算方法，不断落实地质储量（包括储量复算），确定油藏最终采收率和计算可采储量。

（2）加深对油藏生产规律、油水运动规律和油层压力变化状况的认识，编制各开发阶段的井网、层系调整方案和注采调整方案。

（3）预测油藏未来的开发指标和效果，提出改善和提高最终采收率的综合性措施方案。

（4）定期进行油藏动态的全面分析，搞清油田开发中的主要问题和潜力所在，编制规划，提出改善开发效果的措施意见，通过新井投产和老井措施及注水方案调整弥补油田产量递减。

（三）递减阶段

（1）分析产量递减的规律，确定产量递减类型。

（2）预测今后产量、含水的变化及可采储量。

（3）提出控制油田产量递减的有效措施。

三、开发单元动态分析实例——金县1-1油田E-3D区块综合治理实例

（一）地质概况

E-3D井区为金县1-1油田东块的一个主力断块。该断块西侧为辽中1号大断层，南北两侧为近东西向的分块断层，东侧以斜坡形势逐渐向辽中凹陷过渡。主力含油层系为沙一段Ⅰ、Ⅱ油组和沙二段Ⅰ、Ⅱ油组，共四个油组。E-3D井区储层发育，垂向上发育多套砂体，储层横向变化快。储层物性较好，平均孔隙度25.1%，平均渗透率527mD，属于中高孔渗储层。在沙一段Ⅰ、Ⅱ油组和沙二段Ⅰ油组构造高部位存在气顶。油藏类型为受岩性影响的在纵向上存在多个油气水系统的构造层状油气藏。

（二）开发形势分析

E-3D井区于2011年4月投产，采油井10口，注水井6口（含2口同井注采井），如图6-26所示。该区块投产初期采油速度高达6%以上，含水上升快，产量递减快，初期递减率近30%，含水上升率多在4%以上。

（三）存在问题

（1）井区纵向非均质性强，纵向渗透率变异系数为0.6~0.7。

（2）储层横向变化快，注采对应率低。沙河街组储层横向变化快，相邻井间储层厚度变化大。B21井和B20井沙二段Ⅰ油组储层厚度都在20m以上，而两口井中间注水井B11井沙二段Ⅰ油组储层厚度仅为9.5m；B21井沙二段Ⅱ油组储层厚度达25m，而B11井沙二段Ⅱ油组仅钻遇3m储层（图6-27），目前井网注采对应率不足80%。

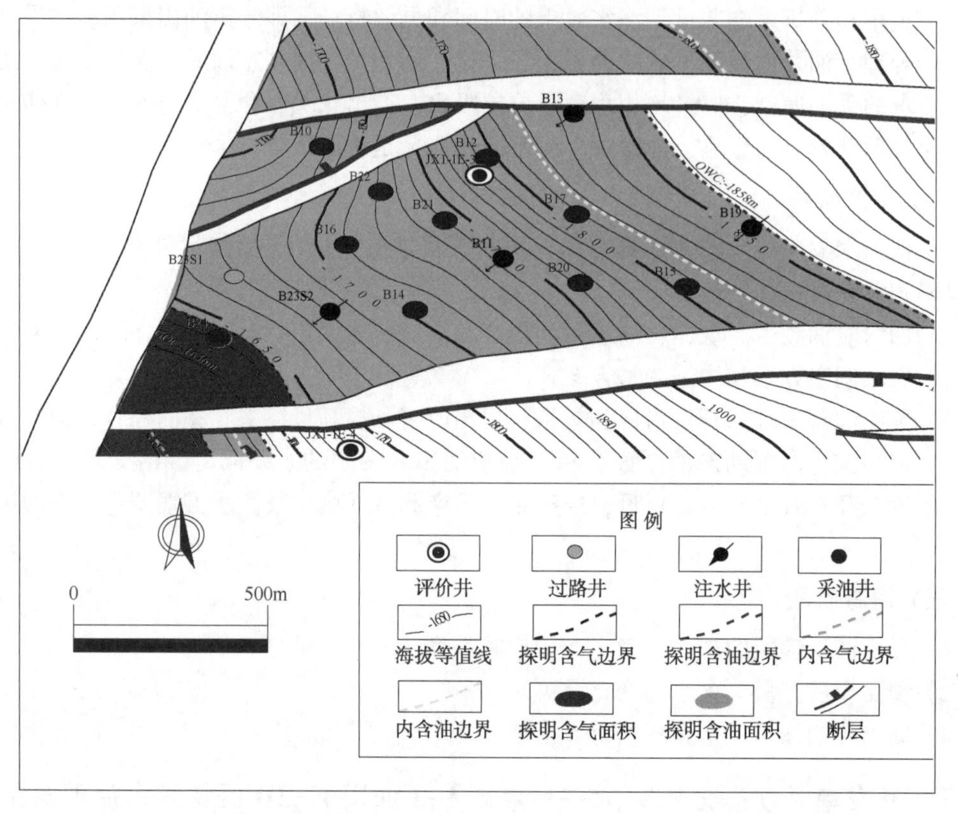

图 6-26　金县 1-1 油田 E-3D 井区开发井井位图

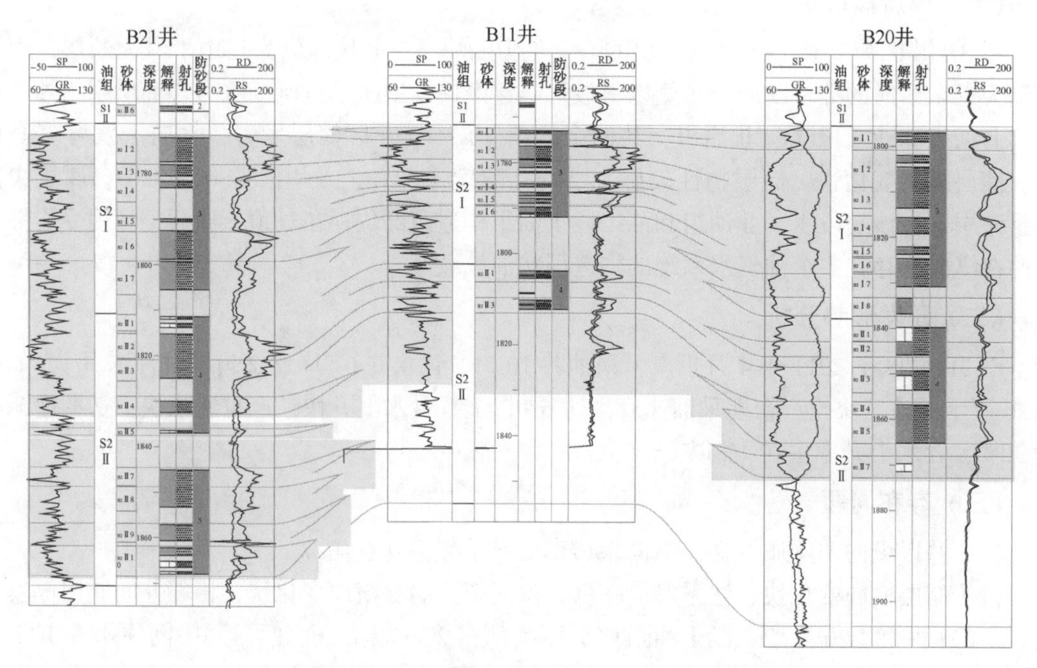

图 6-27　金县 1-1 油田过 B21、B11、B20 井储层对比图

(3) 纵向各层吸水、产出差异大，纵向各层动用不均。注水井 B13 井 2006 年 4 月吸水剖面资料显示，吸水层主要集中于沙一段油组Ⅱ油组和沙二段Ⅰ油组，其他油组不吸水(图 6-28)，吸水厚度比例 50.5%。油井 B22 井(图 6-29)，沙二段Ⅰ油组为主产层，沙二段Ⅱ油组无产出，产出厚度比例仅 37.3%。

(4) 井区测压资料显示，纵向各油组压力差异大。B20 井沙一段Ⅰ油组压力高达 16.2MPa，而沙二段Ⅱ油组地层压力仅 9.6MPa，纵向压力差异达 6.6MPa。

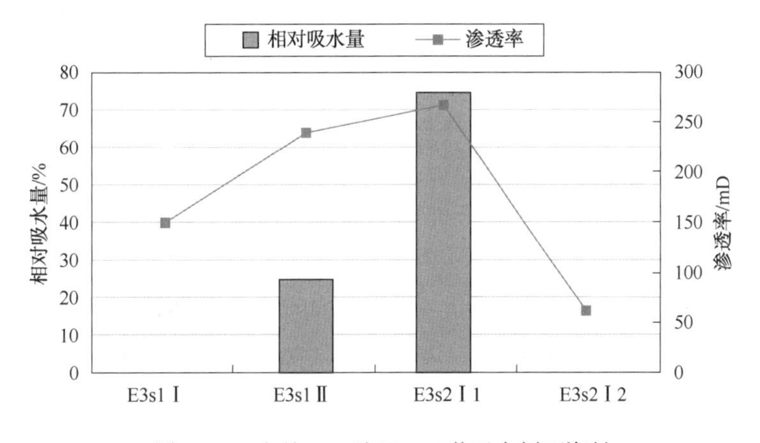

图 6-28　金县 1-1 油田 B13 井吸水剖面资料

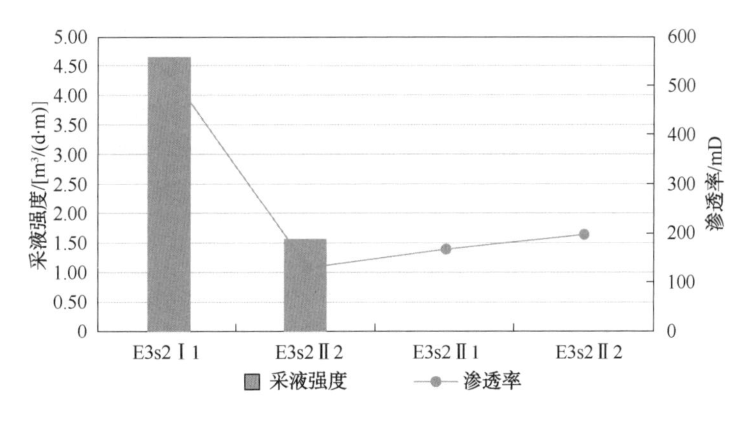

图 6-29　金县 1-1 油田 B22 井产液剖面资料

(四) 措施依据及措施方向

针对井区储层纵向、平面矛盾突出，注采对应率低，引起采出、吸水状况差的现象，从 2016 年开始开展了精细地质、细分注水、优化注水研究。

以精细地质研究为基础，以生产井生产动态数据为依据，应用油藏数值模拟方法，对现有注水井各个层段进行精细配注设计，满足均衡注水需求。对 B11、B13 井沙二段Ⅱ油组降低注水量，对 B13 井加强沙一段Ⅰ油组和沙二段Ⅱ油组 3-5 小层注水量，对 B15 和 B19 井加强沙二段Ⅱ油组注水量，详见表 6-3。

表 6-3　金县 1-1 油田 E-3D 井区主力注水井细分注水井配注方案

注水井	油组	小层	垂厚/m	调整前实际注水量/(m^3/d)	配注量/(m^3/d)	调配后注水量/(m^3/d)	备注
B13	E_3s_1 Ⅰ	1、3、4	9.9	0	26	25	加强层
	E_3s_1 Ⅱ	1、3、5	6.6	51	26	26	限制层
	E_3s_2 Ⅰ	1、2	10.3	153	60	61	限制层
		3、4、5	6.7	0	38	40	加强层
	合计		33.5	205	150	152	
B11	E_3s_2 Ⅱ	1、3	3.0	207	77	89	限制层
B15	E_3s_2 Ⅱ		21.3	24	133	150	加强层
B19	E_3s_2 Ⅱ	2~8	18.2	0	107	121	加强层

（五）实施效果分析

近两年，通过立体优化注水和注水井分层调配的实施，区块产油量稳中有升，日产油从 251m^3/d 上升到了 315m^3/d，高峰增油量达 64m^3/d，区块含水也基本稳定。从含水与采出程度关系曲线(图 6-30)可以看出，区块开发效果明显变好。

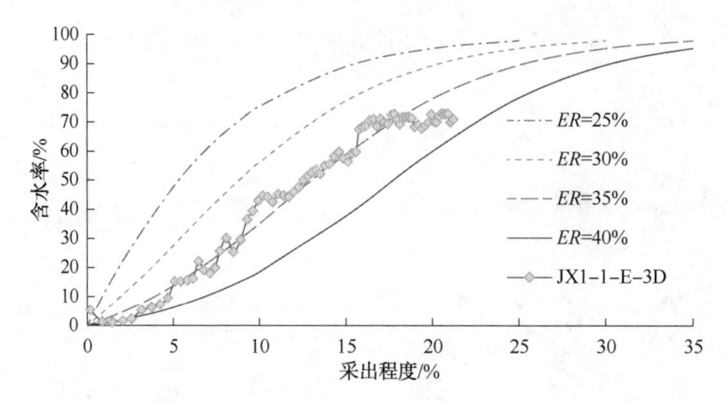

图 6-30　金县 1-1 油田 E-3D 井区含水与采出程度关系曲线

第七章　动态监测技术

通过近几年发展，渤海油田动态监测技术取得了长足发展，其服务领域基本涵盖了试井和生产测井，油田动态监测系统基本建立，基本满足了开发生产需求，为渤海油田稳产提供了强有力的支撑和保障。本章主要从动态监测技术简述、剖面测井技术、饱和度测井技术、工程测井技术、井间监测技术和试井技术等六个方面分别简要介绍。

第一节　动态监测技术简述

油藏动态监测是开发(调整)方案的主要基础工作，是监测油田开发现状、指导油田开发管理的主要依据，它为油田开发工作者认识油藏动态变化、制定开发方案提供了大量的第一手资料。

动态监测工作主要是指利用测井和试井的方法直接或间接地测量出油水井有关的地质参数、生产参数、井下技术状况以及各种参数的动态变化情况等，认识油藏渗流规律，分析井筒技术状况，指导油田开发，提高开发水平，是一项系统工程，贯穿于油田开发的整个过程。主要作用在于它是认识油藏的手段，制定开发技术政策的基础，开发调整的依据，科学开发油田、提高最终采收率的保障，是油藏开发工作者的地下眼睛。

一、动态监测技术分类

(一) 按监测项目分类

动态监测的主要内容按监测项目分，可分为连续监测项目和定期监测项目。

1. 连续监测

连续监测是对采油井、注水井动态连续进行监测，以每一口采油井、注水井为单元，正常生产井每天均要监测的项目。内容包括：流量、含水、井口压力等。

2. 定期监测

定期监测是根据油藏渗流特点及开发需要，定期进行监测的项目。内容包括：地层压力、温度、注入剖面、产出剖面、流体性质、工程测井、剩余油饱和度监测等。

(二) 按工艺技术方法分类

动态监测技术按工艺技术方法可分为7类：

(1) 试井：油层压力、温度等监测。

试井又可细分为：

① 不稳定试井：压力恢复(环空恢复、起泵恢复、潜入式恢复、液面恢复)、压力降落、干扰试井等，对油井的流压、静压、温度等进行监测，认识地层渗流规律，确定地层压力保

持水平及注采对应关系。

② 稳定试井：油井系统试井、水井吸水指示曲线测试，录取油水井流量、流压等资料，确定油水井合理生产压差。

(2) 注入剖面：对油层的吸水状况进行监测。

(3) 产出剖面：对油层的不同小层产出状况进行监测。

(4) 剩余油饱和度：对油层的不同小层油水分布状况进行监测。

(5) 流体性质监测：对地层注入、产出流体的类型、成分、黏度、各种离子含量等性质进行监测分析。

(6) 井间示踪剂监测：监测地层水驱特征，确定井间连通关系。

(7) 工程测井：对井下管串技术状况进行监测。

二、测井与试井的区别

生产测井是指开发井在生产过程中用各种测试仪器进行井下测试，录取资料的方法一般包括生产剖面测井、注入剖面测井、地层参数测井。

试井是以渗流力学理论为基础，以各种测试仪表为手段，通过对油水井生产动态的测试来研究油层各种物理参数和油水井生产能力，为加深对油层的认识，制定合理的油田开发方案和措施提供依据的方法。

试井和测井之间有着明显的区别，主要表现在以下 4 个方面。

1. 理论基础及测量手段不同

测井主要是以地球物理理论为基础的，所使用的仪器因所探测的地层的物理性质不同而不同，几乎所有物理学(包括声、电、核、磁、力等)的手段都用在了测井方法和仪器上，而试井的测量方法比较简单，其测试仪器相比测井要简单得多，它主要是以渗流力学和数学为理论基础进行试井设计和分析，因此，其主要难点在于试井分析。

2. 研究侧重点不同

测井主要研究井壁和附近区域以及井内设施纵向的工作状况；而试井研究的是一口或多口井，甚至整个油藏横向上的井和地层的情况。

3. 研究状态不同

测井主要研究的是静态的或稳定状态下的各种井况和地层状况；试井研究的是动态的地层状况，而且是通过测试油藏在动态变化过程中的反应，研究和判断地层的各种参数。

4. 研究范围不同

测井的测试范围是横向上油层距井大约 2m 半径范围以内，纵向上从井底到井口的状况；而试井研究的范围是横向上百米、几百米或整个油层，纵向上，则以射开或生产的一个或几个油层为主。

三、动态监测技术流程

动态监测工作流程为：分析油藏问题→确定监测项目→制定监测方案→安排监测任务→测试设计→现场测试→资料解释→资料验收→资料运用→效果评价。

油藏动态监测的内容比较广泛，为搞好动态监测，必须根据油田具体情况建立起一整套油田动态监测系统，如压力监测系统、流量监测系统、流体性质监测系统、水淹监测系统、井下技术状况监测系统等。遵循资料全，有代表性，有足够的样品数的原则。建立油藏动态监测系统目的在于通过对资料的综合分析，搞清油藏在开发过程中各种复杂的动态演变过程和发展变化趋势；搞清油、气、水的空间存在状态和分布范围，优化开发调整设计方案，为打出长寿高产的调整井，把空井、低效井减少到最低限度，同时使各项增产挖潜措施选井选层更准，措施有效率更高，措施增产量更多，最终达到油藏调整效果更好，稳产时间更长的目的。

第二节　剖面测井技术

一、剖面测井定义及应用目的

（一）注入剖面测井

(1) 定义：为了解注水井各层段或单层的吸水状况而进行的测井，称为注入剖面测井。

(2) 应用目的：

① 单井测井资料应用：确定小层吸水量；检查分层配注效果；识别大孔道地层；监测注水动态；揭示层间、层内矛盾，为分层配注调整、封堵、酸化、压裂提供依据。

② 井组动态分析中的应用：评价水淹程度；分析油井产出状况，指导油井调整。

③ 开发区块动态分析中的应用：认识开发区块特点；分析区块储量动用情况，为调整挖潜提供依据。

④ 在工程监测中的应用：检查油水井管外窜槽；评价套管技术状况(漏失部位)；判断井下配注管柱技术状况(判断停注层死嘴漏失、评价封隔器漏失)；检查油水井压裂改造效果；检查封堵效果。

（二）产出剖面测井

(1) 定义：为了解油井各小层的产液量以及流体性质(产出的油、水，还是油水混合物，油水混合物中油水所占比例)进行的测井。

(2) 应用目的：

① 确定分层(或层段)的产液状况；

② 为油井分层措施和小层改造提供选层依据，并可检查其效果；

③ 对渗透率高、有效厚度大、出水严重的主力层，可多点测试，测得近似厚度；

④ 依据分层测试资料，可以给出全井和分层的采油指示曲线；

⑤ 判断套管破漏部位；

⑥ 绘制井组(区块)分层油水分布图、油水饱和度分布图，为措施挖潜提供依据。

二、剖面测井方法及适应性

（一）剖面测井主要方法及测井系列

注入剖面测井方法主要包括：井温测井、同位素载体测井、涡轮流量测井、相关流量测井、超声流量测井、电磁流量测井、脉冲中子氧活化测井。

注入剖面测井测井系列主要有：

（1）磁定位+井温+同位素；

（2）磁定位+井温+流量(涡轮、相关、电磁、超声)；

（3）磁定位+井温+脉冲中子氧活化；

（4）磁定位+自然伽马+井温+压力+密度+氧活化。

产出剖面测井方法主要包括：井温测井、多参数测井、氧活化脉冲中子测井、硼中子寿命测井。

产出剖面测井测量内容：

（1）电泵井：多参数产出剖面测井(井温+压力+持水率+流体密度+流量+磁定位+自然伽马)。

（2）找水井：井温+氧活化。

（二）剖面测井方法简述及主要优、缺点

1. 井温测井

井温测井是测量注入及恢复时井下温度场变化的测井方法，是在注入井正常注入条件下，录取注入流动井温曲线，然后停注，以一定时间间隔录取关井恢复井温曲线。其作用主要有两个：一是根据注入井的注入温度及地层温度的不同，依据注入层位的井筒温度向地温梯度井温的恢复速度，定性分析各层位的相对注入量差异；二是根据注入流动井温曲线的梯度变化可判定井下的主要注入层段和最下一个注入层位。

（1）优点

① 是一种工艺简单可靠、适用性强的测井方法。

② 不受注入管柱结构的限制。

（2）局限性

只能定性判断，不能定量解释，且受邻井注入和历史注入影响大。

2. 同位素示踪测井

同位素示踪测井在正常注水条件下，把同位素示踪载体以一定方式注入井中，由于地层的过滤作用，当载体颗粒直径大于地层孔隙喉道直径时，水被挤入地层，放射性同位素示踪载体则被滤积于该地层的表面上(或炮眼内)，测量滤积在地层表面的示踪载体所携带的放射性强度则可以定量分析各吸水层吸水情况。

（1）优点

① 可定量提供分层相对吸水量。

② 适用范围广，对笼统注水和多级配注的注水井均适用。

③ 检查油、水井管外窜槽。

④ 检查生产井封堵和压裂效果。

⑤ 揭示层间、层内矛盾，为调整注水剖面提供依据。

（2）影响因素

① 大孔道。

② 同位素沾污。

③ 窜槽。

④ 砂埋遇阻层位。

⑤ 注聚井。

3. 涡轮流量测井

涡轮流量测井是利用流体的流动使涡轮转动，由测量转速而求出流量，属间接测量方式。当流体的流量超过某一数值后，涡轮的转速同流速成线性关系。记录涡轮的转速，便可推算流体的流量。

(1) 优点

① 不受地层物性及管柱污染的影响。

② 能反映出大孔道地层。

③ 可提供定量的解释结果，为调整注水剖面提供依据。

(2) 局限性

① 受管柱限制，只适应于喇叭口在注水层以上的注水井和分层配注井。

② 注入流体的黏度影响仪器的分辨率。

4. 相关流量测井

相关流量测井通过特殊方法配置的放射性示踪剂由释放器释放到井筒中，示踪剂呈聚集的形式随井液流动。通过自然伽马探测器时，探测器会有明显的异常显示，在时间、幅度的坐标系里会有明显的波形变化。通过记录同位素峰值的时间和位置，可以计算出两峰值之间流体的流速，也就可以计算出该处流体的流量。

(1) 优点

① 不受同位素路径沾污影响。

② 对注入水质要求低。

③ 受同位素路径损耗影响小。

④ 可用于注聚井剖面的录取。

(2) 局限性

① 不能测量套注井注入剖面。

② 不能对窜槽进行判断。

③ 管径发生突变时解释结果影响较大。

④ 不能显示吸水层的吸水韵律。

5. 超声流量测井

超声流量测井超声流量计是利用超声波相位差法对流体的流速进行测量，其工作方式为：在井的中心轴线上放置上、下两个超声波发声、接收器(换能器)。在同一时间内，上、下换能器同时发出相对的超声波束，在穿透介质之后由对方换能器接收。由于中间流体具有一定的下行流速，所以下行波束的速度快于上行速度，能够先到达下方换能器。这样就能够产生一个与流速成正比的相位差，只需记录到相位差，就可确定流体流速，通过标定过程可得到流体流速与管道流量之间的定量关系，从而可在实际应用中测量管道流体的流量。

(1) 优点

① 无可动部件，没有机械摩擦，灵敏度高，仪器体积小，工作稳定，测量范围广。

② 启动排量低，仅 2.0m^3/d，比较适合低注水量的井。

③ 适用于有大孔道地层的注水井测试。

(2) 局限性

① 不能细分层，不能测管外流动。

② 适用于喇叭口在最上一个射孔层以上的合注井和分注井中测量。

③ 只能用于清洁液体和气体，水不干净或聚合物混合对测量的影响有待考证。

6. 电磁流量计

电磁流量计根据电磁感应原理，测量有微弱导电性水溶液在流经仪器探头时，所产生的感应电动势来确定套管内导电流体流量。

(1) 优点

① 采用电磁流量测井可有效避免同位素沾污引起的误差。

② 采用电磁流量测井不受地层孔隙大小的影响，是解决大孔道吸水剖面测井较好的测井方法。

③ 采用电磁流量测井不受井内流体介质的影响(黏度)，能够定量地反映注聚合物井各层的注入量。

④ 电磁流量测井弥补了同位素示踪测井的不足。

(2) 局限性

① 测井时注水管柱需要在目的层以上或在分注井中测量。

② 被测流体内不应有不均匀的气体和固体，不应有大量的磁性物质。

③ 电磁流量计信号易受外磁场干扰。

7. 脉冲中子氧活化测井

脉冲中子氧活化测井是一种测量水流速度的测井方法。是利用具有强穿透能力的高能快中子和伽马射线，可穿过油管、套管甚至水泥环测得随水流动的氧活化伽马信号，通过解析测得的伽马时间谱来计算相应的水流速度，并在已知流动截面面积时进一步算出水流量。

氧活化水流测井时，根据井下管柱及井下工具的情况判断水流方向。当上中子源启动时，测量的为下水流；当下中子源启动时，测量的为上水流。

(1) 优点

① 适用于所有注入方式的注入井。

② 准确定量测量吸水剖面(采用多次累加平均法)。

③ 可测量窜槽及漏失层位。

④ 可过油管测环套流量。

⑤ 可进行厚层细分。

⑥ 不受注入液体、吸水层孔道、管柱中油污等的影响。

⑦ 不使用任何放射性示踪剂，对井筒和地层不造成沾污、沉降、污染等问题，是新一代环保型测井方法。

(2) 局限性

① 对管柱内径要求较高。

② 测试成本较高。

③ 流量过低测量精度受影响，不利于低渗等较差储层。

三、七参数测井

剖面测井包含注入剖面测井和产出剖面测井，从测井原理上来分，注入剖面测井又分为常规五参数测井和氧活化测井，产出剖面测井则主要指七参数测井，新型的水平井阵列测井仪也可归入产出剖面测井，与常规七参数测井相比而言仅仪器构造和测量方式不同，本质上仍为七参数测井。剖面测井所测的七参数为流量、密度、持水率、井温、压力、自然伽马、油/套管接箍，其中自然伽马和油/套管接箍主要作用为校深，不做介绍，本节仅对流量、密度、持水率、井温和压力测井进行介绍。

在产出井中，流量测井用于测量井下各产出层的流体产出情况，这些流体是油、气、水单相或者是其中两相、三相的混合物。在注入井中，流量测井用于测量注入流体(水、蒸汽或者聚合物)的量和去向。流量计种类多种多样，主要有涡轮流量计、示踪流量计、超声流量计、电磁流量计、氧活化水流测井仪等，目前应用最为广泛的为涡轮流量计和氧活化水流测井仪，示踪流量计、电磁流量计等较老的仪器已经逐渐淘汰，不再做介绍。

(一) 涡轮流量计

生产测井中根据测量方式和测量范围，将涡轮流量计分为连续流量计和集流式流量计。连续流量计包括普通连续流量计和全井眼流量计。集流式流量计包括全集流和半集流流量计两种。

连续流量计测量时可从油管或油套环形空间中下入目的层段进行测量，示意图如图 7-1 所示。涡轮由两个低摩阻的枢轴支撑，涡轮上装有一块很小的磁铁，流体使涡轮转动时，附近的耦合线圈中便产生交流信号，这些信号通过电缆传送到地面，地面仪器可以记录脉冲频率，得到涡轮每秒钟的转数(RPS)，RPS 有时也表示为 r/s。连续流量计可以顺着流体或逆着流体进行连续或定点测量，仪器外径一般为 1.6875in 或 1in。全井眼流量计与普通连续流量计的区别在于井下涡轮叶片张开后，叶片覆盖面积更大，但其结构和原理基本一致。

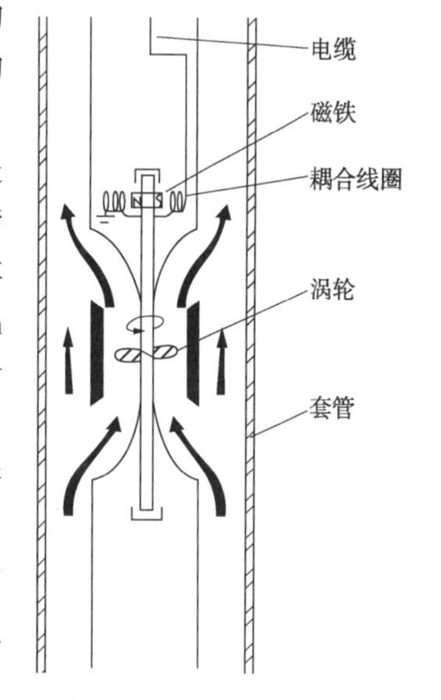

图 7-1　连续流量计示意图

无论是连续流量计还是集流式流量计，其基本测量元件都是涡轮，因此基本原理是相似的。

涡轮流量计的传感器是由装在低摩阻枢轴扶持的轴上的叶片组成。当流体的流量超过某一数值后，涡轮的转速同流速成线性关系。记录涡轮的转速，便可推算流体的流量。

涡轮流量计的频率响应可简写为：

$$N=k(V-V_{th}) \tag{7-1}$$

式中，N 为涡轮的每秒转数(常用 RPS 表示)；V 为流体与仪器的相对速度；k 为仪器常数，与涡轮的材料和结构有关，并受流体性质影响；V_{th} 为涡轮的转动阈值(始动速度值)，与流体性质和涡轮摩阻有关。

目前在渤海应用的连续测量涡轮流量计有四种，分别为涡轮连续流量计(CFS)、在线式涡轮流量计(ILS)、宝石轴承涡轮流量计(CFJ)、全井眼涡轮流量计(CFB)。定点测量涡轮流量计的一种，为伞式流量计(DBT)，如图7-2所示。图7-3和图7-4分别为常用的连续测量流量计和定点测量流量计。

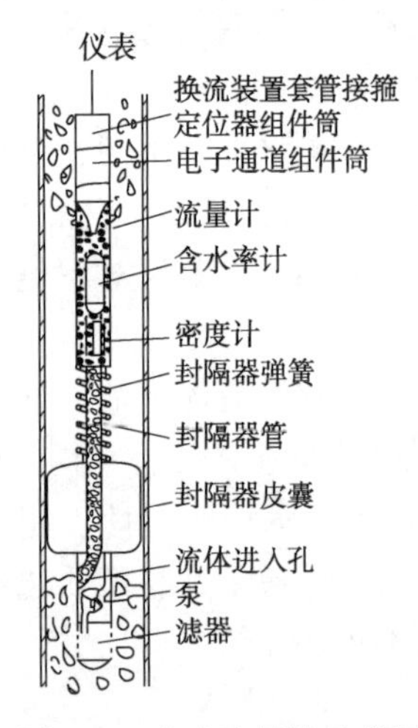

图7-2　伞式流量计示意图

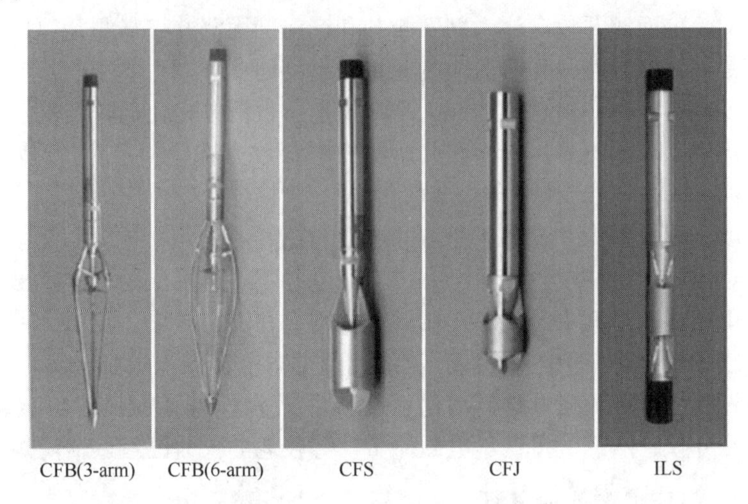

图7-3　连续测量流量计

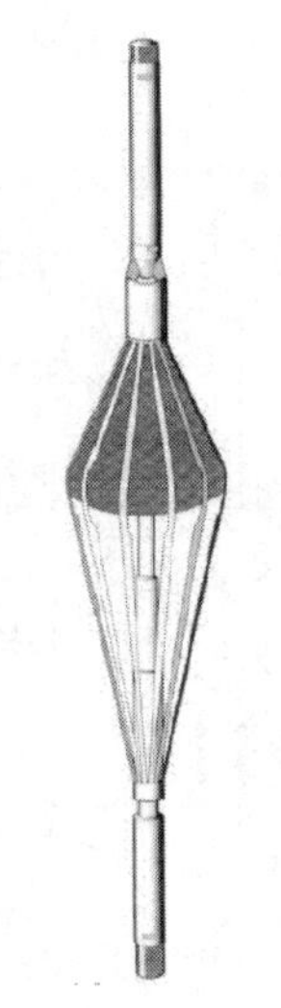

图7-4　定点测量流量计

1. 全井眼流量计(CFB)

全井眼流量计(CFB)一般都连接在PLT仪器串的底端，主要用于在管径较大的管柱(盲管或套管)中进行测量，在直井或斜井均适用。全井眼流量计分为3臂和6臂两种，在仪器通过油管时自动收缩以保护涡轮叶片，当下入到目的层段时张开，涡轮叶片可以覆盖大部分管柱截面，可有效校正多相流中油、气、水速度剖面分布不均匀的影响，同时还具备使涡轮居中的效果。按照涡轮叶片直径全井眼流量计分为3种，分别适用于4½″、7″和9⅝″管柱。

2. 连续涡轮流量计(CFS)

连续涡轮流量计(CFS)具有螺旋状叶片的设计，一般也是连接在PLT仪器串的底端，在高黏性油中测量效果比全井眼流量计(CFB)和宝石轴承流量计(CFJ)要好，可以在直井和斜井中工作，另外在已知井中有碎片杂物的情况下，比其他流量计具有更好的保护能力。

连续涡轮流量计与全井眼流量计技术指标如表7-1、表7-2所示。

表7-1　连续涡轮流量计技术指标

项目	CFSM01	CFSM02	CFSM03	CFSM17	CFSM18	CFSM22	CFSM23	CFSM24
耐压	15000psi(103.4MPa)							
耐温	350℉(177℃)							
仪器外径	1 11/16″(43mm)					1½″(38.1mm)		
涡轮外罩直径	1 11/16″ (43mm)	2⅛″ (54mm)	3.15″ (80mm)	1.49″ (37.8mm)	1.935″ (49.1mm)	1.49″ (37.8mm)″	1.935″ (49.1mm)	1.29″ (32.8mm)
叶片直径	—	—	—	1.4″ (35.6mm)	1.772″ (45mm)	1.4″ (35.6mm)	1.772″ (45mm)	1.22″ (31mm)

续表

项目		CFSM01	CFSM02	CFSM03	CFSM17	CFSM18	CFSM22	CFSM23	CFSM24
质量		10. 6lbs(4. 8kg)			—	—	—	—	—
启动速度	纯水	3. 5~5. 5ft/min							
	轻油	4. 0~6. 0ft/min							
	重油	6. 0~10. 0ft/min							
	空气	8. 5~15. 5ft/min							

表 7-2 全井眼流量计技术指标

耐压	15000psi	耐温	177℃
门槛速度	1. 8~2. 5ft/min(纯水) 2. 8~3. 0ft/min(轻油) 4. 3~7. 0ft/min(重油) 7. 0~12. 5ft/min(空气)	套管直径	$4\frac{1}{2}$″~$9\frac{5}{8}$″
		测量点	13. 5″(349mm)仪器底部算起
		仪器直径	$1\frac{11}{16}$″(43mm); $1\frac{1}{2}$″(38mm); $1\frac{3}{8}$″(35mm)
测量的最大流速	1200ft/min	质量	10lbs(4. 5kg)

3. 宝石轴承流量计(CFJ)

宝石轴承流量计(CFJ)一般与 CTF 或者电子接头组合连接在 PLT 仪器串的底端。该工具装有低摩阻的齿轮以减小涡轮的门槛速度，同时增加了测量的灵敏度，适用于流量较大的井，例如产气井。该涡轮可以在直井和斜井中使用，在出砂井中也可以使用。

4. 在线式流量计(ILS)

在线式流量计(ILS)常常与其他流量计一起使用以便起到辅助的作用，其技术指标如表 7-3 所示。

表 7-3 在线式流量计技术指标

耐压	15000psi(103. 4MPa)	涡轮叶片直径	$1\frac{11}{16}$″(43mm)
耐温	350℉(177℃)		$2\frac{1}{8}$″(54mm)
适用管柱内径	至少比仪器直径大 0. 0125″	门槛速率	12ft/min
长度	21″(533mm)	最大流量	>3000ft/min
质量	10. 6lbs(4. 8kg)		

5. 伞式流量计(DBT)

伞式流量计通常用于产液量较低的井，可单独测量也可挂接于仪器串的中部与涡轮连续流量计一起使用，以起辅助作用，其技术指标如表 7-4 所示。

表 7-4 伞式流量计技术指标

测量方式	直读式和存储式	采集时间	1s
耐温	350℉(℃)	仪器直径	$1\frac{11}{16}$″(43mm)
耐压	15000psi(103. 4MPa)	测量管径范围	3. 5″~$9\frac{5}{8}$″(89~244mm)
分辨率	0. 1rps	测量范围	7~1000BPD(1. 1~158. 9m^3/d)
重复性	±1%	涡轮叶片直径	1. 38″~2. 13″(35. 6~45. 0mm)

（二）氧活化水流测井仪

传统的涡轮流量计在分采井中仅能获得防砂段的注入或产出情况，对油管外各射孔层的注入或产出情况无能为力，同时，在注聚合物的井中，因为受到聚合物黏度等因素的影响，常规涡轮流量计的转动也受到影响。因此，在注聚合物的井中，或分采/注井中目的为获得小层注入/产水情况，甚至射孔层段内分段注入/产水情况，通常采用氧活化的方法进行测井。测井过程中，首先采用一个短的活化期，之后用一段时间测量流动的活化水，利用活化水通过探测器的时间计算出聚合物或水的流速，进而获得详细流动剖面。

用能量大于 10MeV 的快中子照射聚合物中，流体中的活化氧产生氧的放射性同位素，^{16}N放射 β^-射线后衰减，半衰期为 7. 13s。衰减过程中放出高能 γ 射线，^{16}N 衰变过程放射出 γ 射线能量为 6. 13MeV。

研制之初的仪器采用双发双收测量方式，最新仪器已发展为单发双收模式，但其基本测量原理相同，本处介绍双发双收仪器的工作和测量原理。

仪器根据向上流动和向下流动有两种不同的组合。图 7-5 所示是斯伦贝谢公司的 WPL 仪器，是对 TDT 双脉冲仪器稍加改进后研制成功的。仪器包括一个脉冲中子发生器和三个自然伽马探测器，包括远、近两个探测器，另外一个安装在遥测电子线路短节上。源距分别为 2. 54cm、5. 08cm 和 38. 1cm。测量时，可以得到三个独立的测量结果。注入井中，探测器位于源的下方。生产井中测量时，探测器置于源的上方。另外该仪器可以在同一次测量中既记录双脉冲 TDT 测井，又可记录水流测井(WFL)。氧活化的反应过程为：

$$^{16}O(n,\ p)^{16}N\frac{\beta^-}{7.13S}{}^{16}O+\gamma' \tag{7-2}$$

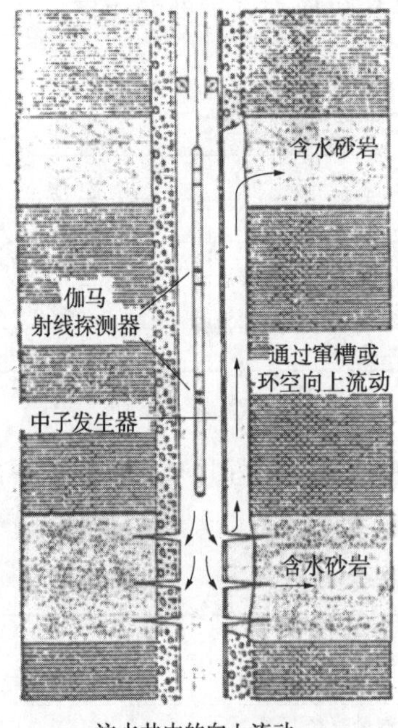

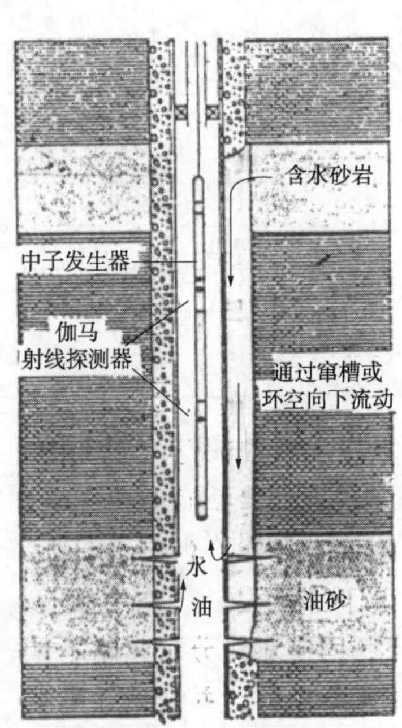

图 7-5　氧活化水流测量示意图

测量时，用中子源产生一个较短的活化期(2s 或 10s)，之后进行 60s 的测量。活化水经过探测器时可测量到它的特征波。聚合物水溶液的流速可根据源距和其通过探测器的时间确定。图 7-6 是在稳定条件下，流速为 23ft/min 时，远探测器计数率的实验结果。测量过程中，中子源打开 2s，之后关闭 18s。总信号包括三个组成部分，如图 7-6 所示：背景值、仪器环境活化(固定活化氧得到的呈指数规律衰减部分)和流体流动引起的活化氧部分。若无流动存在，总测量计数呈指数衰减[图 7-6(a)]，半衰期为 7.13s。图 7-6(c)是流速为 90ft/min 时，源距为 38.1cm 探测器得到的计数率响应。由于源距很大，因此固定氧活化可以忽略不计。要确定活化水经过检测器的时间 Δt，应首先计算背景组分和固定氧活化组成部分，之后从剩余的信号中产生。由源距 L 和 Δt 即可求出注入流体的流速。

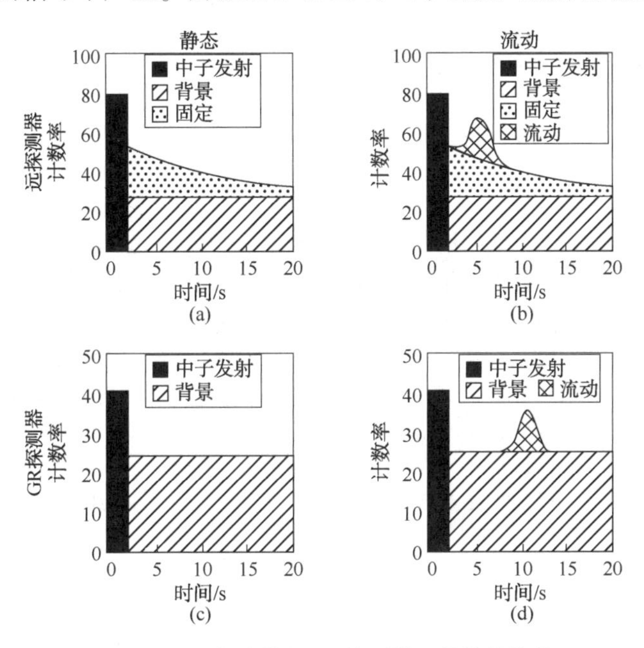

图 7-6　远检测器和 GR 检测器上的模拟信号

(三) 温度计

自 20 世纪 30 年代后期以来，随着温度测量技术的应用，人们逐渐把这一方法用于油气井生产测试。温度测井一开始被用于寻找油气层，后来发现油和水之间的热特性差别很小，因此油层和水层间的导热性能没有太大差别。尽管如此，不久发现通过测量和分析温度异常，可以评价生产井产层动态。目前，已发展了多种生产测井仪器，但温度测井仍是重要的生产测井参数，主要原因是，无论井况如何，都可以精确地测量井筒温度剖面，有些情况下的温度测井还可以反映井的长期特性。

1. 金属热敏电阻温度计

金属热敏电阻是温度仪的基本传感器，能做热敏电阻的金属丝必须具备下列条件：

(1) 温度和电阻的关系在测量范围内是连续函数；

(2) 在任何温度下，温度和电阻有相同的函数关系；

(3) 物性相同的金属丝，温度和电阻函数关系应相同；

(4) 当发生氧化等现象时，温度和电阻的函数关系不变。

金属电阻在宏观上与金属丝长度成正比，与横断面积成反比，即：

$$R=\rho\frac{l}{A} \tag{7-3}$$

式中，l 为长度；A 为横截面积；ρ 为电阻率。

微观上，Bloch 实验指出：电阻大小主要由带电粒子数和粒子移动的难易程度所决定。

$$\rho=\frac{ne^2\tau}{m} \tag{7-4}$$

式中，n 为带电粒子数；e 为电荷；m 为质量；τ 表示带电粒子的难动性。ρ 主要取决于难动性，难动性取决于下述三个量的大小：

(1) 晶格的热振动，使带电粒子散射；

(2) 晶格不规则(杂质)使带电粒子散射；

(3) 带电粒子间的互相散射。

上述三个因素中晶格热振动是由温度引起的，因此，温度增加使得金属丝电阻率增大。

2. 半导体热敏电阻温度计

除了金属热敏电阻之外，常用的还有半导体热敏电阻，它通常是将锰、钴、镍等氧化物按一定比例混合后压制并在高温下焙烧而成，与电阻式热敏电阻相比，半导体热敏电阻具有很高的负温度系数，适用于-100~300℃之间的温度测量。

半导体热敏电阻的基本特性是电阻与温度间的关系，这一关系反映了热敏电阻的性质，当温度不超过规定值时，保持本身特性，超过时特性被破坏。其温度与热电阻的关系为：

$$R=Ae^{\frac{B}{T}} \tag{7-5}$$

式中，A 为与热敏电阻尺寸及半导体物理性能有关的常数；B 为与半导体物理性能有关的常数；T 为绝对温度。

3. 热电偶温度计

电阻式温度仪主要用于中低温测量，为了在注蒸汽井和高温井中进行测量，人们研制了热电偶温度仪。热电偶是由两种不同的金属丝在 A、B 两端形成一个回路，两接点的温度不同，在回路中将产生随温度而变化的电流，由此测量温度的变化。通常把两种不同的偶丝组合起来的测温传感器叫作热电偶。常用的热电偶，低温可测到-50℃，高温可以达到 1600℃左右。配用特殊材料的热电偶，最低点测到-180℃，高温可达 2800℃。热电偶温度仪的特点是构造简单，测量范围广，有良好的灵敏度。

(四) 压力计

1. 应变式压力计

应变式压力计由一个圆柱体构成，该圆柱体底部含有一个筒状压力空腔(图 7-7)。一个参考线圈绕于柱体的实体部分，一个应变线圈绕于压力空腔部分，这一应变线圈即为压力传感器。压力计外部置于大气压下，当压力空腔承受压力时，空腔的外部筒体产生弹性形变，这一形变传递至应变线圈，从而导致线圈的电阻发生变化，电阻的变化用惠斯通电桥进行差分测量。压力计封闭于一个充满干氮的密封容器内以便保持其稳定性(图 7-8)，上部电器线路中的差分放大器和直流抑制电路用于补偿电源的漂移。所测的直流信号经放大后，经过一个电压控制的振荡器(VCO)，振荡器的频率可从 1000Hz(电压 0V，压力 0psi)变到

2000Hz(电压 26mV，压力 10000psi)。

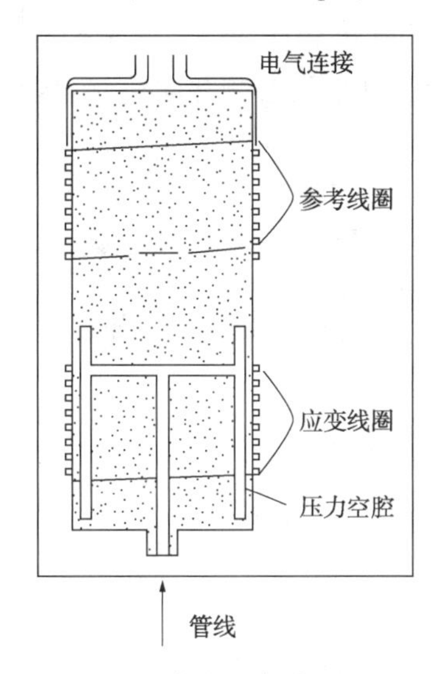

图 7-7　应变压力计原理图

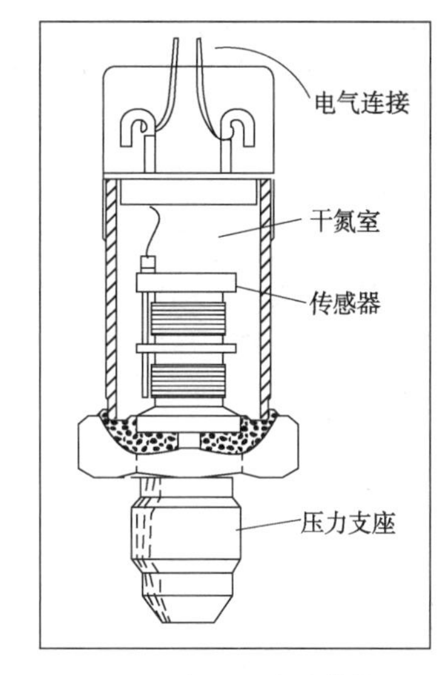

图 7-8　应变压力计结构图

电压控制的振荡器经 5V 的电源漂移补偿及共态漂移补偿后，所测压力的频率信号沿多路传输电缆传送至地面面板内的一个带通滤波器输出压力调频信号，然后再通过解调器变换为直流电压，用电位器加一个编制信号调整其灵敏度。最终信号以模拟形式显示于照相记录仪上，同时把信号送往模数转换器经转换后以数学形式显示压力值。

2. *石英晶体压力计*

石英晶体压力计：高精度压力计，适于点测。

其结构由密封盖板、单片石英晶体、导热板和压力缓冲管组成。

石英晶体压力计经缓冲管与外部压力连通，石英晶体因受到压力而发生谐振，在温度恒定时，其谐振频率只与压力大小有关，大约为 4Hz。

根据压力与谐振频率的关系，可以将测得的谐振频率换算为压力。由于测井时难以实现恒温，在探测器上附加一个参考晶体片，它与外界温度相接触，但与压力绝缘，其特性与测压晶体相同，仅显示石英晶体谐振频率随温度的变化。通过对测压晶体片盒测量信号和参考晶体片的信号相比较，可以对测量信号进行温度补偿，得到准确的测量值(图 7-9)。

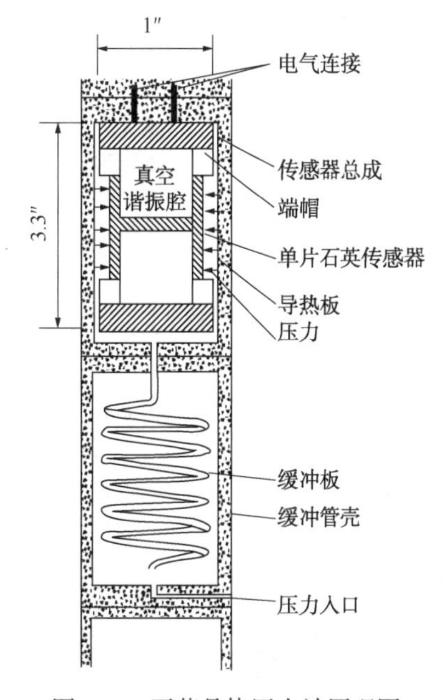

图 7-9　石英晶体压力计原理图

(五) 流体密度计

流体密度及持水率测量主要用于确定多相流体中油、气、水的含量及沿井筒的分布规律。流体密度仪包括放射性密度仪、压差式密度仪和音叉密度仪三种。因海上油田对放射性的管控，放射性流体密度计已不再应用，而压差密度仪因测量精度和可操作性的限制，应用效果不好。

1. 放射性流体密度计

放射性密度计结构如图 7-10 所示，由伽马源、采样道和计数器三部分组成。当取样道内的流体密度发生变化时，计数器的响应就发生变化，地面设备测井曲线就记录了取样通道中的流体密度。

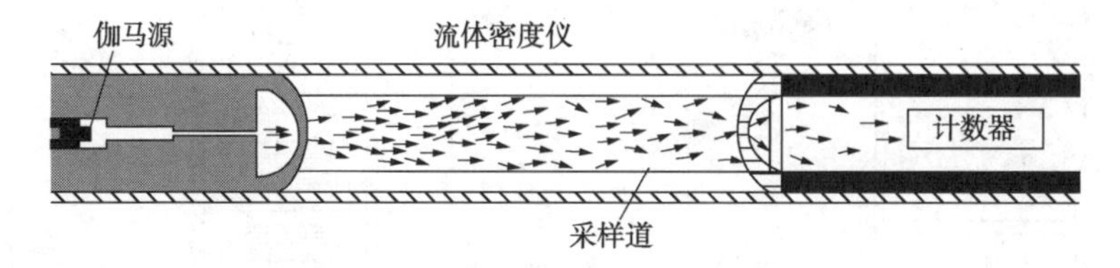

图 7-10　流体密度测井示意图

放射性密度计采用 Cs137 作伽马源，发射的光子能量为 0.661MeV，在这一能量级下，不会发生电子对效应，同时将测量门槛值调到 0.1~0.2MeV，避免光电效应的影响，只记录发生康谱顿散射的光子。

因此，伽马源发出的伽马射线经采样通道到达探测器的射线强度为：

$$I=I_0e^{-\mu\rho L} \tag{7-6}$$

式中，I_0 为伽马源处的伽马射线强度；I 为计数器处的伽马射线强度；μ 为康普顿吸收系数，cm^2/g；ρ 为流体密度，g/cm^3；L 为取样式长度，10~40cm。

对式(7-6)两边取对数，经整理后得：

$$\rho=\frac{\ln I_0}{\mu L}-\frac{\ln I}{\mu L}=K-\frac{\ln I}{\mu L}$$

2. 压差密度计

压差密度计是通过测量井筒内 2ft(0.6m)距离的压差确定流体的平均密度。仪器结构如图 7-11 所示，它是由上下波纹管、电子线路短节、变压器、浮式连接管组成，仪器外表为割缝衬管。

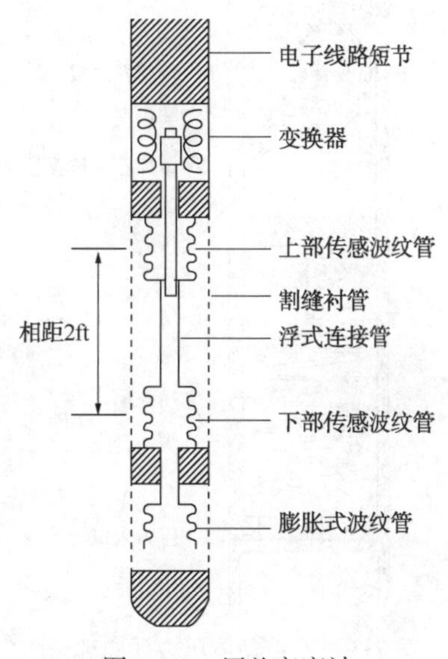

图 7-11　压差密度计

该仪器直接测量原理梯度，其与密度的关系为：

$$P_2-P_1=\rho_{\text{fluid}}gh\cos(\theta)+\left[\frac{dP}{dZ}\right]_{\text{fric}}+\left[\frac{dP}{dZ}\right]_{\text{acc}}-\rho_{\text{so}}gh\cos(\theta) \tag{7-7}$$

转换后即流体密度为：

$$\rho_{\text{fluid}}=\frac{[P_2-P_1]-\left[\frac{dP}{dZ}\right]_{\text{fric}}-\left[\frac{dP}{dZ}\right]_{\text{acc}}}{gh\cos(\theta)}+\rho_{\text{so}}$$

压差密度计测量影响因素较多，主要有摩阻影响、加速度影响和硅油密度的影响，摩阻是影响不同测量速度下压差密度值差异的一个重要因素。油管内摩阻值远远大于套管内摩阻值，需经过软件校正；而加速度影响则主要表现在含气时，这时加速度梯度较大，对测量值影响较大；同时，因压差密度计中封存部分硅油，硅油的密度必须保持不发生变化。受各种因素限制，该种类型的仪器应用未大面积推广。

3. 音叉密度计

音叉密度计为振动式密度计，振动管式密度测量方法产生于20世纪60年代，以仪器结构简单、测量精度高、可测密度范围广等优点得到广泛的应用。在国外，振动管密度计的研究工作比较成熟，美国、日本和英国等国家都有大量的工业产品出现。

振动管式流体密度计的工作原理，不论是对气体还是液体，都是基于振动体(元件)的振动频率与其密度间的关系。弹性力学理论认为，物体的固有振动频率通常可表述为：

$$\nu=k\sqrt{\frac{EI}{m}} \tag{7-8}$$

式中，v 为振动固有振动频率；k 为由振动模式决定的常数；E 为振动体的弹性模量；I 为振动体的劲度系数；m 为振动系统的质量。

从式(7-9)可知，当振动管的几何尺寸、形状和材质一定时，振动频率仅由振动系统的质量决定，而流经振动管内一定容积的流体质量则是由其密度大小决定的，也就是说密度的变化将改变振动管的固有振动频率。

据此，对于振动管，可分别列出在管内有无流体参与振动时的两个方程，即

$$\nu=k\sqrt{\frac{EI}{m+\Delta m}} \tag{7-9}$$

$$\nu_n=k\sqrt{\frac{EI}{m}} \tag{7-10}$$

式中，v 为振动管内有流体流过时的振动频率；v_0 为振动管内无流体流过且呈真空状态时的振动频率；Δm 为流体的质量；m 为振动管的质量。

从上面两式可以得到表达振动频率与流体密度关系的基本理论公式：

$$\rho=\rho_0\left(\frac{\nu_0^2}{\nu^2}-1\right)=\rho_0\left(\frac{T^2}{T_0^2}-1\right) \tag{7-11}$$

式中，ρ 为流体密度，ρ_0 为与振动管尺寸、材质密度有关的常数；T、T_0 为振动管内有、无流体流过时的振动周期。

式(7-12)是建立在立项基础上的理论结果，实际上，振动管并非完全理想的弹性体，而且在流体参与振动的状态下，振动体系也并非连续、非均匀的，故与实际情况有差异，通过长期工作经验，经常用下式来描述：

$$\rho=k_0+k_1T+k_2T^2 \tag{7-12}$$

式中，k_0、k_1、k_2 为密度计常数。

(六) 持水率计

持水率计根据测量原理的不同，主要有电容法持水率计、微波持水率计、低能源持水率计、电导法持水率计等，其中应用最为广泛的为电容法持水率计，主要介绍该种持水率计。

电容法是目前测量生产井产液持水率的一种主要方法。按测量方法可分为连续型和取样型两种。连续型用于连续测量或点测，取样型用于点测。连续型在高含水率时失去分辨能力，此时可采用取样方法进行测量。

电容法持水率计的基本原理是根据油气水介电常数的不同进行测量，油气水具有不同的介电常数(气 1、水 80、油 5)，当探头周围流体的介电常数发生改变时，探头传感器输出的频率随之发生改变，通过各探头的刻度校准即可使探头能够识别周围流体性质。其基本响应方程为：

$$Y_w = f(\text{标准化的测量响应，CPS})$$

$$\text{标准化响应} = \frac{100\%HC - Response}{100\%HC - 100\%H_2O}$$

四、剖面测井解释

(一) 注入剖面测井解释

该处注入剖面测井单指常规五参数注入剖面测井，因注入剖面注入流体单一，无需区分流体性质，仅需要对流体速度和温度曲线进行必要的分析解释。

1. 流量计算

流体在管流中的流动，中心流速最高，通常通过涡轮流量计所获得的流体速度即为该速度。涡轮流量计转速与流体流速之间存在线性响应规律，也就是说，在相同尺寸的管柱空间内，可根据涡轮曲线的响应，首先可定性分析井下各处流量的大小变化。

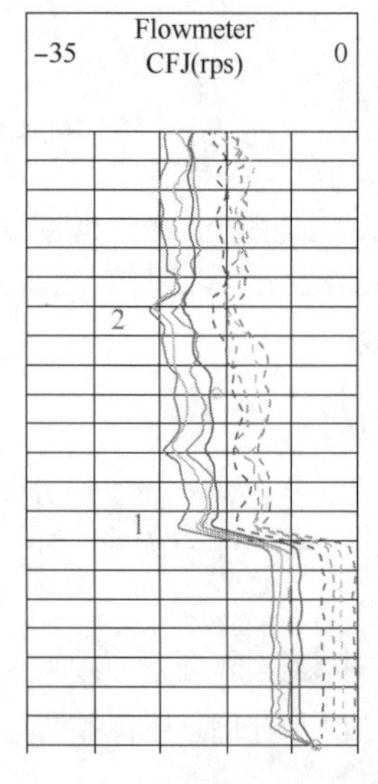

图 7-12　涡轮流量计曲线

图 7-12 为某一型号涡轮流量计注入剖面实际测井曲线，测量段内管柱内径没有明显变化，从图 7-12 中可以明显看出位置 1 处涡轮流量计曲线变化幅度明显大于位置 2 处，定性分析即可得出位置 1 处流体流量变化大，也就是说位置 1 处地层吸入量大。

定性分析后，下一步可根据涡轮流量计转速与速度间的线性响应方程，获得井筒内的流体视速度 V_a。

$$V = V_a - V_{tool} \tag{7-13}$$

式中，V_{tool} 为测井仪器运动速度。根据式(7-13)即可计算得出 V_a。

由于 V_a 为流体视速度，直接以该速度进行流量的计算是不准确的，需要进行速度剖面校正，以获得管流截面上的平均流速 V_m，而 V_m 的计算需要根据井下流体是层流还是紊流选择不同的流体速度剖面校正系数。

$$V_m = V_{pcf} \times V_a \tag{7-14}$$

流体在管柱空间中的流动，受到周围固体管材的限制，当流速不同时，流动状态不同，通常采用雷诺数 N_{Re} 划分管流是层流或者紊流。

当雷诺数小于 2000 时，流体为层流流动，速度剖面校正系数 $V_{pcf}=0.5$；当雷诺数大于 4000 时，流体为湍流或者紊流流动，速度剖面校正系数 $V_{pcf}=0.83$；雷诺数介于 2000~4000 之间时为过渡流动，可根据相应图版选择校正系数(图 7-13)。

获得流体平均流速后，即可根据既定流动空间的截面积计算某处流量，进而进行剖面的详细划分。

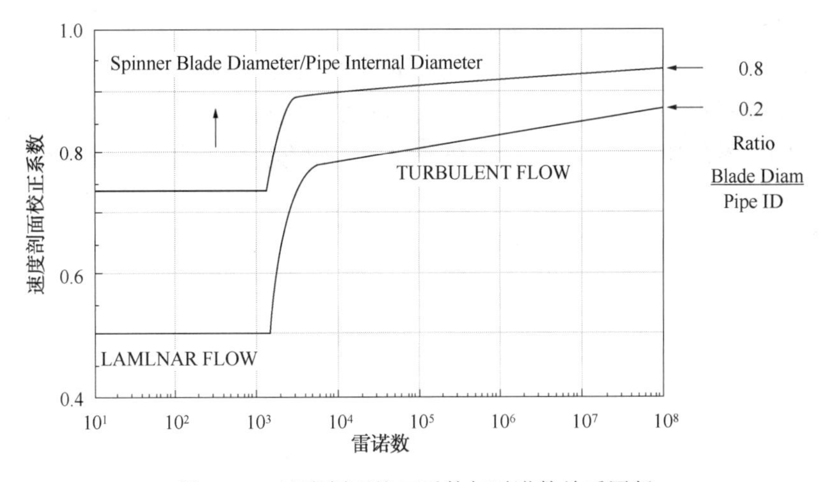

图 7-13 速度剖面校正系数与雷诺数关系图版

2. 温度定性分析

注入井中，仅注入介质温度与地层温度存在差异，可根据在井筒中获得的连续温度曲线与关井状态下的井温恢复曲线，或者地温梯度曲线对比，以定性评价各射孔层吸入与否。

图 7-14 是只有一个注入层的注入井中流动和关井温度的理论对比，温度曲线穿过注入层时是稳定的，在注入层下部温度随深度增加缓慢上升至地热温度。关井后，整个温度开始恢复，注入层内由于吸入了冷的流体，所以温度恢复时间较长，注入段出现温度异常。生产井中，温度分布较为复杂。流体以地热温度进入井筒，此后与下部流上来的流体混合，生产层上部流体温度高于相应深度的地热温度。实际注入井中多为多层注入，即可通过这一原理，对比不同吸入层之间温度有无变化和变化幅度的大小关系，定性分析各注入层间的注入情况。但该方法在实际应用中需要一个前提，即同一口井，在较长一段时期内，注入介质和注入介质的温度保持稳定，若注入介质发生变化，或注入温度在某一时期内不断变化，这时地层受外力作用所引起的温度变化将不再稳定或持续，温度定性分析则失去意义。

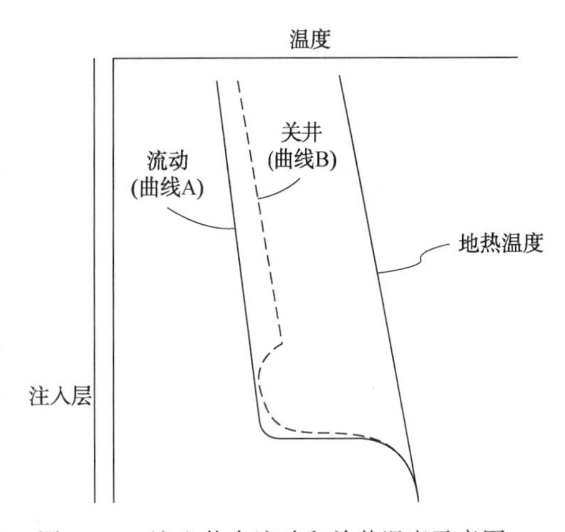

图 7-14 注入井中流动和关井温度示意图

（二）产出剖面测井解释

生产测井中，单相流体的剖面测井解释最为简单，只需进行流量的计算和温度辅助判断，不需要对流体性质进行研究。因此，单相产出井中的测井资料解释与注入剖面测井解释基本类似，不再讨论，主要讨论多相流时的产出剖面测井解释。

多相流产出剖面测井密度曲线和持率曲线通常作为各流体相平均速度计算和含水计算的输入参数曲线，且密度和持率定性分析较为简单，即密度增大、持率减小反映重质流体的加入，反之则反映轻质流体的加入，不再做详细讨论。

1. 流量计算

产出剖面测井中涡轮流量计曲线的定性分析与注入剖面相同。

在计算流量过程中，获取流体视速度 V_a 的方法同样与注入剖面时相同，所不同的是，由于井下为不同相态的流体共存，这时需要获得不同相态流体各自的流体平均速度。两相流动中重质相和轻质相由于流动难易程度的不同，会出现重质相和轻质相流动速度不同的现象，两者之间的速度差异被称作滑脱速度。

$$V_h = \frac{Q_h}{A \times Y_h} \tag{7-15}$$

$$V_l = \frac{Q_l}{A \times Y_l}$$

$$V_s = V_l - V_h$$

式中，V_h、V_l分别为重质相和轻质相平均流速；Q_h、Q_l分别为重质相和轻质相流量；A为管子截面积；Y_h、Y_l分别为重质相和轻质相持率；V_s为重质相和轻质相间的滑脱速度。

当 V_h和 V_l相等时，也就是说两相流体间不存在滑脱，这时：

$$Q_t = 1.4 \times (0.83 \times V_{app}) \times D^2$$

$$\rho = Y_h \times \rho_h + Y_l \times \rho_l$$

$$Y_h = \frac{\rho - \rho_l}{\rho_h - \rho_l}$$

$$Q_h = Y_h \times Q_t$$

$$Q_l = Q_t - Q_h$$

当 V_h与 V_l不等时，重质相和轻质相间存在滑脱，这时：

$$Y_h + Y_l = 1$$

$$Q_h = V_h \times A \times Y_h$$

$$Q_l = V_l \times A \times Y_l$$

$$Q_t = Q_l + Q_h$$

$$V_s = V_l - V_h = \frac{Q_l}{A \times Y_l} - \frac{Q_h}{A \times Y_h}$$

$$Q_h = Y_h \times Q_t - Y_h \times (1 - Y_h) \times V_s \times A$$

其中，各相流体的平均速度得出后，即可选择相应的两相流流体关系式，计算各相流量，进行详细产出剖面的划分。

三相流的解释目前而言在世界范围内还是一个难题，通常的做法是将三相中的两相认为不存在滑脱，将油水作为混合液相或将油气作为混合轻质相而将三相流问题简化为气液两相或水烃两相流问题，再引入相关参数进行计算。

2. 温度定性分析

当井筒中有从地层中产出的流体加入时，井筒内产出位置处温度会产生响应变化，其响应决定于产出流体性质、产出量等因素影响。

如图 7-15 所示，当井筒中产出位置有地层流体加入时，测井温度曲线出现高温或低温异常，若产出流体为油、水时，由于从地层产出时，地层温度较高，并且油水压缩、膨胀性较为稳定，通常在产出位置附近，由下向上产生一个低温响应；当地层产出流体为气时，即使产出流体温度较高，但由于地层中压力较高，从地层流至井筒时，压力的大幅降低，将引起气体膨胀吸热，反而产生明显的低温异常，这也是气体产出的典型特征。温度变化的响应与产出流体的性质和产出量的多少存在密切关系，可据此通过温度曲线进行定性分析。

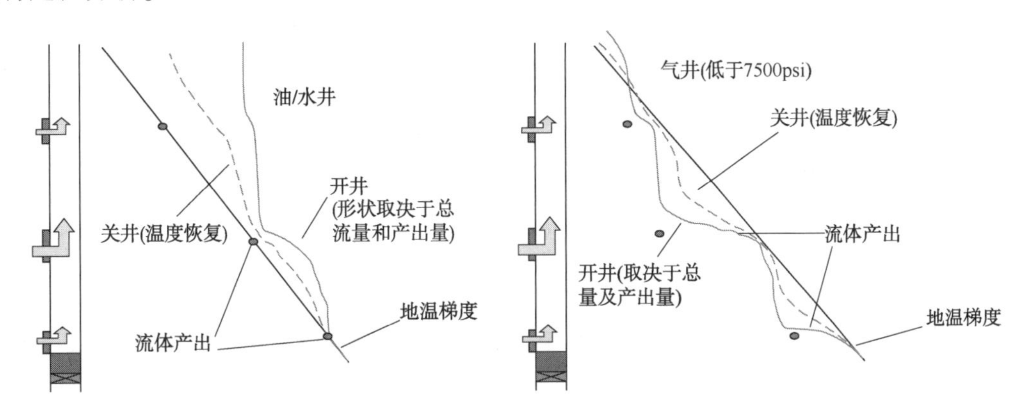

图 7-15 产出井中流动和关井温度示意

同样，通过温度曲线进行产出剖面定性分析时，若该区域基本为天然能量开采，这时定性分析较为准确，但若某区域内生产井采用注采方式，并且不同注入井中注入流体介质和温度多样，则为温度定性分析带来难度，甚至无法采用温度进行定性分析。

（三）氧活化测井解释

氧活化测井技术目前基本用于注水井的剖面监测中，以测井目的而言，可归入注入剖面测井，但因氧活化技术相对发展较晚，且原理与常规涡轮测井不同，通常单独作为一种注入剖面技术独立出来。

氧活化测井采用点测测量方式，每个测点均可计算出测点位置处的流量，以注入层上下测点间计算流量之差，确定某一注入层的吸入量：

$$Q=v\times S$$

$$S=\frac{\pi}{4}(D^2-d^2) \tag{7-16}$$

$$t_m=\frac{l}{v}$$

公式(7-16)为氧活化测井计算的基础公式，式中，Q 为流量；v 为流体速度；S 为测点位置处的管柱或环形空间面积；D、d 分别为管柱或环形空间内外径；l 为源距；t_m为活化水流到达测点时的时间。

对于某口井而言，井下管柱空间是固定的，即管柱或环形空间面积为已知数，同时对于不同测井仪器而言，各自仪器的探测器源距固定，l 也为已知数，也就是说氧活化测井解释需要解决的最根本的问题是求取测点处，活化水流到达某一探头的时间 t_m。

图 7-16 为氧活化测井某一测点记录的单一探头水流谱峰图，理论上而言，氧活化测井

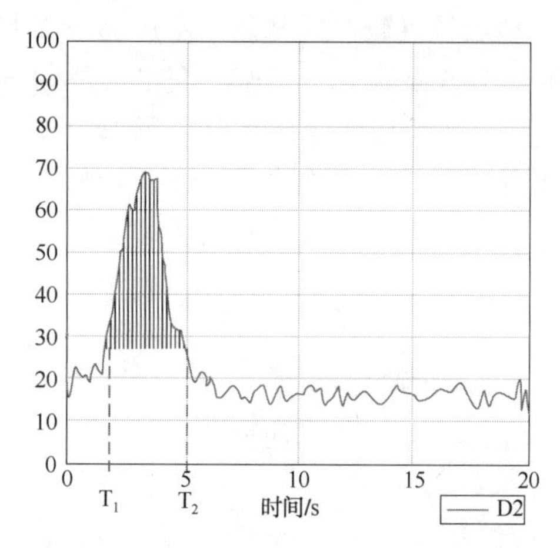

图 7-16　氧活化测井单点某一探头水流谱峰

所探测的水流时间谱峰是完全对称的，但实际测井时，由于受到中子源、井下管柱的非连续统一内径、注入水杂质、井下管柱沾污等多种因素的影响，水流时间谱峰通常如图 7-16 所示，或者其统计起伏更大。

由测量原理可知，在对氧活化仪器中子管供电产生快中子时，仪器探头已开始记录谱峰，活化水流到达探头的时间 t_m 计算方法为：

$$t_m = \frac{\sum_{i=T_1}^{T_2} y_i t_i}{\sum_{i=T_1}^{T_2} y_i} - \frac{1}{2} t_b \tag{7-17}$$

式中，T_1、T_2分别为探头开始记录到活化水流到达的时间和活化水流结束的时间，t_b为中子爆发时间，据上式即可求得 t_m，进而进行全井内详细吸水剖面的测井解释。

第三节　饱和度测井技术

储层饱和度测井，又称储层动态监测测井或储层饱和度动态监测测井，通常有两种方法可用于过套管储层评价和饱和度监测：一种是测量热中子衰减时间的中子寿命测井；另一种是用非弹性伽马射线能谱测定法确定地层中碳和氧的相对含量的碳氧比能谱测井。不论哪种测井，中子与地层的相互作用都是基础。

一、中子与地层的相互作用

中子与地层的相互作用是中子测井的基础，加速器中子源发射中子的能量为 14MeV，同位素中子源发射的中子能量为几百万电子伏特，与地层会发生一系列反应。

（一）快中子非弹性散射

快中子与地层中的靶核发生反应，被靶核吸收形成复核，而后再放出一个能量较低的中子，靶核仍处于激发态，即处于较高的能级。这种作用过程叫弹性散射，或称(n, n')核反应。这些处于激发态的核，常常以发射伽马射线的方式放出激发能而回到基态。由此产生的伽马射线称为非弹性散射伽马射线。以中子的非弹性散射为基础的测井方法，叫快中子非弹性散射伽马法，如碳氧比测井就是测定快中子与 C^{12} 及 O^{16} 核经非弹性散射而放出的伽马射线。中子的能量必须大于靶核的最低激发能级才能发生非弹性散射。非弹性散射的阈值为：

$$E_0 = E_r \frac{M+m}{M} \tag{7-18}$$

式中，E_r 是放出的伽马光子的最低能量；M 是反冲原子核的质量；m 是中子的质量。

一个快中子与一个靶核发生非弹性散射的概率叫非弹性散射截面，单位是“巴”，即 $10^{-24}cm^2$。非弹性散射截面随着中子能量增大及靶核质量数的增大而增大。同位素中子源发射的中子能量低，超过阈能的中子所占的比例很小，引起非弹性散射核反应的概率小，所以总的来说这种核反应的效果可以忽略不计。但中子发生器发射的14MeV的中子射入地层后，在最初的10^{-8}~10^{-7}s的时间间隔里，中子的非弹性散射占支配地位，发射的伽马射线几乎全部为非弹性散射伽马射线。如果在中子发射后10^{-8}~10^{-7}s的时间间隔里选择记录由C^{12}、O^{16}和中子非弹性散射造成的4.43MeV及6.13MeV的伽马射线，就能记录到反映井剖面中含碳量和含氧量的测井曲线，根据反映碳和氧的一定能谱段计数率的比值来区分油水层的测井方法叫碳氧比测井。

（二）快中子对原子核的活化

快中子除与原子核发生非弹性散射外，还能与某些元素的原子核发生(n, α)、(n, P)及(n, γ)核反应。其中，由快中子引起的(n, γ)反应截面非常小，在放射性测井中没有实际意义。而(n, α)和(n, P)的反应截面都比较大，并且中子的能量越高，反应截面越大。由这些核反应产生的新原子核，有些是放射性核素，以一定的半衰期衰变，并发射β或γ粒子。活化核裂变时放出的伽马射线称为次生活化伽马射线。其中氧活化即属这一类型：

$$^{16}O(n, P)\,^{16}N\xrightarrow[7.13s]{\beta^-}\,^{16}O+\gamma$$

（三）快中子的弹性散射及其减速过程

高能中子在发射后的极短时间内，经过一、二次非弹性碰撞而损失掉大量的能量。此后，中子已没有足够的能量再发生非弹性散射或(n, P)核反应，只能经弹性散射而继续减速。所谓弹性散射，是指中子和原子核发生碰撞后，系统的总动能不变，中子所损失的动能全转变成反冲核的动能。弹性散射一般发生在14MeV的中子进入地层以后10^{-6}~10^{-3}s之间。至于同位素中子源发射的中子，因其能量只有几个百万电子伏，所以其减速过程一开始就是以弹性散射为主。每次弹性碰撞后，快中子损失的能量与靶核的质量数A、入射中子的初始能量E_0以及散射角ϕ有关。当ϕ为180°时，即发生正碰撞时，中子损失的能量最大。

通常情况下，靶核的质量数A越大，对快中子的减速能力越差。氢核的A值最小，对快中子的减速能力最强。氢是所有元素中最强的中子减速剂，这是中子测井法测定地层含氢量及解决与含氢量有关的各种地质问题的依据。

水是地层中减速能力最强的物质，其宏观减速能力为$\beta=1.53cm^{-1}$。由其他轻元素组成的物质，减速能力比水小1~2个数量级，如纯石灰岩骨架的减速能力为$0.056cm^{-1}$。由重元素组成的物质宏观减速能力更差，因而，可以近似认为岩石的减速能力等于其孔隙中水或原油的减速能力(设骨架中不含氢)。

岩石中快中子从初始能量减速到0.025MeV热中子所需要的时间叫中子在岩石中的减速时间。中子在水中的减速时间为10^{-5}s。岩石中快中子减速到热中子所移动的直线叫作中子的减速距离。淡水的减速距离为7.7cm，石英、方解石的减速距离分别为37cm和35cm。

（四）热中子在岩石中的扩散和俘获

快中子减速为热中子后，不再减速，温度为25℃时，标准热中子的能量为0.025MeV，速度为2.2×10^5cm/s。此后中子与物质的相互作用不再是减速。而是在地层中的扩散，热中子在介质中的扩散与气体分子的扩散相类似，即从热中子密度(单位体积中的热中子数)大的区域向密度小的区域扩散，直到被介质的原子核俘获为止。描述这个过程的主要参数有：岩石的宏观俘获截面、热中子扩散长度及寿命。

一个原子核俘获热中子的概率叫作该种核的微观俘获截面，以巴为单位(10^{-24}cm)。$1cm^3$的介质中所有原子核微观俘获截面的总和叫作宏观俘获截面，单位为cm^{-1}。岩石中俘获截面大的核素含量高时，其宏观俘获截面大，氯俘获热中子的截面是31.6巴，比沉积岩中其他常见元素的俘获截面大得多，所以含有高矿化度水的岩石比含油的同类岩石宏观俘获截面大。显然，岩盐的宏观截面特别大。当泥质含量增加时，铝、铁、钛、锂、锰等俘获截面大的核素增多，岩石的宏观俘获截面也相应增大。硼的俘获截面特别大，所以岩石中只要有微量的硼，它的宏观俘获截面就会显著增大。

热中子寿命与岩石的宏观俘获截面成反比。水中含有氯离子时，因为矿化水地层中，热中子寿命比油层要小，所以热中子寿命测井可区分油水层。

靶核俘获一个热中子而变为激发态的复核，然后复核放出一个或几个伽马光子，放出激发能而回到基态。这种反应叫辐射俘获核反应，或称(n, γ)反应。在(n, γ)核反应中放出的伽马射线叫俘获伽马射线，测井中习惯上称为中子伽马射线。以这一反应为基础的测井方法叫中子伽马测井。不同的原子核具有不同的能级，因而各种原子核放出的伽马射线能量也不相同。这就是中子伽马能谱测井的物理基础。在(n, γ)核反应中，氢核和其他的原子核相比已不像在减速过程中起决定性作用，此时由于氯的俘获截面大且能放出能量很高的伽马射线，因而记录热中子寿命及俘获截面可以反映含氯量的变化。根据这些参数可以区分高矿化度油水层。

二、中子寿命测井

中子寿命测井也叫热中子衰减时间测井，是脉冲中子测井中最常用的一种，记录的是热中子在地层中的寿命。热中子寿命τ是指热中子从产生到被俘获吸收为止所经过的平均时间。计算可知，平均时间等于63.2%的热中子被俘获所经过的时间，通常情况与介质中的含氯量相关。

计算热中子寿命的关键在于确定介质的宏观俘获截面，对于由多种化合物组成的混合物，计算这类混合物的Σ值的方法有两种：

(1) 已知混合物的矿物成分，则可根据各种矿物的Σ值和体积含量求出总的宏观俘获截面；

(2) 已知每立方厘米体积中各种元素的含量，则可由各种核的微观俘获截面求Σ值。

斯伦贝谢公司计算出的几种物质的俘获截面分别为：石英砂岩8c. u. 、次长石砂岩10c. u. 、石灰岩12c. u. 、白云岩8c. u. 。

对于纯地层水，其Σ值为22c. u. 。当地层水中有Cl、B、Li等强中子吸收剂的离子时，其热中子的俘获截面与纯水的Σ值相差很大，常温下每微克的Cl、B、Li的热中子俘获截面分别为540c. u. 、416c. u. 和60. 9c. u. 。对含有这些离子的水求Σ值时，首先将它的离子转变为NaCl热中子俘获截面相等的等效浓度。然后按等效的NaCl含量与水的Σ值的关系计算出地层水的Σ值。表7-5是换算成等效的NaCl浓度的方法，表7-6是热中子俘获NaCl等效系数。

表 7-5　浓度等效系数

物　　质	每微克截面/$10^{-7}cm^2$	NaCl 等效系数
NaCl	3. 328	1
Cl	5. 4	1. 62
B	416	125
Li	60. 9	18. 3

表 7-6　热中子俘获 NaCl 等效系数

物质	NaCl 等效系数	物质	NaCl 等效系数	物质	NaCl 等效系数
NaCl	1.	Ca	0. 02	Cd	23. 7
B	(121.)119.	S	0. 028	Br	0. 14
Mg	0. 004	I	0. 094	CO_3	忽略不计
Cl	1. 65	Li	17. 3(20.)	HCO_3	0. 01
K	0. 05	Gd	495.	SO_4	0. 01

原油的宏观热中子俘获截面与油气有关，脱气原油的 Σ值为 22c. u. ，与淡水基本相同。原油中溶解的气越多 Σ值越小。通常油的 Σ值在 18～22c. u. 之间。但有些重质油的 Σ值可能大于 22c. u，天然气的 Σ值与它的组分、地层压力和温度有关。确定干气(甲烷)的 Σ值可采用图 7-17 的关系曲线。

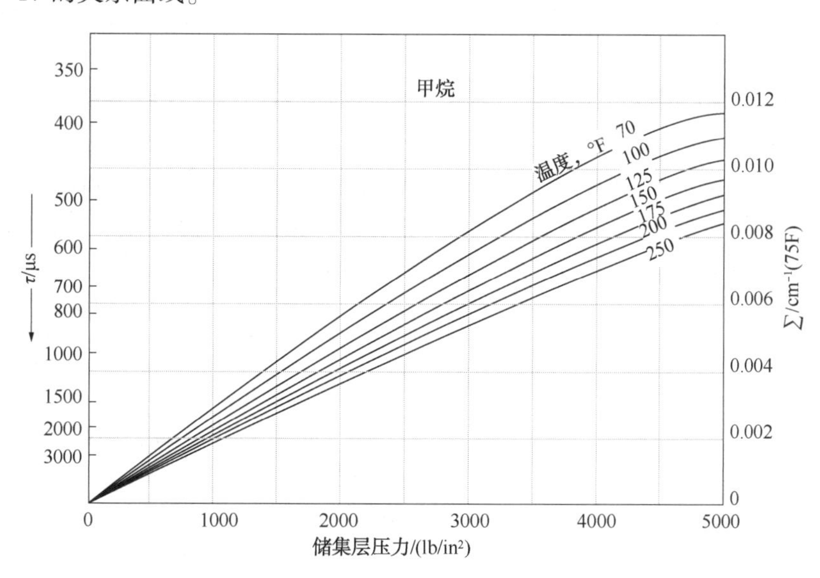

图 7-17　甲烷的和 Σ与压力和温度的关系曲线

表 7-7 给出了常用到的泥质、砂岩骨架、淡水、地层水、天然气和原油热中子宏观俘获截面的典型数据。

表 7-7　几种物质的典型 Σ值

物质	宏观俘获截面典型值/c. u.	物质	宏观俘获截面典型值/c. u.
泥质	35～55	地层水	20～120
砂岩骨架	8～12	天然气	0～12
淡水	22	原油	18～22

由表7-7可以得出如下结论：

(1) 砂岩骨架与孔隙中的原油、天然气、地层水的Σ值有明显差别，所以地层的Σ值与孔隙度有关；

(2) 地层水俘获截面随含氯量增加而急剧增大，所以高矿化度地层水的俘获截面比油、气要高得很多，因此根据Σ可以划分油水界面并定量确定含水饱和度；

(3) 天然气的Σ值很低，可以通过热中子寿命测井辨别气层；

(4) 寿命测井要受泥质和地层水矿化度的影响，对测量结果应进行校正，当地层水矿化度很低时，油水界面就难以分清了。

一般认为，当孔隙度在15%~25%的范围内时，地层水NaCl的含量超过50g/L，即可用中子寿命测井识别油水层。当孔隙度更大，NaCl的含量只有20~50g/L时，也可识别油水层。

三、碳氧比能谱测井

因中子寿命测井对所在地区地层水矿化度有较高要求，在渤海地区应用受限，而碳氧能谱测井则不受矿化度影响，在渤海及四海应用较为广泛。

(一) 碳氧能谱测井原理

能量为14.1MeV的快中子轰击地层，与地层中的各种元素发生非弹性散射后减速，受轰击的原子核处于激发态，之后放出具有一定能量的伽马光子。因此，分析所测得的能量与光子数计数率组成的光谱即可确定地层所含元素的种类和数量。这里关注的元素是碳和氧，因为石油中碳的含量多，水中氧的含量较多。碳原子非弹性散射伽马射线能谱最突出的峰值在4.43MeV，氧原子最突出的峰值在6.13MeV，如图7-18所示，两者的能量差较大，是进行碳氧比能谱测井的基础。若测量出4.43MeV和6.13MeV附近的伽马射线的强度(计数率)，即可确定出地层中碳和氧的含量，从而可导出油和水含量(饱和度)。实际测量时，采用比值法测量的是上述两个数的比值，简写成C/O。这样做，可以消除仪器中子产额不稳定造成的影响。

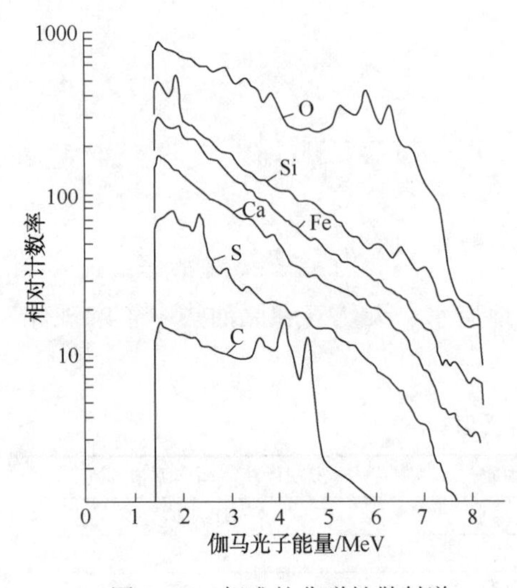

图7-18 标准的非弹性散射谱

C/O比能谱测井是在快中子非弹性散射基础之上建立的，因此，不受氯离子即矿化度的影响，由于伽马光子穿透能力很强，因此既可在裸眼井中测量，又可在套管井中测量。C/O测井的深度只有8.5in左右，受侵入带的影响一般不在裸眼井中使用。该仪器的分辨率在7~5ft左右。不受高矿化度及硼等其他一些具有较大俘获截面元素的影响。

(二) 碳氧比值的测量

为了确定油层、水层和油水含量，在碳氧比能谱测井中，分别选取碳和氧元素为油和水的指示元素，从地质上看，含油砂岩中碳的含量比含水砂岩中的含量多得多；而含水砂岩中氧的含量却多于含油砂岩。从核物理的角度出发，当碳元素和氧元素与快中子发生反应时，都有较大的非弹性散射界面，而且放出较高能量的伽马射线，但两者的能量差异较大，这个能量差别为进行伽马射线能谱分析提供了极为有利的条件。

在利用碳氧比测井方法对地层进行分析时，通常总是取碳的三个峰值(4.43MeV、3.92MeV 和 3.41MeV)范围内所包含的伽马射线总计数(又称碳能窗)与氧的三个峰值(6.13MeV、5.62MeV 和 5.11MeV)范围内所包含的伽马射线总计数(又称氧能窗)之比来评估储集层中的含油量或其他地质参数。碳能窗与氧能窗中计数的比值成为碳氧比，碳氧比能谱测井也由此得名。利用碳氧比来评价地层中的含油量有两个优点：一是可以消除中子产额不稳定造成的影响，二是可以提高区别地层的灵敏度。

实际测量表明，碳氧比测井对地层中碳元素的变化确定是灵敏的，然而在含碳酸盐岩的砂岩地层中，如果单独使用碳氧比参数，通常无法区分孔隙流体中的碳和岩石骨架中的碳，需要引出一个新的参数来指示地层的岩性。经研究发现，中子与钙的非弹性反应所诱发的伽马射线及中子与硅的非弹性散射反应所诱发的伽马射线比值是碳酸盐岩地层的一种良好指示，因为钙硅比和碳氧比都是利用非弹性散射测量得到的，所以都不受地层水矿化度影响。在地层水矿化度变化较大或地层水矿化度未知的油田中，通常由俘获硅钙比来指示地层的岩性。这时硅能窗和钙能窗的选取范围分别与非弹性散射伽马能谱中的碳能窗和氧能窗相同。

连续碳氧比能谱测井记录的主要曲线有：

1. Si 计数曲线

俘获伽马计数率曲线，在缺少孔隙度资料的情况下，常用来代替其他孔隙度测井，在通过气层时，硅曲线有极高的计数率，对寻找潜在的含气层很有帮助。由于 Si 计数率曲线受源强度影响较大，一般采用俘获伽马计数与非弹性散射伽马计数的比值(C/I)。

2. Si/Ca 曲线

俘获伽马计数率比值曲线，用来指示地层岩性。在矿化度变化不大的地层中，通常用它和反向的 C/O 曲线进行交汇，快速定性分析地层含油气性。

3. C/O 曲线

非弹性散射伽马计数率比值曲线，在岩性变化不大的地层中，C/O 值的大小可以直接用来判断地层含油饱和度的高低；在岩性变化较大的地层中，通常需要和 Si/Ca 曲线进行反向交汇，定性判断含油饱和度。

4. Ca/Si 曲线

非弹性散射伽马计数率比值曲线，作用与 Si/Ca 曲线作用类似，但由于该比值曲线不受地层水矿化度影响，在地层水矿化度变化较大的地层中，与 C/O 曲线结合分析含油饱和度。

(三) 碳氧能谱测井解释

碳氧能谱测井记录的主要曲线及在定性分析中的作用在之前已经列出，不再讨论，仅介绍碳氧能谱测井定量解释方法。

碳氧能谱测井的解释除了非弹性俘获资料外，还需要岩性、孔隙度、井眼直径、套管尺寸、套管重量及井流体碳密度等数据。

碳氧比定量解释方法采用了 Herzog 提出的模型：

$$F_{\mathrm{CO}}=\frac{Y_{\mathrm{C}}}{Y_{\mathrm{OX}}}=A\,\frac{\text{骨架碳}+\text{孔隙空间碳}+\text{井眼碳}}{\text{骨架氧}+\text{孔隙空间氧}+\text{井眼氧}} \tag{7-19}$$

式中，F_{CO}为碳氧比值；Y_C为碳的含量；Y_{OX}为氧的含量；A为碳及氧(产生伽马光子的)平均快中子截面之比($A=\delta_C/\delta_O$)。

该模型是基于实验资料建立的，它表明碳和氧的含量与地层及井眼区域内的碳原子、氧原子密度呈线性关系。井眼中的碳和氧由于靠近探测器对信号的贡献不同，因为非弹性散射反应在仪器附近迅速发生，所以可以探测到井眼内的碳氧含量。

若用B_C、B_O表示井眼中碳和氧的贡献，考虑地层流体和矿物中碳与氧原子的浓度、孔隙度、含水饱和度、矿物体积，则式(7-19)可表示为：

$$F_{CO}=\frac{Y_C}{Y_{OX}}=A\frac{\alpha(1-\phi)+\beta\phi(1-S_w)+B_C}{\gamma(1-\phi)+\delta\phi S_w+B_O} \tag{7-20}$$

式中，α、β为分别表示骨架和地层流体中的碳原子浓度；γ、δ为分别表示骨架和地层流体中氧原子的浓度；ϕ为孔隙度；S_w为含水饱和度。

孔隙度由其他资料或由俘获测井求得。

分别设$S_w=1$、$S_w=0$即可得出C/O的最小值$(C/O)_{min}$和最大值$(C/O)_{max}$，当$S_w=1$时，公式写为

$$(C/O)_{min}=\frac{\alpha(1-\phi)+B_C}{\gamma(1-\phi)+\delta\phi+B_O} \tag{7-21}$$

当$S_w=0(S_o=1)$时，公式写为

$$(C/O)_{max}=\frac{\alpha(1-\phi)+\beta\phi+B_C}{\gamma(1-\phi)+B_O} \tag{7-22}$$

把测得的C/O值在$(C/O)_{min}$和$(C/O)_{max}$之间内插，就可以计算出含水饱和度：

$$S_w=\frac{(C/O)_{max}-C/O}{(C/O)_{max}-(C/O)_{min}} \tag{7-23}$$

第四节　工程测井技术

注水开发油藏油层见水后，会引起油层中的泥质成分发生遇水膨胀，从而使地层产生蠕动变形，最终导致油水井出砂、套管变形、套管破裂、甚至套管错断，同时，随着注水开发时间的延长，注入水或地层水对油、水井套管产生的腐蚀作用，同样会使油、水井套管变形或破裂。因此，应经常对油水井进行必要的工程测井，检测套管接箍损伤、腐蚀、内径变化、射孔质量和管柱结构，随时掌握油、水井井下技术状况。

一、水泥胶结评价

水泥胶结评价就是检查套管与水泥(第一界面)、水泥与地层(第二界面)之间是否胶结以及胶结质量的一种方法。采用的都是声波测井的原理，目前主要有声幅测井、声波变密度测井和扇区水泥胶结测井仪(SBT)三种。

(一) 声幅测井

声幅测井采用单发单收声系，仅测量套管波波幅大小，用于判断第一界面的胶结好坏、

确定水泥上返高度、检查套管接箍等。

(二) 声波变密度测井

声波变密度测井采用单发单收或多发多收声系，它既测量套管波又能测量地层波和流体波，声波变密度图是灰白相间的灰色条带，既能检查第一界面的胶结质量又能检查第二界面的胶结质量。

(三) 扇区水泥胶结测井仪(SBT)

目前水泥评价测井的先进技术，其测井资料除包括传统的水泥胶结测井参数声幅曲线、变密度图外，还提供套管外水泥胶结情况的直观图像，该图像将沿井周360°分成八个扇面，记录八个扇区的套管水泥分布图。既能检查第一界面胶结质量、又能检查第二界面胶结质量，还能识别套管外的孔穴孔道。

二、测量套管变形

目前测量套管形状(正常、弯曲变形、漏、断、错等)的方法有多臂井径成像测井、超声电视成像测井、鹰眼电视测井、磁测井等

(一) 多臂井径成像测井

仪器有多条独立测量臂，当套管内径变化引起测量臂张开或收拢时，位移传感器信号变化，仪器在套管内移动，直接测出套管内径随深度变化的曲线。由计算机进行成像技术处理，形成井径曲线、平面展开图、立体效果图、横截面图等，直观地显示套管的井下技术状况，如套管弯曲变形、扩径、缩径、套破以及射孔位置、孔眼等。目前多臂井径测井仪有24臂、32臂、36臂、40臂等多种。

(二) 井下超声成像测井

利用超声波反射原理，采用高速旋转超声换能器垂直井壁发射定向超声脉冲，接收来自井壁的反射回波，通过探测反射波的幅度和到达时间，再利用计算机图像处理技术得到一系列反映套管内壁变形程度和剩余壁厚的彩色平面展开图、三维立体图和截面图等图像，直观地显示套管的弯曲变形、破损、错断、裂缝和腐蚀情况，也能够直接观察套管射孔后的射孔质量和位置。

(三) 鹰眼电视测井

一种光学摄像式套管监测方法，摄像头可像胃镜一样对套管内壁进行扫描，能直观地了解套管变形、错断和内腐蚀，检查射孔段的射孔孔眼状况、射孔层位产液情况、井壁结垢情况、井下落物和鱼顶形状等。

(四) 磁测井

运用电磁学的原理，确定套管的平均直径、蚀坑深度及面积，判断套管腐蚀、破裂是在套管外壁还是内壁，它还可以测量套管壁厚。目前有套管分析仪、电磁测厚仪等多种磁测井仪器。

三、确定层间串槽

油水井投入生产后，由于固井质量不高，或因射孔及其他工程施工，有可能造成层间串通，或者由于长期注水开发生产、地层疏松、垮塌、出砂，或者由于套管损坏等等原因都有

可能造成层间串通。层间串通以后，就需要确定串槽位置，应用测井的方法可以比较准确地确定串槽层位，比较常用的方法有：放射性同位素示踪法、固井质量检测法、套损检测法、流量法、井温法等。工作中应结合实际、综合运用这些方法进行方案设计和施工。

四、综合找漏

由于各种原因，油套管会发生泄漏。利用测井的方法，有针对性地选择测井组合仪器及测试工艺，可以对存在漏失情况的油水井进行测量。找漏的测井方法有：流量法、套损检测法、放射性同位素示踪法、井温法等。

五、验证生产管柱工具

井下生产管柱、工具的验证主要有两个方面：一是检验管柱、工具所下位置是否准确，使用的主要方法是磁性定位测井；二是检验封隔器等密封工具是否达到了密封效果，使用的方法有放射性同位素示踪法、管外流量法，以及压力流量组合验封法等。

六、井身轨迹测量

使用的仪器主要是陀螺测斜仪，测量方式有点测和连续测两种。陀螺测斜仪利用陀螺高速旋转，在套管内进行井斜角、方位角测量，进行老井井斜数据校测，在套管内测量工具面角，也可以进行套管内开窗侧钻定向和在有磁环境内进行单点定向等。

七、主要工程测井仪器的优缺点

目前渤海油田进行套管检测主要采用四十臂井径测井、二十四臂井径成像测井、四十臂井径成像测井、电磁探伤测井、氧活化测井、超声波电视测井、超声测厚等测井技术，各有优缺点及适应性。

（一）四十臂井径成像测井

有40个独立的井径臂(技术指标如表7-8所示)，对应每个臂有一个独立的探头，将每个井径臂的变化情况全部传输到地面，可测量反映管柱内壁的40条井径，地面处理后可成直观图像。可提供套管腐蚀、变形及破损成像资料。

(1) 优点：

① 可直观成像；

② 成像软件功能完备；

③ 适用于5½″~7″套管测量；

④ 测量井斜、方位；

⑤ 性能稳定成功率高；

⑥ 井斜应小于60°，否则影响仪器居中，降低测量精度；

⑦ 测井前必须彻底洗井，保证井内无凝油及结蜡，提高测量结果的准确性。

(2) 局限性：容易在井下遇卡，测前必须通井。

（二）二十四臂井径测井

(1) 适用井：5½″、7″套管；3½″油管。

（2）作用：可检测井下油、套管质量，可提供油、套管腐蚀、变形及破损成像资料。

（3）优点：仪器直径小，并有加长臂，在油管和套管中均可测量，提供油管和套管内壁的变化情况。技术指标如表7-8所示。

表7-8　24臂、40臂井径成像仪器技术指标

参数	24臂井径成像测井仪		40臂井径成像测井仪	
	标准臂	延长臂	标准臂	延长臂
外径/mm	43	43	70	70
耐温/℃	177	177	177	177
耐压/MPa	103.4	103.4	138	138
精度/mm	0.508	0.508	0.508	0.635
分辨率/mm	0.051	0.051	0.051	0.076
测量范围/in	1.75~4.5	1.75~7	2.75~7.0	2.75~10.0

（三）超声波测厚

在6个臂上共有6个探头；测量反映管柱分区厚度的6条曲线。和四十臂成像测井结合使用，准确反映套管的内、外壁腐蚀情况，主要描述指标如表7-9所示。

（1）优点：

① 测量管柱分区厚度，检测管外壁腐蚀情况；

② 适用范围宽，可以通过油管。

（2）局限性：

① 和四十臂成像结合使用，判断内、外壁腐蚀；

② 测量井段内须充满液体；

③ 受井内气体影响。

表7-9　超声波测厚主要技术指标

仪器外径/mm	耐温/℃	耐压/MPa	传感器数量/个	精度/mm	分辨率/mm	测量范围/in
54	150	105	6	0.5	0.18	3~9⅝

（四）电磁探伤测井

电磁探伤测井属于磁测井系列，是典型的漏磁通测量法，其理论基础是电磁感应定律。

（1）优点：

① 通过油管进行油套管的技术现状测量；

② 适用于单层或多层金属管柱损伤检测；

③ 不受气体、液体、气液混合介质等多种流体介质测量环境的限制；

④ 可适用于多种直径管柱的损伤探测。

（2）局限性：为新引进仪器，解释过程较为复杂，存在多解性。

（3）适用井：适用于单层或多层金属管柱损伤检测，适用于多种直径管柱的损伤探测。

（4）作用：可通过油管进行油套管的技术现状测量；可提供油、套管腐蚀、变形及破损情况。

（5）局限性：存在多解性。

第五节　井间监测技术

井间监测技术就是在油田开发过程中用来确定注水井的注水水驱路径、推进方向、波及范围和水驱路径的变化情况，进一步落实注水井与周围井的注采关系，了解注水井水驱平面发育状况，平衡注采矛盾，合理调整开发方案的工艺技术。井间监测技术为油藏描述和开发效果分析提供了新的认识手段和有价值的资料。具体方法包括微地震监测技术和井间示踪技术。

一、微地震监测技术

（一）微地震监测技术原理

微地震监测技术通过在地面布置的检波器接收地下微小地震事件，并通过对记录数据的反演求取微地震震源位置等参数。该技术主要用于压裂裂缝监测和水驱前缘检测。

注水和压裂能诱发一系列微震事件。水力压裂时，随着井筒压力迅速升高，在射孔位置岩石破裂形成裂缝，裂缝扩展时产生一系列向四周传播的微震波。在进行水驱前缘检测测试前，先将注水井停注 10h 以上，使原来已有的微裂缝闭合。测试时注水井恢复注水，随着孔隙流体压力变化和微裂缝的再次张开与扩展，也产生一系列向四周传播的微震波。在地面附近布置拾震器，可检测到地下微震事件。

该技术用静力触探设备将拾震器置入地下数米到数十米深，避免了由车辆、风、人走动及电磁波等引起的振动干扰和电磁干扰，也减弱了地表疏松地层对微震波的衰减，提高了有用信号的采集数量和质量。其中的背景噪音确定、信号采集、信号处理、各分站指令传输、信号前端放大倍数等，均由计算机自动控制完成，大大提高了监测系统的一致性和可靠性。布置在被监测井周围的 6 个检波器分站，接收注水或压裂过程产生的微震波。对每个接收到的微震信号，均采用该微地震波及其导波的波幅、包络、升起、衰减、拐点、频谱特征及不同微地震道间的相关等判别标准进行严格判别，避免伪信号的进入。根据各分站微震波的到时差，构建一系列方程组，求解这组方程，就可确定微震源的位置。

（二）微地震监测技术的适用范围

该技术测试工作全部在地面进行，操作简便，劳动强度低，不影响油田正常生产。该技术适用于直井和斜井，不受井场条件限制。

在水驱前缘监测方面，该技术能解释注入水的水驱前缘和波及范围、优势注水方向，可用于评价调驱、调剖的效果，为注采关系调整及剩余油挖潜提供依据。

在压裂裂缝监测方面，该技术解释成果可提供压裂裂缝的方位(方向)、有效长度、影响高度(范围)和产状等参数，可用于评价压裂效果。

二、井间示踪监测技术

油田注水、注气开采以及注聚合物三次采油，需要了解油层横向上连通情况和非均质性。井间示踪监测利用放射性同位素或化学剂作为示踪剂，追踪注入流体在地层内的运移和分布，从而了解油层非均质特征和注入开发机理，为调整挖潜和三次采油提供依据。井间示踪监测的实施需要一系列配套技术，包括示踪剂的选择、注入以及示踪资料分析应用等。

（一）示踪技术原理

在注水井中加入一定量的示踪剂后，示踪剂溶解于水中，形成一个段塞状的富集带，追踪注入水，标记注入水的运动轨迹。通过监测周围油井中示踪剂的产出浓度随时间的变化，应用数值分析手段，能了解注入水的流动特征和油层地质参数。通过拟合示踪剂产出浓度变化曲线，可定量描述井网的连通程度及储层在平面上和纵向上的非均质性。根据色谱分离理论，可求出注采井间剩余油的分布。

（二）示踪剂的选择

井间示踪监测主要采用放射性同位素或化学剂作为示踪剂。放射性同位素的选择与流动剖面放射性测井类似，需要考虑放射性核素的强度、半衰期、溶解性、安全性及制作成本，另外还需要了解示踪剂的物理、化学性质。这是由于地层岩石骨架的表面积很大，有很强的吸附能力，而原子(或离子)半径小，所带电荷多的核素就容易被地层吸附。此外，化学示踪剂和地层流体中的一些酸根(如 SO_4^{2-}、CO_3^{2-} 等)容易与 Ba^{2+} 或 Ca^{2+} 等生成难溶的化合物而沉积下来。为了减少地层对示踪剂的吸附，可采用加表面活性剂的方法，如对金属离子可制成络合物，或者使用反载体。

（三）示踪剂的注入

井间示踪监测工艺需要依据油田三次采油方案制定，油田地下情况不同，示踪剂的注入和监测方法也不同。

首先，应该设计出合理的施工方案。根据监测区块的具体地层、井网条件确定各井使用的示踪剂种类，计算出示踪剂用量。用量大小与受益井中示踪剂最高采出浓度有关，一般应保证示踪剂采出浓度大于本底含量 3 倍左右，并要求大于仪器最低分辨值 4 倍以上，同时还应保证采出浓度低于国家规定的露天水源最大允许排放浓度，防止对环境和人身造成危害。此外，注入井在施工前应找漏，防止污染地下水源；应计算井口注入压力的上限，控制其不超过地层破裂压力。

其次，应选择适用的注入装置，采用正确的注入方式。放射性示踪剂注入属大剂量、长时间的放射性操作，为了保证注入不渗漏，不污染环境，减少对操作人员的危害，注入装置应具有高压、可调、连续、微量、均匀、密闭注入功能。只有装置密闭才能保证安全。采用高浓度、小流量连续均匀注入方式，使示踪剂能够在井内被注入流体稀释混合后注入油层，防止示踪剂形成浓度不等的段塞而导致采出曲线浓度波动过大，保证分析结果的准确性。化学示踪剂的注入采用高浓度配制，点滴与注入流体在井口混合，然后再注入油层。注入结束后，充分清洗配制池和注入泵，防止剩余物质影响再次注入。

（四）示踪资料分析应用

井间示踪是通过在注入井内注入示踪剂，在受益井上取样，分析示踪剂到达时间和产出浓度，得到示踪剂产出曲线，然后结合油矿地质、开发动态等资料综合分析解释。监测目的不同，资料分析解释方法以及着重点也不同，下面结合具体应用进行概括讨论。

1. 了解注入流体去向和波及状况

由于油层在平面各方向上存在渗透率差异，导致注入井的注入流体沿各方向的驱替速度不同，并使采油井的受益也有方向性差异。因此对于注水、注气开采，了解注入流体的去向及其在油层内的波及状况非常必要。对于三次采油，必须事先了解高渗滤通道并进行封堵，才能防止昂贵的聚合物在注入过程中漏失，有效地进行驱油。

井间示踪监测注入流体的去向非常准确和简单明了。若在一个区块的各注水井中注入不同的示踪剂，在受益井上取样分析各种示踪剂的到达时间，可得到对应注水井的水驱速度(用井距除以示踪剂到达时间)，准确判断出油井的水淹方向。表 7-10 为某油田一区块的井间示踪监测数据。显而易见，15-12 井的主要来水方向是 119 井，因为其水驱速度是 18-11 井的 3.2 倍。同理，18-11 井的主要来水方向是 18-11 井。

表 7-10　井间示踪响应数据表

受益井	注入井	井距/m	示踪剂首次突破时间	天数/d	水驱速度/(m/d)
15-12	18-11	420	1990.11.10	107	3.9
	119	240	1991.01.09	19	12.6
18-11	18-11	330	1990.08.31	36	9.17
	18-12	250	1990.08.13	83	3.0

注入井注入示踪剂后，被追踪的流体在生产井中突破时的注入体积，表示对应井间注入流体的波及体积。这个体积可由各受益井的示踪剂采出相对量来估算。首先，由日注水总量分配各井的日注水量，与各井的日产水量相比，再乘以示踪剂突破时累计产水量，估算出注入油层的流体总量；然后，再除以地层孔隙度，便可得到注入流体波及的岩石体积。由于注入流体首先沿高渗透层窜流，所以从计算出的波及体积中，可以得到窜流通道的体积概念。如某油田一个井组示踪监测求出注入流体波及体积为 47891m^3，该井组油层体积为 275000m^3，计算出体积波及系数为 0.174，表示油层体积中高渗透层占 18.4%。

2. 分析油层非均质性及变化特征

在多层合采或单层存在多个渗透层段情况下，示踪剂产出曲线会出现多个异常增大峰值。一般认为，油层有几个渗透层段，示踪剂产出曲线中就有几个峰数。高渗透层异常峰出现早，峰值高，峰形窄；中、低渗透层异常峰出现晚，峰值低，峰形宽。因此，可以根据示踪剂产出曲线的形状判断油层的纵向非均质状况。图 7-19 是某油田采用井间放射性示踪监测的 14-14 井示踪剂产出曲线，由图中放射性异常的峰数、峰值以及峰形可见，该井油层有一个高渗透层和两个中、低渗透层。这个结论通过与注水井的吸水剖面对比可以得到确认。

油层平面上的连通性通常是靠小层对比判断的，但在非均质较严重的油藏中，仅靠传统的对比关系，很难准确认识油层的平面变化特征。通过井间示踪监测，可以根据注入井周围生产井中示踪剂的产出动态来判断油层的连续性，并由各井示踪剂产出曲线的差异来判断井间是否存在变差部位，加深对油层的认识。某油田在注气试验区的井间示踪监测分析结果就

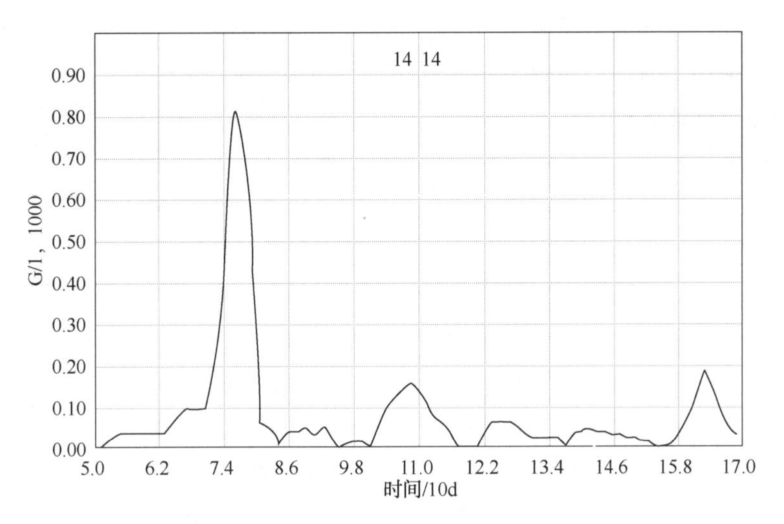

图 7-19　某油田 14-14 井示踪剂产出曲线

是一个例子。该区 773-762 井方向，井点上油层比较发育，层厚分别为 8.2m 和 8.8m，渗透率分别为 $560\times10^{-3}\mu m^2$和 $360\times10^{-3}\mu m^2$；773-772 井方向油层条件较差，层厚只有 5.0m，渗透率为 $175\times10^{-3}\mu m^2$。按静态对比结果，前一方向的油层连通关系比后者好。但在 773 井注入硫氰酸铵示踪剂后，772 井在 69d 后见到示踪剂，而 762 井却在 383d 后见到示踪剂，说明 773-762 方向油层可能存在变差部位。用脉冲试井资料验证，773-772 间油层流动系数为 15.0×10^{-9}，773-762 间的流动系数仅为 6.0×10^{9}，说明井间示踪监测解释结果是可靠的。

3. 认识油层的驱替特征和开采机理

井间示踪监测资料与开采动态综合分析，可以了解不同类型油层的驱替特征，认识开采机理的差异，为合理开采提供依据。

一般说来，油层厚度不同，开采动态有所差异。当油层较薄时(2m 左右)，对注气较敏感。注气后，油井立即响应，油压、套压、产油量、产气量等均迅速上升；停气后，这些井口数据又迅速下降。而油层较厚时(大于 4m)，对注气的敏感性较差。注气若干天后油井的油压和套压才有响应，再过一段时间产油量、油气比等指标才上升。

为了认识不同类型油层的驱替特征和开采机理差异，某油田在注天然气试验区开展水、气交替注入试验，并采用氚作为示踪剂标记注入气体，进行井间示踪监测。由于注气的周期性，示踪剂产出曲线呈脉动式变化，油层厚度不同，曲线的峰形不同。薄油层(5-63 井)的示踪剂产出曲线上浓度很快上升又迅速下降，呈尖峰状；厚油层(763 井)的浓度变化较慢，且跨越时间较长，呈缓峰状。结合油井的开采动态，对井间示踪监测资料进行分析，清楚了解到驱替过程的不同特征，发现不同油层间开采机理的差异。

鉴于示踪剂是跟踪注入气体一起运动的，因此示踪剂浓度的变化，反映了注入气体的运动过程。5-63 井的示踪剂产出浓度未达峰值之前，始终低于本底水平，说明注入油层中的气体始终未能形成连续相，否则应该出现因弥散引起的浓度渐变过程，而不是突变。油井见到示踪剂，即注入气进入生产井的同时，油压、套压、产油量、产气量上升，说明了气体夹带油流动的机理。注气停止、注水开始后，示踪剂浓度很快下降，产气量、产油量随之下降，含水上升，说明这时油层中只有水在流动，气体被封阻在岩石的孔喉处。当注水若干时间后，示踪剂浓度却逐渐升高，同时油压、套压、产油量亦上升，含水下降，但产气量无明显变化，可以推断注水提高地层压力后，推动气体克服毛管作用力，气泡通过孔喉后释放出来的冲击力，起到了某种程度的洗油作用。由此可见，薄油层中水、气交替注入能够有效防止气窜发生，有利于油的开采。763 井的示踪剂产出曲线则说明另外一种情况。示踪剂响应总是滞后于注气时间，说明注入气体在地层中的运动需要时间，首先是在重力分异作用下向油层上部运移，然后向生产井附近聚集(因为油层上部未射开)。示踪剂产出曲线峰形比较宽，上升与下降均呈现一种渐变过程，不仅反映注入气在油层中有一个较长的驱替过程，而且意味着在油层中形成连续相的游离气带，气与水并不是沿同一条路径运动。示踪剂响应与开采动态相一致，曲线峰值期与油增产时期对应，则说明了注入气的驱油作用。显而易见，厚油层与薄油层不同，水、气交替注入并不能防止气窜现象，因而未必是合适的开采方式。

4. 提供开发方案调整的参考资料

井间示踪监测油气开采动态，可以为开发方案调整提供有价值的资料。当流体被注入规则井网中时，每口注入井分别使用一种不同的示踪剂追踪注入流体，通过比较示踪剂在各个生产井上突破时间的先后和采出浓度的高低，可以判断注入流体最优先的流动方向。在方向性流动占优势的地方，可以通过改变注入井网，或者是在选定的井中改变注采速度来提高井间波及效率，增强开采效果。

如果在对油层采取封堵、酸化、压裂等增产措施前后进行井间示踪监测，通过对措施前后的监测资料进行对比研究，可以确定井间体积波及效率是否得到改善，从而评价措施是否得当，也可以为制定三次采油方案提供依据。

图 7-20 是美国怀俄明盐溪油田第二墙溪层三英亩的五点开发井网图，是潜在的注胶束试验区，由 41、42、43、44 号注水井和中心 9 号生产井组成。为了控制试验区内原油流动，同时也在 6、37、15、18 号井注水。注胶束溶液前在试验区内的每口注水井分别注入不同的示踪剂，图中箭头指向已发现示踪剂的生产井。

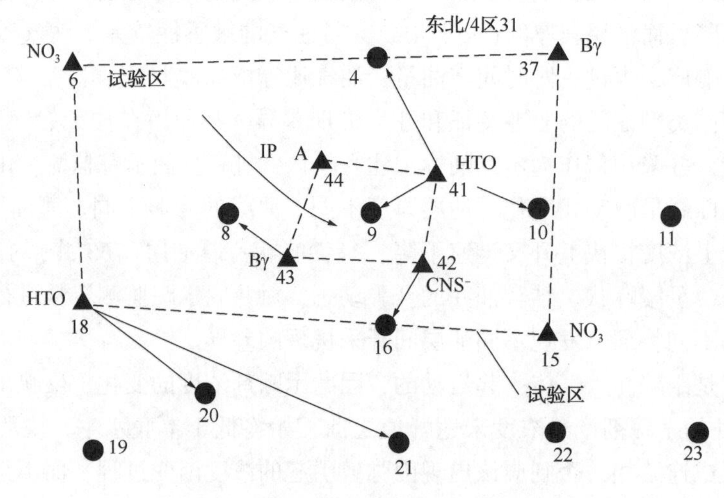

图 7-20　第二墙溪层注胶束溶液试验区

可以看出，该区内仅41号井注入的氚化水有2%到达了9号中心井，其他三口井注入的流体在中心井完全没有响应。这表明9号井与这几口注入井之间的连通性很差，大量的注入水流失到井网区以外。试验区计算的注采比也表明，注入水有50%以上流失到井网外面或者第二墙溪层以外的其他地层。可以推断，只有在改善这个地区井间的连通性和制止注入液体向井网区外流动后，才能对它的胶束溶液驱动和采出石油能力进行估计。因此，在9号井成功地进行了大型酸化处理，消除了高趋附效应的不利影响，使该区的产量比以前提高了一倍。

5. 监测地层剩余油的分布状况

上述井间监测技术采用的是非分离示踪剂，如果同时注入分离和非分离示踪剂，利用其在油、气、水相界面的滞后特性，还可以确定地层剩余油气的分布状况。

井间监测确定剩余油饱和度的方法，是以油层中示踪剂的色层分离为基础的。测试时至少向注入井同时注入两种示踪剂，它们在原油中有显然不同的溶解性，一种为分离示踪剂，另一种为非分离示踪剂。然后从邻近的生产井中采集水样，确定出示踪剂响应函数。

根据色谱理论，在原油中高溶解性或高分离系数的分离示踪剂，相对于非分离示踪剂滞后产出。在线性驱替系统中，非分离示踪剂产出可以由下面的Gaussian峰值公式描述：

$$\frac{C_{\mathrm{N}}}{C_{\mathrm{N,max}}}=\exp\left[\left(\frac{t}{t_{\mathrm{N,max}}}-1\right)^{2}\frac{N}{2}\right] \tag{7-24}$$

式中，t 为生产时间，s；C_{N} 和 $C_{\mathrm{N,max}}$ 分别为时间 t 和高峰值时的非分离示踪剂浓度，g/L；N 为理论塔板数；$t_{\mathrm{N,max}}$ 为非分离示踪剂的峰值保持时间，s。非分离示踪剂和分离示踪剂的峰值保持时间 $t_{\mathrm{N,max}}$、$t_{\mathrm{P,max}}$，可以由下式求出：

$$t_{\mathrm{P,max}}=t_{\mathrm{N,max}}(1+\beta) \tag{7-25}$$

$$\beta=K\left(\frac{S_{\mathrm{orw}}}{1-S_{\mathrm{orw}}}\right)$$

式中，K 为分离系数，等于油相与水相中的示踪剂浓度之比；S_{orw} 为剩余油饱和度。

因此，采用分离和非分离示踪剂同时追踪注入流体进行监测，通过对比两种示踪剂峰值的分离情况，可以确定出油层的平均残余油饱和度。目前此项技术仍在发展和完善之中。

第六节　试井技术

一、试井技术简介

试井(well test)就是一种以渗流力学理论为基础，以压力计等仪表为测试手段，对油气井或水井进行动态压力测试，研究地层的各种物理参数的方法。试井是压力测量应用的一种重要技术。试井分为稳定试井和不稳定试井两类。

稳定试井：又称系统试井、产能试井，指的是改变油气井的工作制度并在各工作制度下测量相应井底压力与产量之间关系的方法。“稳定”指的是产量和压力基本上不随时间变化。稳定试井操作时间长、工作量大。分为常规回压试井、等时试井、修正等时试井。

不稳定试井：指的是改变油气井的产量，并测量由此引起的井底压力值随时间变化的关系的方法。分为压力恢复试井、压力降落试井、干扰试井等。

通过试井分析可以实现：

（1）推算地层压力；

（2）估算单井控制储量；

（3）确定地层参数、大孔道等；

（4）估算完井效率、井底污染情况，判断酸化、压裂效果；

（5）探测边界，确定边界类型、距离；

（6）判断井间连通性；

（7）判断注水前缘、聚合物驱前缘等。

1929—2001年，各国科学家研究出多种试井分析方法，其中一部分不同解释方法的可靠程度如表7-11所示。

表7-11　不同解释方法的可靠程度

<table>
<tr><th>时间</th><th colspan="2">解释方法</th><th>模型辨别</th><th>模型检验</th><th>可靠度级别</th></tr>
<tr><td>20世纪50年代</td><td colspan="2">常规方法</td><td>无</td><td>无</td><td>较差</td></tr>
<tr><td rowspan="2">20世纪70年代</td><td rowspan="2">压力图版拟合</td><td>手工拟合</td><td>较可靠</td><td>较可靠</td><td>差</td></tr>
<tr><td>计算机拟合</td><td>较可靠</td><td>可靠</td><td>较可靠</td></tr>
<tr><td rowspan="2">20世纪80年代</td><td rowspan="2">压力导数图版拟合</td><td>手工拟合</td><td>可靠</td><td>较可靠</td><td>可靠</td></tr>
<tr><td>计算机拟合</td><td>很可靠</td><td>很可靠</td><td>很可靠</td></tr>
<tr><td>21世纪初</td><td colspan="2">反褶积</td><td>更可靠</td><td>很可靠</td><td>很可靠</td></tr>
</table>

二、静压测试

（一）静压测试

为了解当前井的地层能量情况，油气井或注水井投入生产以后，利用短期关井，待井底压力恢复稳定时，测得的油层中部压力。

（二）工作步骤简介

以钢丝送入为例静压测试工作步骤如下：

（1）测试前通井；

（2）组装测试工具串，标准测试工具串：绳帽+旋转节+加重杆+万向节+加重杆+减震器+2支压力计；

（3）下入测试工具串；

（4）目的层位停点测试并按施工设计进行静压梯度测试；

（5）测试结束，提出测试工具串；

（6）回放测试数据（表7-12）合格，恢复井口。

表 7-12　静压测试成果表

<table>
<tr><td colspan="4">压力计位置</td><td colspan="5">上：PPH-045　下：PPH-061</td><td colspan="4">射孔中部垂深/m</td><td colspan="4">基准面垂深/m</td></tr>
<tr><td colspan="4">压力计校验日期</td><td colspan="5">2016. 10</td><td colspan="4">2482. 60</td><td colspan="4">2240. 30</td></tr>
<tr><td rowspan="3">停留点</td><td rowspan="3">压力计</td><td colspan="2" rowspan="2">下入深度</td><td colspan="2" rowspan="2">录取数值</td><td colspan="2" rowspan="2">梯度/(1/100m)</td><td rowspan="3">油嘴/mm</td><td colspan="4">（补心深）</td><td colspan="4">（补心深）</td></tr>
<tr><td rowspan="2">压力/MPa</td><td rowspan="2">平均压力/MPa</td><td rowspan="2">温度/℃</td><td rowspan="2">平均温度/℃</td><td rowspan="2">压力/MPa</td><td rowspan="2">平均压力/MPa</td><td rowspan="2">温度/℃</td><td rowspan="2">平均温度/℃</td></tr>
<tr><td>斜深/m</td><td>垂深/m</td><td>压力/MPa</td><td>温度/℃</td><td>压力/MPa</td><td>温度/℃</td></tr>
<tr><td rowspan="2">1</td><td>上</td><td>2587. 31</td><td>2482. 20</td><td>21. 49</td><td>107. 8</td><td>0. 84</td><td>1. 45</td><td rowspan="10">关井</td><td>21. 49</td><td rowspan="2">21. 49</td><td>107. 8</td><td rowspan="2">108. 0</td><td>19. 46</td><td rowspan="2">19. 46</td><td>104. 3</td><td rowspan="2">104. 4</td></tr>
<tr><td>下</td><td>2587. 51</td><td>2482. 38</td><td>21. 49</td><td>108. 1</td><td>0. 84</td><td>1. 49</td><td>21. 49</td><td>108. 2</td><td>19. 46</td><td>104. 5</td></tr>
<tr><td rowspan="2">2</td><td>上</td><td>2487. 31</td><td>2392. 93</td><td>20. 74</td><td>106. 5</td><td>0. 74</td><td>3. 11</td><td></td><td rowspan="2"></td><td></td><td rowspan="2"></td><td></td><td rowspan="2"></td><td></td><td rowspan="2"></td></tr>
<tr><td>下</td><td>2487. 51</td><td>2393. 11</td><td>20. 74</td><td>106. 8</td><td>0. 74</td><td>3. 18</td><td></td><td></td><td></td><td></td></tr>
<tr><td rowspan="2">3</td><td>上</td><td>2387. 31</td><td>2301. 52</td><td>20. 06</td><td>103. 7</td><td>0. 75</td><td>2. 18</td><td></td><td rowspan="2"></td><td></td><td rowspan="2"></td><td></td><td rowspan="2"></td><td></td><td rowspan="2"></td></tr>
<tr><td>下</td><td>2384. 51</td><td>2301. 71</td><td>20. 06</td><td>103. 9</td><td>0. 75</td><td>2. 14</td><td></td><td></td><td></td><td></td></tr>
<tr><td rowspan="2">4</td><td>上</td><td>2287. 31</td><td>2207. 81</td><td>19. 36</td><td>101. 6</td><td>0. 74</td><td>2. 10</td><td></td><td rowspan="2"></td><td></td><td rowspan="2"></td><td></td><td rowspan="2"></td><td></td><td rowspan="2"></td></tr>
<tr><td>下</td><td>2287. 51</td><td>2207. 99</td><td>19. 36</td><td>101. 9</td><td>0. 74</td><td>2. 07</td><td></td><td></td><td></td><td></td></tr>
<tr><td rowspan="2">5</td><td>上</td><td>2187. 31</td><td>2113. 56</td><td>18. 66</td><td>99. 7</td><td></td><td></td><td></td><td rowspan="2"></td><td></td><td rowspan="2"></td><td></td><td rowspan="2"></td><td></td><td rowspan="2"></td></tr>
<tr><td>下</td><td>2187. 51</td><td>2113. 75</td><td>18. 66</td><td>100. 0</td><td></td><td></td><td></td><td></td><td></td><td></td></tr>
</table>

三、流压测试

（一）流压测试

流压测试为在油气井正常生产时，测得的地层压力。

（二）施工步骤简介

以 Y 管电泵油井、钢丝送入为例，流压测井施工步骤如下：

（1）通井；

（2）打捞“Y”堵；

（3）测试前通井；

（4）组装测试工具串，标准测试工具串：测试堵塞器+绳帽+旋转节+加重杆+万向节+加重杆+减振器+2 支压力计；

（5）下入测试工具串；

（6）按测试要求调节产量，做好井口产量计量，生产稳定后进行流压测试；

（7）测量压力梯度；

（8）测试结束，提出测试工具串，回放测试数据合格，恢复井口。

四、压力恢复测试

（一）压力恢复测试

油气井稳定生产一定时间后，进行地面关井，测量由此而引起的井底压力随时间的变化数据（图 7-21），通过试井分析，解释地层参数、油气藏类型、边界情况等。

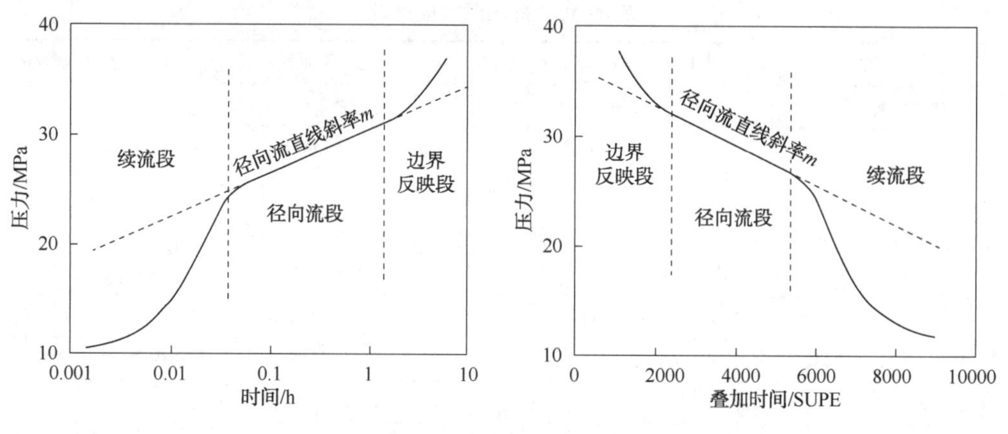

图 7-21 半对数拟合图

（二）工作步骤简介

以钢丝送入为例，压力恢复测试工作步骤如下：

（1）测试前通井；

（2）组装测试工具串；

（3）下入测试工具串至目的层；

（4）按测试要求调节产量，做好井口产量计量，生产稳定后进行流压测试(图 7-22)；

（5）地面关井等待压力恢复；

（6）测试结束，提出测试工具串，回放测试数据合格后，恢复井口。

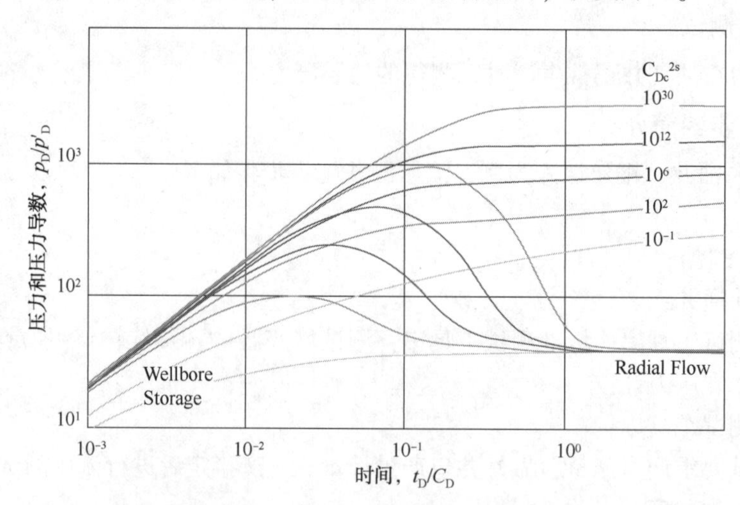

图 7-22 Gringarten 和 Bourdet 图版

五、井下关井压力恢复测试

（一）井下关井压力恢复测试

井下关井压力恢复测试，可以有效地减小井筒存储效应和井筒内相态变化对径向流直线段的影响，取得更好的测试数据。如图 7-23 和图 7-24 所示，同一口井采取地面关井，45h

后才获得径向流数据；而采用井下关井，4. 5h 后便获得径向流数据。

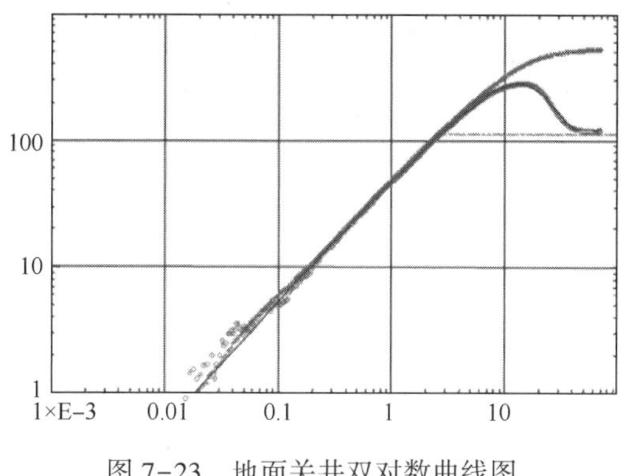

图 7-23　地面关井双对数曲线图

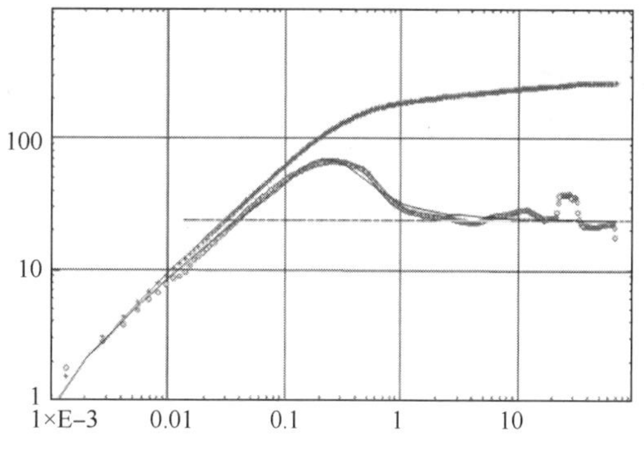

图 7-24　井下关井双对数曲线

（二）工作步骤简介

以 Y 管电泵油井、钢丝送入为例，井下关井压力恢复测试工作步骤如下：

（1）通井；

（2）打捞“Y”堵；

（3）测试前通井、模拟通井；

（4）组装井下关井测试工具串，标准井下关井测试工具串：标准钢丝工具串+锁芯+井下关井工具+减震器+2 支压力计；

（5）下入并投放井下关井测试工具串；

（6）钢丝投放 Y-BLOCK 堵塞器；

（7）验封，起泵生产测试；按测试要求调节产量，生产稳定后，进行流压测试；

（8）配合井下关井工具，停泵并地面关井；

（9）测试结束后，打捞 Y-BLOCK 堵塞器；

（10）打捞井下关井工具串；

（11）提出测试工具串，回放测试数据合格后，投 Y-BLOCK 堵塞器，验封，恢复井口。

六、系统试井

（一）系统试井

系统试井又称为产能试井，稳定试井。通过改变工作制度，测量在不同工作制度下的稳定产量及与之对应的井底压力（图 7-25），从而确定测试井的产能方程和无阻流量。

（二）工作步骤简介

以钢丝送入为例，系统试井工作步骤如下：

（1）测试前通井；

（2）组装测试工具串；

（3）下测试工具串至目的层；

（4）根据测试要求，按照一定次序调节产量（油嘴），测试不同产量下的稳定流压（如需要测试压力恢复，按照压力恢复测试要求进行）；

（5）提出测试工具串；

(6) 回放测试数据合格后，恢复井口。

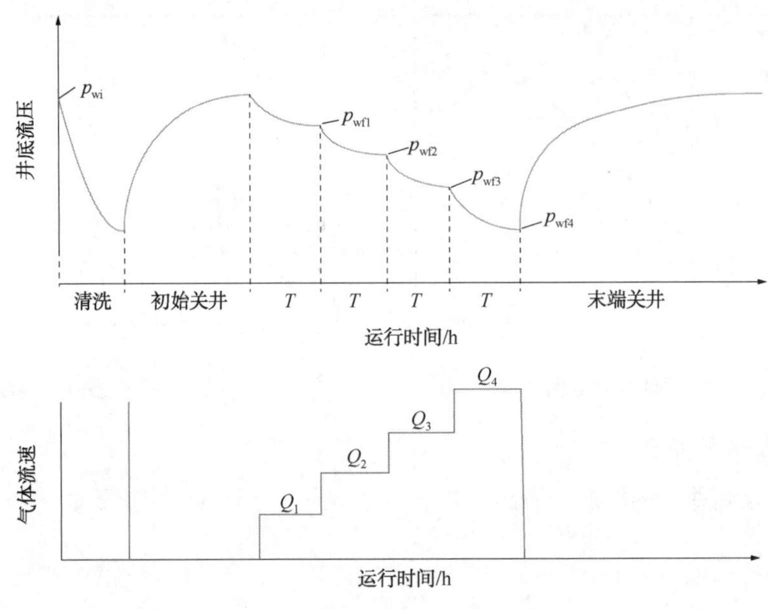

图 7-25　产量随时间的变化关系

七、干扰试井

测试时一般采用两口井进行施工，一口井作为“激动井”，改变工作制度，例如开井或者关井，产生一个地层压力波。另一口井作为“观测井”，测试时下入高精度压力计，记录从“激动井”通过地层传播过来的压力变化，从而研究井间地层的连通性，并计算连通参数(图 7-26)。

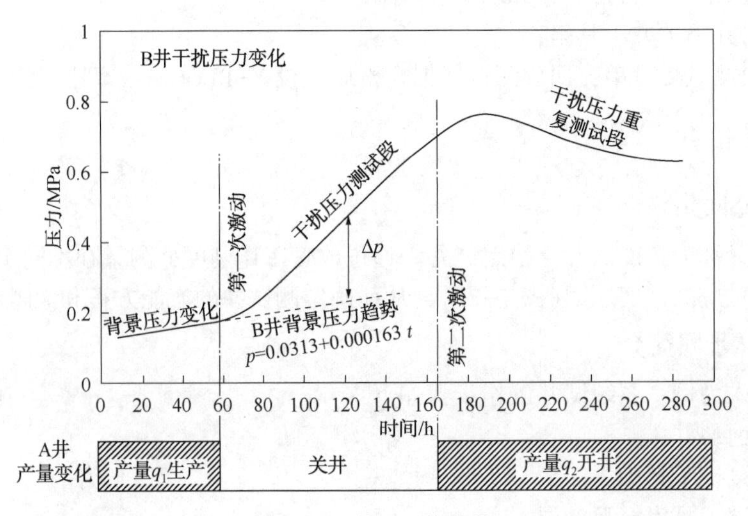

图 7-26　井间干扰试井

工作步骤如下：

(1) “观测井”安装防喷系统，测试前“激动井”不改变工作状态；

（2）“观测井”通井；

（3）“观测井”地面关井，等待井底压力基本稳定；

（4）组装测试工具串，标准测试工具串：测试堵塞器+绳帽+旋转节+加重杆+万向节+加重杆+减震器+2 支压力计；

（5）在“观测井”中下入测试工具串至目的层；

（6）连续记录井底的压力变化；

（7）改变“激动井”工作制度：

① 如果激动井为关井状态，起泵生产；

② 如果激动井为开井状态，地面关井；

③ 生产工作制度变化；

（8）测试结束，提出测试工具串，回放测试数据合格后，恢复井口。

八、压力测试注意事项

（1）无论是常规钢丝作业还是测试、取样作业，通井是保证作业顺利进行的前提。它可以确定井况是否良好，避免工具遇阻、遇卡。

（2）流压梯度测试时，Y-管电泵井停点深度不能高于产层顶部封隔器上面的带孔管或循环滑套，流压梯度停点不少于 3 个停点。

（3）压力恢复作业前收集测试井的作业资料、油藏参数以及相关解释资料，作业期间确保测点深度准确及现场计算的成果表无误，记录流量测试时的井口油压、套压、温度、油嘴尺寸以及平台计量化验结果等参数；关井时保证定压放气阀关闭；关井初期每小时记录井口油压、套压、温度；关井期间定时记录井口油压、套压、温度。

（4）系统试井作业前收集测试井的作业资料、油藏参数以及相关解释资料，作业期间确保测点深度准确及现场计算的成果表无误，收集流量测试时不同制度下的井口油压、套压、温度、油嘴尺寸以及平台计量化验结果等参数。

第八章　注水井井下作业技术

第一节　典型注水管柱

要使油田合理注水，取得最佳的水驱效果，必须选择与油藏性质和开发要求相适应的注水工艺。目前海上油田的注水分为合注和分层注水两种方式。合注就是在同一压力条件下对各吸水层实施笼统注水；分注就是针对各油层不同的渗透性能进行控制注水，对渗透性好吸水能力强的层适当的控制注水；对渗透性差、吸水能力弱的层则加强注水，尽量使注入水在高、中、低渗透层中发挥应有的作用。通过分层注水，可使层间矛盾得到调整，地层能量得到合理补充，降低油井含水上升速度，所以注水井实行分层配注，是实现油田稳产、高产和提高油田采收率的有效措施。

海上油田注水井合注数量较少，主要为分层注水井。海上分层注水井目前大多数为先下入大通径丢手防砂管柱，然后下入注水管柱，对不需要防砂的井，则先丢手下入大通径分层封隔器，然后下入注水管柱。还有极少数注水井是不进行丢手防砂或丢手下入分层封隔器，而直接由注水管柱带分层封隔器一趟管柱下入，实现分层注水。

一、合注管柱

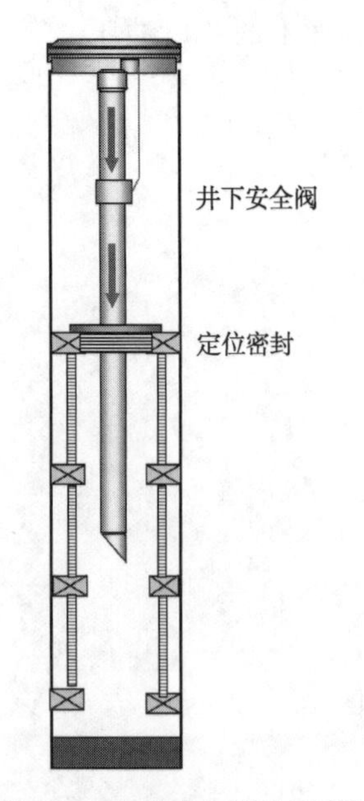

图 8-1　典型合注管柱示意图

合注管柱主要适用于某些油田开发初期注水或油井转注初期的注水；也适用于只有一个油层或虽有几个油层，但油层物性非常接近，层间矛盾差异小的油田注水。另外对于各注水层间纵向连通性好，其间没有明显隔层的多油层油田也采用合注管柱注水。

合注管柱的优点是结构简单，现场容易操作。缺点是开采过程中层间矛盾明显，单层吸水量无法控制，注入水容易沿高渗层突进，造成高渗层过早见水或水淹，直接影响中低渗透层的水驱效果。

图 8-1 为典型的合注管柱，其中防砂管柱为丢手下入，使用这种管柱时，必须根据管柱受力效应对油管伸缩量进行精确计算，防止定位密封模块上升移出封隔器密封筒之上，必要时可用锚定密封代替普通定位密封，也可使用油管锚来防止定位密封上移引起油套同压等问题。

二、分层注水管柱

对两个或两个以上注水层系，且层系之间渗透率差异比较大，都应采用分层注水管柱。分层注水管柱可分为单管分层配注管柱和多管分层配注管柱。

(一) 单管分层注水管柱

单管分层注水管柱目前海上应用的主要有以下六类：空心集成注水管柱、一投三分注水管柱、同心分注注水管柱、自提升防反吐注水管柱、同心测调注水管柱、智能测调分层注水管柱。

1. 空心集成分层注水管柱

空心集成分注管柱示意图如图 8-2 所示。

其原理是通过定位密封、空心集成配水工作筒自带密封模块和插入密封与井下封隔器密封筒配合实现分段，配水器芯子座在工作筒内，配水器水嘴上下有密封 UT 盘，与工作筒水嘴上下密封面配合，每个配水工作筒可实现两防砂段注水。适用于防砂管柱内密封筒≥3. 88″、井斜≤60°、分注层段数≤6 的注水井。

2. 一投三分分层注水管柱

一投三分分注管柱示意图如图 8-3 所示。

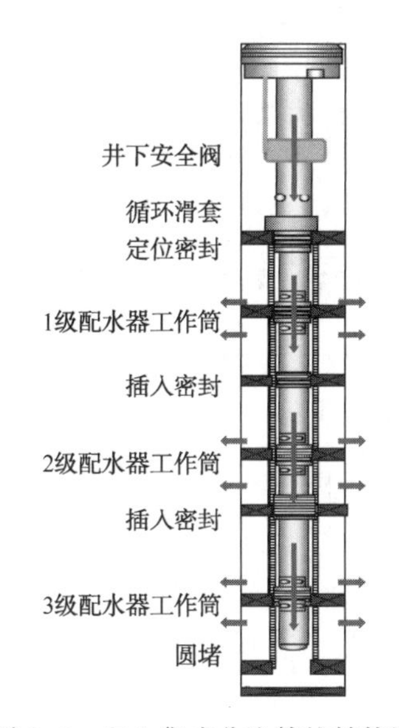

图 8-2　空心集成分注管柱结构图

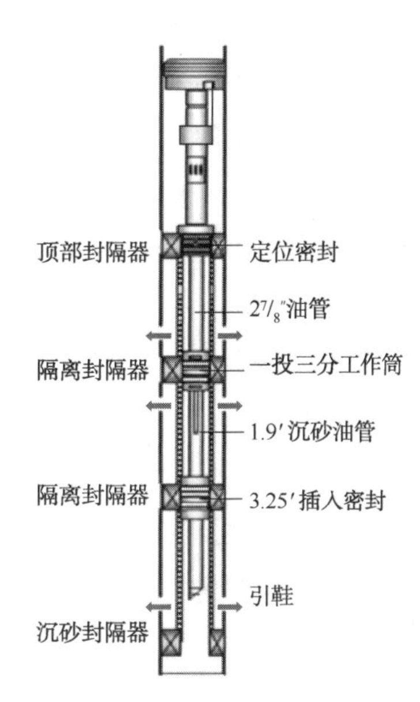

图 8-3　一投三分分注管柱结构图

其原理是通过定位密封、一投三分配水工作筒自带密封模块和插入密封与井下封隔器密封筒配合实现分段，配水器芯子座在工作筒内，配水器水嘴上、下有密封 UT 盘，与工作筒水嘴上、下密封面配合，每个配水工作筒可实现三防砂段注水。

其中一投三分工作筒本身具有定位台阶，可实现管柱的定位作用。工作筒通过本体密封及上下出水孔实现对一、二层的分层注水，通过工作筒下部的 1. 9″油管环空对第三层进行注水。一次钢丝作业可完成三个层段的调配作业。主要适用于防砂内密封筒通径≥3. 25″、井斜≤60°、分注层段数≤3 的注水井。

3. 同心分注分层注水管柱

同心分注管柱示意图如图 8-4 所示。

原理是利用定位密封、插入密封把先期防砂的注水井分成若干个独立的注水段，配水器芯子座在工作筒内，配水器水嘴上、下有密封 UT 盘，与工作筒出水孔上、下密封面配合，每个配水工作筒对应一个注水层段。可实现多层段小通径防砂井分注。主要适用于防砂管柱密封筒内通径≥3.25″、井斜≤60°、分注层段数≤5 的井。

4. 自提升防反吐分层注水管柱

自提升式防反吐分注管柱结构示意图如图 8-5 所示。

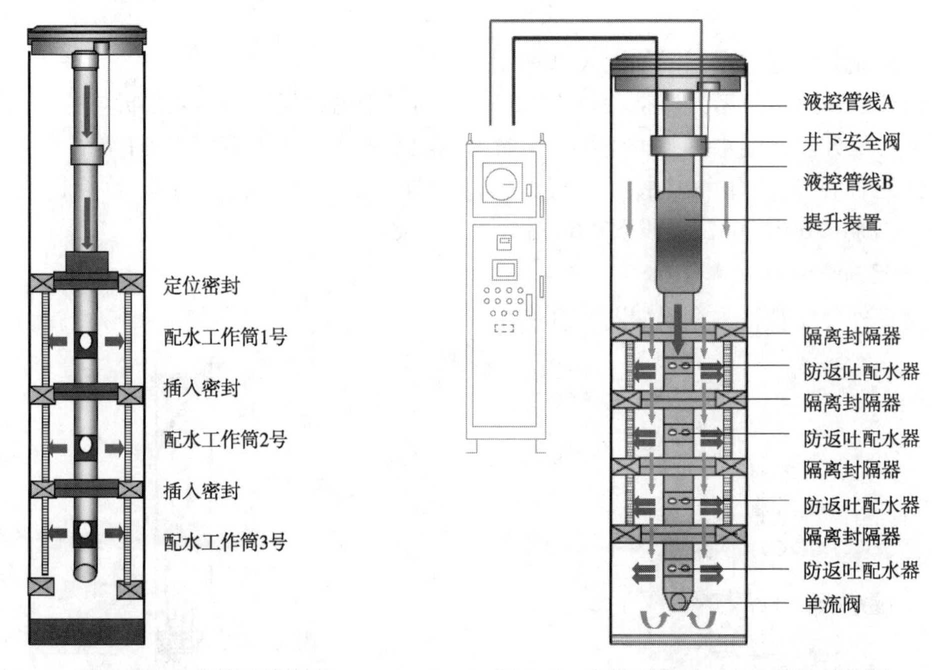

图 8-4　同心分注注水管柱结构图　　　　图 8-5　自提升防反吐分注管柱结构图

当需要提升管柱时，通过地面压力控制装置经注压管线对提升装置增压，带动中心管向上移动，形成洗井通道；当洗井作业完成，通过操作使管柱恢复原位。上图中浅色箭头为洗井通道，深色箭头为注入通道，原理是利用定位密封、插入密封把先期防砂的注水井分成若干个独立的注水段，配水器芯子座在工作筒内，配水器水嘴上、下有密封 UT 盘，与工作筒水嘴上、下密封面配合，每个配水工作筒对应一个注水层位。可在不拆井口采油树的情况下，通过管柱上的提升装置，实现反洗井功能，配水器工作筒不注水时保持关闭状态，有效防止地层出砂，有效防止管柱结垢遇卡。适用于防砂密封筒内通径≥3.88″、井斜≤60°、分注层段数≤6 的注水井。

5. 同心测调分层注水管柱

同心测调分注管柱示意图如图 8-6 所示。

其原理为利用定位密封、插入密封把先期防砂的注水井分成若干个独立的注水段，工作筒与配水器集成一体，每个配水工作筒对应一个注水防砂段。工作筒与配水器芯子集成一体，无需钢丝作业投捞，分注管柱不受分注层段限制，一趟电缆作业可完成流量测试和水嘴调节等工作，节约作业时间。适用于防砂内通径≥3.88″、井斜≤60°的井。

6. 智能测调分层注水管柱

目前智能测调分层注水管柱类型主要有：永置电缆测调管柱、压电脉冲测调管柱、液控智能测调等，这里介绍目前应用较多的永置电缆测调管柱，其管柱如图 8-7 所示。

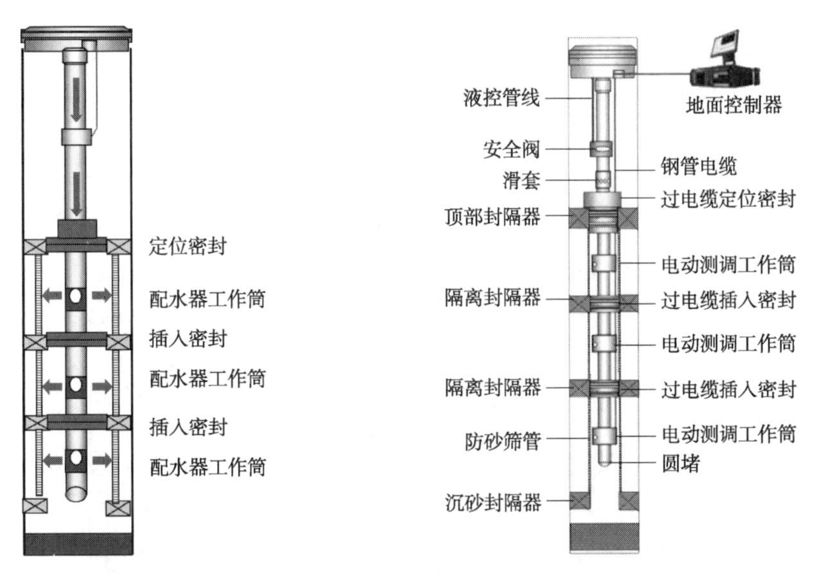

图 8-6　同心测调分注管柱结构图　　图 8-7　预置电缆智能测调分注管柱示意图

原理是利用过电缆定位密封、过电缆插入密封把先期防砂的注水井分成若干个独立的注水段，每个配水工作筒对应一个注水层位。电动测调配水工作筒将压力计、流量计、温度计及水嘴调节装置集成一体，通过地面信号可控制井下水嘴开度，每个工作筒对应一个注水层段。过电缆插入密封本体内有过电缆通道，注水管柱下入井中预定深度后，插入密封与防砂隔离封隔器密封光筒配合密封。

主要优势有以下 3 点：

(1) 不受井斜、分层数限制；

(2) 地面实时监测井下压力、温度和流量数据，具备注入量自动调配功能，方便快捷；

(3) 可获取井下工况参数实时资料，在加强对储层认识、调整开发方案、优化措施挖潜、注水安全等多个方面具有指导意义，为水井动态分析提供数据支持。

(二) 多管分层注水管柱

1. 普通多管分层注水管柱

目前，多管分层注水管柱海上应用不少，由于分层注水量由地面控制，可减少深井斜井投捞配水器芯子的钢丝作业量，减少事故。适用于大斜度井和需要多介质注入的井，例如水聚分注等。但由于管柱结构复杂，一旦出现问题难以进行打捞作业，且套管注水对套管有较强的腐蚀，因此管柱需考虑多种情况及需要，做到一次下井，长期不动，适用于套管直径较大的井中(图 8-8)。

原理是通过在原有井口增加一个升高油管四通和油管挂，增加一趟新管柱来创建一条新的注入通道，实现套管中套大油管、大油管中套小油管的同心三管结构，使注入到各地层的液体从地面开始就流经各自独立通道，注入到相应的地层。在地面直接读取各层流量和压力，地面阀门独立控制各层注入量，配注直观、准确、高效，省掉了钢丝绳作业且避免了由其带来的作业风险。目前这种管柱结构因为不符合相关安全要求，需对其进行一些改造，比如油套环空加封隔器，两层油管小环空加环空安全阀等。

2. 同井抽注管柱

同井抽注管柱有同井采水注水、同井采油注水、同井采油注气等多种应用，注水采油典型管柱示意图如图 8-9 所示，通过在顶部封隔器处用桥式通道结构实现同时注水采油。由于这些管柱也存在一些安全问题，目前对部分同井抽注井进行了改造，如在油套环空添加过电缆封隔器，在采出与注入通道上分别加小直径深井安全阀等。同井抽注管柱结构复杂，一旦出现管柱卡等问题，打捞难度大，应用时要尽量选择不出砂、井斜小的井应用。

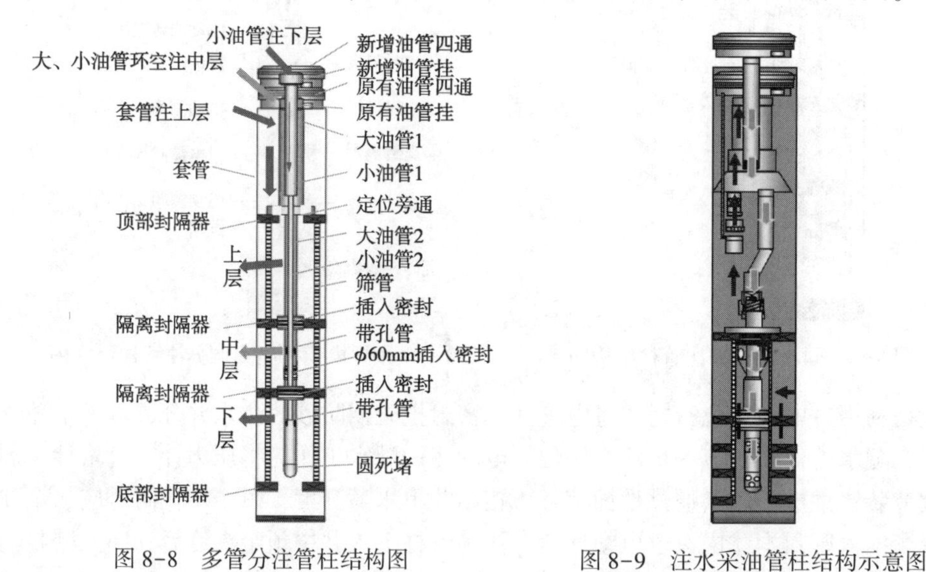

图 8-8　多管分注管柱结构图　　　　图 8-9　注水采油管柱结构示意图

第二节　注水井防腐防垢技术

一、注水井防腐技术

注水井井筒内的腐蚀破坏给油、气田不仅带来了经济损失，并直接影响注水的持续性与有效性，并造成了一定的安全隐患。所以有效地控制注水井的腐蚀破坏问题，意义重大。

金属与周围介质相接触，由于电化学的原因引起的破坏称为腐蚀。近年来又把腐蚀的定义扩展为：材料和周围介质相作用，使材料遭受破坏或性能恶化的过程称为腐蚀。金属在油田水中的腐蚀过程并不是独立进行的，腐蚀过程、结垢过程、细菌繁殖和沉积物的形成过程既密切相关又互为影响因素。

（一）金属腐蚀原理及形态

1. 金属腐蚀原理

按照腐蚀过程的特点分类，金属的腐蚀可按化学腐蚀、电化学腐蚀、物理腐蚀三种机理分类。物理腐蚀是指金属由于单纯的物理溶解作用所引起的破坏，如许多金属在高温熔盐、熔碱及液态金属中可发生物理腐蚀。

2. 金属的腐蚀形态

按照腐蚀本身所显示的行为分类可分为八种，这八种形态既独特又相互关联。八种形态是：均匀腐蚀、缝隙腐蚀、孔蚀、晶间腐蚀、选择性腐蚀、磨损、应力腐蚀和氢损伤。

(二) 影响金属腐蚀的因素

金属腐蚀是金属与周围环境作用而引起的破坏。影响金属腐蚀行为的因素很多，它既与金属本身的因素有关，又与腐蚀环境相连。了解这些因素，可以帮助我们去解决生产中的腐蚀问题，弄清影响腐蚀的主要因素，从而有效地采取防腐措施，做好油气田防腐工作。

1. 金属材料的影响

（1）金属的化学稳定性

金属耐腐蚀性的好坏，首先与其变性有关。各种金属的热力学稳定性可近似地用其标准平衡电位来评定。电位越正，金属稳定性越高，金属越耐腐蚀，反之，金属离子化倾向越高，金属就越易腐蚀。但是也有些金属如铝等，虽然活性大，由于其表面易生成保护膜，所以具有良好的耐腐蚀性能。

金属的电极电位和其耐腐蚀性只是在一定程度上近似地反应其对应关系，并不存在严格的规律。

（2）金属成分的影响

纯金属具有较高的化学稳定性，但由于纯金属不能满足工业需要，因此在实际应用中多采用合金。合金又分单相合金和多相合金。

① 单相合金

单相固溶体合金，由于组织均一，具有较高的化学稳定性，因而耐腐蚀性就较高，如不锈钢等。

② 两相或多相合金

由于各相的化学稳定性不同，与电解质溶液接触，在合金表面上形成许多腐蚀微电池，所以比单相合金容易遭受腐蚀。但也有耐腐蚀性很高的多相合金，如硅铸铁、硅铅合金等。

合金的腐蚀速率与以下三点有关：

a. 当合金各组分存在较大电位差时，合金就易腐蚀；

b. 若合金中阳极以夹杂物形式存在且面积较小时，阳极首先溶解，使合金成为单相，对腐蚀不产生明显的影响；

c. 若合金中阴极相以夹杂物形式存在，阳极作为合金的基底将受腐蚀，且阴极夹杂物分散性越大，腐蚀就越强烈。

（3）金属表面状态的影响

表面光滑的金属材料表面易极化，形成保护膜。而加工粗糙不光滑的金属表面容易腐蚀，如金属的擦伤、缝隙、穴寓等部位都是天然的腐蚀源。粗糙的表面易凝聚水滴，造成大气腐蚀，而深洼部分则易造成氧浓度差电池而受腐蚀。总之，金属工件加工应平滑。

（4）金相组织与热处理的影响

金属的耐腐蚀性能取决于金属及合金的化学组分，而金相组织与金属的化学密切相关。

当合金的成分一定时，随加热和冷却能进行物理转变的合金，其金相组织与热处理密切关系，将随温度变化产生不同的金相组织，而后者的变化又影响了金属的耐腐蚀。

（5）变形和应力的影响

金属在加工过程中变形，产生很大的内应力，其中拉应力能引起金属晶格的扭曲而降低金属电位，使腐蚀过程加速，而应力则可降低腐蚀破裂的倾向。

2. 环境的影响

（1）介质酸碱性对腐蚀的影响

介质的 pH 值变化对腐蚀速率的影响是多方面的。因为氢离子是有效的阴极去极剂，所以当 pH 值变小时，将有利于腐蚀的进行。另外 pH 值的变化对金属表面膜的溶解及保护膜的生成均有影响，因而也影响到金属的腐蚀速率。

（2）介质的成分及浓度的影响

不同成分和浓度的介质，对金属腐蚀有不同的影响。在非氧化性酸中(如盐酸)，金属随介质浓度的增加，腐蚀速度加大。而在氧化性酸中，当浓度增大到一定数值时，表面生成钝化膜，腐蚀就生成一个峰值，即使再增加浓度，腐蚀速度也不会增大。如碳钢、不锈钢等在浓度为50%左右的硫酸中的腐蚀最严重，而当浓度增加到60%以上时，腐蚀速率反而急剧下降。

在稀碱液中，铁能生成不易溶解的氢氧化物，使腐蚀速率减小，但当碱液的浓度增加时，则会使其溶解，铁的腐蚀速率就会增大。

不同的盐类溶液对金属腐蚀也有很大的影响。非氧化性酸性盐类能引起金属的强烈腐蚀。中性及碱性盐类对金属的腐蚀，主要是氧的去极化作用，腐蚀性比前者要小。氧化性盐类有钝化作用，如使用浓度得当，可做缓蚀剂。

溶液中阴离子对腐蚀的影响主要取决于 OH^-，它能较大幅度地增加反应速度，其他依次是 ClO^{4-}、SO^{2-}、Cl^-等。阳离子主要以 Fe^{3+}、H^+为主，作为阴极去极剂而加速腐蚀。溶液中有没有氧，在许多情况下对腐蚀起决定作用。氧是一种去极化剂，能加速金属的腐蚀过程，而有的时候它则能促进生成保护膜，保护金属不受腐蚀。氧对不同金属腐蚀行为的影响如表 8-1 所示。

表 8-1　溶解氧对于一些金属在酸中腐蚀的影响

材料	酸	浓度/%	腐蚀速率/(mm/a)	
			氢饱和的酸(无氧)	氧饱和的酸
软钢	硫酸	6	0.7874	9.0932
铅	盐酸	4	0.4318	4.1402
铜	盐酸	4	0.4318	35.052
锡	硫酸	6	0.2286	27.94
镍	盐酸	4	0.1524	11.176
合金	硫酸	2	0.0254	2.3622

（3）介质的温度、压力对腐蚀的影响

腐蚀是一种化学反应，通常随温度升高，腐蚀加剧。温度升高，扩散速度增大，电解液电阻下降，阴极过程和阳极过程均被加速。温度对钝化膜也有影响，往往在一个温度生成的膜在另一温度便会溶解，高温使钝化变得困难，腐蚀就加剧。但在有些情况下，腐蚀速度与温度的关系较复杂。随温度增加，氧分子溶解度减小，氧浓度下降，腐蚀速率亦下降。压力的增加，可使溶液中溶解氧的浓度增大，而加速腐蚀。如在高压锅炉内，只要有少量氧存在，便可引起剧烈反应。

(4) 介质流动速度对腐蚀的影响

流速对腐蚀的影响是复杂的，这主要取决于金属和介质的特性。在多数情况下，流速越高，腐蚀速率越大。因为溶液较快流动时，可带来更多的活性物质(如氧)，加速阴极去极化过程，从而加速腐蚀进行，而当流速继续增大时，氧化能力使金属达到钝态，腐蚀速率反而会下降(图 8-10)。

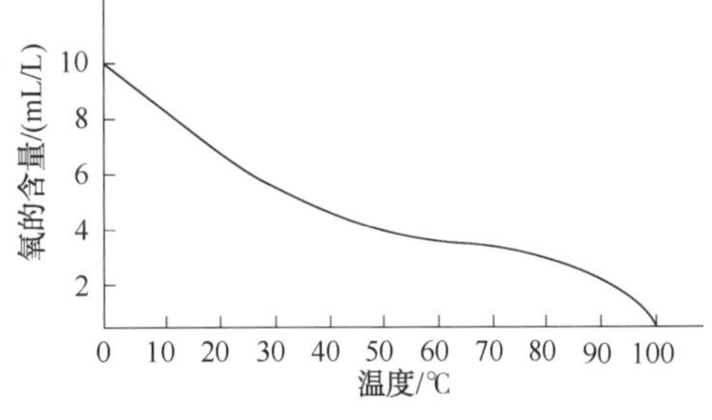

图 8-10 氧在水中的溶解度和温度的关系

(5) 电偶的影响

在实际生产中，不同的金属和合金与腐蚀介质三者接触时将产生电偶效应，电位较低的金属在电偶中成为阳极，被强烈腐蚀。电偶腐蚀的动力是两金属间的电位差，差距越大腐蚀就越严重。对于电偶腐蚀还应特别注意距离效应和面积效应。在电偶中，当阳极面积大时，腐蚀并不显著，如阳极面积过小，阳极的电流密度过大，就易于发生严重的孔蚀。

根据金属的电偶效应，在涂漆时，如果其中之一要涂漆，必须把较贵重的或是较耐腐蚀的金属涂漆。再者就是距离效应，电偶效应引起的加速腐蚀，一般在连接处最大，距离越远，腐蚀越小，距离的影响还取决于溶液的导电率。

电偶影响并不是都有害，阴极保护就是利用电偶腐蚀原理。

(6) 环境的细节和可能变化的影响

环境对金属的影响是多方面的，重要因素在前面已逐一论述，但也有一些细节和可能的变化对其有影响。如浓硫酸用碳钢作槽子，耐腐蚀性尚好，但当酸液排空，槽壁上的酸液会吸附大气中的水分而稀释，因而引起严重的腐蚀，因此让槽子总是充满酸液。再者开车、停车和运行状态是不同的，往往因为温度和介质浓度不一，腐蚀状态也不一样。

由于在油气田中，伴随着腐蚀往往有许多综合的因素，影响腐蚀的主要因素有以下几项：金属材料、结构，温度和分压，H_2S 含量及分压，水的化学成分(Cl^-、HCO_3^-)，腐蚀产物，pH 值，流体流速、流态和冲蚀介质。

(三) 海上注水井防腐技术

1. 注水井井下管材防腐设计

二氧化碳和硫化氢酸性气体是引起渤海油田注水井井下管材腐蚀的重要因素，防腐设计宜针对二氧化碳和硫化氢酸性气体和具体井况(温度、压力、矿化度)，选择经济合理的防腐措施，以满足安全生产作业要求。

海上注水井油管和套管防腐方案宜综合考虑注水井寿命期的成本因素，优先选择管材防腐，避免局部腐蚀，辅以缓蚀剂防护。腐蚀性流体的设计流速应不超过冲蚀的临界流速，避免出现冲蚀。

(1) 设计流程

注水井油管和套管防腐设计流程如图 8-11 所示。

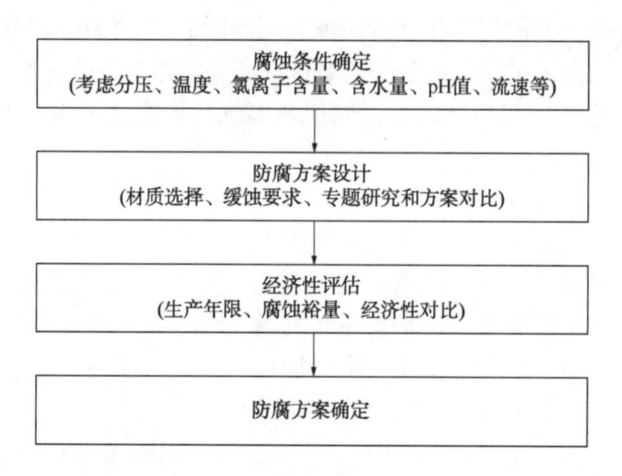

图 8-11　注水井油管和套管防腐设计流程

（2）防腐管材的选择

在地层水中氯离子含量小于25000mg/L，井流物流速小于2.0m/s，溶液中性的条件下，根据井下温度和二氧化碳分压，参考图8-12选择油套管材质。

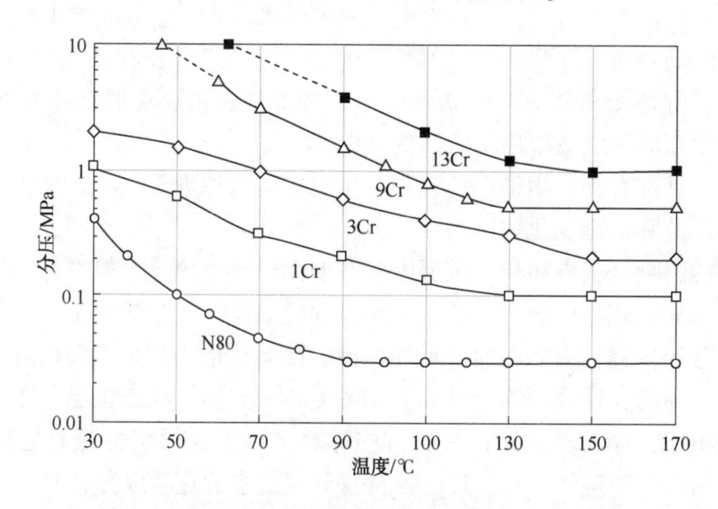

图 8-12　二氧化碳腐蚀条件下油套管材质选择图版

二氧化碳和硫化氢共存腐蚀条件下的管材应根据二氧化碳和硫化氢分压参考图8-13选择。

（3）管材尺寸的选择

注水井井下管材尺寸的设计应结合设计液量、井口压力、井底流压、井下钢丝作业要求等因素。在选择注水管柱直径时，对拟定的管柱内径和配注量进行校核计算，以判断在计划的最大日注量下，流体在管柱内的流动状态属于层流。如果计算出来的雷诺数（Re）远远小于2300，则是属于层流。即：

$$Re=\frac{4Q}{\pi dr}\leqslant 2300 \tag{8-1}$$

式中，Q 为管内流量，m^3/d；d 为管子内径，m；r 为流体的运动黏度，m^2/s。

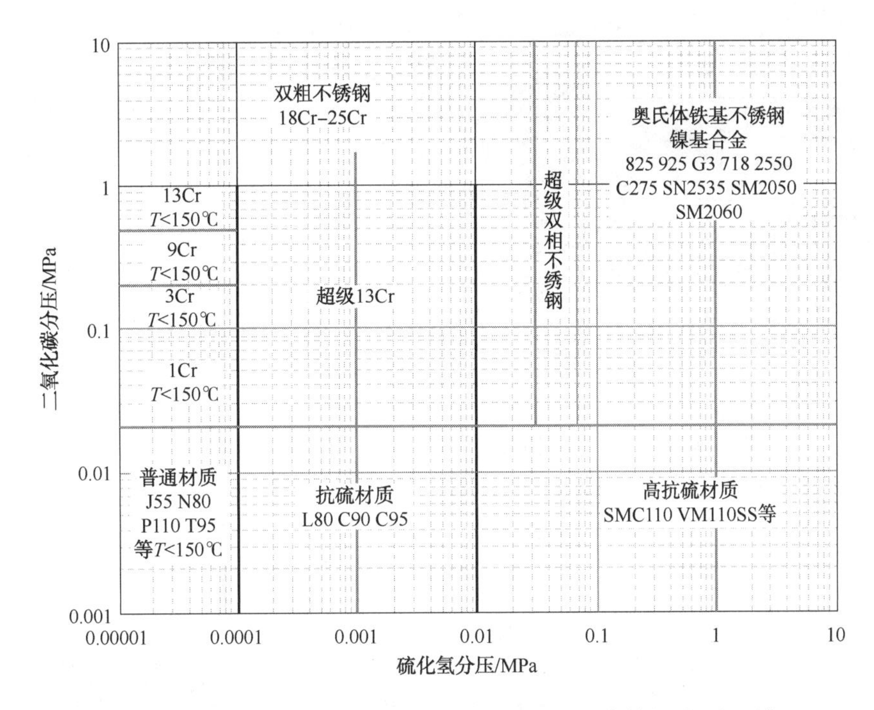

图 8-13　二氧化碳和硫化氢共存腐蚀条件下的油套管材质选择图版

设计流速应不超过冲蚀的临界流速，以避免出现冲蚀。对管材组合中出现变径，流速突变的部位宜采用流动短节。

（4）管材扣型的选择

注水井井下管材扣型的设计，宜采用公母扣连接后管柱内部内径是一致和连续的扣型，以减少涡流和冲蚀的影响。

2. 注水井井下管材防腐技术

（1）定期更换普通 N80 碳钢管材

对于油套管材质选择图版中采用普通 N80 碳钢的注水井，使用普通碳钢油管能够满足日常要求且成本较低。但需注意结合该井或邻井腐蚀挂片监测数据，预测普通碳钢油管的使用寿命，定期更换油管，对起出的油管要仔细检查是否有腐蚀现象。

（2）经济型 3Cr-L80 油管

3Cr-L80 油管是渤海油田使用中性价比较高的管材，价格和普通碳钢油管差不多，抗二氧化碳腐蚀性能良好，能避免管材局部穿孔腐蚀，有效提高注水井管材使用寿命。但在使用中，由于材质偏软原因，容易造成粘扣现象，单井粘扣油管丝扣损坏率达 10%左右，起下钻损坏率达 20%以上，需要通过扣型升级为国产气密扣（天钢 TP-CQ、宝钢 BG-T1），油管处理工艺提升和规范上扣操作来加以改进。

（3）13Cr 油管

13Cr 油管是更高级别的 Cr 材质防腐油管，其防腐性能尤其是耐 CO_2 性能更优。因为 13Cr 管材与 3Cr 管材类似，容易出现螺纹粘扣现象，因此，大部分 13Cr 油管均使用 FOX、VAM 等特殊接头以克服这个缺陷。13Cr 油管费用昂贵，在注水井中使用较少。

图 8-14　渗氮油管

(4) 渗氮油管

渗氮油管即氮化技术与油管防腐相结合，通过对油管表面进行化学热处理，在油管内外表面形成致密均匀的耐蚀氮化层，在保证油管机械性能的前提下，表面抗蚀性能较常规油管有改善，该氮化物层与油管结合紧密，在外力作用下不易脱落。但渗氮油管的防腐效果低于 3Cr-L80 油管，在高腐蚀井、高流速、大排量井的使用效果不好(图 8-14)。

(5) 镀钨合金油管

镀钨合金油管利用国家“863”计划的研究成果——钨基非晶态合金电镀技术应用在油管上，生产出镀渗钨基非晶态合金防腐耐磨油管，使油管表面形成致密均匀的耐蚀镀层，在不降低原有机械性能的前提下其表面抗蚀性能较常规处理的油管有明显改善，相比于渗氮油管有更高的光洁度，耐硫化物、CO_2、盐水等腐蚀能力也比渗氮处理更好，但处理费用目前是渗氮处理的两倍(图 8-15)。

图 8-15　镀钨合金油管

(6) 内衬不锈钢油管

内衬不锈钢油管以普通油管为基管，316 不锈钢薄壁穿插于基管内，通过新型水压复合专利技术，使薄壁金属管紧紧贴附于基管内壁而制成的一种新型复合管材，316 不锈钢含 Cr 量为 16%~18%，耐腐蚀能力很高，但内衬不锈钢强度和抗冲击能力低，如果受损则会造成局部腐蚀，且油管内径比普通油管减小 1.2mm(图 8-16)。

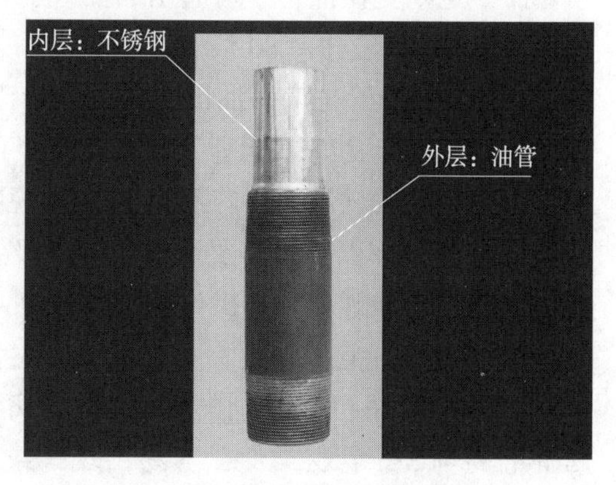

图 8-16　内衬不锈钢油管图示

(7) 内涂层油管

内涂层油管是使用静电喷涂工艺将环氧粉末涂料均匀喷涂在金属表面，环氧树脂经过一系列物化反应后发生化学交联，固化成平整、坚硬的涂层。该涂层表面平滑不黏附，抗腐蚀和管体结垢效果较好，但内涂层油管防腐层与油管的结合强度不够，在井下液体的冲刷或管内投捞工具的刮削下，容易造成粉末喷涂层成片脱落堵塞井筒或管体局部腐蚀(图 8-17)。

图 8-17　内涂层油管

(8) 阳极护罩

阳极护罩将牺牲阳极保护技术用于油管上，阳极金属依附在电缆护罩上与油管相连，消耗阳极金属从而保护油管免于电化学腐蚀。阳极护罩与其他油管处理技术联合应用效果更好，可加装在井筒腐蚀严重段以减缓腐蚀，针对局部腐蚀起到一定作用(图 8-18)。

(9) 缓蚀剂

目前渤海油田使用的缓蚀剂有薄膜和钝化剂两大类。薄膜类是通过在金属表面和腐蚀介质之间形成不可渗透的阻挡层而保护钢材，钝化剂主要在金属表面形成保护性氧化层起抗腐蚀作用。但是缓蚀剂对使用的条件选择性和针对性很强，不同腐蚀介质或金属材料所要求的缓蚀剂也会不同，甚至是同一种腐蚀介质，当温度、压力、浓度、流速等操作条件改变时，所采用的缓蚀剂可能也需要改变。

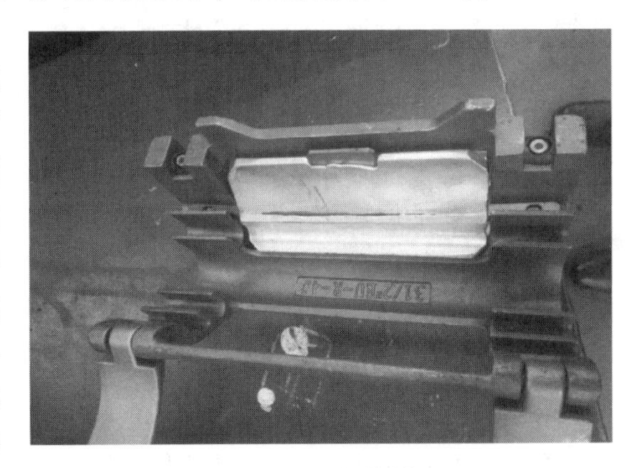

图 8-18　阳极护罩

(10) 环空保护液

环空保护液就是充填于油管和油层套管之间的流体，能够有效抑制油管外壁和套管的腐蚀、阻垢倾向，即拥有抗腐蚀性和稳定性。

① 油基环空保护液

油基环空保护液比水基环空保护液耐腐蚀、热稳定性好，但遇到高矿化度盐水，会出现固相沉积，单位成本高等问题，所以油基环空保护液的适用性受到很大限制，仅适用于低含水的高压气井。目前渤海油田常用的油基环空保护液为 HSJ-JL-01。它是由缓蚀剂、油相溶剂、表面活性剂、油相等组成，具有高温下不自聚，缓蚀效率高，稳定性好，具有一定的溶水性，对封隔器胶筒无溶蚀作用等特点。

油基环空保护液 HSJ-JL-01 主要用于油管和套管之间的防腐，一方面 HSJ-JL-01 中的表面活性剂能够有效的吸收高含 CO_2的凝结水，防止凝结水吸附在金属表面，始终让金属表面和油相溶剂接触，另一方面该缓蚀剂偏碱性，能够有效吸收 CO_2，防止 CO_2腐蚀，且该缓蚀剂化学性质稳定，抗温达到130℃以上。

② 水基环空保护液

水基环空保护液体系所要考虑的因素包括体系的密度、对腐蚀结垢的控制、药剂的抗温防冻性能和现场配置使用等情况。常用水基环空保护液通过向水溶液中加入缓蚀剂、密度调节剂、pH 值调节剂、杀菌剂和防垢剂等药剂，解决环空保护液出现的结垢和细菌的滋生问题，达到减少结垢和细菌腐蚀效果。环空保护液可根据作业用水类型分为淡水基、海水基和地热水基等三种类型。渤海油田目前针对 SZ36-1 油田开发出地热水配制的环空保护液 CP-01；针对存在二氧化碳和硫化氢腐蚀的油气井开发出环空保护液 HKP-01；针对存在有氧腐蚀的油气井开发出了海水基环空保护液 HKP-2；针对高温油气井开发出环空保护液 HKP-1A。开发出的环空保护液动态高温高压腐蚀速率低于 0.076mm/a，缓蚀率高于 80%，可以满足现场应用。水基环空保护液中均可根据地层压力加入甲酸钠进行密度调节，满足不同井作业需求。

水基环空保护液产品，是专门针对渤海湾油田油套环空中出现的腐蚀问题而开发的产品，能够有效地控制二氧化碳、硫化氢及氧气腐蚀，原液使用现场水源稀释后，方便加入，能够方便地控制产品的使用浓度，配置简单，普遍适用于渤海湾各油田注水井和油气井。

环空保护液成本低、使用范围广、使用方便、作业施工简单、有效期长，适用于具备封隔器的注水井，添加后能够有效控制油套环空腐蚀问题。

二、注水井防垢技术

结垢是海上注水井常遇到的问题，海上采油工程的很多领域都要接触各种类型的水，如淡水、海水、地层水、水井水等，因此，结垢现象会出现在生产中的各个环节，给生产带来严重的影响，使生产中的问题更加复杂化。地层结垢会造成地层堵塞，使注水井不能达到配注量；在井筒中结垢增加了井下的起下维修作业，严重的会造成注水井的报废。

(一) 油田水结垢机理

结垢就是指在一定条件下，水相中对于某种盐出现了过饱和而发生的析出和沉积过程，析出的固体物质叫作垢，主要是溶解度小的 Ca、Ba、Sr 等无机盐。

结垢分为三个阶段，即垢的析出、垢的长大和垢的沉积。在这个过程中主要作用机理为结晶作用和沉降作用。

1. 结晶作用

当盐浓度达到过饱和时，首先发生晶核形成过程，溶液中形成了少量盐的微晶粒，然后发生晶格生长过程，形成较大的颗粒，较大的颗粒经过熟成竞争成长过程进一步聚集。

2. 沉降作用

水中悬浮的粒子，如铁锈、砂土、黏土、泥渣等将同时受到沉降力和切力的作用。沉降力促使粒子下沉，沉降力包括粒子本身的重力、表面对粒子的吸引力和范德华力以及因表面粗糙等引起的物理作用力。切力也称剪应力，是水流使粒子脱离表面的力。如果沉降力大，则粒子容易沉积；如果剪应力大于水垢本身的结合强度，则粒子被分散在水中。

(二) 油田水结垢的主要类型及影响因素

油田水结垢通常只有少数几种盐，常见的垢的类型有碳酸钙、碳酸镁、硫酸钙、硫酸钡、硫酸锶等。

1. 碳酸钙

碳酸钙是海上油田结垢的最常见物质，其在水中的溶解度很低。碳酸钙垢是由水中的钙离子与碳酸根或碳酸氢根离子结合而生成的。反应式如下：

$$Ca^{2+}+CO_3^{2-} \longrightarrow CaCO_3\downarrow \quad (8-2)$$

$$Ca^{2+}+2HCO_3^- \longrightarrow CaCO_3\downarrow+CO_2\uparrow+H_2O \quad (8-3)$$

（1）二氧化碳的影响

溶解在水中时，生成碳酸，其电离反应式如下：

$$CO_2+H_2O \rightleftharpoons H_2CO_3 \quad (8-4)$$

$$H_2CO_3 \rightleftharpoons H^++HCO_3^- \quad (8-5)$$

$$HCO_3^- \rightleftharpoons H^++CO_3^{2-} \quad (8-6)$$

在一定的pH值下，油田水中只有很少百分比的碳酸氢根电离成氢离子和碳酸根离子，在一般情况下碳酸氢根离子在数量上远远大于碳酸根离子。当油田水中二氧化碳的浓度增加时，反应向右移动，碳酸钙沉淀减少；当油田水中二氧化碳的浓度减少时，则反应向左移动，碳酸钙的沉淀增加。

（2）pH的影响

油田水中一般含有不同程度的碳酸，而水中三种形态碳酸H_2CO_3、CO_2、HCO_3^-在平衡时的浓度比例取决于pH值。

（3）温度的影响

温度是影响碳酸钙结垢另一重要因素，绝大部分盐类在水中的溶解度是随温度升高而增大。但碳酸钙、硫酸钙、硫酸锶等难溶盐类具有反常的溶解度，在温度升高时溶解度反而下降，即水温升高时会结更多的碳酸钙垢。

温度对碳酸钙溶解度的影响，是海上平台各种热交换器常常发生碳酸钙结垢的主要原因；也是注入水在地面系统中不结垢，当进入温度较高的注水井井底时发生碳酸钙结垢的主要原因。

（4）总压力的影响

当压力增大有利于碳酸钙的溶解，而当压力减小时会促进碳酸钙沉淀。对于气、液两相系统，首先总压力增加，二氧化碳分压增大，碳酸钙的溶解度随之增大；其次从热力学角度看，压力增加也会使碳酸钙的溶解度增加，其机理与后面讨论的压力对硫酸钙溶解度的影响类似。对于只有水的单相系统，只能从热力学的观点考虑，压力增加会使碳酸钙的溶解度增大。

2. 碳酸镁

分析从海上平台取回的垢样时，经常发现在碳酸钙垢中掺杂着少量的碳酸镁垢，碳酸镁沉淀反应如下：

$$Mg^{2+}+2HCO_3^- \longrightarrow MgCO_3\downarrow+CO_2\uparrow+H_2O \quad (8-7)$$

影响碳酸镁结垢的因素与碳酸钙类似，温度升高，二氧化碳分压降低，pH值增加，含盐量减小，总压力减小都会使碳酸镁的结垢趋势增加。但碳酸镁的溶解度比碳酸钙高很多，一般情况下，条件变化时，碳酸钙首先析出。只有影响因素变化剧烈时，碳酸镁才有可能析出。

碳酸镁在水中易水解形成氢氧化镁，碳酸镁的水解反应如下：

$$MgCO_3+H_2O \longrightarrow Mg(OH)_2+CO_2\uparrow \tag{8-8}$$

氢氧化镁在水中的溶解度很小，也是一种反常溶解度物质，其溶解度随温度的上升而下降。含有碳酸钙和碳酸镁的水，在温度低于825℉时，趋向于生成碳酸钙垢，当温度超过825℉时，开始生成碳酸镁垢。而氢氧化镁有可能在锅炉、热交换器及高温管内生成。

3. 硫酸钙

硫酸钙从水中沉淀的反应式如下：

$$Ca^{2+}+SO_4^{2-} \longrightarrow CaSO_4\downarrow \tag{8-9}$$

硫酸钙一般有两种形态：带有两个结晶水的硫酸钙（亦称石膏 $CaSO_4 \cdot 2H_2O$），带有半个结晶水的硫酸钙（$CaSO_4 \cdot \frac{1}{2}H_2O$），不带结晶水的硫酸钙（亦称硬石膏，$CaSO_4$），油田最常见的硫酸钙沉积物是石膏。在385℉或385℉以下时，在一个大气压的情况下生成的主要是石膏，超过这个温度主要生成的是硬石膏，在一定条件下也可能生成带有半个结晶水的硫酸钙。

硫酸钙垢是油田中另一种常见的垢，硫酸钙垢的晶体较碳酸钙垢小，硫酸钙垢一般比碳酸钙垢更坚硬、致密。当硫酸钙用酸处理时，不易溶解，因此去除硫酸钙垢比去除碳酸钙垢更加困难。

（1）温度的影响

约在385℉以下时，石膏的溶解度随温度的升高而增加，约在385℉以上时，石膏的溶解度则随温度的升高而减小，

大约在38℃以上，无水石膏的溶解度变得比石膏更小，因此在高温的情况下，硫酸钙主要以无水石膏形式存在。从石膏的形式变为无水或半水石膏决定于压力、溶解盐含量、流态和流度等多方面因素，在各种因素存在的条件下，硫酸钙以不同形式从溶液中沉淀出来。

（2）水中溶解盐类的影响

当水中有NaCl或不含钙离子和硫酸根离子的其他盐类存在时，浓度在150000mg/L以下时，会使硫酸钙或无水硫酸钙的溶解度增加，盐类含量的进一步增加，硫酸钙的溶解度减小。

（3）压力的影响

水中所有垢的溶解度随压力增加而增大，这是由于当垢盐溶解于水中时系统的总体积减小，压力对溶解度的影响与体积变化成正比。

在生产井中，压力降是生成硫酸钙垢的一个原因。井筒周围的压力降会引起油层和油管的结垢。

（4）pH值的影响

pH值对硫酸钙的溶解度影响极小或者可以说不影响。

4. 硫酸钡

与以上几种成垢物质相比硫酸钡的溶解度最差，由于硫酸钡极难溶解，所以只要水中含有钡离子和硫酸根离子就会结垢，反应式如下

$$Ba^{2+}+SO_4^{2-} \longrightarrow BaSO_4\downarrow \tag{8-10}$$

（1）温度的影响

在100℃以下时，硫酸钡的溶解度随温度的升高而增加，100℃以上时，硫酸钡的溶解度随温度的升高而降低。

（2）水中溶解盐类的影响

硫酸钡在水中的溶解度，随溶解在水中的盐类离子（除钡离子和硫酸根离子以外）浓度增大而增加。

（3）压力的影响

硫酸钡的溶解度随压力的增加而加大。

（4）pH值的影响

pH值对硫酸钡溶解度的影响很小，或者可以说没有影响。

5. 硫酸锶

硫酸锶的溶解度较硫酸钡大一些，其沉淀反应如下：

$$Sr^{2+}+SO_4^{2-} \longrightarrow SrSO_4\downarrow \tag{8-11}$$

（1）温度的影响

硫酸锶的溶解度随温度的升高而减小。

（2）水中溶解盐类的影响

硫酸锶的溶解度随氯化钠含量的增大而增大，当氯化钠含量超过17500mg/L，氯化钠含量进一步增加，硫酸锶的溶解度会下降。另外，在含有钙、镁的盐水中硫酸锶的溶解度明显比在同等离子强度的氯化钠盐水中大得多。

（3）压力的影响

在氯化钠盐水中，硫酸锶的溶解度随压力的增加而增加。

（4）pH值的影响

pH值对硫酸锶溶解度的影响很小，或者可以说没有影响。

（三）海上注水井防垢技术

预防结垢要从结垢的原理及其影响因素出发，控制影响结垢的各个因素来抑制水中的成垢离子结晶沉淀。

1. 避免不相容水的混合

当不同来源的水发生混合时必需十分小心，单独使用时可能是稳定的，不存在结垢问题，但混合后分别溶解在两种水中的离子可能生成不溶解的盐垢。如注海水时，海水在地层中与地层水相遇，在地层的温度、压力等条件下很可能结垢而堵塞地层。

2. 控制pH值

pH值对碳酸盐和铁的化合物的溶解度影响很大，降低pH值会增加它们的溶解度。但pH值过低会使水的腐蚀性变大，而出现腐蚀问题，因此，在油田采用控制pH值的方法防治水结垢，必须精确控制pH值，这在一般油田是很难做到的。所以这一方法并不广泛使用，通常只在稍微改变pH值即能很好防止结垢的情况下才有意义。

3. 控制物理条件

影响结垢的物理因素有温度、压力、水流流速及管壁的粗糙度等，通过控制这些条件增大垢的溶解度，减轻垢的沉积和附着，此方法在现场是很值得考虑的。

4. 去除结垢组分

去除水中的二氧化碳、硫化氢、氧气等可以减小腐蚀和腐蚀产物铁化合物的沉积，这是油田通常采取的方法。

利用加热、化学沉淀、离子交换法去除或降低水中的钙、镁离子的水的软化处理，可以很好地防止结垢。但对于大规模处理油田水，耗资巨大，是不可取的，但可以处理少量的锅炉用水。

5. 使用化学防垢剂

防垢剂是一些化学药品的统称，把少量防垢剂加入水中，通常能起到延缓、减少或抑制结垢的作用。使用防垢剂是油田最为常用、简便易行的方法。防垢剂是指能防止或延缓水中无机物形成垢沉积的化学药剂。在注入水中连续加入防垢剂，这样不仅可以抑制井筒结垢，同时可以很好地保护地层。

6. 使用金属防垢器

渤海目前应用较多的是 CPRS 金属防垢器，是由多种特殊合金材料制成，合金材料所包含元素的电负性比液相中的离子低，当其与流体接触时，会形成一种特殊的电化学催化体，使工具中的电子云偏向于流体之中，在工具核心部件与流体间形成电场，使流体产生极化效应，改变流体的物理性质。工具核心部件设计成多孔芯片并多层芯片串联使用，从而不限制流体流动，且能形成高度的紊流，增加水中的离子和分子与防垢器芯片的接触，使得催化效率及极化效应达到最大程度，可以防止垢在油套管上大面积集结，避免形成垢下腐蚀。防垢器安装在平台注水主管线或单井注水管线上，第一时间对注入水发生作用，从而减少注入水在井下结垢，且方便检查更换。自从 2005 年 9 月至今，金属防垢器已在渤海油田 50 多口注水井中应用，取得一定防垢效果(图 8-19)。

图 8-19　金属防垢器

7. 注水井应用不动管柱洗井技术

注水井如果应用不动管柱洗井技术，注水一段时间后进行反洗作业，可以有效减少结垢，降低垢卡的风险。渤海注水井应用较多的是自提升式防垢卡、洗井装置，同生产管柱一起下井，由两条连接到地面压力控制装置的注压管线提供动力源。当需要提升管柱时，通过地面压力控制装置经注压管线对提升装置增压，带动中心管向上移动，形成洗井通道；当洗井作业完成，通过操作使管柱恢复原位。自提升式防垢卡、洗井技术可不动井口实现洗井，清洁井筒污染，能一定程度解决注水井的垢卡、堵塞问题，起到降低注水压力、增加注水量的作用。

第三节　注水井大修工艺

注水井大修作业是针对注水井管柱遇卡、密封筒失效、出砂等原因导致管柱无法实现注水或分层注水而采取的一种非常规动管柱修井作业。注水井大修根据注入介质类型分为注水井大修和水聚分注井大修；根据作业类型分为打捞中心管大修作业及再完井大修作业。

注水井大修作业由于工程难度大，技术要求高，常常需要打捞井下不同类型的管柱，其施工工艺繁琐，涵盖化学/机械/水力切割、倒扣、套铣、钻磨等诸多处理措施；作业工具种类繁多，包括连续油管、电缆/钢丝、捞矛、捞筒、公锥、母锥、铣鞋、磨鞋、割刀等，因施工工艺复杂，风险高，设备受限，施工面临各类复杂情况，极有可能出现工期不可控，施工费用高等状况。

根据渤海以往注水井卡钻及处理经验分析，注水管柱卡主要是以砂卡、结垢卡、聚合物卡、小件落物卡为主。砂卡是指油井筛管存在破裂或防砂效果不好，地层砂逐渐在注水管柱周边聚集，导致卡钻。这种卡钻经常发生在油井因有出砂现象而转注的井；结垢卡是指注入地层的水 Ca^{2+} 、Mg^{2+} 等易沉淀离子含量高，注水管柱在井内长期保持静止状态，金属离子在注水管柱油管与筛管环空粘连导致结垢卡；聚合物卡是指生产时使用聚合物驱，聚合物在高温高压环境下附着在油管外壁失水板结，聚合物形成橡胶状造成油管与筛管环空大量堆积和凝固，造成卡钻；小件落物卡是指井下有小件落物，并附着到注水管柱上，起注水管柱时在密封筒等小直径段造成卡钻；其他卡钻原因还有套管变形引起的卡钻、封隔器无法解封卡等。

注水井大修作业一般遵守以下原则：

(1) 先内后外，由上到下；

(2) 先易后难，由小到大；

(3)化整为零，分段处理；

(4) 逐步推进，保护储层。

注水井大修作业思路如下：

根据注水管柱类型，遇卡原因和卡阻位置，确定相应的打捞方式，在卡点以上，在确保油管内径通畅的井况下，优选切割打捞。以下举例说明注水井大修打捞中心管柱和再完井作业两种常规处理思路(图 8-20、图 8-21)。

本节内容在以往大修井作业经验及技术总结的基础上，参考了新编完井手册部分文献，按照注水井大修作业准备、电缆切割工艺、钻具打捞工艺、注水井大修配套工艺技术及注水井大修面临的问题与挑战五部分进行编写。

一、注水井大修作业准备

(一) 大修前陆地准备

(1) 井下作业监督收到地质设计后，收集资料：生产井史、完井总结、井斜数据、详细的落鱼管柱(外径、内径、长度等)、防砂管柱表、生产管柱表、修井总结、油藏压力和温度、临井相关数据等，对于再完井作业井，要借阅施工井的 CBL 曲线图。

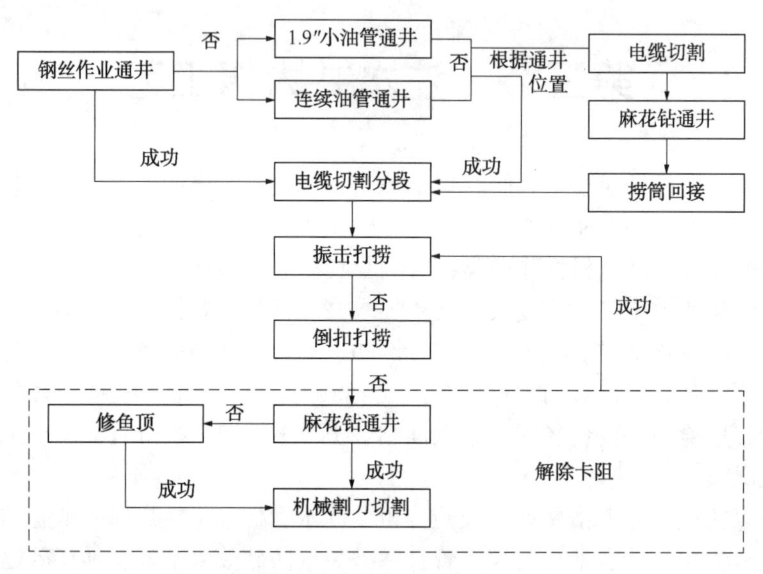

图 8-20　注水井大修打捞中心管柱流程图

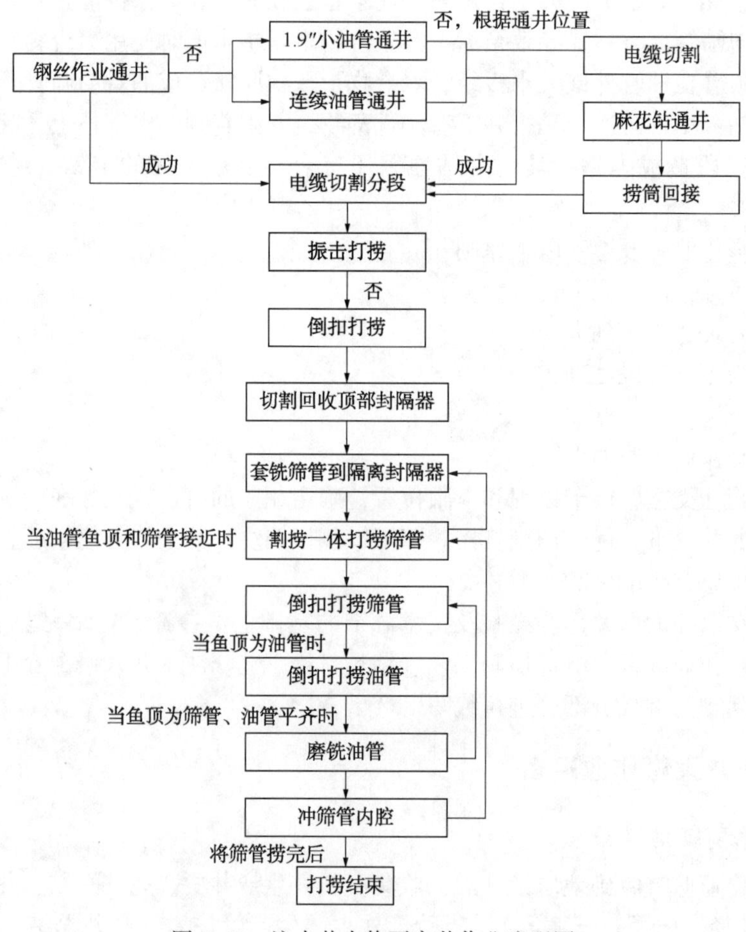

图 8-21　注水井大修再完井作业流程图

(2) 井下作业监督分析上述各种数据，分析故障、问题的原因，并针对性地编写大修作业方案、工期计划和相应费用预算等。

(3) 工程技术作业中心组织专家对该井油藏情况、作业方案、工期计划和费用预算等进行专家审查，形成专家审查意见。

(4) 井下作业监督编写大修料单：打捞工具料单、钻具和井口工具料单、完井料单等，提前准备物料。

(5) 井下作业监督根据打捞工具料单检查打捞工具准备情况(海上作业交通不便，打捞工具的种类和数量要齐全)，并对可能突发的情况备用一定的打捞工具。

(6) 井下作业监督根据钻具和井口工具料单检查准备情况：包括方钻杆、水龙头、滚子方补芯是否配套，钻具是否齐全、数量是否足够，确保各部分之间的正常连接。

(7) 井下作业监督根据完井料单检查准备情况，包括防砂物料、生产物料等。

(8) 井下作业监督编写大修施工设计和风险分析设计，并提交审批。

(9) 在开工前，井下作业监督组织施工方到平台检查钻修机设备满足大修要求，重点包括：提升系统、旋转系统、循环系统、井控系统、仪器仪表等。如无法满足，提前进行整改。

(10) 钻具、井口工具和设备等必须要取得有效的证书；内容包括设备的吊点、吊索及机房的防爆认证等。

(11) 承压工具必须在陆地进行试压，同时做好纪录，满足作业要求。

(12) 各承包商出海施工人员要具有符合安全作业要求的相关证件，并且要准备合格的劳保用品。

(13) 井下作业监督负责协调承包商的设备、人员的出海工作，并负责其他相关协调事宜。

(14) 各专项作业的陆地准备工作详见各专项作业章节的陆地准备工作。

(二) 大修前海上准备

(1) 人员登平台后，作业监督组织填写 JSA，组织施工人员和平台相关人员召开大修再完井的技术和安全交底会，会上应明确各相关人员的安全职责和作业分工。

(2) 作业监督负责办理施工授权及相关文件。

(3) 作业监督组织清理施工场地，确保平台有安全的作业空间。

(4) 作业前的设备吊装就位，施工人员到达现场，指定设备摆放位置。

(5) 大修作业前，作业监督与施工人员确认施工安全措施执行到位。

(6) 施工人员在作业前办理作业时的各种作业许可证，作业监督负责协调事宜。

(7) 大修开始前，作业监督、作业队、钻修机人员对修井机设备进行三方联合检查，对存在的问题形成记录，限期整改。现场设备进行试运转，确保正常。

(8) 打捞工程师再次核对大修物料：打捞工具、钻具和井口工具等，记录规格、数量等，确保工具齐全，打捞工具、钻具能够正常连接等。形成现场物料单。

(9) 临时用电情况下，施工人员办理临时用电申请并配合电气师接电。

(10) 施工设备需要使用压缩空气时，施工人员通知平台中控。

(11) 进行大修作业时，需要隔离的作业区域使用警示带加以警示隔离。

(12) 修井机准备：

① 立井架、升小井架；

② 检查钢丝绳是否有断丝，是否需要更换新大绳；

③ 检查钻台柴油机性能，试验大钩提升能力；

④ 检查井口工具是否齐备；

⑤ 循环系统恢复，包括泥浆泵柴油机试运转，缸套、上水、出水管汇连接，泥浆池各阀门是否正常开关、泥浆池有无串罐、泥浆池内加压井液；

⑥ 组装防喷器组：完整防喷器组合包括万能防喷器、闸板防喷器(半封+剪切)，连接储能器至防喷器各控制管线，对防喷器进行功能试验；

⑦ 组装喇叭口、返浆管线；

⑧ 滑道涂抹黄油，确认井号后，移修井机就位作业井位，对中井口。

二、电缆切割技术

目前渤海油田注水井大修作业常用的电缆切割方式为化学切割和机械切割(MPC)，其中机械切割相对于化学切割具有安全风险低、不受管柱内部结垢等情况影响、切割范围广、切割成功率高、切割过程时时监测、可实现一趟切割多刀、切割端口平整等特点，因而在注水井大修作业中常以电缆机械切割作业作为首选。电缆切割作业的主要目的是在管柱卡点以上选取合适位置切割，提出切割点以上管柱，形成规则的鱼顶方便后续打捞作业的开展。

(一) 机械切割

机械切割作业(简称 MPC)主要用于井内管柱被卡后，通过标准电缆输送的方式将 MPC 割工具串下入到管柱卡点以上，通过电缆加电，使仪器内部马达转动，带动圆形刀片旋转而达到切割油管的目的，从而可以起出卡点以上的被卡管柱，卡点以下的管柱留在井内，形成“落鱼”，可以等待以后打捞处理。

该机械切割工具可以广泛应用于切割套管、油管、钻杆，而不需要动用炸药等火工品和化学危品。

该工具可以在极端恶劣的条件下切割常规和特殊的金属管材，典型的切割作业不足 10min 即可完成作业并收回刀片。

1. 工具串详细构成及说明

MPC 切割工具串(图 8-22)通常由电缆头、电子线路、机械部分组成。

(1) 电缆、马龙头、CCL、电子线路、液压部分、推进部分、主监视器、锚定部分、切割头。

(2) CCL 校深，电子线路控制仪器，液压部分控制马达旋转，锚定固定仪器防止滑动、切割头用来切割油管。

以上是 MPC 切割工具管串的简要介绍，图 8-22 是工具串的附图。

2. MPC 切割过程和原理

通过标准电缆输送将校深工具串和 MPC 切割工具串输送至被卡的管柱内，通过 CCL 仪校深将切割头调整至设计的割点处，然后通过电缆加电，驱动马达旋转带动切刀使油管割断。切割过程是一个渐进过程，由内向外切割，最后切断油管。该方式产生碎屑小、无污染、快捷、切口平齐(图 8-23)。

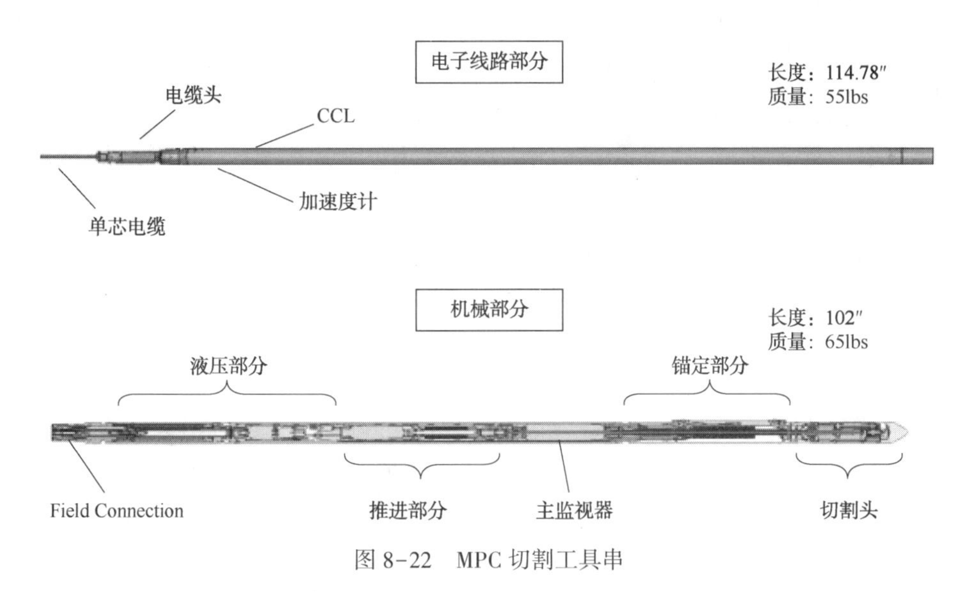

图 8-22 MPC 切割工具串

图 8-23 MPC 切割割口

3. 切割头尺寸选择

MPC 切割工具串外及刀片选择：

(1) 工具长度：18. 16ft(5. 54m)；

两个部分：8. 33ft(2. 54m)和 9. 83ft(3m)；

(2) 质量：170lbs(77. 2kg)；

(3) 工具直径：2⅛″(54mm)；

(4) 50mm 刀片切从 2⅞″(73mm)到 4″(102mm)的管材；

(5) 60mm 刀片切从 4″(102mm)到 4½″(114mm)的管材；

(6) 工具头展开后的外径：2½″；

（7）耐温：392℉（200℃）；

（8）耐压：20000psi（137.9MPa）；

（9）用于切割以下尺寸管材：从$2\frac{7}{8}$″（73mm）到$4\frac{1}{2}$″（114mm）；

（10）最大管材壁厚：0.5″（12.7mm）用50mm 刀片，

0.68″（17.27mm）用60mm 刀片。

4. MPC 切割注意事项

切割前要做相应尺寸的通井，以保证切割工具顺利到达切割点的位置。切割之前需保证管柱内外压差平衡，保持上提受拉的状态（一般过提管柱吨位2~3t），否则刀片在切割过程中产生的碎屑可能卡住刀片或者刀片断裂导致切割失败。

（二）化学切割

化学切割作业主要用于井内管柱被卡后，通过标准电缆输送的方式将化学切割工具串下入到管柱卡点以上，通过电缆点火，喷出的强腐蚀性液体将被卡管柱割断，从而可以起出卡点以上的被卡管柱，卡点以下的管柱留在井内，形成“落鱼”，可以等待以后打捞处理。

化学切割技术适用于切割常规碳钢管材，如：油管、套管与钻杆等；不适合切割不锈钢、高铬合金、铝钛合金管材、内涂层管材等。

1. 工具串详细构成及说明

化学切割工具串通常由电缆头、加重杆、定位短节（CCL）、点火头、推进剂短节、放压短节、锚定扶正器、化学药剂短节、切割头等组成，化学切割工具串（图8-24、图8-25）。

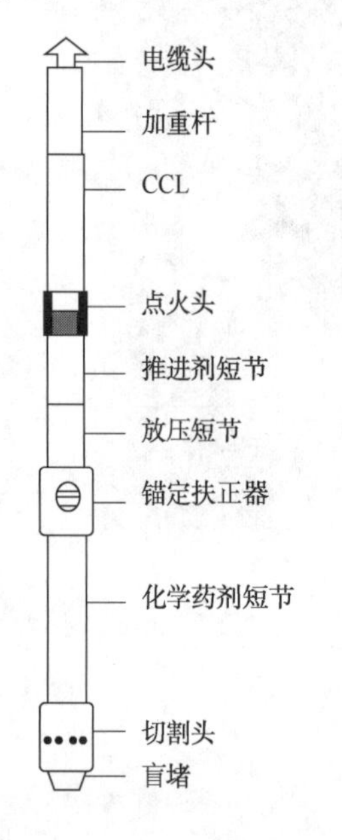

图8-24　化学切割工具串

图8-25　化学切割头

2. 化学切割过程和原理

通过标准电缆输送将校深工具串和化学切割工具串输送至被卡的管柱内，通过CCL仪校深将切割头调整至设计的割点处，然后通过电缆点火，推进剂短节内装有推进剂颗粒，利用电流点火后进行燃烧产生气体，造成工具内压力与温度升高。高压气体迫使锚定扶正器张开固定在管壁上，防止切割时工具移动。被密封的强腐蚀性液体三氟化溴(BrF3)在高压作用下与化学药剂短节内的其他物质接触反应，造成压力与温度升高，当压力超过静液柱压力与切割头内的活塞剪切力时，活塞下移，切割头的喷嘴打开，强腐蚀性液体与反应物在高压的作用下喷射在管壁上，割断管柱。化学物质喷出后，工具内的压力与静液柱压力平衡，固定锚在自身弹簧的作用下收回，从而可以起出工具串。化学反应的方程式为：

$$3BrF_3+4Fe = 3FeF_3+FeBr_3 \quad (8-12)$$

图 8-26　化学切割割口

化学反应产生的盐能够溶于井液中被井液稀释，切割完以后不会对井眼产生任何污染，也不会对套管造成影响。

3. 切割头尺寸选择

化学切割工具串外径最大部分为切割头(图 8-26)，为了保证切割效果，化学切割头的尺寸和管材的尺寸需要相互匹配。在这种情况下，切割头外径的选择就显得尤为重要了。不同尺寸的切割头对应的能够切割的管材尺寸，如表 8-2 所示。

表 8-2　化学切割工具规格

切割头外径		建议切割管柱	
mm	in		
47.6*	1⅞	73.0mm 油管	2⅞″油管
53.9	2⅛	73.0mm 油管	2⅞″油管
60.3*	2⅜	88.9mm 油管	3½″油管
66.7	2⅝	88.9mm 油管	3½″油管
92.1	3⅝	114.3mm 油管	4½″油管

注：带 * 为非常规的小尺寸工具，下方为正常尺寸工具，切割相应尺寸的管材时，通常推荐使用下方正常尺寸的切割工具；当管柱内通径受限时，可以使用非常规的小尺寸工具，但割断的成功率低。

4. 化学切割注意事项

化学切割是通过高温高压高浓度的化学药剂与被切割管柱发生迅速的化学反应，强烈的化学腐蚀将管柱切割，化学切割前应使管柱处于拉伸状态，这样一方面可以更好地完成化学切割作业(可以理解为化学腐蚀后将管柱被拉断)；另一方面地面可以感觉到割断时管柱的振动，以便于更好地判断管柱是否被切断。

化学切割时需要将管柱内充满液体，由于化学药剂在发射的瞬间，有可能腐蚀化学切割工具串，所以切割弹以下要留一定的口袋供化学药剂稀释。另外，由于化学切割工具串是通过电缆下入的，考虑到切割完以后电缆及化学切割工具的安全，要计算油管内外的压差，如果油管内压力太高，而套管内压力太低，油管断开的一瞬间，油管内的压力会在瞬间释放，将导致切割工具串相对于油管下移，使其被卡在断口处，而且电缆的抗拉强度较弱，会造成化学切割工具管串落井；反之如果套管压力太高而油管压力较低，油管断开的瞬间，套管内的压力将会瞬间进入到油管内，从而导致切割工具管串连同电缆瞬间上窜，电缆就会在油管内缠绕打扭而卡在油管内，使打捞作业复杂化。所以在切割油管前一定要在油管内憋一定的压力，用来平衡内外压力，保证使切割作业完后，工具能安全顺利地起出井。

（三）电缆切割作业注意事项

（1）切割时，尽量先下放过割点，再上提至切割位置，进行切割。

（2）禁止电、气焊作业，若需无线电静默需提前申请并全平台通知。

（3）在下放过程中操作要平稳，防止顿击、猛冲。

（4）割点以上至少应有60m液面。

（5）条件允许，保持管柱处于上提状态。

（6）切割后及时建立循环保护套管。

（7）禁止吊车吊着货物横越电缆。

（8）恶劣天气与强雷电天气禁止作业。

（9）在搬、拆工具时，只允许配备特殊防护用品的化学切割作业人员在场。

（10）化学切割工具下井后，钻台有井队人员值班，一旦发现异常情况，立即通知监督和化学切割作业人员。

（11）必须得到监督认可的情况下方可进行点火切割。

（12）点火时，绞车操作人员密切注意张力变化。

（13）在正式切割前作业监督须组织各施工人员在现场召开安全会议，把安全要点、应急方案及注意事项讲清楚，确保安全无事故。

（14）在施工过程中，化学切割作业服务商应把装弹区、钻台井口区及绞车操作区用标识带围起，并挂牌警示，无关人员严禁入内。

（15）化学切割弹下井时，无关人员须远离井口区，同时操作人员要密切注意井口，如发现异常情况应立即停止作业，待处理好后方可继续进行作业。

（16）化学切割作业前需检查井口各井控设备是否工作正常。

三、钻具打捞工艺技术

钻具打捞是指利用各种打捞工具（如捞矛、捞筒、公锥、母锥、磁力打捞器等）和各种打捞方法，将井下落鱼打捞出井的作业称为打捞作业。注水井大修打捞作业一般常用两种打捞工艺技术，为切割打捞工艺技术和倒扣打捞工艺技术。

（一）切割打捞工艺技术

切割打捞工艺技术是目前注水井大修作业首选处理手段。其方法是依托电缆切割对井内管柱进行多次切割，然后用打捞工具对切割后的管柱分段打捞。因切割后管柱像积木，又叫作“积木式”打捞方法。

切割打捞技术对于井深、井斜、摩阻等要求较高。打捞作业之前，需要保证需打捞管柱内部通井满足电缆/水力切割工具通径。其优点是：将中心管或防砂管柱分成多段进行打捞，配合套铣技术，与倒扣打捞作业相比更加稳定、可靠，效率更高。该方法也是目前渤海油田打捞作业的首选方案，切割打捞对象适于油管、防砂管柱、钻杆、套管等各类落鱼。捞住落鱼后，先进行活动、振击等方式进行解卡。

1. 工作原理

依托电缆/水力切割工具，将落鱼分割成多段，逐段进行打捞。

2. 工具选择

打捞工具选择有以下原则：选择方便有效的工具；优先选择外捞工具；打捞要不使井下情况复杂化，表 8-3 为几种常用的切割打捞工具。

表 8-3　几种常用切割打捞工具适用情况表

<table>
<tr><th>倒扣打捞工具</th><th>振击作业</th><th>脱手情况</th><th>适用条件</th></tr>
<tr><td>母锥(腐蚀落鱼)</td><td>不适合</td><td>不易脱手</td><td>鱼顶为油管、钻杆本体等工具</td></tr>
<tr><td>公锥</td><td>不适合</td><td>不易脱手</td><td rowspan="2">被卡落物或经套铣需倒扣的落物</td></tr>
<tr><td>倒扣捞矛</td><td>不适合</td><td>易脱手</td></tr>
<tr><td>滑块捞矛</td><td>适合</td><td>不宜脱手</td><td>确认井下为活鱼</td></tr>
<tr><td>可退式卡瓦打捞筒</td><td>适合</td><td>易脱手</td><td>鱼顶外径完整，被卡落物需配振击器</td></tr>
</table>

(二) 倒扣打捞工艺技术

倒扣打捞工艺技术是处理井下落鱼的主要手段之一，分为反扣钻具倒扣打捞与正扣钻具倒扣打捞。倒扣打捞工具种类繁多，不同的倒扣打捞工具有不同的适用范围，见表 8-4 几种常用倒扣打捞工具适用情况表。倒扣打捞工艺技术对比切割打捞工艺技术具有较大的不确定性。

表 8-4　几种常用倒扣打捞工具适用情况表

<table>
<tr><th>倒扣打捞工具</th><th>振击作业</th><th>脱手情况</th><th>适用条件</th></tr>
<tr><td>母锥(腐蚀落鱼)</td><td>不适合</td><td>不易脱手</td><td>鱼顶为油管、钻杆本体等工具</td></tr>
<tr><td>公锥</td><td>不适合</td><td>不易脱手</td><td rowspan="2">被卡落物或经套铣需倒扣的落物</td></tr>
<tr><td>倒扣捞矛</td><td>不适合</td><td>易脱手</td></tr>
<tr><td>可退式卡瓦打捞筒</td><td>适合</td><td>易脱手</td><td>鱼顶外径完整，被卡落物需配振击器，井内清洁</td></tr>
</table>

倒扣打捞作业中，最靠近落鱼中和点位置的丝扣受到的拉力或压力最小，或既不受压也不受拉，是落鱼最易倒开的地方。因此，倒扣打捞作业前要先预估卡点位置，将中和点位置定位在最靠近卡点位置以上的连接处。倒扣打捞最理想的结果是在最靠近落鱼卡点以上的丝扣处倒开。

1. 反扣钻具倒扣打捞工艺技术

反扣钻具倒扣打捞工艺技术对于井深、井斜、摩阻等没有太高要求，打捞作业中，只要不超过打捞钻具的安全系数即可。优点是：倒扣扭矩大，成功率高。缺点是：捞住落鱼后，若倒扣不成功，脱手困难。倒扣对象适于油管、防砂管柱、钻杆、套管等各类正扣连接的落鱼。捞住落鱼后，先进行活动、振击等方式进行解卡；若无法解卡，则进行倒扣打捞。

(1) 工作原理

钻具反扣，落鱼正扣，反转管柱，倒开落鱼，实现对落鱼的打捞。

（2）常用的钻具组合

安全接头是入井打捞管柱的弱点，反扣钻具在打捞过程中遇到倒扣不成功，脱手困难的情况时，可以从安全接头处脱手打捞管柱。以下是几种常用的管柱组合，可以根据现场情况，决定是否加入安全接头。

（3）工具选择

打捞工具选择原则：选择方便有效的工具；优先选择外捞工具；打捞要不使井下情况复杂化。表 8-4 为几种常用的倒扣打捞工具。

2. 正扣钻具倒扣打捞工艺技术

正扣钻具进行倒扣适用于井较浅、井斜小、摩阻较小的井；倒扣对象为油管、防砂管柱等上扣扭矩较小的落鱼。正常情况下，正扣钻具倒扣扭矩不超过正常上扣扭矩的 70%。

捞住落鱼后可以先进行活动、振击解卡，若无法振击解卡，则进行倒扣操作。优点是：节约资源，无需使用反扣钻具进行作业，尤其适用于小型海上平台的作业及钻完井事故的迅速处理。缺点是：打捞钻具倒开风险较大；对大斜度井，井眼轨迹复杂的井操作困难。

（三）注意事项

（1）入井钻具的最大外径应至少小于套管内径 6~8mm。

（2）打捞钻具的机械拉力强度应至少高于井下落物拉力强度的 25%；解卡时最高负荷不得超过任何在用工具、设备额定负荷的 80%，若超过 80%，现场作业监督应将现场情况向上级负责人汇报。

（3）根据具体情况打捞工具上部接安全接头。

（4）若要下套铣管或没有接箍的光管工具，必须使用安全卡瓦。

（5）解卡打捞作业前当班司钻应对作业设备提升系统，刹车、指重表、扭矩表等关键部位认真检查，合格后方可实施作业。

（6）解卡打捞时，现场作业监督或打捞工程师负责指挥。

（7）解卡时除操作人员外，其他人员均应离开井口区。

（8）作业过程中不得损坏井身结构（包括套管和管外水泥环）。

四、注水井大修其他配套工艺技术

（一）连续油管携带电缆机械切割工艺技术

连续油管携带电缆机械切割技术是将电缆切割工具安装在穿芯连续油管下端，用连续油管代替钢丝和电缆，注入器推动连续油管携带电缆切割工具下至目的位置进行切割，多采用电缆机械切割工具进行作业。此种工艺方法适用于井斜较大，电缆作业无法下入到切割目的深度的井况。其切割范围与电缆切割范围相同。

1. 设备组成

连续油管携带电缆机械切割设备组成包括（图 8-27、图 8-28）：

（1）连续油管设备：包括穿芯连续油管及滚筒、注入器、控制间、动力源等，通过下入穿芯连续油管输送方式送入机械切割工具。

（2）电缆机械切割设备：监测电缆信号，操作和控制机械割刀。

（3）井下机械切割工具串，从上往下组成为：连续油管+连接器+单向节+电缆密封头+

旋转短节+柔性短节+张力短节+释放短节+电缆头+CCL 工具+机械割刀。

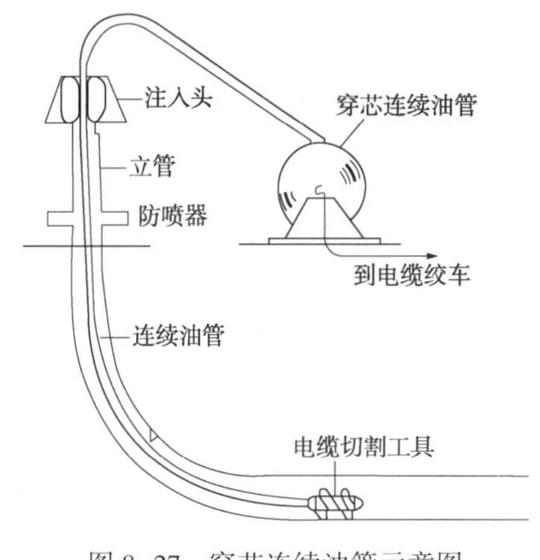

图 8-27　穿芯连续油管示意图

图 8-28　穿芯连续油管设备摆放图

2. 设备连接

在作业前将电缆用水推的方式送入连续油管中，通过使用穿心连续油管输送方式送入机械切割工具。现场施工前将机械切割工具与连续油管内的电缆以及相应的工具进行配接，包括单向节、旋转短节、柔性短节、张力短节、释放短节等，具备了高度的柔韧性和可旋转性，在井斜和狗腿度大的位置可以正常通过并到达预定切割位置。

3. 切割前准备

切割前对被卡管柱进行过提，选择割点尽量位于卡点之上，使割点处承受一定的拉力，当割断管柱后，通过悬重变化进行判断。

若悬重变化不明显，则通过增加切割时间和次数确保切割效果。

4. 作业步骤

(1) 对被切割管柱进行过提，使割点处承受一定的拉力，井口坐卡瓦。

(2) 就位连接所有设备。按照标准的连续油管程序进行试拉等。

(3) 下入通井工具串通井至不少于切割位置以下 10~20m。

(4) 下入切割工具串至预定切割位置附近，利用 CCL 在切割点上、下各定位一个油管接箍位置，再对比井下实际管柱图，精确找出预定切割位置。

(5) 输入切割参数、指令进行切割，切割完毕，刀片回收，则切割成功。

(6) 重复此步骤，保持相同切割参数，上提工具串依次在其他预定切割位置进行切割。

(7) 起出连续油管与切割工具串，上提被切割管柱。

(二) 磨铣工艺技术

磨铣主要是利用磨鞋修整不规则的鱼顶，便于后续的打捞；或磨铣掉井内无法打捞出的落鱼，如封隔器或小件落物等。注水井磨鞋作业通常应用于切割打捞技术和倒扣打捞技术应用效果不好的井况，也是注水井大修作业一种有效的处理方法

1. 磨铣工具

(1) 磨鞋

注水井使用的磨鞋主要有平底磨鞋、领眼磨鞋等。平底磨鞋是一种用硬质合金或耐磨材

料去研磨井下落物的工具，如磨碎钻头、牙轮、通径规、卡瓦牙、冲管、钻具接头、封隔器、配水器以及较长的钻具等落物。领眼磨鞋用来磨铣管状落鱼。

① 平底磨鞋

a. 用途：平底磨鞋底面是一个平面，是用底面所堆焊的硬质合金或耐磨材料去研磨井下落物的工具，如磨碎钻杆、钻具等落物。

b. 结构：平底磨鞋是由磨鞋本体及所堆焊的硬质合金或其他耐磨材料组成。磨鞋本体由两段圆柱体组成。小圆柱上部是内螺纹，与钻柱相连；大圆柱体底面和侧面有过水槽，在底面过水槽间焊满硬质合金或其他耐磨材料。磨鞋体从上至下有水眼，水眼可做成直通式和旁通式两种(图 8-29)。

c. 工作原理：平底磨鞋依其底面上硬质合金或其他耐磨材料在钻压的作用下，吃入并磨碎落物，磨屑随循环洗井液带出地面。硬质合金由硬质合金颗粒及焊接剂(打底焊条)组成，在转动中对落物进行切削。而采用钨钢粉作为耐磨材料的工具，可利于用较大的钻压对落物表面进行研磨。

② 领眼磨鞋

a. 用途：领眼磨鞋可用于磨削有内孔，且在井下处于不定而晃动的落物，如钻杆、钻铤、油管等，或者需要引锥引入扶正磨鞋，避免磨鞋磨铣时在管柱上摆动较大。

b. 结构：领眼磨鞋由磨鞋体、领眼锥体或圆柱体两部分组成。底面中央安装一锥体或圆柱体，起着导向固定落鱼作用，磨鞋体锥体或圆柱体有水眼，水眼也可做成旁通式(图 8-30)。

图 8-29 平底磨鞋

图 8-30 领眼磨鞋

c. 工作原理：领眼磨鞋主要是靠进入落物内的锥体或圆柱体将落物定位，然后随着钻具旋转，焊有硬质合金的平底磨鞋磨削落物，磨削下的铁屑被洗井液带到地面。

(2) 打捞杯

经常用于正循环磨铣钻具组合里，主要是利用磨铣液的循环，收集铣掉的落物。一般尺寸：外径为 5½″和 6⅝″，根据实际的套管内径确定。

2. 常用钻具组合

常用磨铣管柱组合为：磨鞋+捞杯组合+柱状强磁+钻杆。在磨铣段较长时，谨慎下入柱状强磁，较多铁屑会造成起钻及循环困难。

（三）套铣工艺技术

套铣作业是注水井大修打捞中常用的一项打捞作业配套技术，适用于最小内径为 4.75″防砂管柱中心管的打捞以及再完井作业。当落鱼管柱外有砂卡或者硬卡等无法解卡时，常用套铣作业清理落鱼管柱外环空将卡阻解除，便于下步打捞作业；套铣作业也常用于套铣桥塞、无法回收的封隔器等，然后将其打捞出井。

1. 套铣相关工具介绍

（1）铣鞋

套铣作业最核心的工具，由管材在底端面、底部外表面或者内表面铺焊硬质合金做成，具有套铣或切削能力，可以套铣掉被卡管柱外部环空的卡阻物质，如砂子、金属碎块、小件落鱼等；也可以用于套铣桥塞、无法回收的封隔器等，将其外部一层套铣掉一层，包括将卡瓦套铣掉，从而可以将其打捞出井。铣鞋的类型有 A～K 型(图 8-31)。

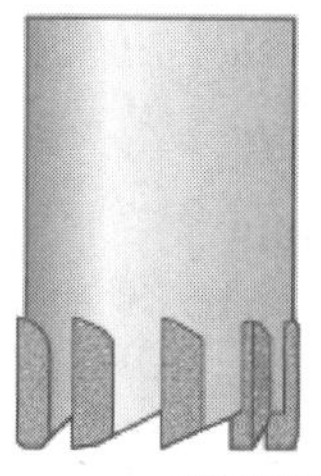
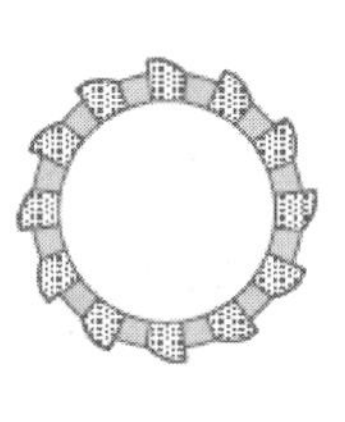

A型铣鞋(齿型，OH)
A型铣鞋用于套铣和切削地层，齿型设计带有侧翼，允许最大循环流通量，外侧和底部切削

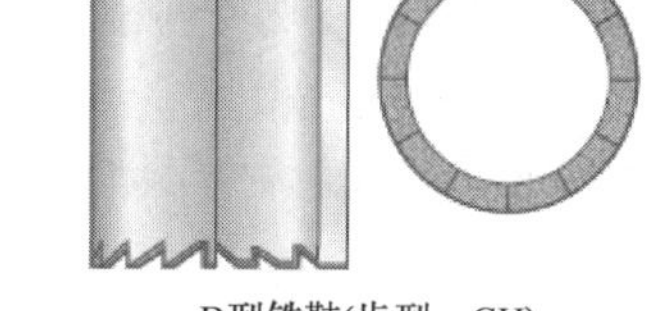

B型铣鞋(齿型，CH)
B型铣鞋用于套铣，齿型设计能够利用有限间隙产生最大循环流通量，底部切削

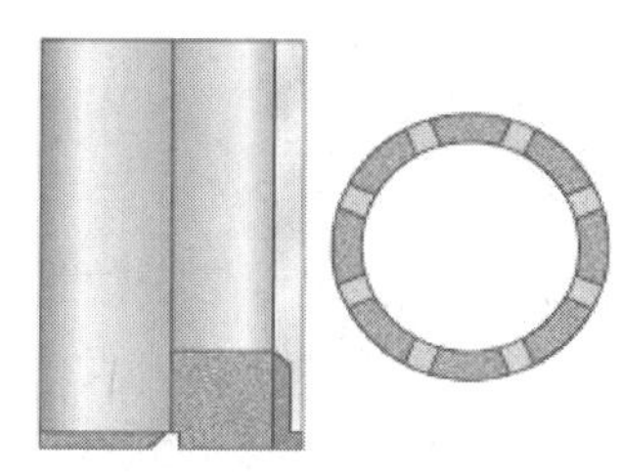

C型铣鞋(平底，CH)
C型铣鞋用于切削间隙很小的金属落鱼，侧部和底部切削

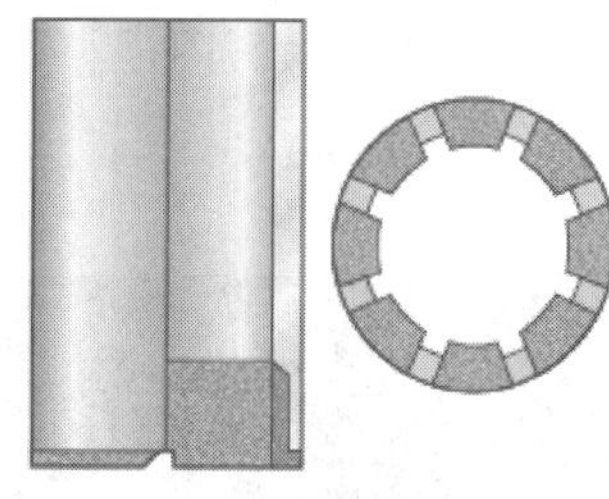

D型铣鞋(平底,CH)
与C型铣鞋类似，D型铣鞋具有内加厚，需要有足够使用间隙，侧部和底部切削

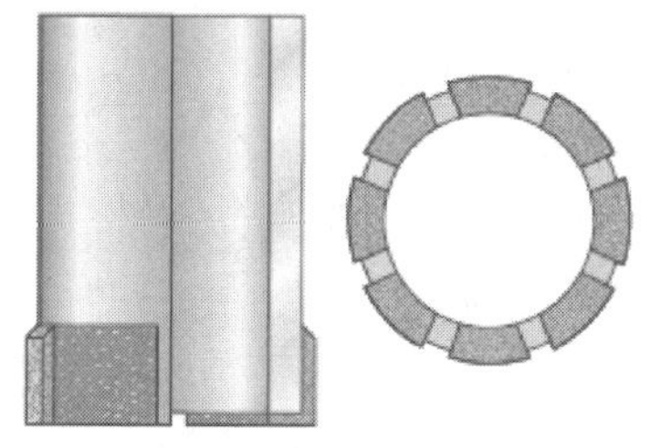

E型铣鞋(平底，OH)
E型铣鞋用于裸眼井中套铣落鱼，外侧和底部切削

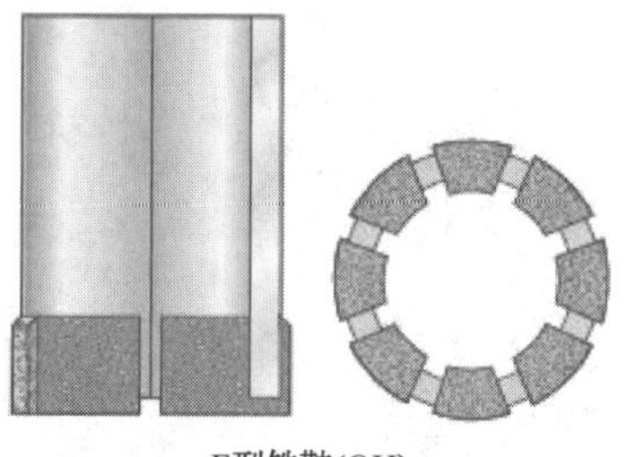

F型铣鞋(OH)
F型铣鞋利用外侧、内侧和底部进行切削，用于同时进行套铣和切削地层

图 8-31　铣鞋类型示意图

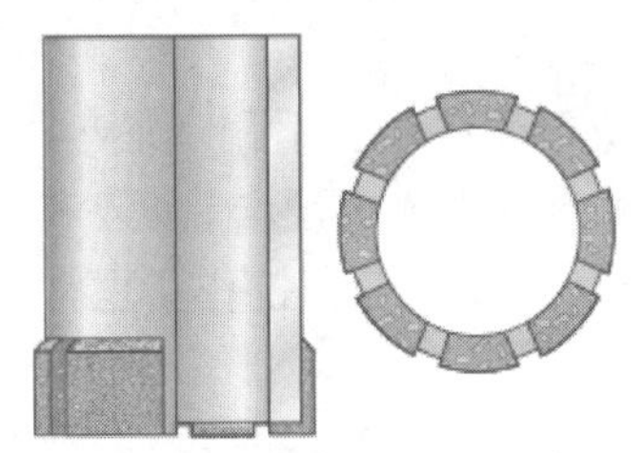

G型铣鞋(OH)

G型铣鞋用于间隙很小的裸眼井中套铣落鱼和切割金属、地层或水泥，利用外侧和底部切削，内部不进行切削

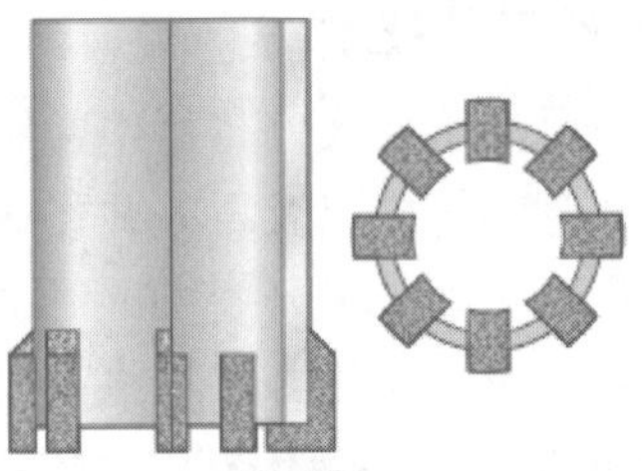

H型铣鞋(OH)

H型铣鞋用于磨铣小金属碎片片锯齿边缘或钻头牙轮，金属碎屑落入打捞篮回收，或者切割地层取心，可用于反循环

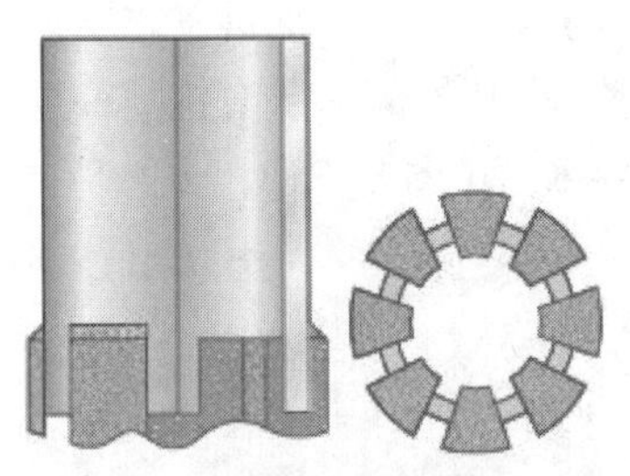

J型铣鞋(OH)

J型铣鞋(扇形底)利用内侧、外侧和底部进行刀割

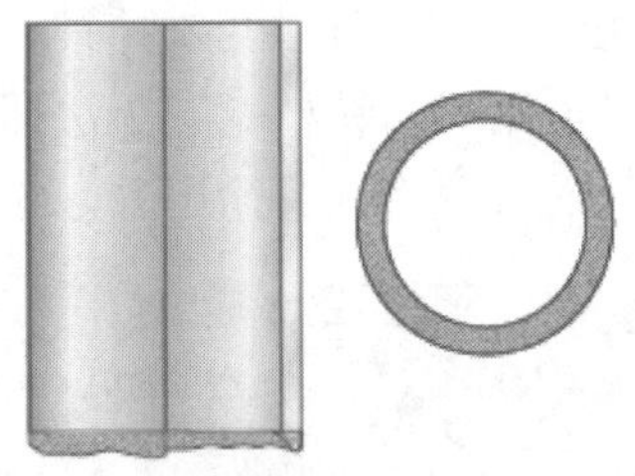

K型铣鞋(CH)

K型铣鞋(扇形底)仅用底面进行套铣和切割，不会切割内径或外径

图 8-31　铣鞋类型示意图(续)

铣鞋的套铣、切削部分一般在底端外表面、底端面或者底端内表面，分别称为外齿、底齿或内齿，根据使用井况或者作业目的不同，所选用铣鞋的铣齿类型也不同。一般而言，在套管内套铣时，铣鞋可以带有内齿和底齿，不能带有外齿；在裸眼内套铣时，铣鞋可以带有外齿。

(2) 套铣管

在用套铣的方法处理卡钻事故过程中，套铣管是处理事故的主要工具之一。双级同步螺纹无接箍套铣管具有强度高、上卸扣快、承受扭矩大等特点，因为没有内外接箍，所以该套铣管的套铣尺寸比有接箍的套铣管的套铣尺寸适用范围宽，同时它没有内台肩可与防掉套铣矛等工具配合使用，提高了打捞效率。

(3) 顶部接头

用于连接套铣筒与钻具，下部公扣为套铣管扣型，上部母扣为钻杆扣型。

(4) 打捞杯

用于正循环套铣钻具组合里，主要是收集无法循环出井的铣掉的碎屑，例如金属碎屑、碎块、卡瓦等，在套铣封隔器时捞杯的作用十分重要(图 8-32)。

图 8-32　捞杯结构图

2. 铣鞋和套铣管规格尺寸

铣鞋类型的选择要保证井筒安全、进尺的速度，便于落鱼的后续处理。长城齿的研磨性较强，适用于套铣封隔器等硬度较强的作业；波浪齿攻击性较强且循环通道较大，适用于套铣水泥等强度较弱的作业。落鱼为套管时，根据套管结构，若套铣环空间隙比较大，套管有扶正器等比较居中以及裸眼段的情况，可以适当的铺焊带有内齿与外齿的铣鞋，内外齿的厚度 2~5mm 即可，以防厚度过大伤害外层套管(尤其是套管居中度较差时)，甚至套劈套管。带有内外齿的铣鞋开始套铣时可以增加环形槽的槽宽，增大水流面积，减轻钻具上抬现象(尤其是在深度较浅的位置)，同时可以清理环空套管壁上的水泥，防止后续套铣出现蹩扭矩、卡钻等复杂情况。

铣鞋和套铣管的尺寸主要受制于在多大内通径的管柱内套铣多大尺寸的落鱼，例如在套管内套铣防砂管柱时，主要取决于生产套管的尺寸和被套铣对象的外径。

海上油田常见生产套管尺寸为 2 种，如表 8-5 所示。

表 8-5　海上油田常见生产套管尺寸

生产套管	外径/in	磅级/ppf	内径/in
7″生产套管	7. 000	23. 000	6. 366
7″生产套管	7. 000	29. 000	6. 184
9⅝″生产套管	9. 625	47. 000	8. 681
9⅝″生产套管	9. 625	40. 000	8. 835

在 7" 套管内常使用 5¾″铣鞋和 5¾″套铣管，在 9⅝″套管内常使用 8⅛″铣鞋和 8⅛″套铣管。在内通径为 4. 75″的防砂管柱内套铣时，常使用 4½″铣鞋和 4½″套铣管。具体的规格如表 8-6 所示。

表 8-6　海上常用 4½″铣鞋和 4½″套铣管

铣鞋/套铣筒	本体 OD	本体 ID	加厚 OD	铣齿部分内径
5¾″铣鞋	5¾″	5″	6″	4½″~5″
5¾″套铣筒	5¾″	5″	—	—
8⅛″铣鞋	8⅛″	7⅜″	8½″	6½″~7¼″
8⅛″套铣筒	8⅛″	7⅜″	—	—
4½″铣鞋	4½″	3⅞″	—	无外加厚，无内齿，仅带底齿。
4½″套铣筒	4½″	3⅞″	—	—

3. 套铣钻具组合

(1) 在 7″套管内常见的套铣钻具组合为：

5¾″铣鞋+5¾″套铣管+顶部接头+变扣+捞杯组合+3½″短钻杆+4¾″振击器+4¾″钻铤+3½″钻杆+方钻杆。

(2) 在 9⅝″套管内的常见的套铣钻具组合为：

8⅛″铣鞋+8⅛″套铣管+顶部接头+变扣+捞杯组合+3½″短钻杆+变扣+6½″振击器+变扣+4¾″钻铤+3½″钻杆+方钻杆。也可以使用 5″钻杆代替 3½″钻杆。

(3) 在内通径为 4¾″的防砂管柱内进行套铣中心管时，常见的套铣钻具组为：

4½″铣鞋+4½″套铣管+顶部接头+2⅞″钻杆+变扣+6½″振击器+变扣+4¾″钻铤+3½″钻杆+方钻杆。4½″铣鞋、4½″套铣管和2⅞″钻杆都可以进入防砂管柱内部，外径都小于4¾″。

（四）水力切割技术

水力内割刀切割技术是大修中一项常用的技术。当井内有被卡的管柱需要打捞时，可以利用水力内割刀从卡点以上将管柱割断，使之脱离卡点以下管柱的束缚，然后利用打捞工具捞出割点以上的管柱。水力内割刀可用于切割单层油管、套管与防砂管柱等，也可以用于弃井作业中切割多层套管，还可用于部分封隔器的切割打捞，如AWD桥塞、尾管挂等。常见的用法是利用水力内割刀从封隔器总成或者防砂管柱的适当位置割断，然后下入打捞工具回收封隔器或割断的防砂管柱。水力内割刀可用钻具或连续油管输送，连续油管输送时需要马达驱动。

1. 工具结构和原理

水力内割刀主要由上接头、指示器、活塞、复位弹簧、下接头组成(图8-34)。水力割刀较为常用，能切割多层次管。图8-33为水力内割刀结构图，3个刀片均匀分布在圆周上，通过销轴与止动螺钉将刀片固定在刀槽内。

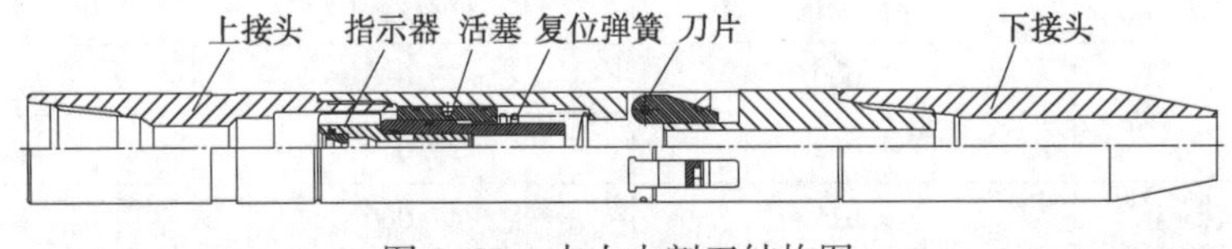

图8-33　水力内割刀结构图

图8-34　水力内割刀实物图

本体内部从上到下依次装有指示器、活塞(装有喷嘴)、弹簧及3个刀片。

水力内割刀由作用在活塞两端的液体压差来实现刀片的张开，使刀片进入切割状态。当工作液流经指示器和活塞内的喷嘴时，必然会形成一个压力差，根据泥浆泵所能提供的排量，可以通过调节这个喷嘴的尺寸大小来获得足够的压差。一旦形成的压差达到某一固定值时，活塞便向下移动，压缩弹簧并与刀片根部相接触，推动刀片迫使刀片绕着根部销钉向外张开，使刀片处于切割位置，钻具的旋转带动水力割刀旋转，切割的过程中，在压差的作用下指示器继续下行至台阶时，活塞进一步下移使其与指示器分离，之间产生一段间隙，此时工作液可以很容易地流过这段间隙，从而产生了一个压力降，这就给了地面工程师一个信号，说明刀片已经完全张开，管柱被割断，完成切割作业了。

水力内割刀有3个刀片，在割刀圆周上成120°分布。刀片采用硬质合金铺焊而成。因此刀片具有很强的切割能力，几乎可以切割所有的管材。

水力内割刀的优点是：

(1) 可以过小割大，即可以通过被切割管柱上的小内径部分，切割下面大内径、大外径的部分；

（2）同一个割刀可以切割不同外径尺寸的管材，通过使用不同尺寸的刀片即可实现；

（3）刀片具有强劲的切割能力，既可以切割盲管，也可以切割绕丝筛管、优质筛管等（图 8-35～图 8-37）。

图 8-35　盲管割口

图 8-36　绕丝筛管割口

图 8-37　优质筛管割口

2. 割刀和刀片尺寸的选择

割刀的选择遵循下列原则：

（1）割刀的外径要能够通过被切割管柱到达切割点，即割刀的外径要小于割点以上的最小内径；

（2）当刀片完全张开时，既可以充分地割断目的管柱，又不会触及伤害生产套管。

水力内割刀常用于切割防砂管柱。海洋油田油气井的生产套管规格基本为二种：外径为 7″和 9⅝″的套管。7″套管内的防砂管柱的最小内通径为 3. 25″，为封隔器总成中的密封筒；9⅝″套管内的防砂管柱的最小内通径为 4. 75″，为封隔器总成中的密封筒。

在 7″套管井中进行切割时，一般选用外径为 3⅛″的割刀，该割刀可以通过 7″套管井中封隔器总成中最小内径部件［密封筒（3. 25″）］而到达割点；在 9⅝″套管井中，一般选用外径为 4½″的割刀，该割刀可以通过 9⅝″套管井中封隔器总成中最小内径部件及密封筒（4. 75″）而到达割点。

不同尺寸的割刀和刀片配合能够切割的管材规格如表 8-7 所示。

表 8-7 刀片尺寸和相应的最大切割外径

割刀尺寸/mm	割刀尺寸/in	切割管材尺寸				转速/（r/min）
		最小/mm	最小/in	最大/mm	最大/in	
79.4	3.125	101.6	4.000	139.7	5.500	60~80
95.3	3.750	127.0	5.000	177.8	7.000	
114.3	4.500	139.7	5.500	244.5	9.625	
139.7	5.500	177.8	7.000	339.7	13.375	
146.1	5.750	177.8	7.000	339.7	13.375	
184.2	7.250	244.5	9.625	508.0	20.000	
209.6	8.250	273.1	10.750	914.4	36.000	

3. 切割管柱组合

切割管柱主要的作用就是将割刀输送至割点，要求底部钻具组合的最大外径小于被切割管柱割点以上的最小内径。

通常要根据被切割管柱的尺寸与要通过管柱的最小内径来选择割刀，参考表 8-7 水力内割刀规格表，然后再设计、选择合适的刀片。

常见管柱组合：水力内割刀+输送管柱。由于管柱居中情况影响切割效果，所以若被切割管柱内径允许，建议在割刀附近安装稳定器。

在 7″套管井中使用 3⅛″割刀切割防砂管柱时，所使用的管柱组合如下：

3⅛″割刀+3⅛″钻铤+减阻器(附带扶正和定位作用)+4¾″振击器+4¾″钻铤+3½″钻杆+方钻杆。3⅛”钻铤的作用是进入防砂管柱内，将割刀输送至割点。

在 9⅝″套管井中使用 4½″割刀切割防砂管柱时，所使用的管柱组合如下：

4½″割刀+2⅞″钻杆+定位变扣+4¾″振击器+4¾″钻铤+3½″钻杆+方钻杆。2⅞″钻杆最大外径为 4⅛″，作用是进入防砂管柱内，将割刀输送至割点。

4. 操作步骤

（1）根据井况优化设计切割管柱结构。检查水力内割刀密封件是否完好，水眼是否通畅，活塞、弹簧、水嘴等是否齐全，测量割刀各部分尺寸，绘制工作草图。

（2）组装合适尺寸的刀片到割刀上，并对刀片进行固定。

（3）在井口对割刀进行功能试验，记录初始泵压及排量；将刀片重新固定，防止下钻时刀片张开，损伤刀片。

（4）下钻到位，测上提下放悬重与正空转扭矩。对割点进行定位。

（5）切割作业：低转速正转管柱(20~30r/min)，缓慢开泵正循环，控制泵压平稳升高；提高转速(60~70r/min)，提高排量、泵压使刀片张开，此时的泵压为喷嘴压耗与循环压耗之和，记录切割时的排量、泵压、转速、切割扭矩与悬重。

（6）切割过程中注意观察泵压、扭矩等参数，根据参数变化，判断切割情况。切割扭矩增加、波动剧烈，之后相对稳定甚至达到空转扭矩或泵压下降，这些现象表明已经割开落鱼，刀片已经完全张开。

（7）出现割断显示后，继续切割一段时间，修整割口。

(8) 停泵，停转，缓慢上提，根据指重显示判断刀片是否完全收回。

(9) 起钻至井口，检查各刀片状况，测量刀片磨损情况，进一步判断切割效果。

5. 切割结果确认

起出割刀后检查刀片是判断切割效果的主要依据：在刀尖、刀片上表面或下表面，如果有较明显的表面磨痕，则表明已切断管柱；如果只在刀片的顶端有磨痕而其他部位没有则不能明确判断是否割断，还需具体分析(图 8-38)。

图 8-38　切割后的刀片

(五) 注水井修井液技术

1. 无固相压井液

(1) 无固相压井液技术背景

压井是注水井作业中的一道工序，在这个过程中，压井液在井下正压差的作用下进入地层，就有可能对地层产生损害，严重时会影响到水井作业后的正常注水。压井过程中的主要油层损害因素有：压井液中的悬浮固体颗粒堵塞损害地层，压井液与地层水不配伍产生无机结垢损害油层和毛细管力损害地层。针对此问题，油化公司开发了无固相清洁压井液体系。

在修井作业中，通过无固相清洁压井液体系的使用，可以控制修井作业安全，有效抑制地层页岩稳定，降低压井液对地层的伤害，缩短注水井的作业周期。

(2) 无固相压井液介绍

无固相清洁压井液是为了降低压井液的结垢损害和毛细管力损害而研制的，无固相清洁压井液以氯化钾、甲酸钠、甲酸钾压井液为基础，添加了阻垢剂和表面活性剂，使压井液具有阻垢、易返排等特点，同时为了防止高矿化度压井液对油套管的腐蚀，在体系中添加了缓蚀剂。

现场压井作业过程中压井液存在几种储层伤害因素：第一是配制用水中存在固体微粒；第二是压井液水质和矿化度与地层水不配伍；第三是压井液进入储层在地层温度下与原油发生原油乳化。这三种损害因素如果处理不好，都将对储层造成很大伤害。

因此，在无固相清洁压井液体系中，使用增黏提切剂控制体系黏度和失水，减少作业中地层漏失；选用可溶性盐作为加重材料，并采用过滤技术，有效滤除体系中的固体微粒，消除固体物质堵塞，而且可溶性盐具有很好的防膨效果可有效防止黏土颗粒的膨胀运移，油层保护效果好；选用阻垢剂，与水中的成垢离子形成稳定的水溶性螯合物，消除压井液与地层水不配伍造成的结垢堵塞；选用高效渗透剂降低压井液表、界面张力，减小储层孔隙流体的毛细管阻力，减弱和消除储层水锁等伤害，促进地层返排。

压井液使用可溶性盐作为加重剂，密度越高矿化度越高，对井下管柱的腐蚀性越大，通过引入与体系配伍性较好的缓蚀剂产品，在管柱表面形成一层腐蚀防护膜，从而解决压井液对油、套管的腐蚀问题。

(3) 无固相压井液适用范围

无固相清洁压井液体系抑制性强、密度可调节、腐蚀性小，不含能造成储层孔隙堵塞的固相颗粒，体系具有很低的表面张力，能够有效防止漏失后地层孔隙水锁、原油乳化等伤害，储层保护效果好，可满足大多数注水井压井作业。

2. 无固相套铣冲砂液

油田生产作业中经常会遇到油井出砂、产液量下降、产液含水持续升高、水井注水井管柱无法正常起出等问题，针对这些问题井一般都要采取大修作业，通过更换生产管柱、防砂管柱或补射孔进行再完井作业。油、水井大修作业过程包括原井防砂管柱套铣切割打捞、裸眼段冲砂、磨铣封隔器、产层补射孔、重新下防砂管柱再完井等作业过程，作业周期长(一般为30~40d)，地层漏失量大。为了确保作业中井下安全和油层保护，缩短作业周期，需要一种具有良好携砂、堵漏、润滑性能的油保工作液体系，以满足大修井长时间作业要求。

无固相套铣冲砂液就是针对大修产层防砂管柱套铣、冲砂、储层封堵开发的一种工作液，其除具有以上性能外还具有良好的润滑性和地层抑砂效果。

(1) 无固相套铣冲砂液作用机理

作用机理：无固相套铣冲砂液封堵机理与微泡无固相暂堵液类似，体系中的气液溶囊体积比一般在60%以上，溶囊相互间干扰，呈现一种致密的结构，切力相对较大。冲砂时，砂粒基本上都被溶囊结构承托，沉降速度极小。资料显示，同种、等量增黏剂胶液体系，溶囊结构具有较高的悬浮能力(比普通的胶液体系大10倍以上)。作业中套铣液在携砂的同时，它可以根据作业压差，针对油气漏失通道改变自身形状和性能，最大限度地占据储层储渗空间或形成黏膜层，封堵地层，达到降低漏失、保护储层的目的。

工作液特点：

① 低密度、气液绒囊结构，封堵能力强、携砂性好；

② 性能稳定，易维护，满足大修长时间作业要求；

③ 无固相、环保，可生物降解，易破胶降解，对储层无伤害。

(2) 无固相套铣冲砂液应用范围

无固相套铣冲砂液体系具有密度低，封堵效果好，携砂能力强，润滑性好，循环摩阻小，黏度保持率高，易于维护的特点；体系中不含有固相，不会对地层造成附加伤害；返排时所需的压力小于0.2MPa，易于返排。

无固相套铣冲砂液适用于漏失速率大于15m^3/h的油水井冲砂作业；适用于大修油、水井的地层冲砂、筛管套铣打捞及储层保护作业。

(3) 除砂器介绍和使用

如果使用海水或者生产水作为修井液携砂，则在沉砂池内自然沉降就可以将砂子或者其他杂质脱出；如果使用具有较大黏度的液体作为修井液携砂，则在泥浆池上必须配备除砂器进行脱砂，无法靠自然沉降进行脱砂(图8-39)。

修井使用的除砂器一般为一体式的旋流器和振动筛，振动筛在旋流器的下方，旋流器的作用是将含砂的返出液体进行一次分离，分为重液和轻液。砂子全部在重液中，轻液则为基本不含砂的液体、干净的液体。重液在旋流器内向下流动，进入振动筛，振动筛再对重液进行分离，将砂子和液体分离出来。轻液则在旋流器内向上流动，然后直接进入上水池内。

图 8-39　除砂器

3. 无机垢解卡工作液

无机垢解卡工作液主要组成：由不动管柱清洗除垢剂 BHCS-SB、BHCS-SA、助排浓缩液 NZP-01+0.05%硫脲+0.5%缓蚀剂。除此之外，为了满足满足不同作业现场作业的要求，可以在体系中加入润滑剂、防膨剂、加重剂等药剂。

用途：渤海自营油田油井作业使用的工作液为地热水和过滤海水，这两种水与储层地层水的水型和矿化度均不同。在注水井不动管柱清洗过程中，工作液漏失进入储层后，打破了原地层水的化学平衡，与其发生化学反应，生成不溶于水的碳酸盐垢、硫酸盐垢，这些垢物的一部分停留在储层中，堵塞岩石孔喉，造成储层伤害；还有一部分随着产出液排出，富集在生产管柱中，造成生产管柱堵塞、缩径或卡堵，对生产管柱造成伤害。

作用机理：BHCS-SB 属于固体，具有较强的螯合作用，可去除铁、铜等金属氧化物垢，操作简便、安全可靠，而且分子中不含 Cl^-，对设备不会造成应力腐蚀，因此选取 BH-SB 作为主清洗剂；体系中的 BHCS-SA 为水溶性的螯合剂，在水溶液中能释放出 H^+离子，使溶液显酸性，通过溶解钙、镁垢等无机垢沉淀，达到疏通地层孔道、提高渗透率的目的，溶垢速度快，后期恢复效果明显。

特点：该清洗除垢体系对设备的腐蚀性很低，操作简便、安全性高，溶垢效果快，对岩心的改善比较明显，而且不影响原油的破乳脱水，对集输系统不会造成影响，可以在海上应用。

(六) LHD 套管堵漏技术

随着油田开发生产的不断深入，油水井长年磨损、腐蚀，或受地层塑性变形以及各类施工措施的影响，造成的套管损伤问题逐渐增多。为解决油田开发生产中产生的套漏、管外窜问题，LHD 化学封堵技术应运而生。

1. LHD 封堵技术的优势

与水泥等传统堵漏技术相比，具有如下突出优势：

(1) 驻留性好，用量少，施工周期短

LHD 堵剂进入目标漏失层后，在压差的作用下，挤出堵浆中的自由水，快速形成具有一定强度的网架结构，增大了堵剂的流动阻力，限制了堵剂往漏失层深部流动。随着不断挤入，网状结构的空隙不断被充填，挤入压力不断上升，实现有效驻留，保证堵漏修复的可靠性。

对于高渗透大孔道地层，堵剂能快速(30s 左右)形成具有一定承压能力(4MPa 左右)的网状封堵层，实现有效驻留，提高封堵成功率并减少堵剂用量(普通堵剂 20~200m³，而 LHD 堵剂只用 10~20m³)。

能够在封堵层位形成抗压强度高、韧性好、微胀和有效期长的固化体；将周围介质胶结成一个牢固的整体，与所胶结的界面具有较高的胶结强度，提高施工有效期。

（2）界面胶结强度高，施工效果好

采用多种功能活性材料，改善胶结界面微观结构，优化水化产物的化学组分，能够形成抗窜强度高、耐冲蚀的封堵层，提高施工有效期。

微观结构研究表明：LHD 堵剂在界面上形成的水化物与水泥堵剂有很大差别，易冲蚀的 $Ca(OH)_2$ 晶体和稳定性差的高碱性水化物要少很多。

在抗窜强度方面，水泥堵剂受日常生产的影响较大，相比而言，LHD 堵剂受大排量日常生产的影响较小。LHD 堵剂能够形成界面胶结强度高、耐冲蚀的固化体，将周围介质胶结成一个牢固的整体，提高施工后的堵漏修复井对增压注水等高压作业的承受能力，从根本上提高施工有效期。

（3）初凝时间可控，施工安全有保证

通过解决堵浆的悬浮稳定性和初终凝时间控制的可靠性问题，LHD 堵剂配制的堵浆在井筒内停留时，可在预定的较长时间内保证良好的流动性，不会沉淀和凝固，并且固化时间易于调整，提高了施工的安全性和可靠性。

（4）能够实现找漏堵漏施工一体化

由于 LHD 堵剂在进入封堵目标层后能快速形成网状封堵层，使施工压力明显升高（上升幅度 3~15MPa），从而能够在堵漏修复施工时及时发现漏层，实现找漏堵漏施工一体化，使该堵剂能用于无法确定漏层位置的井。而普通堵剂无法在封堵目标层快速形成封堵层，因而无法找漏。

2. 作业准备

（1）确定作业井需要封堵的层段；

（2）编写作业井施工设计；

（3）依据设计准备施工所需人员、物料及设备，并对设备进行保养，确保设备性能可靠，满足作业要求。

3. LHD 封堵方法（以封堵 9⅝″套管为例）

（1）坐封 9⅝″顶部封隔器、填砂；

（2）正挤堵剂、候凝、试压；

（3）钻塞、试压；

（4）刮管；

（5）回收 9⅝″顶部封隔器。

五、注水井大修面临的问题与挑战

随着渤海油田的发展，注水井的地位日益凸显，注水井大修作业更加成为渤海油田稳产高产的保障之一。注水井大修是综合了多种工艺相互配合完成的疑难井作业。目前渤海油田注水井大修能够根据不同的井况，选择合适的工艺技术，技术体系日趋完善，逐步将其模式化。但随着油田深入开采，注水井存在的问题也日趋多样化，如注水压力持续升高，层间压力异常导致注水井压井问题，小尺寸防砂管柱打捞提效问题等难题都亟待攻克，也是未来的努力方向。

第九章　分层注水技术

对于多油层油田，即使在合理组合开发层系后，每套开发层系中仍有多个性质不同的油层，致使注入水在层间、平面和层内的推进速度差异较大，并且随着含水的不断上升，出现的矛盾和问题更加尖锐复杂，开发的难度越来越大。

分层注水就是在注水井中，利用封隔器将多个油层在井筒内分隔成几个层段，然后根据每个层段配注量的要求，通过调节各配水器水嘴的大小，将井口相同的注水压力转换成井下各层段不同的注水压力，从而控制高渗透层注水，加强低渗透层注水，实现吸水剖面的有效控制。

第一节　分层注水技术现状

一、注水技术发展历程

（一）陆地油田

国内注水始于20世纪50年代，1954年玉门老君庙油田在L层边部MN27井开始注水，标志着国内油田注水技术进入实施阶段。20世纪60年代研发成功固定式分层配水技术和活动式分层配水技术，20世纪70年代研制成功665-2偏心配水器，20世纪90年代研制成功同心集成式注水技术，进入21世纪，研发桥式偏心分层注水和高效测调联动分层注水配套技术，同时发展了防砂、分层注水一体化注水技术，研究应用了斜井等特殊结构井分层注水技术，分层注水工艺满足了不同开发阶段、不同油藏类型的油田注水需要，目前分层注水技术已经具备了分层、测试、调配、洗井等特点和功能，为油田实现分层开采奠定了坚实的技术基础。

为保证各开发阶段注水井能够实现注够水、注好水、精细注水，注水工艺也不断发展，主要经历了以下过程：封隔器由水力扩张式发展到水力压缩式；配水工作筒由同心式发展到偏心式，再发展到与封隔器一体化；配注水嘴由固定式发展到活动式，再发展到电动可调式；水嘴投捞方式由起下注水管柱投捞发展到液力投捞和钢丝投捞。分层注水工具从简单到复杂、品种从单一到系列应用，实现了4级以上多级分注，分层卡距从8m以上逐步缩小，最小分层卡距可缩至1.2m左右。配套的分层测试工艺，先后发展应用了投球测试、浮子流量计测试、电磁流量计测试、超声波流量计测试、涡街流量计测试和测调一体化集成测试，测试方法从递减法发展为直接测量，大幅度提高了测调效率和测试精度，测调工艺智能化、集成化程度不断提高。

（二）海上油田

海上注水井与陆地注水井在井身结构、完井工艺、配注量等方面存在很大差异，使得陆地成熟的分层注水技术不能直接用于海上注水井。因此，海上油田分层注水技术开发与应用均根据其自身油藏地质及井况特点，在前期防砂完井或套管完井的井筒基础上开展工作。自20世纪90年代以来，伴随着我国海洋石油工业的发展，为了满足不同注水井况的分注需求，经过十几年的探索与实践，形成了一系列适应不同井况的分层注水工艺技术。回顾渤海石油分注水技术的发展历程，大致可以分为以下三个阶段：

第一阶段：1996—1998年，海上注水技术初期探索。

尝试借鉴大庆等陆地油田的分层注水工艺，工艺管柱主要以多级封隔器实现注水层段的层间封隔，由偏心配水器来实现层间配注，注水层段的测配采用钢丝投捞或液力投捞测配，仅适用于直井和斜度较小的井(≤35°)。偏心配水工艺技术因在大斜度注水井中配水工具投捞成功率低、且单层注入量小等因素而无法在海上油田注水井中应用，需采用其他注水方式代替偏心式分注工艺。

第二阶段：1999—2007年，实现渤海油田多层段、大斜度井、大排量分注。

开发了一投三分、空心集成分注技术，适应分段数不超过6层、井斜≤60°，其单层流量为0~700m^3/d；开发了多管分注技术，其单层流量为0~1000m^3/d，井斜不受限制，分段数不超过3层。

第三阶段：2008年至今，分注技术改进，进一步提高测调效率和分注管柱的长效性。

由于海上平台作业空间小，作业量大，平台不能提供更多的时间和空间来完成调配作业。并且随着注水井数增加，注水井调配作业量也急剧增加，为了减少注水井作业占用时间，提高注水井调配效率，开发了边测边调分注技术，显著提高了分层配注的测调效率和配注精度。分注层数不受限制，单层最大流量达到800m^3/d。

二、分层注水技术现状

通过近二十年的发展，渤海油田分层注水工艺已取得很大的进步，多种分层分注工艺日渐成熟和完善，主要有一投三分分注技术、空心集成分注技术、多管分注技术、同心分注技术及边测边调分注技术，各工艺技术参数如表9-1所示。

表9-1 渤海油田常规分注工艺技术参数

性能参数	一投三分	空心集成	同心分注	多管分注	边测边调
井斜/(°)	≤60	≤60	≤60	不限	≤60
井筒内通径	≥3.25″	≥3.88″	≥3.25″	≥3.25″	≥3.88″
分注层数	≤3	≤6	≤5	≤3	不限
单层最大流量/(m^3/d)	400	700	700	1000	800
测试方式	钢丝作业	钢丝作业	钢丝作业	井口控制	电缆作业

(一) 一投三分分注技术

一投三分分注技术，实现了一次钢丝作业便可完成三层段注水量调节。注水管柱主要由油管、滑套、插入密封、一投三分工作筒、一投三分配水器组成。该技术解决了井斜小于60°、层段数小于4层的分注难题，且能满足单层最大400m^3/d的注入需求。

(二) 空心集成分注技术

空心集成分注技术，其核心是将层间分层工具与配水工作筒集成一体化，每一级配水工作筒及相应配水器配合，便可实现两层段注水。分注管柱主要由油管、滑套、定位密封、插入密封、空心集成工作筒、空心集成配水器和圆堵组成。分层测试仪工具串由定位抓、扶正器、万向节、小直径井下存储式涡街流量计(或压力计)和导向头组成，下入到配注管柱内可从下到上一次完成多个注水层段压力或流量的测试，单层最大流量达到700m^3/d，解决了防砂最小内通径≥3.88″、井斜≤60°、分注层段数≤6层的分层配注问题。

(三) 多管分注技术

多管分注技术采用同心双油管和井口塔式双油管挂，将注入井建立为油套环空、油管与中心管环空及中心管三个独立通道。通常流体通过油套环空注入上部油层，通过外层油管和中心管之间的环空注入中部油层，通过中心管注入下部油层。各层注入通道从地面开始就相互独立，再经各自的通道注入相应的层段，通过地面的流量调节阀调节注入流量，地面各层独立的流量计、压力计可以直接读取相应注入层的注入流量和注入压力。因此，配注过程直观、准确、高效，避免钢丝作业的风险，同时解决了渤海油田多介质注入问题。

(四) 边测边调分注技术

边测边调分注技术主要包括边测边调仪器和边测边调工作筒，测调工作筒装有可调水嘴，边测边调仪器主要由定位器、转动器和电磁流量计组成。通过电缆作业下入测调仪器与井下测调工作筒对接，可精准调节水嘴开度，测试各层流量，实现了边测边调。井下测调工作筒结构，尺寸相同，对分层段数没有限制，可以选择性调节任意一级工作筒水嘴，该工艺可以在井斜小于60°的井中成功对接。现场试验验证1天可以完成一口井的调配，显著提高了分注井的调配效率。

第二节　分层注水技术

一、一投三分分注技术

(一) 一投三分分注技术介绍

1. 技术原理

一投三分分注管柱主要由滑套、一投三分工作筒、一投三分配水器、插入密封组成(图9-1)。分注管柱下至井中预定深度，坐落于第二级封隔器上部并实现定位，各插入密封与其对应的封隔器密封筒配合，实现层间密封。通过钢丝作业从井口投送配水器，坐落于一投三分工作筒内，配水器与工作筒内有O圈密封。配水器上各出水通道与工作筒出水孔相对应，配水器装有三个水嘴，每个水嘴控制一个注水层，从而实现三层分层注水。

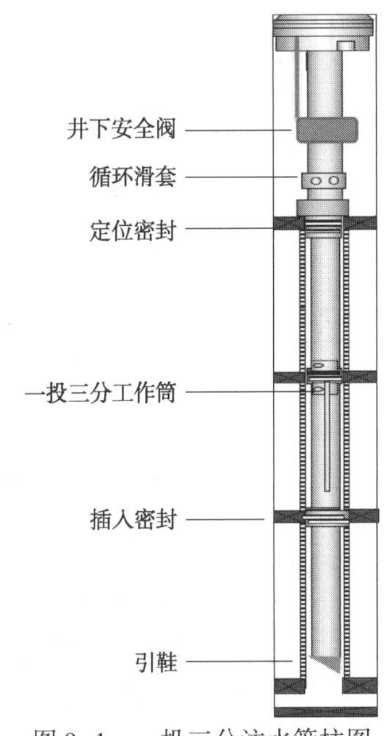

图9-1　一投三分注水管柱图

2. 技术参数

(1) 防砂内通径：3.25″；

(2) 适用井斜：≤60°；

（3）防砂段油管：2⅞″SNU；

（4）分注层段数：≤3。

3. 技术特点

（1）一次钢丝作业可实现三个层段的调配；

（2）可满足单层最大排量400m³/d的配注要求；

（3）井下流量计可直接录取单层配注量；

（4）伸缩接头提高了配注管柱定位、密封的可靠性；

（5）能实现层间验封。

（二）一投三分配水器和工作筒

一投三分工作筒结构如图9-2所示，各部分对应的尺寸参考表9-2。

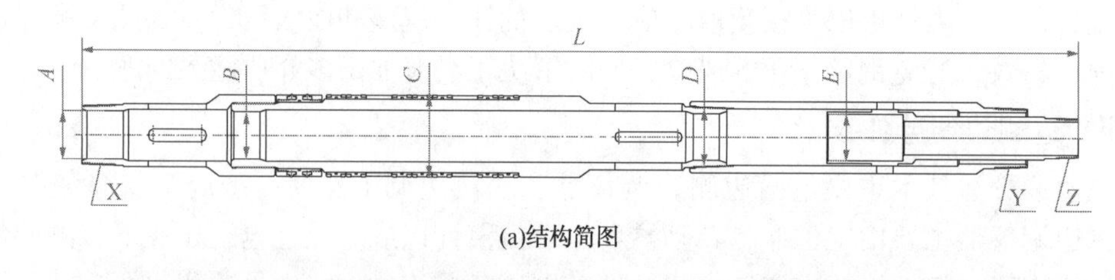

(a)结构简图

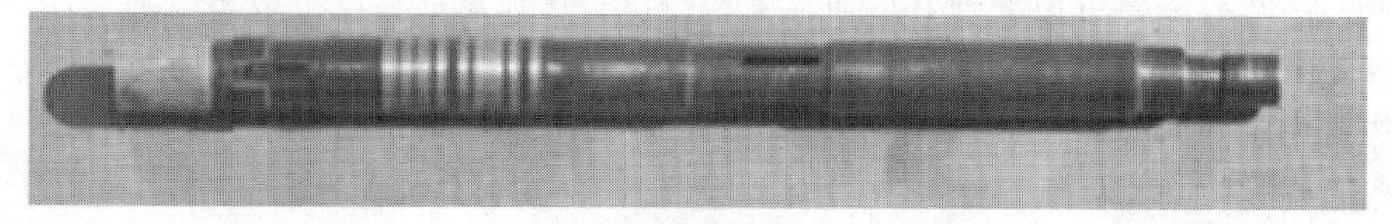

(b)外观图

图9-2　一投三分工作筒简图及外观图

表9-2　一投三分工作筒尺寸参数

型号	ΦA/mm	ΦB/mm	ΦC/mm 密封件/刚体	ΦD/mm	ΦE/mm	L/mm	X	Y	Z	备　注
325	58	57	82.9/82.1	56	56	1517	2⅞NUP	2⅞NUP	1.9NUP	X接2⅞薄型接箍
388	58	57	99/98.1	56	56	1512	2⅞NUP	2⅞NUP	1.9NUP	
400	58	57	102/101	56	56	1512	2⅞NUP	2⅞NUP	1.9NUP	
475	58	57	121/120.3	56	56	1596	3½NUB	3½NUP	1.9NUP	475左端3½NU母扣

一投三分配水器结构如图9-3所示，各部分尺寸参考表9-3。

表9-3　一投三分配水器尺寸参数

型　号	ΦA/mm	ΦB/mm	ΦC/mm	ΦD/mm	ΦE/mm	ΦF/mm	L/mm
325/388/400/475	46.2	58.75	58	57	56	56	1683

一投三分配水器和工作筒配合后，形成了每层的过流通道，再加上定位密封、插入密封，形成完整的分层配注系统。水从上端中心通道进入，在第一个水嘴前进行第一次分流，第一层注入水通过水嘴注入第一层，其余注入水通过桥式通道进入下部中心通道；注入水在

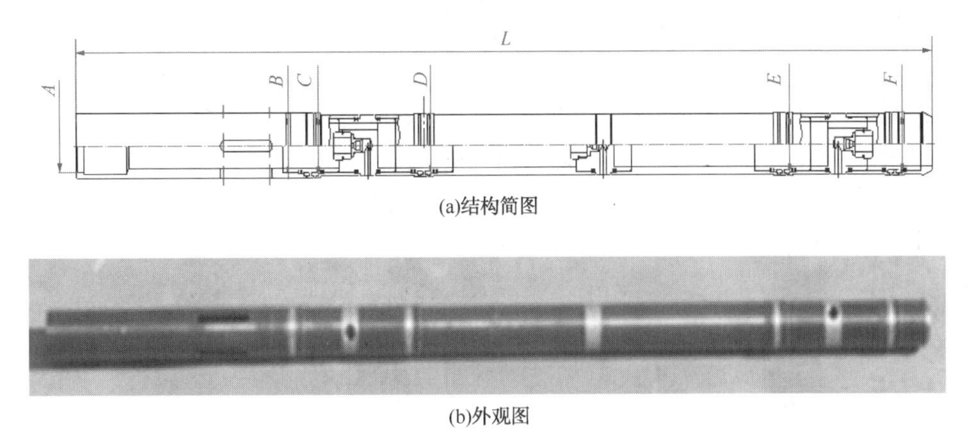

(a)结构简图

(b)外观图

图 9-3　一投三分配水器简图及外观图

第二个水嘴前形成第二次分流，第二层注入水通过第二个水嘴注入第二层，其余注入水通过桥式通道后，再通过第三个水嘴，向下注入第三层。

(三) 一投三分管柱层间验封

将压力计装在配水器芯子内，通过钢丝作业将配水器芯子坐在一投三分工作筒内，芯子到位后，井口打 2 个压力梯度，通过压力计记录地层压力曲线(图 9-4)变化判断是否分层。

上压力计计量上注水层段地层压力，下压力计计量下注水层段地层压力。分析井下 2 支压力计采集数据，若上、下压力计的压力稳定不随井筒压力变化而变化，说明分层配注管柱分层合格，可满足三层段分层注水。

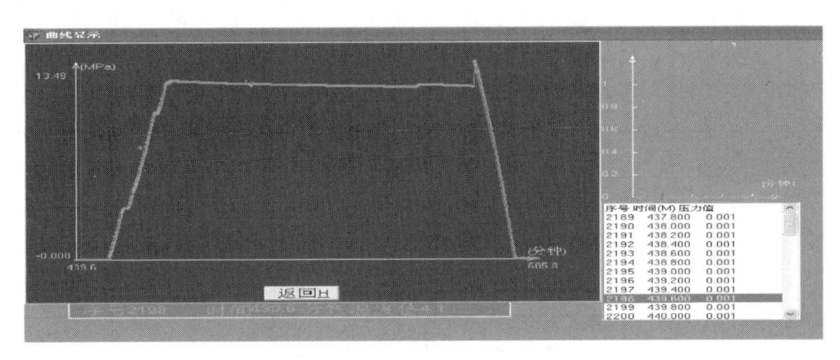

图 9-4　验封压力曲线

二、空心集成分注技术

(一) 空心集成分注技术

1. 技术原理

空心集成分注管柱主要由滑套、定位密封、空心集成配水工作筒、插入密封和圆堵组成，通过定位密封、空心集成配水工作筒、插入密封与封隔器密封筒配合实现分段密封，每个配水工作筒可实现两个防砂段注水，配水器芯子座在工作筒内，通过更换配水器芯子上的水嘴实现对各层注入量的控制，空心集成注水工艺管柱如图 9-5 所示。

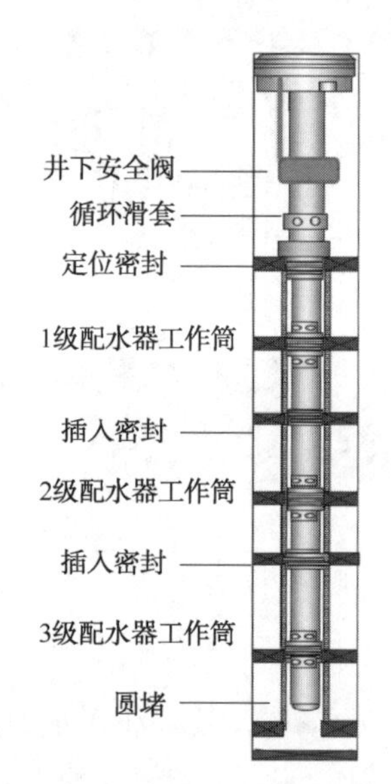

图 9-5 空心集成注水管柱图

2. 技术参数

（1）防砂内通径：≥3.88″；

（2）适用井斜：≤60°；

（3）防砂段油管：3½″NU；

（4）分注层段数：≤6。

3. 技术特点

（1）每个配水工作筒可实现 2 层注水；

（2）流量调节范围大；

（3）在进行流量测试时，流量可独立计量，直接录取单层流量，资料准确可靠，避免了传统递减法测试的测量误差。

(二) 空心集成工作筒和配水器芯子

空心集成工作筒分为三个型号，分别为 3.88″、4.00″、4.75″，工作筒具体参数如表 9-4 所示。

而对于空心集成配水器芯子也分为三个型号，但 3.88″、4.00″两种型号可共用，工作筒芯子具体参数如表 9-5 所示。

表 9-4 空心集成工作筒参数

型号	级数	最大外径/in	最小内径/mm	顶部扣型	底部扣型	长度	备注
388	1	3.88	64.5	3½NUP	3½NUP	1980	X 接 3½薄接箍
	2	3.88	62	3½NUP	3½NUP	1980	
	3	3.88	59.5	3½NUP	3½NUP	1980	
400	1	4.00	64.5	3½NUP	3½NUP	1980	
	2	4.00	62	3½NUP	3½NUP	1980	
	3	4.00	59.5	3½NUP	3½NUP	1980	
475	1	4.75	67	3½NUB	3½NUP	1970	475 左端为 3½NUB 母扣
	2	4.75	64.5	3½NUB	3½NUP	1970	
	3	4.75	62	3½NUB	3½NUP	1970	

表 9-5 空心集成配水器芯子参数

型　号	级　数	最大外径/mm	长度/mm
3.88″/4.00″（两者共用）	1	64.5	1832
	2	62	1832
	3	59.5	1832
4.75″	1	67	1832
	2	64.5	1832
	3	62	1832

在进行管柱设计时，为了保证各级芯子都能够顺利投捞，工作筒从上至下逐级增大，配水器芯子从上至下逐级增大，工具串实物图如图 9-6 所示。

图 9-6 中 A 是空心集成工作筒，①是密封模块，和封隔器配合进行层间密封；②是工

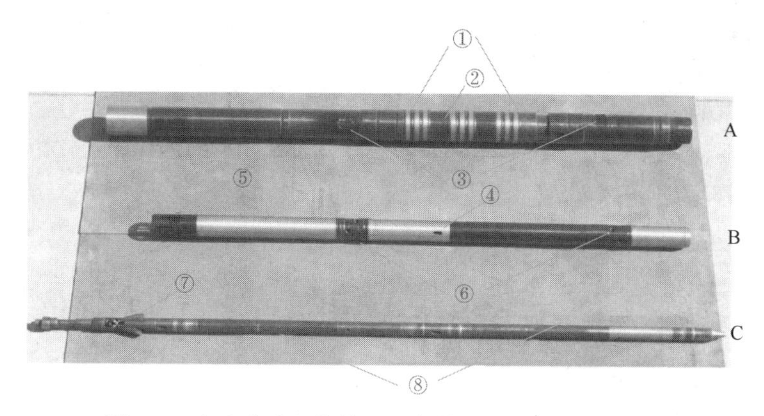

图 9-6　空心集成工作筒、配水器、测试工具串实物图

作筒桥式通道，是注入水进入下层的水流通道；③是两组出水孔，注入水通过此孔后进入地层。

图 9-6 中 B 是空心集成配水器芯子，⑤是打捞头，用于 GS 打捞器打捞配水器芯子；④是配水器芯子进水孔，通过桥式通道来的注入水进入此孔，用于下层注水；⑥是配水器芯子出水孔，可安装陶瓷水嘴，最多可安装 6 个，通过安装不同大小和数量的水嘴调节此层注水量。

图 9-6 中 C 是测试工具串，⑦是定位抓，当工具串上提时可打开定位抓，坐落在⑤上部，用于测试工具串的定位和固定；⑧是压力计托筒（内部可以安装压力计）或直接更换为流量计，用于验封或者调配作业。

（三）空心集成管柱层间验封

将压力计装在验封工具串压力计托筒内，通过钢丝作业将压力计工具串下到配水器工作筒位置，工具串通过定位抓定位在配水器芯子上，井口打 2 个压力梯度，通过压力计记录的地层压力曲线变化判断是否分层。

以四层为例，压力计计量第一、三注水层段地层压力。分析井下压力计采集数据，若压力计测得的压力（地层压力）稳定不随井筒压力变化而变化，说明第一、三层配注管柱分层合格，推断整井层间合格。

三、多管分注技术

（一）多管分注技术介绍

1. 技术原理

通过在原有井口增加一个升高油管四通和油管挂，增加一趟新管柱来创建一条新的注入通道，实现套管中套大油管、大油管中套小油管的同心三管结构，使注入各地层的液体从地面开始就流经各自独立通道，注入相应的地层。在地面直接读取各层流量和压力，地面阀门独立控制各层注入量，配注直观、准确、高效，省掉了钢丝作业且避免了由其带来的作业风险。

2. 技术参数

（1）分注层段数：≤3 层；

(2) 完井管柱内通径：≥3.25″；

(3) 单层注入量：≤1000m³/d；

(4) 无井斜限制；

(5) 可多介质注入；

(6) 适用套管：7″、9⅝″套管。

3. 技术特点

(1) 可从井口直接控制流量，无需钢丝投捞作业；

(2) 井斜不受限制，可实现多介质注入。

(二) 井口地面管汇的布排

由于海上平台空间有限，必须最大限度地节省平台空间，对此采用了井口管汇一体化设计，将总来水在井口处一分为三，三条独立管道流经各自的流量调节阀、流量计，三条管道且各自装有压力计，由此实现了在地面调节各注入层的流量，直接读取各注入层的流量和压力。井口管汇与井口装置的连接示意图如图 9-7 所示。

图 9-7 井口管汇一体化设计示意图

(三) 井口设备改造

多管分注之前，井口装置自下而上为油管四通、油管挂和采油树，其结构如图 9-8(a) 所示；当转为多管分注时，需要对原有的井口装置进行改造，即在原有油管四通和采油树之间增加一个油管四通和一个油管挂，如图 9-8(b) 所示。原管四通连接套管和大油管之间的环形空间，新油管四通连接大油管和小油管之间的环形空间，采油树连接小油管的管内空间，于是便形成了三个独立的注入通道，实现了三层注入。

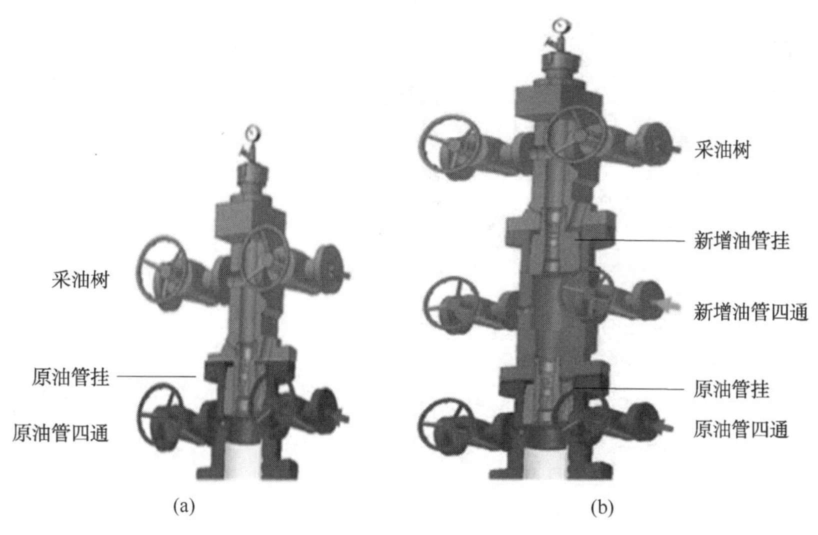

图 9-8 井口装置连接图

(四) 多管分注管柱

一般来讲，油套环空注上层，两油管环空注中层，小油管注下层，具体单井设计要根据不同层段的配注量优选合理的注水通道。由流体力学可知，当一定流量的注入水流经各自的通道时会产生一定的摩阻，因此必须考虑各注入层的摩阻满足平台注入泵的要求，根据模拟软件来计算注水量沿程压力损失的大小选择合适尺寸的油管组合。

由于多管分注的注入通道相互不干扰，可以实现不同的层段采用不同的注入压力及不同的注入介质，如水聚分注、水气分注等工艺技术。

多管分注工艺管柱如图 9-9 所示，主要工具包括：

(1) 定位旁通、4. 75″(或者 4″、3. 88″、3. 25″)插入密封，Φ60mm 插入密封、Φ60mm 插入密封筒等；

(2) 其中定位旁通起到定位作用，并提供油套环空到上层的过流通道；

(3) 4. 75″插入密封(与防砂段内的隔离密封筒相配合)实现中层与上、下两层的层间封隔；

(4) Φ60mm 插入密封筒与 Φ60mm 插入密封配合实现大小油管间的隔离。

四、同心分注技术

(一) 同心分注技术介绍

1. 技术原理

同心分注管柱主要由滑套、定位密封、同心分注工作筒、插入密封和圆堵组成，如图 9-10 所示。通过定位密封和插入密封实现分段，每个同心分注工作筒对应一个注水防砂段，配水器芯子座在工作筒内。

2. 技术参数

(1) 防砂内通径：3. 25″；

(2) 适用井斜：≤60°；

(3) 防砂段油管：2⅞″SNU；

(4) 分注层段数：≤5。

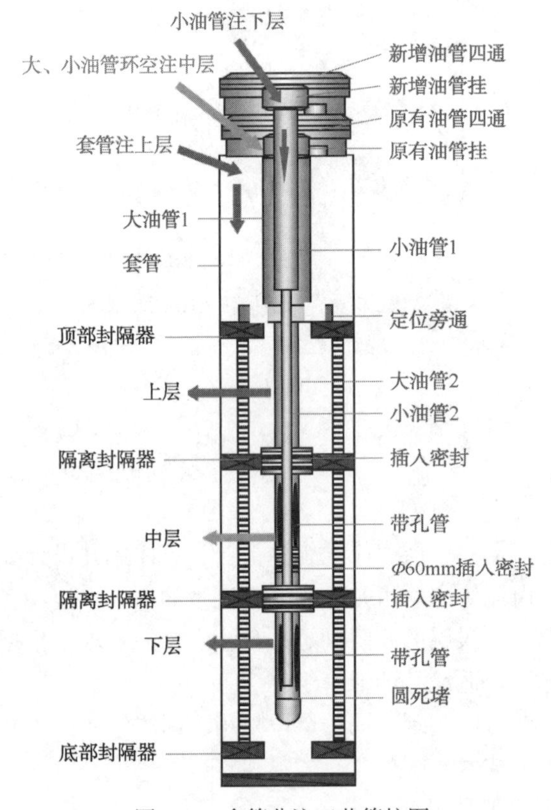

图 9-9　多管分注工艺管柱图

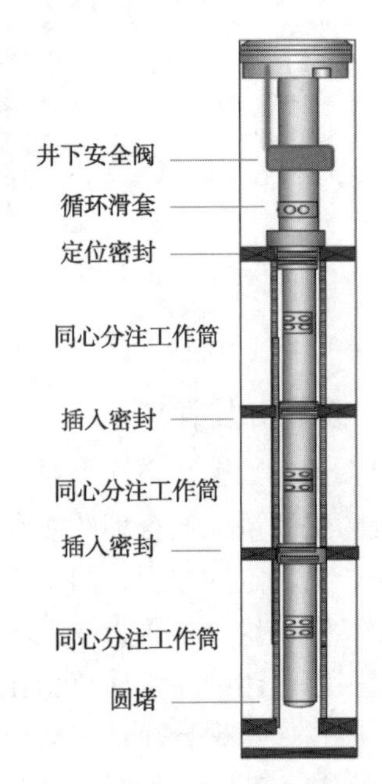

图 9-10　同心分注注水管柱图

3. 技术特点

(1) 相比一投三分分注工艺，测试稳定性高；

(2) 依靠插入密封分层，分层合格率高；

(3) 流量调节范围大。

(二) 同心分注工作筒和配水器

1. 同心分注工作筒

同心分注工作筒结构如图 9-11 所示，各部分尺寸参考表 9-6。

表 9-6　同心分注工作筒尺寸参数

型号	级数	ΦA/mm	ΦB/mm	ΦC/mm	最大外径/mm	L/mm	X	Y
3.25 同心分注工作筒	1	58.5	57	62	81	380	2⅞NUB	2⅞NUP
	2	55	54.5	62	81	380	2⅞NUB	2⅞NUP
	3	53.5	52	62	81	380	2⅞NUB	2⅞NUP

2. 同心分注配水器芯子

同心分注配水器芯子结构如图 9-12 所示，各部分尺寸参考表 9-7。

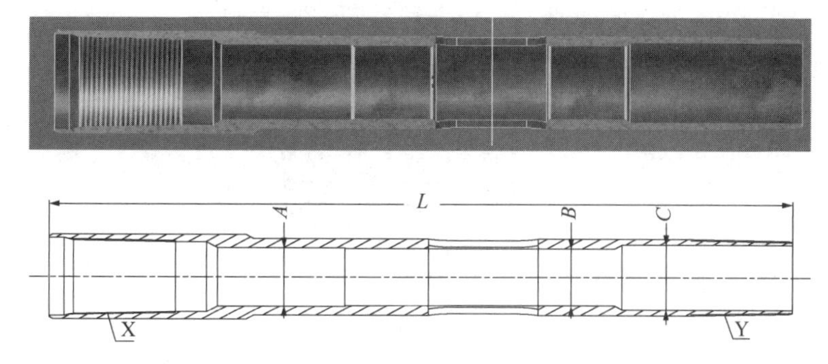

图 9-11　同心分注工作筒结构图

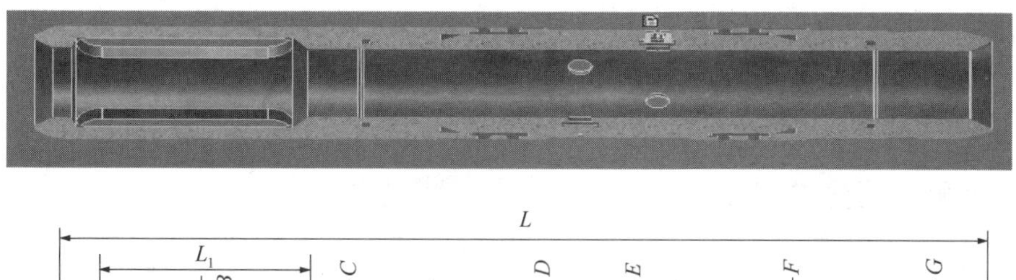

图 9-12　同心分注配水器芯子结构图

表 9-7　同心分注配水器芯子尺寸参数

型号	级数	最大外径 ΦA/mm	ΦB/mm	ΦC/mm	ΦD/mm	ΦE/mm	ΦF/mm	ΦG/mm	L/mm	L_1/mm
3. 25 同心分注配水器	1	58	46	35	57	55	57	55	651	84
	2	55	46	35	54. 5	53	54. 5	53	651	84
	3	53	42	35	52	52	52	51	651	84

同心分注工作筒和配水器芯子分为三级，按级配合使用，从上往下级数依次增大，便于打捞配水器芯子。N 是配水器芯子的出水口，用于安装水嘴，通过更换水嘴的大小，实现对注水量的控制；M 是打捞头，用于 GS 打捞器打捞配水器芯子，打捞器型号为 1. 875″。

3. 同心分注验封芯子

同心分注验封芯子结构如图 9-13 所示，各部分尺寸参考表 9-8。

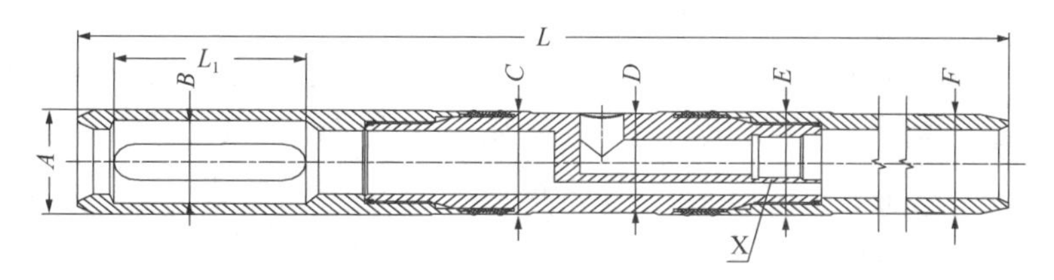

图 9-13　同心分注验封芯子

表 9-8　同心分注验封芯子尺寸参数

型号	级数	最大外径 ΦA/mm	ΦB/mm	ΦC/mm	ΦD/mm	ΦE/mm	ΦF/mm	L/mm	L_1/mm	X
3.25 同心分注压力测试筒	1	58	46	57	55	57	55	651	84	连接扣型 M24×1
	2	55.5	46	54.5	53	54.5	53	651	84	
	3	53	42	52	52	52	51.5	651	84	

(三) 同心分注管柱层间验封

验封步骤(以 3 层为例)：

(1) 将压力计装在验封芯子内，通过钢丝作业投入验封芯子(投入至第二层)；

(2) 芯子到位后，从井口打 2 个压力梯度，通过压力计记录第二层地层压力曲线变化判断是否分层；

(3) 分析井下压力计采集数据，由于压力计计量第二注水层段地层压力，若压力计测得的压力稳定不随井筒压力变化而变化，说明分层配注管柱分层合格，可满足三层段分层注水。

五、边测边调分注技术

(一) 技术原理

边测边调分注管柱是由定位密封、插入密封、测调一体化工作筒、验封仪、测调仪组成(图 9-14)，通过定位/插入密封实现层间封隔，测调一体化工作筒随管柱一同下入，内部装有可调水嘴。

管柱下入后，通过电缆作业下入电动验封仪至工作筒，与工作筒对接后实现直读验封。

在进行分层测调时，下入电动测调仪，与工作筒对接后，实现边测边调，通过直接调节水嘴的大小改变注入量，直至满足配注要求。

(二) 测调一体化工作筒

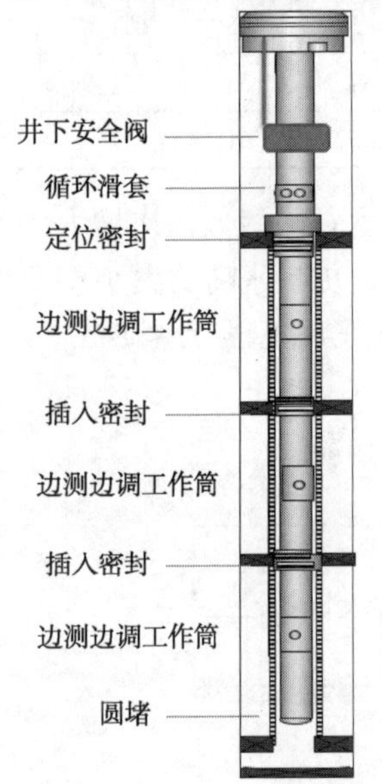

图 9-14　边测边调分注管柱图

测调一体化工作筒[图 9-15(b)]随分注管柱一同下入到对应注水层位的井中，通过测调一体化工作筒来控制每层的注水量。测调一体化工作筒根据测试工艺要求，设计有桥式通道，保证在测试堵塞中心通道时，桥式通道还可以过水到下面的注入层，保证测试时不改变全井的注入状态，保证了测试资料的准确性、真实性。测调一体化工作筒上设计有无级可调水嘴，通过井下测调仪器就可以调节水嘴大小，可调水嘴分别由两个外径为 Φ54mm 和 Φ69mm 的特殊材料制作的套筒组成，过流量大大高于偏心 Φ20mm 里的小水嘴结构，满足了海上大排量注水的需要。同时，可调水嘴可以根据实时测试的流量连续调节，最终调节到油藏要求的配注量，实现了测调一体化技术。

每个测调工作筒结构一致，没有采用常规同心技术逐级缩小外径的方式，解决了常规同心技术受管柱内径限制只能做到有限分级的难题，其配套的测调仪器可调节任意一级测调工作筒，一趟电缆作业即可完成所有层段的调配。

井下测调工作筒技术参数：

（1）长度：1100mm；

（2）最大外径：Φ97mm 或 Φ114mm；

（3）最小内径：Φ46mm；

（4）连接扣型：2⅞EU；

（5）水嘴直径：2×Φ12mm。

边测边调工作筒与偏心测调工作筒的比较(图 9-15)：

（1）水嘴安装位置不一样：同心工作筒水嘴与工作筒保持同心，水嘴尺寸更大，达到 Φ12mm，而偏心工作筒水嘴安装在偏心 Φ20mm 的空间内，偏心水嘴出水口仅有 Φ5mm，且没有加大空间；

（2）定位调节不一样：边测边调工作筒是同心对接，定位槽定位，同心调节，而偏心工作筒是伸出侧向调节臂来调节定位，难度更大。

（三）电动测调仪

井下测调仪器是整个系统的重要部件，它由流量计、压力计、温度计、电机、定位爪、调节臂、减速机等部件组成(图 9-16)。井下测调仪器测得的流量、压力、温度数据通过电缆传送到地面控制器中显示，技术人员直接读取井下数据，根据数据调节各层注入量。定位爪由电机控制张开和收拢，张开下放就可以与测调工作筒对接定位，收拢就可以下放到任意一级工作筒进行测调，所以它与测调工作筒一起组成了一套完整的边测边调技术。

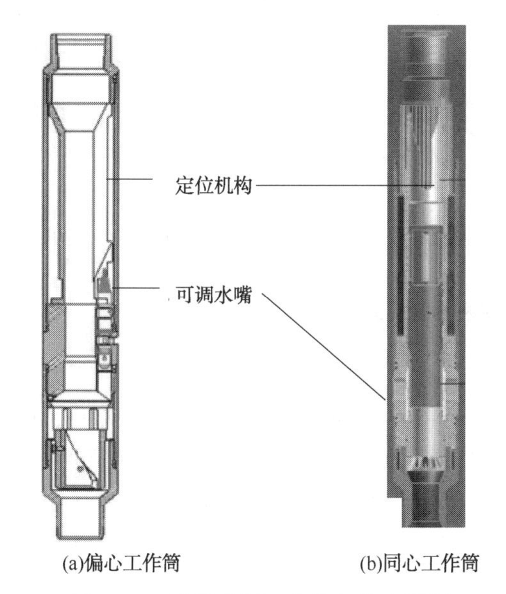

图 9-15　边测边调工作筒与偏心测调工作筒的比较示意图

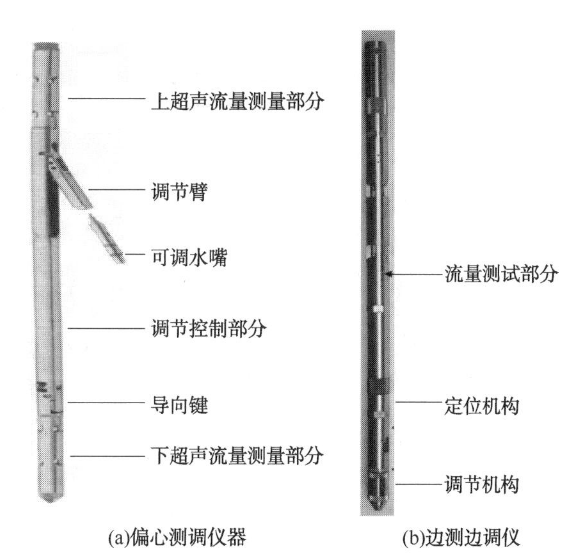

图 9-16　偏心测调仪器与边测边调仪器的比较示意图

井下测调仪器技术参数

（1）仪器外径：Φ44mm；

（2）仪器长度：4600mm；

（3）流量测量范围：10~1000m^3/d；

（4）流量测量准确度：±2.0%；

（5）压力测量范围：0~60MPa；

（6）压力测量准确度：±0.2%；

（7）单层一次循环调整时间：≤5min；

（8）井下仪器工作温度：0~125℃。

（四）边测边调管柱层间验封

（1）组装电缆作业防喷器。

（2）组装验封工具串：电缆作业工具串+验封工具(有压力计)。

（3）电缆作业下放验封工具串至6#边测边调工作筒后，井口打压，井口压力分别取值3MPa×10min、8MPa×10min、10MPa×10min，停泵泄压。电缆作业上提验封工具串至5#边测边调工作筒后，井口打压，井口压力分别取值3MPa×10min、8MPa×10min、10MPa×10min，停泵泄压。电缆作业上提验封工具串至4#边测边调工作筒后，井口打压，井口压力分别取值3MPa×10min、8MPa×10min、10MPa×10min，停泵泄压。电缆作业上提验封工具串至3#边测边调工作筒后，井口打压，井口压力分别取值3MPa×10min、8MPa×10min、10MPa×10min，停泵泄压。电缆作业上提验封工具串至2#边测边调工作筒后，井口打压，井口压力分别取值3MPa×10min、8MPa×10min、10MPa×10Min，停泵泄压。电缆作业上提验封工具串至1#边测边调工作筒后，井口打压，井口压力分别取值3MPa×10min、8MPa×10min、10MPa×10min，停泵泄压。最后提出验封工具串，回放数据，验证配水器的密封，验封合格后，进行下一步作业(以6层为例)。

第三节　测试调配技术

一、分层管柱测试配套工艺

（一）一投三分分层调配工艺

1. 调配步骤

（1）将流量计装在配水器芯子中，钢丝作业将配水器芯子坐在工作筒内。工具到位后(图9-17)油管注水，由流量计测试第一、二、三层吸水指示曲线，录取相应测试资料，完成分层测试后，起出测试工具，对数据进行分析。

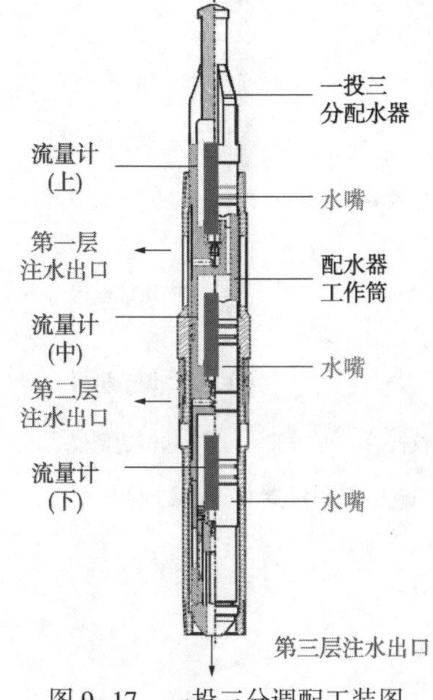

图9-17　一投三分调配工装图

（2）根据地质配注要求和实测的吸水指示曲线，求得满足地质要求时各层所需注入压力，在水嘴嘴损曲线版上选出满足单层配注量的合适水嘴。

（3）安装所选水嘴，再次下入测试用配水工具，进行验证流量测试；测试完成后，起出井下工具，对测试数据进行分析(图 9-18)，如不满足调配要求，则继续测试调配直至下入调配好的分层配注工具。

(4) 倒好流程，恢复注水。

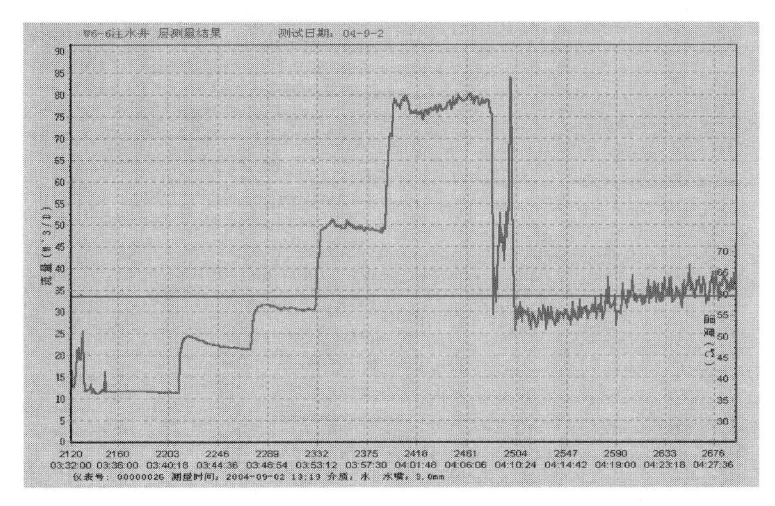

图 9-18　调配流量曲线

2. 分层流量测试

采用井下储存式涡街流量计分层测量单层流量，井下计量存储，地面回放数据，测试各层分层吸水指数曲线(图 9-19)。

3. 水嘴选择

根据所测试的各层分层吸水指数曲线，参照各层配注量，根据各注水层位吸水能力及嘴损图版(图 9-19)，选择合适水嘴安装到配水器，投入井下对应层位，复测吸水指数，直至调配达到配注要求。

(二) 空心集成分层调配工艺

1. 调配步骤

(1) 组装涡街流量计工具串，钢丝作业下入流量计工具串。流量计通过定位爪定位在配水器芯子上进行分层流量测试，在每个测试层位取 5 个压力点，每点测试 30min，录取相应测试资料；完成分层测试后，起出测试工具，对数据进行分析。

(2) 根据地质配注要求和实测的吸水指示曲线，求得满足地质要求时各层所需注入压力，在水嘴嘴损曲线版上选出满足单层配注量的合适水嘴(或通过水嘴选配软件选择)。

(3) 安装所选水嘴，再次下入测试用配水工具，进行分层测试；测试完成后，起出井下工具，对测试数据进行分析，如不满足调配要求，则继续测试调配直至下入调配好的分层配注工具。

(4) 倒好流程，恢复注水。

2. 通井

(1) 通井工具串组成：标准钢丝工具串+通井规，通井工具串组成如表 9-9 所示；

(2) 通井工具串下至 475-1#配水器工作筒，工具在滑套以及变径等位置时，注意慢提

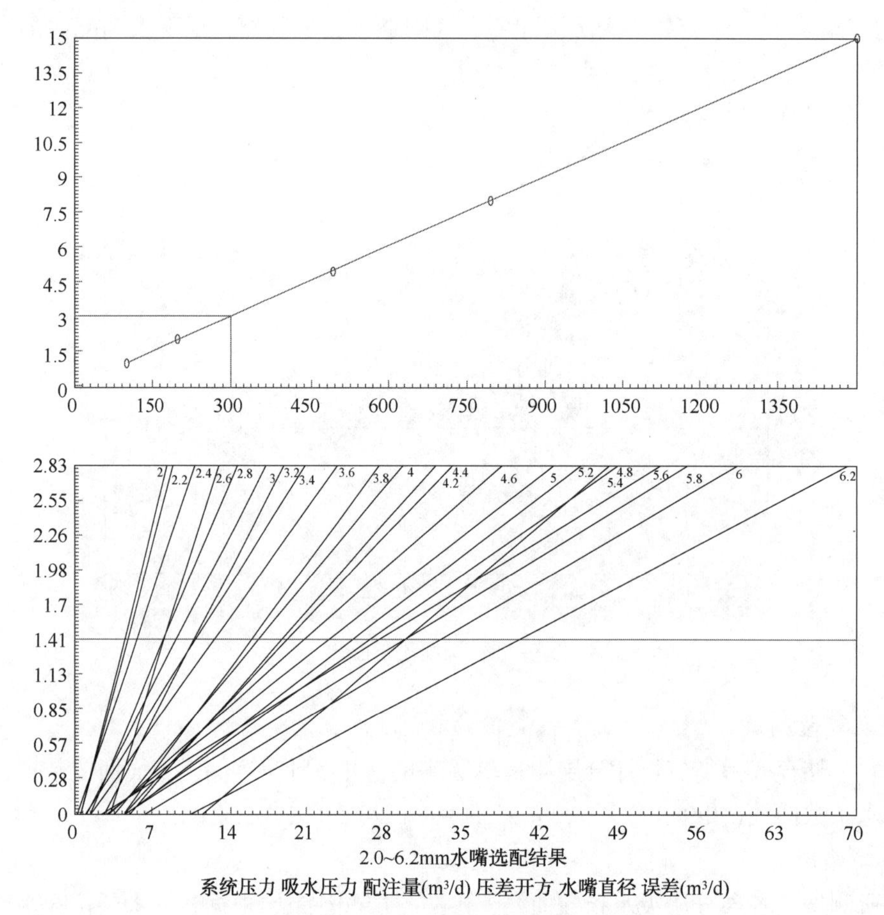

图 9-19　吸水指数曲线和嘴损图版

慢下，用 30m/min 速度下放。每 500m 上提试张力，通井工具下入超过 1000m，每下放 100m 上提试张力；工具通井过程中如遇悬重下降，须及时上提确认。

（3）通井结束后上提工具串至防喷管，在进入变径前，速度放慢至 10m/min。在上提过程中注意张力变化，确认工具串完全进入防喷管后，关闭清蜡阀门，关闭时记录圈数，关闭圈数应与打开圈数相同，防止将钢丝切断。

（4）通井过程中如有遇阻、遇卡等异常情况，应立即停车并记录，通知生产监督，分析原因，采取相应措施。

表 9-9　通井工具串组成

序号	工 具 名 称	工具外径/mm	工具长度/m	工具质量/kg
1	绳帽	38	0. 15	0. 5
2	变扣	38	0. 1	0. 5
3	加重杆	38	1. 2	22
4	万向节	38	0. 27	1. 2
5	加重杆	38	1. 2	22

续表

序号	工具名称	工具外径/mm	工具长度/m	工具质量/kg
6	万向节	38	0.27	1.2
7	振击器	38	2.13	21
8	变扣	38	0.1	0.5
9	通径规	70	0.2	0.5
合计			5.62	69.4

3. 捞原井配水器芯子

(1) 组装配水器工具串。

工具串组成：标准钢丝工具串+GS 打捞工具(表 9-10)。

表 9-10 打捞工具串组成

序号	工具名称	工具外径/mm	工具长度/m	工具质量/kg
1	绳帽	38	0.15	0.5
2	变扣	38	0.1	0.5
3	加重杆	38	1.2	22
4	万向节	38	0.27	1.2
5	加重杆	38	1.2	22
6	万向节	38	0.27	1.2
7	振击器	38	2.13	21
8	变扣	38	0.1	0.5
9	GS	2.313″		
合计				

(2) 打开清蜡阀门，稳压观察 10min，不漏合格。

(3) 工具串下入，工具在滑套以及变径等位置，注意慢提慢下，用 30m/min 速度下放。下到 475-1#配水器工作筒前 20m 时，缓慢上提下放，测工具串悬重，然后以 50~60m/min 速度继续下放坐入，让 GS 抓住芯子，向上振击捞出芯子。

(4) 工具打捞成功后上提工具串至防喷管，在进入变径前，速度放慢至 10m/min。在上提过程中注意张力变化，确认工具串完全进入防喷管后，关闭清蜡阀门，关闭时记录圈数，关闭圈数应与打开圈数相同，防止将钢丝切断。

(5) 下入过程中如有遇阻、遇卡等异常情况，应立即停车并记录，通知生产监督，分析原因，采取相应措施。

(6) 同样步骤捞其余配水器芯子。

4. 投配水器芯子

(1) 组装投配水器工具串。

工具串组成：标准钢丝工具串+GS 打捞工具+配水芯子(表 9-11)。

表 9-11 投芯子工具串组成

序号	工 具 名 称	工具外径/mm	工具长度/m	工具质量/kg
1	绳帽	38	0.15	0.5
2	变扣	38	0.1	0.5
3	加重杆	38	1.2	22
4	万向节	38	0.27	1.2
5	加重杆	38	1.2	22
6	万向节	38	0.27	1.2
7	振击器	38	2.13	21
8	变扣	38	0.1	0.5
9	GS	2.313″		
10	配水芯子		1.83	
合计				

(2) 打开清蜡阀门，稳压观察 10min，不漏合格。

(3) 工具串下入，工具在滑套以及变径等位置，注意慢提慢下，用 30m/min 速度下放。下到 475-T3#配水器工作筒前 20m 时，缓慢上提下放，测工具串悬重，然后以 50~60m/min 速度继续下放坐入，小幅振击确保芯子到位。

(4) 上提工具串至防喷管，在进入变径前，速度放慢至 10m/min。在上提过程中注意张力变化，确认工具串完全进入防喷管后，关闭清蜡阀门，关闭时记录圈数，关闭圈数应与打开圈数相同，防止将钢丝切断。

(5) 下入过程中如有遇阻、遇卡等异常情况，应立即停车并记录，通知生产监督，分析原因，采取相应措施。

(6) 同样步骤投其余配水器芯子。

5. 测试各层吸水量

(1) 组装测试工具串。

工具串组成：标准钢丝工具串+流量计工具串(表 9-12)。

表 9-12 测试工具串组成

序号	工 具 名 称	工具外径/mm	工具长度/m	工具质量/kg
1	绳帽	38	0.15	0.5
2	变扣	38	0.1	0.5
3	加重杆	38	1.2	22
4	万向节	38	0.27	1.2
5	加重杆	38	1.2	22
6	万向节	38	0.27	1.2
7	振击器	38	2.13	21
8	变扣	38	0.1	0.5

续表

序号	工具名称	工具外径/mm	工具长度/m	工具质量/kg
9	流量计工具串	44	2.13	
合计				

(2) 打开清蜡阀门，稳压观察10min，不漏合格。

(3) 下入工具串，工具在滑套以及变径等位置，注意慢提慢下，用30m/min速度下放，每500m测一次悬重。流量计工具串下过，上提工具串使测试工具串坐在475-T3#配水器芯子上，正常注水半小时后，进行测试作业。取五个不同的压力值，分别测试30min；上提工具串坐在其余配水器芯子上，取五个不同的压力值，分别测试30min；上相邻压力点之间跨度要求大于0.5MPa(若测试压力点满足不了此要求，可向陆地工程师汇报说明，按陆地工程师指示进行测试作业)。

(4) 测试完成后上提工具串至防喷管，在进入变径前，速度放慢至10m/min。在上提过程中注意张力变化，确认工具串完全进入防喷管后，关闭清蜡阀门，关闭时记录圈数，关闭圈数应与打开圈数相同，防止将钢丝切断。

(5) 回放数据，读取涡街流量计测试吸水数据，计算水嘴。

测试过程中如有遇阻、遇卡等异常情况，应立即停车并记录，通知生产监督，分析原因，采取相应措施。

6. 验证测试

根据测试数据和嘴损图版(或水嘴选配软件)，计算各层需安装水嘴尺寸、数量以及井口注入压力，按以上步骤捞出井下的芯子，按以上步骤投入安装水嘴后的芯子，按照上述步骤，对井下各防砂段进行分层流量验证测试。

如各层吸水量达到分层配注要求，则进行下一步作业，如未能达到配注要求，则更换水嘴，重复以上步骤，直到达到地质配注要求为止。

(三) 同心分注分层调配工艺

调配步骤：

(1) 组装流量计工具串，钢丝作业下入流量计工具串，流量计下至工作筒上5~10m位置，在同一井口压力下，测各层吸水量，共测5个压力点，录取相应测试资料；完成分层测试后，起出测试工具，对数据进行分析。

(2) 根据地质配注要求和实测的吸水指示曲线，求得满足地质要求时各层所需注入压力，在水嘴嘴损曲线版上选出满足单层配注量的合适水嘴。

(3) 安装所选水嘴，再次下入测试用配水工具，进行分层测试，测试完成后，起出井下工具，对测试数据进行分析，如不满足调配要求，则继续测试调配，直至下入调配好的分层配注工具。

(4) 倒好流程，恢复注水。

(四) 边测边调分层调配工艺

调配步骤(以6层为例)：

(1) 电缆带入测调仪器下井，工具串组合自下至上为：测调仪器+扶正器+万向节+加重杆+万向节+加重杆+电缆绳帽。

（2）打开清蜡阀门，稳压观察 10min，不漏合格。

（3）电缆带测调仪下过 6#工作筒，上提测调仪至 6#测调工作筒上 10m 位置，开臂后将测调仪坐在 6#工作筒上，将 6#工作筒水嘴开至最大。上提测调仪，将测调仪座在 5#工作筒上，将 5#工作筒水嘴开至最大。按照此操作步骤，依次将 4#、3#、2#、1#工作筒水嘴全开。

（4）上提测调仪，收臂。收臂结束后，下放测调仪至 6#工作筒上 10m 位置，井口取三个注水压力(压力间隔≥0. 5MPa)测试第六层在该井口压力下的吸水量，测试结束后，上提测调仪至 5#工作筒上 10m 位置，测试同样三个压力下第五层的吸水量。同样方式测试第四层、第三层、第二层、第一层数据。

（5）根据测试数据，计算各层吸水量，做吸水指示曲线，求出满足各层配注量的最大井口压力，将井口压力调到该压力，按油藏给的配注要求进行调配作业。

（6）电缆作业下入测调仪，仪器下至 1#工作筒上 10m 位置，测试整井吸水量，并与井口流量计进行对比，做记录。若在满足六层配注量的最大井口压力下，井下总吸水量达不到总配注量，则调高井口压力，要确保井下总吸水量达到总配注量。

（7）继续下放仪器至 2#工作筒上 10m 位置，测试第二层吸水量，若超过配注量，则打开测调仪支撑臂，下放测调仪坐在 2#工作筒上，调节水嘴，直至达到配注量。若不满足目标配注量，先调其他层，同样方式调节第 3#、4#、5#、6#工作筒水嘴大小。

（8）第六层调节完成后，上提仪器分别至 5#、4#、3#、2#、1#工作筒上 10m 位置，根据测试数据求出各层吸水量，根据目标配注量，调节水嘴直至满足各层配注要求。调节完成后，下放仪器至 6#工作筒，重复步骤(7)，依次测试各层吸水量，对不满足或超过配注量的层段进行微调，直至井下各层都达到配注量。

（9）恢复注水 12h 后，再次下测调仪验证调配结果，若有变化进行微调。若吸水量未有变化，则继续上述操作步骤，测试在井下水嘴一定开度下，第一、二、三、四、五、六层及整井的吸水指数。

（10）测试结束后将测试数据汇报作业监督，并在日报中写出测试数据。

（11）下入过程中如有遇阻、遇卡等异常情况，应立即停车并记录，通知作业监督。分析原因，采取相应措施。

二、新型高效测调工艺

为提高测试效率和延长分层注水有效期，不断加大新型高效测调技术的研究力度，有效提高了分层注水质量。近几年，研究成功了电缆永置智能测调注水工艺、无缆智能测调注水工艺。

（一）电缆永置智能测调注水工艺

1. 工艺原理

电缆永置智能测调工艺技术(图 9-20)，是一种通过地面控制实现井下分层参数实时监测及调配的新技术。该工艺技术可以最大限度地提高注水合格率，实现高效注水。该工艺同时还可实现封隔器的验封，实现了免钢丝电缆投捞作业，特别适用于海上油田大斜度井和水平井。

电缆永置智能测调工艺是由地面控制器通过预置电缆控制各井中的测调工作筒工作，完

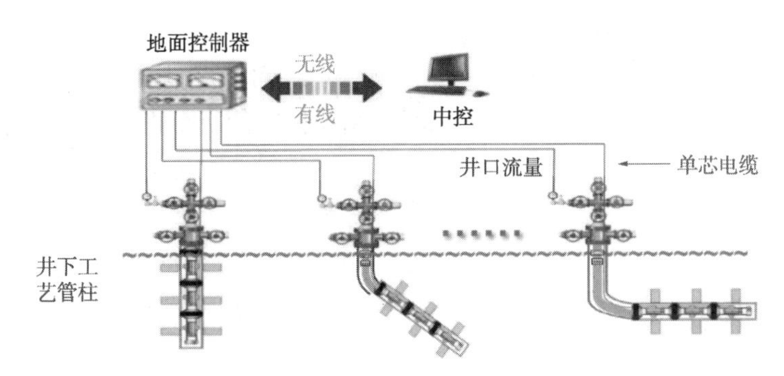

图 9-20　电缆永置智能测调工艺原理图

成参数监测和水量调整，通过安置在中控室内的电脑集中控制，并实现远程操控。渤海油田常规注水井高效智能测调工艺管柱可以实现以下几个方面的功能：

(1) 井下测调工作筒随管柱下入井下配注层段，配合上下两端连接的可洗井过电缆插入密封或过电缆封隔器实现分层配注；

(2) 井下各级测调工作筒可以通过水嘴的调节实现层间注水量的调整；

(3) 钢管电缆一方面作为供电线路传输电能，另一面作为信号传输媒介实现井下测调工作筒与地面控制器的通信；

(4) 地面控制器实时接收与监测井下测调工作筒传来的温度、压力和流量数据，并实现井下各级测调工作筒水嘴开度的控制；

(5) 可以实现远程控制，平台上可以实现中控至井口的无线传输，一台控制器可以分时控制7口井，每口井可以控制8层工作筒。

2. 电缆永置智能测调系统组成

如图 9-21 所示，渤海油田常规注水井智能测调系统由电缆、地面控制器、过电缆定位/插入密封、测调工作筒、配套的穿越密封及电缆保护器等组成。

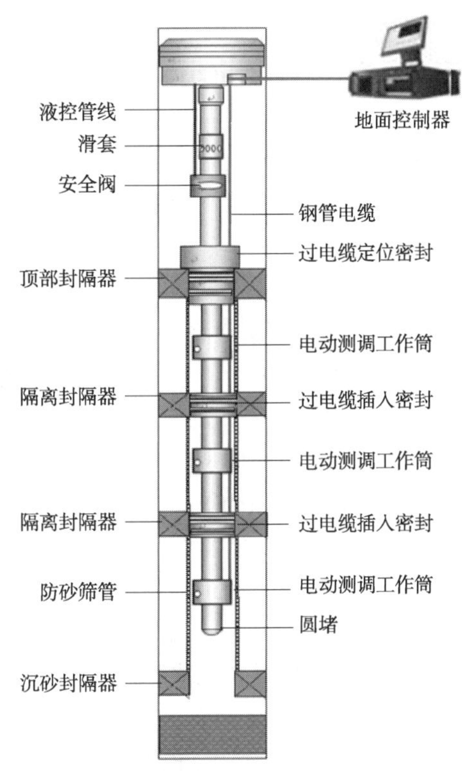

图 9-21　电缆永置智能测调工艺管柱图

(1) 电缆：渤海油田常规注水井智能测调系统采用1/4″钢管单芯电缆。电缆为该系统的重要组成部分，通过完井时将电缆下入井内，将井下的多个测调工作筒串联起来。可以给井下的多个测调工作筒提供电力，保证工作筒长期的工作。同时电缆还起到了信号传输的作用，可以将井下测调工作筒采集到的数据传输至井口控制器，并能将控制器发出的控制信号传输至工作筒，完成工作筒水嘴开度的调节。

(2) 地面控制器：地面控制器可以完成采集信号和控制信号的调制解调，完成信号的传输。

(3) 过电缆插入密封：为井下的隔离工具，

将注水井进行分层，保证分层注水。

（4）测调工作筒：为该系统的核心部件，该工作筒工作在井下，可以完成注水层位流量、压力、温度的测试，同时还可以根据地面控制器传输的指令进行水嘴大小的调节，完成流量的调节。

（5）穿越密封：完成钢管电缆对封隔器或插入密封、油管挂等装置的穿越，保证密封的可靠性。

（6）电缆保护器：保护井下电缆，避免与井壁发生刮碰，保证信号传输的稳定性。

3. 主要技术参数

（1）适用于4.75″防砂完井；

（2）地面控制器：防爆等级为ExdII BT4，防护等级为IP55~56；

（3）测调工作筒耐压：60MPa；

（4）测调工作筒耐温：150℃；

（5）测调工作筒最小内通径：Φ44mm；

（6）测调工作筒外径：Φ114mm；

（7）可分层数：不限(目前可控制8层)；

（8）单层流量：800m^3/d；

（9）流量精度：2%；

（10）压力精度：0.1%FS。

4. 技术特点

（1）无需传统的钢丝、电缆作业投捞井下工具，适合于任何井型，避免了常规分注调配技术受井斜的限制；

（2）可实时、直观地监测和调整分层配注量，调配更加及时和快捷；

（3）可实时监测井下温度、压力和流量，若超压注水可及时报警并关闭水嘴，避免注水安全事故的发生；

（4）具有对封隔器或插入密封进行在线验封功能；

（5）井下部分采用电缆供电，相比电池供电方式，寿命更长；

（6）可分注层数不限(目前可控制8层)。

5. 测调工艺原理

测调工艺可以分成两种工作方式：一是全天候工作，实时监测各注水层段的压力、温度和流量，井下电动测调工作筒判断预设的配注量与实测注入量的差值ΔQ的大小，自动地进行调配，直至ΔQ满足要求为止；二是该系统进行间歇性工作，定期上电，监测各层段参数，如层段注入量不满足要求，则在地面给出调配指令，直至调配合格为止。

为确保井下部分长期工作，建议重点观察井采用全天候工作方式，其他井采用间歇性工作方式，最大限度延长使用寿命。

6. 验封工艺原理

针对防砂完井，下入生产管柱后，须进行验封操作，以检验各层段的密封性。

定位密封的检验：油套环空连接泥浆泵出口管线，环空试压5MPa，观察压力变化，10min压降小于0.5MPa，则过电缆定位密封验封合格。

其余插入密封的检验：将第一层测调工作筒水嘴关闭，其余层工作筒水嘴打开，以2MPa、5MPa、7MPa向该层注水，各点压力保持10min。观察嘴前、嘴后压力，嘴后压力不随嘴前压力变化，说明该层密封合格。通过这种方法，逐层验封。

（二）无缆智能测调注水工艺

1. 工艺原理

无缆智能测调工艺主要由地面控制系统和井下工艺管柱组成，如图9-22所示。

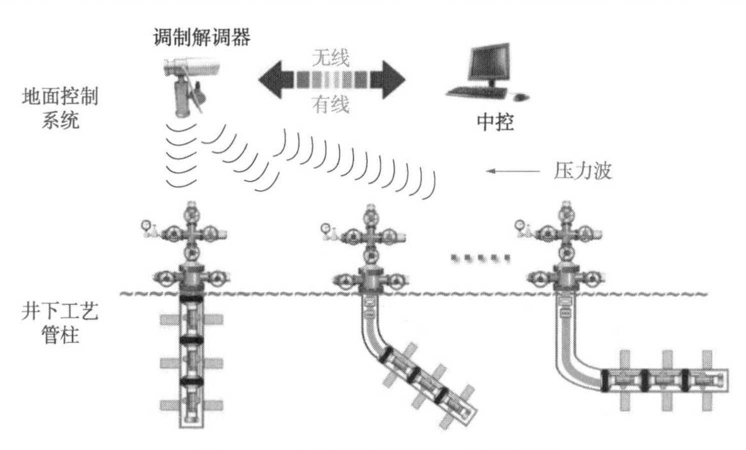

图9-22　无线智能测调工艺原理图

无缆智能测调工艺是通过安置在中控室内的电脑控制地面调制解调器，地面调制解调器再通过压力脉冲信号控制各井中的测调工作筒工作，完成参数监测和水量调整。无缆智能测调工艺管柱可以实现以下几个方面的功能：

（1）井下测调工作筒随管柱下入井下配注层段，配合上下两端连接的插入密封实现分层配注；

（2）井下各级测调工作筒具有独立供电系统，可以通过水嘴的调节实现层间注水量的调整；

（3）压力脉冲信号作为信息传输的载体，实现井下测调工作筒与地面调制解调器的双向通信；

（4）地面控制器接收及监测井下测调工作筒传来的压力和流量数据，并实现井下各级测调工作筒水嘴开度的控制；

（5）可以实现远程控制，平台上可以实现中控至井口的有线或无线传输，每口井可以控制多个工作筒。

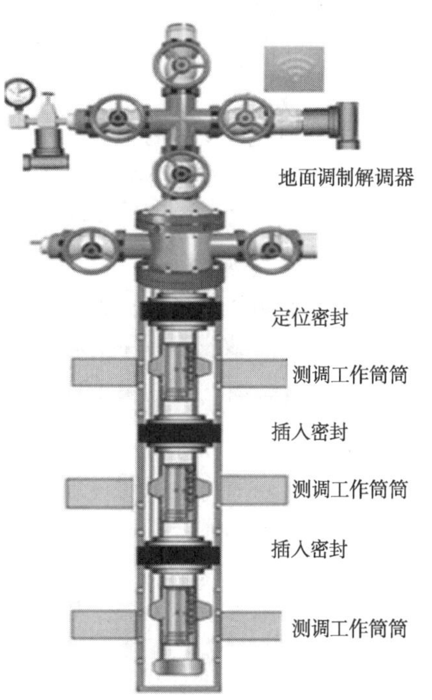

图9-23　无缆智能测调工艺管柱图

2. 管柱结构

无缆智能测调工作筒是针对渤海油田分层注水所开发的机电一体化智能型配水工作筒，它与各类定位/插入密封配套组成分层注水等工艺管柱。

无缆智能测调注水管柱基本结构如图9-23所

示，由下至上为：丝堵+油管+测调工作筒+油管+插入密封+油管+测调工作筒+油管+插入密封+油管+测调工作筒+油管+定位密封+油管+井下安全阀+双公短节+油管挂。

注水管柱基本结构与常规注水管柱基本一致，无需新增其他特殊工具及设备，操作简单。

3. 技术参数

（1）适用直井、大斜度井、水平井；

（2）适应井深≤4000m；

（3）连续工作时间≤3 年；

（4）工作温度：80℃、120℃；

（5）耐压：60MPa；

（6）工具外径：113mm；

（7）最小内通径：38mm、44mm；

（8）工具总长：1000mm；

（9）单层最大排量：$300m^3/d$、$500m^3/d$。

4. 技术特点

（1）有效提高分层配注井测调时效，随时根据注水需要调配；

（2）无需其他测调设备、仪器与人员，室内一人操控井下水嘴，节约测试队人力和设备投入，降低劳动强度，避免测调事故；

（3）能录取各个层段的压力和流量数据，及时了解注水动态，有效控制每一段测量误差，水量误差不大于 0.2%，并随时读取井下分层段压力、流量值；

（4）智能控制注入量，确保各层段注入量与地质方案误差小于 15%；

（5）设计形成了 6 级 6 段分层注水、分层测试调配的系统；

（6）多级智能控制，满足了低注入量井，尤其是 $20m^3/d$ 以内注入量井的分层注水要求，解决了小注水量井的测调技术难题；

（7）新的测调与控制技术，人性化的控制操作方法，便于油田掌握应用方法，适用分层注水井、合注井、大斜度井、水平井等难于进行测调作业井。

5. 测调工艺原理

智能配水测控系统通过中控电脑与井口调制解调测控系统相连接，井口调制解调测控系统与井下智能配水器通过压电脉冲和特定通信波相连，从而建立起地面井口至井下的通信链路。在数据采集时，井下配水器采集的各层的嘴前压力、嘴后压力、水嘴开度（过流面积）和流量数据，可通过井下波码发送系统按特定的双波码发送至井口，井口调制解调测控系统接收到该数据码后，直接通过地面线缆传送至中控电脑，中控电脑对波码解码后，按标准的数据格式录入数据库，从而实现对分层数据和地面数据的采集与处理，实现数据采集管理。进行测调时，中控电脑发送的控制指令，通过地面线缆传送至井口调制解调测控系统，调制解调测控系统根据指令类型，将指令转换为特定的控制码，并将控制码发送给井下的智能配水系统，智能配水系统接收到特定控制码后，自动识别控制码指令内容，并按指令内容对配水器的水嘴开度进行调节，通过不断改变水嘴的规格，达到改变水嘴流量的目的，实现远程无线测调的目的。

6. 验封工艺原理

通过调制解调器对各层水嘴设置开、关状态(相邻两层水嘴状态不同,)地面以几个压力梯度注水，读取不同注水压力情况下水嘴嘴前、嘴后压力，根据压力变化情况判断井下封隔器是否密封。若水嘴关闭的层位的嘴后压力(地层压力)不随管柱压力的变化而变化，判断层间验封合格。

三、测试仪器

(一) 井下涡街流量计

1. 工作原理

在流体中安放一根(或多根)非流线型阻流体，流体在阻流体两侧交替地分离释放出两串规则的漩涡，从阻流体两侧交替地产生有规则的涡街，被称为卡曼涡街(图 9-24)。

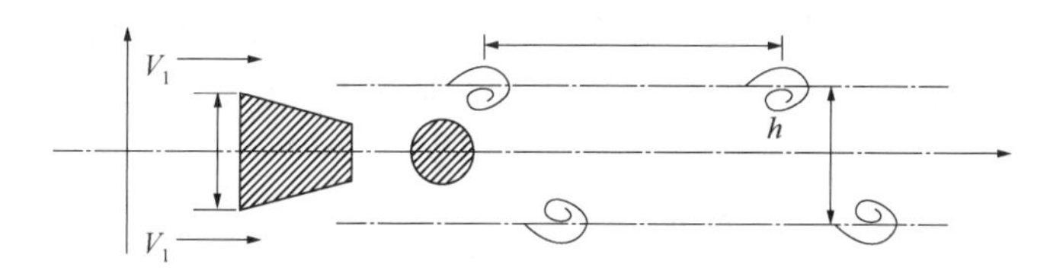

图 9-24　卡曼涡街形成原理示意图

在一定的流量范围内，漩涡的分离频率正比于管道内的平均流速，通过采用各种形式的检测元件测出漩涡频率，就可以推算出流体的流量。

2. 涡街流量计结构

涡街流量计整体为不锈钢全密封结构，主要由涡街传感器、电路仓、电池仓等部分组成。

3. 技术指标

(1) 仪器外径：21mm；

(2) 量范围：2~60m^3/d、7~150m^3/d；

(3) 耐压：60MPa、80MPa；

(4) 仪器精度：2%。

4. 涡街流量计的特点

(1) 输出为脉冲频率，其频率与被测流体的实际体积流量成正比，不受流体组分、密度、压力、温度的影响；

(2) 精度高，线性范围宽；

(3) 无可动部件，可靠性高，结构简单牢固，维修简便。

(二) 非集流电磁流量计

1. 工作原理

当导体横切磁场运动时，导体上能感应出与速度成正比的电压，这就是法拉第电磁感应定律。当导电液体通过电磁流量计时，根据此定律容易推导出流体的体积流量。非集流电磁流量计结构原理如图 9-25 所示。

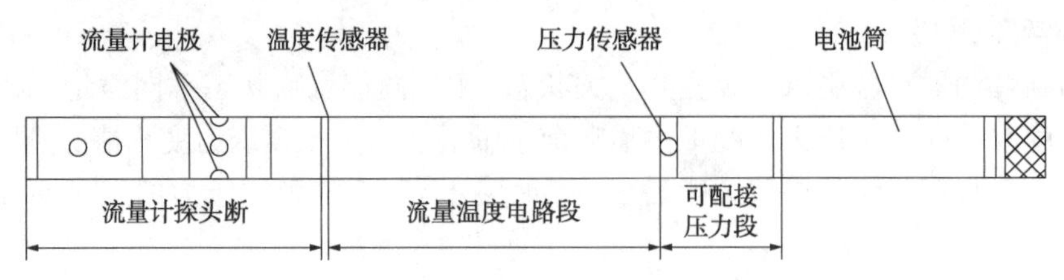

图 9-25　电磁流量计结构图

体积流量：

$$Q=\frac{\pi D}{4B}U_{\mathrm{B}} \tag{9-1}$$

式中，B 为磁场强度；U_{B} 为感应电压；D 为管道内径。

由式(9-1)可知，只要测得感应电压就正比例得到流速，并可换算出流量。被测流体流量不受其本身的温度、压力、密度和电导率变化等参数的影响，所以电磁流量计具有许多其他机械式流量计无可比拟的优点，能实现大量程范围的高精度量。

2. 技术指标

(1) 外径：35mm；

(2) 长度：980mm；

(3) 测量范围：1~700m^3/d；

(4) 精度：0.4%；

(5) 工作压力：<50MPa。

(三) 超声波流量计

1. 工作原理

通过测量顺逆传播时传播速度不同引起的时差计算出被测流体速度，从而计算出流量。它采用两个声波发送器(S_A 和 S_B)和两个声波接收器(R_A 和 R_B)。同一声源的两组声波在 S_A 与 R_A 之间和 S_B 与 R_B 之间分别传送。它们沿着管道安装的位置与管道成 θ 角(一般 $\theta=45°$)。由于向下游传送的声波被流体加速，而向上游传送的声波被延迟，它们之间的时间差与流速成正比，从而计算出流体流速，最终计算出流量(图 9-26)。

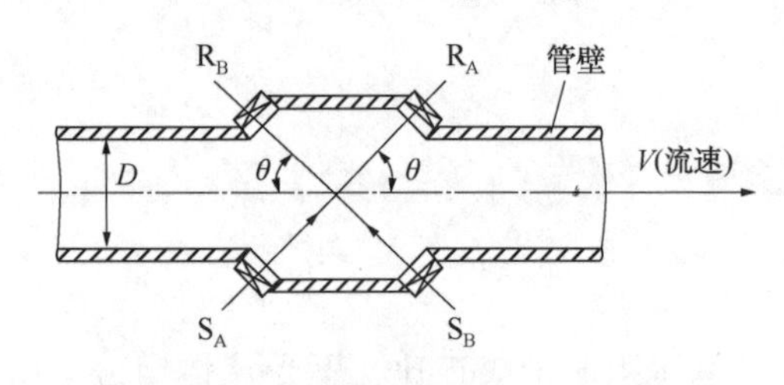

图 9-26　超声波流量计工作原理图

2. 超声波流量计组成

超声波流量计由超声波换能器、电子线路及流量显示和累积系统三部分组成。超声波发射换能器将电能转换为超声波能量，并将其发射到被测流体中，接收器接收到的超声波信号，经电子线路放大并转换为代表流量的电信号供给显示和积算仪表进行显示和积算。

3. 技术特点

(1) 测量信号更稳定、抗干扰能力强、计量更准确；

(2) 无机械传动部件不容易损坏，免维护，寿命长；

(3) 电路更优化、集成度高、功耗低、可靠性高；

(4) 不与流体接触，可测量强腐蚀性、非导电性、放射性及易燃易爆流体的流量。

第四节　案 例 分 析

空心集成分注技术是渤海油田典型分层注水技术，下面以旅大 10-1 油田 A36 井更换空心集成管柱作业作为案例进行分析。

一、基本情况

(一) 生产概况

A36 井为旅大 10-1 油田 2009 年 8 月 26 日投产的一口调整井。A36 井为同井抽注井，射开层位为东二下Ⅱ、Ⅲ油组，分 4 个防砂段，Ⅱ油组采油(第 1 防砂段)，Ⅲ油组注水(第 2、4 防砂段注水，第 3 防砂段初期关闭)。防砂方式为优质筛管防砂，电泵额定排量 $250m^3/d$。

2015 年 2 月 12 日转注水，该井四段防砂，下入空心集成管柱，实现地下四段分注，转注初期Ⅱ、Ⅲ油组合注，有芯子，未下水嘴。

2015 年 12 月 21—25 日测吸水剖面，第一防砂段吸水 22.53%，第二防砂段吸水 40.37%，第三防砂段不吸水，第四防砂段吸水 37.10%。

(二) 注水井参数

LD10-1-A36 注水井参数如表 9-13 所示。

表 9-13　LD10-1-A36 井参数

管柱类型	空心集成	补心海拔/m	34.5
修井油补距/m	20.4	油管内径/in	2.992
造斜点深度/m	1860.21	最大井斜/(°)	38.2
最大井斜深度/m	—	最大狗腿度/(°/30m)	—
最大狗腿度深度/m	—	人工井底/m	1972.84

(三) 生产管柱基本数据

生产管柱基本数据如表 9-14 所示。

表 9-14　生产管柱基本数据

井下工具名称	内径/in	顶部深度/m	备注
2.813″井下安全阀	2.813	190.45	
2.813″XD 循环滑套	2.813	1734.16	
6″定位密封	2.992	1756.24	
475-2#空心集成工作筒	2.539	1839.76	有芯子
4.75″插入密封	2.992	1882.94	

续表

井下工具名称	内径/in	顶部深度/m	备注
475-3#空心集成工作筒	2.480	1896.33	有芯子
圆堵			

二、工艺设计

(一)施工地质要求

(1)提出原井管柱，下入空心集成分注管柱，满足分层调配及吸水剖面的测试需求；

(2)注水管柱圆堵下至射孔层段下，吸水剖面测试时能测全整个射孔段；

(3)按照要求进行分层调配，满足油藏配注要求。该井四段配注量合计为740m^3/d，第一层490m^3/d，第二层170m^3/d，第三层50m^3/d，第四层30m^3/d；

(4)施工时请注意保护地层，控制施工压力。

(二)施工准备工作

严格按照工具清单准备出海物料(表9-15)。

表9-15　分注工具清单

序　号	名　称	数　量
1	475-2#空心集成工作筒	2套
2	475-3#空心集成工作筒	2套
3	475-2#空心集成芯子	2套
4	475-3#空心集成芯子	2套
5	验封工具串	2套
6	测试三通	1个
7	压力计	2支
8	6″定位密封总成(3½EUB * NUP)	2套
9	4.75″带孔插入密封	2套
10	4.75″插入密封	2套
11	3½″NU倒角油管短节0.5m、1m、1.5m、2m	各5根
12	3½″NU倒角油管	250m
13	3½″EU油管短节0.5m、1m、1.5m、2m	各5根
14	3½″EU油管	2000m
15	滑套ID2.813″	1套
16	2.813″井下安全阀	1个
17	3½″NU圆堵	1个
18	3½″NU引斜	2个
19	1/4″液控管线200m	1卷
20	钢丝作业设备	1套
21	通管规Φ73.5×300	各1支

（三）施工步骤

1. 起原井下管柱

（1）A36井停注，确认压力泄掉后，拆采油树，座防喷系统并试压3000psi×10min，压力不降为合格；测量实际修井机油补距并做记录，报给修井监督。

（2）起出井下原生产管柱。仔细检查起出的管柱，记录油管的腐蚀、结垢及损坏情况报修井监督。

2. 下洗井、验封管柱

下洗井管柱，管柱组合由下至上为：

3½″NU油管引鞋+3½″NU倒角油管+变扣3½″EUB×NUP+3½″EU油管。

以15～20m^3/h反洗井至井底，洗到进出水一致为止，起出洗井管柱。

下验封管柱，管柱组合由下至上为：

3½″圆堵+3½″NU倒角油管+4.75″带孔插入密封+3½″NU倒角油管+6″定位密封+3½″EU油管。

3. 下入空心集成分注管柱

（1）丈量下井工具，配注水管柱，下入分层配注管柱（图9-32）。配注管柱由下至上为：

3½″NU圆堵+3½″NU倒角油管及短节+475-3#配水器工作筒（芯子水嘴上下全开）+3½″NU倒角油管及短节+475″插入密封+3½″NU倒角油管及短节475-2#配水器工作筒（芯子水嘴全开）+3½″NU倒角油管及短节+6″定位密封总成+3½″EU油管2根+滑套总成（关闭下入）+3½″EU油管及短节+2.813″安全阀+3½″EU油管及短节+双公短节+油管挂。

6″定位密封总成定位于顶部封隔器NO-GO位置，475-2#配水器工作筒密封段、475″插入密封、475-3#配水器工作筒密封段中部分别位于B、C、D隔离封隔器密封光筒中部。

（2）配注管柱下井要求：

① 仔细丈量下井工具并做好记录。根据顶部封隔器，隔离封隔器的位置，仔细配好下井管柱，使6″定位密封总成定位于顶部封隔器NO-GO位置，475-2#配水器工作筒密封段、475″插入密封、475-3#配水器工作筒密封段分别位于B、C、D隔离封隔器密封光筒内部；

② 油管及油管短节若有新油管，则采用新的；没有，则必须保证下井的油管清洁无垢、无变形，油管丝扣上要涂丝扣油，每小时油管下入量不得超过15柱，不得猛墩猛放以防后期坐封失效，当圆堵接近封隔器顶部时，下放速度放慢，让圆堵能顺利通过封隔器；

（3）环空试压1000psi，观察井口套管压力，10min压力不降为合格；

（4）配长，座油管挂，在钻台面接测试三通和试注管线准备钢丝作业验封。

4. 钢丝作业验封

（1）组装钢丝作业防喷器：本次施工使用高压防喷系统，防喷管耐压为5000psi，BOP和防喷盒耐压为5000psi，陆地检查防喷系统试压5000psi。

（2）组装通井工具串，通井工具串组成：标准钢丝工具串+1.5″通井规，通井工具串通井至圆堵位置。

（3）组装验封工具串，工具串组成：标准钢丝工具串+验封工具串（内装压力计）。

（4）打开清蜡阀门，稳压观察10min，不漏合格。

（5）钢丝下入验封工具串，工具串在安全阀、滑套以及变径等位置，注意慢提慢下，用30m/min速度下放，每500m测一次悬重。工具串下过475-3#配水器，上提工具串过芯子，小幅振击确保工具串座到475-3#芯子位置，井口打压3MPa×10min、8MPa×10min、10MPa×10min验证475-3#配水器工作筒与隔离封隔器密封筒之间的密封情况，停泵泄压。工具串上提过475-2#配水器，小幅振击确保工具串座到475-2#芯子位置，井口打压3MPa×10min、8MPa×10min、10MPa×10min验证475-2#配水器工作筒与隔离封隔器密封筒之间的密封情况，停泵泄压。

（6）提出工具串，回放数据，验证管柱是否达到分注要求，验封合格后，进行下步作业；否则，分析原因，重新调整管柱配长或重新下分注管柱。

（7）验封合格，装采油树。

5. *分层调配*

（1）组装钢丝作业防喷器：本次施工使用高压防喷系统，防喷管耐压为5000psi，BOP和防喷盒耐压为5000psi，陆地检查防喷系统试压5000psi。

（2）组装通井工具串：通井工具串组成：标准钢丝工具串+1.5″通井规；通井工具串通井至圆堵位置。

（3）组装下入测试工具串，下过475-3#配水器芯子后上提工具串，流量计坐在475-3#配水器芯子上，选择5个压力点进行流量测试，各点测试约30min，测试结束后上提流量计定位在475-2#配水器芯子上，选择5个压力点进行流量测试，各点测试约30min。测试结束后上提工具串至井口，取出工具串。

（4）现场回放数据，计算各层所需水嘴大小和数量。

（5）组装下入捞配水器芯子工具串，下放至配水器芯子位置，到位后向上振击，捞出配水器芯子，按照此步骤依次捞出各层配水器芯子。

（6）组装下入投配水器芯子工具串，下放至配水器工作筒位置，到位后向下振击，脱手配水器芯子，按照此步骤依次下入各层配水器芯子。

（7）组装下入验证测试工具串，下过475-3#配水器芯子后上提工具串，流量计坐在475-3#配水器芯子上，选择5个压力点进行流量测试，各点测试约30min，测试结束后上提流量计定位在475-2#配水器芯子上，选择5个压力点进行流量测试，各点测试约30min。测试结束后上提工具串至井口，取出工具串。

（8）回放数据，若各层达到油藏配注要求，分层调配合格，停止作业；若未到达配注要求，则重复以上步骤，继续进行调配作业。

三、分层调配结果

（一）分层测试结果

捞出芯子，不装水嘴进行各层流量测试，各层流量测试曲线及数据如图9-27、图9-28和表9-16所示。

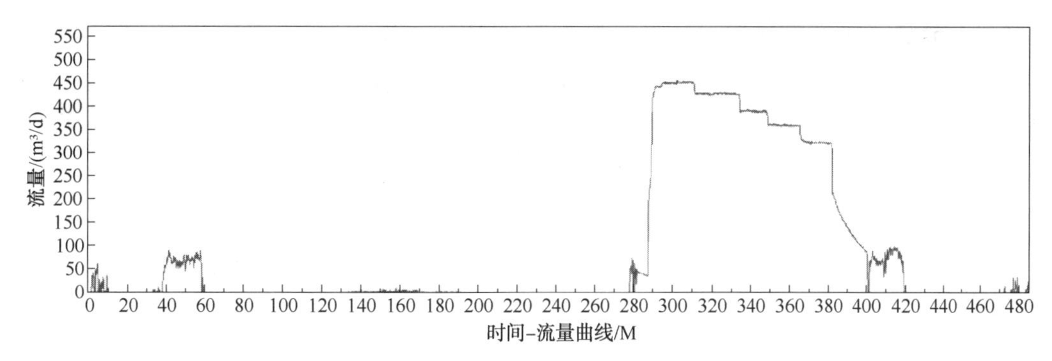

图 9-27　第三、一层流量测试曲线

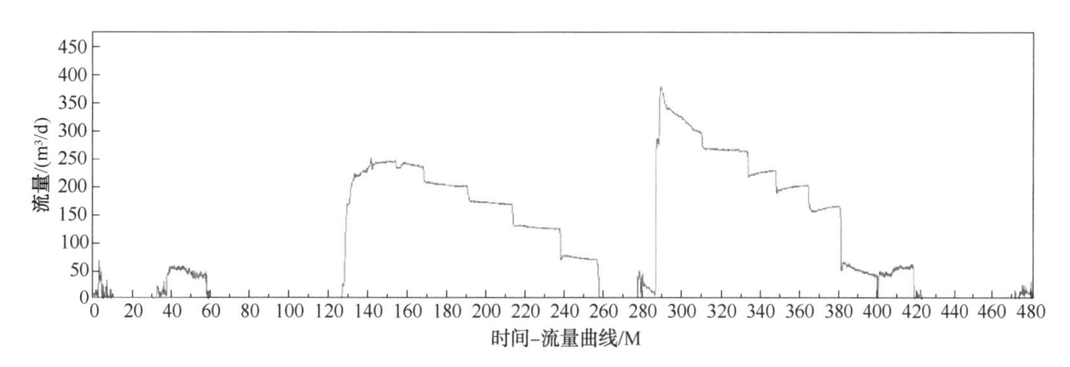

图 9-28　第四、二层流量测试曲线

表 9-16　各层流量测试数据表

测 试 日 期	2017-9-22	测试人员	—			
	压力点/MPa	9.1	8.4	7.8	7	6.1
测试流量/(m^3/d)	第三层	0	0	0	0	0
测试流量/(m^3/d)	第四层	237	204	171	127	73
	压力点/MPa	8.7	8.2	7.5	6.8	6.2
测试流量/(m^3/d)	第一层	454	428	390	359	321
测试流量/(m^3/d)	第二层	299	265	229	203	166

根据吸水指示曲线(图 9-29)和嘴损曲线图版(图 9-19)或根据水嘴选配软件计算，第一层不装水嘴，第二层装 1×5.8mm 水嘴，第三层不装水嘴，第四层装 1×2.8mm 水嘴。

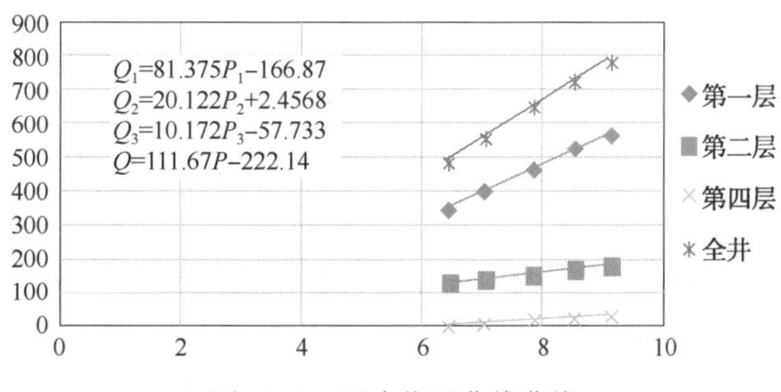

图 9-29　吸水指示曲线曲线

（二）分层验证测试结果

按照计算结果装配各层水嘴，各层流量验证测试曲线及测试数据如图 9-30、图 9-31 和表 9-17 所示。

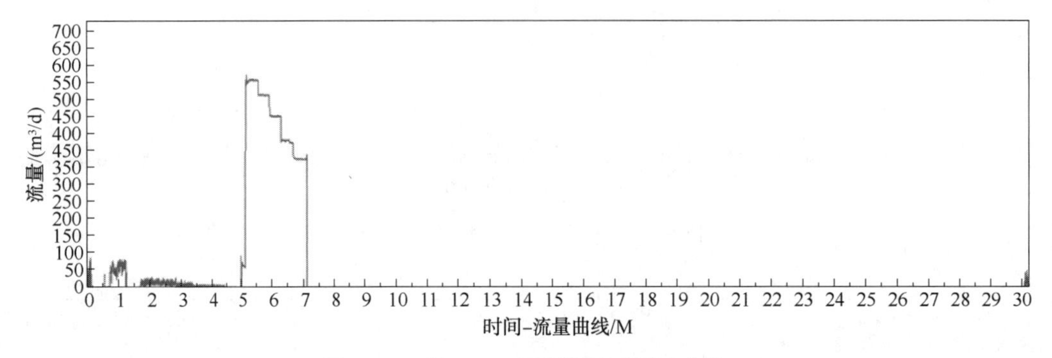

图 9-30　第三、一层流量验证测试曲线

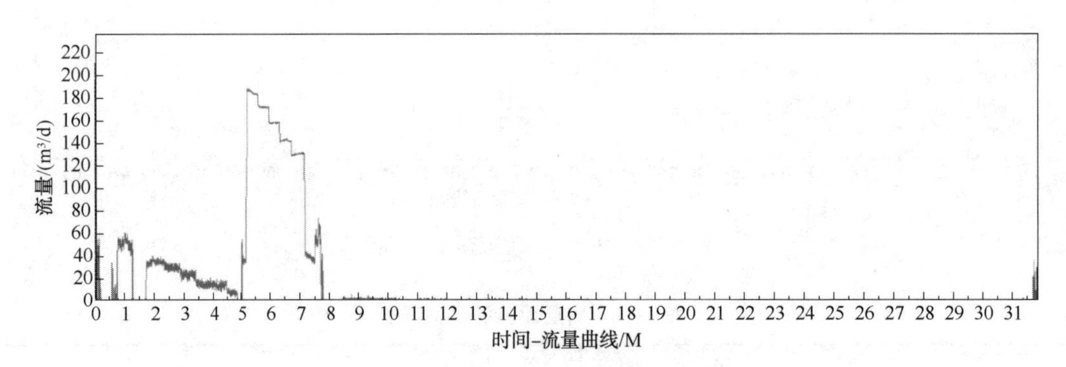

图 9-31　第四、二层流量验证测试曲线

表 9-17　各层流量验证测试数据表

测试日期	2017-9-26	测试人员	—			
	压力点/MPa	9.1	8.5	7.8	7	6.4
测试流量/(m^3/d)	第三层	0	0	0	0	0
测试流量/(m^3/d)	第四层	34	29	23	13	7
	压力点/MPa	9.1	8.5	7.8	6.9	6.4
测试流量/(m^3/d)	第一层	569	529	470	404	351
测试流量/(m^3/d)	第二层	186	173	159	144	131

通过验证测试，在装配该水嘴的情况下，对第二、四层进行了有效节流，通过计算可满足调配需求。

（三）分层调配结论

该井在井口压力为 8.5MPa 时，第一层：3 个死堵，3 个水嘴全开；第二层：1×5.8mm；第三层全开；第四层：1×2.8mm。除第三层不吸水外，其余各层都能达到配注要求。

芯子状态如下标注：475-2#（上部装 3 个死堵，3 个水嘴全开；下部装 5.8mm×1 水嘴）；

475-3#(上部全开，下部装 2.8mm×1 水嘴)。

分层调配结果如表 9-18 所示。

表 9-18　分层调配结果数据表

注入压力(8.5MPa)	配注量/(m^3/d)	实际流量/(m^3/d)	误　差
第一层	490	529	7.9%
第二层	170	173	1.8%
第三层	50	0	
第四层	30	29	-3.3%
整井	740	731	-1.2%

(四)施工后管柱图

施工后的管柱图如图 9-32 所示。

序号	名称规格型号	外径/in	内径/in	长度/m	顶深/m
1	油补距（原钻井船转盘至油管挂）	x	x	20.40	0.00
2	油管误差	x	x	-3.14	20.40
	油管挂4″EUE B×4$^1/_2$″NUB	11.000	2.992	0.23	17.26
3	双公变扣短节（4$^1/_2$″NUP×3$^1/_2$″EU P）	3.500	2.992	0.82	17.49
4	3$^1/_2$″EU防腐油管18根及短节3根	3.500	2.992	172.14	18.31
5	2.813″井下安全阀HSSY78LXE28075-P	4.490	2.813	1.46	190.45
6	3$^1/_2$″EU防腐油管164根及短节2根	3.500	2.992	1542.25	191.91
7	2.813″XD循环滑套（关闭）	4.490	2.813	1.33	1734.16
8	3$^1/_2$″EU防腐油管2根及短节1根	3.500	2.992	20.75	1735.49
9	Baker6″定位密封总成及变扣	6.250	2.992	1.44	1756.24
10	3$^1/_2$″SNU防腐油管8根及短节7根	3.500	2.992	82.08	1757.68
11	475-2#空心集成工作筒（上部装3个死堵，3个水嘴全开；下部装5.8mm×1水嘴）	4.750	2.559	1.91	1839.76
12	3$^1/_2$″SNU防腐油管4根及短节2根	3.500	2.992	41.27	1841.67
13	Baker4.75″插入密封	4.750	2.992	1.65	1882.94
14	3$^1/_2$″SNU防腐油管1根及短节2根	3.500	2.992	11.740	1884.59
15	475-3#空心集成工作筒（上部全开，下部装2.8mm×1水嘴）	4.750	2.480	1.910	1896.33
16	3$^1/_2$″SNU防腐油管3根	3.500	2.992	28.100	1898.24
18	2$^7/_8$NU倒角圆堵及变扣	3.500		0.300	1926.34
17	0.25″液控管线	0.250			
					顶部深度
A	顶部封隔器	8.608	6.000	1.660	1756.20
B	3#“SC-1R”封隔器	8.608	4.750	1.740	1840.48
C	2#“SC-1L”封隔器	8.608	4.750	1.740	1883.40
D	1#“SC-1L”封隔器	8.608	4.750	1.740	1896.89
E	Baker“F-1”沉沙封隔器	8.600	6.000	0.780	1924.30
	人工井底				1972.84

井下落物情况描述：安全施工、无井下落物、无污染海洋事故发生

压井液类型：地热水　　压井液比重：1.0g/cm³

以上深度均以原钻井转盘面为基准面

作业队长：　　作业监督：

图 9-32　LD10-1-A36 井修井后管柱图

第十章 增注技术

渤海油田主力油层属于高孔高渗疏松砂岩储层，流体性质复杂，油水井易受到伤害而影响油田持续高效开发。受限于海上有限的作业空间、时间及特殊的作业环境，常规水力压裂作业难以实施，目前渤海油田最重要的降压增注手段仍然以酸化解堵技术为主，并已在渤海各大油田得到了规模化应用，取得了显著的增产增注效果，近年来进一步发展形成了注水井微压裂技术。

第一节 注水井堵塞机理

一、堵塞机理

常规油气层的伤害都存在内、外两种因素，内因是储层被伤害的客观条件，称之为储层的潜在伤害因素或潜在伤害可能性，这些潜在可能性只有在一定外因的作用下才会发生，从而使潜在伤害成为真实伤害。储层伤害内因与外因的综合作用主要是外来流体与储层岩石的相互作用以及外来流体与地层流体的相互作用。根据它们相互之间的相容性、配伍性、适应性等匹配程度，决定着产生什么样的伤害和多大程度的伤害。只有充分认识到这些伤害的类型、伤害的程度，才能更有力保证注水井解堵增注的有效性。

二、原因分析

注水开发过程中，目标层的吸水能力将不断下降，主要有以下原因：

1. 地层微粒运移堵塞

微粒运移(Fines Migration)被认为是造成油气层损害最主要的原因之一。在所有油气层中，都含有许多粒度极小的黏土、石英、云母、长石及其他矿物的微粒。在未受到外力作用时，这些微粒附着在岩石表面被相对固定，但在一定外力作用下，它们会从孔壁上分离下来，然后随孔隙内的流体一起流动。当运移至孔隙喉道位置时，粒径大于孔喉直径的微粒便会被捕集而沉积下来，对孔隙造成堵塞。也可能几个微粒同时聚集在孔喉处形成桥堵，然后更细的微粒充填进来，对渗透率造成严重的损害。当油气层较疏松时，若生产压差太大，可能引起油气层大量出砂，进而造成油气层坍塌，产生严重的伤害。一些研究者将发生在油气层内的微粒运移分为两种不同的情况：分散运移和颗粒运移。

分散运移是引起油气层损害最重要的原因。发生分散运移的物质一般为黏土矿物。当外来液体，特别是淡水和高 pH 值的液体侵入地层后，无论对于膨胀性黏土还是非膨胀性黏土，都会因离子环境和酸碱度的改变而破坏原来聚集的平衡条件，促使其水化分散。

颗粒运移是指油气层中固有的微细颗粒(石英、长石等)随流体的运移。组成这些颗粒的物质除以上岩石组分外，还包括一些有机物质，如含碳的有机物残渣(一般为木质素类物质，以及一些不能移动的沥青、石蜡等固态烃类的颗粒)。颗粒运移和分散运移之间的区别在于：引起颗粒运移的机理是胶结物的溶解，而电化学方面的因素只是次要的。分散运移一般是黏土粒级的，各种矿物及各种有机物在颗粒粒级范围内的运移。油气层内不同组分的胶结物在遇到不同类型的外来液体后，会发生不同情况的溶解。

2. 外来流体侵入伤害

典型的外来流体伤害包括以下几个方面：

(1) 注入水中污油堵塞

注入水中普遍含油，且含量不太稳定，该油污以多种形式损害堵塞地层：

① 截流于井眼周围岩石的孔隙中，以“乳化块”的形态堵塞地层孔隙；

② 分散油及游离油对固相微粒有悬浮的作用，将强化悬浮固体的堵塞；

③ 油进入地层，细菌得到了极好的营养，繁殖加速，导致地层渗透率下降、注水量随之降低。

(2) 聚合物堵塞

聚合物造成的储层伤害主要体现在聚合物在储层多孔介质中发生吸附滞留作用而造成伤害。通常滞留伤害主要由于高分子聚合物在孔喉中发生了渗滤作用及机械捕集作用，在机械力作用下分子尺寸相对较小的聚合物分子在多孔介质中发生滞留与储层岩石表面物质发生相互作用，主要受氢键的作用，同时也受到静电力的影响，使得聚合物分子滞留在岩石表面，形成吸附伤害。

(3) 钻完井过程中的伤害

钻完井液中分散相造成的堵塞伤害既包含固相颗粒伤害也包括乳化液造成的液滴堵塞，通常形成的固相伤害程度与钻完井液中固相颗粒的含量、粒径等密切相关，而形成的乳化液液滴会在孔隙喉道中发生滞留吸附作用，造成储层的堵塞。一般钻完井液产生的固相伤害在返排条件下可部分得到解除，受固相颗粒与储层喉道的匹配关系及侵入深度的影响，通常现场返排会使在储层入口端的固相颗粒部分随返排液排出，渤海油田选用的完井液隐形酸体系也能解除部分固相颗粒的伤害。而形成的乳化液滴在岩石表面可能会造成润湿反转，一旦形成润湿反转后期排液处理基本不能有效解除。钻完井过程中必定会造成液体的滤失，滤液会与储层流体之间产生不配伍形成沉淀，对低孔、低渗气层也可能存在水锁的伤害，但对渤海油田高孔高渗的疏松砂岩储层基本不考虑水锁影响。钻完井液滤液与储层岩石不配伍也可能存在水敏、盐敏、碱敏及润湿反转等伤害，当滤液与储层流体、岩石之间由于不配伍产生了沉淀及敏感性伤害，通过返排处理很难得到有效解除，且敏感性伤害尤其突出，部分形成的沉淀及悬浊物滞留在储层吼道中通过返排能得到一定的解除，返排作业将滤失的大量液体排出有利于降低后期对储层产生的伤害，这与钻完井液的吸附滞留伤害密切相关。

3. 腐蚀结垢及细菌等化学堵塞

主要包括以下 5 类：

(1) 铁氧化物堵塞：由于管线和设备的腐蚀，注入水中含铁量逐渐增加，铁离子逐渐被氧化，形成了 $Fe(OH)_3$ 或 $Fe(OH)_2$，在溶液中有 2 种存在状态：一是以颗粒为晶核形成较大颗粒呈现“软颗粒”形态；二是以絮状物或胶体状态游离于溶液中。

(2) 结垢堵塞：部分地层水与注入水混配后表现出液体变浑浊甚至产生明显的结垢趋

势，一般结垢物质为碳酸钙、硫酸钡等，当地层水与注入水以不同比例混合时，产生的结垢情况也各不相同，根据每个油田储层条件、地层水及注入水矿化度差异会存在某一比例下结垢量最大的情况；另外，注入水可造成地层温度下降从而产生有机垢。

（3）水敏性堵塞是指当进入油气层的外来液体与油气层中的黏土矿物不配伍时，将会引起黏土矿物水化膨胀、分散、运移，从而导致油气层渗透率降低的现象。从本质上讲，水敏性的产生应归因于黏土矿物所具有的特殊结构。当黏土晶体的外表面发生水化膨胀时，在黏土晶体的表面之间，以及表面与孔壁之间均产生扩散双电层，一旦扩散双电层斥力足以克服黏土颗粒之间以及颗粒与孔壁之间的结合力时，黏土就会分散成更细的颗粒，并从孔壁上释放出来。几乎所有的黏土矿物都具有这种分散作用，常见黏土矿物对油气层水敏性的影响顺序为：蒙脱石>混层黏土矿物>伊利石>绿泥石>高岭石。

（4）酸敏性堵塞是指酸化后导致油气层渗透率降低的现象。酸化作业是为排除或减轻井眼附近油气层损害的一项有效的油藏增产措施。其目的在于用酸液溶解部分孔隙介质，以提高油气层的渗透率。但是也应注意到，在对油气层进行酸处理的过程中，胶结物的溶解必然会释放出大量微粒，并且某些矿物在溶解后所释放的离子在一定条件下还可能再次生成沉淀。这些微粒和沉淀将堵塞油气层的渗流通道，轻者可削弱酸化的效果，重者则可能导致酸化作业失败。油气层的酸敏性损害主要表现为与酸液有关的各种化学沉淀物质的生成，以及这些沉淀物质对油气层孔喉的堵塞。其损害程度取决于沉淀物质的数量及其侵入油气层的深度。

（5）微生物堵塞：工作液进入油气层，往往会把细菌和空气带入油气层。如果油气层中有一个适宜细菌生长、繁殖的环境，则细菌的活动就可强化，由此产生的菌落和代谢黏液可堵塞油气通道而对油气层造成损害。油气层中细菌的来源，既可能是地层中原有的，也可能是随外来液体侵入油气层的。油田水中最常见的有害细菌有：腐生菌、硫酸盐还原菌和铁细菌等，它们生长、繁殖所需的营养物质由油气层原油和外来液体中的有机物提供。细菌残体对注水井近井地带的损害尤为严重，这是由于注入水中含有大量的氧，特别有助于好氧菌的繁殖。

各种细菌主要通过以下方式损害油气层：

① 菌落堵塞。细菌进入油气层后，只要有适宜条件，便会大量繁殖，并常以菌落形式存在，这些菌落体积较大，可堵塞孔道，降低油气层渗透率。

② 黏液堵塞。腐生菌和铁细菌都能产生黏液，这些黏液与细菌残体堵塞油气孔道后，将使渗透率更难以恢复。

③ 细菌代谢产物的堵塞。细菌堵塞除来自菌体本身外，还来自细菌的代谢产物。

第二节　酸化解堵技术

一、砂岩储层酸化原理

砂岩储层酸化的目的是消除近井地带引起的伤害，因此酸化后的理想情况是恢复原始储层渗透率。酸液溶蚀岩石矿物和储层堵塞物可恢复或改善储层吸液能力，同时反应产物也可能在反应环境中不可溶而形成二次伤害。基质酸化的解堵效果取决于两者综合作用的结果。因此，掌握砂岩储层酸化酸岩反应机理可更好地选择酸液体系，指导酸化施工，提高注水井酸化解堵效果。

（一）砂岩矿物组成

砂岩的矿物成分较为复杂，常见的有二氧化硅（石英）、硅铝酸盐（长石和黏土等）和其他碎屑。除石英外，其他矿物的化学成分都非常复杂。砂岩中常见矿物的化学分子式如表10-1所示。

表10-1　砂岩矿物成分及化学分子式

组　成	成　分	矿　物	化学分子式
砂粒（碎屑矿物）	石英		SiO_2
	长石	正长石	$KAlSi_3O_8$
		钠长石	$NaAlSi_3O_8$
		斜长石	$(Na, Ca)Al(Si, Al)Si_2O_8$
胶结物	云母	黑云母	$K(Mg, Fe^{2+})_3(Al, Fe^{3+})Si_3O_{10}(OH)_2$
		白云母	$KAl_2(AlSi_3)O_{10}(OH)_2$
	黏土	绿泥石	$(Mg, Fe^{2+}, Fe^{3+})AlSi_3O_{10}(OH)_8$
		高岭石	$Al_2SiO_5(OH)_4$
		伊利石	$(H_3, O, K)_y(Al_4Fe_4Mg_4Mg_6)(Si_{8-y}Al_y)O_{20}(OH)_4$
		蒙脱石	$(Ca_{0.5}Na)_{0.7}(Al, Mg, Fe)_4(Si, Al)_8O_{20}(OH)_4H_2O$
	碳酸盐	方解石	$Ca(CO_3)_2$
		白云石	$CaMg(CO_3)_2$
		铁白云石	$Ca(Fe, Mg, Mn)(CO_3)_2$
	硫酸盐	石膏	$CaSO_4 \cdot 2H_2O$
		硬石膏	$CaSO_4$
	其他	盐	$NaCl$
		氧化铁	FeO, Fe_2O_3, Fe_3O_4

（二）酸岩化学反应及产物状态

1. 砂岩酸化主要化学反应

砂岩储层酸岩基本化学反应如表10-2所示。

表10-2　砂岩储层酸岩基本化学反应

与盐酸的反应	
方解石	$2HCl+CaCO_3 \longrightarrow CaCl_2+CO_2\uparrow+H_2O$
白云石	$4HCl+MgCa(CO_3)_2 \longrightarrow CaCl_2+MgCl_2+2CO_2\uparrow+2H_2O$
菱铁矿	$2HCl+FeCO_3 \longrightarrow FeCl_2+CO_2\uparrow+H_2O$

续表

与土酸的反应	
石英	$4HF+SiO_2 \longrightarrow SiF_4+2H_2O$
	$2HF+SiF_4 \longrightarrow H_2SiF_6$
钠长石	$NaAlSi_3O_8+14HF+2H^+ \longrightarrow Na^++AlF_2{}^++3SiF_4+8H_2O$
正长石	$KAlSi_3O_8+14HF+2H^+ \longrightarrow K^++AlF_2{}^++3SiF_4+8H_2O$
高岭石	$Al_4Si_4O_{10}(OH)_8+24HF+4H^+ \longrightarrow 4SiF_4+4AlF_2{}^++3SiF_4+18H_2O$
蒙脱石	$Al_4Si_8O_{20}(OH)_4+40HF+4H^+ \longrightarrow 8SiF_4{}^+4AlF_2{}^++3SiF_4+24H_2O$

2. 砂岩反应常见产物状态

当矿物与氢氟酸反应时有许多产物形成，表 10-3 列出了部分潜在的沉淀物。由表中数据可见，大多数产物的溶解性很低，在水中都会以沉淀形式析出，对储层造成新的伤害，其中，硅胶、氟化钙、碱金属沉淀，铝沉淀物和铁沉淀物是最为常见的，在酸化过程中必须引起足够重视，以免造成二次伤害。

表 10-3　氢氟酸的反应副产品在水中的溶解能力

二次产物	溶解能力/(g/100cm³)	二次产物	溶解能力/(g/100cm³)
H_4SiO_4	0.015	$(NH_4)_2SiF_6$	18.6
CaF_2	0.0016	$CaSiF_6$	微溶
Na_2SiF_6	0.65	AlF_3	0.559
Na_3SiF_6	微溶	$Al(OH)_3$	不溶
$KSiF_6$	0.12	FeS	0.00062

(1) 氟化钙

一些碳酸盐岩矿物在前置液处理之后仍然存在，这是砂岩中碳酸盐岩胶结物的初始含量或碳酸盐岩存在初始硅铝酸盐保护层造成的。尽管氟化钙有轻微溶解性，但当方解石与氢氟酸接触时，容易形成 CaF_2 的微小晶体，形成堵塞：

$$2HF+CaCO_3 \rightleftharpoons CaF_2+CO_2\uparrow+H_2O$$

该沉淀形成但不会完全堵塞储层孔隙，当施工结束时，随着氢氟酸接近完全消耗部分堵塞可以被重新溶解。这溶液中氟离子的浓度很低，以致铝几乎不反应，并主要以自由 Al^{3+} 的形式存在。这些铝离子能够从 CaF_2 沉淀中吸附氟，正如它们对氟硅酸的作用一样，根据下列方程式，CaF_2 可部分重新溶解：

$$3CaF_2+2Al^{3+} \rightleftharpoons 3Ca^{2+}+2AlF_3$$

这个反应在不同的铝和氟化合物中进一步平衡。

(2) 氟硅酸碱金属和氟铝酸碱金属

一旦碱金属离子的浓度高到足以形成不溶的氟硅酸碱金属或氟铝酸碱金属时，铝或硅的氟化物能与从高含量的黏土和正长石中释放出的金属离子反应。

$$2Na^++SiF_6{}^{2-} \rightleftharpoons Na_2SiF_6$$

$$2K^++SiF_6{}^{2-} \rightleftharpoons K_2SiF_6$$

$$3Na^{+}+AlF_3+3F^{-} \rightleftharpoons Na_3AlF_6$$

$$2K^{+}+AlF_4+F^{-} \rightleftharpoons K_2AlF_5$$

氟硅酸碱金属或氟铝酸碱金属沉淀在高浓度的氢氟酸中容易产生，从土酸与正长石和黏土反应中产生的氟硅酸或氟铝酸沉淀物能很好地结晶，并且堵塞严重，这些沉淀也能在前置液用量不足的情况下或当氢氟酸接触储层水时形成。

(3) 氟化铝和氢氧化铝

随着酸的消耗，氟化铝或氢氧化铝以水铝矿的形式沉淀。氟化铝沉淀物能在 HCl/HF 比值较高的溶液中得以减少。这些沉淀物根据下列反应形成：

$$Al_3^{3+}+3F^{-} \rightleftharpoons AlF_3$$

$$Al_3^{3+}+3OH^{-} \rightleftharpoons Al(OH)_3$$

(4) 铁化合物

形成氟化铁的机理仅仅可应用于相对纯的砂岩，有黏土存在时，被溶解的铝离子比铁离子与氟离子有更大的亲和力，因此不会形成氟化铁。但是在 pH 值大于 2.2 的溶液中氢氧化铁仍然能沉淀，沉淀的特征(结晶和非结晶)随阳离子的存在而发生变化。氢氧化铁能被静电引力较强地吸附在石英颗粒的表面，这是由于同性电荷点的 pH 值大于 7。如果存在过剩的碳酸盐，被溶解的 CO_2 能导致不溶的铁碳酸盐(菱铁矿物和铁白云石)沉淀。

在实际应用中，通常采用控制 pH 值，选择合适的酸液体系、添加剂，优化设计，控制合理的关井反应时间及快速返排残酸等手段，尽可能控制二次沉淀的产生。

二、注水井常用酸化解堵酸液体系

(一) 常规土酸体系

土酸是砂岩酸化中最常用的酸液体系，典型的配方为：9%~12%HCl+0.5%~3%HF 和添加剂。其中盐酸与地层中铁、钙质矿物发生反应，氢氟酸与地层中的硅酸盐如石英、黏土、泥质等发生反应。常规土酸酸化主要用于解除钻井、完井造成泥浆污染的新注水井和老井的铁锈、水质中钙垢堵塞。其解堵优点在于溶蚀能力强，解堵、增注效果较好，动用设备少，施工成本适中，原料来源广。但是酸液有效作用距离有限，腐蚀严重，易生成酸渣，引起二次伤害。

(二) 氟硼酸体系

氟硼酸是一种缓速酸，它进入地层后能缓慢水解生成 HF，可以解除较深部地层的堵塞。氟硼酸与岩石反应的速度比常规土酸慢，对岩石的破坏程度比土酸小，酸化作用距离较远。

该酸液体系的作用机理是通过氟硼酸逐步水解生成氢氟酸，HF 再参与地层矿物发生反应，因此酸液中 HF 的浓度一直较低，与地层矿物的反应速度较慢。随着 HF 被消耗，氟硼酸继续水解产生更多的 HF，从而可以实现酸液的深穿透。利用电镜扫描观察发现，氟硼酸酸化处理过的砂岩孔隙中，高岭石像是被“熔结”在矿物表面，从而有利于稳定处理后的黏土矿物，防止分散运移带给地层的损害。同时，氟硼酸体系还可以控制黏土膨胀、抑制黏土的水敏性膨胀。现场作业表明，土酸敏感的储层在用土酸酸化之前用氟硼酸溶液作为前置液，可改善酸化效果。氟硼酸的水解作用是一个多级水解反应，氟硼酸水解分四步完成：

$$BF_4^{-}+H_2O = BF_3OH^{-}+HF$$

$$BF_3OH^- + H_2O = BF_2(OH)_2^- + HF$$

$$BF_2(OH)_2^- + H_2O = BF(OH)_3^- + HF$$

$$BF(OH)_3^- + H_2O = H_3BO_3 + HF$$

现场实验表明，在含钾的硅铝酸盐的储层中，用氟硼酸酸化能更好地减少六氟硅酸钾沉淀生成，生成对地层具有轻微伤害的氟硼酸钾沉淀。

（三）多氢酸

多氢酸是由一种特殊复合物代替 HCl 与氟盐发生氢化反应。多氢酸作为一种中强酸，它是一类多元酸，能够在不同化学计量条件下通过多级电离而释放出氢离子，因此被称为“多氢酸”(Multi-Hydrogen Acid)。多氢酸的结构通式如下：

```
R1        O
  \       ‖
R2—C—P—O—R4
  /       |
R3        O—R5
```

其中，R1、R2、R3 可能是氢、芳基、烷基、磷酸酯、胺、酰基、羟基、羟基基团等，R4、R5 可能是由氢、钠、钾、铵或有机基团组成。

多氢酸酸液体系在酸化过程中能逐渐释放 H^+，可以保持溶液的 pH 值在小范围变化，并且由于酸液体系的初始 pH 值较高，可减缓对管材和设备的腐蚀速率；多氢酸酸液体系具有缓速和水湿特性，对黏土的溶蚀率低，可实现地层深部解堵；多氢酸电离速度慢，与砂岩作用反应速度慢，具有良好的防垢和分散性能，可抑制硅酸盐在近井地带沉淀，有效避免解堵过程中的二次伤害。现场实验结果表明，多氢酸解堵增注效果明显。

（四）自生土酸酸液体系

自生土酸体系主要由盐酸、含氟可溶性盐组成，其作用原理是不直接向地层注入土酸酸液体系，施工中是向地层注入含有氟盐的液体，进入地层后氟盐逐步电离 F^- 与酸液电离的 H^+ 结合产生 HF 再对地层矿物作用。作用机理如下：

$$HCl = H^+ + Cl^-$$

$$NH_4F = NH_4^+ + F^-$$

$$H^+ + F^- = HF$$

（五）有机土酸体系

有机土酸是由盐酸、氢氟酸、乙酸及多功能添加剂组成。有机酸是弱酸，电离常数比盐酸小得多。在盐酸足量的情况下，有机酸几乎不参与反应；当盐酸与储层矿物反应消耗后，有机酸才与储层矿物缓慢反应，从而使氢氟酸的反应活性延长，增加了酸液的穿透距离，达到提高酸化效果的目的。有机土酸适用于解除因黏土膨胀、微粒运移造成的油层堵塞。

（六）固体硝酸体系

固体硝酸酸化解堵增注技术是针对二次加密注水井及低渗透注水井而研究的一项酸化解堵增注技术。此类井油层有效厚度小、黏土含量高，在开发过程中，由于各种因素堵塞，使地层近井地带渗透率下降，导致注水井吸水能力差、吸水层比例低。入井液包括盐酸、固体硝酸和其他添加剂。施工工艺将固体硝酸用不含水的柴油作为携带液打入地层，配合盐酸溶液分段注入储层，硝酸进入地层后在地层内遇水后释放出活性硝酸，与盐酸形成多组分强酸体系与地层中的堵塞物发生反应，能同时解除无机、有机堵塞物，从而达到增产增注的目的。

（七）乳化酸

在乳化剂存在下，由酸与油形成乳化酸。在稳定状态下，油外相将酸与岩石表面隔开，当达到一定条件后，乳化液被破坏，释放酸液，与岩石产生反应，从而达到使得酸液深穿透的目的。目前 W/O 型乳化酸使用更普遍，缓速效果更好。

（八）微乳酸

微乳酸是一种比较新颖的缓速酸（油包酸型微乳酸），其黏度很低，但其扩散速度比盐酸溶液低得多。并且由于是其以均相方式存在，故而稳定性远远优于乳化酸；酸颗粒更加细小，返排更加容易。微乳酸典型的酸液成分包括：十二烷、盐酸溶液、阳离子表面活性剂以及丁醇。

（九）泡沫酸

泡沫酸含气量一般为60%～80%，一般加有0.5%～1%的活性剂和0.4%～1.0%的缓蚀剂；使用氮气配制泡沫酸较为广泛。泡沫酸实际上是一种酸外相的乳化酸，只是以酸为外相，气体为内相构成。不仅具有乳化酸特点，而且微乳酸还具有比重小、黏度大等性能，进入地层后，其扩散能力低、滤失量小；另外，外相酸与地层矿物反应后，气体游离于液体中，一方面覆盖在地层岩石表面，进一步延缓酸岩反应；另一方面，可将反应产物及时清除，从而为后来的酸液清除障碍，并在返排时携带反应产物流出井外。

（十）稠化酸

采用稠化剂可以提高酸液的黏度，抑制对流及氢离子向岩石表面扩散的速度，从而延缓酸化反应。在高温下具有较高的稳定性，得到了广泛的应用。常用的稠化剂有：黄原胶、PAM 及能在酸溶液中形成杆状胶束的活性剂。

（十一）有机螯合酸液体系

这类酸液体系主要依靠螯合剂的特殊功能，即能够利用螯合剂自身的化学结构，“钳住”常规酸液中难溶的、容易形成二次伤害的金属离子；同时在高 pH 值条件下，能够抑制与钙盐的反应，避免产生难溶的氟化钙沉淀，同时清除硅铝酸盐沉淀。通过结合地层特性的酸液配方的调整，该酸液体系能够达到预期的酸化效果，并能够有效抑制二次沉淀。这种酸液体系的主酸，一般是一种酸或者多种酸的混合，包括 HCl、HF、甲酸、乙酸等，根据实际地层需要选用合适的酸液。在这种酸液体系中，可供使用的螯合剂多种多样。其中包括氨基多羧酸盐和聚氨基聚羧酸酯螯合剂，比如 NTA（次氮基三乙酸）、EDTA（乙二胺四乙酸）、CyDTA（亚环己基二胺四乙酸）等和这些物质相应的盐。

（十二）注聚井解堵液体系

目前海上油田针对注聚井解堵的体系以氧化解堵体系为主，其典型氧化解堵液体系为过硫酸铵、过硫酸钠、SOD 体系等，其中 SOD 体系是结合海上油田特点而开发的，该体系主要包括氧化主剂过氧化钙、有机多元羧酸、缓蚀剂与螯合剂等。

氧化主剂与缓释酸配合使用对聚丙烯酰胺（PAM）的降解反应机理属于自由基反应机理。主要包括自动氧化和连锁裂解两个过程。在氧化降解过程中首先是过氧化物分解产生初级自

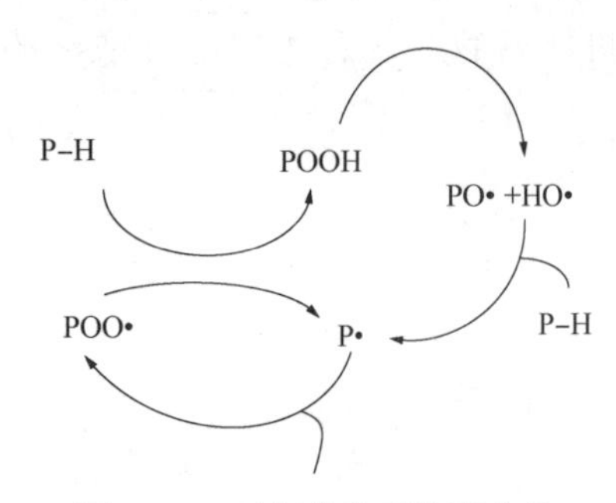

图 10–1 过氧化物引发聚合物自由断链反应机理

由基，初始自由基再引发聚丙烯酰胺(以 P–H 表示)产生聚合物链自由基(P· 和 PO·)。自由基的引发和转移过程如图 10–1 所示。

用反应式表示如下：

$$P\text{–}H+2[O]\longrightarrow POOH$$

$$POOH\longrightarrow PO\cdot+\cdot OH$$

$$P\text{–}H+\cdot OH\longrightarrow P\cdot+H_2O$$

随后，聚合物链上的自由基引发 α–裂解反应和 β–裂解反应，使主链断裂。α–裂解反应和 β–裂解反应引起聚合物断裂，使聚合物分子量迅速下降，同时伴随发生脱酰胺或脱羧反应，生成含双键、环氧和羰基等基团的氧化降解产物，如丙烯酰胺低聚体及其衍生物、C_{16}的酰胺和 C_{18}的烯酰胺等。这种氧化降解连锁反应具有较大的动力学链长，微量的活性氧就可以引发聚合物溶液黏度的大幅度降低。

三、注水井酸化解堵工艺技术

(一) 常规土酸酸化解堵技术

酸化施工程序，常规土酸酸化是用常规土酸作为处理液的酸化工艺。它是使用时间最早，也是最为典型的砂岩酸化工艺。该酸化工艺用液包括：前置液、处理液、后置液和顶替液，一般注液顺序为：注前置液→注处理液→注后置液→注顶替液。

前置酸一般用 3%~15%盐酸+添加剂，具有以下作用：

(1) 前置酸中盐酸把大部分碳酸盐溶解掉，减少 CaF_2 沉淀，充分发挥处理液对黏土、石英、长石的溶蚀作用；

(2) 前置液将地层水向地层深部顶替，隔离、减少处理液与地层水的接触，从而防止处理液与地层水中的 Na^+、K^+与 H_2SiF_6 作用形成氟硅酸钠、钾沉淀，减少由氟硅酸盐引起的储层污染；

(3) 维持酸化过程中的低 pH 值，减少各种无机盐沉淀的产生；

(4) 清洗近井带胶质、沥青等油垢(需添加有机溶剂进行溶解)。

处理液一般用 3%~15%HCl+0.5%~3%HF+添加剂，主要实现对储层基质及堵塞物质的溶解，沟通并扩大孔道，提高渗透性，酸液作用机理主要是盐酸与氢氟酸共同对储层矿物的溶解作用。

后置液一般用 3%~15%HCl+添加剂或 2%~4%NH_4Cl 水溶液。主要作用在于将处理液驱离井眼附近，否则残酸中的反应产物沉淀会降低油气井产能。

顶替液一般是盐水或淡水加表面活性剂组成的活性水，其作用是将井筒中的酸液顶入储层。

酸化施工过程中，有时也使用有机土酸酸液体系，处理液的组成为 3%~10% HCl+0.5%~3%HF+2%~6%有机酸(常见有机酸包括甲酸/乙酸/乙二酸/柠檬酸/磷酸等)+添加剂，这样做的目的主要是降低处理液体系的酸液浓度，从而减少酸液对管材的腐蚀。

(二) 氟硼酸–土酸复合酸化解堵技术

所谓氟硼酸–土酸复合酸化技术主要指复合应用土酸(HF)与氟硼酸(HBF_4)等作为处理

液进行酸化的酸化技术。氟硼酸是一种缓速酸，它能缓慢水解生成 HF，其反应速度低于常规土酸，因而在酸液耗尽之前可以深入地层内部较大范围。此外，HBF_4 还可使黏土微粒产生化学凝聚作用。凝聚后的微粒在原地胶结，使得处理后因流量加大而引起的微粒运移受到限制。

酸化施工程序：常规氟硼酸酸化是用常规氟硼酸酸液体系作为处理液的酸化工艺。一般注液顺序为：注前置液→注处理液→注后置液→注顶替液。该酸化施工工艺与土酸相同。

处理液一般用 3%～15%HCl+4%～12%HBF_4+添加剂，有时也使用有机氟硼酸酸液体系 3%～10%HCl+4%～12%HBF_4+2%～6%有机酸(常见有机酸包括甲酸/乙酸/乙二酸/柠檬酸/磷酸等)+添加剂。

总的来说，该酸液体系缓速性能较好，能起到深度酸化的效果，具有较好的稳定黏土效果。因此常用作黏土矿物含量高的地层进行酸化处理，特别是水敏及强水敏储层。

(三) 自生土酸酸化解堵技术

自生土酸酸化技术作用原理是施工时向地层注入含有氟盐的液体，进入地层后随着 HF 的消耗，氟盐逐步电离 F^- 与酸液电离的 H^+ 结合产生 HF 再对地层矿物作用。在行业中也称其为缓速酸化工艺、砂岩深部酸化工艺。

酸化施工程序：有两种方式，一种是与土酸工艺相同，注液顺序，注前置液→注处理液→注后置液→注顶替液；一种是交替注入方式，注液顺序为，注盐酸→注氟盐溶液→注盐酸→注氟盐溶液注→注盐酸，…，→顶替液，该工艺也称为 SHF 工艺，注酸交替级数视具体情况而定。

常规工艺用处理液为 3%～15%HCl+2%～6%NH_4F/NH_4F. HF+0～6%有机酸(常见有机酸包括甲酸/乙酸/乙二酸/柠檬酸/磷酸等)+添加剂。该工艺是砂岩酸化工艺中比较常用的工艺，因为该酸液相对土酸而言有反应速率低、对储层低伤害、对设备低腐蚀的作用。

(四) 多氢酸酸化解堵技术

一般砂岩酸化中，常规土酸所提供于地层的是一种强酸性环境(pH<4)，酸-岩反应速度受溶液中 HF 浓度的控制，HF 浓度愈高，反应进行得愈快。HF 浓度太高会破坏地层岩石的强度。对常规土酸酸化的最初改进是所谓低浓度小排量酸化法，采用这种方法，氢氟酸仍是消耗在井筒周围几英寸范围，无法解除油层深部的外来污染物和黏土损害。研究表明，如果减缓 HF 在油层的生成速度，延长酸液在油层内的作用时间，就不仅能使远离井筒的油层深部有活性 HF，而且还能提供充分的反应时间使黏土溶解。基于这一理论，研究并形成了多氢酸酸化技术。

多氢酸体系与砂岩矿物作用的物质实质上仍是 HF。反应过程中，首先由多氢酸逐步电离出氢离子与氟盐反应，缓慢生成 HF，再由 HF 继续与砂岩作用。因此该酸液酸化施工中能达到缓速、深穿透的目的。

该酸液体系具有以下特点：

(1) 新酸液与地层矿物发生反应时，通过化学吸附在黏土上形成膦酸硅铝膜，这层膜在 HCl(强酸)中能快速溶解，但在水和 HF 等弱酸中溶解度很小，从而减小了酸与黏土的进一步反应，因而具有良好的缓速作用；

(2) 多氢酸具有良好的吸附和润湿性能，可以加速 HF 与石英的反应；

(3) 多氢酸具有优良的分散性和防垢性，可以减少井眼附近的地层伤害，抑制二次沉淀等副作用；

(4) 与常规土酸等相比，“多氢酸”腐蚀性较低(初始 pH 值约为 3)，可减少缓蚀剂的用量。

(五) 分流酸化解堵技术

对于油层物性差、纵横向非均质性强、多层、渗透率分布范围大的储层，在酸化时必须考虑不同层均匀吸酸的问题，也就是酸液的分流问题。全井笼统酸化工艺技术是把处理层的各小层视为一层考虑，没有考虑各小层由于渗透率的贡献大小，损害程度不同以及泥质含量的差异。在酸化设计上按平均值来设计施工参数。这种工艺设计简单，施工方便，施工程序少。虽然能获得一定的酸化效果，但对于多层非均质严重的油藏，由于酸液绝大部分进入渗透性高，阻力小的油层，其获得产量的主要贡献来自高渗层。而低渗层和污染严重的储层由于阻力大，酸液很难进入。要提高酸化效果，除了优选酸液体系外，还应优选分流工艺。

1. 机械分流酸化工艺技术

(1) 封隔器转向技术

封隔器是指具有物理弹性的密封元件，并借此封隔各尺寸管柱与井眼之间以及管柱之间的环形空间，并隔绝产层，以控制产(注)液，保护套管的井下工具。图 10-2 所示为封隔器分流酸化作业管柱。封隔器在采油工程中用来分层，封隔器上设置采油通道。其工作原理为：坐封时，活塞套上行，打开采油通道；坐封后，平衡活塞在上层压力的作用下，胶筒被向上推动，使解封销钉免受剪切力；解封时，销钉在胶筒与套管的摩擦力作用下解封，活塞套下行，采油通道得到关闭。封隔器主要有的类型：自封式、压缩式、楔入式、扩张式、组合式。封隔器转向技术已经较为成熟且通常被认为是最可靠的转向手段，同时也存在一些下入井中以及实现坐封需要复杂的工程技术，费时费力，应用成本较高等特点。

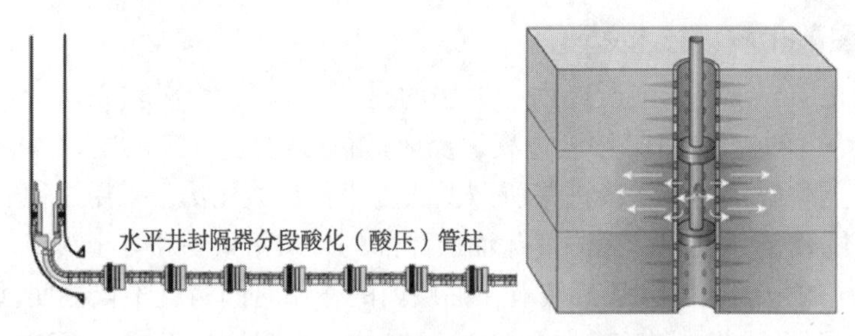

图 10-2　封隔器分流酸化作业管柱

(2) 堵球转向技术

堵球转向使用比射孔孔眼稍大的球，密度范围在 0.9~1.4 之间。图 10-3 所示为堵球分段酸化作业示意图，在酸化施工时，套管内封堵射孔眼的小球加入处理液中，并被液体带至射孔孔眼部位，封堵接收液体的孔眼。堵球转向成功的关键是需要有足够排量来维持其通过孔眼的压差，使堵球保持有效坐封。所以，此方法对泵注排量要求很高，对某些井由于排量受限，该方法使用效果不好或不能使用。除此之外，射孔孔眼的形状以及光滑程度对坐封效果也有很大影响，同时还必须考虑堵球与携带液的密度匹配关系。目前常用的堵球包括浮球和沉球，对于直井而言，从封堵使用效果上看，浮球比普通沉球效果要好，由于浮球浮力的作用，不会留在井底口袋的静止液体中，而且更有利于坐封。而对于水平井，应该根据射孔孔眼的方位，选择不同密度的球对不同方位的孔眼进行封堵。在施工过程中，为了克服沉降，推荐连续泵入堵球，对于沉球投球数推荐泵入超过孔眼数200%，对浮球投球数推荐超过50%。携带液的黏度以及射孔孔眼数量同样会影响转向效果，在设计中必须加以考虑。

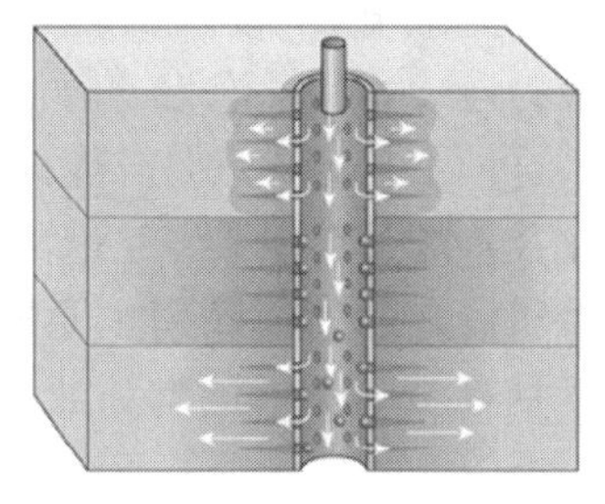

图 10-3　堵球分段酸化技术

堵球转向技术具有局限性，仅适用于射孔完井的油气井，堵球转向技术在直井中使用较为广泛，在水平井中由于酸化井段长，注入排量低，堵球坐封困难，所以使用较少。

（3）连续油管转向分流酸化技术

连续油管广泛运用于油田的各项作业中，是改善布酸效果非常有用的工具，可处理大跨度井，如图 10-4 所示。其主要优点在于可以通过拖动连续油管，把酸注入特定的位置（定点注酸），以达到很好的布酸效果。连续油管广泛应用于水平井的酸化作业，其作业大致过程为：从储层的端部开始拖动连续油管，根据储层伤害程度的不同，采用与之对应的油管拖动速度以及在地层区块的停留处理时间，以此来实现对目标地层的均匀酸化。

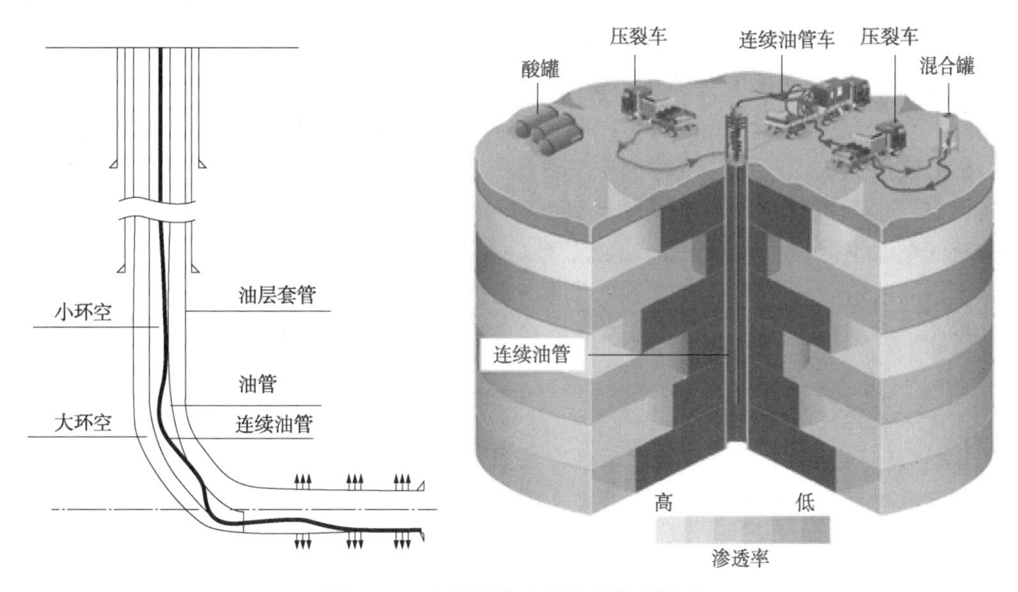

图 10-4　连续油管酸转向酸处理技术

除了传统的连续油管布酸与化学转向技术相结合外，连续油管与膨胀式封隔器、水力喷射器等结合使用所产生的一系列新型酸化工艺，为水平井增产改造开辟了新的途径。

2. 化学分流酸化工艺技术

(1) 泡沫分流酸化技术

泡沫分流技术有两种施工工艺：泡沫段塞转向酸化技术和泡沫酸转向酸化技术。泡沫段塞转向酸化技术是在常规酸化过程中注入几个泡沫段塞，封堵高渗透层，从而将酸液转向低渗透层，该工艺的优点是施工时间短；泡沫酸酸化技术是在常规酸化中加入起泡剂和气体，在地面形成以酸液为连续相、气泡为分散相的泡沫酸，连续注入地层，利用泡沫酸的分流特性实现酸液分流，这种工艺的优点是分流效果好。

泡沫转向酸化技术的关键在于，注泡沫阶段使尽量多的泡沫进入高渗层或未伤害层，在后续注酸阶段保持尽量多的气体圈闭在原地以降低液相流度，将酸液转向低渗层或受伤害层。泡沫转向技术具有对地层渗透率和油水层的选择性，气体膨胀能够为残酸返排提供能量，泡沫黏度大、携带能力强，以及缓速性等诸多优点。然而，用作转向酸化的泡沫既不强韧也不持久。在油润湿性岩石中，油对泡沫的破坏作用巨大，油使大多数泡沫的强度削弱甚至破坏。温度高于93℃时，大多数泡沫不稳定，该技术受到温度的限制。另外，在高渗透率储层中，泡沫转向酸存在高渗漏现象，此时泡沫的有效性很小。总之，泡沫转向技术在酸化转向方面虽具有一定作用与技术优势，但它对应用环境的苛刻要求，使其应用范围受到一定限制。

(2) 聚合物转向酸化技术

聚合物酸液可提高酸液的黏度，因此可以应用于酸化转向。聚合物转向酸液一般由酸溶性聚合物、pH缓冲剂、胶联剂(使体系黏度增大)以及破胶剂(使体系黏度降低)组成。该聚合物一般为聚丙烯酰胺类的聚合物、氨基聚合物等；交联剂可为锆盐、铁盐等。

高聚物交联凝胶酸体系依赖于pH值的改变来实现黏度的变化。pH的改变活化了体系中的金属试剂，该金属试剂使聚合物分子链发生交联，增加了聚合物流体的黏度和流体流动的阻力。pH值的进一步增大会钝化金属试剂，打破聚合物的交联，使聚合物分子链相互分开，黏度下降。文献报道，在pH值为2时，聚合物与交联剂反应，形成一种黏性凝胶。而此时，酸的质量分数降低到大约0.04%，酸几乎已经完全消耗。酸的黏度达到1000mPa·s，可以将没有反应的酸转向至没有酸化的区域。当pH值为4~5时，由于聚合物和交联剂解体，凝胶的黏度下降，存在的解聚剂确保交联的完全解体，酸液黏度降低，较容易从地层移出。聚合物的残渣含量会给地层带来严重的伤害，而且金属离子交联剂容易与地层中的硫化氢发生反应，在地层中生成沉淀，长期滞留在地层中，使其返排困难，渗透率降低，给地层造成伤害。

(3) 化学微粒转向酸化技术

化学微粒转向技术是指由酸液携带具有选择溶解性的化学颗粒至地层，根据地层吸酸能力的不同形成厚度不同的滤饼。化学微粒转向主要采用无机的微粒和一些有机树脂作为转向剂，在它们被注入地层后，会在地层中形成厚薄不均的滤饼。在高渗透层中，由于地层吸收酸液能力强，形成的滤饼较厚；在低渗透层中，由于地层吸收酸液的能力弱，形成的滤饼较薄。后续酸液通过厚度大的滤饼时阻力大，促使酸液转向流入低渗透层段进行处理，层间进酸量差异减小，最终达到均匀酸化的目的。

可溶性化学微粒粒径可控性强，通过对表面活性剂类型与用量的调整可以较为准确地控制水溶性化学微粒的微观形态。可以通过优选化学微粒的粒度分布以满足对不同地层孔喉分布特征的采油井或注水井进行转向酸化的需求。对化学微粒的物理模拟结果表明，化学微粒能够对岩心实现稳定地封堵，且对具有一定渗透率级差的岩心实现稳定分流。化学微粒转向技术可实现一次处理多个层段，其难点在于化学微粒类型的确定、粒径的选择以及与地层流体的匹配性。

（4）自转向酸酸化技术

黏弹性表面活性剂转向酸又称 VES 转向酸，弹性表面活性剂基自转向酸由酸液、黏弹性表面活性剂、酸液添加剂等组成。黏弹性表面活性剂基酸液体系摩阻低，泵入速度高，清洗压力低，在水平井和直井中都可以应用，并且能够用于含硫井的酸化，不需要 Fe^{3+} 和 Zr^{4+} 交联剂，消除了酸液消耗后金属氢氧化物的沉淀以及含硫化氢井中金属硫化物的沉淀。

黏弹性表面活性剂基自转向酸注入待处理地层后，由于鲜酸黏度较小，优先进入高渗透层，与储层岩石发生反应；随着酸岩反应的进行，酸的浓度降低，pH 值上升，酸液体系中的黏弹性表面活性剂开始形成球状胶束；当 pH 值达到该黏弹性表面活性剂的等电点后，并且在酸岩反应生成物 Ca^{2+} 、Mg^{2+} 反离子的作用下，球状胶束开始向蠕虫状胶束转变，使得酸液的黏度急剧增加，降低酸液中 H^{+} 的传质速度，减慢酸岩反应速度，减少了酸液向地层的滤失；随着酸岩进一步反应，大量的蠕虫状胶束形成，进而互相缠绕形成三维空间网状结构，体系黏度达到最大，暂时封堵高渗透层，将酸液转向流入低渗透层，实现酸液转向(图 10-5、图 10-6)。另外，大孔道的堵塞会使注酸压力升高，迫使鲜酸进入没有形成堵塞的小孔道和低渗透储层，直到鲜酸发生酸岩反应变成残酸，形成新的堵塞作用，进一步增加了注酸压力，最终冲破原有堵塞，继续酸液的推进，循环往复就达到了对高渗透储层和低渗透储层共同酸化和均匀布酸的目的。

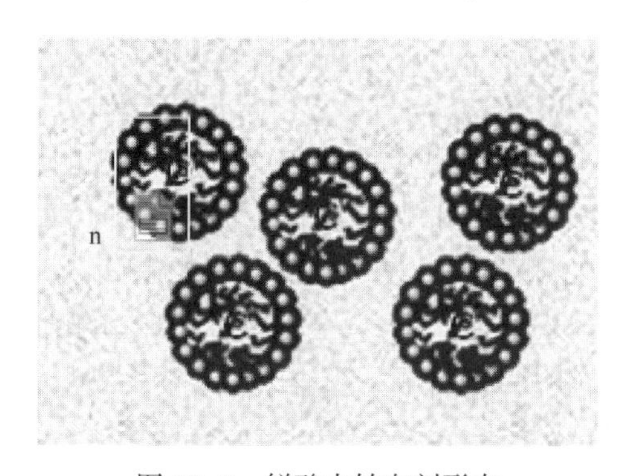

图 10-5　鲜酸中转向剂形态

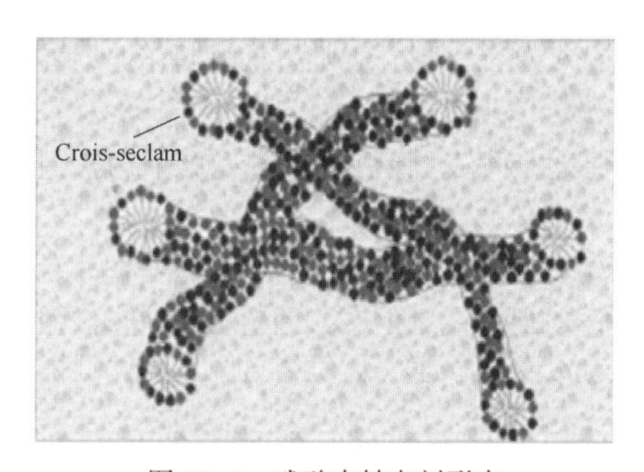

图 10-6　残酸中转向剂形态

（六）振动-酸化复合解堵技术

水力振动波能对地层进行剧烈和局部的强化处理，在致密岩层井底附近地带形成了大量的微裂缝。当多次重复进行水力冲击处理，同时结合注入酸液作为携入液时，裂缝的深度和酸液渗入渗透油层的范围明显增大。并改善吸水剖面，提高工作厚度系数及注水波及系数。既有利于注水，又减少或抑制了堵塞物的二次形成，保持了化学处理效果，延长增注有效期。振动-酸化复合解堵技术工艺效果比单纯的酸化工艺效果要好，振动-酸化复合解堵技术的应用可以解决重复酸化无法解除远井地带的堵塞，酸化规模逐步扩大，有效期明显缩短等技术问题。

（七）爆燃-酸化复合解堵技术

所谓爆燃-酸化复合工艺技术是利用爆燃压裂的物理作用(造缝)及酸化液的化学作用(侵蚀扩缝、延缝)相结合的综合改造储层的增产增注措施。其作用机理是利用火药燃烧产生的机械作用、热作用、化学作用以及水力脉冲和酸化侵蚀作用相互结合处理地层，排除射孔井段钻井、固井漏入地层中的泥浆、各种杂质及细菌等造成的污染堵塞，疏通油流通道，并依靠高压气体启开新裂缝挤入酸液，增加酸液的穿透深度，扩大作用范围，调节酸液侵蚀剖面，从而强化酸化效果。该工艺施工难度大，且对井下管柱易产生较大伤害，一般不推荐使用。

（八）单步法在线酸化工艺(SSOA)

为了有效解除堵塞物，同时防止二次伤害，在实际酸化施工时，往往采用四段液体即四步法处理工艺，即现有海上油田注水井酸化工艺整个施工工序为：注前置液→注处理液→注后置液→注顶替液。然而，在对于类似于SZ36-1油田注水井大规模出现近井地带堵塞、注入压力过高的情况下，现有的"注前置液→注处理液→注后置液→注顶替液"施工工序暴露出一些对海上油田适应性差的弊端：

(1) 酸液体系复杂，酸液罐及其他辅助设备多，占用船舶、平台空间多，动迁麻烦，耗时耗力；

(2) 施工工序较为复杂，劳动强度较高；

(3) 作业独占性强，酸化作业时无法进行其他作业，即不可能实施交叉作业；

(4) 处理液规模优化设计难度大，规模选择不合适容易造成解堵效果不彻底或浪费酸液；

(5) 难以大规模实施酸化解堵作业；

(6) 作业费用高。

通过使用一种新型高效单一酸液(称为单步酸)代替传统技术中使用的前置液、处理液、后置液和顶替液四种功能不同的液体，极大地简化酸液配方和施工工序，缩短施工时间；使用专门设计的注入系统，实现在不停注水流程的条件下将酸液注入地层(在线施工)，在酸化的同时保持注水生产，最大限度地降低酸化作业对平台的占用以及对其他作业的影响，可实施交叉作业，极大地简化了施工程序，缩短了施工时间，允许多层集中处理，实现规模化效益。

第三节　微压裂增注技术

一、微压裂增注机理研究

微压裂是一种注液规模小且无需携砂的特殊压裂改造技术，利用高压泵组以超过地层吸液能力的排量将具有工作液泵入井内而在井底产生高压，当该压力增加到井壁岩石满足破坏准则，便在井壁处地层产生裂缝。继续注入工作液促使水力裂缝逐渐延伸。停泵后依靠解除近井伤害、不规则壁面裂缝自支撑作用实现注水井增注。

微压裂增注原理：

（1）微压裂使裂缝周边的岩石在压力超过门槛压力后，即发生“滑移”破坏，如图 10-7 所示，两个裂缝粗糙面的滑动脱落下来的碎屑形成“自撑”式支撑缝。停泵后，张开的粗糙面使它们不能再滑回到原来的位置，从而使剪切膨胀的裂缝渗透率得到保持。

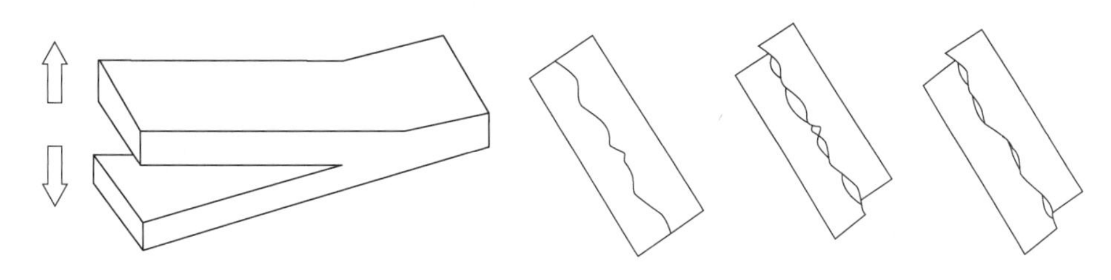

图 10-7　微压裂下裂缝发生张开破坏与剪切滑移

（2）由于岩石中裂缝面具有一定的表面粗糙度，闭合后仍能保持一定的缝隙，就可形成一定导流能力，如图 10-8 所示。

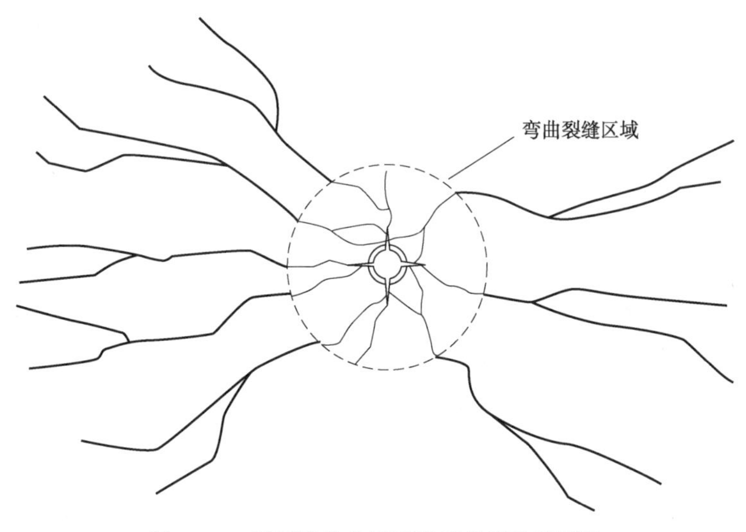

图 10-8　利用滤失作用开启天然裂缝并延伸

二、微压裂解堵技术摩阻计算

（一）注水管柱沿程压力损失

联立质量守恒方程、压降方程、状态方程可得井筒流动计算模型。摩阻系数按表 10-4 进行计算。

表 10-4　管流摩阻系数计算经验公式

流态类别	*Re* 范围	常用的经验公式
层流	$Re \leqslant 2000$	$\lambda = \frac{64}{Re}$

续表

流态类别		Re 范围	常用的经验公式
紊流	水力光滑	$3000<Re\leqslant\frac{59.7}{\varepsilon^{8/7}}$	$\lambda=\frac{0.3164}{\sqrt[4]{Re}}$
	混合摩擦	$\frac{59.7}{\varepsilon^{8/7}}<Re\leqslant\frac{665-765\lg\varepsilon}{\varepsilon}$	$\frac{1}{\sqrt{\lambda}}=-1.81\lg\left[\frac{6.8}{Re}+\left(\frac{\Delta}{3.7d}\right)^{1.11}\right]$
	水力粗糙	$Re>\frac{665-765\lg\varepsilon}{\varepsilon}$	$\lambda=\frac{1}{\left(2\lg\frac{3.7d}{\Delta}\right)^2}$

（二）配水器水嘴摩阻计算

微压裂注入水通过配水嘴(实施微压裂可能去掉水嘴)产生局部节流损失，采用如下经验公式(10-1)进行计算。配水嘴压力损失计算图版如图10-9所示。

$$\Delta P_{\mathrm{ne}}=\left(\frac{1}{4.178}\frac{Q}{A}\right)^2 \tag{10-1}$$

式中，ΔP_{ne}为水嘴节流压降，MPa；Q为注入压裂工作液排量，m^3/d；A为水嘴过流面积，m^2。

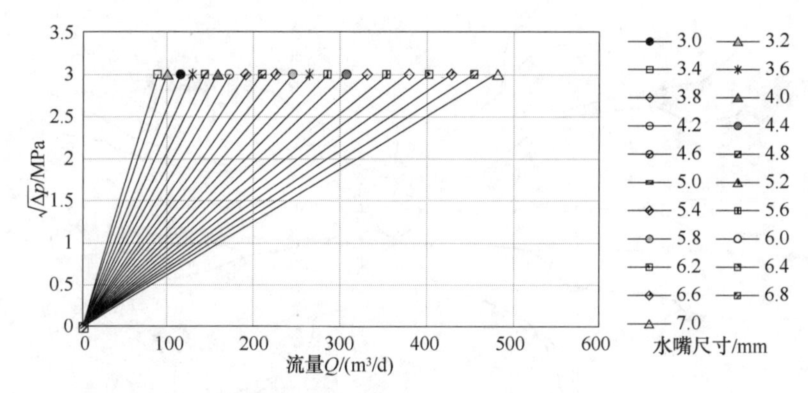

图10-9　配水器水嘴节流压力损失图

（三）射孔孔眼节流摩阻计算模型

计算孔眼节流损失(压力降)的传统方法是假设水嘴为圆柱状通道，根据水力学原理可得到：

$$P_{\mathrm{per}}=\frac{2.232\times10^{-10}\rho_{\mathrm{f}}Q^2}{N_{\mathrm{p}}^2D_{\mathrm{p}}^4C_{\mathrm{d}}^2} \tag{10-2}$$

式中，P_{per}为孔眼摩阻，MPa；ρ_{f}为压裂液密度，kg/m^3；Q为施工排量，m^3/min；N_{p}、D_{p}为有效射孔孔数和射孔孔眼直径，m；C_{d}为孔眼流量系数，一般为0.56~0.9。

典型计算结果如图10-10、图10-11所示。

（四）微裂缝极限注水压力确定

微压裂施工后，注水井的极限注入压力按下述关系确定。

$$P_{\mathrm{inj}}=P_{\mathrm{f}}-\Delta P_{\mathrm{h}}+\Delta P_{\mathrm{pipe}}+\Delta P_{\mathrm{per}} \tag{10-3}$$

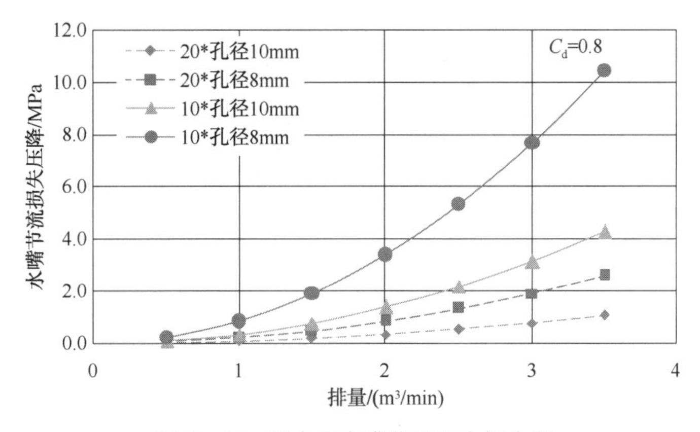

图 10-10　配水器水嘴节流压力损失图

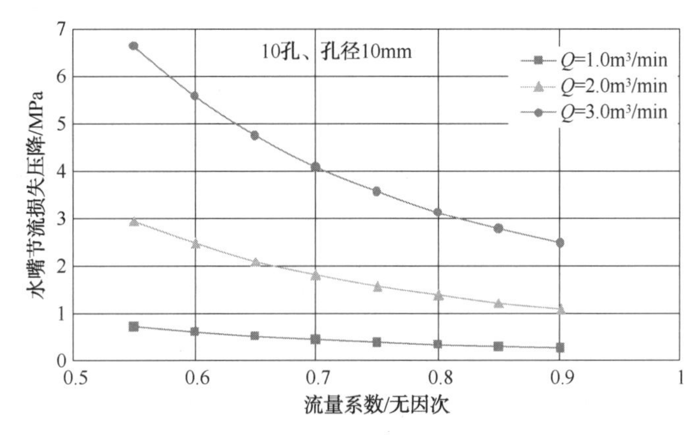

图 10-11　配水器水嘴流量系数对节流压力损失影响

式中，P_{inj} 为微压裂施工极限井口压力，MPa；P_h 为井筒静液柱压力，MPa；P_{pipe} 为微压裂注入井筒摩阻压力，MPa；P_{per} 为微压裂过程(水嘴、孔眼)局部压力，MPa。

三、微压裂施工破裂特征识别

微压裂裂缝的形成和延伸是一种力学行为。致密地层水力压裂施工泵压变化的典型示意曲线如图 10-12 所示。*F* 点对应于地层破裂压力(使地层破裂所需要的井底流体压力)，*E* 点为瞬时停泵压力(即压裂施工结束或其他时间停泵时的压力)，反映裂缝延伸压力(使裂缝延伸所需要的压力)，*C* 点对应于闭合压力(即裂缝刚好能够张开或恰好没有闭合时的压力)，*S* 点为地层压力。压裂过程中的施工泵压变化是地应力场、压裂液在裂缝中流动摩阻和井筒压力的综合作用结果。

在致密地层，首先向井内注入压裂液使地层破裂，然后持续注液使压裂缝向地层远处延伸，地层破裂压力最高，反映出注入流体压力要克服由于应力集中而产生的较高井壁应力以及岩石抗张强度。一旦诱发人工裂缝，井眼附近应力集中很快消失，裂缝在较低的压力下延伸，裂缝延伸所需要的压力随着裂缝延伸引起的流体流动摩阻增加使得井底和井口压力增加。停泵以后井筒摩阻为零，压裂缝逐渐闭合，井底压力逐渐降低。对于高渗透地层或存在裂缝带，地层破裂时的井底压力不出现明显的峰值。

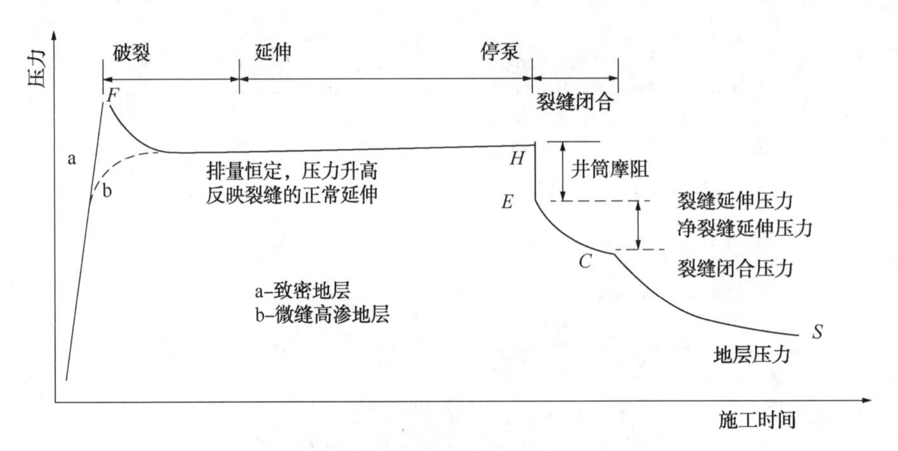

图 10-12　水力压裂泵压典型曲线

以渤中 34-1 油田 F8 井为例选择恒定排量 $Q=0.25m^3/min$（折算 $360m^3/d$）和 $Q=2.5m^3/min$（折算 $3600m^3/d$）注入研究排量对破裂的影响。通过模拟发现无论是 25mD 还是 100mD 地层，采用低排量注入时难以出现明显的破裂点。计算结果如图 10-13 所示，即使累积注入 $75m^3$ 液体，地层仍未破裂。采用高排量注入时更容易出现明显的破裂点并形成人工裂缝。

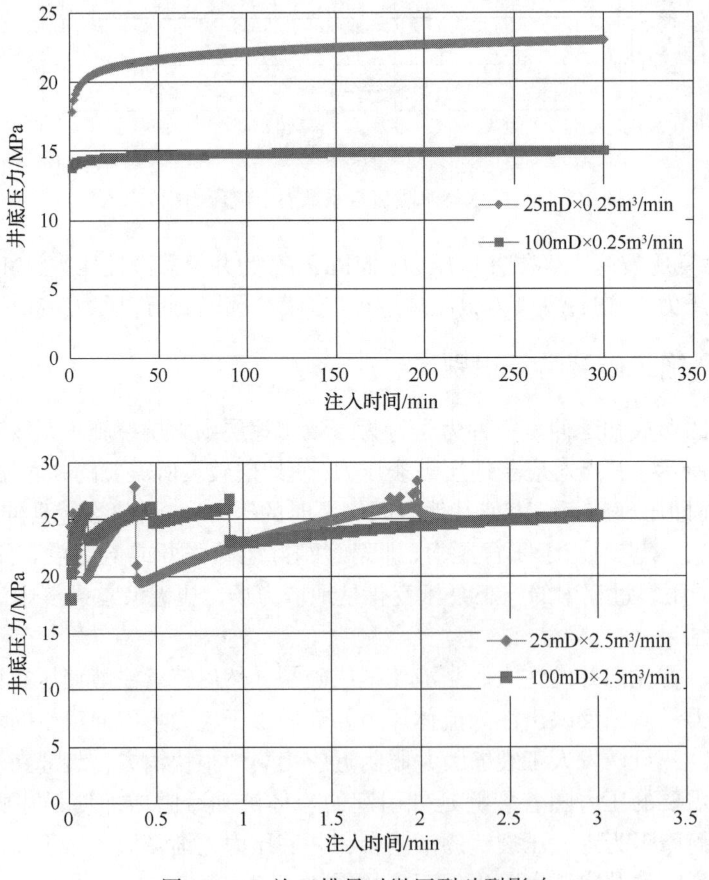

图 10-13　施工排量对微压裂破裂影响

由图 10-14 可见，从 2016 年 9 月 15 日，渤中 34-1 油田 F8 井的施工曲线能够判别地层被压开，相比致密地层压裂特征有比较大的差异，不易判别。

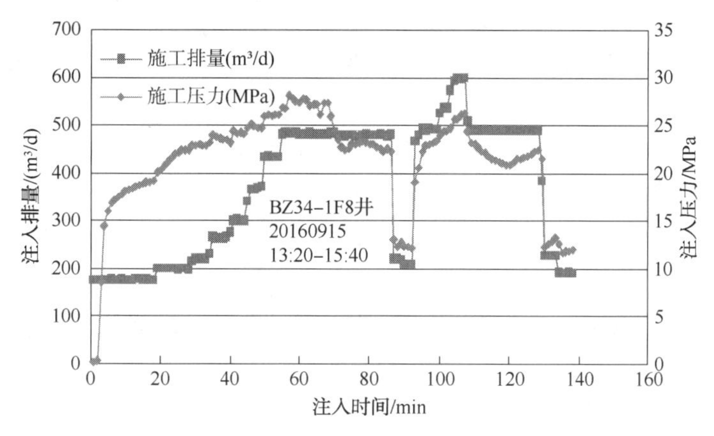

图 10-14　微压裂破裂特征识别(BZ34-1F8 井 20160915)

四、微压裂解堵组合技术

在注水井实施微压裂增注矿场试验中，发现某些井的微压裂或高压激动解堵增注有效期不长。统计至 2016 年 5 月的微压裂增注措施效果，有效期短的井占有效井数的 27%，分析认为主要原因在于微压裂解堵增注主要机理在于近井筒附近形成了微小“自支撑”裂缝，但未能完全解除近井筒附近的伤害带，而且在注水过程由于各种原因引起新的储层伤害会加剧甚至“堵死”微压裂形成的微小“自支撑”裂缝。基于这一情况，通过注水井水质伤害调查分析和伤害机理研究进一步发展了微压裂工艺技术体系，具体技术系列如下：

(1) 微酸压/酸化解堵；

(2) 有机堵剂+微压裂解堵技术；

(3) 螯合酸+微压裂解堵技术；

(4) 微压裂复合解堵技术。

其中微酸压/酸化解堵技术和有机堵剂+微压裂解堵技术已在现场应用取得较好效果。

五、微压裂解堵工艺选井选层

注水井微压裂必须正确选择微压裂对象，综合考虑储层地质特征、岩石力学性质、孔渗饱特性、油层油水接触关系、岩层间界面性质与致密性、井筒技术要求。通过对候选井层进行压前评估，分析油气井低产的原因，筛选出适当的微压裂井层，并确定部分压裂设计参数。

(一) 储层评估

(1) 储层地质特征储层沉积特征决定了井的泄油面积，从而决定了压裂规模。断层发育的区块，必须确定出其断层体系的走向和断层性质，从而确定水力裂缝走向。

(2) 黏土矿物分析储层中总充填有黏土，黏土矿物类型、含量与分布方式严重地影响了储层渗透性。常用伽马射线测井、自然电位测井等测井方法或扫描电镜(SEM)实验分析方法测定。

(3) 岩石力学性质主要包括储层、盖层和底层的杨氏模量、泊松比和断裂韧性值，它们对裂缝延伸有很大的影响。岩石力学性质参数可通过取心在实验室测试。

(4) 岩心分析评估油气藏储层基本参数，可采用岩心常规分析或岩心特殊分析技术。后者能模拟地层条件，因而分析结果更可靠。

(5) 注水伤害分析主要包括水质分析、伤害机理与伤害程度。影响微压裂工作液组成及配方。

(6) 试井分析进一步评价地层，确定储层的渗透率、表皮系数、地层压力及其他性质。

(二) 选井选层原则

微压裂解堵技术选井基本原则如图 10-15 所示，基于注水井微压裂增注机理分析和增注能力模拟分析，微压裂备选注水井应具备下列条件：

(1) 目标井为高伤害井，解堵是微压裂的主要任务，需根据储层伤害原因采取针对性措施；

(2) 产层应具有一定的渗流能力且连通性好，邻井满足配注而本井注入能力低的井应优先选择；

(3) 油、气、水边界清楚；

(4) 渗透率越低，应实施更大规模微压裂；

(5) 硬脆性地层有利于形成有效“自支撑”人工裂缝；

(6) 固井质量和井况好的井，满足微压裂作业短期和长期安全性要求。

此外，是否适合微酸压还需要分析注水井的伤害原因和伤害机理，通过室内实验分析评价微压裂工作液组成和配方。

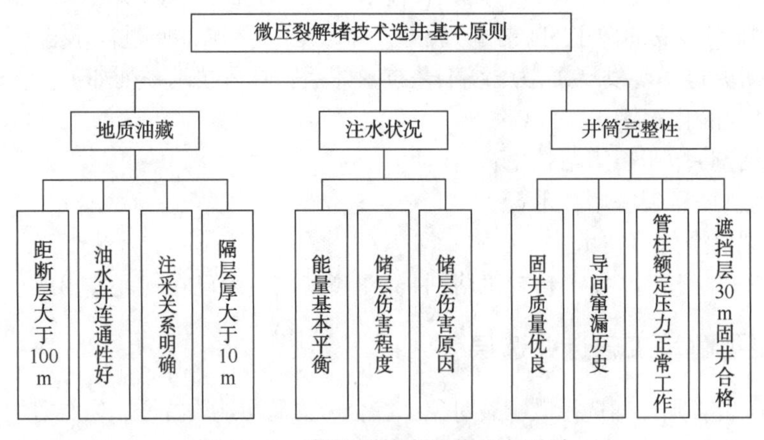

图 10-15　微压裂技术选井基本原则

第四节　案例分析

一、多氢酸酸化技术应用案例

2009 年 6 月 2 日—2009 年 6 月 7 日，多氢酸酸化技术在旅大 10-1 油田 A28 井进行了现场应用，以该井为多氢酸酸化技术案例进行分析。

（一）生产简史

旅大 10-1 油田 A28 井于 2007 年 8 月 13 日投产，电潜泵生产，泵排量为 75m³/d。管柱类型为普通合采管柱，生产东二下Ⅲ油组，油层有效厚度 23.5m。Ⅱ油组油层初期不射开，待后期上返。井下有压力计监测装置。

该井自投产以来生产情况如下：采用电潜泵生产，投产初期产量比较低，平均日产液 23m³，平均日产油 22.7m³，含水 1.5%，生产压差 4.3MPa，气油比波动较大。2007 年 10 月 22 日—10 月 24 日，针对Ⅲ油组进行酸化，酸化效果不明显。酸化前该井日产液 20.7m³，日产油 20.1m³，日产气 1390m³，含水 2.7%；酸化后日产液 25m³，日产油 22.4m³，日产气 1570m³，含水 10.5%；2007 年 10 月 31 日～11 月 12 日关井测压力恢复，试井解释出表皮系数 30。2008 年 2 月 26—27 日，Ⅲ油组再次进行酸化，效果也不理想。

2009 年 3 月 6 日开始上返Ⅱ油油组，4 月 15 日上返作业结束。关Ⅲ油组，生产Ⅱ油组。Ⅱ油组生产有效厚度 43.9m。上返后日产液 21m³，日产油 19.7m³，含水 5%，气油比 36m³/m³。与设计产量相差甚远(预测日产液量为 135m³)。2009 年 5 月 12 日—5 月 16 日进行压恢测试。根据压恢资料解释结果，表皮系数为 46.8。综合判断 A28 井上返阶段Ⅱ油组储层受到污染。

（二）酸化井段设计

酸化井段斜深(2304.5～2335.8m，2344～2390.8m)，斜厚 78.1m；垂深(1537.9～1555m，1557～1585m)，垂厚 45.1m(表 10-5)。

表 10-5　A28 井酸化井段数据

防砂段	油组	作业前状态	作业后状态	斜深/m	垂深/m
P1	Ⅱ	开	开	2304.5～2335.8	1537.9～1555
P2	Ⅱ	开	开	2344～2390.8	1557～1585
P3	Ⅲ	关	关	2450～2499	1617.4～1645.1

（三）工艺设计

（1）注入方式：油管正挤。

（2）施工排量：3.0～6.5bpm，可根据施工压力现场调整确定。

（3）施工压力：<13MPa(1885psi)，一般情况下控制在 12MPa(1740psi)以下。

（4）注入液规模设计：据 LD10-1 油田储层特点，考虑到本井生产、作业状况及射孔井段，设计酸液用量如表 10-6、表 10-7 所示。

表 10-6　注入液规模设计表

液体名称	第一防砂段：31.3m/17m	第二防砂段：46.8m/28m	备注
清洗液	15	25	泥浆池配制
前置液	20	30	30m³ 酸罐 1 个配制
处理液	30	30	30m³ 酸罐 1 个配制
后置液	20	30	30m³ 酸罐 1 个配制
顶替液	9.2	9.5	酸罐 1 个配制
总液量	94.2	124.5	

注：由于平台空间有限，注酸规模只能按照 3 个酸罐容量设计。

表 10-7　第一防砂段酸化泵注程序表

序号	施工内容	泵注压力		注入液量		累计注入量		备　注
		psi	MPa	bbl	m^3	bbl	m^3	
1	正替清洗液	<725	<5	62.9	10	62.9	10	导通正循环流程
关闭套阀，导通正挤流程								
2	正挤清洗液	<1740	<12	31.5	5	94.4	15	
3	正挤前置液	<1740	<12	125.8	20	220.2	35	
4	正挤处理液	<1740	<12	188.7	30	408.9	65	
5	正挤后置液	<1740	<12	125.8	20	534.7	85	

(四) 施工曲线分析

图 10-16 所示为 A28 井第一防砂段酸化施工曲线，从图中可以看到，随着处理液注入储层，注酸排量从 0.33m^3/min 增大到 0.93m^3/min，压力从 10MPa 降到 7MPa，注酸过程中泵注压力下降明显，排量增大明显，多氢酸有效降解了地层堵塞物。

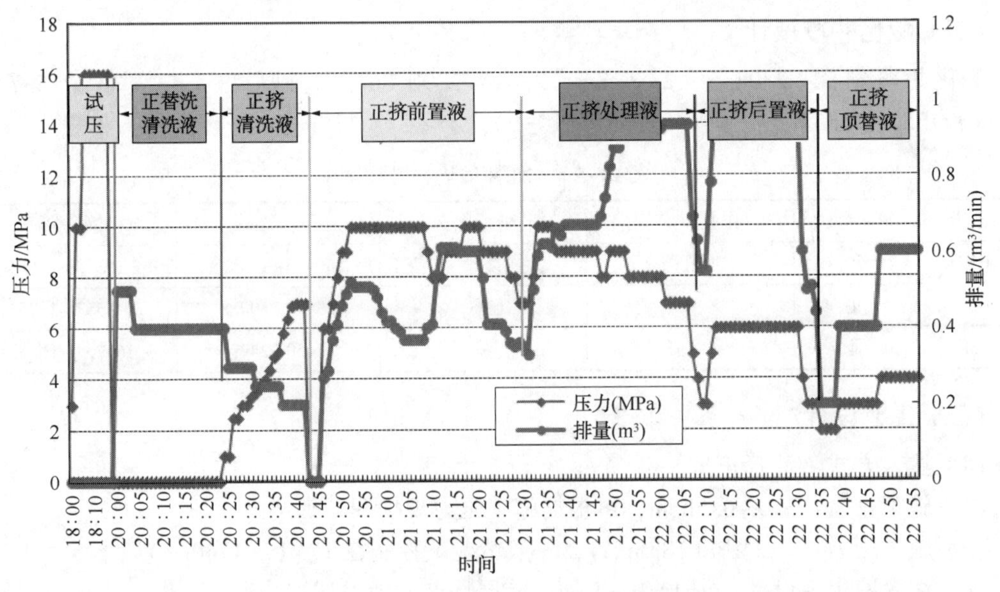

图 10-16　LD10-1-A28 井第一防砂段酸化施工曲线

(五) 酸化前后产量对比

A28 井酸化前后产量对比如图 10-17 所示。多氢酸酸化前产液量为 88.3m^3/d，产油量 66.8m^3/d，含水率为 24.5%；酸化后产液量为 113.5m^3/d，产油量 102m^3/d，含水率为 10.1%。多氢酸酸化后产液量、产油量增幅较大，同时含水下降明显，该井酸化效果较好。

二、单步酸化技术应用案例

2012 年 8 月 22 日，单步法酸化技术在秦皇岛 32-6 油田 AW 井进行了现场应用，以该井为单步法酸化技术案例进行分析。

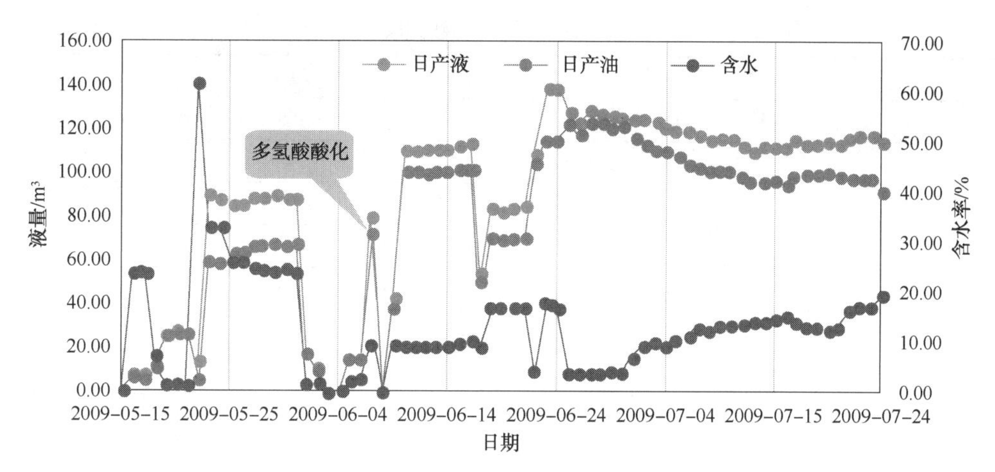

图 10-17　LD10-1-A28 井生产曲线

（一）生产简史

QHD32-6-AW 井为水源井，一个防砂段，共射开水层 108.2m。由于目前油田含水率高，生产污水量大，超过注水井注入量，多余部分污水回注到水源井。

AW 井初期注入量为 2200m³/d 左右，井口压力达到 8~9MPa，注入压力远远高于预期值。分析认为，由于长期注水，导致近井地带污染，吸水能力下降。为了有效降低注入压力，提高吸水能力，于 2011 年 3 月 16 日进行了酸化解堵作业，酸化后注水压力下降到 0~1MPa 左右，吸水能力大幅度改善。

2011 年 7 月注水压力 0.4MPa，日注水 1716m³；之后注水压力持续升高，日注水量缓慢下降；2012 年初注水压力 2.8MPa，日注水 1175m³；随着注水的持续，注入压力已经接近注水泵工作压力，注入较为困难。结合动态认识和地质连通情况，分析认为 AW 井存在污染。

（二）酸化井段设计

酸化井段数据如表 10-8 所示。

表 10-8　AW 井酸化井段数据

油组	作业前状态	作业后状态	斜深/m	垂深/m
Ⅱ	开	开	1641.2~1754.6	1630.0~1742.4

（三）工艺设计

（1）工艺类型：笼统酸化。

（2）挤注方式：油管正挤。

（3）施工泵压：5MPa/725psi(按目前注入压力为准)，施工过程中实时调整。

预测破裂压力为 29MPa，破裂压力梯度按照 0.0172MPa/m 计算，允许的最大井口压力为 13MPa。

（4）施工排量：4.0~5bpm，一般保持 4.2bpm 左右(视现场注入情况调整)。

（5）酸液类型及用量：30m³。

具体施工参数如表 10-9 所示。

表 10-9 施工参数列表

<table>
<tr><td colspan="3">井　　号</td><td>AW</td><td>备注</td></tr>
<tr><td colspan="3">处理层厚度</td><td>108.2</td><td></td></tr>
<tr><td rowspan="3">目前注水参数</td><td colspan="2">注入压力/MPa</td><td>4.3</td><td></td></tr>
<tr><td rowspan="2">注水量</td><td>m^3/d</td><td>2115</td><td></td></tr>
<tr><td>m^3/min</td><td>1.47</td><td></td></tr>
<tr><td rowspan="12">设计关键施工参数</td><td colspan="2">泵注压力/MPa</td><td>5</td><td></td></tr>
<tr><td rowspan="2">预计酸化时注水量</td><td>m^3/min</td><td>0.82</td><td></td></tr>
<tr><td>bpm</td><td>5.14</td><td></td></tr>
<tr><td rowspan="2">注酸排量</td><td>m^3/min</td><td>0.65</td><td></td></tr>
<tr><td>bpm</td><td>4.10</td><td></td></tr>
<tr><td colspan="2">$Q_{酸}/Q_{水}$</td><td>0.8</td><td></td></tr>
<tr><td>原酸液用量</td><td>m^3</td><td>30</td><td rowspan="2">30 方酸罐 1 个配置</td></tr>
<tr><td>加入淡水量</td><td>m^3</td><td></td></tr>
<tr><td>总酸量</td><td>m^3</td><td>30</td><td></td></tr>
<tr><td>预计最长泵注时间</td><td>min</td><td>46</td><td></td></tr>
<tr><td>加入水后浓度</td><td>%</td><td>15.5</td><td></td></tr>
<tr><td>与注入水混合后浓度</td><td>%</td><td>6.9</td><td></td></tr>
</table>

注：1. 所有配液用罐必须彻底清洗干净。

2. 泵注过程中保持注酸排量在 4.2bpm，预计注入水量为 $0.65m^3/min$(5.2bpm)左右。

考虑到修井甲板面积有限，按照正常作业模式无法摆放足够多酸化设备，本次酸化采用高效酸液泵入注水流程与注入水混合后挤入储层的方式进行。配方具有有效解堵、有效防腐和稳定黏土性能较强特点。

施工过程中实施监测注酸排量(计算机监测)和注入水量(手持式超声波流量计监测)，并根据监测结果实施调整注酸量，保持 $Q_{酸}/Q_{水}=0.8:1$ 左右。

注酸前进行试压，试压 10MPa，稳压 10min 未刺漏。施工程序表如表 10-10 所示。

表 10-10 酸化泵注程序表

注入阶段	处　理　液	设计注入量/m^3	实际注入量/m^3	注酸排量/bpm	注水排量/bpm	泵注压力/MPa
1	正挤主体酸	30	30	1.2~2.5	2.3~5.8	3.45~0
总注入量		30	30			

(四) 施工曲线分析

如图 10-18 所示为秦皇岛 32-6 油田 AW 井酸化作业施工曲线，从图中可以看到，随着单步酸液进入储层，开始泵注压力略微下降，排量为 $0.16m^3/min$ 条件下，施工压力从 3.323MPa 降低至 3MPa，随着单步酸与堵塞物反应，泵注压力大幅下降至 0.11MPa，注入排量大幅增大至 $0.4m^3/min$，酸化反应引起储层注入能力增大。

(五) 酸化前后产量对比

酸化前后产量对比如图 10-19 所示。从图中可以看到 AW 井酸化前注入压力为 4MPa，注入量为 600m³/d；单步法酸化后注入压力为 0.7MPa，注入量为 1248m³/d，酸化后降压增注现象明显，单步法酸化效果显著。

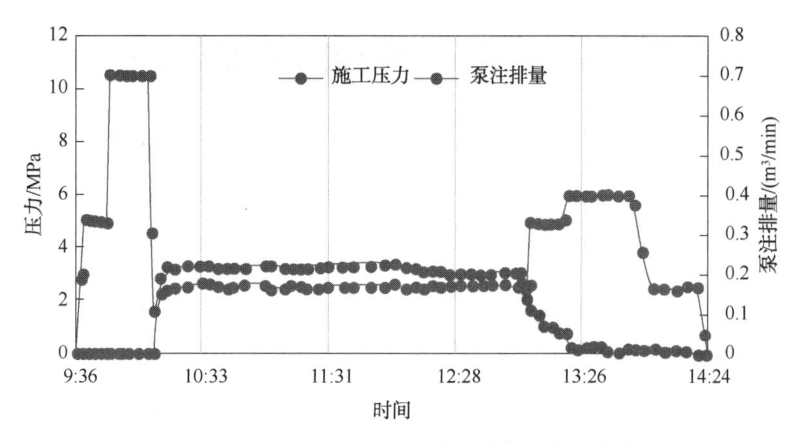

图 10-18　QHD32-6-AW 井酸化作业施工曲线

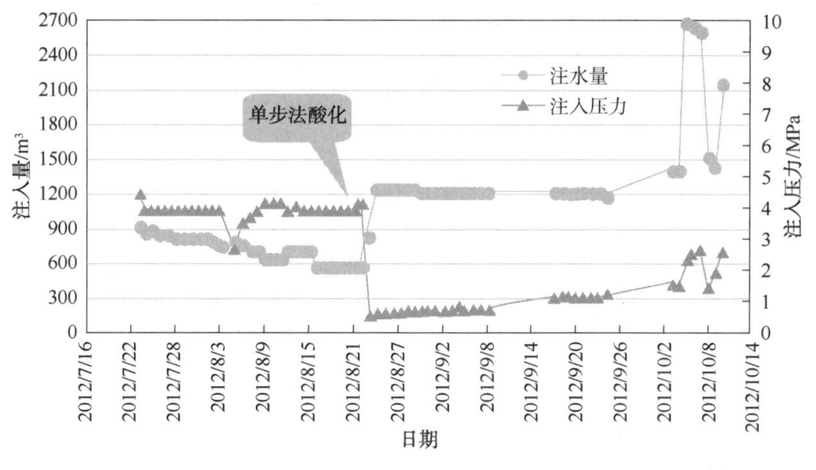

图 10-19　单步酸酸化前后注入数据对比

第十一章　调剖调驱技术

海上油气田的开发特征决定了海上油井必须以较高的采油速度进行生产。提高采油速度必须维持油井较高的产量，因此强化油井产能的一些措施，如大排量电潜泵等工艺技术在海上油田中应用比较广泛，从而使油井见水和含水率上升快的风险增大。在渤海稠油油田，由于油品黏度较高，地层非均质性严重，因而生产井见水早，注入水沿高渗层突入油井，含水上升速度快，并且随着油田的开发，油井出水问题越来越突出。由此可见，稳油控水是延长海上油井经济开采寿命，提高油田采收率的重要途径，调剖调驱技术是实现这一目标的主要手段和措施之一。

注水井调整吸水剖面的技术简称注水井调剖。广义的调剖是指从注水井进行的封堵高渗透层的措施，可以调整注水层段的吸水剖面工艺技术的统称。注水井调剖有两种途径：主要包括机械调剖和化学调剖。目前，海上油田基本上采用的是分层注水的机械调剖方法，但在同一防砂段内储层非均质性很严重的情况下，机械调剖方法很难取得好的效果，并且无法实现深部调剖。随着海上油田含水率的上升和进一步提高采收率的要求，化学调剖已成为注水井调剖的重要手段。化学调剖是在注水井中用注入化学剂的方法，来降低高吸水层段的吸水量，从而相应提高注水压力，达到提高中低渗透层吸水量，改善注水井吸水剖面，提高注入水体积波及系数，改善水驱状况。在海上油田，狭义调剖是指近井地带的调剖，调剖剂进入高渗透层段半径小于 30m。调剖剂进入高渗透层段半径大于 30m 的调剖作业，称之为深部调剖。

随着水驱油藏问题越来越复杂，推动着调剖技术的不断创新与发展，调驱技术应运而生。目前，调驱技术已成为我国高含水油田稳油控水、改善水驱开发效果、提高采收率的一项重要技术，该技术是介于调剖和化学驱之间的改善地层深部液流方向、扩大水驱波及体积的技术，其投入成本远低于化学驱，尤其适合于严重非均质油藏中高含水时期改善水驱开发效果。在海上油田，一般调驱注入量应至少达到 $10^{-3} \sim 10^{-2}$PV 数量级。

调剖调驱技术研究与实施主要包括大孔道识别、调剖调驱决策技术、调剖调驱剂、调剖调驱方案设计等内容。

第一节　大孔道识别

在材料学中，“大孔道结构”是一种广泛存在于各种不同类型晶体之中的特殊结构。在油田开发中类比和借用了材料学领域的“大孔道结构”概念。大孔道是一种特殊孔隙，是流体渗流的优势通道，是一个相对的概念，属层内非均质的范畴。在油田开发中，对大孔道的定义多为对地质、开发现象的描述，定义还不是非常明确，但这一概念已经在生产中约定俗成。

在油田开发中，后天形成的大孔道是由于河流相储层韵律和渗透率的差异性，加上油水的重力分异作用，造成油田开发中注入水优先沿着河道砂岩主体带底部向油井突进；在长期注水冲刷条件下，黏土矿物被冲走或冲散，岩石中胶结物减少，颗粒表面油膜剥离，导致孔隙半径增加，流动通道迂曲度发生改变，渗透率提高，岩石吸附能力减弱和极性物质脱附，岩石表面向亲水方面转化，逐渐形成油水井间相互连通的高渗透强水洗通道。这种高渗透、特高渗透层条带在油田生产实践中称之为大孔道，开发中表现为低效无效水循环。大孔道不利于纵向上、平面上的水洗厚度的提高和水洗波及体积的扩大，水驱油效率降低，油井含水急剧上升，开发效果明显变差，对油田可持续开发构成了极大的威胁。

油田大孔道类型，可分为三种：一是层间矛盾形成的大孔道；二是层内部矛盾形成的高渗透条带；三是储层平面非均质性、注采不平衡形成的大孔道。根据试验井组、静态资料分析，大孔道在油田开发中“低效无效水循环”主要表现特征为：注水压力低、油层启动压力低、吸水指数大；油层水驱速度快，存水率低；吸水剖面差异大，强吸水动层厚度与总油层厚度之比远远小于对应吸水量之比；注水井压力指数 *PI* 值小。

利用填砂玻璃板模型对疏松砂岩油层大孔道形成机理进行物理模拟。根据物理模拟普遍接受的长宽比例，物理模型尺寸为长宽比 2.5：1 的玻璃板填砂模型，按照胜利孤东油田的渗透率和油砂粒度中值，确定实验使用油砂粒径为 100~120 目，气测渗透率为 1.21D，孔隙度为 30.8%。分别采用低黏度水和孤东稠油作为介质，在不同的渗流速度下进行模拟实验，研究沉积特征、油层物性(渗透率、胶结程度、原油黏度)、开发过程等因素对“大孔道”形成和发展的影响。研究结果表明，大孔道的形成主要有以下几个影响因素：

(1) 油层渗透率(层间渗透率差异大易形成)；

(2) 岩石胶结程度(胶结不好易形成)；

(3) 原油黏度(黏度小易形成“大孔道”)；

(4) 开采速度(长期强注、强采易形成)，出砂时的临界开发速度正比于砂岩渗透率、砂岩胶结程度，反比于流体黏度。

大孔道识别是大孔道研究和治理工作中的关键，地质分析、测井、试井和井间监测等识别方法从不同的侧面描述了大孔道特征。

一、注入井压降试井识别方法

存在大孔道的注水井压降试井数据反映了特殊的流动现象。实际生产中，存在大孔道的注水井在较低注入压力下就具有较高的注水量，井口瞬间关井测压，在井底常常会存在较强烈的井筒与地层之间的反复吸水和吐水现象，试井曲线表现出极为复杂的特殊性。为了判断注入井或配注层段中是否存在大孔道，需要开展存在大孔道储层的注水井试井曲线特征和试井解释分析方法研究。

(一) 注入井试井资料特征分析

存在大孔道的注入井段中，大孔道层是主要吸水层，因此这些层段是开发中的限制注水层段。在全井关井测试时，由于井筒压力降低，注水压差减小，使得原来的配注关系重新调整，绝大部分水则在较小的注水压差下就顺利注入限制层段，这样测试的压力曲线将显示出某些特殊性。

1. 压力降落曲线特征分析

总结多年来注入井压力测试经验表明，关井压力降落测试曲线表现如图 11-1 所示。一般低渗透注水井关井后压力降落速度缓慢，中高渗透注入井则压力降落相对较快。而对于存在大孔道的注入井，一般在关井后的 5min 内，完成测试全过程压降幅度的 50%以上，关井末点压力值接近井组内连通比较好的油井地层压力值。

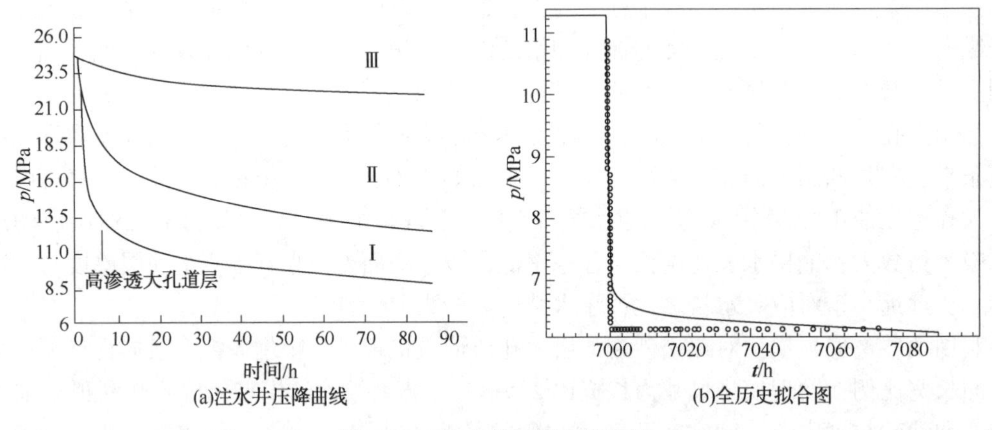

图 11-1　注水井压降曲线类型

Ⅰ—大孔道；Ⅱ—中高渗透地层；Ⅲ—低渗透地层

2. 压力降落解释参数特征分析

储层形成了注入水的优势流动通道，使得存在大孔道储层的注入井试井解释流动系数大于区块的平均值。

大孔道地层是相对于区块平均渗透性和注水开发效果而言的，即只要单井测试解释地层流动系数大于区块平均值，或者单层解释流动系数大于各层平均值，经过长期注水，就有可能形成大孔道，即在注采井之间形成优势注入水通道，尤其是显示出关井后短期内压降幅度已达到关井时间内压降幅度的 50%以上的井，很有可能已经产生无效注水循环。

在曲线形态上，主要表现为：

(1) 压降曲线早期段降落速度远大于区块平均水平，当试井曲线在关井后短期内完成压降幅度 50%以上，且关井 2~3d 的末点压力接近临近油井地层压力时，形成大孔道的概率会大幅度增加。

(2) 压降曲线的双对数曲线呈现出如下特点之一或多项兼而有之：早期段缺失，双孔介质(拟稳态、板状不稳态)特征、双渗特征、复合介质特征、均质油藏但均有严重的变井储影响特征、井间干扰引起的边界特征。

(3) 双重介质模型的试井解释地层流动系数之比大于 4 以上时形成注水通道的概率会很高。

(二) PI 决策识别大孔道方法

经过广泛的试井资料特征分析研究，虽然从试井曲线形态、解释模型特征、解释地层参数范围可以大致区分大孔道井层和普通井层，但要达到绝对定量化，难度很大。另一方面，具有大孔道井关井测试初期压力降落速度都比较快，而且关井末点压力接近油井地层压力，因此研究压降速度将可以得到定量关系，从而便于实际操作。

1. 压力降落指数 *PI* 技术

压力降落指数 *PI* 定义为注水井关井 t 时间内注水井井底压力下降平均速度。对于同一区块内的两口井，相同时间内的压力降落指数 *PI* 越大，则地层吸水能力越强，即地层渗透率越高。

对于合层注水井，在同一开发区块，因为储层沉积特征在平面上的差异，使井与井之间的实际注水层位地层渗透性存在差异，但又在一定的范围之内，因此通过试井测试可以得到开发区块平均的地层渗透性参数值。注水井关井后，地层流压逐渐降低，也就是说随着关井时间的延长，P_{wf}逐渐减小，即 Δp 也逐渐减小，那么在关井过程中，随着关井时间的延长，地层实际吸水指数在逐步降低，吸水强度也在逐渐降低。我们定义注水井关井后的压降指数 *PI*(其几何意义如图 11-2 所示)来表征注水井的地层吸水能力。对于同一开发区块的注水井，在相同时间内压降指数(*PI*)值与地层渗透率或流动系数反相关，对于注水开发油藏，其注水井压力指数(*PI*)值是对压力降落的速度和变化幅度的量化，地层渗流特性越好，吸水能力就越强，解释数据中流动系数就越大，*PI* 值就越小，反之 *PI* 值就越大。

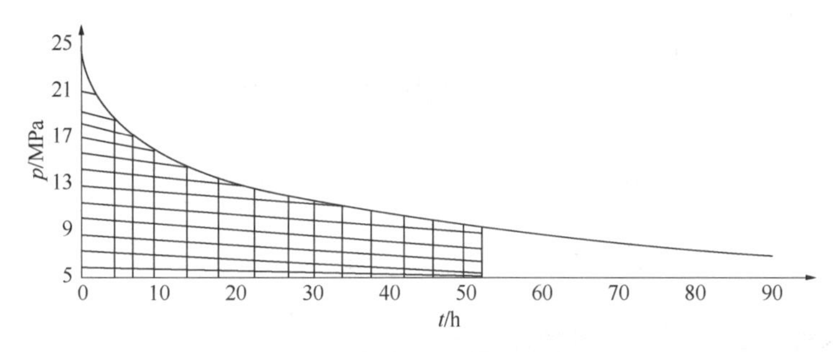

图 11-2　注水井 *PI* 指数几何意义图

在注水开发的油藏中，当测试注水井的压力传播规律符合均质无限大地层系统平面径向渗流条件时，水井关井井底压力 $p(t)$ 的变化规律如下式(Darcy 混合单位制)：

$$p(t)=p_i-\frac{qu}{4\pi kh}\ln\left(\frac{2.25\eta t}{r_w^2}\right) \tag{11-1}$$

定义压降指数 *PI*，其表达式为：

$$PI=\frac{1}{t}\int_0^t p(t)\,\mathrm{d}(t)$$

$$PI=\frac{1}{t}\int_0^t\left[p_i-\frac{q\mu}{4\pi kh}\ln\left(\frac{2.25\eta t}{r_w^2}\right)\mathrm{d}t\right]$$

由图 11-2 可以看出，压降指数 *PI* 代表了注水井压降曲线与坐标轴围成的面积。在 *PI* 值表达式中，关井时间 t 的确定应满足以下原则：在关井时间 t 内，测试井要完成主要的压力降落幅度，曲线信息能反映出井筒、井壁区以至近井地带一定范围内的地层信息。

2. *PI* 校正方法

针对现场实际情况，*PI* 值取值范围具有区域性，并且与注水状况相关，这在应用时考虑的不确定因素就太多了，不利于广泛推广应用，因此将应用实践中的主要影响因素：区块地层平均特性参数——平均渗透率，表现为区块平均单井注入量的大小，井口注水压力大小

(是否控制注水)。根据实践经验和组合关系，发现将 PI 值进行如下校正，就更加具有普遍代表性。

校正公式为：

$$PI_{校正值}=PI\cdot\frac{\overline{Q}p_{注}}{q\overline{p}} \tag{11-2}$$

式中，$\overline{Q}$ 为测试区块平均注水量，m^3/d；$\overline{p}$ 为测试区块平均注水压力，MPa；q 为测试区块试验井单井注水量，m^3/d；$p_{注}$ 为测试区块试验井单井注水压力，MPa。

3. 注水井压降时间推移分析方法识别大孔道地层

由于大孔道是因为长期注水冲刷形成的注水无效流动通道，因此这类井的形成是经过一个长期生产历程的，可以通过分析研究区块内注水井生产历程中的定期压力监测来识别。对于开发初期的注水井一般都是靠达到地层的自然吸水能力来注水，而且注水井周围介质都是水，如果测试时间足够长，则可以测到注入水的推进前沿，因此注水开发初期的注水井压降曲线应呈现均质地层或复合地层特征；经过长期注水以后，如在地层中形成了，则其形成过程也是漫长的，是逐步形成的。

经过长时间的注水冲刷，地层中渗透率相对较大的地层形成了主要吸水层，从而对应层的采油井也首先见水而且产水率逐步升高，为了延缓油井产水上升速度，对于高渗透层必须采取控制注水，或者在注水井对高含水层实施封堵措施。此时历史分析试井曲线形态及解释参数时，绝对值关系将产生偏差，具体应用时一定要密切关注生产历史的变化。

二、注入井段生产测井识别方法

(一) 注入剖面五参数测井识别方法

在同位素示踪流量、涡轮流量、磁性定位、温度和压力五个参数中，压力参数主要用于测井过程的质量控制，问题的关键在于两种不同方式测得的流量对比分析和综合解释。在生产测井中，如果同位素示踪流量、涡轮流量一致，只能反映出测量流量是准确的，对大孔道识别没有帮助；如果测量结果不一致，甚至出现矛盾，此时就需要深入地分析其中携带的信息。涡轮流量测量流体流动速度，示踪流量测量吸液层的同位素载体滤积量，两种流量的测量原理不同，导致其受环境影响敏感性的不同，涡轮流量主要受流体黏度、流动截面积的影响，示踪流量主要受放射性统计起伏、沾污、压裂、深穿透射孔以及地层大孔道的影响，可见两种流量测量结果的差别包含了大孔道的信息。

分析合层注入井的综合解释方法表明：如果同位素示踪流量、涡轮流量一致，则正常解释各层的吸液量；如果测量结果不一致，在同位素示踪流量大于涡轮流量时，分析是否受到流体黏度、流动截面积、沾污、放射性统计起伏的影响，在同位素示踪流量小于涡轮流量时，首先调查地层是否压裂，是否采用了深穿透射孔方式，然后分析地层的大孔道特征。

分析分层配注井的综合解释方法表明：在分层配注井中，涡轮流量计只能测量配注管中的流量，以涡轮流量计算每个配注段的流量；同位素示踪只能检测流体从配水器通过油管、套管环形空间进入地层的流量，以同位素示踪流量计算各储层的吸液量，如图 11-3 所示。正常解释过程中，对于配水器 1，2 两个配注段，可视为两口井进行解释，配水器的流量由涡轮流量测得 $Q_{配i}$，再将这一流量通过同位素曲线分配到该配水器对应的吸液层 Q_j。如果没有涡轮流量，所有吸液层的绝对吸液量按照井口流量进行分配，层数较多，增加涡轮流量后，各“井”的层数减少，解释进一步细化，解释的准确性也得到提高。为分析大孔道，按照全井流量对同位素示踪曲线再进行单独解释 Q_j'，对比配水器流量与对应的地层吸液量之和的差别，如果关系式 $Q_{配i} < \sum Q_j'$，成立，即配水器流量小于对应层同位素示踪流量之和，则说明存在同位素沾污等现象，需要具体情况具体分析；如果 $Q_{配i} = \sum Q_j'$，即流量解释无差别，则说明不存在同位素载体进层现象，大孔道可能性较小或没有；如果 $Q_{配i} > \sum Q_j'$，即配水器流量大于对应层同位素示踪流量之和，则说明在该层段存在同位素载体进层现象，大孔道可能性较大。在实际资料解释过程中，考虑仪器测量误差的存在，一般情况下，配水器流量与对应层同位素示踪流量之和差别大于10%情况下，才进行上述分析。

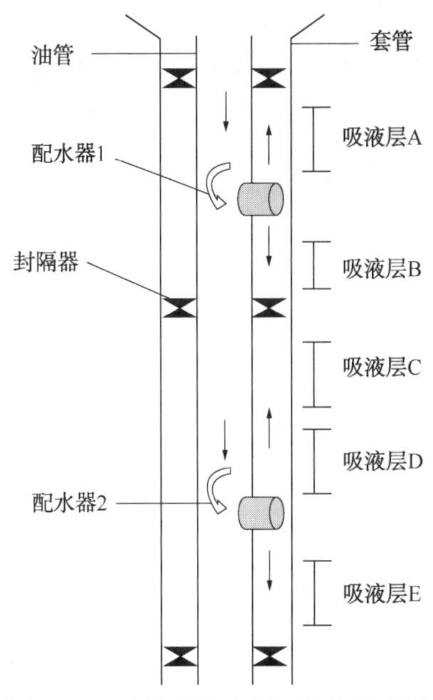

图 11-3　配注井注入剖面解释示意图

(二) 注入剖面其他测井识别方法

除了从测井方法上分析大孔道的特征外，同样的测试技术在不同的测试工艺情况下，也能反映储层的大孔道特征。利用注入剖面五参数测井研究储层的吸液情况主要有三种测试工艺：一是随开发进程的时间推移测井工艺；二是测井过程中不同替注量下同位素载体是否进层的跟踪工艺；三是不同粒径同位素载体的对比施工工艺。

三、注采井井间监测识别方法

前述用于大孔道识别的技术中，压降试井主要反映在单井周围地层的压力变化，注入剖面测井主要反映近井地层的吸液状况，而起主要作用的大孔道常常贯通于注入井与产出井间的地层。因此，要准确描述大孔道，还需研究注入流体在注采井之间的流动特征。

(一) 井-地电位方法

井-地电位井间监测技术是以传导类电法勘探的基本理论为依据，主要包括两种监测技术，即井-地电位成像测量技术和电位法井间监测技术，主要应用在陆地油田。

井-地电位成像测量技术是通过在地表向井中套管施加一个大电流，电流大多通过地表无水泥胶结井段和射孔井段流向地层，在地层中形成一个非均匀电场，利用地表 P1、P2 等电极测得的电位分布反映地下的电阻率分布，测量原理，如图 11-4 所示。野外现场施工中，以被测量注水井为中心，在半径为 400m 的范围、径向间距为 50m 圆环形布置 8 圈测量电极，回流电电极选在距被测量供电电极井 1000m 左右，电极布置的平面分布，如图 11-5 所示。实施测量时，以供电套管附近的参考点作为公共点，得到各圈电极与参考点的电位差。通常情况下，经过多年的注水开采，地下地层中表现出极强的非均匀性，尤其在孔渗性较好的大孔道中，油藏本身的边水、底水的突进及注入水(清水或污水)饱和度增大，使含水饱和度大的通道上的电阻率与含油饱和度大的区域有较大差别，岩性致密层段及剩余油饱和度大的层段，电阻率相对较高。因此，结合地下地层的沉积相分布、岩性信息和地层水矿化度等资料，能用电阻率差异定性和半定量地研究地下储层的剩余油气分布和注水推进前沿和优势走向。

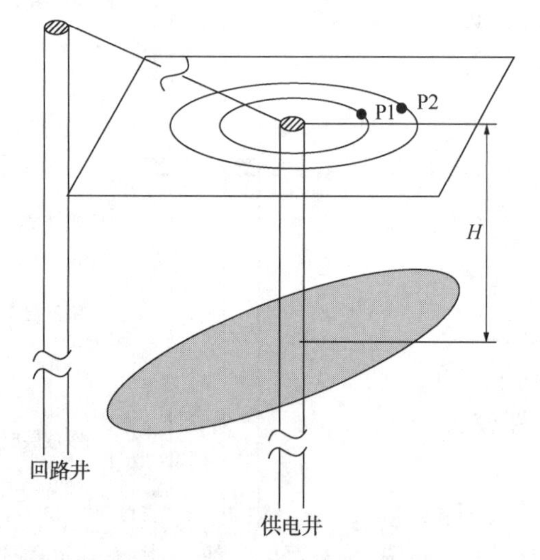

图 11-4 井-地电位监测原理示意图

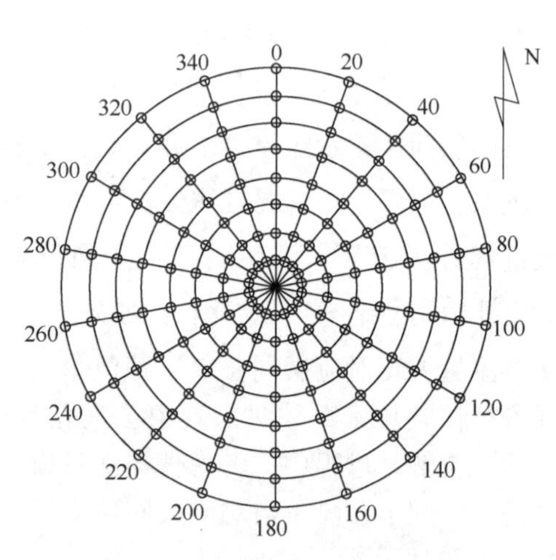

图 11-5 井-地电位测量地面接收电极的平面布置方式

电位法井间监测技术通过在地下地层中加注高矿化度的导电流体，如高矿化度卤水，扩大井周围高渗透和低渗透分布区电阻率的差异，通过测量注入目的层(压裂层位或注水层位)的高电离能量的工作液(盐水)所引起的地面电场形态的变化，确定监测井的优势注水方向，进一步明确注入井与周围井的注采关系，了解储层平面非均质状况。现场施工中，以被测注入井为圆心环行布置内、外呈放射状对应的两圈或多圈测点，测点间夹角为 15。首先测量接收电极 M、N 之间的电位差，作为测量的本底值。向注入井中注入浓度为5%的盐水，注入量视吸液层位等具体情况而定，一般在 200m^3 左右，注入的工作液电阻率与地层介质的电阻率相比差异较大，在被测井套管向地层供以高稳定度电流情况下，这部分液体在地层中即可看作一个场源，由于它的存在将使原电场的分布形态发生变化，即大部分电流集中到低阻体带，造成地面的电流密度减小，相应地面电位也会发生较大的变化，测量接收电极 M、N 之间的电位差，给出实时监测注入施工过程中的地面电位变化，监测原理，如图 11-6 所示。通过数据处理，解释给出注入盐水实时推进方位等有关参数。

（二）井间微地震方法

微地震法水驱前缘监测技术基于地球物理、岩石力学、信号处理及震波传输等理论，通过监测注入引起微裂缝重新开启及造成新的微裂缝时产生的微震波，确定微震震源位置，进一步确定监测井的注入液前缘、注入液波及范围和优势注入方向。

基本原理：现场施工中，先将注入井停注，使原来已有的微裂缝闭合，待监测仪器设备布置好后，开始监测时再将注入井打开，在注入液进入相应的地层过程中，会引起流动压力前缘移动和孔隙流体压力的变化，并产生微震波；同时，原来闭合的微裂缝会再次张开，并诱发产生新的微裂缝，从而引发微地震。在孔隙流体压力变化和微裂缝的再次张开与扩展时，将产生一系列向四周传播的微震波，微震波被布置在地面监测井周围的 A、B、C、D

二监测分站接收到。监测原理如图 11-7 所示。系统对接收到的微震信号，采用微地震波及其导波的波幅、包络、升起、衰减、拐点、频谱特征及不同微地震道间的互相关等 13 个判别标准对其进行真实性判别，然后进行空间微地震震源(微震点)的精确定位，结合地质信息给出注入液前缘，确定注水优势方向、水驱前缘位置及水驱面积等。

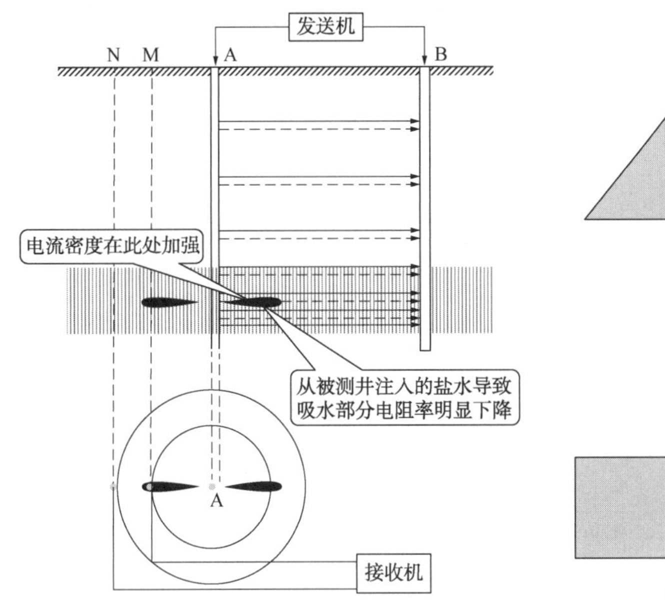

图 11-6　电位法井间监测原理示意图

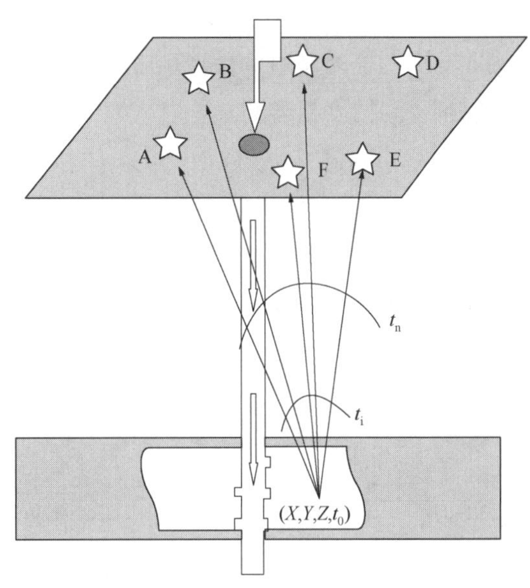

图 11-7　井间微地震监测技术原理图

(三) 井间示踪方法

海上油田由于受平台空间、大段合采、大斜度井开发等条件限制，制约了电位测井、井间微地震测井等井间测试手段应用，井间示踪剂测试技术由于施工工艺简单、占用平台空间小等特点，已成为海上油田井间测试的主要手段。井间示踪剂监测技术从注入井注入示踪剂段塞，然后在周围生产井监测其产出情况，并绘出示踪剂产出曲线，不同的地层参数分布和不同的工作制度导致示踪剂产出曲线的形状、浓度高低、到达时间等不一样，示踪剂产出曲线里面包含了井间地层的相关信息。通过处理，不仅可定性地判断地层中高渗透条带(大孔道)、天然裂缝、人工裂缝，而且可定量地求出高渗条带、天然裂缝的高渗层厚度、渗透率等有关地层参数。目前，渤海油田主要应用了无机盐类、微量元素类及无本底氟苯甲酸类等 3 类示踪剂。

无机盐类示踪剂：主要以硝酸盐、溴化盐等无机盐为代表，检测精度只能达到 10^{-4} ~ 10^{-6}(ppm 级、微克级)的级别，无机盐类示踪剂具有用量大、作业时间长、成本高、测试精度低、部分示踪剂对原油后加工及环境存在影响以及解释过程中不确定因素过多等缺点，影响了其现场的应用。

微量元素类示踪剂：通过对油田水本底检测微量物质作为示踪剂，在地层中作为一种痕量标识物，筛选合成地层中没有或含量极少的标识物，标识反映地下流体的运动状态。微量物质示踪剂可选种类多，无放射性，不污染环境，安全稳定性好，用量少(通常只有几公斤到几十公斤，便于海上运输及作业)，注入时间短，可分层、分阶段直接从井口注入，不用起下管柱作业。在监测井组的注入井中加入示踪剂，然后按照一定的取样制度，在周围观察井上取样、制样，并利用电感耦合等离子体质谱仪对样品进行分析，得出生产井中示踪剂的产出曲线。

无本底氟苯甲酸类示踪剂：氟苯甲酸的分子式如图 11-8 所示，由于氟的取代位置及个数的不同，氟苯甲酸的种类较多，共有 20 余种产品，满足了海上油田多层、多井组注入的特点。微量物质示踪剂有效含量为 30%，成本高，检测周期长，而氟苯甲酸示踪剂有效含量为 98%，因此氟苯甲酸用量相对较少，成本相对较低，检测周期短，氟苯甲酸与微量物质示踪剂检测精度相当。

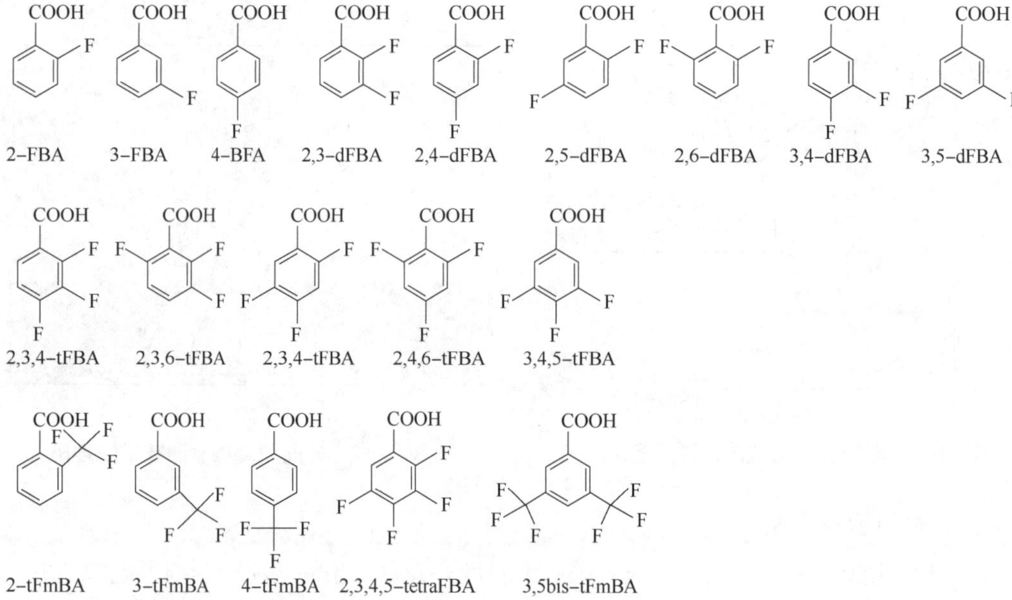

2-FBA　3-FBA　4-BFA　2,3-dFBA　2,4-dFBA　2,5-dFBA　2,6-dFBA　3,4-dFBA　3,5-dFBA

2,3,4-tFBA　2,3,6-tFBA　2,3,4-tFBA　2,4,6-tFBA　3,4,5-tFBA

2-tFmBA　3-tFmBA　4-tFmBA　2,3,4,5-tetraFBA　3,5bis-tFmBA

图 11-8　氟苯甲酸分子式

井间示踪解释主要基于四类方法：统计方法、解析方法、数值方法和半解析方法，解释成果中主要包括水驱驱替的方向、速度，注入流体的波及体积，油层平面、纵向的非均质性，井间大孔道发育状况等。

第二节　调剖调驱决策技术

注水井调剖选井一般遵循以下原则：

(1) 位于综合含水高，采出程度较低，剩余饱和度较高的开发区块的注水井；

(2) 累计注采比尽量接近于 1，这时最需要启动新层；

(3) 与井组内油井连通情况好的注水井；

(4) 吸水和注水良好的注水井；

(5) 吸水剖面纵向差异大的注水井；

(6) 注水井固井质量好，无窜槽和层间窜漏现象。

在此基础上，目前调剖调驱决策技术主要包括压力指数(PI)决策技术、油藏工程(RE)决策技术和数值模拟(RS)决策技术。

一、压力指数(PI)决策技术

(一) 压力指数

压力指数值是由注水井井口压降曲线和 PI 值的定义求出的用于调驱决策的重要参数。

PI 值与地层及流体物性参数的关系：

$$PI=\frac{q\mu}{15kh}\ln\frac{12.5r_e^2\varphi\mu C}{kt} \tag{11-3}$$

式中，q 为注水井日注量，m^3/d；μ 为流体黏度，mPa·s；k 为地层渗透率，μm^2；h 为地层厚度，m；r_e 为注水井控制半径，m；φ 为地层孔隙度，小数；C 为综合压缩系数，MPa^{-1}；t 为关井时间，min。

从式(11-3)中可以看出，注水井的 PI 值与地层渗透率反相关，与地层厚度成反比，与地层日注量成正比，与流体黏度正相关。因此，如果储层渗透率越高、厚度越大、流体的黏度越小，则储层内流体的流动能力越强，吸水能力越强，PI 值越小；反之，储层的吸水能力越弱，PI 值越大。

(二) 注水井井口压降曲线的测试步骤

(1) 将注水井的日注量调至指定的数值，稳定注水一天。

(2) 测定前，井口压力表要经过校正。

(3) 测定时，记下注水压力(油压、套压、泵压)和实注量，迅速关井，记下关井开始的时间，从这一时间起读井口压力，一直至压力变化很小为止。在读数期间，若压力下降快则加密读数(例如 0.5min 或 1min)；若压力下降慢，则延长时间读数(例如 5min 或 10min)。

(4) 以时间(min)为横坐标，以压力(MPa)为纵坐标，画出注水井井口压降曲线。

(三) *PI* 改正值

为使注水井的 PI 值可与区块中其他注水井的 PI 值相比较，应将各注水井的 PI 值改正至相同的条件下。若将 PI 值改正至相同的 q/h 值下，PI 值就直接与地层渗透率 k 相关，因此可将此 PI 改正值作为 PI 决策技术中的决策参数。

为了确定区块相同的 q/h 值，可先计算区块的 q/h 平均值，然后就近归整至平均值，再按下式计算 PI 改正值。

$$PI\text{ 改正值}=\frac{PI}{q/h}\times q/h\text{ 平均值的整值}$$

(四) 调剖/驱井筛选

符合下列两个筛选标准或其中之一的区块均需要调剖/驱。

(1) 区块注水井的平均 PI 值低

区块注水井平均 PI 值越低，地层渗透率越高，高渗透层(或裂缝)存在的可能性越大，就越需要调剖/驱。若某注水井 PI 值以及该注水井 PI 等值线某范围内的生产井低于该区块的平均 PI 值，建议调剖/驱。

(2) 区块注水井的 *PI* 值极差大

PI 值极差是指区块注水井 *PI* 值的最大值与最小值之差，其值越大，地层越不均质，越需要调剖/驱。

按区块平均 *PI* 值和注水井的 *PI* 值选定选择调剖/驱井。通常是低于区块平均 *PI* 值的注水井为调剖/驱井，高于区块平均 *PI* 值的注水井为增注井，在区块平均 *PI* 值附近，略高或略低于平均 *PI* 值的注水井为不处理井。

注水井的调剖/驱剂按 4 个标准选择：地层温度、地层水矿化度、注水井的 *PI* 值和成本。在选择注水井调剖/驱剂时，先按前三个标准，依据推荐表选出调剖/驱剂。

二、油藏工程(RE)决策技术

RE 决策技术是一种利用知识的不确定性表示方法，将有关的静态和动态资料表示成区块整体调剖/驱选井、选层的决策因子来优选调剖/驱井，并利用注入动态来优选堵剂类型和堵剂用量，提出了最佳的施工工艺参数，并研究了一套施工效果的评价方法，它实现了区块整体调剖/驱选井、选层决策、堵剂决策、施工设计、效果评价的一体化。其基本思路是：首先确定调剖/驱的选井依据，再利用模糊数学的原理与方法将这些选井依据进行模糊综合评判，最后根据评判因子的大小决定调剖/驱井。

（一）调剖/驱井的选择指标

1. 渗透率

在高含水期，高渗透层(部位)通常都是高含水层(部位)，在注水开发过程中，注入水就沿着这些高渗透层(部位)突进，造成不均匀水洗。从平面上看，平均渗透率比较高的井吸水能力往往也比较大，在静态因素中，渗透率是制约注入能力的最主要因素，因此，平均渗透率大的井越需调剖/驱，从纵向上看，各小层渗透率差别越大，水洗的不均匀程度越高，剩余油越相对集中在低渗透部位。因此，在选择调剖/驱井时，也应选择那些渗透率变异系数比较大的井进行调剖/驱。渗透率变异系数按渗透率的对数正态分布求取。

2. 吸水剖面

吸水剖面资料能直接反映注水井纵向上单层吸水状况的差异，这种吸水状况差别越大，注入水的不均匀推进越严重。因此，选择调剖/驱井点时也必须选择吸水剖面最不均匀的井。目前许多油田根据剖面级差的大小来选择调剖/驱井，比如，某油田的做法是当强吸水层的相对吸水百分数是弱吸水层的 7 倍以上时，则认为该井需要调剖/驱。这种判断方法简单，但是没有考虑吸水厚度，没有对比强吸水层的厚度与弱吸水层的厚度；另一方面，它仅考虑了最强吸水层与最弱吸水层，没有考虑大量其他吸水层的信息。

3. 注水井注入动态

渗透率是静态资料，在某种程度上并不能完全反映注水井目前的真实吸水状况，而吸水剖面资料相对比较少，且受测试条件的限制，其准确性也并不高。利用注水井月度数据来计算单井吸水强度，可在选择调剖/驱井时克服上述资料带来的误差。通常情况下，存在高渗透层(或条带)的井单井吸水指数会远比其他井大，吸水指数较大的井存在高渗透层(或条带)的可能性较大，可以利用吸水指数的大小选择调剖/驱井。对于注水厚度较小的井，即使有高渗透层存在，由于总的吸水量低，吸水指数不会太高，但其每米吸水指数却较大，因此选择调剖/驱井时，也应考虑每米吸水指数。

4. 压力降落曲线

注水井井口压力降落曲线是指注水井在正常注水时关井测得的井口压力的变化曲线。*PI* 值是从注水井井口测得的与地层系数(渗透率与油层厚度的乘积)有关的压力平均值，若地层有大孔道或高渗透层存在，则 *PI* 值小(反映地层系数大)，所以选择调剖/驱井点时应选择 *PI* 值较小的井。

5. 采出程度与含水关系

存在高渗透层时，由于大量注入水的无效循环使得采出程度较小，生产井含水率较高。因此，采出程度较小，同时含水率较大，需要调剖/驱的可能性就越大。

(二) 隶属函数

从定性的角度利用上述指标可以选择调剖/驱井，但是当指标与指标之间出现矛盾时，就必须将定性概念转化为定量数据，用专家系统知识的不确定性表示方法，将这些选井指标表示成选择调剖/驱井的决策因子。

利用隶属函数(μ_A)可求得每项指标的决策因子(F)的大小。根据实际问题的特点，选用了梯形分布(图 11-9)，吸水剖面、渗透率、注入动态指标采用升半梯形分布(吸水剖面和渗透率的非均匀性越大、吸水强度越大，越需要调剖/驱)，而压降曲线的压力指数采用降半梯形分布(压力指数越大，越不需要调剖/驱)。

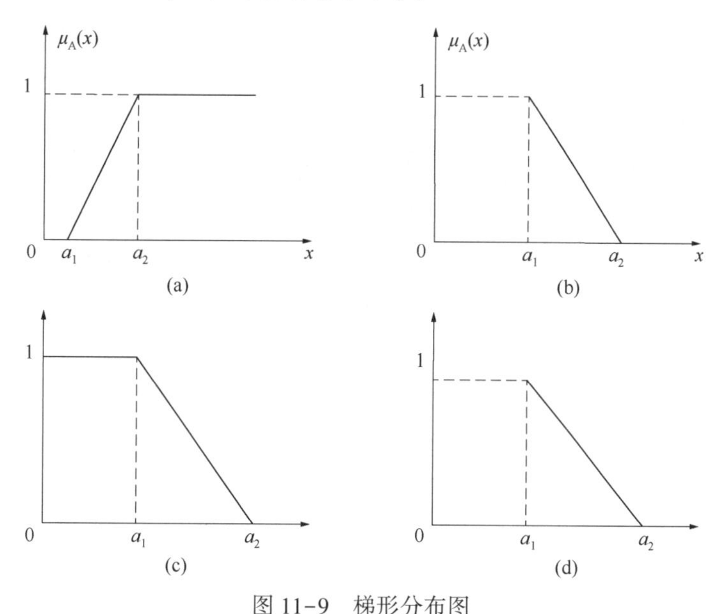

图 11-9　梯形分布图

1. 升半梯形分布

升半梯形[图 11-9(a)]的数学模型为：

$$\mu_A(x)=\begin{cases}0 & x\leqslant a_1\\ \dfrac{x-a_1}{a_2-a_1} & a_1<x\leqslant a_2\\ 1 & a_2<x\end{cases}$$

根据实际问题的特点和要求，将此分布再简化[图 11-9(b)]成如下形式：

$$\mu_A(x)=\frac{x-a_1}{a_2-a_1} \qquad a_1<x\leqslant a_2$$

式中，a_1、a_2 为单项指标的最小值和最大值。

例如研究注入动态的决策因子时，主要是由吸水强度来选井，因此 a_1 为区块所有井中吸水强度最小的井的吸水强度，a_2 为吸水强度最大的井的吸水强度，由此求出的各井决策因子介于[0，1]区间。

2. 降半梯形分布

降半梯形[图 11-9(c)]的数学模型为：

$$\mu_A(x)=\begin{cases} 0 & x\leqslant a_1 \\ \dfrac{a_2-x}{a_2-a_1} & a_1<x\leqslant a_2 \\ 1 & a_2<x \end{cases} \tag{11-4}$$

同样，将其简化[图 11-9(d)]为如下形式：

$$\mu_A(x)=\frac{a_2-x}{a_2-a_1} \qquad a_1<x\leqslant a_2$$

式中，a_1、a_2 为单项指标的最小值和最大值。

例如利用压降曲线的 PI 值选井时，a_1 为所有井中 PI 值最小的井的 PI 值，a_2 为所有井中 PI 值最大的井的 PI 值。

（三）单因素决策

选择调剖/驱井的单因素决策，就是利用选择调剖/驱井的五个方面的选井依据中的一个进行选井。其方法是将这些依据利用相应的隶属函数表达成相应的选井决策因子，并选择该因子较大的注水井调剖/驱。其中渗透率、吸水剖面、注入动态和含水等因素用升半梯形分布表示。压降曲线和采出程度用降半梯形分布表示。

（四）多因素综合评判

上述单因素决策方法所用资料的可靠性不完全相同，更没有同时考虑各种因素。要全面科学合理地选择调剖/驱井，必须进行多因素综合模糊评判，求出选择调剖/驱井的多因素模糊决策因子 FZ。

1. 模糊评判的一般模型

设 $U=\{u_1, u_2, \cdots, u_n\}$ 为 m 种因素构成的集合(因素集)，$V=\{v_2, v_2, \cdots, v_n\}$ 为 n 种评语所构成的集合(评判集)。各因素的权重分配可视为 U 上的模糊集，记为：

$$A=(a_1, a_2, \cdots, a_m)\in F(U)$$

a_i 为第 i 种因素 u_i 的权重，满足归一条件。由于 n 个评判并非都是绝对肯定或否定，此综合评判结果也应看作 V 上的模糊集，记为：

$$B=(b_1, b_2, \cdots, b_n)\in F(V)$$

其中 b_i 反映了第 j 种评判在评判总体 V 中所处的地位。

假设有一个 U 与 V 之间的模糊关系 $R=(r_{ij})_{m\times n}$，则可得出一个模糊变换 T_R，从而构造一个由 3 个基本要素(因素集 U、评判集 V、模糊映射 F)组成的模糊综合评判模型。

$f: U \rightarrow F(V)$

$u_i \rightarrow f(u_i) \cong (r_{i1} \quad r_{i2} \quad \cdots \quad r_{in}) \in F(V)$

由此即可得出评判模型。事实上，由 f 可诱导出一个模糊关系：

$$R \cong R_f \cong \begin{bmatrix} f(u_1) \\ f(u_2) \\ \cdots \\ f(u_m) \end{bmatrix} = \begin{bmatrix} r_{11} & r_{12} & \cdots & r_{1n} \\ r_{21} & r_{22} & \cdots & r_{2n} \\ \cdots & \cdots & \cdots & \cdots \\ r_{m1} & r_{m2} & \cdots & r_{mn} \end{bmatrix} \tag{11-5}$$

由 R 诱导一个模糊变换：

$T_R: F(U) \rightarrow F(V)$

$A \rightarrow T_R(A) \cong A * R$

这意味着三元体(U, V, R)构成了一个模糊综合评判模型。对于多元素选择调剖/驱井，U 对应选井指标集，V 对应参与决策的井的集合，R 对应单因素决策因子矩阵。

2. 选井的多因素综合决策

在充分考虑各选井指标的情况下，采用多因素综合评判来选择调剖/驱井。选择调剖/驱井的多因素模糊评判模型如下：

$$FZ(i)_{1\times n} = \lambda(j)_{1\times 4} F(j,\ i)_{4\times n}$$

式中，$FZ(i)_{1\times n}$ 为多因素决策因子矩阵，第 i 口井的多因素决策因子为 $FZ(i)$；$FZ(i)_{4\times n}$ 为单因素决策因子矩阵，第 i 口井第 j 种因素的决策因子为 $F(j,\ i)$；$\lambda(j)_{1\times 4}$ 为综合评判的权重系数矩阵。

(五) RE 决策存在的问题

(1) 选取的评判指标没有统一的标准。可以用于模糊评判的评判指标众多，但研究者往往根据经验和现有数据选择指标，因此未形成统一标准。

(2) 模糊综合评判需要的数据较多。研究对象所需的生产资料较多，增加了人力物力耗费；另外有些资料的获得不仅需要耗费大量人力物力，而且不是所有研究对象都适合使用。

(3) 单因素决策具有片面性。单纯的根据某一评判指标进行选井是片面的，是不科学的，该方法仅适用于生产资料较少或其他生产指标评判不明显时。

三、数值模拟(RS)决策技术

本着方法简便、易操作、精度高等原则，中石油将油藏工程和数值模拟紧密结合起来，在多年实践基础上研制了一套适合区块整体调剖/驱的优化决策系统——RS 优化决策系统，该系统具有选井、选层、选剂、调剖/驱剂用量优化、施工参数优选等功能。

(一) 控制因素的确定

影响调剖/驱井选择的因素很多，各种因素对选择结果的制约程度也不同。目前现场通常采用定性或半定量的分析方法来选择调剖/驱井，存在较大的不确定性。为此，在综合分析影响调剖/驱井选择的各种因素基础上，将影响调剖/驱井选择的多种因素：注水井的视吸水指数、吸水指数、压降曲线、渗透率非均质性、吸水剖面的非均质性及对应油井的含水、采出程度、控制储量等归结为反映注水井吸水能力、油层非均质性及对应周围油井动态的参数等3种主要因素，并以此为基础，应用模糊数学的综合评判技术，建立了调剖/驱井选择的最优化模型，根据多级决策结果判断调剖/驱井选择优劣次序。

（二）隶属函数的确定

影响调剖/驱井选择的因素中，有的属于参数值越大越优型，有的属于参数值越小越优型，本文采用梯形分布法描述这种关系。用公式表示为偏大型，即越大越优型：

$$\mu_{jk}=\frac{X_{jk}-\min X_{jk}}{\max X_{jk}-\min X_{jk}} \tag{11-6}$$

偏小型，即越小越优型：

$$\mu_{jk}=\frac{\max X_{jk}-X_{jk}}{\max X_{jk}-\min X_{jk}} \tag{11-7}$$

式中，$j=1$，2，…，m（井数）；$X_{jk}=K_s$，K，PI，…（影响调剖/驱井选择因素）。

（三）综合评判技术

1. 反映注水井吸水能力的参数决策

根据定义分别计算每口注水井的每米视吸水指数（K_s）、每米吸水指数（K）和压降曲线平均值（PI），可得到吸水能力指标矩阵

$$C_{ij}=\begin{bmatrix} K_{s1} & K_{s2} & \cdots & K_{sm} \\ K_1 & K_2 & \cdots & K_m \\ PI_1 & PI_2 & \cdots & PI_m \end{bmatrix}$$

对上述指标按偏大型、偏小型处理，并经归一化处理得

$$R_1=\begin{bmatrix} r_{11} & r_{12} & \cdots & r_{1m} \\ r_{21} & r_{22} & \cdots & r_{2m} \\ r_{31} & r_{32} & \cdots & r_{3m} \end{bmatrix}$$

对 K_s、K、PI 的权重打分为：

$A_1=\{a_1 \quad a_2 \quad a_3\}$

吸水能力的评判结果为：

$$B_1=A_1 o R_1=\left(\sum_{i=1}^{2} a_{1i}r_{i1} \quad \sum_{i=1}^{2} a_{1i}r_{i2} \quad \sum_{i=1}^{2} a_{1i}r_{i3}\right) \tag{11-8}$$

2. 反映油层非均质状态的参数决策

（1）非均质问题的描述方法

在描述非均质问题范围内，吸水剖面非均质性等许多问题并不符合正态分布规律，无法采用正态分布规律进行描述。这里采用劳伦兹系数法描述有关非均质性问题，该方法的优点是既适用于随机分布，计算的系数又在0~1之间。劳伦兹系数的计算公式为：

$$V=\frac{S_{ADCA}}{S_{ABCA}}$$

(2) 油层非均质状态的参数决策

采用劳伦兹系数法分别计算各注水井的渗透率劳伦兹系数 $V(k)$ 和吸水剖面劳伦兹系数 $Q(k)$，采用综合评判技术可得油层非均质性的评判结果：

$$B_2 = A_2 oR_2 = \left(\sum_{i=1}^{2} a_{2i} r_{i1} \quad \sum_{i=1}^{2} a_{2i} r_{i2} \cdots \sum_{i=1}^{2} a_{2i} r_{im} \right) \tag{11-9}$$

3. 反映周围油井动态的参数决策

由连通油井总产液量(偏大型)、平均含水率(偏大型)、剩余储量(偏大型)和采出程度(偏小型)进行综合决策得周围油井动态的评判结果：

$$B_3 = A_3 oR_3 = \left(\sum_{i=1}^{2} a_{3i} P_{i1} \quad \sum_{i=1}^{2} a_{3i} P_{i2} \cdots \sum_{i=1}^{2} a_{3i} P_{im} \right) \tag{11-10}$$

4. 综合评判

在上一级评判的基础上，对影响注水井吸水能力参数、反映油层非均质状况参数及周围连通油井动态参数的权重分配为：

$$A = \{ a_1 \quad a_2 \quad a_3 \}$$

故评判结果为：

$$B = AoR = (a_1 \quad a_2 \quad a_3) \begin{bmatrix} B_1 \\ B_2 \\ B_3 \end{bmatrix}$$

(四) 选井过程

根据综合评判结果，则取决策因子排在前面的注水井为调剖/驱候选井(图 11-10)。

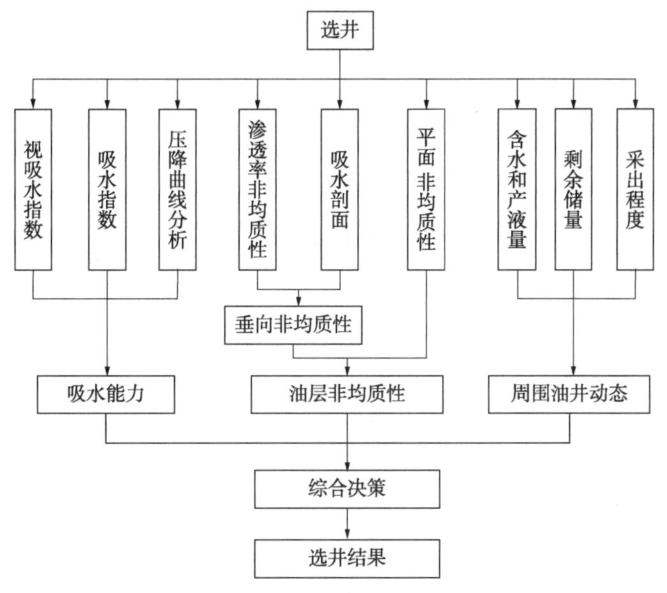

图 11-10　选井过程流程图

(五) 调剖/驱剂用量优化

建立了井组和区块数值模拟优化设计软件，用户可根据实际需要选择。调剖/驱剂用量优选过程如图 11-11 所示。

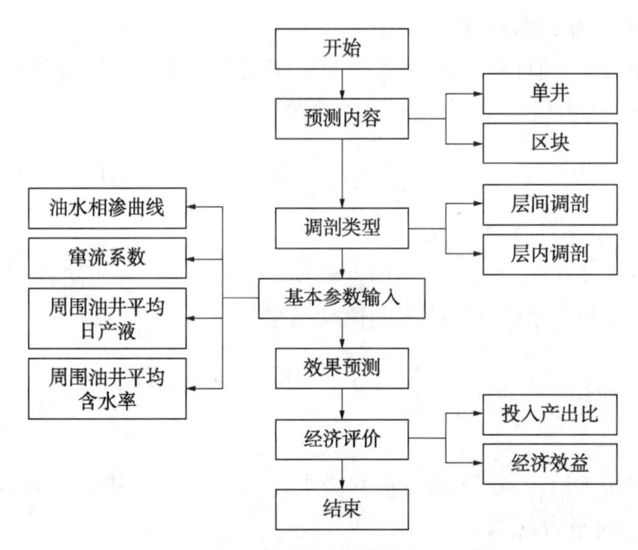

图 11-11　调剖剂用量优化流程图

施工工艺参数设计主要指施工压力和施工排量的设计。假定调剖/驱剂在注入过程中不发生胶凝作用，则可推导出压力计算公式

$$p_{注}=\frac{\mu_w}{22.62}K'h\left[Fr\ln\frac{r}{r_w}+\ln\frac{r_e}{r}\right]q+p_f-p_H+p_e \tag{11-11}$$

式中，$p_h=\rho gh/1000$；$p_f=\frac{0.2f\rho Hv^2}{D}$；$f$ 为范式摩阻系数，取值与流体流态有关，以雷诺数表示 $Re=10\rho vD/\mu_p$。层流状态，$Re<2100$，$f=16/Re$；紊流状态，$Re\geqslant 2100$，$f=0.057Re^{0.2}$。

施工设计时，操作者可给出排量设计方案，程序将计算出不同设计排量下压力与时间的对应关系，从而选择合理的施工压力。

第三节　调剖调驱剂及其分类

一、调剖剂及其分类

用于注水井调剖的化学调剖剂按其封堵作用的差异可分为冻胶型调剖剂、沉淀型调剖剂和颗粒膨胀型调剖剂等几大类型。

（一）冻胶型调剖剂

冻胶型调剖剂通常是用高分子材料在井下条件下进行交联或聚合，形成凝胶而堵塞高渗透层，实现调整吸入水剖面的目的。常用的冻胶型调剖剂：木质素磺酸盐-聚丙烯酰胺、TP-910、黄胞胶、BD-861、PIO-601 等多种。

1. 木质素磺酸盐-聚丙烯酰胺

（1）调剖原理：木质素磺酸盐（包括木质素磺酸钙和木质素磺酸钠）的分子链上含有多

种官能团，如甲氧基、羟基、醚基、羰基、芳香基和磺酸基等。交联剂重铬酸钠中的六价铬经木质素磺酸盐中的羟基和羰基还原为三价铬，三价铬再与木质素磺酸盐和聚丙烯酰胺(HPAM)发生络合作用形成三维网状结构的凝胶堵塞高渗透通道。

(2) 主要性能特点：堵剂交联前室温下黏度 50~100mPa·s，可泵性好。成胶时间随温度升高而缩短，通过调整配方其成胶时间可控制在 1~48h，成胶后，冻胶具有较好的黏弹性、抗挤和抗剪切性，冻胶黏度$(5\sim20)\times10^4$mPa·s；堵剂对岩心具有较好的进入和封堵能力，岩心封堵率 95%以上。堵剂误堵非目的层后，可用 NaOH 和 HCl 破胶解堵。堵剂现场配制，施工工艺简单方便。

(3) 基本配方如表 11-1 所示。

表 11-1　木质素碳酸盐—聚丙烯酰胺调剖剂基本配方

配方一	配方二 (适用 90℃以下井温)	配方三 (适用 90~120℃井温)
木质素磺酸钙 3%~6%	木质素磺酸钠 4%~5%	木质素磺酸钙 4%~6%
聚丙烯酰胺 0.7%~1.1%	聚丙烯酰胺 1.0%	聚丙烯酰胺 0.8%~1.0%
氯化钙 0.7%~1.1%	氯化钙 1.0%~1.6%	氯化钙 0.4%~0.6%
重铬酸钠 1.0%~1.1%	重铬酸钠 1.0%~1.4%	重铬酸钠 0.9%~1.1%

2. TP-910

(1) 调剖原理：TP-910 调剖剂由丙烯酰胺单体、甲叉基丙烯酰胺及引发剂组成，堵剂进入地层后，借助地层温度压力条件，在地层内聚合交联形成具有黏弹性能的高强度聚合物凝胶，堵塞地层大孔道高渗透层。

(2) 主要性能特点：调剖剂地面黏度低，黏度与水相近，能像注入水一样优先进入高吸水层段或裂缝，具有良好的选择性进入作用；聚合反应在地下进行，消除了聚合物黏度大、易降解等弱点，也简化了地面施工工艺；可泵时间与单体浓度、反应时间、引发剂种类及用量、反应速度、控制剂的浓度和用量等因素有关，一般可在 1~20h 内控制调整；堵剂交联度低，有很强的吸水膨胀性，封堵效果好。

(3) 基本配方：

淡水：$1m^3$；

丙烯酰胺：35~50kg；

过硫酸钾(铵、钠)：0.08~0.2kg；

N,N-亚甲基双丙烯酰胺：0.15~0.3kg；

缓聚剂(铁氰化钾)：0~400ppm；

缓冲剂：0~6kg。

(二) 沉淀型调剖剂

沉淀型调剖剂是通过调剖剂在进入地层孔道后生成沉淀来封堵高渗透性地层实现调剖。如水玻璃-氯化钙、聚丙烯腈-氯化钙、铁系单液法、硅系双液法等调剖剂。

1. 水玻璃-氯化钙调剖剂

(1) 调剖原理：将分隔开的水玻璃溶液和氯化钙溶液同时注入地层，两种溶液在地层中相遇后发生反应生成沉淀，这些沉淀物可以封堵地层孔道，降低高渗透层的渗透率。注入时，两种溶液用油或水隔开，进入地层后随着注入液向外推移，隔离液越来越薄，最后两种溶液相遇而产生沉淀。

（2）主要性能特点：水玻璃与氯化钙的反应条件及反应产物均不受温度的影响，因此使用不受温度条件的限制，可用于各种井温的井，适用范围广。

（3）基本配方：

甲液：20%水玻璃+0.3%聚丙烯酰胺水溶液；

乙液：10%~50%氯化钙水溶液；

甲液：乙液=1∶1。

2. 聚丙烯腈-氯化钙调剖剂

（1）调剖原理：将聚丙烯腈溶液和氯化钙溶液注入地层后，两种溶液在地层中相遇，氯化钙与聚丙烯腈发生反应生成一种性能稳定的棉絮团状沉淀物，这种沉淀物有很好的韧性，能封堵地层孔道，阻止水的流动。因高渗透层孔隙度大，进入孔道的调剖剂多，所形成的堵塞物也多，因此对高渗透层具有选择性调剖作用。

（2）主要性能特点：调剖剂沉淀物不淡化，经水长期浸泡不变软溶解；调剖剂沉淀物产生率高；沉淀反应不受施工条件影响，抗盐、抗温、抗剪切能力强；沉淀物能够酸溶，现场处理有误时可用盐酸解除。

（3）基本配方：

甲液：6.5%~8.5%聚丙烯腈水溶液；

乙液：20%~30%氯化钙水溶液；

甲液：乙液=1∶1；

隔离液为原油。

（三）颗粒膨胀型调剖剂

颗粒膨胀型调剖剂是一种通过在注入地层后吸水膨胀来堵塞孔道，实现调剖作用的调剖剂。

1. 聚丙烯酰胺颗粒调剖剂

（1）调剖原理：聚丙烯酰胺颗粒调剖剂是一种部分交联的聚丙烯酰胺，由于其交联度控制适当使其失去了水溶性而具有遇水膨胀的性质，选择适当粒径的水膨性聚丙烯酰胺固体颗粒，使其进入高渗透层孔隙或裂缝，吸水后溶胀变大，对地层孔道产生堵塞而起到调剖作用。

（2）主要性能特点：水中溶解率低；膨胀性受温度和水的矿化度影响大，水温越高膨胀越快和越大，矿化度越大，膨胀越慢和越小；调剖剂密度与水接近，不会发生下沉；封堵效果较好，裂缝型封堵效率在90%以上，孔隙型封堵效率70%~95%。

（3）基本配方：用清水、盐水或轻质油作为携带液，根据地层吸水能力确定调剖剂加量配制成调剖工作液。

2. 聚乙烯醇颗粒调剖剂

（1）调剖原理：聚乙烯醇颗粒具有吸水溶胀而不溶解的性能，将聚乙烯醇颗粒注入地层后遇水膨胀，溶胀后的颗粒堵塞地层孔道，降低高吸水层的吸水量，提高低渗透层的吸水量，实现调剖。

（2）主要性能特点：水中溶解性低；水中膨胀度适当且温度和矿化度影响小；密度较水高，易下沉，注入速度必须大于沉降速度；封堵效果好，封堵效率大于98%。

(3) 基本配方：用清水作携带液，根据地层渗透率、孔隙度和吸水能力，选择合适粒径的调剖剂固体颗粒及固液携带比，配制调剖工作液。

3. 聚丙烯酰胺-膨润土调剖剂

(1) 调剖原理：将聚丙烯酰胺溶液和膨润土泥浆同时注入井中，对于非均质多油层注水井，水基膨润土浆在注入时容易进入高渗透层，膨润土颗粒在地层中遇水膨胀，遇到聚丙烯酰胺聚合物形成絮状物及凝胶体，堵塞吸水层段水流通道，改变吸水剖面，实现调剖。

(2) 主要性能特点：经济性好，有一定的效果。

(3) 基本配方：

膨润土泥浆：聚丙烯酰胺溶液=2∶1。

聚丙烯酰胺分子量350万左右，水解度30%，浓度200~800ppm。

二、深部调剖

深部调剖技术就是通过使用不同的方法使注入的调剖剂进入油层深部后再封堵水流通道，使油藏中的液流改向，提高注入水的波及系数，从而提高原油采收率。

目前比较常用的深部调剖剂主要有两大类，即冻胶类和颗粒类。

(一) 聚合物延迟交联深部调剖

普通聚合物调剖技术由于注入的剂量比较小，调剖后存在绕流问题，使调剖有效期很短。利用聚合物延迟交联进行注水井大剂量深部处理，是目前渤海油田进行高含水期开发的一项重要调剖技术。

聚合物延迟交联深部调剖属于冻胶类调剖技术，它采用控制成胶时间的方法，使调剖剂有足够的时间达到足够远的地方再形成凝胶。成胶时间的控制通常采用加延缓交联的添加剂来延长聚合物的成胶时间。

聚合物延迟交联深部调剖技术采用的调剖剂体系虽然有所不同，但调剖原理上大致相似，下面以两种调剖剂体系为例。

聚丙烯酰胺-重铬酸盐调剖体系可用于高渗透层的调剖，其原理是：交联剂在与部分水解聚丙烯酰胺聚合物的羧基反应之前，先与体系中的还原剂发生氧化还原反应，使 Cr^{6+} 还原成 Cr^{3+}，由于交联体系中加入了延缓剂，使还原反应时间增长，致使 Cr^{3+} 与聚合物的羧基反应时间延长，即聚合物的变构时间延长。这一过程应用于聚合物交联调剖技术，使得在聚合物成胶前有充裕的时间注入地层深部，然后发生交联反应形成凝胶体，堵塞高渗透层，如图11-12所示。

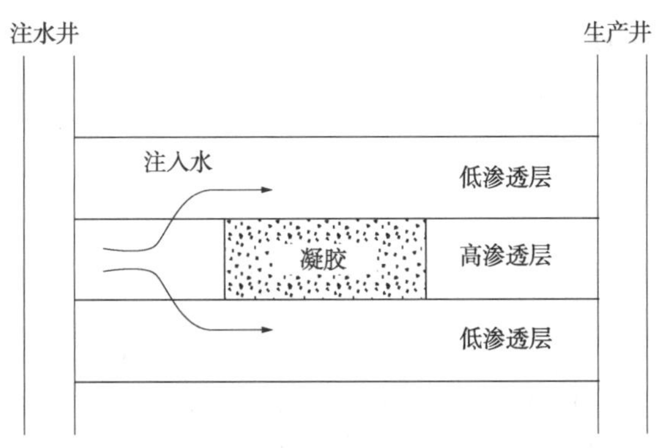

图11-12　聚合物延缓交联深部调剖机理示意图

对低渗透裂缝性油藏进行聚合物延迟交联深部调剖，某油田采用了一种以复合离子聚合物和交联剂及助剂组成的延迟交联调剖剂体系，它以低黏度形式注入井内，调剖剂沿裂缝前进，在适宜的 pH 值和温度条件下交联剂缓慢释放出甲醛，达到预定交联时间后，在远离井筒的油层裂缝中交联，并在油层深部形成三维网状结构，从而达到较深的调剖半径，封堵裂缝性水窜，且保持注水井较高的注水能力，如图 11-13 所示。

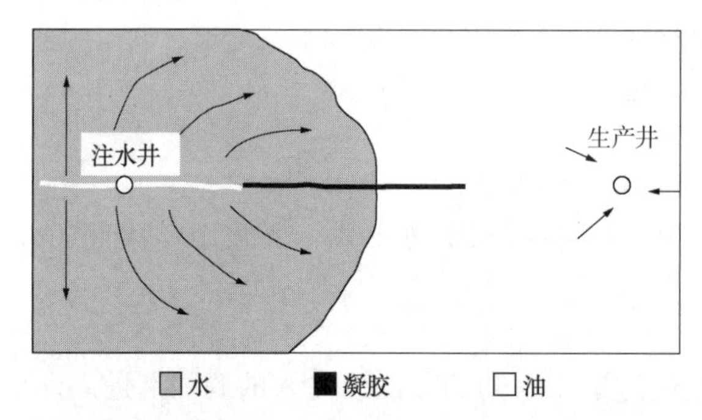

图 11-13　有裂缝油水井冻胶合理充填位置示意图

（二）颗粒类调剖剂深部调剖技术

颗粒类调剖剂通常采用大剂量注入的方式，使颗粒类调剖剂进入油层深部，通过颗粒的絮凝、膨胀、积累等作用使油层通道变窄直至完全堵塞来改变注入水的流向，提高水驱效率（图 11-14）。

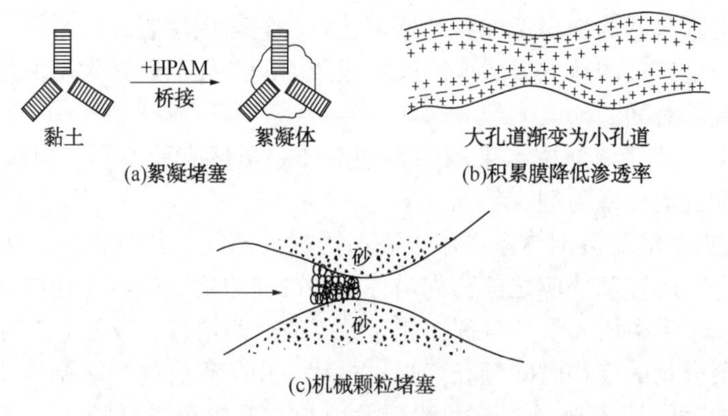

图 11-14　黏土双液法堵剂封堵原理示意图

颗粒类调剖剂深部调剖技术常采用的是双液法聚丙烯酰胺-黏土颗粒调剖剂体系。近年来陆地油田采用黏土颗粒类调剖剂进行大剂量调剖，有效地解决了小剂量调剖有效期短，对应油井增油降水效果幅度不大的弊端。

三、调驱剂

目前渤海油田比较常用的调驱剂主要有三类，即凝胶类、颗粒类及泡沫类。

（一）弱凝胶调驱剂

根据使用的聚合物浓度的不同，可将交联聚合物体系分为三类：第一类，聚合物浓度较大，形成的体系具有整体性、有一定的形状、不能流动的半固体，为本体凝胶（Bulk

Gel简称BG)；第二类，聚合物浓度较小，形成的体系没有整体性，没有一定的形状，可以流动的液体，是聚合物胶团在水中的分散体系，称为胶态分散凝胶(简称CDG)；第三类，聚合物浓度介于上述两者之间，形成的体系具有整体性，没有一定的形状，可以流动，为弱凝胶(Weak Gel简称WG)。这三类体系聚合物使用的浓度界限和形成条件取决于很多因素，如温度、矿化度、交联剂类型和pH值等。现在较为普遍的弱凝胶定义是：由低浓度的聚合物/交联剂(聚合物浓度通常在800~2000mg/L之间)形成的、以分子间交联为主及分内交联为辅的、黏度在100~3000mPa·s之间、具有三维网络结构的弱交联体系，这样的凝胶体系在后续注入水的驱动下会缓慢地整体向前“漂移”，从而具有深部调剖和驱油的双重作用。

(二)聚合物微球调驱剂

微球是一种纳微米级的凝胶颗粒，具有预交联颗粒可膨胀能变形运移的特点，它的合成材料是丙烯酰胺类有机物，聚合物微球在水中可以膨胀，在油中不会膨胀，且膨胀时间可控。将其随注入水注入地层，微球原液在注入水中分散为乳状液，黏度与水相当，初始尺寸只有几十纳米至十几微米，具有良好的注入性能。待微球膨胀后，可增加高渗通道的流动阻力，使注入水更多地进入中、低渗透部位，提高中低渗透部位的动用程度，实现注入水的微观改向。

通过控制聚合物微球的成分和结构，控制其在注入水中的膨胀速度(最大可控膨胀时间超过30d)，尽可能将微球注入地层深部，达到深部调驱的目的；通过控制其原始尺寸和有效成分含量，控制其最大膨胀体积，使之与地层孔吼匹配。这样就解决以往调堵材料中存在的注入能力与堵水强度之间的矛盾，也解决了颗粒型调剖剂在水中容易沉淀，不可深入地层，形成地层永久伤害等问题。同时由于聚合物微球本身有弹性，在一定压力下会移动，逐级逐步使液流改向，从而实现深部调驱，最大限度地提高注入水的波及体积。

(三)泡沫类调驱剂

泡沫是气体分散在液体中的分散体系，气体是分散相，液体是分散介质。石油工程中常用的泡沫是气体含量很高的泡沫，通常称为浓泡沫或干泡沫。通常为了使泡沫具有一定的持久性和稳定性，往往还需要加入一些辅助表面活性剂或其他有机化合物，这些物质称为稳泡剂或稳定剂。

泡沫调剖/驱的机理是依靠稳定的泡沫流体在水层中产生的叠加气液界面阻力效应，即贾敏效应，改变吸水层内的渗流方向和吸水剖面，从而扩大注入水的波及体积，减缓主要水流方向的水线推进速度和吸水量，提高注入水的驱油效率。泡沫具有“遇油消泡、遇水稳定”的选择性堵水特性，在含水较高的部位泡沫大量存在，阻止了注入水的进一步流动；而原先注入流体不能波及的地方，含油饱和度较高，泡沫易于破裂，消泡后其黏度降低，阻力相对减小，注入流体容易进入，从而有效扩大了波及体积。

第四节　调剖调驱方案设计

由于调剖与调驱目的有差异，涉及的化学体系类型也有不同，因此在开展调剖调驱方案设计时，需根据其目的及体系类别开展相应的性能评价及工艺参数设计。

近些年，中海油从油藏基础研究、体系评价、工艺方案设计及效果预测、药剂质量性能检测、药剂质量与性能检测等方面建立调剖/调驱设计的技术指标，如表 11-2 所示。

表 11-2　调剖/调驱设计指标

类　别	具体指标	
体系评价	调剖体系评价	配方组成、成胶性能、封堵性能和调剖性能
	调驱体系评价	水化规律、粒径筛选、封堵性能和调驱性能
工艺方案参数设计及效果预测	调剖工艺方案	处理半径、段塞组合方式、调剖剂用量、顶替液量、注入排量、注入压力上限、累积增油效果预测
	调驱工艺方案	调驱剂用量、段塞组合方式、调驱剂浓度、注入速度、注入压力上限、累积增油效果预测
体系性能检测要求	调剖/调驱体系性能检测与要求	

注：调剖体系以聚合物冻胶为例，调驱体系以聚合物微球体系为例。

一、调剖/调驱体系关键指标评价

（一）调剖体系评价

以聚合物冻胶类调剖剂为例，评价内容包括配方初选、成胶性能、封堵性能和调剖性能等 4 项内容，如表 11-3 所示。

表 11-3　聚合物冻胶类调剖体系性能评价指标

指标类型	基础指标
配方初选	组分配伍性、主剂浓度、交联剂浓度、助剂浓度
成胶性能	反应时间与黏度关系、过滤系数、黏弹模量、稳定性、抗剪切性
封堵性能	阻力系数、突破压力、封堵率
调剖性能	分流率、耐冲刷性、控水增油效果

1. 配方初选

调剖工艺技术选择：根据目标油田地层水、注入水、脱气原油、岩石胶结矿物和油藏温度等条件，考察调剖体系组分配伍性、主剂浓度、交联剂浓度和助剂浓度对成胶效果的影响，初选出适合目标油田的调剖体系配方。推荐体系静态成胶时间可控，控制范围为 2~12h，推荐体系成胶后冻胶强度大于 20000mPa・s。为了更好地发挥调剖体系的作用，并达到深部调剖的效果，可以采用多轮次调剖技术等。

2. 成胶性能

运用反应时间与黏度关系、过滤系数、黏弹模量、热稳定性和抗剪切性考察调剖体系基本成胶性能，各项指标具体测试方法参考标准 SY/T 5590—2004《调剖剂性能评价方法》和 SY/T 6296—2013《采油用冻胶强度的测定 流变参数法》。

3. 封堵性能

运用阻力系数、突破压力和封堵率考察调剖体系在多孔介质条件下的封堵性能，各项指标具体测试方法参考标准 SY/T 5590—2004《调剖剂性能评价方法》。

4. 调剖性能

运用分流率、耐冲刷性和控水增油效果考察调剖体系在多孔介质条件下的分流效果。

(二)调驱体系评价

以聚合物微球类调驱剂为例，评价内容包括水化规律、粒径筛选、封堵性能和调驱性能等4项内容，如表11-4所示。

表11-4　聚合物微球类调驱体系性能评价指标

指标类型	基础指标	指标类型	基础指标
水化规律	分散性、膨胀倍数、稳定性	封堵性能	阻力系数、残余阻力系数、封堵率
粒径筛选	粒径中值及分布、注入性、运移性	调驱性能	分流率、耐冲刷性、控水增油效果

1. 水化规律

针对聚合物微球类调驱剂，考察其在溶剂水作用下的水化性质，主要包括分散性、膨胀倍数和稳定性。相关测试方法参考标准Q/SH1020 1956—2016《聚合物微球深部调驱剂技术条件》。

2. 粒径筛选

聚合物微球调驱剂粒径筛选主要通过初始粒径中值和分布、多孔介质内注入性和运移性考察聚合物微球粒径与实际储层的匹配性。

3. 封堵性能

运用阻力系数、残余阻力系数和封堵率考察调驱体系在多孔介质条件下的封堵性能。残余阻力系数测试方法为：在阻力系数测定的基础上保持与调驱前水驱相同注入速度进行后续水驱，待压力稳定后计算岩心水测渗透率记为K2，调驱前水测渗透率记为K1，其K1与K2的比值即为残余阻力系数值。

4. 调驱性能

运用分流率、耐冲刷性和控水增油效果考察调驱体系在多孔介质条件下的分流效果。

二、工艺方案参数设计

(一)调剖设计

调剖工艺方案参数设计内容主要包括：处理半径、段塞组合方式、调剖剂用量、顶替液量、注入排量、注入压力上限等。

(1) 调剖处理半径计算方法参考标准SY/T 5588—2012《注水井调剖工艺及效果评价》，当存在其他资料或者其他方法时，可以论证后替换该公式。

(2) 段塞组合方式：依据注采井间窜逸级别、压差分布和调剖剂吸附与强度性能及经济效益，确定调剖段塞组合方式。

(3) 调剖剂用量：推荐采用体积法和经验公式法进行设计，然后取两者平均值。

① 体积法：

$$Q_1 = \pi \sum_{i=1}^{n} h_i \varphi_i r_i^2$$

式中，Q_1为调剖液设计量，m^3；π为圆周率，取3.14；h_i为i层段的有效厚度，m；φ_i为i层段的有效孔隙度，小数；r_i为i层段的处理半径，m。

② 经验公式法：

$$V_2 = \sum_{i=1}^{n} V_i R_i \alpha_i$$

式中，V_2 为挤注量，m^3；V_i 为 i 层段的地质储量，m^3；R_i 为 i 层段的采出程度,%；α_i 为 i 层段的处理系数，一般取 1%~3%；n 为调剖目的层的数量。

(4) 前置液量：根据处理半径大小确定前置液量。

(5) 试注液量：试注液一般为注入水，试注量在 50~100m^3 范围内。

(6) 顶替液量按下列公式计算：

$$Q_2 = Q_3 + Q_4 + Q_5 + Q_6$$

式中，Q_2 为顶替液量，m^3；Q_3 为地面管汇容积，m^3；Q_4 为管柱容积，m^3；Q_5 为封隔器卡距内环容积，m^3；Q_6 为附加顶替液量(根据调剖剂与地层性质确定)，m^3。

(7) 施工排量按下列公式计算：

$$q = \frac{0.07675\Delta PKh}{\mu\left[\ln\left(\frac{r_s}{r_w}\right) + S\right]}$$

式中，q 为注入速度，m^3/h；K 为处理层段平均渗透率，$10^{-3}\mu m^2$；h 为处理层有效厚度，m；ΔP 为注入压差，MPa；μ 为调剖剂黏度，MPa·s；r_s 为泄油半径，m；r_w 为井筒半径，m；S 为表皮系数。

施工排量一般控制在日常的注聚排量范围内，同时保证非调剖层段不吸液。

(8) 施工压力控制在地层破裂压力的 90%以内，并应满足下式：

$$P_{bh} < P_o < P_{bi}$$

式中，P_{bh} 为调剖层段中的启动压力，MPa；P_o 为施工压力，MPa；P_{bi} 为非调剖层段的启动压力，MPa。

在现场实施过程中，施工压力根据试注阶段的压力确定。

(二) 调驱设计

调驱工艺方案参数设计内容主要包括：调驱剂用量、段塞组合方式、调驱剂浓度、注入速度、注入压力上限等。

(1) 调驱剂用量：运用数值模拟方法模拟不同孔隙体积倍数调驱剂用量对控水增油效果的影响，并结合吨剂增油量给出最佳调驱剂用量。

(2) 段塞组合方式：依据注采井间窜逸级别、压差分布和调驱剂吸附与强度性能及经济效益，确定调剖/调驱段塞组合方式。

(3) 调驱剂浓度：参照室内实验结果，运用数值模拟方法模拟不同调驱剂浓度对控水增油效果的影响，并结合吨剂增油量给出最佳调驱剂浓度范围。

(4) 调驱剂注入速度：参考数值模拟结果，并考虑油藏配注要求确定合理的调驱注入速度。

(5) 注入压力上限：具体要求参照“调剖设计”中执行。

三、调剖/调驱体系性能检测要求

(一) 聚合物冻胶调剖体系性能检测要求

详细检测指标如表 11-5 所示，可据具体体系进行指标类型和指标范围调整。

表 11-5　聚合物冻胶调剖体系性能指标要求

项　　目		指标范围
反应时间与黏度关系	成胶时间/d	可控
	成胶黏度/(mPa·s)	$\geqslant 2.0\times10^4$
过滤系数		<1.5
阻力系数(成胶后)		≥80
突破压力/(MPa/m)		≥10
封堵率/%		≥90%
恒温 30d 后溶液黏度下降率/%		<5
剪切后溶液黏度下降率/%		<40
剪切后冻胶黏度下降率/%		<10

(二) 聚合物微球调驱体系性能检测要求

详细检测指标如表 11-6 所示，可据具体体系进行指标类型和指标范围调整。

表 11-6　聚合物微球调驱体系性能指标要求

项　　目		指标范围
分散性(1%浓度，搅拌 5min)		静置 24h 后不分层
初始粒径≤500nm 的颗粒		≥80%
膨胀倍数(70℃，蒸馏水，7d)		≥10
梯度膨胀倍数(70℃，蒸馏水)	1d	≥1.5%
	3d	≥5.0%
	5d	≥8.0%
阻力系数		≤80
残余阻力系数		≥3
耐温耐盐性(85℃，10%NaCl，7d)		无沉淀，膨胀倍数≥5

四、防止调剖剂伤害非目的层的方法

调剖针对的目标是地层中的高渗透层段。因此，确保注入的调剖剂进入高渗透地层而不进入或少进入非目的层是调剖成功的关键所在。调剖施工时必须采取适当的措施，防止调剖剂伤害非目的层，其方法可采取以下三种。

(一) 控制注入压力

要使地层中的原油发生运动需要一个初始压降，即需要一个启动压力来克服黏滞力、初始剪切应力，获得一定的动能和损失在毛细管的初始阶段。在油田开发过程中，如果一些个别油层、个别区块上的压力梯度低于初始压力梯度，那么原油将不会流动。实验结果还表明，储层渗透率越高，原油运动所需的初始压力梯度越低。根据原油在地下储层中流动的特性，调剖过程中，如果将调剖剂的注入压力控制在低渗透层原油发生运动的初始压力之下，那么调剖剂便会有选择性地进入需要封堵的高渗透层而不进入低渗透的非目的层，从而起到保护非目的层免遭伤害的作用。

（二）形成表面堵塞

采用聚合物型调剖剂调剖时，通过选择适当的调剖剂，使其只在低渗透层形成表面堵塞，而顺利地进入高渗透层，将有效地减少调剖剂对低渗透层的污染，调剖后采取适当措施解除非目的层的污染，有利于提高调剖效果。

解除表面堵塞的方法有：

（1）利用返排方法解除聚合物型调剖剂的表面堵塞；

（2）利用化学解堵方法解除聚合物型调剖剂的表面堵塞。

（三）注入暂堵剂

原理与形成表面堵塞法相似。具体做法是：通常先以大大高于低渗透层启动压力的注入压力（但不能高于地层破裂压力）注入暂堵剂，然后再注调剖剂进行调剖，最后采用解堵方法解除暂堵剂在非目的层的表面堵塞，从而提高调剖效果。

选择暂堵剂时应保证暂堵剂只能在非目的层形成表面堵塞，而不能在封堵层位形成表面堵塞。解除暂堵剂的方法，可在调剖后注少量的解堵剂浸泡井底，也可采用油溶性的暂堵剂，但在调剖后也须注入少量的油浸泡井底；对于油井堵水，最好采用油溶性的暂堵剂，封堵后，随着油井的生产，进入油层的暂堵剂随着油流的产出而解除堵塞。

五、海上油田调剖的实施步骤

海上油田在生产过程中，调剖一般步骤如图11-15所示。

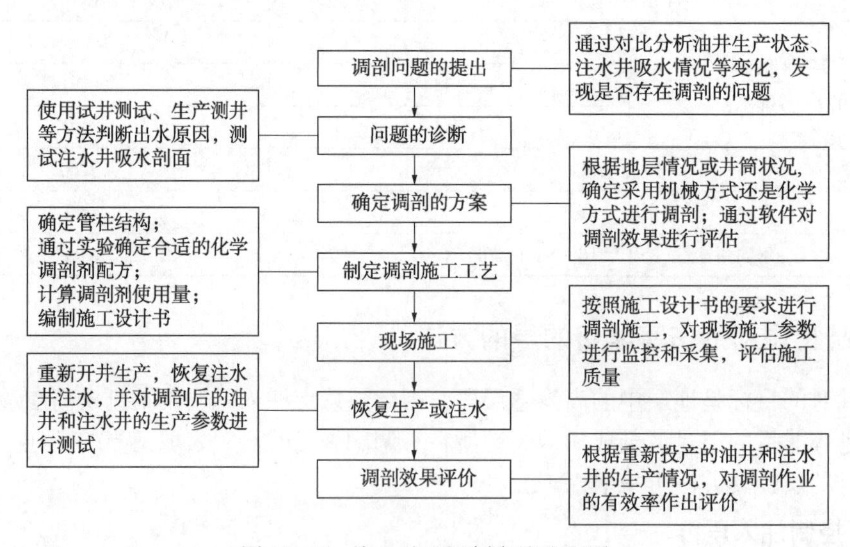

图11-15　海上油田调剖实施流程图

（一）注入管柱

对于出水层位明确，具备管柱条件的井，采用定位注入管柱出水层位不明确的井，采用笼统注入管柱。

（二）地面工艺及流程

根据现场平台空间条件和工艺要求，选择地面工艺流程，常规调剖示意图如图 11-16 所示。包括并不限于调剖泵、配液罐、高(低)压连接管汇、流量计、计量泵等。近些年随着调剖调驱技术的进步及渤海油田作业量加大，出现了在线调剖/调驱技术，在线调剖/驱示意图如图 11-17 所示，包括并不限于在线注入橇装、静混器、高(低)压连接管汇流量计、计量泵等。

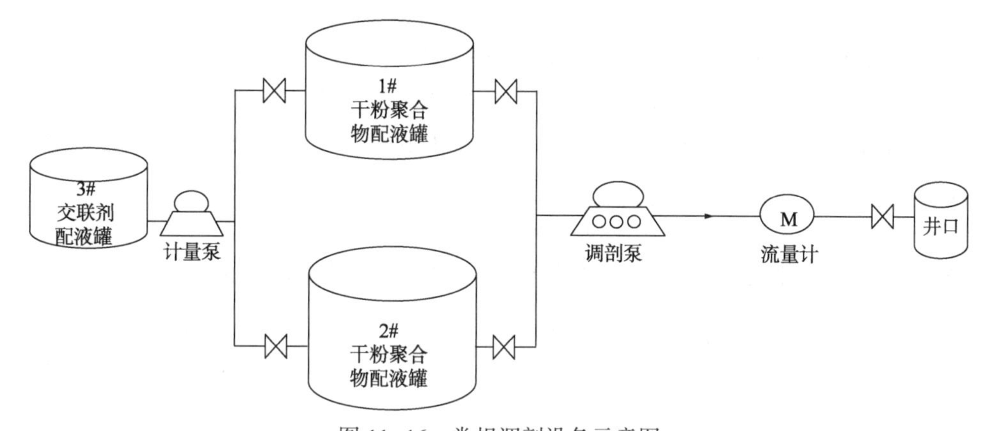

图 11-16　常规调剖设备示意图

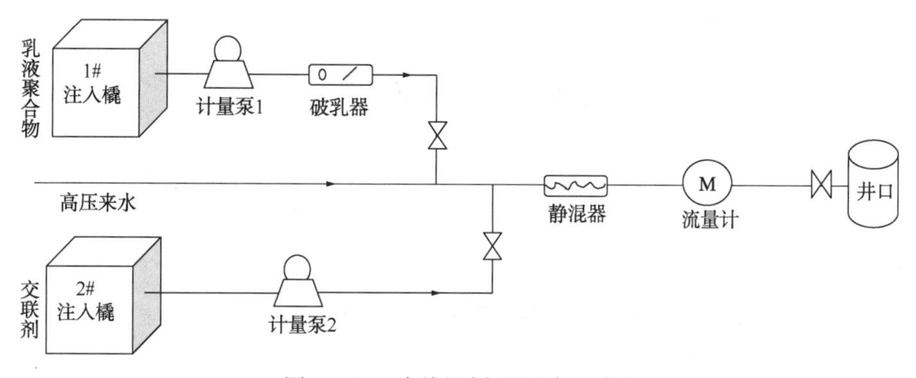

图 11-17　在线调剖/驱设备示意图

（三）现场施工

1. 调剖井准备

施工前，调剖井应进行如下准备：

（1）用注入水洗井至进出口端的水质基本一致；

（2）正注水 3~4d；

（3）测取调剖前吸水剖面、注水指示曲线、井口压降曲线。

2. 施工设备准备

（1）常规调剖

按设计要求准备好调剖泵、配液罐、高(低)压连接管汇，配液罐、管线保持清洁，调剖泵满足注入能力要求，各计量设备满足要求。

（2）在线调剖

按设计要求准备好在线注入橇装、高(低)压连接管汇，要求在线注入橇满足平台安装要求，调剖剂经静混器后混合均匀，不分层。

（3）依据最大施工压力对流程进行试压，稳压15min为合格。

3. 药剂准备

根据施工设计要求备好调剖材料，按施工设计中调剖工作液配制方法及要求配制调剖工作液，调剖剂性能指标应达到调剖工艺要求。

4. 施工程序

（1）挤注试注液，施工压力、排量应满足设计要求；

（2）挤注调剖剂，当施工压力超过设计规定的压力时，降低施工排量或提前转入低强度段塞，当降低施工排量、提前转入低强度段塞仍不能满足设计的压力限定时，提前结束挤注调剖剂；

（3）调剖剂挤注完后，挤入顶替液；

（4）用注入水洗井至进出口端的水质基本一致后停泵关井候凝5d，或直接按地质要求恢复注水；

（5）施工过程中进行记录。

（四）质量控制

1. 调剖剂质量控制

（1）原材料质量控制

调剖剂配方所用原材料须符合相关产品质量标准，附质检报告。

（2）调剖剂质量控制

按现场施工用调剖剂配方做调剖剂性能评价试验，性能合格方能使用。取样点包括并不限于配液罐、调剖泵出口，取样频次为2~3样次/d。

2. 施工过程质量控制

配液罐应保持清洁，各组分计量准确，混合均匀，配制合格。施工压力、排量、总注入量等参数应按照设计要求执行。

施工过程中，应在配液罐内、调剖泵后两个取样点取样，监测结果应满足工艺设计要求。

第五节 案例分析

一、注水井深部调剖技术现场实施案例分析

从2003年2月9日至11月16日分别对绥中36-1油田J3、A21、A8、A30、A10、B13和B15井进行了区块整体深部调剖作业。

(一) 调剖工艺设计

1. 调剖方式

分层调剖：A21、J3 井，调剖前下入分层调剖管柱，封堵Ⅱ油组，进行Ⅰ油组调剖。

笼统调剖：A8、A30、A10、B13、B15 和 A21(二次调剖)井。

2. 注入方式

采用油管正挤注入方式。

3. 调剖液体系及特点

根据绥中 36-1 储层特点研发出两种体系，一种为复合离子高聚物树脂交联调剖液，高聚物分子量为 1500 万~2000 万，初始黏度 40mPa·s，成胶强度为 20000mPa·s，成胶时间为 72h；另一种为高强度的复合颗粒堵剂，粒径为 100~300 目，泵送容易，在泵送过程中，高聚物破坏小，泵注阻力小。地层条件下，调剖剂耐温 60~120℃；成胶后强度大，挂壁性能好，成胶时间可调(根据施工用量的大小)。

4. 段塞设计

交联调剖液多段塞深部调剖：A21、A30、B15 井。

交联调剖液与颗粒调剖液交替注入，最后用高浓度交联调剖液封口：J3、A21(二次调剖)、A8、A10、B13 井。

各井组调剖参数如表 11-7 所示。

表 11-7 各井组调剖参数设计统计表

井　　号	注入量/m^3	段塞组成及主剂浓度	挤注速度/(m^3/h)
A21	3700	交联体系：4000~6000ppm	16.0~20.0
J3	3500	交联体系：4000~6000ppm；颗粒堵剂：8%	10.0~14.0
A21	3200	交联体系：4000~6000ppm；颗粒堵剂：8%	10.0~14.0
A8	2900	交联体系：4000~6000ppm；颗粒堵剂：8%	10.0~14.0
A30	2800	交联体系：4000~6000ppm	11.0~16.0
A10	2800	交联体系：4000~6000ppm；颗粒堵剂：8%	10.0~14.0
B13	2600	交联体系：4000~6000ppm；颗粒堵剂：8%	10.0~14.0
B15	2000	交联体系：4000~6000ppm	10.0~15.0

5. 施工设备与流程

根据海上油田的特点研制出专用配注设备。

主要工艺设备：调剖专用注入泵 2 台(备用一台)；熟化罐 15m^3 罐 3 个(带搅拌器)；聚合物分散溶解装置 1 台；变频控制系统，如图 11-18 所示。

混配设备的特点：

(1) 设备对聚合物分子链剪切低，专用的调剖柱塞泵注入，注入井内调剖溶液黏度保留率高；

(2) 药剂分散溶解采用特殊结构设计，水流送粉，强制混合，配制后无“鱼眼”，即结块现象；

(3) 计量下料器采用机械调节无级变速机调节下粉量，配比精度高，误差小。

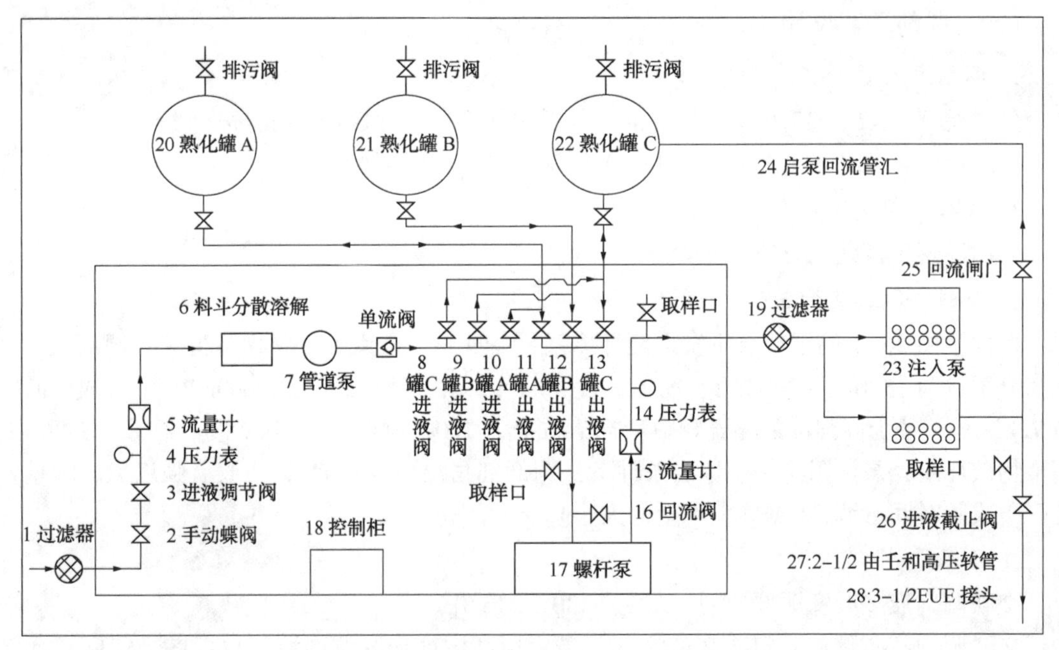

图 11-18　配注设备工艺流程

注入设备的特点：

(1) 注入泵入口装有过滤网，可以防止杂物进入地层，避免近井地带污染，从而造成施工压力假现象上升；

(2) 注入泵前后装有专门取样口，采用专用取样器对入井液体性能随时进行检测；

(3) 整套设备具有保温系统，可以一年四季作业，不受季节影响；

(4) 注入泵采用变频器控制，操作安全简便。

(二) 施工统计

该区块调剖施工周期平均 13.5d，如表 11-8 所示，从 A21 井施工压力曲线(图 11-19)可以看出，施工压力上升相对平稳。

表 11-8　施工情况统计表

井号	施工时间	挤注速度/(m^3/h)	挤注压力/MPa	累计注入量/m^3	关井时间/d	恢复注水时间
A21	2003.2.10—2003.2.20	20	3.5~5.5	3685	2	2003.2.22
J3	2003.4.17—2003.5.4	9.0~14	6.5~11	3505	6	2003.5.11
A21	2003.8.18—2003.8.31	11.0~12	3~8.6	3175	6	2003.9.6
A8	2003.8.25—2003.9.8	11.0~12	4~9.4	2950	6	2003.9.14
A30	2003.9.9—2003.9.23	11.0~12	4.0~12	2818	6	2003.9.29
A10	2003.9.24—2003.10.8	11.0~12	5.4~7.5	2822	6	2003.10.14
B13	2003.10.14—2003.10.25	10.0~13	3.7~9.7	2594	6	2003.11.1
B15	2003.11.9—2003.11.16	10.0~14	0~11	1967	6	2003.11.22

（三）调剖井与受益油井情况分析

调剖井与受益油井情况如表 11-9 所示。

表 11-9　调剖井与受益井列表

井　号	受益油井	已见效井
A21	A13、A14、A15、A20、A22、A25、A26、A27	A25、A14、A26、A27、A20
A8	A2、A3、A24、A7、A9、A13、A14、A15	A2、A3、A14
A30	A25、A26、A27、A31、B4、B7、B8、B9	A25、A26、A27、A31、B4、B7、B8
A10	A4、A5、A6、A9、A11、A15、A16、A17	A5
J3	J16、A2、A7、A12、A13	
B13	B5、B6、B7、B12、B14、D2、D3、D4	B7、B12、B5、B14
B15	B7、B8、B9、B15、B16、D4、D5、E1	B7、B8、B9、B14、B16、D5

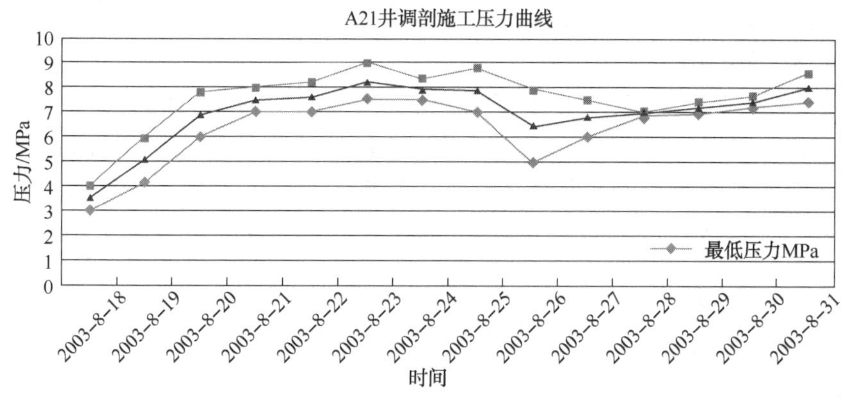

图 11-19　A21 井调剖施工压力曲线

1. 注水井调剖前后效果分析

从 A21、A8、A30、A10、B13、B15 井调剖前后吸水指数变化情况可以看出：调剖后吸水指数下降，注入压力升高，说明剖面得到一定的改善，如表 11-10 所示。

表 11-10　注水井调剖前后效果分析对照表

井号	作业前			作业后			变化值		
	井口压力/MPa	日注水量/(m^3/d)	视吸水指数/[m^3/(d·MPa)]	井口压力/MPa	日注水量/(m^3/d)	视吸水指数/[m^3/(d·MPa)]	井口压力/MPa	日注水量/(m^3/d)	视吸水指数/[m^3/(d·MPa)]
A8	6	590	98	8	339	42	2	-251	-56
A10	6	720	120	6	467	78	0	-253	-42.2
A21	3.5	682	195	7.5	689	92	4	7	-103
A30	6.3	669	106	7.6	496	65	1.3	-173	-40.9
B13	6.2	559	90	8.5	401	47	2.3	-158	-43
B15	7.5	519	69	6.5	117	18	-1	-402	-51.2
合计		3739			2509			-1230	

2. 调剖受效油井效果分析

通过油井效果分析对比表(表 11-11)可以看出，调剖作业后，各受效油井产油量上升，平均含水率由作业前 63.6%降至作业后的 57.3%，含水下降显著。分析单井动态曲线(图 11-20)可以看出，自 2003 年 8 月 18 日至 2003 年 9 月 23 日，A21、A30 井进行调剖作业，调剖后受效油井 A27 含水率从 82%降至 66%，降水增油效果十分显著。对绥中 36-1 油田 A 区区块调剖前后含水变化趋势分析可以看出，实施调剖后，含水上升趋势得到明显抑制，综合含水呈现下降趋势，调剖效果十分显著，如图 11-21 所示。

表 11-11 调剖受效油井效果分析

井号	所在井组	作业前			作业后		
		日产液/m^3	日产油/m^3	含水/%	日产液/m^3	日产油/m^3	含水/%
A27	A21、A30	420	76	82	396	135	66
A25	A21、A30	366	95	74	326	137	58
A26	A21、A30	219	83	62	216	86	60
A20	A21	136	58	57	144	64	56
A2	A8	197	106	46	196	110	44
A3	A8	196	106	46	193	108	44
A14	A8、A21	235	94	60	228	110	52
A5	A10	253	137	46	234	140	40
A31	A30	327	39	88	303	55	82
B4	A30	293	73	75	296	86	71

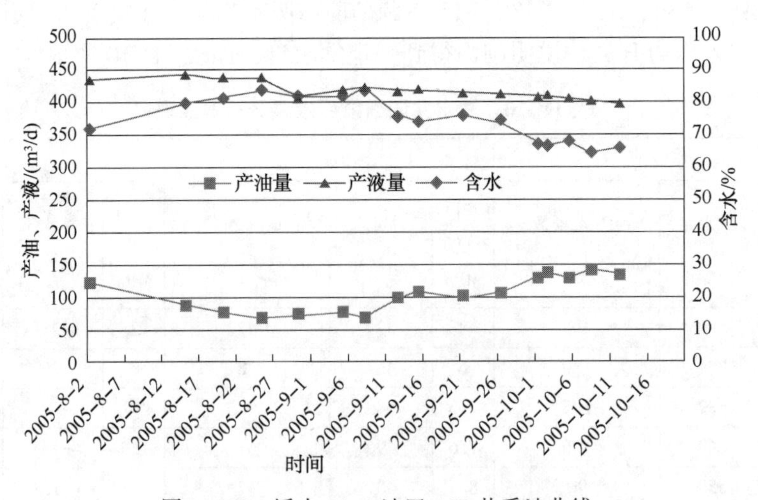

图 11-20 绥中 36-1 油田 A27 井采油曲线

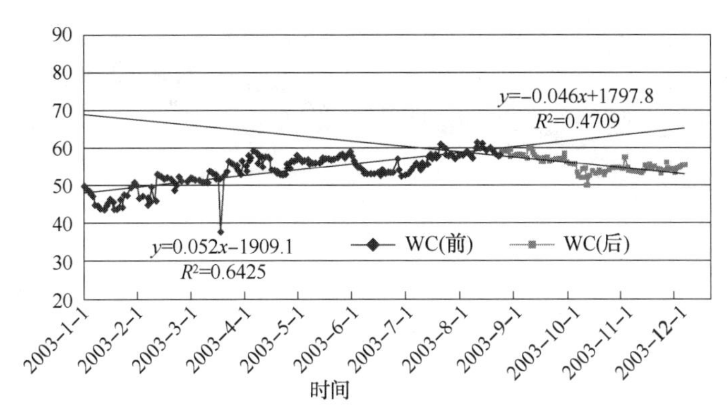

图 11-21　绥中 36-1 油田 A 区调剖前后含水变化趋势

二、弱凝胶调驱技术现场实施案例分析

在室内物理模拟实验研究和方案优化的基础上，2007 年 7 月 26 日在南堡 35-2 油田 A21 井进行弱凝胶注入施工，2008 年 11 月 26 日结束，共计注入弱凝胶段塞 0.097PV。

(一) 调驱注入方案

1. 调驱剂用量

聚合物凝胶用量：$4.2\times10^4m^3$；

注入速度：$350m^3/d$(调整备用 $300m^3/d$ 和 $250m^3/d$)。

2. 推荐流度改善剂组成

调驱体系组成及浓度设计：

Cp＝1300～4500mg/L(固含量 88%)，聚：交＝60：1～240：1，聚：助＝10：1～30：1。

3. 调驱施工工艺参数

(1) 注入方式：油管正挤+笼统注入，2～6 号防砂层段；

(2) 施工排量：$12\sim15m^3/h$；

(3) 施工压力：≤15MPa；

(4) 注入层位：Nm0 油组(10+12)小层，Nm1 油组，Nm2 油组，Nm^3 油组笼统注入，共 5 层注入。

(二) 注入动态与增产效果分析

1. 注入情况分析

随着聚合物凝胶的注入，A21 井注入压力持续升高，稳定在 8.2～8.5MPa 左右。注入压力大幅度提高，增大了中低渗透层吸液压差和吸液量，改善了吸液剖面，扩大了波及体积，其注聚压力和注聚浓度变化情况如图 11-22 所示。

2. 油井生产情况分析

(1) 油井沉没度呈增大趋势，供液状况得到改善。

从图 11-23 分析可知，A20S 井在短时间内泵沉没度明显减小，这与地层供液能力降低或油井出砂有关(已于 2008 年 6 月 19 日进行重新防砂完井)；A12 和 A13 井电潜泵的沉没度呈现增大趋势，地层供液状况得到改善。

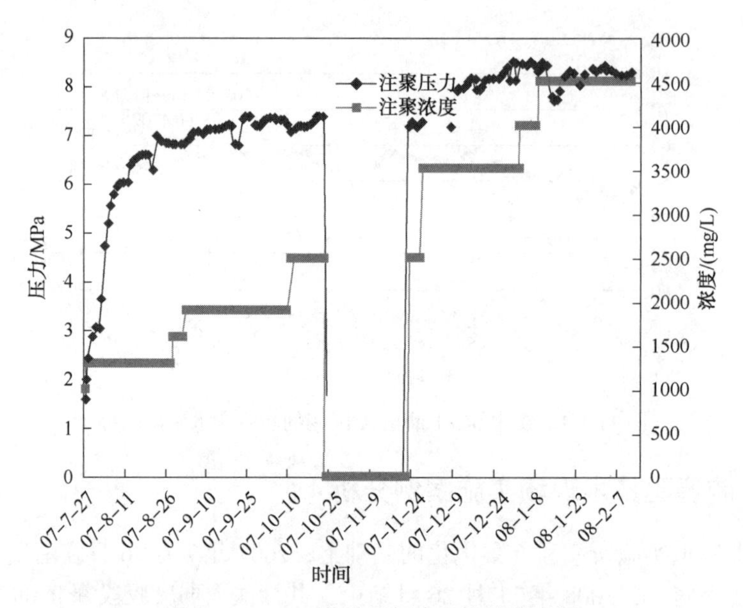

图 11-22　A21 井注聚压力和注聚浓度图

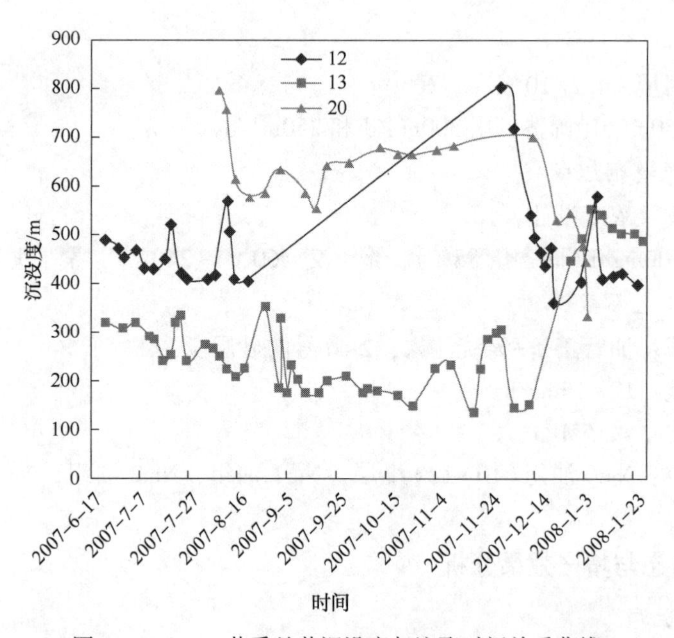

图 11-23　A21 井受益井沉没度与注聚时间关系曲线

（2）A9m、A11 井产油量增加，含水率下降，如图 11-24、图 11-25 所示。

（3）A13 井含水率保持平稳，产液量增加。

调驱初期，A13 井含水率、产油量和产液量保持平稳，2007 年 12 月开始产液量增加，含水率保持平稳，产油量增加，出现见效效果，后续可采取提液措施，增大生产压差，如图 11-26 所示。

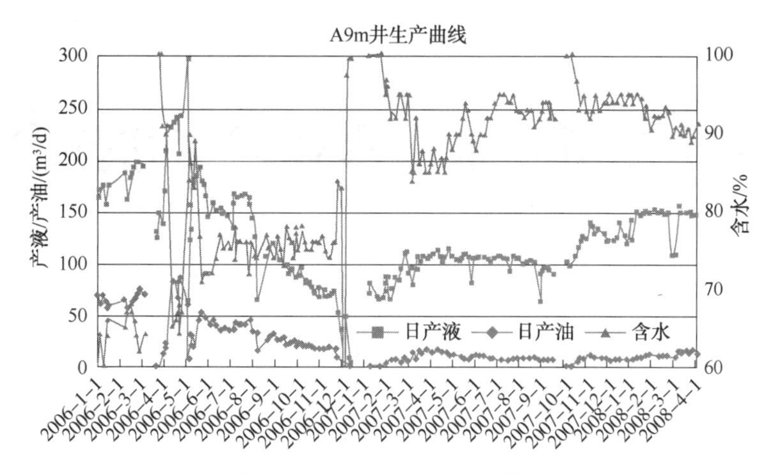

图 11-24　A9m 井生产曲线图

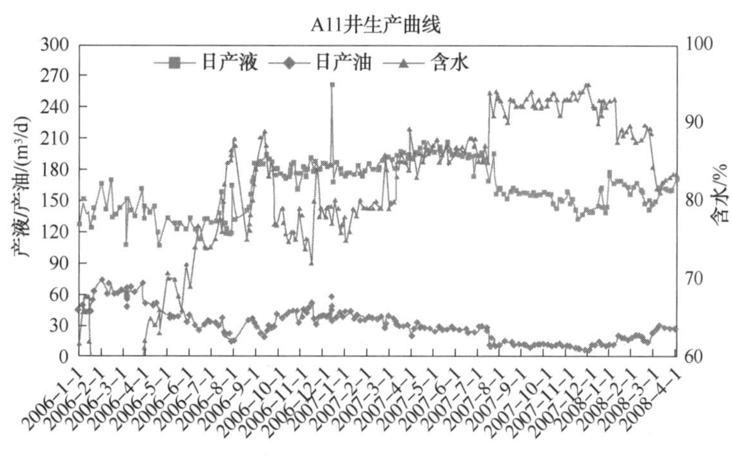

图 11-25　A11 井生产曲线

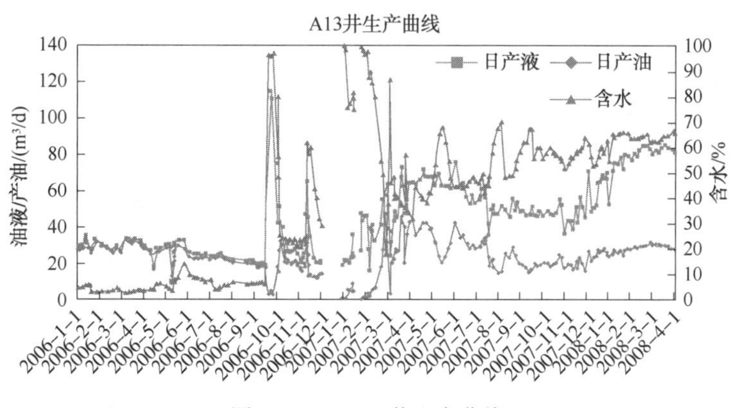

图 11-26　A13 井生产曲线

对 3 口可对比受益井(A12、A20S 由于再防砂完井，增产未考虑)A9m、A11 和 A13 的分析表明，调驱见效迹象明显，日增油 $45m^3/d$。截至 2009 年 6 月底，累积增油 $20000m^3$。

第十二章　采出水处理工艺技术

第一节　概　　述

一、油田采出水介绍

（一）采出水的来源

油田开采过程中产生的含有原油的水，简称采出水，或称为含油污水。它是油田回用的重要水源。其主要来源如下：

采油污水：原油集输脱水及各种原油处理系统及储存系统的罐底水。水温较高，矿化度较高，常呈偏碱性，溶解氧较低，含有腐生菌和硫酸盐还原菌，油质及有机物含量高，并含有一定的破乳剂成分。

洗井污水：采油井下作业洗井和注水井的定期洗井。主要含有石油类、表面活性剂及酸、碱等污染物。

（二）采出水的组成

采出水中一般含有悬浮固体、胶体、溶解物质、游离油及浮油、分散油、乳化油及老化油、溶解油及有害气体等物质。

（1）悬浮固体：其颗粒直径主要为1～100μm。

主要包括：

泥沙：0.05～4μm的黏土、4～60μm的粉沙和大于60μm的细沙；

腐蚀产物及垢：Fe_2O_3、CaO、MgO、FeS、$CaSO_4$、$CaCO_3$等；

细菌：硫酸盐还原菌（SRB）5～10μm，腐生菌（TGB）10～30μm等；

有机物：胶质、沥青质和石蜡等重质油类。

（2）胶体：粒径为1×10^{-3}～1μm，主要由泥沙、腐蚀结垢产物和细菌有机物构成，物质组成与悬浮固体基本相似。

（3）溶解物质：在水中处于溶解状态的物质，主要有溶解气体，阴、阳无机离子及有机物，其粒径都在0.001μm以下。

主要包括：

溶解在水中的无机盐类：基本上以阳离子和阴离子形式存在，其粒径都在1×10^{-3}μm以下，主要包括如下离子：Ca^{2+}、Mg^{2+}、K^{+}、Na^{+}、Fe^{2+}、Cl^{-}、HCO_3^{-}、SO_4^{2-}等。

溶解的气体：如溶解氧、二氧化碳、硫化氢、烃类气体等，其粒径一般为3×10^{-4}～5×10^{-4}μm。

有机溶解物：环烷酸类等。

(4) 游离油及浮油：油珠粒径大于100μm的油滴，此部分油很容易被去除，按斯托克斯公式计算，水中油珠粒径大于100μm的油滴，上浮20.0mm高度仅需要1.4min。

(5) 分散油：油珠粒径10~100μm的油滴，此部分油在污水中所占的比例较大，一般为40%~60%，也比较容易被去除，而污水中的分散油尚未形成水化膜，还有相互碰撞变大的可能，靠油、水相对密度差可以上浮去除。

(6) 乳化油及老化油：油珠粒径小于10^{-3}~10μm的油滴，此部分油在污水中所占的比例一般为10%~70%，变化范围比较大，与油站投加破乳剂的量有关。这部分油含量直接影响到除油设备的除油效率，仅仅靠自然沉降是不能完全去除的。在油水处理过程中，由于在沉降分离设备中停留时间较长而产生的，不容易油水分离的，乳化程度较强的原油乳状液，称为老化油，这种物质在油水界面之间形成后，容易造成处理过程中的电脱水器跳闸，而进入事故罐在油水系统反复循环，危害生产。

(7) 溶解油：小于10^{-3}μm，不再以油滴形式存在，污水中此部分油仅占总含油量的1%以下，它不作为污水处理的主要对象，在净化水中主要含此部分油。

(8) 有害气体：含有H_2S、CO_2、O_2等有害气体，其中氧是很强的氧化剂，它易使二价铁离子氧化成三价铁离子，从而形成沉淀。CO_2能与铁反应生成碳酸铁$Fe_2(CO_3)_3$沉淀，H_2S与铁反应则生成腐蚀产物——黑色的硫化亚铁。

(三) 采出水的特点

油田地质条件比较复杂，油层埋藏深度也不一样，油层温度、压力也不一致，油层地下水流经地层矿床各异，与矿床接触时间也不相同，主要离子含量差异较大，所以各油田的采出水的性质也不一样；或者同一油田开采层位的不同，采出水的性质差异也很大；一般具有矿化度高，水温高，含有H_2S、CO_2、O_2等有害气体和大量成垢离子等特点。

(1) 水温高：一般污水温度在50℃左右。个别油田有所差异，如稠油油田为60~80℃。

(2) 矿化度高：不同油田的含油污水其矿化度有很大差异，低的每升仅有数百毫克，高的每升达数十万毫克。例如SZ36-1油田地层水矿化度平均值为6540mg/L。

(3) 酸碱度一般都偏碱性。但有的油田偏酸性，如南堡35-2油田采油污水的pH值一般在5.5~6.5。

(4) 溶解有一定量的气体。如溶解氧、二氧化碳、硫化氢、烃类气体等，以及溶有一些环烷酸类等有机质。

(5) 含有一定量的悬浮固体。如泥沙，包括黏土、粉沙和细沙；各种腐蚀产物及垢：包括Fe_2O_3、CaO、FeS、$CaCO_3$、$CaSO_4$等；细菌：包括硫酸盐还原菌(SRB)、腐生菌(TGB)及铁细菌、硫细菌等；有机物：包括胶质沥青质类和石蜡类等。

(6) 含有一定量的原油。以乳化油、分散油和原油的形式存在，以及一定量的胶体物质。

(7) 残存一定数量的破乳剂。

二、采出水处理概述

(一) 处理方法

国内油田采出水处理技术起步于20世纪60年代，初期只采用简单的重力自然沉降分离技术(除油罐、隔油池、重力砂滤罐)，80 年代末发展到应用旋流、压力过滤等技术的压力流程，90 年代，逐步推广旋流技术，并引进消化了浮选技术，出现了核桃壳过滤技术，使国内采出水处理技术趋于成熟，基本满足了中、高渗透油田注入污水水质处理要求。进入 21 世纪以来，生化污水处理技术发展迅猛，有效地解决了采出水的水质问题。国外学者在诸如细菌培养和生物相方面开展了许多深入的研究，国内许多油田也逐步引入了生化处理技术。近年来，由于科学技术和水处理专家的不懈努力，广大油田不断发展，出现了许多生产效率高、质量好、可靠性高的新生产水处理技术。

在进行了一系列的文献检索之后发现，当前国内外在污水处理方面，根据相关原理可以划分为以下四种类型。

1. 物理法

物理法主要是通过重力分离、离心分离、膜分离、粗粒化、过滤以及蒸馏等方式，清除废水里面的矿物质与固体悬浮物等，以达到废水处理的目的。

2. 化学法

针对采油污水里面难以通过物理法去除的胶体以及溶解性物质等进行化学作用，尤其是含油污水里面的乳化油，只有通过化学法处理才能够有效去除，这种方法称为化学法。在化学作用之下，可以把含油污水里面的污染物转化成无害物质，确保水质符合要求。

目前比较常见的两种化学法主要有：

（1）化学破乳法；

（2）化学氧化法。

3. 物理化学法

将物理方式与化学方式综合起来应用，从而达到净化采油污水的目的称为物理化学法。物理化学法可以细分为气浮法、吸附法、电化学法以及超声波法等四种方法，物理化学法不但有着良好的适应性，而且选择空间较大，能够确保污水被处理得相对彻底一些。但是，由于部分方法在工艺上还没有完全成熟，技术耗能就会相对较大一些。具体包括：气浮法、吸附法、电化学法及超声波分离法。

4. 生物化学法

生物化学法主要是通过微生物产生生化作用，把采油污水里面原本复杂的有机物分解开来，形成简单物质；或者是把有毒的物质分解转化成无毒物质，最终达到污水净化的目的。按照是否需要氧气的标准，可以把生物化学法分成两种类型，一种是好氧生物处理，另一种则是厌氧生物处理。其中，好氧生物处理具体是在水体中含有溶解氧的条件下，通过好氧微生物所特有的活性可以把污水里面的有机物进行分解，产生 CO_2、H_2O 以及 NO_3 等；而厌氧生物处理则是能够在厌氧反应器里面产生大量的厌氧生物菌体，将污水里面的有机物降解，产生 CO_2 以及 H_2O 等。生物膜法有：①生物滤池，其中又可分为普通生物滤池、高负荷生物滤池、塔式生物滤池等；②生物转盘；③生物接触氧化法；④好氧生物流化床等。

（二）采出水处理工艺现状分析

大多数国内油田已进入开发中后期，平均含水率超过 80%，产生了大量的采油污水。调查和探索新技术、新工艺从而有效地处理采出污水，进而达到污水外排和回注的要求，已经成为油田开发的一项重要任务。

为了处理乳化含油废水、稠油废水，高效廉价破乳剂、絮凝剂和降黏剂的开发已成为水处理药剂研究的一个方向。近年来，国内各个油田均加强了对处理药剂的研发，如胜利油田研发的含聚采出液非离子型综合处理剂，大庆油田研发的新型高效破乳净水剂、石蜡基原油分散剂、油水分离剂、聚合物驱采出水杀菌剂、污油破乳剂等具有优势的化学剂。

总之，对于水质特性日益复杂的油田采出水，开发各类新型高效的药剂新型材料和新型处理工艺，提高采出水的处理效果是当前重要的课题。随着水处理技术和材料科学的发展，降低处理成本，减少废弃油泥的产生，对处理水回收利用达到零排放，这将是未来的研究趋势。

油田采出水处理工艺优选的一般原则是油品性质好，油水比重差大时，应优选重力沉降过滤的处理流程；当油品性质较差，油水比重差小时，应优选旋流除油过滤的处理流程；当采出水外排时，可采用浮选工艺作为处理工艺。

对于初期的采出水，通常采用重力除油+过滤、压力除油+过滤、旋流除油+过滤、悬浮污泥床净化+过滤这些传统方式，目前陆地和海上油田大部分没有改造的采出水处理设施和原理都包含在这类工艺中。表 12-1 中列出了常规工艺在国内外的应用。

表 12-1　国内外油田污水处理工艺对比

油　　田	除油工艺/流程	过滤工艺技术	精细过滤
大庆	重力、压力、浮选、生化、除油	石英砂	细滤料
辽河	重力、浮选、离子交换工艺	核桃壳纤维球、双滤料	
中原	重力、压力、改性、药剂预氧化	核桃壳、纤维球、石英砂	
河南	重力、浮选、生化外排	核桃壳、双滤料、石英砂	
胜利	重力、压力、气浮、水质改性、旋流、生化外排	核桃壳、多介质石英砂、纤维球	金刚砂、金属膜
渤海	重力、压力、气浮、混凝、微生物分解	核桃壳、海绿石、重力式、膜处理、滤料再生	多介质精细过滤
加拿大冷湖油田	浮选+离子交换工艺	核桃壳、多介质石过滤	多介质精细过滤
美国生态与环境公司	气浮、生化(水生植物、水生植物-化学絮凝法)	核桃壳、双滤料过滤器	多介质精细过滤
美国 FLOUR 设计公司	液旋	核桃壳过滤器	金属滤芯

(三) 海上油田常用的采出水处理流程

1. 采出水处理流程的主要设备

由于海上油气生产都是通过生产平台实现的，而由于平台空间有限，所以其油气生产处理流程较陆上存在较大差异，采出水处理过程中所涉及的设备也有所不同。以一般中心平台(CEP)生产污水处理为例：

中心平台上的生产污水处理系统用于接收和处理来自原油处理系统的含油污水(图 12-1)。经过处理合格的生产污水将作为油田注水的水源回注到地层中。生产污水处理系统主要由以下设备组成：斜板撇油器、加气浮选器及双介质核桃壳过滤器等。

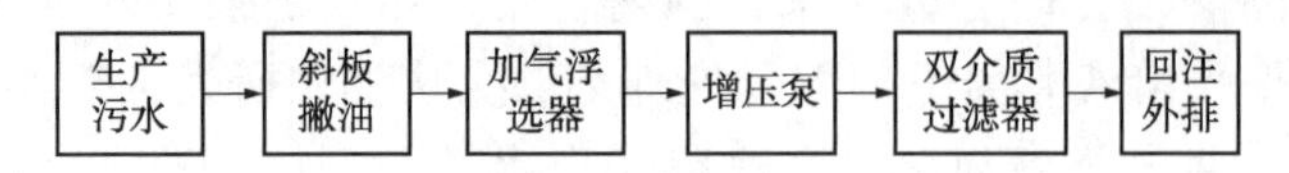

图 12-1　海上油田常用的采出水处理流程

（1）斜板撇油器

来自原油处理系统的生产污水排至一级生产污水处理斜板撇油器中进行分离，分离方法为浅池原理。污油进入污油储罐，处理后的生产污水进入下一级污水系统加气浮选器，如图 12-2 所示。

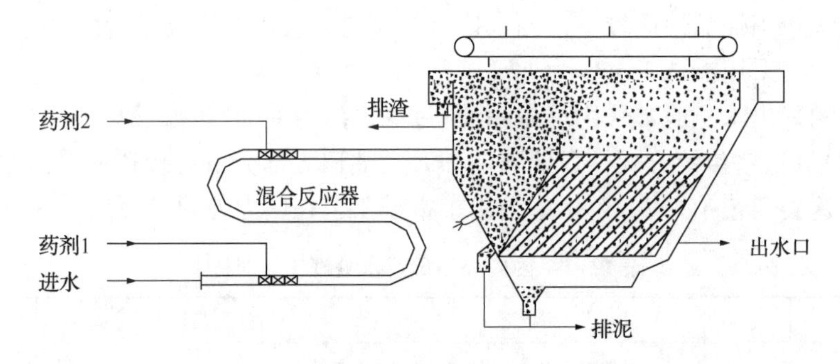

图 12-2　斜板撇油器装置示意图

（2）加气浮选器

加气浮选器橇内包括加气浮选器以及循环水泵。加气浮选器多为卧式容器，在微正压条件下工作的。其主要作用是脱除污水中携带的小油滴以及微小的固体颗粒。来自斜板撇油器生产污水由加气浮选器的一端进入该容器，并穿过浮选室流入浮选器另一端的排水区，经过净化的生产污水一部分流入生产水泵，另一部分则流至循环射流泵，并由该泵增压后流入喷水管内。在浮选室中，从喷水管中排出的流体内所含有的气体以众多细小的气泡的形式在水相中扩散，为穿过浮选室的含油污水充气，如图 12-3 所示。

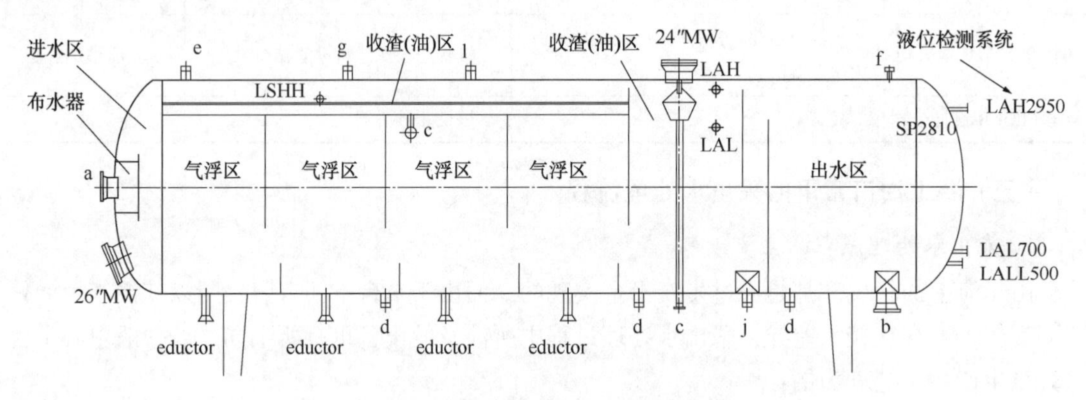

图 12-3　加气浮选器装置示意图

（3）双介质核桃壳过滤器

经增压后的生产污水进入双介质核桃壳过滤器。双介质核桃壳过滤器由时间信号或压差信号控制反洗。生产污水经双介质核桃壳过滤器过滤除去水中的油和悬浮固体后进入净水缓冲罐。双介质核桃壳过滤器由反冲洗泵将净水缓冲罐中的水增压后进行反冲洗，从双介质核桃壳过滤器排出的反冲洗水进入污水罐进行处理，如图 12-4 所示。

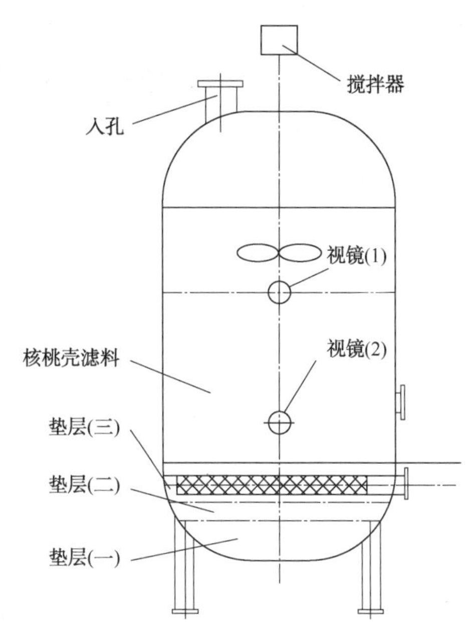

图 12-4　双介质核桃壳过滤器装置示意图

2. 生产水处理系统流程介绍

来自原油处理系统的生产污水汇集在一起后流入生产污水处理工艺舱中进行沉降分离，经过沉降分离后的生产污水由生产污水增压泵输送到加气浮选器中进行处理，进一步降低了生产污水中的含油量。经过加气浮选器处理后的生产污水由生产水泵增压后输送到双介质核桃壳过滤器进行过滤处理以除去生产污水中所含有的固体颗粒以及微小的油滴使生产污水最终达到注水水质的要求。

图 12-5 为渤海部分油田污水处理工艺示意图。

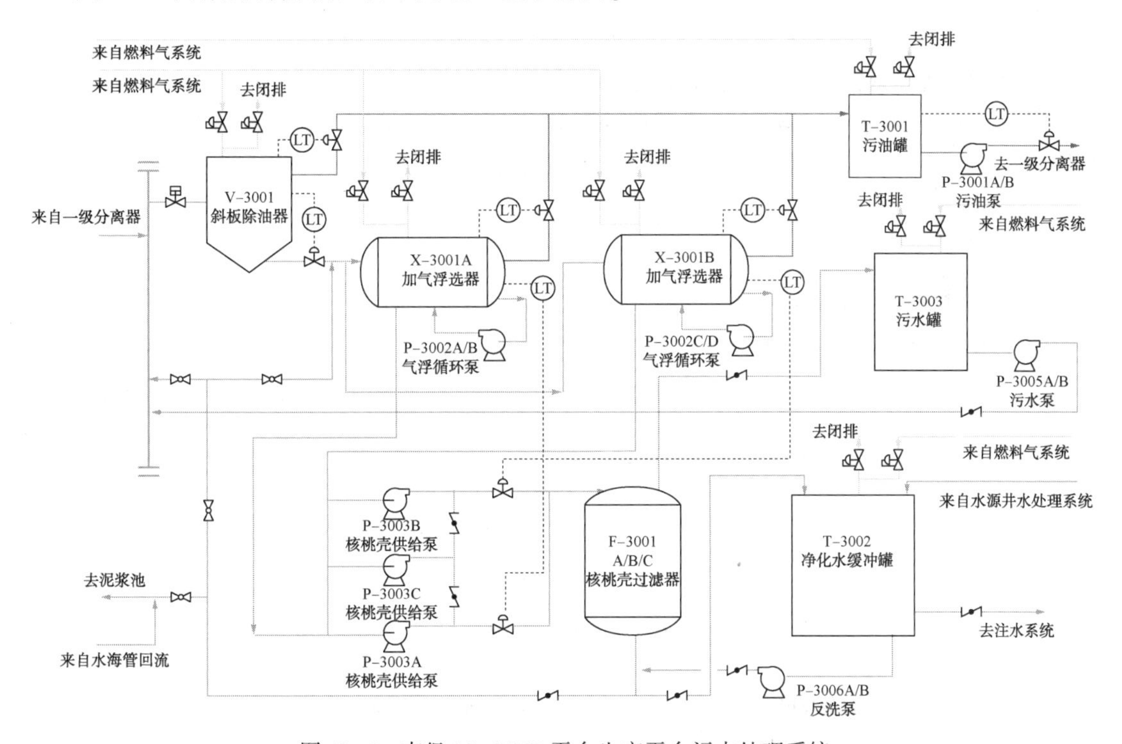

图 12-5　南堡 35-2CEP 平台生产平台污水处理系统

第二节　除油技术

油田采出水处理是指对油田采出水(包括注水井洗井废水)进行回收和处理，使其符合注水水质标准、其他用途或排放预处理水质要求的过程。含油污水的除油有物理方法和化学方法，但在生产实践过程中两种方法往往结合应用。

归纳目前海上主要应用的含油污水处理方法如表 12-2 所示。

表 12-2　海上油田含油污水处理的主要方法

处理方法	特　点
沉降法	靠原油颗粒与悬浮杂质与污水的比重差实现油水渣的自然分离，主要用于除去浮油及部分颗粒直径较大的分散油及杂质
混凝法	在污水中加入混凝剂，把小油粒聚结成大油粒，加快油水分离速度，可除去颗粒较小的部分散油
气浮法	向污水中加入气体，使污水中的乳化油或细小的固体颗粒附在气泡上，随气泡上浮到水面，实现油水分离
过滤法	用石英砂、无烟煤、滤芯或其他滤料过滤污水除去水中小颗粒油粒及悬浮物
生物处理法	靠微生物氧化分解有机物，达到降解有机物及油类的问题
旋流器法	高速旋转中重力分异，脱出水中含油

我国海上油气田平台的生产水外排渠道有两种：一种是处理达标后排海；另一种是将生产水处理达标后注入需要注入水开发的油藏地层。海上油气田开发进入中后期，随着含水的不断增加，增产措施提液等的实施，也带来生产水量的不断增加。对常规的生产水处理工艺发起挑战，海上平台目前使用的生产水除油技术主要有以下几种。

一、沉降法

(一) 沉降法除油原理

沉降法主要用于除去浮油及部分颗粒直径较大的分散油。由于水中油珠相对密度小而上浮，水下沉，经过一段时间后油与水就分离开来。油珠上浮速度可用公式(12-1)来计：

$$W=\frac{\beta(\rho_w-\rho_o)d^2g}{18\mu\psi} \tag{12-1}$$

式中，W 为油珠上升速度，m/s；β 为污水中油珠上浮速度降低系数，取 $\beta=0.95$；ρ_w、ρ_o为分别为污水与油的密度，kg/m^3；g 为重力加速度，m/s^2；d 为油珠直径，m；μ 为污水的动力黏度系数，kg/(m·s)；ψ 为考虑水流不均匀、紊流等因素的修正系数，一般取 $\psi=1.35\sim1.50$。

根据该速度就能大致确定污水沉降罐的沉降速度 V，即沉降速度 V 不能大于或等于油珠上浮速度 W，否则油珠就将浮不上来，而被水带到水管中去，或是油珠在水中悬浮着。沉降法能除去直径较大的油珠。沉降法除油一般在沉降罐、沉降舱等中进行。

（二）沉降罐

沉降罐是利用介质的密度差进行重力沉降分离的处理构筑物，因此同属一种类型，沉降罐有立式和卧式两类：立式多为重力式、卧式多为压力式。沉降罐用于采出水中油、水、泥分离。

沉降罐目前在油田上应用较广，这种罐是按照标准容器制造的圆筒形分离器，它有一个中心进口和一个外缘出口，其结构如图 12-6 和图 12-7 所示。

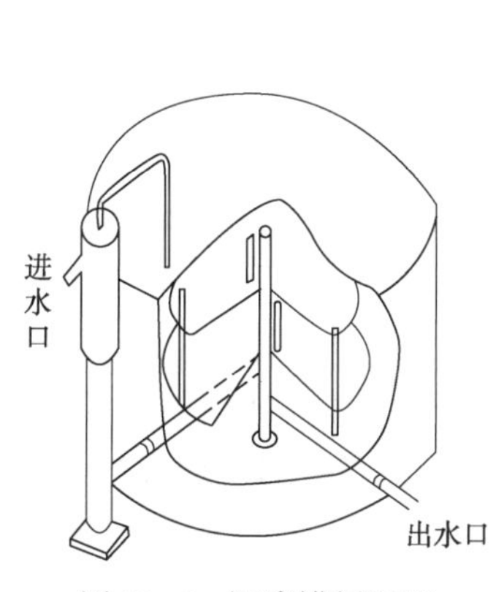

图 12-6　沉降罐剖视图

图 12-7　沉降罐内部结构图

气导管相当于一个预分离筒用以减缓流速，可使天然气分离。通向立管的管线和立管在 API 分离器中起着前舱室的作用，液体流经管线到立管的速度被保持在一定范围内。

位于两个分水器之间的空间相当于 API 分离器油水分离的流道。每个分水器的面积几乎是大罐面积的一半。分离器外缘和罐壁之间的空间，留作建造空间。

出口槽缝和管线被连接到外边的虹吸管弯上，以便控制内部液面。油水界面要保持在高于上部分水器的位置，在上部分水器的上方安装了一个撇油器，以便连续回收分离出的原油。在两个分水器之下或在中央立管之中放出的任何天然气将从罐顶排出。天然气帽可使罐与空气隔绝。锥底罐用于收集污泥和沉渣。

（三）常见的问题及解决对策

（1）随着油田采出水水质特性发生变化，尤其是在污水油粒及悬浮物颗粒变得细小的情况下，现有沉降罐仅仅靠重力作用进行油、水、泥分离，使出水达到过滤的条件是十分困难的，同时，也造成沉降罐的负荷明显下降。

解决对策：针对悬浮固体颗粒细小、数量多、稳定性好的特点，采用气浮或投加高效絮凝剂的方法，使悬浮固体颗粒脱稳和聚并，进而提高分离效率。

（2）沉降罐加热盘管加热效果差并且易腐蚀穿孔，维修时必须清罐，工作量大，影响生产。

解决对策：对目前加热盘管存在加热效果差的问题，采取单独供热方式来解决。

二、混凝法

混凝的概念：指“凝聚”和“絮凝”过程。一般认为水中胶体失去稳定性，即“脱稳”的过程称为“凝聚”；而脱稳胶体中粒子及微小悬浮物聚集的过程称为“絮凝”。

（一）混凝机理

1. 混凝剂及絮凝剂

（1）混凝剂

污水中的固体悬浮物、胶体颗粒可用混凝剂除去。能使水中固体悬浮物形成絮凝物而下沉的物质叫混凝剂。由于固体悬浮颗粒表面带负电荷，互相排斥，所以不易聚结下沉。

混凝剂的作用一是中和固体悬浮颗粒表面负电荷；另一个使失去负电荷的固体悬浮颗粒迅速聚结下沉。起前一个作用的化学药剂为凝聚剂，起后一个作用的化学药剂为絮凝剂。

（2）絮凝剂

定义：凝聚剂主要为无机阳离子聚合物，如羟基铝、羟基铁和羟基锆。此外还有铁盐和铝盐，如三氯化铁、硫酸铝等。这些无机盐及其聚合物都可发生水解作用，产生多核羟桥络离子，中和水中固体悬浮颗粒表面的负电荷。

应用：无机盐凝聚剂中，铁盐和铝盐应用最为广泛。铁盐适用的pH值范围广，形成的矾花大，比重大，沉降快，且不受水温影响，净化效果较好。铝盐形成的矾花小，比重轻，沉降慢，适应的pH值范围小。

药剂：无机盐阳离子聚合物凝聚剂，如聚合铝(PAC)，聚合铁是一类具有发展前途的凝聚剂，对水质的适应性强，使用的pH值范围广，形成矾花大，形成速度快，沉积快，投量少，净化效果好，且不受水温影响。

有机非离子型和阴离子型的水溶性聚合物凝聚剂，如聚丙烯酰胺、聚乙二醇、羧甲(乙)基淀粉、羧乙基纤维素等。有机高分子助凝剂都是线性聚合物，具有巨大的线性分子结构，每个分子上有多个链节，可以通过吸附作用而桥接在水中的固体颗粒表面，使它们聚结在一起而迅速下沉。

2. 混凝剂的净化机理

污水中物质存在形态：

（1）悬浮状态：处于悬浮状态的粒子，直径大于1μm。如泥沙颗粒，分散油滴、细菌(SRB、TGB)等。

（2）胶体状态：处于胶体状态的粒子直径为1~0.1μm之间。这些粒子的性能完全服从于胶体的性质规律。如黏土微粒、土壤腐殖质、乳化油、金属氢氧化物等。

（3）溶解状态：处于此状态的离子直径小于0.1μm，就是所谓的真溶液，以离子或分子状态存在于水中。如溶解性气体(H_2S、CO_2、O_2)、有机物和溶解性无机盐等。

混凝净化机理：以上三种状态的粒子，以分子状态存在的溶液，不影响水质，而以悬浮状态存在的悬浮物溶液容易处理，最难处理的是胶体。胶体溶液十分稳定，它在水中作无规则布朗运动，胶体颗粒的自身重力已不起作用。同时，胶体颗粒本身还带有同种电荷，相互排斥，要使胶体颗粒相互凝聚成大颗粒而沉降，必须中和其表面电荷，使胶体成为中性。因此就必须用混凝剂将它们凝聚成大颗粒，利用沉降或浮选法将其去除。

3. 混凝剂对水中胶体颗粒的混凝作用

（1）电性中和：要使胶体颗粒通过布朗运动相互碰撞聚集，就必须消除颗粒表面同性电荷的排斥作用，亦称“排斥能峰”。降低排斥能峰的办法是降低或消除胶体颗粒的 ζ 电位，即在水中投入电解质便可达此目的。含油污水中胶体颗粒大都带负电荷，故通常投入的电解质—凝聚剂是带正电荷的离子或聚合离子，如 Na^+、Ca^{2+}、Al^{3+}等。

（2）吸附桥架：不仅带异性电荷的高分子物质(即絮凝剂)与胶体颗粒具有强烈地吸附作用，不带电的甚至带有与胶粒同性电荷的高分子物质与胶粒也有吸附作用。当高分子链的一端吸附了某一胶粒后，另一端又吸附了另一胶粒，形成“胶粒-高分子-胶粒”的絮体。高分子物质在这里起到了胶粒与胶粒之间相互结合的桥梁作用，故称吸附桥架。起桥架作用的高分子都是线性高分子且需要一定长度，当长度不够时，不能起到颗粒间桥架作用，只能单个吸附胶粒。

（3）网扫作用：当水中投加的混凝剂量足够大，便可形成大量絮体。成絮体的线性高分子物质，不仅具有一定长度，且大都有一定量的支链，絮体之间也有一定的吸附作用。混凝过程中在相对较短的时间内，在水体中形成大量絮体，趋向沉淀，便可以网捕，卷扫水中的胶体颗粒，以致产生净化沉淀分离，这种作用基本上是一种机械作用。

（二）混凝工艺

1. 混合

投药口的位置和混合设备的选择必须使加入的混凝剂与水急剧、充分混合，如投加两种及两种以上混凝剂或助凝剂时，应事先进行配伍性试验。

静态简易管式混合器，其喷嘴流速 3~4m/s，如图 12-8 所示，静态叶片涡流形式的管式混合器。混合时间一般为 10~20s 左右，混合管线流速为 1.0~1.5m/s，如图 12-9 所示。

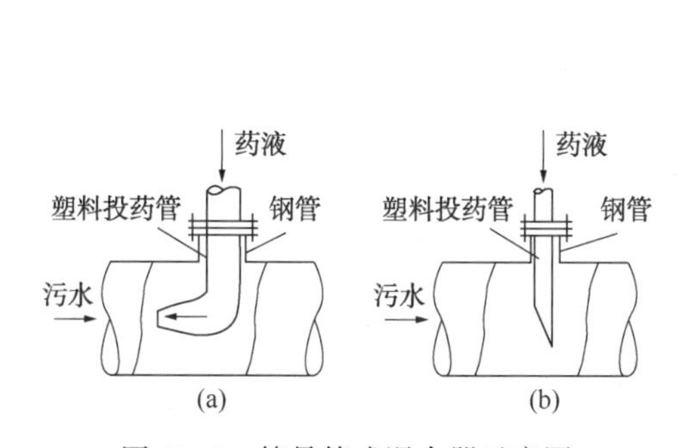

图 12-8　简易管式混合器示意图

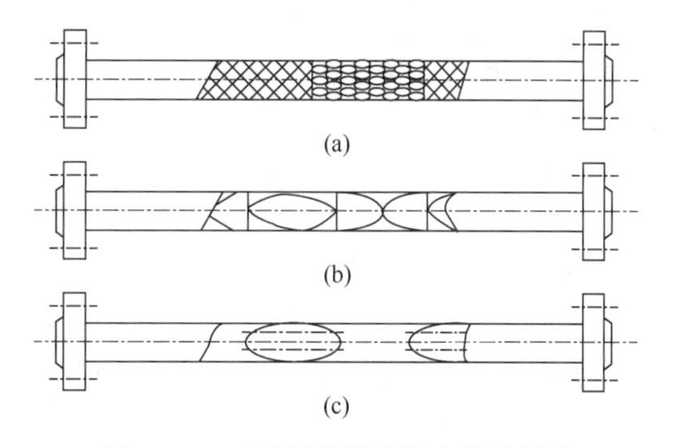

图 12-9　叶片涡流管式混合器示意图

2. 反应

油田污水处理站一般不设单独的反应构筑物，大都是反应与分离(沉淀)合建在一起的卧式或立式混凝沉降设施。反应部分从反应的水力原理上分为旋流式中心反应器和涡流式中心反应器，及旋流涡流组合式反应器。

（1）旋流式中心反应器：有效反应时间一般为 8~15min，喷嘴进口流速 2~3m/s。也可根据原水水质情况，投加的混凝药剂性能通过实验确定，如图 12-10 所示。

（2）涡流式中心反应器：有效反应时间一般为 6~10min，进水管流速 0.8~1.0m/s，锥底夹角口为 30°~45°，如图 12-11 所示。

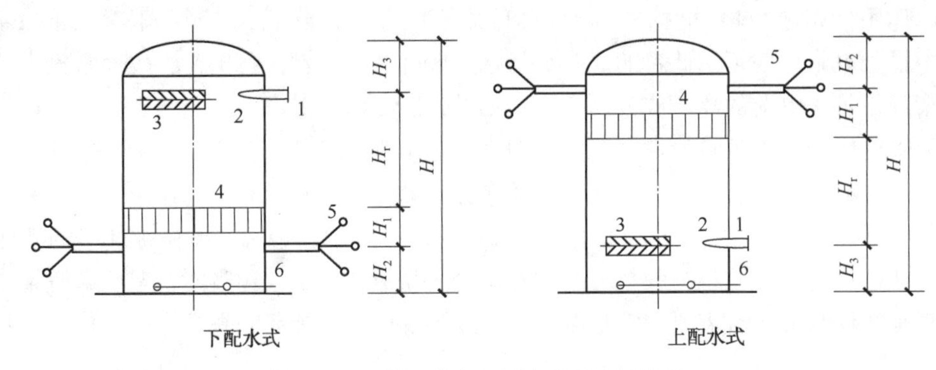

图 12-10　旋流式中心反应器工艺结构图

1—进水口；2—喷嘴；3—防冲导流板；4—整流格板；5—出口配水；6—排污口

三、聚结除油法

（一）聚结除油原理

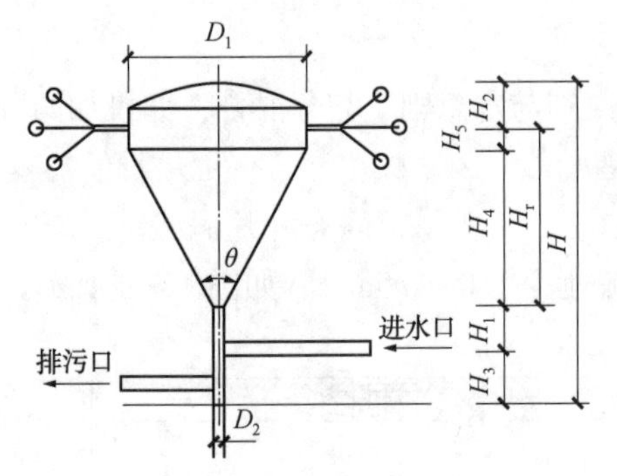

图 12-11　涡流中心反应器工艺结构图

高速流动的乳化液在流过聚结床层时会发生油滴与油滴之间的碰撞聚结，油滴与聚结材料表面的黏附聚结，还会发生流动的油滴与已黏附在聚结材料表面的油滴之间的碰撞聚结。不同的交互作用都有概率导致这些液滴间的聚结，可采用胶状颗粒凝聚的机理来描述这些交互作用，一些主要交互作用机理主要包括：

1. 拦截机理

在拦截机理中，假定具有很小尺寸的分散相液滴正好沿着环绕着纤维的流体流线向前移动，当被纤维拦截时，则液滴被捕获黏附在纤维上。

2. 惯性碰撞机理

分散相与主相有密度差，流动过程中分散相液滴将与流线发生偏移，液滴从流线中偏移出来而被捕捉。在气溶胶过滤中，因为空气的黏度和密度都很低，因此高速时惯性碰撞是重要的影响靠近机理，在液液两相聚结时，由于密度差异小和大黏度，因此该机理的影响并不像在气溶胶过滤时那么的显著。

研究表明当雷诺数为小于 1 时，惯性碰撞机理对聚结的影响非常小；当油滴粒径不小于 10μm 或两相的密度相差较大时，惯性碰撞机理在聚结机理中占主导地位，对超过乳化液范畴的大油滴，惯性碰撞不是占主导的机理。

3. 梯度碰撞机理

Lecich 剪切流场中的碰撞理论提出：

$$K_G = \frac{4}{3} d_m{}^3 \Gamma \tag{12-2}$$

式中，K_G 为梯度碰撞系数；Γ 为剪切率；d_m 为液滴平均直径。在纤维聚结床中 Γ 可高达 6000/s，足以引起油水乳化液中液滴与液滴间的碰撞。

4. 布朗扩散

由于杂乱的布朗运动使得纤维对液滴的捕捉效率增加，因此随着流体流动的液滴趋于偏离原始运动状态。乳化液滴的扩散系数可表达如下：

$$D=\frac{kT}{3\pi\mu_c d_p} \tag{12-3}$$

式中，D 为布朗扩散系数；k 为玻尔茨曼常数；T 为绝对温度；μ_c 为连续相黏度；d_p 为分散相液滴直径。

1969 年，Hazlett 使用纤维聚结床从航空汽油中脱水来验证扩散机理的关键性，结果发现当纤维和液滴的直径都小于 1μm、流速为 0.9cm/s 时，扩散机理才为主要作用机理效率随流速、粒径、纤维直径的增加而减少。只有当纤维和液滴的直径都小于 1μm 时，才有重要的作用。

（二）聚结除油设备

常规聚结分离器分类主要根据内部形式划分为板式、填料式、滤芯式和纤维床。

（1）板式聚结分离器利用浅池原理与聚结原理相联合，采取多层聚结板组，板组具有较大的聚结表面积，既缩短了油滴的浮升距离，又提供油滴聚结附着的载体，从而提高除油效率。板式聚结分离器的开发始于美国 Performax 产品，首先应用于含油污水除油，之后不断开发，又在天然气除雾和原油脱水中得到了应用。

（2）填料式聚结分离器采用聚结材料无规则填充形成聚结层，常用亲油疏水性或亲水疏油性的粒状或纤维状材料，含油污水以一定流速穿过聚结床层可实现油水分离。对于污水除油，一般使用表面亲油疏水的填料，接触角越小则对油类润湿性越好，但需要避免过小的接触角导致水流曳力难以将聚结后的油层带离填料表面，这样易造成聚结层的堵塞。填料式聚结分离器可针对处理物料不同进行优化选择，且填料容易更换。

（3）滤芯式聚结分离器的核心为聚结滤芯，特别适用于对乳化油滴的分离。微小乳化油滴在流经聚结滤芯的过程中破乳、聚并长大，长大的油滴从聚结滤芯外表面脱落并在设备内浮升。目前石油化工中常用的滤芯式分离器有单级聚结器、两级聚结分离器。单级聚结器是只有聚结滤芯的分离器，两级聚结分离器内部除了装有一级聚结滤芯外，还装有二级分离滤芯，分离滤芯通过在金属网孔管上喷涂聚四氟乙烯或有机合成材料，来实现亲水憎油的功能。通常聚结滤芯和分离滤芯分开布置，如图 12-12 所示，可有效减小设备高度，有利于滤芯更换和维护，设备紧凑，流体先由内向外通过聚结滤芯，然后再由外向内流过分离滤芯后外排。

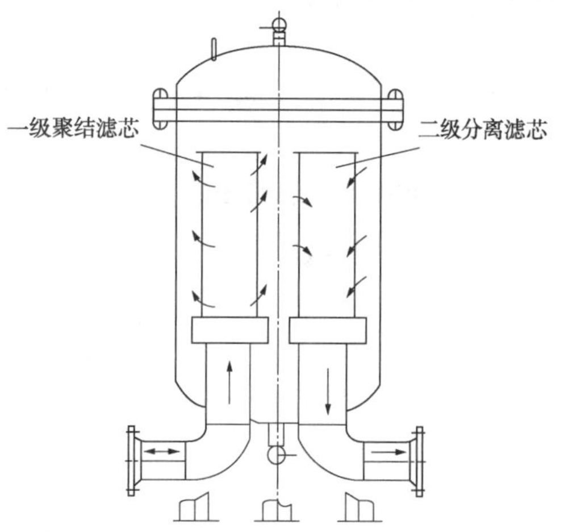

图 12-12　滤芯式两级聚结分离器示意图

（三）常见问题及解决对策

（1）由于含油污水处理站来水具有含油量较低、悬浮固体颗粒偏细小的特点，横向流聚结除油器必须配合相应的化学药剂才能提高处理效率；另外，该除油器为密闭处理设备，有利于硫酸盐还原菌生长。实际应用证明，投产应用1年以后，由于硫酸盐还原菌的大量繁殖，将影响设备实际应用效果。

解决对策：在横向流聚结除油器进水管道中投加一定量的杀菌剂，杀灭污水中硫酸盐还原菌，保证出水水质。

(2) 由于聚结除油器集油空间较小，如不及时排出，将影响设备处理效果。

解决对策：定期排油。

四、气浮法

(一) 气浮法除油原理

气浮法就是向污水中通入或在污水中产生微细气泡，使污水中的乳化油或细小的固体颗粒附在空气泡上，随气泡一起上浮到水面，然后采用机械的方法撇除，达到油水分离的目的。

1. 油粒和悬浮物具有吸附气泡浮上的性能

当天然气被射流器吸入并在浮选器内形成微气泡时，由于含油污水中的油粒和悬浮物为疏水性，且油粒比重小于1，便会立即吸附到微气泡表面，并以0.5~0.9m/s的高速上浮分离，在液面上形成浮渣层。

2. 过滤原理

生产水中的油和悬浮物在浮上时脱油，水则向下作层流，并从浮选器下部的出水口流出，由于水向下流动时必须穿过上升的微气泡层，因此如果向下流动的水中存在油粒和絮凝的悬浮物，必然会被上升的气泡吸附"过滤"，并送到液面浮渣层。

3. 微气泡原理

根据原理1推断，若要将污水中分散状的油粒(包括经破乳后，乳化油变成粒径大的油粒)和大小不一的矾花最大限度地被气泡所吸附，最有效的技术措施就是要能够在污水中不断地释放(供给)粒径比较理想的微气泡。

为使污水中有些亲水性的悬浮物用气浮法分离，则应在水中加入一定量的浮选剂使悬浮物表面变为疏水性物质，使其易于黏附在气泡上去除。浮选剂是由极性-非极性分子组成，为表面活性物质，例如含油污水中的环烷酸及脂肪酸都可起浮选剂作用。有时水中乳化油量较高时，气浮之前还需加混凝剂进行破乳，使水中油呈分散油状态以便于气泡黏附易于用气浮法分离。

(二) 气浮法除油的分类

气浮法按采用的供气方式不同又可分为以下几种方法；

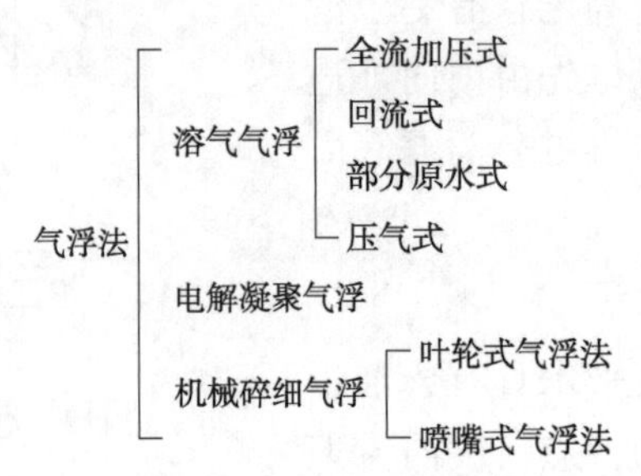

1. 溶气气浮

溶气气浮是使气体在一定压力下溶于含油污水中，并达到饱和状态，然后再突然减压，使溶于水中的气体以微小气泡的形式从水中逸出的气浮。

2. 电解凝聚气浮法

电解凝聚气浮法是把含有电解质的污水作为被电解的介质，在污水中通入电流，利用通电过程的氧化-还原反应使其被电解形成微小气泡，进而利用气泡上浮作用完成气浮分离。

这种方法不仅能使污水中的微小固体颗粒和乳化油得到净化，而且对水中的一些金属离子和有机物也有净化作用。

3. 机械碎细气浮法

机械碎细气浮法是海上油田应用较广泛的方法，是采用机械混合的方法把气泡分散于水中。

（1）叶轮式气浮法

在叶轮式气浮装置的运行中，污水流入水箱，叶轮旋转产生的低压使水流入叶轮。叶轮旋转，起泵的作用，把水通过叶轮周围的环形微孔板甩出，于是装叶轮的立管形成了真空，使气从水层上的气顶进入立管，同时水也进入立管，水气混合，被一起高速甩出。当混合流体通过微孔板时，剪切力将气体破碎为微细气泡。气泡在上浮过程中，附着到油珠和固体颗粒上。气泡通过水面冒出，油和固体留在水面，形成的泡沫不断地被缓慢旋转的刮板刮出槽外，气体又开始循环。

（2）喷嘴式气浮法

喷嘴式气浮装置的结构与叶轮式气浮装置类似，多有四个串联一起的气浮室。喷嘴式气浮法的基本原理是利用水喷射泵，将含油污水作为喷射流体，当污水从喷嘴以高速喷出时，在喷嘴处形成低压区，造成真空，空气就被吸入到吸入室。喷嘴式气浮要求有 0.2MPa 以上的压力，当高速的污水流入混合段时，同时将吸入的空气带入混合段，并将空气剪切成微小气泡。在混合段，气泡与水相互混合，经扩散段进入浮选池。在气浮室，微小气泡上浮并逸出水面，同时将乳化油带至水面加以去除。

在喷嘴式气浮污水处理中，喷嘴是关键部件，在国内外喷嘴都是专利产品。喷嘴的设计原则是喷嘴直径小于混合段的直径，这样流体速度提高，压力升高，气体在水中的溶解度提高。

在喷嘴式气浮污水处理中，喷嘴的位置直接影响除油效果，喷嘴入水较深为好。另外，喷嘴与气浮室之间要有一段较长的管道，使水和气有充分接触混合的时间，增加溶气量，提高气浮效率。在渤中 34-2/4E 油田就采用了喷嘴式气浮法装置。

4. 影响气浮法效率的因素分析

气浮法净化油田污水的理论研究和试验结果说明，除油效率随着气泡与油珠和固体颗粒的接触效率和附着效率的提高而提高。气液接触时间延长可提高接触效率和附着效率，从而提高除油效率。增大油珠直径，减小气泡直径和提高气泡浓度既可提高接触效率，也可提高附着效率。因此是提高除油效率的重要措施。其他一些因素如温度、pH 值、矿化度、处理水含油量和水中所含原油类型也都直接或间接地影响除油效率。因此，处理不同的油田污水，即使同样的设计，处理后的含油量也不相同；同一个水源，采用不同的气浮法处理，处理后的水质也不一样；即使同一个水源，采用同样的气浮法处理，但随着处理水物性的变化，处理后的水质也会发生变化。因此，必须搞清这些因素对除油效率的影响及其之间的相互作用，从而采用针对性措施，提高气浮法净化油田污水的效率。

（三）气浮设备

气浮机有多种类型，主要区别在于加气、布气方式不同而导致结构、加气、布气系统各异，产生的气泡颗粒直径及均匀性有差别，能耗、管理及维护方便与否也不同。

1. 加气浮选器装置

加气浮选器装置示意图如图12-13所示。

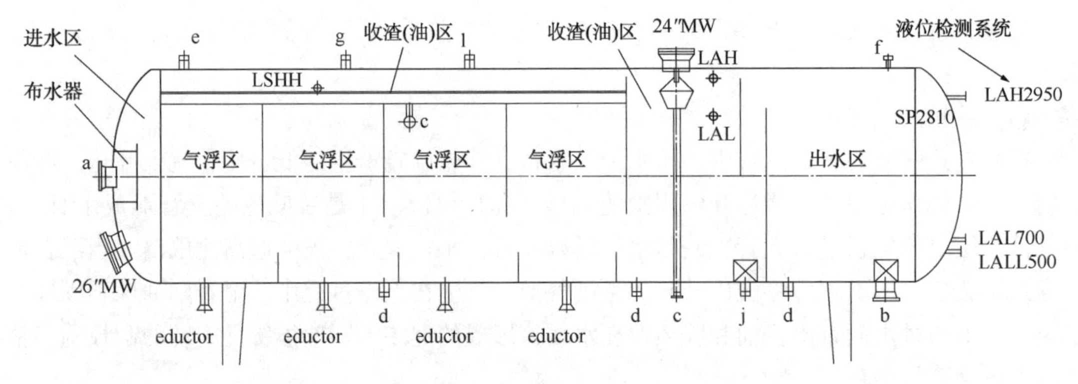

图12-13　加气浮选器装置示意图

一般加气浮选器由进水区、气浮区、收渣(油)区、出水区及水腿等组成。

进水区：设有布水器，保证布水均匀和通过降低水流速以减少对气浮区的冲击；

气浮区：含油污水中的油和悬浮物与喷射器产生的上浮气泡相结合，产生密度小于水的结合体，向上运动形成浮渣，由排油口排出；

收渣(油)区：长条U形和斗形集油槽；

出水区：设有集水器，可有效地防止断流的出现；

液位监测系统：出水区、收油渣区；

循环泵：给喷射器供液，将气体吸入容器；

喷射器：喷嘴、吸入室、混合吸入段、混合室、扩压室。

（2）喷嘴自然通风浮选池

喷嘴自然通风浮选池如图12-14所示。水喷射泵将含油污水作为喷射流体，当污水从喷嘴以高速喷出时，在喷嘴处形成低压区，造成真空，空气就被吸入到吸入室。喷嘴式气浮要求有0.2MPa以上的压力，当高速的污水流入混合段时，同时将吸入的空气带入混合段，并将空气剪切成微小气泡。在混合段，气泡与水相互混合，经扩散段流入浮选池。在气浮室，微小气泡上浮并逸出水面，同时将乳化油带至水面加以去除。

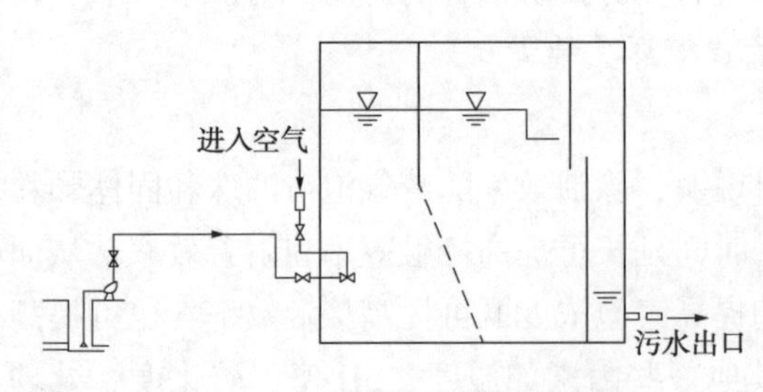

图12-14　喷嘴自然通风浮选池

（四）常见问题及解决对策

存在问题：由于含油污水充分地曝气，污水中的细菌将大量繁殖，形成菌块，出水悬浮固体含量将升高，难以达到注水要求。

解决对策：投加浮选剂减少曝气量，控制污水中的细菌繁殖，保证出水悬浮固体含量的要求。

五、生物处理法

（一）污水生物处理机理

生物法处理技术的机理就是采用一定的人工措施，创造有利于微生物生长、繁殖的环境，使微生物大量繁殖，在繁殖的过程中，这些以污水中的有机物作为营养源的微生物，通过氧化作用吸收分解有机物，使其转化为简单的 CO_2、H_2O、N_2、CH_4 等，从而使污水得以净化。生物法从微生物对氧的需求上可分为好氧生物法和厌氧生物法，从处理的过程形式上可以分为活性污泥法、生物膜法和氧化塘法。生物处理法对被处理的污水水质有以下的具体要求。

（1）水的 pH 值：对于好氧生物处理，要求水的 pH 值在 6~9 之间。对于厌氧生物处理，水的 pH 值在 6.5~7.5 之间。

（2）水温度：温度也是一个主要因素。对大多数微生物来讲，适宜的温度在 10~40℃。

（3）养料：微生物生长繁殖除需要碳水化合物作为食料外，还需要一些无机元素如氮、磷、硫、钾、钙、镁、铁等，因此用生物法处理含油污水时，需投加适量的营养物。

（4）有害物质：污水中不能含有过多的有害物质，如酚、甲醛、氰化物、硫化物以及铜、锌、铬离子等。用生物法处理含油污水时，首先需对微生物进行驯化，使其能适应含油污水的环境。

（二）生物处理具体方法

1. 活性污泥法

活性污泥法是目前应用较广泛的一种生物技术，它是将空气连续鼓入污水中，污水经过一段时间的暴气后，水中会产生一种以好氧菌为主体的茶褐色絮凝体，其中含有大量的活性微生物，这种含有活性微生物的絮凝体就是活性污泥。这种微生物以污水中溶解性有机物为食料获得能量，并不断增长繁殖。活性污泥的结构松散，表面积很大，对污水中的有机物有着强烈的吸附、凝聚和氧化分解能力，从而使污水得以净化。

2. 生物膜法

生物膜法和活性污泥法一样同属于好氧生物处理方法。活性污泥法是靠曝气池中悬浮流动着的活性污泥来净化污水，而生物膜法是利用固定于固体介质表面的微生物来净化污水的，这种方法亦称为生物过滤法。与活性污泥法相比，生物膜法管理较方便。由于微生物固着于固体表面有利于微生物的生长，高级微生物越多，污泥量就越少。一般认为，生物膜法比活性污泥法的剩余污泥量要少。

3. 氧化塘法

氧化塘法是能够提供有机物分解的大型浅池，塘内有大量好氧微生物和藻类。氧化塘的特点是投资少，管理简单，但占地面积较大。氧化塘除曝气塘需要机械曝气外，其他各种氧化塘皆不依赖动力来充氧，而是充分发挥天然生物净化功能。氧化塘一般采用水面自然复氧和藻类光合作用复氧，其运行情况随温度和季节的变化而变化。该技术要求污水停留几天或几个月，因此，处理措施的耗时较长。

（三）生物处理法常见问题

微生物生长对环境要求较为严格，温度、pH 值、污水有机物含量和种类都必须满足微生物生长的条件，生物处理法需要较长反应时间和较大空间，由于海上油田对水处理要求较为严格且平台空间受限，故生物处理法并未得到广泛应用。

六、水力旋流器法

（一）水力旋流器除油原理

水力旋流器进行含油污水处理，是近期才发展起来的一种方法，在我国海上油田得到了成功应用。

水力旋流器进行污水处理，是让含油污水在一个圆锥筒内高速旋转，由于油水密度不同，密度大的水受离心力的作用甩向圆锥筒筒壁，而密度稍小的油滴则被挤向筒的中心，因此，油和水可以从不同的出口分别流出，达到使含油污水脱油的目的。

（二）水力旋流器

水力旋流器是一个外形长，内部装有圆锥形筒的压力容器，如图 12-15 所示。生产污水由入口处进入，优化的压力为 700kPa，在圆锥筒内旋转，形成旋流，其离心力足以使油水分离，密度较大的水及固体颗粒靠近管壁，而密度较小的油则集中到中心部位，中心部位为低压区，水相在管壁连续旋转并下降，并且截面积逐渐减少，最后水及固体颗粒从细口端排出，而油则沿中心线从粗口端排出。当固体颗粒含量大于 200mg/L 时，水力旋流器最好应立式安装。根据处理量大小也可以选择多个水力旋流器并联方式来加大处理量。

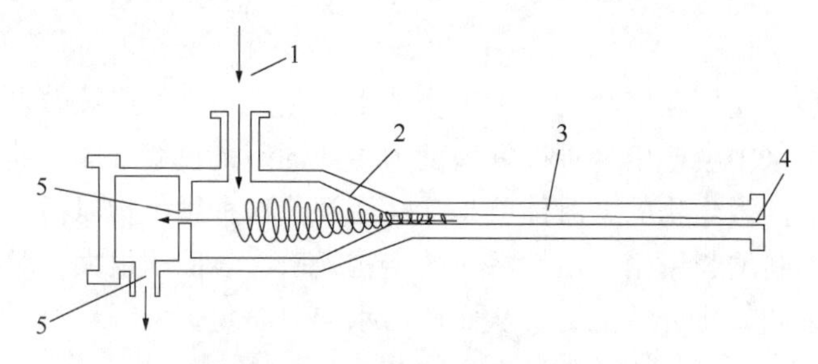

图 12-15　水力旋流器结构示意图

1—含油污水入口；2—圆锥体涡流腔；3—等截面尾部；4—出水口；5—污油出口

（三）常见问题

旋流分离技术是一种高效的采出水处理技术，它适用于来水含油量高、出水水质要求不高的含油污水处理工艺中，当来水含油量低时的适应性较差。同时由于有大量回流污水存在，相应增加了设备处理规模。

七、过滤除油法

过滤就是通过滤料床的物理和化学作用来除去污水中的微小悬浮物和油珠及被杀菌剂杀

死的细菌及藻类等。过滤法是一种用于含油污水深度处理的方法。污水经过自然沉降除油，气浮分离，混凝沉降后，再经过滤进一步处理，就可达到污水排放或回注油层的标准。

第三节 过滤技术

一、概述

过滤技术是使液体通过一定的过滤介质(例如：石英砂滤料、核桃壳滤料、纤维滤袋、RO膜等)时，把所含的固体颗粒或有害物质分离出来的一种技术。过滤技术在水处理行业是非常重要的技术之一，也是油田水处理的重要技术之一。过滤设备也是多种多样的，按水流通过滤层的方向来分，可分为下向流、上向流、双向流、辐射流、水平流等；按水流性质来分，可分为压力过滤器和重力过滤器；按处理量来分，可分为慢速过滤器、快速过滤器和高速过滤器等。按过滤介质可分为单层滤料过滤器、双层滤料过滤器、多层滤料过滤器、核桃壳过滤器、纤维球过滤器、烧结管过滤器、绕丝过滤器等。过滤器的种类繁多，而且发展也越来越快，目前，较为先进的过滤器有全自动过滤器、各种膜过滤器等。

(一) 过滤机理

采用过滤方法去除液体中的杂质，其机理一般可分为以下4个方面。

1. 吸附

过滤器的功能之一是把悬浮颗粒吸附到滤料颗粒表面。吸附力是滤料颗粒的尺寸以及吸附性质和抗剪强度的函数。影响吸附的物理因素包括滤池和悬浮液的性质，影响吸附的化学因素包括悬浮颗粒、悬浮液体水以及滤料的化学性质，其中电化学性质和范德华力(颗粒间的分子内聚力)是两个重要的化学性质。

2. 絮凝

为了得到水的最佳过滤性，有两种基本方法：一种是按取得最佳过滤性而不是产生最易沉淀的絮凝体来确定混凝剂的最初投药量；另一种是在沉淀后的水进入滤池时，向其投加作为助滤剂的二次混凝剂。

为了得到有效的过滤，有时会在过滤前投加一定量的混凝剂，使其产生小而致密的絮凝体，让水中的杂质能穿透表面而进入滤床。而絮凝体的形成大大地提高了杂质与滤料颗粒表面之间的接触机遇，并使絮体黏结在那里。

3. 沉淀

小于颗粒间空隙的杂质去除，同一个布满着极大数目的浅盘的水池中的沉淀作用是相类似的。以颗粒为5×10^{-2}cm的球状砂粒为例，$1m^3$体积中，所含有的空间为40%，有9.15×10^9个颗粒，其总表面积为$7.2\times10^3m^2$。假定只有1/6的砂粒面积是水平的和面向上的，其中1/2又是同其他砂粒相接触的，而留下的1/3是受冲刷的，则相当一个沉淀池的有效面积为$400m^2$，或相当于每米深度中布置着400个浅盘。

4. 截流

截流也可以说成是筛滤。它几乎全部发生在滤池的表面上，也就是水进入到滤床的空院之处，开始时，筛滤只能去除比空隙大的那些物质。随着过滤的进行，筛滤出的物质储积在滤池滤料的表面上形成的一层面膜，此时水必先通过它方能达到过滤介质。杂质的去除也就是更限制在滤层的表面上了。

当被过滤的水含有许多有机物质时，只要那层面膜是被永久地遗留着，外来的生物(主要是腐生菌)将利用这些微生物作为能量的来源而繁育在这层面膜上。在此情况下，胶团性生物的繁殖将使这层面膜具有黏性，使筛滤过程的效率进一步增强。这样造成的效率的逐渐增长，称为滤池的成熟和突破。当过滤的阻力升高到一个过大的数值时，或表面膜有破裂的危险时，就必须把这层面膜和支撑它的滤料表面层加以去除。

过滤除杂质的过程是相当复杂的，对于不同的水质，可能是以其中一种机理为主，而以其他机理为辅，或者说去除机理包括一种或几种。

(二) 过滤介质

在过滤设备中用于分离杂质的材料称作过滤介质。过滤介质是多种多样的，油田上常用的过滤介质，就是我们熟悉的滤料。滤料的种类有很多，如石英砂、磁铁矿、无烟煤、石榴石、金刚砂、钛铁矿砂等。而用于承托滤料的垫料层一般用磁铁矿和河卵石，或者二者配合使用。

在水处理过程中，过滤设备十分重要，而过滤设备的最主要部分是滤料，因此过滤设备运行得是否平稳、处理效果是否理想，其中很重要的一点就是滤料的选择。选择滤料应注意以下几个方面：

(1) 机械强度大。在滤料反冲洗过程中，机械强度低的滤料由于强烈的摩擦，滤料表面会脱落，甚至破碎。脱落和破碎的滤料细小颗粒，一部分会被水流带走而影响出水水质，另一部分会因水力分级而停留在滤料层的表面，增加了滤料层的阻力，增大了过滤设备的能量损耗。另外，滤料的磨损和破碎使正常滤料的颗粒直径变细，改变了滤料层的原始性能，最终会影响过滤设备的运行、配套系统的正常工作以及处理后的水质。所以，滤料必须具有足够的机械强度。例如：根据 CJ/T 3041—1995《水处理天然锰砂滤料》及 Q/SY DQ0614. 4—2005 标准要求，锰砂滤料的破碎率+磨损率不大于 3%。

(2) 化学性质稳定。在过滤过程中，滤料若与水发生化学反应则会影响水质。水是“万能溶剂”，对一切物质都有一定的溶解作用，滤料也不例外。因此，选择滤料要考虑到滤料的化学稳定性。例如：根据 CJ/T 43—2005《水处理用滤料》及 Q/SY DQ0614. 1—2005 标准要求，石英砂滤料的盐酸可溶率不大于 5%。

(3) 外形接近于球形，表面粗糙而有棱角。因为球状颗粒间的孔隙比较大，表面粗糙的颗粒其表面积比较大，而棱角处的吸附能力最强。

(4) 货源充足、价格合理。

二、滤罐过滤

(一) 重力式滤罐过滤

1. 重力式无阀滤罐

重力式无阀滤罐结构示意图如图 12-16 所示。重力式无阀滤罐是一种靠水力控制达到无阀和自动反冲洗的滤罐。在正常过滤时，污水由进水分配槽沿进水管进入无阀过滤罐，通过挡板改变水流方向，从上而下流过滤料层、承托层、底部空间、连通渠，进入反冲洗水箱，最后经出水管排出罐外。当反冲洗时利用自身的反冲洗水箱可进行反冲洗。

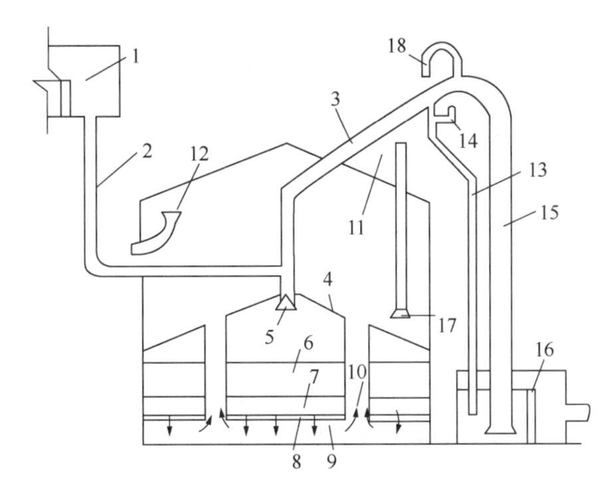

图 12-16　重力式无阀滤罐

1—进水分配槽；2—进水管；3—虹吸上升管；4—顶盖；5—挡板；6—滤料层；7—承托层；8—配水系统；9—底部空间；10—连通渠；11—反冲洗水箱；12—出水管；13—虹吸辅助管；14—油气管；15—虹吸下降管；16—水封片；17—虹吸破坏计；18—虹吸破坏管

2. 重力式单阀过滤罐

单阀滤罐的结构如图 12-17 所示。在生产过程中，含油污水从进口进入滤料层，通过滤层后，从集水室和上部水箱的连通管返入上部水箱，当液位达到出口管高度时，滤后水经过水管流到吸水罐。反冲洗时，上部水箱的水由连通管到达集水室，通过配水筛板，对滤料层进行反冲洗。进水挡板的作用是避免水流直接冲在石英砂滤层上，把进水口附近的砂粒冲走，使供水尽可能均匀地分布在滤层上。

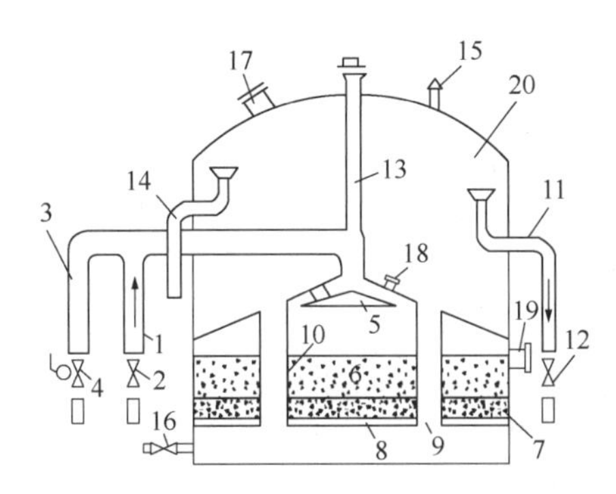

图 12-17　单阀过滤罐结构图

1—进水管；2—进水阀；3—反冲洗排水管；4—反冲洗电动阀；5—进水挡板；6—石英砂滤层；7—卵石垫层；8—配水箱板；9—连通管；10—阻力圈；11—出水管；12—出水阀；13—防虹吸管；14—溢流管；15—通气孔；16—排污阀；17、18、19—人孔；20—储水箱

(二) 特殊滤料过滤罐

1. 海绿石过滤器

海绿石属层状结构硅酸盐，是由天然矿开采并经机械加工破碎筛分而成，颜色灰黑浅绿色。密度 2.5~2.6g/cm^3，堆密度 1.5~1.55t/cm^3。海绿石滤料比表面积为石英砂滤料的 3~

5 倍，对污水中含油量、悬浮物的吸附效果优于石英砂滤料。

2. 核桃壳过滤器

核桃壳过滤器是以核桃壳为过滤介质，经特殊处理的核桃壳，由于表面面积大，吸附能力强，因而去除率高。由于亲水不亲油的性质，在反洗时采用搅拌使核桃壳在运动中相互摩擦，因而脱附能力强，使得再生能力强，化学稳定性好，有利于过滤器性能长期稳定。

三、其他过滤技术

（一）微絮凝过滤技术

微絮凝过滤技术是将混凝和过滤过程在滤罐内同步完成的一种新型接触式过滤工艺技术，即投加少量的絮凝剂，使悬浮于污水中粒径较小的悬浮物形成微絮凝体。微絮凝体附着在滤层顶部形成网状结构的新滤床，使滤层具有截留、捕获微小悬浮物的作用。

（二）滤料原位再生技术

被污染滤料中的主要污染物有原油、硫化物、垢等。滤料再生剂中含有相应的组分。除油组分具有两亲性，其水溶液对原油、悬浮物可起到润湿、分散作用，对原油还可起到增溶作用。硫化物去除组分可以与负二价的硫离子反应生成稳定的水溶性物质，因此可用于清除滤料表面的硫化亚铁膜。在滤料再生剂配方中加入除油组分、硫化物去除组分除垢组分等成分，并在滤料原位再生过程中使被污染的滤料与滤料再生剂有足够的接触时间并有足够强度的反冲洗，即可将滤料表面的各种污染物清除。其流程如图 12-18 所示。

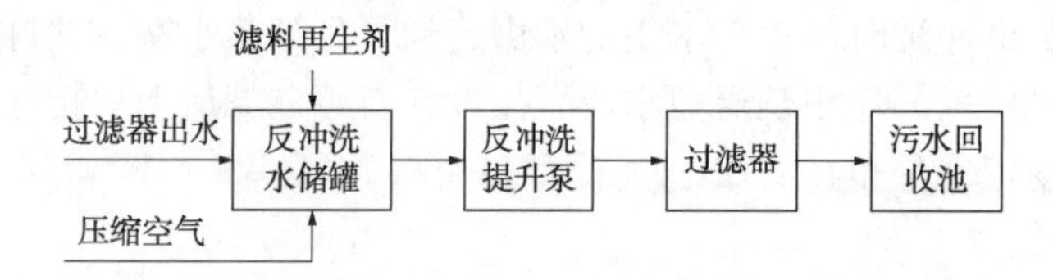

图 12-18　利用污水站现有设备的滤料原位再生工艺流程图

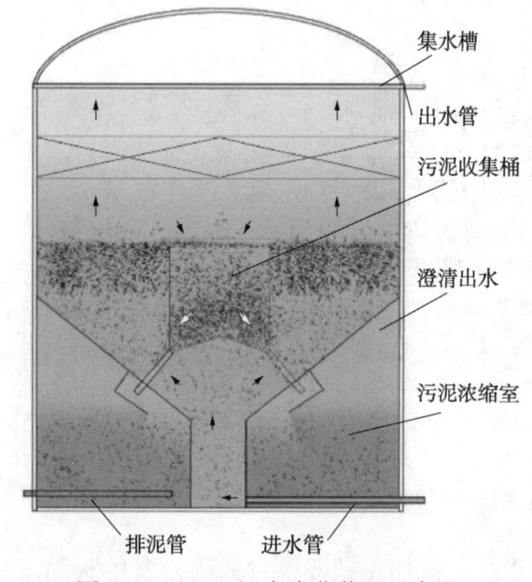

图 12-19　SSF 污水净化装置示意图

（三）SSF 悬浮污泥过滤技术

悬浮污泥过滤法其污水净化工艺及系统由物化工艺和 SSF 污水净化装置两大部分组成。SSF 污水处理系统首先采用物理化学方法（投加净水剂）使污水中形成微小悬浮颗粒；然后加入助凝剂；再依靠旋流和过滤水力学等流体力学原理，在 SSF 污水净化装置内使絮体和水快速分离；污水经过罐体内自我形成的致密悬浮泥层过滤之后，达到回注水标准。装置示意图如图 12-19 所示。

（四）膜处理技术

膜过滤装置一般用于对水质要求较高的特低渗层水质处理，常用的膜有聚偏氟乙烯中空纤维膜（PVDF）、聚氯乙烯中空纤维膜（PVC）、聚四氟乙烯折叠膜(PTFE)等，如图 12-20、图 12-21 所示。

水源井来水
缓冲升压
精细过滤
注水罐
反冲泵
缓冲罐
超滤膜
净化水罐
注配间
回收水罐

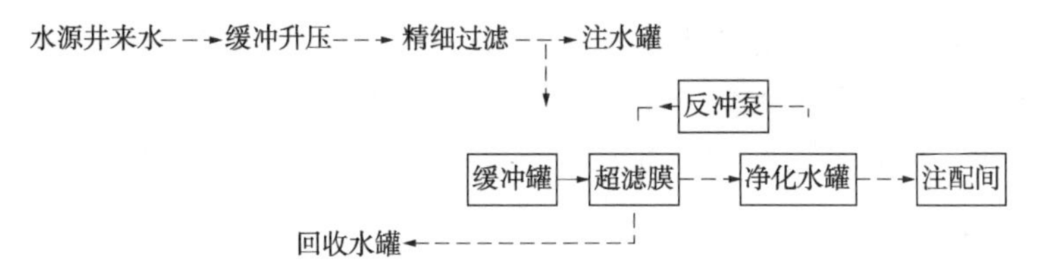

图 12-20　PVDF 中空纤维膜工艺流程示意图

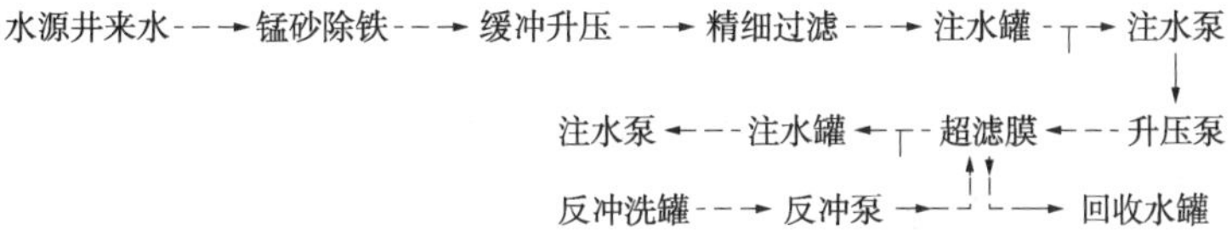

水源井来水
锰砂除铁
缓冲升压
精细过滤
注水罐
注水泵
注水泵
注水罐
超滤膜
升压泵
反冲洗罐
反冲泵
回收水罐

图 12-21　改性聚四氟乙烯膜工艺流程示意图

第四节　杀菌技术

杀菌的基本方法可分为物理杀菌和化学杀菌，物理杀菌是通过加热、过滤、超高压、紫外线、磁力、电磁波、超声波等物理方法去除物料内微生物和有害菌的方法；化学杀菌是通过添加化学制剂来去除有害菌的方法。具体采用何种杀菌方法应依据被处理对象的物性而定，这些方法已被人们习惯使用，其安全性、可靠性已被长期的实践所证实，但它们也有各自的缺陷。

一、杀菌方法的分类

(一) 加热法

加热法又称为巴氏杀菌法，因法国微生物学家巴斯特最先发现而得名，巴斯特通过实验发现将食品加热到一定温度(60℃以上)，并保温一段时间，能够有效地杀死食品内的微生物和有害菌，延长其保质期。常用的加热法有高温瞬间杀菌(HTST)、超高温瞬间杀菌(UHT)、喷淋杀菌法等几种。

(二) 过滤法

过滤杀菌法是利用膜分离技术中的分子截留原理，通过过滤膜滤掉细菌、细胞、颗粒，从而达到去除物料内细菌及微生物的方法。膜分离技术中可用于过滤杀菌的有反渗透(BO)、纳滤(NF)、超滤(UF)、微滤(MF)等，这些方法都以半透膜为过滤介质，根据膜孔隙大小不同，操作压力大小不同，从而使膜能截留的颗粒、分子量的大小不同，则所应用物料、杀菌的效果有异。

(三) 超高压杀菌

利用超高压物性对物料进行物理杀菌的一种方法；对热敏性物料尤其适用。

（四）紫外线灭菌

以光波辐射作用杀菌，光波为直线传播，其照射强度与距离平方成反比。采用变频与紫外线联合杀灭油田污水中的有害菌，杀菌效果明显，并且可以改善污水水质，降低注入水引起的油层污染程度，并具有较好的经济效益。

（五）磁力杀菌法

利用高通量磁力线穿透物料，并保持一段时间，造成微生物或细菌的细胞膜破坏或蛋白质变性，从而导致细菌死亡。

（六）电磁波杀菌法

利用915GHz到2450GHz的微波，通过其所产生的电磁力和热力效应的叠加作用造成细菌致死，其具有速度快、加热均匀、节能高效、操作方便、清洁卫生的特点，但微波对生物特性的影响及微波设备操作安全性问题，是制约微波杀菌发展的主要因素。

（七）化学试剂杀菌

用一定浓度的化学药剂溶剂，在一定温度下进行杀菌的方法。在气体杀菌和液体杀菌两种方式中，常用药剂有氯系、过氧化系、醛系等。其杀菌效果受杀菌剂浓度、杀菌温度、时间、设备结构、水质等的影响较大。长期以来，对循环水和油田污水的杀菌处理应用最普遍的就是化学药剂杀菌，以季铵盐类等阳离子型杀菌剂最为常见，目前又研制出季磷盐型缓蚀杀菌剂，兼有缓蚀和杀菌双重效果。如油田注水中最常用的1227，具有高效、低毒、不易受pH值变化的影响、使用方便、对黏液层有较强的剥离作用、化学性能稳定、分散及缓蚀作用较好等优点。但是这些药剂都存在易使细菌产生抗药性及药剂成本高的特点，为防止或减缓细菌的抗药性，很多采出水处理站都采用间歇冲击投药的方式，但是这样一来又导致加药系统设计能力增加，从而增加一次性工程投资。所以目前在采出水处理领域普遍面临的问题就是开发出一种高效、低成本以及不使细菌产生抗药性的杀菌工艺。

二、海上油田常用杀菌方法

（一）化学杀菌技术

1. 化学杀菌机理

细菌和其他生物一样，也要受到环境因素的制约。可根据影响细菌生长的因素来选择杀菌药剂：

（1）阻碍菌体的呼吸作用；

（2）抑制蛋白质的合成，或破坏蛋白质的水膜，或中和蛋白质的电子，使蛋白质沉淀而失去活性；

（3）破坏菌体内外环境平衡，使其失水干枯而死，或充水膨胀而亡；

（4）妨碍核酸的合成，丧失和改变其核酸的活性。

除此以外，还要考虑环保等因素，有的药剂杀菌能力很强，但不能生物降解，有的药剂能杀死这种细菌但却是其他细菌的营养液，这些都不能用于油田杀菌。另外，油田的地质情况和水中的杂质都会影响杀菌剂的药效。

从目前油田所使用的杀菌剂及其效果看，表面活性剂类(SAA)，特别是阳离子和两性离子的季铵盐化合物，能降低水的表面张力、剥离污泥、与其他化学药剂配伍增效，具有一剂多能的特性，是目前油田广泛使用的杀菌剂之一。其代表为十二烷基二甲基氯化苄（俗称1227）。其杀菌机理是选择性地吸附到带负电荷的菌体上，在细菌表面形成高浓度的离子团而直接影响细菌细胞的正常功能，它直接损坏控制细胞渗透性的原生质膜，使之干枯或充涨死亡。由于投放SAA杀菌剂时会产生大量泡沫，同时SAA会和水中的有机物及其他杂质络合而失去杀菌效率，因此在使用SAA杀菌剂时往往要添加消泡剂，同时必须对油井进行清洗、反排、酸化等严格的操作管理。

2. 化学杀菌发展趋势

（1）烷基改性的季铵盐类杀菌剂

在十二烷基二甲基苄基氯化铵的基础上进行烷基改性。这类杀菌剂由于其疏水基含有水溶性基团，可以提高季铵盐在油水中的分散度，增加表面活性剂的表面活性，加强药剂在细菌菌体的吸附作用，因而增强它的杀菌效率。

（2）季磷盐类杀菌剂

季磷盐类杀菌剂的开发和研制被称为近十年来杀菌剂研究的最新进展之一。从季磷盐和季铵盐的结构看，磷原子的离子半径大，极化作用强，使得季磷盐更容易吸附带负离子的菌体，同时由于季磷盐分子结构比较稳定，与一般氧化还原剂和酸碱都不发生反应。因此，季磷盐的使用范围很广，可在 $pH=2\sim12$ 的水中使用，而季铵盐只有在 $pH\geqslant9$ 时效果才最佳。所以季磷盐更是一种高效、广谱、低药量、低发泡、低毒、强污泥剥离作用的杀菌剂。

（3）双分子膜表面活性剂型杀菌剂

该表面活性剂结构是长链烷基SAA的两个离子头各有一个连接基团连接，称之为DimerisSAA或GerminiSAA，亦即二聚SAA。由于该SAA的特殊结构，使它具有独特的表面活性：它的CMC值要比普通单分子的SAA低两个数量级，降低表面张力的能力C20值要低三个数量级。它用作杀菌剂时，抗菌波长范围比一般单链铵盐宽。其使用范围很广，可以在温度为1～175℃、$pH=4\sim1$ 的淡水、海水和废水等多种水系统中进行杀菌灭藻，特别是中间连接基团含有S—S键时，容易改变含硫蛋白质的物化性能而使其具有优越的杀菌活性。由于该药剂配伍性能好，与普通SAA有良好的协同作用，因而可大大弥补该药剂价格相对较高的缺陷。

（4）双重作用的杀菌剂

由杀菌剂的杀菌机理可将杀菌剂分为氧化型和非氧化型杀菌剂，SAA杀菌剂属非氧化型的杀菌剂，靠其在细菌表面吸附和渗透作用进行杀菌；氧化型的杀菌剂靠其氧化作用进行杀菌。该药剂最早用于造纸行业和工业循环水处理，目前将其用于油田水的杀菌，也取得较好效果，是一种有发展潜力的油田杀菌剂品种。

（5）复配型油田杀菌剂的研究

各种类型的杀菌剂，特别是有机类化合物，如SAA，除了具有杀菌效果外还兼有缓蚀、除垢等作用，如将几种药剂复配使用，将会大大地提高杀菌效果。目前市场上销售的SQ8实际是二硫氰基甲烷与1227复配而成，其杀菌效果较1227杀菌剂更明显，特别适用于那些对1227杀菌剂已产生抗药性的细菌。随着近年对阴阳离子表面活性剂结合体的研究和开发，复配型杀菌剂将会扮演重要角色。

（二）电化学杀菌技术

所谓电化学杀菌技术就是利用外加电场作用，在特定的电化学反应器内，通过一系列设计的化学反应、电化学过程或物理过程，达到预期的杀灭废水中有害细菌的目的。

1. 电化学杀菌机理

杀菌机理包括直接杀菌机理和间接杀菌机理。直接杀菌是电场直接作用于微生物，产生细胞膜的电击穿现象、细胞的电灼烧现象以及影响细菌代谢功能的电渗和电泳现象等使微生物死亡。间接杀菌是利用电解产生的强氧化剂(如 Cl_2、ClO^-、O_2、HO 等)杀灭微生物。

采用电化学法对废水进行杀菌处理是一项较新的技术，目前国内对这一新技术的研究还处于起步阶段，还需要进一步深入的研究。关于电化学杀菌的机理研究至今仍不够充分，也未有全面系统的论述。在国内外文献中，有过各种假说和推测，归纳起来，电化学杀菌的作用可能通过以下三种机理而完成。

（1）电解含氯废水，产生 HClO 和少量更高价的氯酸盐。在电解过程中阳极上发生如下反应：

$$Cl-2e \longrightarrow Cl_2 \tag{12-4}$$

$$Cl_2+H_2O \longrightarrow HClO+HCl \tag{12-5}$$

其中 OH^-离子扩散到阳极周围的液层中和次氯酸反应生成 ClO^-，并有可能进一步反应生成氯酸：

$$12ClO^-+6H_2O-12e \longrightarrow 4HClO_3+8HCl+3O_2 \tag{12-6}$$

所产生的 HClO 和 $HClO_3$ 均是强氧化剂，对微生物有很强的灭杀效果。

（2）电解过程中产生 H_2O_2 或 OH：

$$H_2O-e \longrightarrow \cdot OH+H \tag{12-7}$$

$$OH+\cdot OH \longrightarrow H_2O_2 \tag{12-8}$$

或在电解和催化作用下生成 H_2O_2，再转化成氧化性极强的羟基自由基 ·OH：

$$H_2O_2+e \longrightarrow \cdot OH+OH^- \tag{12-9}$$

$$H_2O_2+\cdot OH \longrightarrow H_2O+HO_2 \tag{12-10}$$

其中 H_2O_2 和 OH 均有强杀菌作用，另外还有可能产生超氧阴离子 O_2^-等其他活性物质。以上两种均属间接杀菌作用。

（3）电解直接作用于细菌细胞体，破坏某个细菌器致使细菌死亡。每一种微生物细胞的细胞壁都有特定的氧化还原电位，当外界施加的电位超过细胞壁的氧化还原电位时，外界就可以和微生物细胞发生电子交换，微生物细胞因失去电子被氧化而使其活性大大降低直至死亡。

2. 电化学杀菌优点

电化学杀菌技术作为一种环境友好的杀菌技术，具有杀菌效果好、投资少、操作简便灵活等特点，具有广阔的应用前景。电化学杀菌具有以下优点：

（1）电子转移只在电极及废水组分间进行，不需另外添加氧化还原剂，避免了由另外添加药剂而引起的二次污染问题；

（2）可以通过改变外加电流、电压随时调节反应条件，可控制性较强；

（3）过程中可能产生的自由基除了杀灭有害细菌外还无选择地直接与废水中的有机污染物反应，将其降解为二氧化碳、水和简单有机物，没有或很少产生二次污染；

（4）反应条件温和，电化学过程一般在常温常压下就可进行；

（5）反应器设备及其操作一般比较简单，如果设计合理，费用并不昂贵。

第五节　含油污泥处理技术

含油污泥是油田开发和储运过程中产生的主要污染物之一，含油污泥得不到及时处理，将会对生产区域和周边环境造成不同程度的影响：一是含油污泥中的油气挥发，使生产区域内空气质量存在总烃浓度超标的现象；二是散落和堆放的含油污泥污染地表水甚至地下水，使水中COD、BOD和石油类严重超标；三是含油污泥含有大量的原油，造成土壤中石油类超标。另外，一部分污泥在脱水和污水处理系统中循环，造成脱水和污水处理工况恶化，致使污水注入压力愈来愈大，造成了能量的巨大损耗。由于含油污泥中含有硫化物、苯系物、酚类、蒽、芘等有恶臭味的有毒、有害物质，而且原油中所含的某些烃类物质具有致癌、致畸、致基因突变作用，油田含油污泥已被列为危险固体废弃物（HW08），纳入危险废物进行管理。

随着国家对环保要求得越来越严格，含油污泥无害化、减量化、资源化处理技术将成为污泥处理技术发展的必然趋势。对带有有害物质和含油量较高的含油污泥，采用一定的回收处理技术，可将含油污泥中相当量的原油回收，在实现环境治理和防止污染的同时，可以取得一定的经济效益；另外，将处理后的污泥再采用相应治理技术处理，达到国家排放的标准，能够彻底实现含油污泥的无害化处理。因此，对含油污泥进行经济有效地治理与利用对油田可持续发展具有重要的实际意义。

一、油田含油污泥的来源及特点

一类含油污泥是由联合站平台处理设施内各种处理容器中沉积的含油污泥和各种废弃滤料组成的。联合站内各种处理容器如游离水脱除器、电脱水器、污水沉降罐、回收水池等经过一段时间的运行后，将在其底部产生一定量的含油污泥，当定期对其进行清除处理时将产生一定量的含油污泥废弃物。油田含油污水处理系统使用的过滤器中，不同种类颗粒状的过滤材料长期使用后，滤料表面黏附一定量的原油，为了保证滤后水质，通常每3~5年就要进行更换，这些更换下来的滤料含有一定量的原油。

另一类含油污泥是由管线渗漏、生产事故、作业施工等原因造成的原油泄露事件而产生的。这部分落地污油含油率很高，通常采用人工清理的方式。

含油污泥的外观特点具体描述如表12-3所示。

表12-3　不同来源含油污泥外观特点

污泥来源	特　点
污水沉降罐底泥和除油罐底泥	外观为黑色，黏稠状，含油较多，乳化严重，颗粒细密，杂质较少
油罐底泥	泥含油最多，杂质以沙石和泥为主
三相分离器底泥	外观大多呈黄色，含油多、黏稠，颗粒较沉降罐底泥粒较大，杂质较少，泥粒形态较均匀
井场落泥油泥	各种作业的最终固体废弃物，泥中含油大颗粒砂石，油泥分布不均匀

油田含油污泥的组成成分极其复杂，一般由水包油、油包水以及悬浮固体杂质组成，是一

种极其稳定的悬浮乳状液体系，含有大量的老化原油、蜡质、沥青质、胶体、固体悬浮物、细菌、盐类、酸性气体、腐蚀产物等，还包括生产过程中投加的大量絮凝剂、缓蚀剂、阻垢剂、杀菌剂等水处理剂。另外，油田实施聚合物驱三次采油，油田聚合物含油污泥所含化学成分中还包含弱酸低温胶联剂、聚丙烯酰胺、硫化物等。油泥在水中一般呈稳定的悬浮乳状液。

二、含油污泥处理技术

含油污泥种类繁多、性质复杂，相应的处理技术和设备也呈现多元化趋势。目前，含油污泥处理技术有调质—机械脱水技术、热处理技术（化学热洗、焚烧、热解吸）、生物处理法（地耕法、堆肥法、生物反应器）、溶剂萃取技术以及对含油污泥的综合利用等。在污泥处理之前要对污泥进行预处理，分离出大块物料，使污泥满足后续的处理条件。

（一）调质-机械脱水技术

大部分含油污泥含水率较高，在进入许多处理工艺前需要进行脱水减容。含油污泥性质特殊，不同于一般的生活废水处理后产生的污泥，其黏度高、过滤比阻大，多数污泥粒子属"油性固体"（如沥青质、胶质和石蜡等），质软。随着脱水的进行，滤饼粒子变形，进一步增加了比阻。在离心脱水时，还因其黏度大、乳化严重，固-固-粒子间黏附力强和密度差小等原因导致分离效果差。因此在污泥脱水减容前，需进行调质。

1. 调质

污泥脱水过程实际上是污泥的悬浮粒子群和水的相对运动，而污泥的调质则是调整固体粒子群的性状和排列状态，使之适合不同脱水条件的预处理操作。污泥调质能显著改善脱水效果，提高机械脱水性能。

要通过调质—机械脱水使含油污泥实现油-水-固的三相分离，关键是使其中黏度大的吸附油解吸和破乳。为促使油从固体粒子表面分离，需加入合适的电解质增加系统的电荷密度，使它们取代油组分优先吸附在粒子表面，并使粒子更分散，为油从固体颗粒表面脱附创造更好的条件。通过投加表面活性剂、稀释剂（癸烷等）、电解质（NaCl 溶液），或破乳剂（阴离子或非离子）、润湿剂（可增加固体微粒表面和水的亲和力）和 pH 值调节剂等，并辅以加热减黏（最佳为50℃以上）等调质手段，实现水-油-固三相分离。影响化学调质效果的因素主要有：药剂种类、投加量、药剂投加顺序、污泥组成、温度计、pH 值等。

2. 机械脱水

含油污泥经过调质后，污泥的脱水、沉降性能得到很大的改善。处于乳化状态的石油类物质在混凝剂、破乳剂等作用下，突破了油粒间的乳化膜，相互凝聚为较大的油粒，在一定程度上从水相中脱离出来，但是仍然难以直接与水、泥加以分离。必须对这种较为适合脱水的污泥进行机械脱水，并提取其中的石油类物质，达到油-水-固三相的分离。

污泥机械脱水方法主要有压滤法和离心法。

（1）加压过滤脱水

加压过滤脱水是以过滤介质两面的压力差作为推动力，使污泥水分被强制通过过滤介质，形成滤液，从而达到脱水的目的。通常所采用的方式有：板框压滤机和带式压滤机。

板框压滤机将带有滤液通路的滤板和滤框平行交替排列，每组滤板和滤框间夹有滤布，用可动端把滤板和滤框压紧，泥饼堆积在框内滤布上，滤液从排液口流出。

板框压滤机的优点是：结构简单、操作容易、运行稳定故障少、保养方便、过滤推动力大、物料适应性强；缺点是：不能连续运行、处理量小、滤布消耗大。

带式压滤机又称带式压榨过滤机，是由两条无端滤带缠绕在一系列顺序排列、大小不等的辊轮上，利用滤带间的挤压和剪切作用脱除料浆中水分的一种过滤设备。

带式过滤机由于榨辊采用不同的布置与组合可形成很多不同的机型。具有结构简单、脱水效率高、处理量大、能耗少、噪声低、自动化程度高、可以连续作业、易于维护等优点，其成本和运行费用比板框压滤机降低30%以上。

（2）离心脱水

污泥的离心脱水是利用污泥颗粒与油、水的密度不同，在相同的离心力作用下产生不同的离心加速度，从而使污泥油-水-固三相分离，达到脱水除油的目的。

离心脱水设备的优点是结构紧凑，附属设备少，挥发气味少，可长期自动连续运行等。缺点是脱水后污泥含水率较高，污泥中沙粒易磨损设备等。可通过调节絮凝剂的投加量和前置过滤除砂设备解决以上问题。

在国外的炼厂对落地油、钻井废液、罐底油泥等含油废弃物的处理中，大部分采用调质-机械脱水的处理工艺，处理后的污泥大部分可以达到直接填埋处理的要求（以油含量<3%为准）。但是，鉴于目前对废弃物填埋要求越来越严格的发展趋势，这种方法只能算是含油污泥的预处理方法，终将需要辅以后续的深度处理方法，使污泥的处置更彻底。

（二）焚烧处理技术

焚烧法是将含一定水的含油污泥送入焚烧炉内，通过高温燃烧，使其成为稳定的残渣。特点是以回收能源为目的。污泥焚烧的对象主要是脱水泥饼。污泥脱水后的滤饼含水率仍达60%~80%，干燥处理后污泥含水率可降至20%~40%，焚烧处理后含水率可降至0，体积很小，便于运输与处置。脱水污泥（水分60%~80%，其固体热值为7500~15000kJ/kg）的热值低，因此，焚烧过程中必须添加辅助燃料。虽然焚烧法有最大限度地减量化、无害化，对原料适应性强的优点，但是也存在能耗高、设备投资高、工艺技术要求高的缺点。同时随着焚烧工艺的使用，存在的若干问题。其一，焚烧需要消耗大量的辅助燃料，而能源价格又不断上涨，焚烧的成本和运行费用均很高；其二，存在烟气污染问题、噪声、震动、热和辐射以及产生二噁英污染问题。各发达国家都在制定更严格的固体焚烧炉烟气排放标准，这也会给污泥的焚烧提出更高的要求。所以，开发辅助燃料消耗少、热效率高、并能把环境污染控制在最小限度的焚烧工艺成为当务之急。

（三）热解处理技术

热解又叫干馏、热分解或炭化。含油污泥热解技术是在隔氧高温下将蒸馏和热分解融为一体，将污泥转变成三种相态物质。气相物质为甲烷、二氧化碳等；液相以常温燃油、水为主；固相为无机矿物质与残碳。

热解技术在缺氧环境下从固体中解吸/分离气态或半气态有机物，整套装置包括进料系统、热解吸装置、蒸汽回收单元、水处理单元和相配套的控制系统。燃烧器的火焰和废气不与污染物质直接接触。滚筒在一个保温室中转动，该保温室由可采用天然气、燃料油或丙烷作燃料的多重燃烧器加热。当滚筒转动时，其内部的物料随之转动，这样有助于通过滚筒将加热室的热量传递到物料。根据项目的需要，物料被加热到足够高的温度使全部或部分的污染物挥发。反应在厌氧(低氧)的条件下实现，从而避免了氧化。干净的物料通过一个双闸板阀从滚筒中排放。在物料排放前，通常向处理的物料中加入水，用于冷却和减少灰尘。若用水，需采用一个搅拌器以帮助物料冷却。

离开热解吸装置后，所有生成的气体将在蒸汽回收单元中进行回收/冷凝和冷却。出蒸汽回收单元后，可凝结的部分集中到一个储油槽中，在初级水处理单元中进行进一步的处理，被分成固体、油和水三相。所有不凝的气体被引回到炉内或(取决于地方性法规的要求)进入活性炭过滤器处理后再排放到大气中。

热解方法适合处理含水量不高而烃类含量较高的污泥，设备的处理能力和能耗与进料中的水含量成正比，因此该技术适用于经过物理化学方法处理后的含油污泥，能对污泥中的油和其他有毒有害物质处置彻底。该工艺对污泥处理彻底，处理速度快，回收的能量可以回用，与传统的焚烧法相比，节约能源，而且产生的烟气少，减少了大气污染，是国际上含油污泥处理处置技术的发展趋势之一，但是与其他工艺相比，该工艺投资大，操作复杂，能耗高。

(四) 生物修复技术

生物修复技术是指利用微生物或植物，将土壤、地下水或海洋中的危害性污染物降解成二氧化碳和水或其他无公害物质的工程技术。最终产物大都是无毒无害的、稳定的物质，如：二氧化碳、水和氮气。利用自然环境中的土著菌、人为投加的外来菌或基因工程菌的生命代谢作用分解污染环境中的污染物，从而降低或去除污染物的毒性以达到修复环境的目的。通常采用向污染治理系统中投加从自然界中筛选出的优势菌种，或通过基因组合技术产生的高效菌种，或降解酶等措施，以增强降解作用、提高降解速率，这种措施通常被称为生物强化技术。微生物具有分布广泛、数量巨大、代谢类型多样和适应突变能力强的特点，因此，任何存在污染的地方都会出现相应的降解微生物，并存在或强或弱的生物降解作用，通过驯化、筛选、诱变、基因重组技术等可获得高效菌种，再经过培养繁殖可得到大量的高效降解菌，用于目标污染物的治理。这些投加的高效降解微生物一般需要满足三个基本条件：所投加的菌体活性高、菌体能快速降解目标污染物、在处理系统中具有很强的竞争力且能够维持相当的数量。

原油污染土壤的生物修复技术是微生物修复技术的一种应用特例。它是在微生物的作用下，利用空气中的氧气将污染土壤的原油分解成二氧化碳和水，消除原油对土壤的污染作用，恢复土壤的特性。

原油污染土壤的修复技术可分为原位修复技术和异位修复技术。原位修复技术也称为原地修复技术，它是通过在污染地点进行微生物的接种，依靠自然环境条件，利用微生物和空气中的氧实现原油分解氧化处理。异位修复技术是通过将污染土壤转移到一个固定的地点，人为地创造有利于微生物生长的环境条件(如温度、湿度、水分、氧气及适宜的培养基等)，最终实现原油的分解氧化处理。

生物处理的优点是不需要加入化学药剂，消耗能源较少，绿色环保，但土地耕作法和堆肥法需大面积土地，生物反应器法仍有废渣排放。生物处理法不能处理石油含量高的废弃物，废弃物中油含量高时生物法不能产生有效的作用，因此只能作为污泥深度处理的方法。另外，生物法处理时间较长且需要连续地细心观察和劳作，而为了保证生物法能正确且有效地运行，还需要优化某些环境条件，包括营养物含量及比例、氧气含量、环境 pH 值、湿度和温度等。

（五）萃取处理技术

萃取是某物质由一相(固相或液相)转移到另一相(液相)内的相间传质过程。利用相似相溶原理，使用有机溶剂对含油污泥中的原油进行萃取，然后对有机相进行分离，回收其中的原油，实现废物的资源化。有机废物从污泥中被抽提出来后，通过蒸馏把溶剂从混合物中分离出来循环使用。

目前，萃取法处理含油污泥还在试验开发阶段。萃取法的优点是处理含油污泥较彻底，能够将大部分石油类物质提取回收，也能有效去除其他微量有害物质。但是由于萃取剂价格昂贵，而且在处理过程中有一定的损失，所以萃取法成本高，还没有工业化应用于含油污泥处理。

（六）电化学处理技术

电化学处理技术在应用上主要有两种方式：一种是合成反应，即将一种化学物质转化为其他的物质；另一种则属于动力学方面的应用，即将离子物质从土壤中迁移出来。电化学工艺技术就是利用电化学原理，利用大地电场和低电压、低电流技术，在有机物和无机物之间引入氧化还原反应，将土壤中复杂的碳氢化合物分解为二氧化碳和水，并通过电动力去除重金属和小颗粒物质及水。

该方法的技术要点为通过破坏分子的尺寸进行液化(氧化还原反应)，利用电化学原理使油迁移并利用电渗析原理去除水。该法可有效地去除土壤中的有机污染物，如 TPH、PAH、CVOCS、半挥发性氯化物、BTEX、氰化物、PCBS、杀虫剂、DF(二氧吲哚，呋喃)、MTBE、重金属等。该法具有反应时间较短、不用拆除地面建筑物、适用范围广等优点。该工艺在含油污泥的处理上属于一种新技术，对其还需要进一步的研究和探讨。

（七）调剖处理技术

由含油污泥配成乳化悬浮液调剖剂，应用于油田注水井调剖。当调剖剂到达定深度后，受地层水冲释及地层岩石的吸附作用，乳化悬浮体系分解，其中的泥质吸附胶沥质和蜡质，并通过它们粘连、聚集形成较大粒径的“团粒结构”，沉降在大孔道中，使大孔道通径变小，封堵高渗透层带，增加了注入水渗流阻力，迫使注入水改变渗流方向，提高了注入水波及体积。通过优化施工工艺，可使含油污泥只封堵住高渗透地带，而不污染中、低渗透层。

需要强调的是“团粒结构”在强剪切条件下还可被打破，重新分散成小粒径颗粒，在低剪切条件下又可再黏集成大“团粒结构”。因此，它在地层中是在缓慢运移，故不会堵死地层中的渗流通道。

处理后的含油污泥作为调剖剂需达到的技术指标为：含油污泥黏度低(<0.3Pa·s)，可泵性好；加入悬浮剂后含油污泥悬浮性能好，沉降时间大于3h。

（八）固化处理技术

固化法处理污泥是通过物理化学方法，将含油污泥固化或包容在惰性固化基材中的一种无害化处理过程，便于运输、利用或处置。这种处理方法能较大程度地减少含油污泥中有害离子及有机物对土壤的侵蚀和沥滤，从而减少对环境的影响和危害。

固化法处理含油污泥技术在我国中原油田、辽河油田等地都有应用，处理装置比较简单，基本构成为搅拌机、制建材机、出料机等，占地面积小。技术指标为固化后的型材浸出液达到(GB 8978—1996)《污水综合排放标准》。二级标准要求。很多部门对此做了很多试验研究，对不同污泥通过调节添加固化剂的比率来达到上述技术指标，技术可行。

第十三章　地面注水工艺技术

第一节　注水水源及水质指标

通过注水井向油层注水补充能量，保持油层压力，是在依靠天然能量进行一次采油之后，或油田开发早期为提高采收率和采油速度而被广泛采用的一项重要的油藏开发技术。油田注水开发作为二次采油的开发方式，在油田的开发中占有非常关键和重要的地位，甚至伴随着油田开发的始终，要做好这项工作需要充足的水源、合格的水质以及合理的注水方式。

一、水源

（一）水源类型

油田注水开发用的水包括淡水和咸水两大类。具体有以下几种：

地面水源(淡水)——河、湖、泉水。特点：水量、水质不稳定(随季节变化)，高含氧，携带很多悬浮物和各种微生物。

河床等冲积层水源(淡水)——浅井水。通过打一些浅井到河床等冲积层的顶部而获得的水源。其特点：水量稳定，水质变化不大，通常没有什么腐蚀性，由于自然过滤，浑浊度不受季节的影响，水中含氧稳定。这种水源易于水质处理。

地下水层水源(淡水或咸水)——深井水。是利用地质资料，通过钻水井而找到的地下水源。单一的高压高产量的淡水层最好，如找到多层水层，只要各层水彼此不产生化学反应而结垢就可作为水源。盐水层的盐水可以防止注水所引起的黏土膨胀。特点：性能稳定，矿化度高。

海水(盐水)特点：含氧量高、杂质高及处理困难。近海和海上油田注水，一般用海水，既多又方便，但因高含氧和盐、腐蚀性强，悬浮固体颗粒随季节变化大。为改善这一点，通常钻一些浅井到海底，使其过滤减少水的机械杂质。

地层水的回注——盐水。有些油田可能随同原油采出很多地层水或注入水，对这些水考虑回注是合理的，但这些水必须符合注水要求，否则应进行水处理。

（二）水源选择的基本原则

选择水源的基本原则：一是要考虑到水质处理工艺简便，经济合理；二是要满足油田注水设计要求的最大注水量。水源水量可根据注水设计要求的注入量进行大致估算，当采出的污水经处理后回注时，最终所需要的总水量大致为注入油层孔隙体积的1.5~1.7倍；三是水源水质必须满足相应水质标准，做到不腐蚀注水流程设备，不堵塞油层。具体原则如下：

1. 水源的种类及要求

海上油田注水的水源主要有海水、生产污水、浅层水或几种水源混合水。无论采用哪种方式的注水水源，除要求水量充足、取水方便、经济合理外，还必须符合以下基本要求：

（1）水质稳定，与油层水相混合时不产生沉淀；

（2）注入水注入油层后，不会导致黏土矿物水化膨胀；

（3）不得携带大量悬浮物、微生物和浮游生物及其代谢产物，以防堵塞注水井渗滤端面；

（4）对水处理设施和注入设施腐蚀性小；

（5）当一种水源不充足需要第二种水源时，应首先进行室内试验，证实两种水的配伍性良好，对油层无伤害后才可注入。

2. 注入水水量的要求

满足油田注水设计要求的最大注水量。水源水量可根据注水设计要求的注入量进行大致的估算，当采出的污水经处理回注时，最终所需的总水量大致为注入油层孔隙体积的1.5~1.7倍。

3. 注水过程中油层伤害的因素

（1）不溶物对地层阻塞来源因素：注入水中外来的机械杂质及悬浮物、注入系统中的腐蚀产物、各种环境下生长的细菌、油和乳化物。

（2）注入水与地层水不配伍的损害表现：注入水与地层水直接产生沉淀；注入水中溶解氧引起沉淀；水中硫化氢引起沉淀；水中二氧化碳引起沉淀。

（3）注入水与地层岩石配伍性及注入条件变化可能引起的损害：矿化物敏感引起地层中水敏物质的膨胀、分散与迁移；流速敏感性引起地层中微粒的迁移；温度和压力变化引起的水垢及沉淀析出。

二、水质指标

对水质的要求应根据油藏孔隙结构和渗透性分级、流体物理化学性质并结合水源的水型通过试验来确定，注入水水质指标具有较强的针对性，不同的油藏有不同的要求。因此，一些油田总结多年注水实际经验，根据油田自身地层特点制订本油田的企业标准，必须是在对具体的水源，具体的油藏全面分析以后，提出的不伤害油层、经济上可行、易于操作的注水水质规范。石油工业行业水质标准不具有普遍适应性，只是总体的、全局概念上的约束与规范。主要水质指标包括：含油量、悬浮物固体含量及颗粒直径、腐生菌(TGB)、硫酸盐还原菌(SRB)、铁细菌(FB)、平均腐蚀率。企业标准推荐指标如表13-1所示。

表13-1　海上碎屑岩油藏注水水质指标(Q/HS 2042—2014)

注入层平均空气渗透率/$10^{-3}\mu m^3$		<10	>10~≤50	>50~≤500	>500~≤1000	>1000~≤2000	>2000~≤3000	>3000
主要指标	悬浮固体含量/(mg/L)	1.0	2.0	5.0	7.0	10.0	15.0	20.0
	悬浮物颗粒直径中值	1.0	1.5	3.0	3.0	4.0	4.0	5.0
	含油量/(mg/L)	5.0	6.0	15.0	20.0	30.0	35.0	40.0
	SRB菌/(个/mL)	0	10	20	25	25	25	25
	铁细菌/(个/mL)	$n\times10^2$	$n\times10^2$	$n\times10^3$	$n\times10^3$	$n\times10^4$	$n\times10^4$	$n\times10^4$
	腐生菌/(个/mL)	$n\times10^2$	$n\times10^2$	$n\times10^3$	$n\times10^3$	$n\times10^4$	$n\times10^4$	$n\times10^4$
	平均腐蚀率/(mm/a)	≤0.076						

续表

注入层平均空气渗透率/$10^{-3}\mu m^3$		<10	>10~≤50	>50~≤500	>500~≤1000	>1000~≤2000	>2000~≤3000	>3000
辅助指标	总铁/(mg/L)	0.2	0.2	0.2	0.5	0.5	0.5	0.5
	溶解氧/(mg/L)	0.05	0.05	0.05	0.1	0.1	0.1	0.1
	硫化物/(mg/L)	0	0	0	2	2	2	2
	侵蚀性C含量/(mg/L)	$-1.0 \leq \rho_{CO_2} \leq 1.0$						
	pH值	7~9						

注：1. $n \leq 10$；

2. 清水、海水水质指标中去掉含油量。

第二节 注水水源处理技术

一、海水

（一）海水的定义

海中或来自海中的水。海水是流动的，对于人类来说，可用水量是不受限制的。海水是名副其实的液体矿产，平均每立方公里的海水中有 3570×10^4t 的矿物质，世界上已知的 100 多种元素中，80%可以在海水中找到。取用方便，但成分较复杂。

（二）作为注水水源的海水的性质

作为注水水源的海水，是由海平面以下一定深度提取，海水具有高矿化度，一般为 3500~4000mg/L，海水中还含有注入油层后会对油层造成伤害的物质，主要有丰富的溶解氧、一定量的细菌、大量的藻类及海生物、大量的悬浮固体颗粒，这些固体颗粒的含量又受海域、海流、气象等条件影响。

这些有害物质的存在，会给注水工艺流程、注水井发至地层，造成结垢、腐蚀、堵塞等伤害，为此，注海水必须对海水进行处理，达到注水标准以后才能够作为合格的注入水注入油层。

（三）海水处理工艺

海水处理装置分为如下几种：

1. 加氯装置

加氯装置由给水泵、发生器、除氢罐、鼓风机、加压泵及整流器等组成。

从海底门抽取海水，在发生器中电解产生次氯酸钠和氢气，电解后的产物在除氢罐中由鼓风机在上部吹入空气，稀释氢气，并安全排入大气，次氯酸钠溶液由增压泵送至注水管汇中，起到杀菌和海生物的作用。

2. 过滤装置

海水过滤一般经多级过滤的方式进行，在海水注入井口之前设有三至四级过滤。第一级，在提升泵入口处，海底门下，有一个较粗的滤网，挡住体积较大的杂物、海生物和藻类，使这些体积较大的物体不至于进入到流程中来；第二级过滤是粗滤器，它可以滤除海水中较大的悬浮固体；第三级为细滤器，它可以滤除大多数颗粒较小的悬浮固体；第四级是在进入井口之前，再增加一级精细过滤器，进一步滤除直径更小的悬浮固体颗粒。海水过滤装置中主要设备是粗、细过滤器。

3. 脱氧装置

为脱除海水中存在的对注水流程、井身及地层有害的溶解氧和其他气体，海水处理系统必须设置脱氧装置，脱氧塔装置一般由二级脱氧塔、真空泵、空气射器及其他配套管系、压力表和安全阀等构成。

脱氧塔一般具有真空脱氧和化学脱氧两种功能。

（1）真空脱氧

真空脱氧的基本原理是：依靠真空设备提供的真空压力，降低塔内的气体分压，使海水中溶解的气体逸出，并被抽出，从而达到除去海水中的溶解气体的目的。一般真空脱氧可以使海水中含氧量降到 0.05mg/L 以下。

（2）化学脱氧

为进一步降低海水中的含氧量，还必须采取化学脱氧方法。

化学脱氧的基本原理是加入化学药剂，可与溶解氧通过化学反应生成无腐蚀性产物。这些化学药剂称为除氧剂(或脱氧剂)。

4. 其他装置

与海水处理流程相匹配的还有化学加药系统，输送海水的增压泵、注水泵系统，以及对海水的计量系统等。化学药剂注入系统包括相应的化学药剂罐，通过比例泵将所需添加的防腐剂、防垢剂、缓蚀剂、脱氧剂、催化剂、杀菌剂、消泡剂等加压送至流程中设计的各点，流程设备简单，不再叙述。

（四）海水处理工艺流程简图

海水处理工艺流程简图如图 13-1 所示。

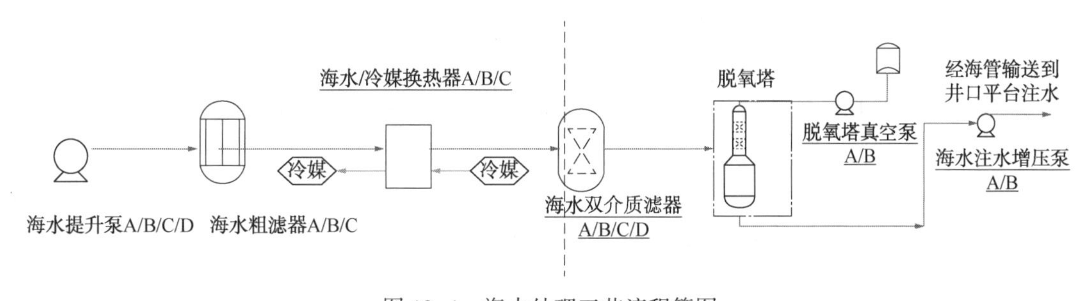

图 13-1　海水处理工艺流程简图

二、含油污水

（一）含油污水定义

海上油田污水来源于在油气生产过程中所产出的地层伴生水。为获得合格的油、气产品，需将伴生水与油气进行分离，分离后的伴生水中，含有一定量的原油及其他杂质，这些含有一定量原油和其他杂质的伴生水称之为含油污水。

含油污水经过处理后，要进行排放或者作为油田回注水、人工举升井动力液等。处理含油污水的目的是要求排放水或回注水达到相应的排放或回注标准，同时应充分考虑防止系统内腐蚀。

（二）含油污水性质

含油污水一般偏碱性，硬度较低，含铁少，矿化度高。含油污水中含有以下有害物质：

分散油。油珠在污水中的直径较大，为10~100μm，易于从污水中分离出来，浮于水面而被除去。这种状态的油占污水含油量的60%~80%。

乳化油。其在污水中分散的粒径很小，直径为0.1~10μm，与水形成乳状液，属于“O/W”水包油型乳状液。这部分油不易除去，必须反向破乳之后才能将其除去，其含量占污水含油量的10%~15%。

溶解油。油珠直径小于0.1μm。由于在油中的溶解度很小，为5~15mg/L，这部分油是不容易除去的。仅占污水含油量的0.2%~0.5%。

成垢离子。污水中还可能含有的阳离子常见的有Ca^{2+}、Mg^{2+}、Ba^{2+}、Sr^{2+}等，阴离子有CO_3^{2-}、Cl^-、SO_4^{2-}等。这些离子在水中的溶解度是有限的。一旦污水所处的物理条件（温度、压力等）发生变化或化学成分发生变化，均可能引起结垢。

有害的溶解气。污水中还有可能含有溶解的O_2、CO_2、H_2S等有害气体，其中氧是很强的氧化剂，易使二价铁离子氧化成三价铁离子，从而形成沉淀。CO_2能与铁反应生成碳酸铁$Fe_2(CO_3)_3$沉淀，H_2S与铁反应则生成腐蚀产物——黑色的硫化亚铁。

有害细菌。污水中常见的细菌有硫酸盐还原菌、腐生菌和铁细菌。白膜为腐生菌，黑色豁状物是硫酸盐还原菌，橘黄色的是铁细菌。这些细菌均能引起对污水处理、回注设备及管汇的腐蚀和堵塞。

（三）含油污水处理方法

含油污水处理方法有物理方法和化学方法，但在生产实践过程中两种方法往往结合应用。归纳目前海上主要应用的含油污水处理方法。

1. 沉降法

沉降法主要用于除去浮油及部分颗粒直径较大的分散油。由于水中油珠相对密度小而上浮，水下沉，经过一段时间后油与水就分离开来。

2. 混凝法

混凝法是向污水中加入化学混凝剂（反向破乳剂）使乳化液破乳，使油颗粒发生凝聚，油珠变大，上浮速度加快，从而达到油水分离的目的。

3. 气浮法

气浮法是向污水中通入或在污水中产生微细气泡，使污水中的乳化油或细小的固体颗粒附在空气泡上，随气泡一起上浮到水面，然后采用机械方法撇除，达到油水分离的目的。

4. 过滤法

过滤法是一种用于含油污水深度处理的方法。通过滤料床的物理和化学作用来除去污水中的微小悬浮物和油珠及被杀菌剂杀死的细菌及藻类等。污水经过自然沉降除油，气浮分离，混凝沉降后，再经过滤进一步处理，就可达到污水排放或回注油层的标准。

5. 生物处理法

用微生物氧化分解有机物这种作用来处理污水的方法叫生物处理法。目前生物处理法主要用来处理污水溶解的有机污染物和胶体的有机污染物。生物处理法与化学法相比，具有经济、高效等优点。生物处理法有好氧生物处理法和厌氧生物处理法两种。

6. 水力旋流器法

水力旋流器进行污水处理，是让含油污水在一个圆锥筒内高速旋转，由于油水密度不同，密度大的水受离心力作用甩向圆锥筒筒壁，而密度稍小的油滴则被挤向筒的中心。因此，油和水可以从不同出口分别流出，达到使含油污水脱油的目的。

(四) 含油污水处理工艺流程简图

含油污水处理工艺流程简图如图 13-2 所示。

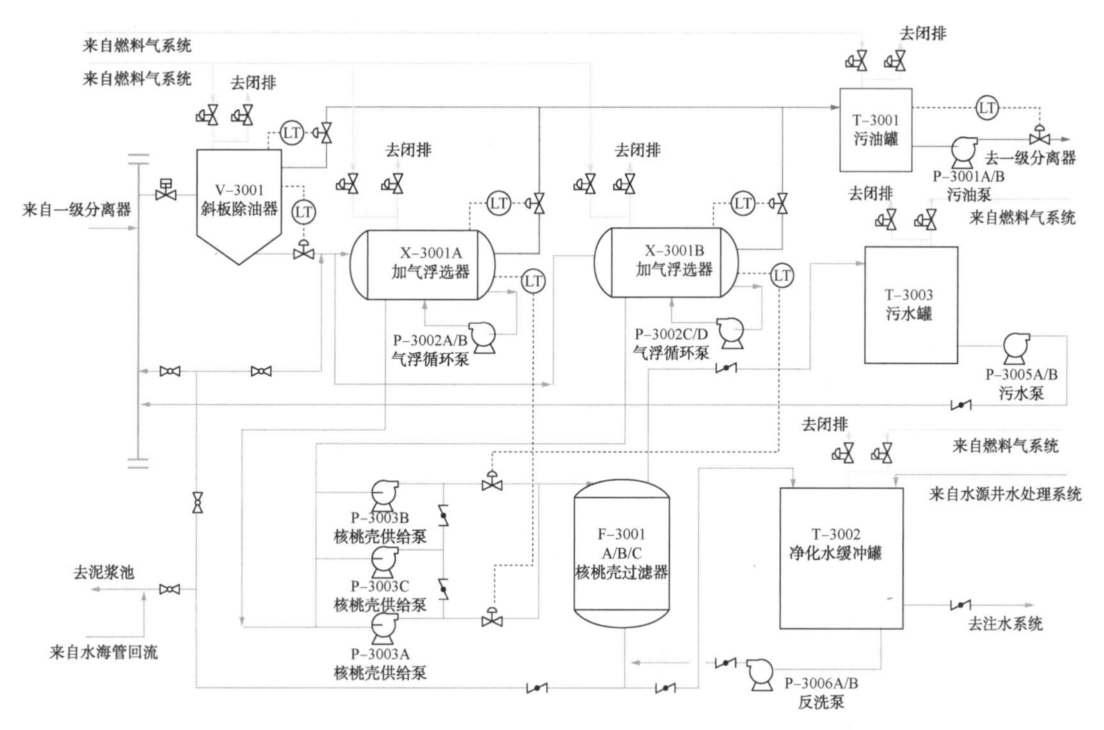

图 13-2　含油污水处理工艺流程简图

三、地下水

(一) 地下水的定义

海上油田的地下水，来自所在油田区域内浅层水，这取决于油田所在位置是否存在足够量的可采浅层水。

(二) 地下水的性质

采于地层的水作为注入水水源，其水质一般都具有矿化度较高，含有一定量的铁、锰等离子，以及带有一定量的悬浮固体颗粒等，不同地域、不同层系，其对作为注入水的各种有害物质含量不同。

(三) 地下水处理工艺流程简图

地下水处理工艺流程简图如图 13-3 所示。

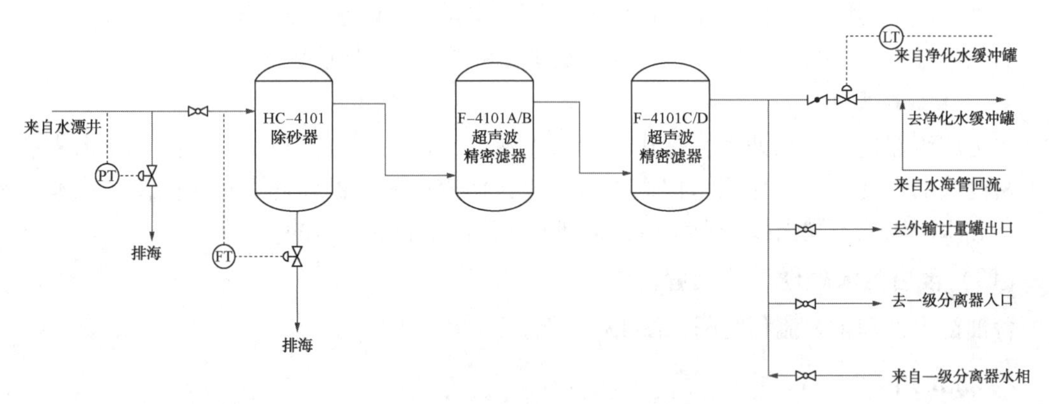

图 13-3　地下水处理工艺流程简图

第三节　注水工艺流程及设备

一、注水工艺流程

由地面水源和地下水源抽上来的水，首先进行注入水处理，使其达到注入水的水质标准后，再送到高压注水泵提高压力，使其达到注水所需的压力后，再通过分水器和输水管线送到各注水井注入油层。从水源到注水井地面流程如图 13-4 所示。

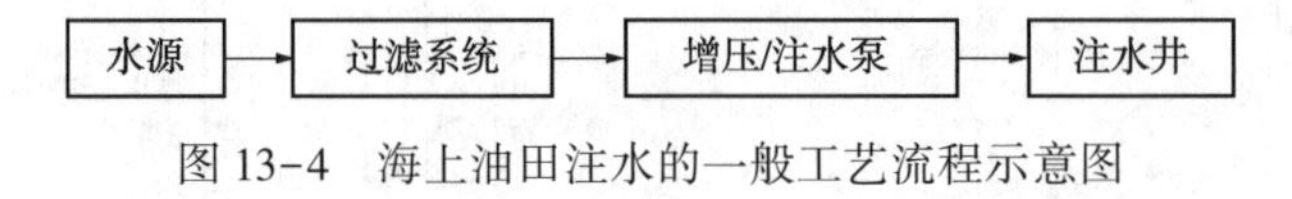

图 13-4　海上油田注水的一般工艺流程示意图

典型海洋平台注水流程如图 13-5 所示。

二、相关设备

(一) 除砂器

平台水处理流程中的除砂器作用为初步的固液分离，防止悬浮固体含量过多对后续流程的管线及设备造成损害，结构如图 13-6 所示。

(二) 超声波滤器

超声波滤器作为平台注水处理系统关键设备，一般来说均由三部分组成：一级旋液分离系统，由两台双旋液分离器组成；二级除杂除油过滤系统，由两台超声波精密过滤器组成；三级除杂除油过滤系统，组成与第二部分相似。

1. 一级旋液分离系统工作原理

原液由进口总管旋流进入到二台双旋液分离器外筒，首先在外筒的外壁旋转向下流动，受离心力的作用，原液中较重的颗粒向外筒外壁沉降，使原液初步净化。

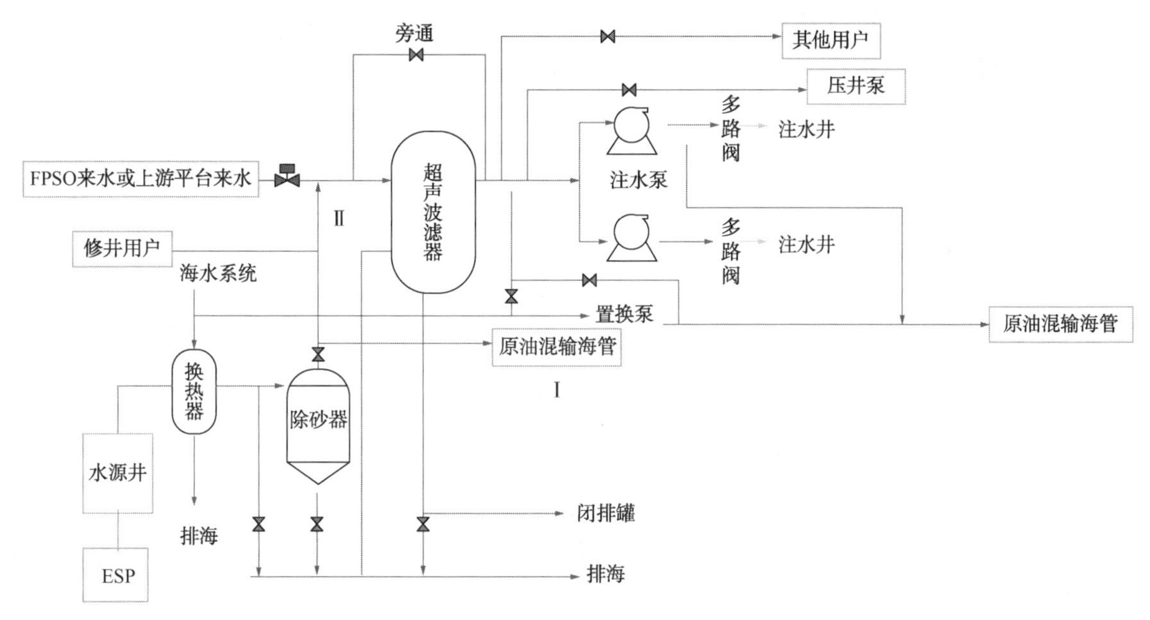

图 13-5　典型海洋平台注水流程

初步净化的原液再次进入外筒中的中间筒继续旋转向下流动，初净液中的较细的颗粒受离心力作用由中间筒的外壁旋转向下沉降，并随液流旋转下降由外筒下部的导向罩沉降到底部。当杂质集积过多时，通过自动启动电动排污阀定期将污稠液排到污水总管。清的净液经导向罩形成向上的内旋流，从内筒的供水管排出，汇集到起进入一级除杂除油过滤系统的过滤幕入口。

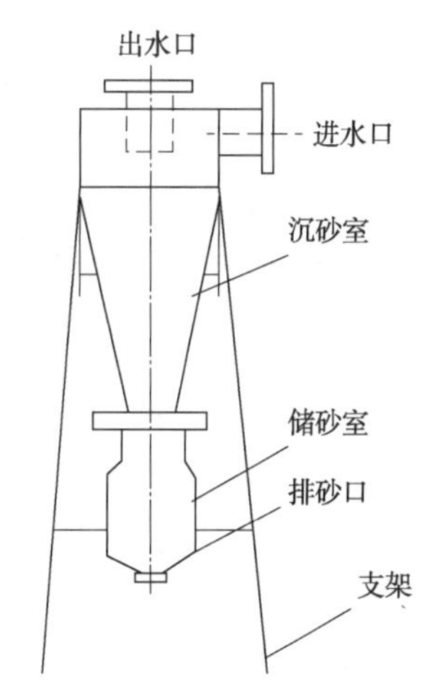

图 13-6　除砂器结构示意图

为防止污渣堵塞污水总管线，在两台分离器的出口主管线引出两个设置手动反洗阀的支管，定期将沉积在污水管线的污渣排净。

2. 二级除杂除油过滤系统工作原理

自动自清洗超声波精密过滤器的关键的过滤元件——筒式波叶型过滤柱，系不锈钢烧结毡精制而成，其技术含量高、刚性好、精度可靠、使用寿命长。

过滤器由罐体、波叶型过滤元件、反冲洗机构、超声波装置、电控装置、减速机电动阀门装置和差压控制装置等部分组成。罐体内的横隔板将其内腔分为浊水腔和清水腔，横隔板上安装过滤元件。分离器出口主管路来的水，经过滤器进入浊水腔，又经横隔板孔进入过滤元件内腔，较大的杂质和油污被截留，清水穿过缝隙到达清水腔。所有过滤过的水在清水腔内汇合，最后从滤器出口送出，进入三级过滤系统的入口。

3. 三级除杂除油过滤系统工作原理

三级除杂除油过滤系统工作原理基本与二级过滤原理相同，只是过滤精度更高，主要用来除油。另外，当一台过滤器自清洗不净时，自动切换到备用过滤器进行过滤，同时通过自动反洗阀用备用过滤器的出口净水反冲清该过滤器。

（三）注水泵

在油田含水普遍超高的情况下，油田主要通过大泵提液来增油上产，大泵提液的前提是地层能量能够得到及时补充，所以注水泵的合理设置在海洋油气开采中是十分重要的。海洋平台常用注水泵包括离心泵和往复式泵两种。渤中 25-1 油田注水泵分布情况和复式泵结构和离心泵内部结构分别如表 13-2、图 13-7 和图 13-8 所示。

表 13-2　25-1 油田水泵分布情况

<table>
<tr><th colspan="10">25-1 油田注水泵分布情况</th></tr>
<tr><th>平台</th><th>单位</th><th>251A</th><th>251B</th><th>251C</th><th>251D</th><th>251E</th><th>251F</th><th>194A</th><th>194B</th></tr>
<tr><td>注水井</td><td>口</td><td>5</td><td>6</td><td>7</td><td>10</td><td>10</td><td>14</td><td>3</td><td>6</td></tr>
<tr><td>水源井</td><td>m³/d</td><td>1×1650</td><td>1×2500</td><td>1×2500</td><td>1×1650</td><td>1×2500</td><td>1×2500</td><td>无</td><td>无</td></tr>
<tr><td rowspan="2">大注水泵</td><td rowspan="2">m³/d</td><td rowspan="2">2×3600</td><td>1×5280</td><td>1×2880</td><td rowspan="2">4650</td><td>1×2880</td><td>1×2880</td><td rowspan="2">2×2600</td><td rowspan="2">无</td></tr>
<tr><td>1×2880</td><td>1×3120</td><td>1×3120</td><td>1×4650</td></tr>
<tr><td>水平注水泵</td><td>m³/d</td><td>1×550</td><td>1×550</td><td>2×550</td><td>无</td><td>无</td><td>2×550</td><td>无</td><td>无</td></tr>
<tr><td>沙河街注水泵</td><td>m³/d</td><td>1×(357.6-133)</td><td>1×72-276</td><td>1×72-144</td><td>无</td><td>无</td><td>无</td><td>无</td><td>无</td></tr>
<tr><td>使用说明</td><td></td><td>沙河街注水泵</td><td>沙河街注水泵大注水泵一台</td><td>大注水泵</td><td>大注水泵</td><td>大注水泵</td><td>大注水泵</td><td>大注水泵</td><td>注水泵供水</td></tr>
<tr><td>实际注入量</td><td>m³/d</td><td>560</td><td>1230</td><td>1860</td><td>3380</td><td>2560</td><td>2190</td><td>680</td><td>1980</td></tr>
</table>

（四）注水井井口装置

注水井井口采油树如图 13-9 所示。

（五）远程输送

海上油气的远程运输主要是通过海底管道实现的。海底管道是密闭的管道在海底连续地输送大量油(气)的管道，是海上油(气)田开发生产系统的主要组成部分，也是目前最快捷、最安全和经济可靠的海上注水运输方式。

1. 海底管道分类

海底管道的类型有以下几种：

（1）无缝钢管，一般用在小口径、有特殊要求的海底管道；

（2）直缝埋弧焊钢管(SAW)，口径一般在 16in 以上，最大可达 56in；

（3）直缝高频电阻焊钢管(HFERW)，由于焊接质量的提高及价格低，该类管子已被越来越多地用于 20in 以上的海底管道；

（4）螺纹焊接钢管，这类管子由于焊缝的焊接质量易出现问题，还没有被海洋管道工业普遍认可。

2. 海管输送的优缺点

海底管道的优点是可以连续输送，几乎不受环境条件的影响。另外海底管道铺设工期短，投产快，管理方便和操作费用低。

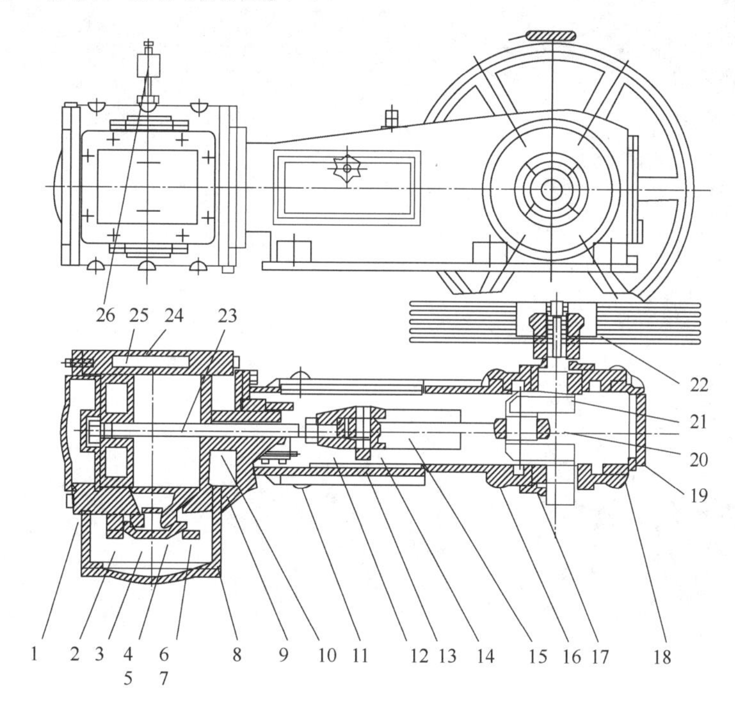

图 13-7 往复式泵结构图

1—气缸；2—气阀盖；3—气阀；4—进气阀片；5—进气弹簧；6—排气阀片；7—排气弹簧；8—气缸；9—气缸颈；10—活塞杆轴衬；11—活塞杆填料塞；12—十字头；13—十字头销子；14—连杆铜套；15—连杆；16—轴承壳；17—轴承盖；18—机身；19—后盖；20—轴瓦；21—曲轴；22—带轮；23—活塞杆；24—活塞；25—活塞环；26—针阀式油杯

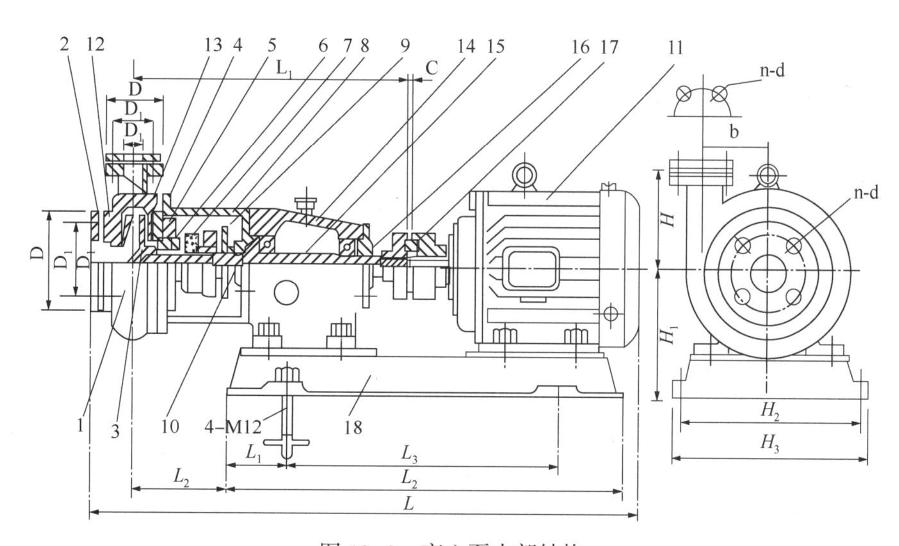

图 13-8 离心泵内部结构

1—泵体；2—亲圈；3—叶轮；4—后座；5—板压；6—静环；7—动环；8—支架；9—挡水圈；10—吊紧螺栓；11—电机；12—亲圈垫片；13—后座垫片；14—支架座；15—主轴；16—轴承盖；17—联轴器；18—基座

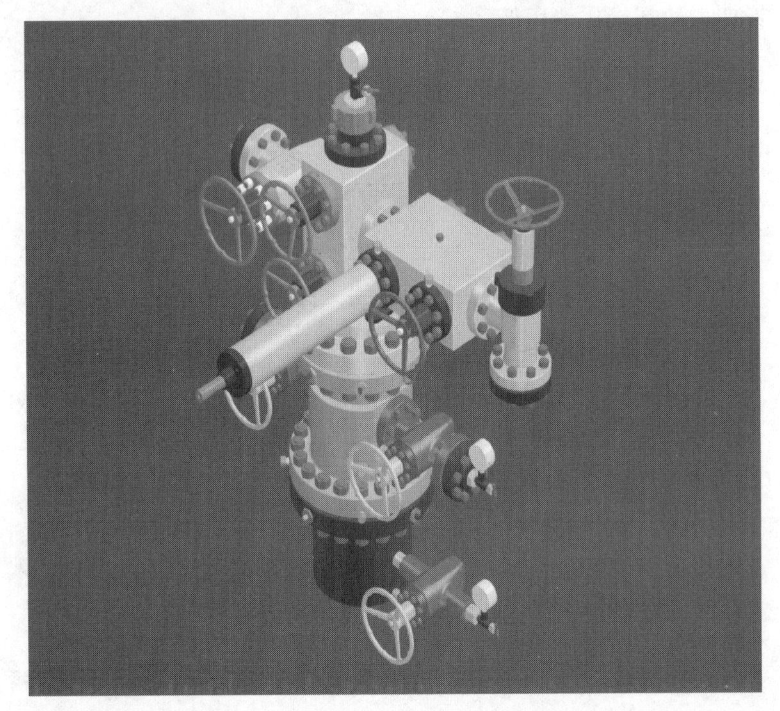

图 13-9　注水井井口采油树

缺点是：管道处于海底，多数又需要埋设于海底土中一定深度，检查和维修困难，某些处于潮差或波浪破碎带的管段(尤其是立管)，受风浪、潮流、冰凌等影响较大，有时可能被海中漂浮物和船舶撞击或抛锚遭受破坏。

(六) 注水管道防腐防垢

1. 防腐

通常，深层油、气、水中由于含有矿化水、二氧化碳、硫化氢和烃类化合物，因而具有很强的腐蚀性。有机酸、氧气常常是通过注水时带入，在开采过程的某些特定阶段，可能还会有微生物活动，有时候，在应用无机酸时对低渗透地层进行酸化处理时，还会带入无机酸。显然，这些物质均会加速金属的腐蚀破坏。在油、气生产的过程中会出现各种各样的腐蚀形态，包括均匀腐蚀、点蚀、硫化氢应力腐蚀开裂、氢脆、氢鼓泡、磨蚀、缝隙腐蚀、电偶腐蚀和微生物腐蚀。

在海上油、气开采过程中，腐蚀问题同钻井液有关，常用钻井液是水基或油基钻井液，并且悬浮液中还有黏土颗粒，近期又开发出了油/水或水/油的乳化型钻井液，而在这些钻井液中因含有氧、二氧化碳甚至硫化氢气体而具有腐蚀性。

若产出液中只含有烃类化合物，是不具有腐蚀性的。但是，通常情况下产出液中均含有或多或少的高矿化度水，而且矿化水中还可能溶有二氧化碳和硫化氢。

一次采油中的主要腐蚀因素是产出水中高浓度的 NaCl 及其他盐类，使产出水具有盐水特性，而且一般情况下，产出水中还含有 H_2S、CO_2 和低分子量有机酸。由于溶解的碱性物质和碱土金属碳酸盐起着缓冲剂的作用，因此从 pH 值上看，一次采油的产出液属于弱酸性，其 pH 值一般不会小于 5，除非在气体冷凝井中，由于水冷凝后不再含有缓冲剂，再加上产出水中含有溶解CO_2，有时还会含有H_2S，产出水的pH值可能会很低。随着开采时间增长，产出水含量增加，产出井腐蚀性增强。

一般来说，注水管道防腐方法包括以下几种：

(1) 采用合适的涂层工艺与材料

在金属的表面涂层可以限制或阻止腐蚀性流体与其接触。它不仅可延缓腐蚀，而且可以防止减轻注水管柱的结垢、结蜡问题。常用的涂层材料有聚酯、聚四氟乙烯、聚乙烯、聚氯乙烯、聚丙烯、玻璃、玻璃纤维、水泥、搪瓷、环氧树脂等。采用哪种涂层，是根据涂层的物理机械性能、工艺性能、使用条件以及经济合理性决定的。

(2) 粉末涂装油管

粉末涂料在国外作为低公害、少污染、省能源的新型涂料，已成为取代部分溶剂型涂料的主要产品之一，近年来在石油管道防腐方面已日受人注目。粉末涂装油管在工艺上也是首先对油管进行除油、除锈、磷化、钝化处理。其外喷涂采用静电喷涂技术，内喷枪喷头采用轮式调整喷头，预热系统、固化系统都比较先进。其优点在于绝缘性能、化学性能、耐腐蚀性能都比较好。涂膜质量指标如表13-3所示。

表13-3 涂膜质量指标

项　目	检测方法	技术指标
外观	目测	均匀光滑、无流挂、无裸露
螺纹	目测	完整无漆
厚度	测厚仪	120±20(据用户需要可调)
电火花检测	检漏仪	5V/μm 漏点少于4个/m
附着力	GB/T 1720—2020	一级
抗冲击强度	GB/T 1732—2020	≥50kg·cm
硬度	GB/T 1730—2007	≤0.5
柔韧性	GB/T 1731—2020	≤2mm
耐混合物	用(12%HCl+3%HF)混合液浸泡(25℃)	500h 无变化
耐污水	用矿化度为500mg/L的污水浸泡	500h 无变化

牺牲性涂层也是石油工业广泛使用的一种防腐技术。牺牲性涂层为金属镀层类，这些镀层不仅起到遮蔽金属基材与腐蚀性介质的作用，而且在镀层存在破裂处，还起到电偶对中的阳极作用。镀层因此被腐蚀，从而使金属基材受到阴极保护。锌、铝、锡为常用的镀层金属。

(3) 选择适当的材料

(4) 化学缓蚀方法——缓蚀剂

所谓缓蚀剂，是指其少量加入腐蚀性介质中，从而抑制金属和合金的腐蚀破坏过程及其机械性能改变过程的物质。在油气工业中广泛采用缓蚀剂，比如美国，凡是腐蚀速度超过约0.025mm/a，90%以上的抽油井都采用投加缓蚀剂这一控制腐蚀的有效措施。主要基于以下几个方面的原因。第一，投加缓蚀剂是以少量的投资去减缓结构或设备的腐蚀破坏，即使这些结构或设备早已用于生产；同时把缓蚀剂投加于工艺过程的任何一处都会对以后各个工艺阶段(产品的集输和处理)的设备产生有效的保护作用。第二，用阴极保护的方法需要外加电源，设备的操作与维修费用较高。第三，油气田生产采用高合金不锈钢比较有限，这是因为油气生产设备金属用量大，采用昂贵而稀缺的不锈钢非常费钱，在油气生产中投加缓蚀剂是相当有效的。

2. 防垢

结垢是海上采油工程中常遇的问题，海上采油工程的很多领域都要接触各种类型的水，如淡水、海水、地层水、水井水等，因此结垢的现象会出现在生产中的各个环节，给生产带来严重的影响，使生产中的问题更加复杂化。地层结垢会造成地层堵塞，使注水井不能达到配注量，油井产能大大下降；在井筒中结垢增加了井下的起下维修作业，严重的造成注水井、油井的报废；结垢还会造成地面系统中管线、输送泵、热交换器的堵塞，影响原油处理系统、污水处理系统的正常操作，增加了设备、管线的清洗和更换费用；水垢的沉积还会引起设备和管道的局部腐蚀，在很短的时间内出现穿孔，大大减小了使用寿命。

防止结垢主要有以下方法：

(1) 避免不相容水的混合

当不同来源的水发生混合时必需十分小心，它们单独使用时可能是稳定的，不存在结垢问题，但混合后分别溶解在两种水中的离子可能生成不溶解的盐垢。

(2) 控制 pH 值

pH 值对碳酸盐和铁的化合物的溶解度影响很大，降低 pH 值会增加它们的溶解度。但 pH 值过低会使水的腐蚀性变大，而出现腐蚀问题，因此在油田采用控制 pH 值的方法防治水结垢，必须精确控制 pH 值，这在一般油田是很难做到的。所以这一方法并不广泛使用，通常在只在稍微改变 pH 值即能很好防止结垢的情况下才有意义。

(3) 控制物理条件

影响结垢的物理因素有温度、压力、水流流速及管壁的粗糙度等，通过控制这些条件增大垢的溶解度，减轻垢的沉积和附着，此方法在现场是很值得考虑的。

(4) 去除结垢组分

去除水中的二氧化碳、硫化氢、氧气等可以减小腐蚀和腐蚀产物铁化合物的沉积，这是油田通常采取的方法。

利用加热、化学沉淀、离子交换法去除或降低水中的钙、镁离子，这种水的软化处理，可以很好地防止结垢。但对于大规模处理油田水，耗资巨大，是不可取的，但可以处理少量的锅炉用水。

(5) 使用化学防垢剂

防垢剂是一些化学药品的统称，把少量防垢剂加入水中，通常能起到延缓、减少或抑制结垢的作用。使用防垢剂是油田最为常用的、简便易行的方法。

第四节　注水水质控制

注水开发方式在油田的开发中占有非常关键的地位，甚至伴随着油田开发的始终。做好这项工作则需要充足的水源、合格的水质以及合理的注水方式。由于海上油田与陆上油田存在很大区别，油田的上方存在一层海水，就因为这层海水，使得海上油田开发局限于有限的平台空间上。注水开发油田，注入水水源及注入水水质的好坏，直接影响到油田注水工程的成功与否。

一、注水水质主要控制指标

注水水质主要控制指标应包括悬浮固体含量、悬浮物颗粒直径中值、含油量、硫酸盐还原菌、铁细菌、腐生菌、平均腐蚀率，推荐注水水质主要控制指标如表 13-1 所示。

二、注水水质检测方法

（一）注水水质检测设备

需配备注水水质检测所需设备如表 13-4 所示。

表 13-4　注水水质检测所需设备

检测项目	设　备	检测项目	设　备
含油量	Infracal CVH-型红外分析仪或同类仪器	SRB 菌	恒温烘箱(35℃)
悬浮固体浓度	（1）R300SS 真空抽滤装置或同类仪器 （2）精度为 0.1mg 的电子天平 （3）恒温烘箱(0~90℃)	TGB 菌	恒温烘箱(35℃)
		FB 菌	恒温烘箱(35℃)
		总铁	测铁掰管
		溶解氧含量	测氧掰管
粒径中值	库尔特分析仪或其他同类仪器	硫化物含量	测硫掰管

（二）注水水质检测原理

（1）悬浮固体含量：对悬浮固体含量的测定、采用负压膜过滤法截留水样中的悬浮固体颗粒。该法系让水通过已称至恒重的滤膜，根据过滤水的体积和滤膜的增重计算水中悬浮固体的含量。

（2）含油量：污水中的油质可以被正己烷、汽油、三氯甲烷等有机溶剂提取，提取液的颜色深浅度与含油量浓度呈线性关系。

用一束强度为 I_0 的特征红外光照射样品、由于油质对特征红外光产生吸收，透射光强度减弱为 I，样品对特征红外光的吸光度符合 Lamber-Beer 定律：

$$A=\lg\frac{I_0}{I} \tag{13-1}$$

$$A=a\cdot b\cdot C \tag{13-2}$$

式中，A 为吸光度；a 为吸光系数，L/(mg · cm)；b 为样品池厚度，cm；C 为油质浓度，mg/L。

平均腐蚀率、硫酸盐还原菌(SRB 菌)、铁细菌、腐生菌、溶解氧、硫化物、侵蚀性二氧化碳、总铁含量测定方法参见 SY/T 5329—2012《碎屑岩油藏注水水质推荐指标及分析方法》。

三、水处理化学药剂配套技术

渤海油田油水处理流程紧凑且容量小，随着海上油田中高含水期的到来和化学驱的持续推进，采出流体性质更趋复杂化，给油水处理带来了新的挑战，目前，渤海油田油水处理流程中加入了破乳剂、消泡剂、清水剂、杀菌剂、缓蚀剂、防垢剂、助滤剂等油水处理药剂。

（一）各种化学药剂的作用

1. 破乳剂

（1）乳化和破乳

一种液体以一定大小的液滴形式分散于另一种液体中，这一过程就叫乳化；形成的新液体就是乳化液。在乳化液中，处于内部被包围状态的液滴叫分散相，又叫内相（乳化液直径大于100nm，微乳液10~100nm，而胶体颗粒一般为1~10nm，溶液为1nm）；处于外部的液体叫连续相，又叫外相。内相为水外相为油的叫油包水型乳化液，记为W/O；内相为油外相为水的叫水包油型乳化液，记为O/W。内外相的结合面叫界面。破乳是乳化的逆过程，从物理学上讲，乳化液是一种不稳定状态，有液相分离的趋势；乳化液中的分散液滴一直在做无规则的运动（布朗运动），而且温度越高运动越快，液滴间的碰撞时时发生，由于同种液体间的引力较大，如果没有弹性界面膜的存在，必然发生液滴的结合，小液滴逐渐变成大液滴，然后因油水密度的差异而分层破乳。界面膜的牢固程度、液滴的大小和温度条件的不同造成了乳化液的稳定程度不同。

（2）破乳剂

破乳剂是一种用于脱水的表面活性剂，破乳剂的种类繁多，按表面活性剂的分类方法可分为：阳离子型、阴离子型、非离子型、两型离子型破乳剂。其破乳作用机理如下：

分散：破乳剂必须在溶剂的帮助下通过原油的搅动充分分散。

扩散和替代：分散均匀的要通过进一步扩散到达界面膜，并替代原有的活性物质。

界面膜的破坏：破乳剂替代原有的活性物质后，界面膜局部表面张力发生变化而使界面膜变得不稳定。

液滴合并/凝聚：由于布朗运动或其他力量使液滴碰撞时，液滴间合并并逐渐形成大液滴，此过程又称为凝聚。

分层：小液滴凝聚成大液滴后，在重力作用下，水团沉降，油团上浮，产生两相分层，完成破乳。

2. 消泡剂

消泡剂，是在水处理工艺过程中降低表面张力，抑制泡沫产生或消除已产生泡沫的化学添加剂。

消泡剂的消泡机理可归纳为下述几个方面：

（1）降低气液界面张力的能力大于起泡剂，能通过顶替和增溶起泡剂（如原油中含有的脂肪酸盐、环烷酸盐等天然表面活性剂和盐、滑石、云母或沥青质等固体颗粒），破坏泡膜，使液膜破裂；

（2）破坏泡膜的双电层而“拆除”液膜；

（3）消泡剂能促进液膜的排液速度，使液膜加速变薄而破灭。

海上原油消泡剂除具备消泡、抑泡性能外，还应具有闪点高、毒性小、凝点低、流动性好等特点，方便现场使用。

3. 清水剂

清水剂主要用于油田污水处理，降低污水含油。清水剂的定义比较广泛，我们可以将所有达到清水目的化学药剂通称为清水剂。如浮选剂、反向破乳剂、絮凝剂、凝聚剂。其作用机理包括四方面：

（1）凝聚作用

清水剂分散在水中，中和微小的原油粒子和固体悬浮物的表面电荷，使其利用粒子和粒子之间的范德华吸引力而凝结，小油滴凝结成大油滴，并在重力的作用下上浮，以达到除油的效果。

（2）架桥作用

清水剂在水中形成絮团，并利用絮团自身的异性电荷，吸引污水中的微小原油粒子、乳化油和其他悬浮物，在重力的作用下，上升或下降以达到除油的效果。

（3）破乳作用

降低乳化油表面张力，破坏乳化液的油水结构，促使油水分离。

（4）浮选作用

具有浮选功能多为表面活性剂，表面活性剂在水溶液中易被吸附到气泡的气-液界面上。表面活性剂极性的一端向着水相，非极性的一端向着气相。含有待分离的离子、分子的水溶液中的表面活性剂的极性端与水相中的离子或其极性分子通过物理或化学作用连接在一起。当通入气泡时，表面活性剂就将这些物质连在一起定向排列在气-液界面，被气泡带到液面，形成泡沫层，以加快油珠和固体颗粒的絮凝效果，提高絮凝剂与气泡的附着力，从而加速油水分离。

4. 杀菌剂

按照杀菌机理可分为氧化性杀菌剂和非氧化杀菌剂两大类。氧化性杀菌剂通常为强氧化剂，主要通过与细菌体内代谢酶发生氧化作用而达到杀菌目的。常用氧化性杀菌剂有氯气、二氧化氯、溴等。非氧化性杀菌剂吸附细胞壁隔断营养和气体交换，影响新陈代谢、渗入细胞质破坏生物酶从而达到杀菌的目的，包括季铵盐、酚、氯酚、醛、多硫化物、异噻唑啉酮等。

5. 其他药剂

其他药剂如缓蚀剂、防垢剂、助滤剂等。

（二）加药操作程序

不同的水处理化学药剂在物理、化学性能存在较大差异。加药操作中的不当混合，很可能造成加药泵及加药管线的堵塞或药剂性能的降低，基至失效，严重影响生产。为了避免因操作失误而引起的损失，特制定化学药剂加药操作程序如下：

（1）了解现用化学药剂的使用性能，尤其对化学药剂的溶解性要了解清楚，这些信息可通过查阅相关药剂的 MSDS 或向化学药剂供应商咨询获得；

（2）加药前先确认关闭所有到药剂罐的阀门，然后导通气泵加药管线至开排的阀门；

（3）清洗管线，对于油溶性化学药剂，应使用柴油对管线进行清洗，管线 I 对于水溶性化学药剂，应使用清水对管线进行清洗；

（4）清洗完毕，关闭去开排罐的阀门，导通到化学药剂罐的阀门，确认应加药剂型号和数量，开始加药，加药过程中，要注意药剂罐液位变化；

（5）加药完毕，关闭到化学药剂罐的阀门，导通到开排罐的阀门；

（6）再次清洗管线，对于油溶性化学药剂，使用柴油清洗管线 I 水溶性化学药剂，使用清水清洗管线；

（7）按以上程序加入下一种药剂，完毕，清理现场设备，结束加药。

第十四章　油田注水管理

瞄准注水油田油藏需求，逐井分析、一井一策，聚焦分层配注全覆盖，真正实现“注够水、注好水、精细注水、有效注水”要求，推动注水措施工作量的实施落地。

注够水：保证注水水源充足，注水量满足油藏注水需求。

注好水：注水水质达标。

精细注水：实施分层注水，分层注水量满足要求。

最终目标：实现有效注水。

地下地面齐发力，解决注水瓶颈。大力推动微压裂推广实施和提压注水试点工作。梳理完善注水水质管理建章立制工作。完善注采井网，结合区块整体调剖和新技术试验，实现自然递减率明显下降。

第一节　渤海油田注水大调查管理办法

一、目的

为规范管理局在生产油气田的正常生产管理，保证油气田各生产环节有效衔接及规范运行，特制定本规定。

二、适用范围

本规定适用于中海石油(中国)有限公司天津分公司所属的自营油气田和中方为作业者的合作油气田，外方为作业者的合作油气田参照执行。

三、编制依据

(1)《中海石油(中国)有限公司在生产油气田井下作业管理办法》，中海油开〔2008〕353号，有限公司。

(2)《开发生产管理体系》，中海油开〔2010〕486号，2010，中国海洋石油有限公司。

(3)《采油工艺管理规定》，中海油开〔2010〕415号，2010，中国海洋石油有限公司。

(4)《采油工程技术应用门槛与退出机制测算方法》，中海油风控〔2016〕252号，2016，中国海洋石油有限公司。

(5)《中国海洋石油有限公司综合科研项目管理暂行办法》，中国有限公司。

(6)《中国海洋石油有限公司采油工程技术体系》，注水分册 CYGY-JSTX-ZS-01，2017，中国有限公司。

四、主要应对的风险

油气田生产运行过程中，未按授权、流程、程序执行，可能会给公司的生产运行带来管理风险。

（1）管理职责不明确和管理程序不规范所带来的投资和项目实施风险；

（2）方案不完整、评估不科学所带来的技术应用和成果推广风险。

五、释义

渤海油田注水大调查是指天津分公司为保证产量目标的实现，以渤海油田 3000×10^4t 产量目标为统领，深化地质油藏再认识，搞清油田开发问题和潜力，优化调整注采井网，着力解决注采矛盾，强化井层有效挖潜，大力推进“注够水、注好水、精细注水”工作，突出方案研究与超前落实，促进稳产目标的实现。

六、职责分工

（一）分公司生产部

（1）负责制定和完善渤海油田注水大调查管理办法，并监督执行；

（2）负责组织制定总体工作计划和实施方案，并跟踪实施进度；

（3）负责组织重大项目方案的审查、审批；

（4）负责全面协调注水开发年资本化项目费用管理；

（5）负责协调解决项目实施过程中的技术问题；

（6）负责协调注水相关新工艺、新技术的立项及研究工作；

（7）负责组织召开月度例会；

（8）负责组织审查确定注水指标及制定考核标准；

（9）负责组织渤海油田注水大调查项目考评。

（二）渤海石油研究院

（1）负责全面梳理注水存在的地质油藏问题及解决方案研究；

（2）负责制定注水量需求计划；

（3）负责制定和完善注水指标（年注入量、地层压力保持水平、含水上升率和自然递减率等）；

（4）负责注水相关专题研究和配套措施方案的制定（如：合理注水时机研究、压力保持水平研究、压力恢复速度研究、注采井网调整、液流转向技术研究等）；

（5）负责制定和完善分层注水指标（分注率、分注井调配率、分注井单井调配合格率和分注井层段调配合格率）；

（6）负责采油工艺新技术的研发、引进和应用；

（7）负责注水井解堵工艺新技术攻关、工艺方案编写及现场试验；

（8）负责调剖调驱新工艺方案的编写。

（三）各作业公司

（1）负责全面梳理井筒及地面流程存在的问题和解决方案的编制；

(2) 负责围绕注水开发存在的问题制定注水工作年度工作量计划；

(3) 负责根据注水工作计划组织实施注水措施作业(包括：地面流程改造、海管治理、设备设施升级、动管柱作业和不动管柱作业)，施工方案的编写、审批和实施效果跟踪评价；

(4) 负责组织编写注水指导意见书，并组织实施(作业公司总体负责，研究院和工技中心配合)；

(5) 负责油田注水大调查项目相关作业费用预算的编制、申请、使用及成本控制；

(6) 负责组织油水井油藏监测现场实施、取样与检测、数据汇总及反馈。

(四) 工程技术作业中心

(1) 参与梳理注水大调查井筒工艺专业存在问题；

(2) 负责编制井筒工艺专业研究计划及实施方案；

(3) 参与注水井动管柱措施方案论证与审查；

(4) 负责注水井相关新工艺新技术攻关、方案编写、现场试验和实施。

七、管理要求

(一) 工作思路与工作目标

依据注水油田油藏需求，逐井分析、一井一策，聚焦分层配注全覆盖，推动注水各项工作的落实，实现“注够水-注好水-精细注水”目标，最终实现有效注水。

注够水：保证注水水源充足，注水量满足油藏注水需求。

注好水：注水水质达标。

精细注水：实施分层注水，分层注水量满足要求。

(二) 工作内容

1. 地质大调查

调查内容：油藏储量动用与剩余油状况、注采井网完善状况、油藏动用状况、无效益井现状、注水质量现状和下一年油水井措施和综合治理建议表。

2. 井筒大调查

调查内容：注水井采油树状况、完井工艺状况、注水工艺状况和注水井“三率”现状。

3. 地面工程大调查

调查内容：注水水质达标情况(7 项指标)、沿程水质情况(包括各级处理设备处理量、进出口水质情况等)、主要注水设备运转情况(注水泵、注水增压泵、其他污水处理设备等)、注水海管输送能力(设计输送能力/压力与实际输送能力/压力、存在问题及原因、解决措施及计划等)、水处理系统存在问题及解决措施(费用及计划)。

4. 编制注水大调查报告和注水指导意见书

(三) 审查

组织专家组对各项方案(油藏研究、产能建设、注水治理、油井措施、开发试验方案等)进行审查，作业公司根据专家意见做好方案完善工作。

（四）时间节点安排

1. 调查分析和编制方案阶段

6 月 1 日—7 月 31 日，各单位按照实施计划，全面开展各项调查、分析、评价、研究工作，按要求编制完成各项方案。

2. 方案审查阶段

8 月 1 日—8 月 10 日，各单位按照要求完成方案内审。

8 月 11 日—8 月 20 日，分公司组织审查。

3. 方案完善阶段

8 月 21 日—8 月 31 日，各单位按分公司专家组审查意见，进一步完善方案，并上报分公司备案。

八、附则

（1）本管理办法由天津分公司生产部负责组织解释。

（2）本管理办法自发布之日起正式实施。

第二节　沿程水质管理规定

一、目的

为了进一步满足油田开发需要，加强和规范天津分公司各油田沿程注水水质管理，实现渤海油田“注够水、注好水、精细注水、有效注水”的目标，特制定本规定。

二、适用范围

本管理规定适用于天津分公司所属的自营油气田和中方为作业者的合作油气田。

三、职责分工

（一）生产部

（1）负责组织制定油田注水水质指标。油田在不同注水开发阶段，以注水水质优化研究项目为基础，以优化后的水质指标对储层伤害小为依据重新进行调整，未进行注水水质指标优化的油田，以 ODP 注水水质指标为控制标准。

（2）负责组织审核油田注水水质指标。

（3）负责不定期对油田的注水水质进行检查及考核。

（二）作业公司

（1）作业公司必须建立健全生产水处理及注水系统相关管理制度，强化生产水处理和注水系统的运行管理和水质控制，规范设备、药剂和资料管理，加强岗位培训和检查，提高油田生产水处理管理水平。

(2) 负责定期对辖区各油田注水水质进行检测，发现水质不达标情况，自查原因并立即优化整改，及时反馈给生产部。

(3) 负责辖区各油田注水水质化验设备的完整与定期维保、校验以及水质化验所需的全部物料供应。

四、油田生产水处理系统管理

(1) 工作要求：油田生产水处理及注水工作，要围绕“注好水、注够水、精细注水、有效注水”的目标，加强生产管理，积极推广新工艺、新技术、新设备，努力提高生产水处理及注水水质达标率。

(2) 作业公司所属油田应加强生产水处理系统的全过程管理，完成每级处理设备的规定程序，使每级处理系统的水质达标，最终确保注水水质达标。

(3) 作业公司根据注水海管进出口水质变化情况，开展通球清管作业，通球期间(包括所有清管作业)不得将海管出口不达标的水源直接注入注水井，应采取单独的系统处理达标后回注，或者采取沉淀过滤等方式分离出通球杂质后转入原油系统进行处理后回注。

(4) 作业公司所属油田每周应对注水井井口注入水进行水质检测，如井口注入水水质出现超标情况，应逐级对上一节点处理系统进行水质检测，排查超标原因，进行优化整改，同时建立相应的水质化验分析资料台账。

(5) 水处理调节罐、沉降罐、斜板除油器、加气浮选器、核桃壳过滤器、纤维球过滤器、注水缓冲罐等设备设施，应及时收油、排污和反冲洗，确保污油回收、污泥排泄、处理系统正常运行。对清洗容器时排出的污泥，要妥善处置，防止对水质形成二次污染或污染环境。

五、注水水质检测管理

(一) 注水水质检测项目及频率

作业公司需按检测项目及频率要求开展注水水质检测(表 14-1)。

表 14-1 注水水质检测项目及频率

序号	检测项目		检测频率
1	控制指标	含油量	1 次/d
2		悬浮固体含量	1 次/d
3		悬浮物粒径中值	1 次/周
4		平均腐蚀率	1 次/季度
5		SRB 含量	1 次/周
6		TGB 含量	1 次/周
7		FB 含量	1 次/周
8	辅助指标	总铁含量	1 次/周
9		溶解氧含量	1 次/周
10		硫化物含量	1 次/周

(二) 注水水质检测点

水质检测点为注水井井口处取样点。

(三) 注水水质检测方法

参照中国石油天然气行业标准 SY/T 5329—2012《碎屑岩油藏注水水质推荐指标及分析方法》以及中国海洋石油总公司企业标准 Q/HS 2042—2014《海上碎屑岩油藏注水水质指标及分析方法》制定油田注水水质检测方法。

(四) 注水水质检测设备及耗材

各作业公司需配备注水水质检测所需的设备及耗材，如表 14-2 所示。

表 14-2　注水水质检测所需设备及耗材

检测项目	设　　备	相关耗材
含油量	Infracal CVH-型红外分析仪或同类仪器	100mL 具塞量筒、微型取样枪、正己烷、脱脂棉球、无水乙醇、镊子
悬浮固体浓度	(1)R300SS 真空抽滤装置或同类仪器 (2)精度为 0.1mg 的电子天平 (3)恒温烘箱(0~90℃)	0.45μm 纤维滤膜、蒸馏水、石油醚、镊子
粒径中值	库尔特分析仪或其他同类仪器	NaCl 型电解液、1mL 注射器
SRB 菌	恒温烘箱(35℃)	SRB-7 型细菌测试瓶、1mL 无菌注射器
TGB 菌	恒温烘箱(35℃)	TGB-7 型细菌测试瓶、1mL 无菌注射器
FB 菌	恒温烘箱(35℃)	FeB-7 型细菌测试瓶、1mL 无菌注射器
总铁	测铁掰管	掰管、测铁指示剂
溶解氧含量	测氧掰管	掰管
硫化物含量	测硫掰管	掰管、测硫指示剂

六、沿程水质化验

海上油气生产设施的生产污水要按规定每日定时、定点取样化验，根据污水化验结果及时调整好生产污水处理系统的运行工况，保证污水处理达标。

七、注水水质考核管理

(一) 注水水质控制指标及考核评估等级

生产部不定期组织人员对各作业公司所属油田进行水质达标情况专项检查及考核，检测项目对应分值及评分标准如表 14-3 所示，注水水质考核评估等级如表 14-4 所示。

(二) 油田注水水质达标率

作业公司每月 10 日前对所属油田注水水质达标率进行统计，按表 4 进行自评，并将自评结果报送生产部备案。自评方法如下：

注水水质达标率具体定义为：井口注水水质按 Q/HS 2042—2014 中的 4.2 规定的 7 项主要指标达标率与各指标考核权重的加权平均值。7 项主要指标分别为含油率、悬浮物浓度、悬浮颗粒粒径中值、平均腐蚀率、硫酸盐还原菌 SRB、腐生菌 TGB 和铁细菌 FB。

表 14-3 注水水质控制指标对应分值及评分标准

分类	项　目	分值	评分标准			
			达标	超标≤50%	超标 50%~100%	超标≥100%
控制指标	含油量/(mg/L)	20	20	10	5	0
	悬浮物浓度/(mg/L)	20	20	10	5	0
	悬浮物粒径中值/μm	20	20	10	5	0
	平均腐蚀率/(mm/a)	15	15	8	4	0
	SRB/(个/mL)	15	15	8	4	0
	TGB/(个/mL)	5	5	3	1	0
	FB/(个/mL)	5	5	3	1	0
备注	达标：即检测结果达到本油田水质指标要求；超标：即检测结果超过本油田水质指标要求					

表 14-4 注水水质考核评估等级

得分/注水水质达标率/%	评级	得分/注水水质达标率/%	评级
85~100	优	60~74	中
75~84	良	≤60	差

具体计算公式为：

$$注水水质达标率\ D = \sum_{i=1}^{n}\left(\frac{各项主要指标达标的次数}{总检测次数}\right) \times 100\% \times E_i \tag{14-1}$$

考核权重 E_i 具体为：含油率、悬浮物浓度、悬浮颗粒粒径中值的权重为 20%，平均腐蚀率、硫酸盐还原菌 SRB 的权重为 15%，腐生菌 TGB 和铁细菌 FB 的权重为 5%。

八、附则

（1）本管理规定由天津分公司生产部负责组织解释。

（2）管理规定自发布之日起正式实施。

（3）附各油田注水水质控制指标，见附录。

第三节　水源井管理规定

一、目的

为了规范水源井的日常生产管理，明确管理界面，降低水源井故障率，提高水源井管理水平，特制定本管理规定。

二、适用范围

本管理规定适用于天津分公司所属的自营油气田和中方为作业者的合作油气田。

三、职责分工

(一) 生产部

生产部负责监督检查、考核作业公司水源井日常管理和资料录取。

(二) 作业公司

作业公司负责水源井管理和资料录取。

四、管理规定

(一) 日常管理

(1) 具备测试条件的水源井每月应监测一次动液面，根据动液面情况合理确定水源井产水量。

(2) 每季度监测水源井含气组分，对于含有硫化氢、二氧化碳等腐蚀性气体的水源井要加密监测并采取有效措施保障流程设备安全。

(3) 水源井应安装使用质量合格、量程相符的流量计，定期进行校准。

(4) 为充分利用并合理调节水源井水量，水源井应安装变频器。

(5) 各现场单元应建立水源井水处理预防性维修管理制度并严格执行。

(6) 按照注水水质指标监测要求定时、定点取样化验，根据化验结果及时调整水源井产水量及处理系统的运行工况，保证水源井水处理达标。

(7) 每季度监测水源井流程结垢趋势，并采取必要的防垢措施。

(8) 对长期关停的水源井，要做好工艺隔离，每月检测一次水源井电潜泵对地绝缘电阻和相间直流电阻。

(二) 水源井资料录取要求

水源井投产后每天必须录取以下资料：

(1) 水源层位；

(2) 井的工作状态(开井、关井)；

(3) 水嘴尺寸；

(4) 日产水量；

(5) 生产时数；

(6) 运行频率；

(7) 电压；

(8) 电流；

(9) 油压；

(10) 套压；

(11) 其他说明(如关井时间、关井原因及其他重点情况)。

(三) 水源井其他管理要求

水源井其他管理要求参照电潜泵管理相关管理要求。

第四节　注水井管理规定

一、目的

为了规范注水井日常管理和资料录取相关要求，确保注水井注入指标的完成，特制定本管理规定。

二、适用范围

本管理规定适用于天津分公司所属的自营油气田和中方为作业者的合作油气田。

三、职责分工

（一）生产部

生产部负责监督检查、考核作业公司注水井的日常管理和资料录取。

（二）作业公司

作业公司作为注水井管理和资料录取执行单位。

四、管理规定

（一）注水流量计管理

各注水井应安装使用质量合格、量程相符的注水流量计，每季度进行标准流量计在线校准(辽东增加校准程序)。

（二）资料录取要求

1. 井口资料录取要求

注水井投注后每天必须录取以下资料，并在日报表上公布：

(1) 注入层位；

(2) 井的工作状态；

(3) 注入方式；

(4) 水嘴尺寸；

(5) 日注水量；

(6) 注水时数；

(7) 油压；

(8) 套压；

(9) 分注方式；

(10) 其他说明(如关井时间、关井原因及其他重点情况)。

2. 单井注水量监测与控制

(1) 每两小时进行一次点检并记录。

（2）执行配注方案时，对合注井，实际注水量与配注量的误差不应超过±10%；对分层配注井，限制层的实际日注量上限不应超过配注量的 10%，下限不能低于配注量的 30%；对加强层，实际日注量上限不应超过配注量的 30%，下限不能低于配注量的 10%。

（3）出现注水量异常增加状况时，立即降低该井注入量或直接停注观察，分析原因，并及时上报生产监督，生产监督与作业公司油藏工程师做好沟通，采取有效措施。

3. 单井注入压力监测与控制

（1）出现异常井口压力变化时，要加密观察，分析原因，采取有效措施。

① 若井口压力突降，立即降注水量或停注，经观察及分析后，再采用相应停注、返排等措施。

② 因钻井、修井和措施作业及地面原因出现的临时停注井、观察井、放溢流井、间注井，应加密观察。

（2）单井注入压力应不超过油田开发方案设计的压力设计值。

4. 注水井动态监测资料录取

应按照注水井动态监测的油藏需求及年度、月度滚动计划要求，做好动态监测资料的录取。

（1）视吸水指数测试录取

① 新井投注、油井转注 15d 后测指示曲线。

② 合注井每季度应测全井指示曲线一次。

③ 分层配注井每半年应测分层指示曲线一次。

④ 指示曲线每次应测 4~5 个点，每个点应至少稳定 30min，压力间隔在 0.5MPa 以上，测点注入量应能覆盖正常注水时的注水量。

⑤ 新井投注时应以升压测试为准。

⑥ 吸水指数测试录取的数据，按表 14-5 填写。

表 14-5　吸水能力测试情况及指数曲线

<table>
<tr><td>油田/平台</td><td colspan="2"></td><td>井号</td><td></td><td>测试日期</td><td></td></tr>
<tr><td>测试方法</td><td colspan="2"></td><td>测试层位</td><td></td><td>测试人</td><td></td></tr>
<tr><td rowspan="3">测试情况</td><td>序号</td><td>注水压力/MPa</td><td>瞬时流量/($m^3 \cdot d^{-1}$)</td><td>累计流量/($m^3 \cdot d^{-1}$)</td><td>视吸水指数</td><td></td></tr>
<tr><td>1</td><td></td><td></td><td></td><td></td><td></td></tr>
<tr><td>2</td><td></td><td></td><td></td><td></td><td></td></tr>
</table>

⑦ 每季度编写视吸水指数测试报告并存档。

（2）地层压力监测资料录取

① 新井投注或油井转注前必须测静压。

② 具备测试条件的注水井，每年应测压降或地层压力一次，同时要求测地层温度。

（3）吸水剖面资料录取

① 新井投注或油井转注注水稳定后应进行吸水剖面测试。

② 具备测试条件的注水井每年应测一次吸水剖面。

③ 吸水剖面资料的录取，必须密闭施工。

（三）注水井分层调配周期检验要求

（1）分注管柱下入后，应按配注方案进行分层调配。

（2）井下分注井至少每年进行一次分层流量测试校验，测试各层吸水量。对于达不到油藏配注方案的分注井，实施分层调配作业，调配要求参照 Q/HS 2073—2013《海上油田注水井配注技术规范》的要求实施。

（3）地面分注井至少两周对各层注水量进行检查，核实各层吸水量是否达到配注要求。对于达不到油藏配注方案的分注井，按照油藏配注方案要求及时进行调整。

（四）单井及分层调配合格率检验要求

（1）各油田分注井在调配过程中，宜在考虑相关措施情况下，尽量提高油田区块分注井单井及层段调配合格率。

（2）各油田分注井在调配过程中，应在分注井各层正常吸水能力合理配注情况下，油田分注井单井调配合格率不低于 80%，层段调配合格率不低于 90%。（参见 Q/HS 2075—2013《注水井分注质量检验要求》。）

（五）注水井吸水剖面测试要求

测试要求参见 SY/T 2061—2011《海上油田开发动态分析技术要求》，具体测试周期按照油藏需求实施。

（六）注水井压力降落测试要求

测试要求参见 SY/T 6172—2006《油田试井技术规范》，具体测试周期按照油藏需求实施。

（七）加强生产动态分析及治理措施

（1）动态分析人员每天跟踪注水井的日注水量和注入压力情况，有变化时及时反映，并做出下步措施方案交平台组织实施，确保安全注水。

（2）油藏工程师应加强注水时效、注采动态分析，不断优化和调整配注方案及实施计划。

（3）应及时实施酸化解堵、调剖调驱等治理措施，满足配注要求，确保注水效果。

第五节 《注水指导书》编写指南

一、油田开发生产现状

简述目前总井数（油井、注水井、水源井、回注井）及开井数；日产油水平、气油比、日注水量、采油速度、采出程度、综合含水、累积产油量，累积产气量、累积注水量、累积亏空、注采比、可采储量、采出程度等。

简述目前注水指标水平：包括年注入量、原始地层压力保持水平、注水水质达标率、注水井分注率、分注井测试率、动态监测资料完成率、分注井层段合格率、含水上升率、自然递减率等 9 项注水指标。

二、注水存在的问题及对策

（一）地下方面

（1）简述储量动用与注水效果方面存在的问题，提出对策措施。

（2）简述注采井网完善状况方面存在的问题，提出对策措施。

（3）简述地层能量状况方面存在的问题，提出对策措施。

（二）井筒方面

（1）简述注水井采油树、完井方式存在的问题，提出对策措施。

（2）简述注水井分注率、分层调配率、分注井层段合格率存在的问题，提出对策措施。

（3）简述注水井作业效率、工艺措施适应性、低产低效及长停井恢复存在的问题，提出对策措施。

（三）地面工程方面

（1）简述注入水水源、水质存在的问题，提出对策措施。

（2）简述注水设施、水处理能力、管输能力、生产水外排存在的问题，提出对策措施。

（3）简述作业资源（修井机能力、作业场地等）存在的问题，提出对策措施。

三、实施计划及指标预测

（一）实施计划

（1）今后3年注水工作需开展的重点工作及思路、工作量总体安排，见附表A.7。

（2）注水量计划安排，见附表A.8。

（3）水井措施（包括大修、转注、调剖调驱、分层配注、分层调配、解堵、防膨、化学驱等）计划安排，增油预测。见附表A.9、附表A.10。

（4）油井措施（包括大修、补孔、压裂、解堵、提液、卡堵水、开关层等）计划安排、增油预测。见附表A.11、附表A.12。

（5）调整井（含动钻头大修）计划安排、增油预测，见附表A.13。

（6）动态监测（包括压力、吸水剖面、产出剖面、饱和度测井、工程测井、试井等）计划安排，见附表A.14、附表A.15。

（7）注水设施改造项目（包括注入水管输扩容、水处理能力改造、增加污水回注、水质提升等）计划安排，见附表A.16。

（8）需技术研究攻关的计划（包括地质油藏、采油工艺、地面工程等），见附表A.17。

（9）需关注、协调解决的主要问题。

（二）指标预测

简述今后3年的注水指标预测情况：主要包括年注入量、原始地层压力保持水平、注水水质达标率、注水井分注率、分注井测试率、动态监测资料完成率、分注井层段合格率、含水上升率、自然递减率等9项注水指标，见附表A.18。

附录 A

附表 A.1　辽东作业公司注水水质控制指标

油田名称	含油量/(mg/L)	悬浮固体含量/(mg/L)	悬浮物颗粒直径中值/μm	溶解氧含量/(mg/L)	硫化物含量/(mg/L)	总铁含量/(mg/L)	硫酸盐还原菌 SRB/(个/mL)	腐生菌 TGB/(个/mL)	铁细菌 FB/(个/mL)	平均腐蚀率/(mm/a)	参考依据
SZ36-1 油田 A 平台	≤30	≤20	≤4	<0.05	≤10	≤0.5	≤25	≤n×10^3	≤n×10^3	≤0.076	绥中 36-1 油田注水配伍性及水质指标优化研究
SZ36-1 油田 B 平台	≤30	≤20	≤4	<0.05	≤10	≤0.5	≤25	≤n×10^3	≤n×10^3	≤0.076	
SZ36-1CEPO/N 平台	≤30	≤20	≤4	<0.05	≤10	≤0.5	≤25	≤n×10^3	≤n×10^3	≤0.076	
SZ36-1CEP 平台	≤30	≤20	≤4	<0.05	≤10	≤0.5	≤25	≤n×10^3	≤n×10^3	≤0.076	
SZ36-1CEPK 平台	≤30	≤20	≤4	<0.05	≤10	≤0.5	≤25	≤n×10^3	≤n×10^3	≤0.076	
JZ9-3 油田	≤40	≤10	≤3	≤0.1	≤10	≤0.5	≤25	≤n×10^3	≤n×10^3	≤0.076	旅大 10-1 及锦州 9-3 油田注水水质综合评价研究
LD10-1 油田	≤30	≤20	≤4	<0.1	≤10	≤0.5	≤25	≤n×10^3	≤n×10^3	≤0.076	
LD4-2 平台	≤30	≤20	≤4	<0.1	≤10	≤0.5	≤25	≤n×10^3	≤n×10^3	≤0.076	
LD5-2 油田	≤30	≤20	≤4	<0.1	≤10	≤0.5	≤25	≤n×10^3	≤n×10^3	≤0.076	旅大 5-2 油田注水水质综合评价研究
JZ25-1S 油田(太古界)	≤15	≤5	≤3	≤0.1	≤2	≤0.5	≤10	≤n×10^3	≤n×10^3	≤0.076	按 ODP 报告
JZ25-1S 油田(沙河街)	≤15	≤5	≤3	≤0.1	≤2	≤0.5	≤10	≤n×10^3	≤n×10^3	≤0.076	
JZ25-1 油田	≤10	≤3	≤2	≤0.1	≤2	≤0.5	≤25	≤n×10^3	≤n×10^3	≤0.076	锦州 25-1 油田注水水质综合评价研究
JX1-1 油田	≤10	≤4	≤2.5	≤0.1	≤2	≤0.5	≤10	≤n×10^3	≤n×10^3	≤0.076	金县 1-1 油田注水水质指标及配伍性研究

附表 A.2 渤南作业公司注水水质控制指标

油田名称	含油量/(mg/L)	悬浮固体含量/(mg/L)	悬浮物颗粒直径中值/μm	溶解氧含量/(mg/L)	总铁含量/(mg/L)	硫酸盐还原菌 SRB/(个/mL)	腐生菌 TGB/(个/mL)	铁细菌 FB/(个/mL)	平均腐蚀率/(mm/a)	参考依据
BZ28-2SCEP	≤25	≤15	≤3	≤0.1	≤0.5	≤25	$<10^4$	$<10^4$	≤0.076	渤中 34-1 和渤中 28-2 南注水水质综合评价研究
BZ28-2SN	≤25	≤15	≤3	≤0.1	≤0.5	≤25	$<10^4$	$<10^4$	≤0.076	
BZ29-4WHPA	≤15	≤5	≤3	≤0.1	≤0.5	≤25	$<10^4$	$<10^4$	≤0.076	按 ODP 报告
BZ28-2SWHPB	≤30	≤10	≤4	≤0.1	≤0.5	≤25	$<10^4$	$<10^4$	≤0.076	按 ODP 报告
BZ34-2/4CEPA	≤15	≤5	≤3	≤0.1	≤0.5	≤25	$<n\times10^3$	$<n\times10^3$	≤0.076	按 ODP 报告
BZ34-2/4WHPB	≤6	≤2	≤1.5	≤0.05	≤0.2	≤10	$<n\times10^2$	$<n\times10^2$	≤0.076	按 ODP 报告
BZ34-1WHPF	≤20	≤10	≤2.5	≤0.1	≤0.5	≤25	$<n\times10^3$	$<n\times10^3$	≤0.076	渤中 34-1 和渤中 28-2 南注水水质综合评价研究
BZ34-1CEPA	≤20	≤10	≤2.5	≤0.1	≤0.5	≤25	$<10^4$	$<10^4$	≤0.076	
BZ34-1WHPB	≤20	≤10	≤2.5	≤0.1	≤0.5	≤25	$<10^4$	$<10^4$	≤0.076	
BZ34-1WHPD	≤20	≤10	≤2.5	≤0.1	≤0.5	0	$<10^4$	$<10^4$	≤0.076	
BZ34-1WHPE	≤20	≤10	≤2.5	≤0.1	≤0.5	≤25	$<10^4$	$<10^4$	≤0.076	
BZ34-1NWHPC	≤15	≤10	≤4.0	≤0.05	≤0.5	≤25	$<10^4$	$<10^4$	≤0.076	按 ODP 报告
BZ34-2EP	≤15	≤5	≤3	≤0.1	≤0.5	≤25	$<10^4$	$<10^4$	≤0.076	按 ODP 报告
KL10-1	≤15	≤5	≤3	—	—	≤25	$<10^3$	$<10^3$	≤0.076	按 ODP 报告
KL10-4	≤20	≤10	≤3	≤0.05	≤0.5	≤25	$<10^3$	$<10^3$	≤0.076	按 ODP 报告
KL3-2	≤10	≤3	≤2	<0.05	≤0.2	0	$<10^4$	$<10^4$	≤0.076	按 ODP 报告
BZ35-2	≤10	≤3.0	≤2.0	≤0.05	≤0.2	0	$<1\times10^2$	$<1\times10^2$	≤0.076	按 ODP 报告
BZ29-4S	<15	<5.0	<3.0	≤0.2	≤0.5	0	$<n\times10^4$	$<n\times10^4$	≤0.076	按 ODP 报告

附表 A.3 渤西作业公司注水水质控制指标

油田名称	含油量/(mg/L)	悬浮固体含量/(mg/L)	悬浮物颗粒直径中值/μm	溶解氧含量/(mg/L)	硫化物含量/(mg/L)	总铁含量/(mg/L)	硫酸盐还原菌 SRB/(个/mL)	腐生菌 TGB/(个/mL)	铁细菌 FB/(个/mL)	平均腐蚀率/(mm/a)	参考依据
NB35-2	≤15	≤5.0	≤3.0	≤0.05	≤2	≤0.5	≤25	$\leq n\times10^{4}$	$\leq n\times10^{4}$	≤0.076	按 ODP 报告
BZ3-2	≤30	≤5.0	≤3.0	<0.1	≤5	≤0.5	≤25	$\leq n\times10^{4}$	$\leq n\times10^{4}$	≤0.076	按 ODP 报告
BZ26-3	≤15	≤5.0	≤3.0	<0.1	≤2	≤0.5	≤25	$\leq n\times10^{4}$	$\leq n\times10^{4}$	≤0.076	按 ODP 报告
BZ26-2	≤20	≤5.0	≤3.0	<0.05	≤2	≤0.5	≤25	$\leq n\times10^{2}$	$\leq n\times10^{2}$	≤0.076	按 ODP 报告
CB-A	≤30	≤10.0	≤3.0	<0.1	≤2	≤0.5	≤25	$\leq n\times10^{4}$	$\leq n\times10^{4}$	≤0.076	按 ODP 报告
CB-B	≤30	≤10.0	≤3.0	<0.1	≤2	≤0.5	≤25	$\leq n\times10^{4}$	$\leq n\times10^{4}$	≤0.076	按 ODP 报告
QK17-2	≤10	≤5.0	≤4.0	<0.1	≤2	≤0.5	≤25	$\leq n\times10^{4}$	$\leq n\times10^{4}$	≤0.076	按 ODP 报告
QK18-1	≤30	≤3.0	≤3.0	<0.1	≤2	≤0.5	≤25	$\leq n\times10^{4}$	$\leq n\times10^{4}$	≤0.076	按 ODP 报告
QK17-3	≤30	≤3.0	≤3.0	<0.1	≤2	≤0.5	≤25	$\leq n\times10^{4}$	$\leq n\times10^{4}$	≤0.076	按 ODP 报告
QHD33-1	≤15	≤5.0	≤3.0	≤0.1	≤2	≤0.5	≤25	$\leq n\times10^{4}$	$\leq n\times10^{4}$	≤0.076	按 ODP 报告

附表 A.4 秦皇岛 32-6 作业公司注水水质控制指标

油田名称	含油量/(mg/L)	悬浮固体含量/(mg/L)	悬浮物颗粒直径中值/μm	溶解氧含量/(mg/L)	硫化物含量/(mg/L)	总铁含量/(mg/L)	硫酸盐还原菌 SRB/(个/mL)	腐生菌 TGB/(个/mL)	铁细菌 FB/(个/mL)	平均腐蚀率/(mm/a)	参考依据
QHD32-6 油田	≤20	≤15	≤7	≤0.1	≤2	≤0.5	<25	$<10^{4}$	$<10^{4}$	≤0.076	QHD32-6 油田注水水质配伍性研究
BZ25-1 油田	≤10	≤3	≤2	≤0.1	≤2	≤0.5	<10	$<n\times10^{2}$	$<n\times10^{2}$	≤0.076	渤中 25-1/S 油田注水水质指标及配伍性研究
BZ25-1s 油田	≤25	≤7	≤5	≤0.1	≤2	≤0.5	<25	$<n\times10^{4}$	$<n\times10^{4}$	≤0.076	
BZ19-4 油田	≤15	≤5	≤3	≤0.1	≤2	≤0.5	<25	$<n\times10^{4}$	$<n\times10^{4}$	≤0.076	按 ODP 报告

附表 A.5　蓬勃作业公司注水水质控制指标

油田名称	含油量/(mg/L)	悬浮固体含量/(mg/L)	悬浮物颗粒直径中值/μm	溶解氧含量/(mg/L)	总铁含量/(mg/L)	硫酸盐还原菌 SRB/(个/mL)	腐生菌 TGB/(个/mL)	铁细菌 FB/(个/mL)	平均腐蚀率/(mm/a)	参考依据
蓬莱油田群	≤30	≤10	≤4	≤0.1	≤0.5	≤25	≤$n\times10^4$	≤$n\times10^4$	≤0.076	按 ODP 报告

附表 A.6　曹妃甸作业公司注水水质控制指标

油田名称	含油量/(mg/L)	悬浮固体含量/(mg/L)	悬浮物颗粒直径中值/μm	溶解氧含量/(mg/L)	总铁含量/(mg/L)	硫酸盐还原菌 SRB/(个/mL)	腐生菌 TGB/(个/mL)	铁细菌 FB/(个/mL)	平均腐蚀率/(mm/a)	参考依据
曹妃甸油田群	≤30	≤10	≤4	<0.05	<0.5	≤25	≤$n\times10^4$	≤$n\times10^4$	≤0.076	2015 综合调整项目环评报告

附表 A.7　×油田措施实施计划工作量表(井次)

年份	平台	油井措施			注水井措施			调整井			开发井	测试			检泵	合计
		增产	非增产	小计	增注	非增注	小计	剩余井槽调整井	动钻头大修	小计		钢丝、电缆测试	泵工况、井下压力计测试	小计		
第1年	A平台															
	B平台															
	…															
	合计															
第2年																
第3年																

附表 A.8　×油田注水实施计划表

年份	平台	注水井号	日配注量预测 m³/d						配注时率 %	年配注量预测 10^4m^3	备注
			第 1 层段	第 2 层段	第 3 层段	第 4 层段	第…层段	小计			
第 1 年	A 平台	…									
		…									
		…									
	* 平台	…									
		…									
		…									
	合计										
第 2 年											
第 3 年											

附表 A.9　×油田注水井措施实施计划表(井次)

年份	平台	增注						非增注								合　计
		大修	解堵酸化	转注	更换管柱	其他	小计	大修	调驱调剖	分层调配	化学驱	防膨	更换管柱	其他	小计	
第 1 年	A 平台															
	B 平台															
	*															
	合计															
第 2 年																
第 3 年																

附表 A.10　×油田注水井措施单井实施计划表

年份	平台	井号	措施内容		预测实施日期	预测日增注水量	预测第 1 年增注水量	预测第 1 年增油	预测第 2 年增油	预测第 3 年增油	全寿命增油	备注
						m^3	$10^4 m^3$	$10^4 m^3$	$10^4 m^3$	$10^4 m^3$	$10^4 m^3$	
第 1 年			增注	大修								
				转注								
				更换管柱								
				解堵酸化								
				其他								
			非增注	大修								
				更换管柱								
				化学驱								
				调驱调剖								
				分层调配								
				防膨								
				其他								
第 2 年												
第 3 年												

建议：

增油：大修、转注、换管柱、化学驱可预测到 N 年；调剖调驱可预测 2~3 年；其他预测到第一年。

日增注量、当年增注量，只预测属于增注的水井措施。

附表 A.11 ×油田油井措施实施计划工作量表(井次，$\times10^4m^3$)，增油为当年

年份	平台	增产措施																								非增产措施	合计
		大修		补孔		合计		转抽		换泵		解堵		堵水		开关层		换管柱		压裂		其他		小计			
		井次	预增油	井次	预增油	井次	预增油	井次	预增油	井次	预增油	井次	预增油	井次	预增油	井次	预增油	井次	预增油	井次	预增油	井次	预增油	井次	预增油	井次	井次
第1年	A平台																										
	B平台																										
	*																										
	合计																										
第2年																											
第3年																											

附表 A.12 ×油田油井措施单井实施计划表

年份	平台	井号	措施内容	预测实施日期	预测日增油	预测第1年增油	预测第2年增油	预测第3年增油	全寿命增油	备注
					m^3	10^4m^3	10^4m^3	10^4m^3	10^4m^3	
第1年			大修							
			补孔							
			低效井治理							
			压裂							
			换泵提液							
			换管柱							

续表

年份	平台	井号	措施内容	预测实施日期	预测日增油	预测第1年增油	预测第2年增油	预测第3年增油	全寿命增油	备注
					m^3	10^4m^3	10^4m^3	10^4m^3	10^4m^3	
第1年			气举							
			转抽							
			解堵							
			堵水							
			开关层							
			其他							
第2年										
第3年										

建议：大修、补孔、低效井治理可预测到 N 年；压裂、换泵提液、换管柱可预测 2~3 年；其他措施可预测到当年。

附表 A.13　×油田调整井实施计划表

油田	井号	调整目的	类别	井别	预日增油	预日注水	预日产水	预第1年增油	预第2年增油	预第3年增油	全寿命增油	备注
					m^3	m^3	m^3	10^4m^3	10^4m^3	10^4m^3	10^4m^3	
					油井	注水井	水源井					
第1年		完善井网	剩余井槽调整井	油井								
		层系调整	动钻头大修	注水井								
		加密调整		水源井								
		挖掘剩余油										
		扩边										
		长停井更新										
		低产低效井恢复										
		合计										

续表

油田	井号	调整目的	类别	井别	预日增油	预日注水	预日产水	预第1年增油	预第2年增油	预第3年增油	全寿命增油	备　注
					m^3	m^3	m^3	10^4m^3	10^4m^3	10^4m^3	10^4m^3	
					油井	注水井	水源井					
第2年												
第3年												

附表 A.14　×油田动态监测实施计划表(井次)

年份	平台	钢丝、电缆测试														泵工况、井下压力计测试					合计
		试井								测井					小计	试井				小计	
		压力		稳定试井	不稳定试井				PVT	生产测井				工程测井							
		静压	流压	产能	压力降落	压力恢复	干扰试井	示踪剂		注水剖面	注气剖面	产出剖面	饱和度			静压	流压	产能	压力恢复		
第1年	A平台																				
	B平台																				
	*																				
	合计																				
第2年																					
第3年																					

附表 A. 15　×油田动态监测单井实施计划表

年　份	平　台	井　号	动态监测内容		预计实施日期	备注
第1年			钢丝、电缆测试	静压		
				流压		
				产能		
				压力降落		
				压力恢复		
				干扰试井		
				示踪剂		
				PVT		
				注水剖面		
				注气剖面		
				产出剖面		
				饱和度		
				工程测井		
				其他		
			泵工况、井下压力计测试	静压		
				流压		
				产能		
				压力恢复		
				其他		
第2年						
第3年						

附表 A. 16　×油田设施改造类计划表

年份	涉及的设施/平台	项目类别	项目名称	改造内容及预期目标	项目开始时间	项目结束时间	第一年工作预期	第二年工作预期	第三年工作预期
第 1 年		改善水质							
		增水处理能力							
		增输水管输能力							
		增污水回注能力							
		增水源能力							
		增/升级修井机							
		*							
第 2 年									
第 3 年									

附表 A. 17　×油田攻关研究计划表

项目名称	类别	主要问题	需攻关的内容简述	攻关类别	牵头单位	责任人	攻关时间进度安排	拟研究单位
*	地下			研究类				
*	井筒			实施类				
	地面			研究+实施类				

附表 A. 18 ×油田注水指标预测表

注水指标		上年情况	本年情况	预测第 1 年	预测第 2 年	预测第 3 年
注够水	年注入量/10^4m^3					
	地层压力保持水平/%					
注好水	注水水质达标率/%					
精细注水	注水井分注率/%					
	分注井测试率/%					
	动态监测完成率/%					
	分注井层段合格率/%					
有效注水	含水上升率/%					
	自然递减率/%					

参 考 文 献

[1] 刘慧卿．油藏工程原理[M]．东营：中国石油大学出版社，2015.
[2] 贾爱林．精细油藏描述与地质建模技术[M]．北京：石油工业出版社，2009.
[3] 穆龙新，裘怿楠．不同开发阶段的油藏描述[M]．北京：石油工业出版社，1999.
[4] 张一伟，熊琦华，王志章，等．陆相油藏描述[M]．北京：石油工业出版社，1997.
[5] 房宝财，张玉广，许洪东，等．窄薄砂体油藏开发调整技术[M]．北京：石油工业出版社，2004.
[6] 施永民，霍进，张玉广．陆相油田开发中后期油藏精细描述[M]．北京：石油工业出版社，2004.
[7] 郑俊德，张洪亮．油气田开发与开采[M]. 2 版．北京：石油工业出版社，1997.
[8] 罗平亚，杜志敏．石油与天然气工程学油气田开发工程[M]．北京：中国石化出版社，2003.
[9] 郭建春，唐海，李海涛．油气藏开发与开采技术[M]．北京：石油工业出版社，2013.
[10] 宋万超．高含水期油田开发技术和方法[M]．北京：地质出版社，2003.
[11] 陈涛平．石油工程[M]. 2 版．北京：石油工业出版社，2011.
[12] 苗丰裕，孙智．油藏系统工程管理[M]．北京：石油工业出版社，2010.
[13] 周守为．海上油田高效开发技术探索与实践[J]．中国工程科学，2009(10).
[14] 苏彦春，李廷礼．海上砂岩油田高含水期开发调整实践[J]．中国海上油气，2016(3).
[15] 李廷礼，刘彦成，于登飞，等．海上大型河流相稠油油田高含水期开发模式研究与实践[J]．地质科技情报，2019(3).
[16] 石波．朝阳沟油田注水开发技术研究[M]．北京：石油工业出版社，2007.
[17] 李传亮．油藏工程原理[M]. 2 版．北京：石油工业出版社，2011.
[18] 宋吉水．大庆油区油气田开发技术研究[M]．北京：石油工业出版社，2001.
[19] 武毅．复杂断块油藏注水开发技术[M]．北京：石油工业出版社，2010.
[20] 方凌云，万新德，宋考平，等．砂岩油藏注水开发动态分析[M]．北京：石油工业出版社，1998.
[21] 刘光成．渤海油田开发井生产状况实例分析[M]．北京：石油工业出版社，2014.
[22] 王平双，郭士生，范白涛，等．海洋完井手册[M]．北京：石油工业出版社，2019.
[23] 李章亚．油气田腐蚀与防护技术手册[M]．北京：石油工业出版社，1999.
[24] 张清玉．油气田工程实用防腐蚀技术[M]．北京：中国石化出版社，2009.
[25] 张智．海洋油气工程腐蚀与防护[M]．北京：石油工业出版社，2016.
[26] 高荣杰，杜敏．海洋腐蚀与防护技术[M]．北京：化学工业出版社，2011.
[27] 陈钦伟，高永华，甄宝生，等．渤海自营油田水源井防腐管材现状与展望[J]．中国石油和化工标准与质量，2017(20).
[28] 赵敏．分层注水工艺在油田的实际应用[J]．中国石油和化工标准与质量，2014(12).
[29] 王立．分层注水技术的发展前景[J]．石油仪器，2013(02).
[30] 黄强，张立，郭鑫，等．分注井测试与调配联动技术的改进与应用[J]．内蒙古石油化工，2011(05).
[31] 程心平，刘敏，罗昌华，等．海上油田同井注采技术开发与应用[J]．石油矿场机械，2010(10).
[32] 罗昌华，程心平，刘敏，等．海上油田同心边测边调分层注水管柱研究及应用[J]．中国海上油气，2013(04).
[33] 刘颖，刘友，李明平，等．斜井分层注水工艺研究与应用[J]．石油机械，2014(02).
[34] 贾德利，赵常江，姚洪田，等．新型分层注水工艺高效测调技术的研究[J]．哈尔滨理工大学学报，2011(04).
[35] 徐国民，苗丰裕．注水井高效测调技术的研究与应用[J]．科学技术与工程，2011(05).
[36] 伦纳德·卡尔法亚．酸化增产技术[M]．吴奇，等，译．北京：石油工业出版社，2004.
[37] 米卡尔 J·埃克诺米德斯．油藏增产措施[M]．张保平，等，译. 3 版．北京：石油工业出版社，2002.
[38] 郑云川．高温非均质砂岩储层变粘胶束酸分流酸化技术及酸岩反应机理研究[D]．成都：西南石油大学，2006.
[39] 杜娟．多氢酸性能评价及现场应用[D]．成都：西南石油大学，2008.
[40] 范志毅，李建雄，孔林，等．暂堵酸化技术的研究与应用[J]．钻采工艺，2011(06).
[41] V Mishra，D Zhu，AD Hill，et al. An acid placement model for long horizontal wells in carbonate reservoirs [C]//European Formation Damage Conference. Scheveningen，Society of Petroleum Engineers，2007.
[42] 张奇斌，李进王，王晓东，等．水驱油藏大孔道综合识别[M]．北京：石油工业出版社，2009.
[43] 刘一江，王香增．化学调剖堵水技术[M]．北京：石油工业出版社，1999.
[44] 陈铁龙，周晓俊，唐付平，等．弱凝胶调驱提高采收率技术[M]．北京：石油工业出版社，2006.
[45] 王增林．强化泡沫驱提高原油采收率技术[M]．北京：中国科学技术出版社，2007.
[46] 丘宗杰．海上采油工艺新技术与实践[M]．北京：石油工业出版社，2009.
[47] 李永太．提高石油采收率原理和方法[M]．北京：石油工业出版社，2008.
[48] 周阳．调剖堵水优化设计[D]．大庆：大庆石油学院，2010.
[49] 徐耀东，调剖措施油藏适应性分析及整体调剖优化决策研究[D]．山东：中国石油大学(华东)，2005.
[50] 吴家文．油田高含水期综合调整措施优化方法研究[D]．大庆：大庆石油学院，2005.
[51] 靳金荣．大港油田调剖及深部调驱技术应用现状和发展研究[D]．北京：中国石油勘探开发研究院，2003.
[52] 岳晟．调剖技术在埕岛油田的应用[D]．山东：中国石油大学(华东)，2006.